Thomas Görne
Tontechnik

Herausgeber:
Professor Dr. Ulrich Schmidt

Weitere Bücher der Reihe:
Kai Bruns/Benjamin Neidhold, Audio-, Video-
    und Grafikprogrammierung
Christian Fries, Mediengestaltung
Arne Heyna/Marc Briede/Ulrich Schmidt,
    Datenformate im Medienbereich
Uwe Kühhirt/Marco Ritterman,
    Interaktive audiovisuelle Medien
Thomas Petrasch/Joachim Zinke, Einführung in die
    Videofilmproduktion
Hannes Raffaseder, Audiodesign
Ulrich Schmidt, Digitale Film- und Videotechnik

Thomas Görne

Tontechnik

3., neu bearbeitete Auflage

mit 216 Bildern und 33 Tabellen

HANSER

Herausgeber:
Prof. Dr. Ulrich Schmidt

Hochschule für Angewandte Wissenschaften Hamburg
Fachbereich Medientechnik
Stiftstraße 69
20099 Hamburg

Satz vom Autor mit LATEX in einer Anpassung von Marco Rittermann. Grafiken und Fotos, wenn nicht anders gekennzeichnet, vom Autor. Eine Reihe von Grafiken und Funktionsplots wurde mit T$_E$XCAD und Gnuplot erstellt.

Alle in diesem Buch enthaltenen Programme, Verfahren und elektronischen Schaltungen wurden nach bestem Wissen erstellt und mit Sorgfalt getestet. Dennoch sind Fehler nicht ganz auszuschließen. Aus diesem Grund ist das im vorliegenden Buch enthaltene Programm-Material mit keiner Verpflichtung oder Garantie irgendeiner Art verbunden. Autor und Verlag übernehmen infolgedessen keine Verantwortung und werden keine daraus folgende oder sonstige Haftung übernehmen, die auf irgendeine Art aus der Benutzung dieses Programm-Materials oder Teilen davon entsteht.

Die Wiedergabe von Gebrauchsnamen, Handelsnamen, Warenbezeichnungen usw. in diesem Werk berechtigt auch ohne besondere Kennzeichnung nicht zu der Annahme, dass solche Namen im Sinne der Warenzeichen- und Markenschutz-Gesetzgebung als frei zu betrachten wären und daher von jedermann benutzt werden dürften.

Bibliografische Information der Deutschen Nationalbibliothek
Die Deutsche Nationalbibliothek verzeichnet diese Publikation in der Deutschen Nationalbibliografie; detaillierte bibliografische Daten sind im Internet über http://dnb.d-nb.de abrufbar.

ISBN 978-3-446-42395-4

Dieses Werk ist urheberrechtlich geschützt.
Alle Rechte, auch die der Übersetzung, des Nachdruckes und der Vervielfältigung des Buches, oder Teilen daraus, vorbehalten. Kein Teil des Werkes darf ohne schriftliche Genehmigung des Verlages in irgendeiner Form (Fotokopie, Mikrofilm oder ein anderes Verfahren), auch nicht für Zwecke der Unterrichtsgestaltung – mit Ausnahme der in den §§ 53, 54 URG genannten Sonderfälle –, reproduziert oder unter Verwendung elektronischer Systeme verarbeitet, vervielfältigt oder verbreitet werden.

© 2011 Carl Hanser Verlag München
http://www.hanser.de

Umschlaggestaltung und Innenkonzept: malsyteufel, Willich
Druck und Bindung: Kösel, Krugzell
Printed in Germany

Vorwort

Die Tontechnik ist ein umfangreiches Fach. Sie umfasst große Teile der Akustik – physikalische und musikalische Akustik, Raumakustik, Psychoakustik, Elektroakustik –, Teile der Kommunikationstechnik, Digitaltechnik und Nachrichtentechnik, und manche Geräte wie piezoelektrische Wandler oder magneto-optische Speicher bergen auch Ausflüge in entfernte Gebiete der Physik.

Die einzelnen Kapitel sollen einen Einstieg in die unterschiedlichen Fachgebiete der Tontechnik geben; sie können als fachlich und inhaltlich unabhängige Einheiten betrachtet (und gelesen) werden. Das Stichwortverzeichnis hilft bei der schnellen Navigation. Zudem finden sich in Text und Stichwortverzeichnis auch die wichtigsten englischen Fachbegriffe.

In der nunmehr dritten Auflage konnte ich einige Ergänzungen vornehmen. So ist insbesondere das Kapitel zu Schall und Schwingungen länger geworden, es sind einige Beispielrechnungen dazu gekommen (z.B. zu Dopplereffekt und Fouriertransformation), und es gibt einige neue Bilder und Illustrationen.

Hamburg, im Januar 2011   Thomas Görne

Danksagung

Herzlichen Dank an Ulrich Schmidt für den Anstoß zu diesem Buch, an Erika Hotho und Mirja Werner für die hervorragende Zusammenarbeit, an Christoph Bley, Martin Schneider und Stefan Müller für anregende Diskussionen und zahlreiche Verbesserungsvorschläge, an Marcus Blome, Udo Potratz und Irena Malcharczyk für Anregungen, Korrekturen und Bildmaterial, an Andreas Meyer für wertvolle Literaturhinweise, und ein besonderer Dank an Reimund Gerhard für seine Unterstützung nicht nur in der musikalischen Akustik.

Herzlichen Dank an Marco Rittermann für die Überlassung seiner LaTeX-Layout-Anpassung. Der Georg Neumann GmbH Berlin, Microtech Gefell, Beyerdynamic Heilbronn, Studio Babelsberg Tonabteilung, Sonopress Gütersloh, Pianohaus Harke Detmold und Theis Synthesizer Duisburg danke ich für ihre Unterstützung.

Für wunderbare Bilder danke ich Gerhard Haderer und Ulrich Illing.

In der zweiten und dritten Auflage konnte ich eine Reihe von Korrekturen vornehmen. Für die entsprechenden Hinweise möchte ich mich sehr herzlich bei Eberhard Holtz bedanken, bei Etienne Decreuse, María Emma Laín Fernández, Cornelius Seydel, Johannes Taktikos, Christopher Tarnow, Adrian Nötzel und Stefan Weinzierl.

Kunst ist schön, macht aber viel Arbeit.
(Karl Valentin)

Inhaltsverzeichnis

Was ist Tontechnik? 13

1 Schall und Schwingungen 17
1.1 Mechanische Schwinger 18
1.1.1 Freie und gedämpfte Schwingung 18
1.1.2 Erzwungene Schwingung und Resonanz 21
1.1.3 Effektivwert und Spitzenwert 24
1.1.4 Komplexe Beschreibung 25
1.2 Schallfeld 27
1.2.1 Schallwellen 27
1.2.2 Akustische und elektrische Pegel 32
1.2.3 Ebene Welle, Kugelwelle und Entfernungsgesetz 35
1.2.4 Nahfeld und Fernfeld 37
1.2.5 Nichtlinearität bei großem Schalldruck 39
1.2.6 Bewegte Schallquellen 40
1.3 Überlagerung von Wellen 42
1.3.1 Schallreflexion und stehende Wellen 43
1.3.2 Beugung, Brechung, Interferenz 46
1.3.3 Wiederholungstonhöhe und Schwebung 49
1.4 Tonerzeugung 51
1.4.1 Saiten, Stäbe, Membranen, Platten 51
1.4.2 Röhrenresonatoren 60
1.4.3 Helmholtz-Resonatoren 65
1.5 Stimmung 67
1.5.1 Pythagoras und der Wolf 69
1.5.2 Pythagoreische und mitteltönige Stimmung 71
1.5.3 Wohltemperierte Stimmungen 71
1.5.4 Gleichschwebend temperierte Stimmung 72
1.5.5 Oktavspreizung 74

2 Schall im Raum 76

- 2.1 Wellentheoretische Betrachtung 77
- 2.1.1 Raumresonanzen 77
- 2.1.2 Eigenfrequenzdichte und Großraumfrequenz 79
- 2.1.3 Druckkammerprinzip 81
- 2.2 Statistische Betrachtung 82
- 2.2.1 Schallabsorption und Nachhallzeit 82
- 2.2.2 Direktfeld, Diffusfeld, Hallradius 86
- 2.3 Geometrische Betrachtung 87
- 2.3.1 Frühe Reflexionen 88
- 2.3.2 Echos und Schallbrennpunkte 89
- 2.4 Raumakustische Werkzeuge 90
- 2.4.1 Poröse Absorber 90
- 2.4.2 Resonanzabsorber 92
- 2.4.3 Mikroperforierte Absorber 94
- 2.4.4 Diffusoren 94
- 2.4.5 Reflektoren 96
- 2.5 Raumklang 98
- 2.5.1 Klangeinfluss von Nachhall und Resonanzen 99
- 2.5.2 Objektive Qualitätskriterien 100
- 2.5.3 Subjektive Qualitätskriterien 102
- 2.5.4 Anforderungen an Aufnahmeräume 103
- 2.5.5 Kleine Tricks zur Verbesserung des Raumklangs 105
- 2.5.6 Einfluss von Publikum im Saal 107
- 2.5.7 Regieraum-Akustik 108

3 Hören 110

- 3.1 Physiologie und Akustik des Ohrs 111
- 3.1.1 Außenohr 111
- 3.1.2 Mittelohr und Innenohr 113
- 3.1.3 Frequenzanalyse im Innenohr 114
- 3.1.4 Kombinationstöne 116
- 3.2 Monaurales Hören 116
- 3.2.1 Ton, Klang, Geräusch 117
- 3.2.2 Tonhöhe 117
- 3.2.3 Virtuelle Tonhöhe 119
- 3.2.4 Hörfläche und Frequenzbewertung 119
- 3.2.5 Pegel und Lautheit 122
- 3.2.6 Frequenzgruppen (Critical Bandwidth) 123
- 3.2.7 Verdeckung in Zeit- und Frequenzbereich 124
- 3.3 Binaurales Hören: räumliche Wahrnehmung 125
- 3.3.1 Richtungshören 126
- 3.3.2 Gesetz der ersten Wellenfront 128

3.3.3 Phantomschallquellen und Stereofonie 129
3.3.4 Kopfbezügliche Stereofonie 130
3.4 Hörschäden 131
3.4.1 Schwerhörigkeit 132
3.4.2 Hörsturz und Tinnitus 133

4 Signale und Systeme 135
4.1 Lineare Systeme 136
4.1.1 Dirac-Stoß, Impulsantwort und Faltung 137
4.1.2 Diskrete Faltung 140
4.2 Vom Zeit- in den Frequenzbereich 141
4.2.1 Fourier-Transformation 141
4.2.2 Diskrete Fourier-Transformation: DFT und FFT 146
4.2.3 Transformation von LTI-Systemen 148
4.2.4 Unschärferelation 148
4.2.5 Musikalische Deutung der Frequenzanalyse 150
4.2.6 Andere Möglichkeiten spektraler Zerlegung 152
4.3 Filter 153
4.3.1 Tiefpass, Hochpass, Bandpass 154
4.3.2 Digitale Filter: FIR und IIR 155

5 Analoge Welt, digitale Welt 157
5.1 Die diskrete Zeit: Abtastung 158
5.1.1 Abtasttheorem 158
5.1.2 Unterabtastung und Alias-Effekt 160
5.1.3 Abtastung, ideal und nichtideal 162
5.1.4 Oversampling 164
5.1.5 Abtastratenwandlung 166
5.2 Spannung in Stufen: Digitalisierung 167
5.2.1 Binäre Codierung und Zweierkomplement 167
5.2.2 Multibit-Quantisierung 169
5.2.3 Digitales Rauschen 170
5.2.4 Dynamik digitaler Systeme 172
5.2.5 Lineare und nichtlineare Quantisierung 173
5.2.6 Dither 173
5.2.7 Noise Shaping 175
5.3 Bauarten von Digitalwandlern 177
5.3.1 Multibit-Wandler (PCM) 177
5.3.2 Differentielle Wandler (DPCM, DM) 178
5.3.3 Sigma-Delta-Wandler (PDM / DSD) 180

6 Information, Modulation, Codierung 182
6.1 Signal und Information 183

6.1.1 Relevanz und Redundanz   184
6.1.2 Der Übertragungskanal   185
6.1.3 Informationsgehalt und Kanalkapazität   186
6.1.4 Multiplexing   188
6.2 Aufbereitung analoger Signale   189
6.2.1 Kompandierung (Rauschunterdrückung)   189
6.2.2 Amplituden- und Frequenzmodulation   191
6.3 Aufbereitung digitaler Signale   194
6.3.1 Quellencodes   195
6.3.2 Datenreduktion: MP3, AC-3 und andere   197
6.3.3 Kanalcodes und Fehlerkorrektur   202
6.3.4 Codespreizung (Interleaving)   206
6.3.5 Leitungscodes   207

7 **Anschlusstechnik**   210
7.1 Analoge Übertragung   211
7.1.1 Impedanzanpassung   211
7.1.2 Symmetrisch, unsymmetrisch   213
7.1.3 Analoge Übertragungsstandards   215
7.2 Digitale Übertragung   217
7.2.1 Taktsynchronisierung (Word Sync)   218
7.2.2 Transmitter, Receiver, Repeater   219
7.2.3 Digitale Übertragungsstandards   220
7.3 Timecode   226
7.3.1 Chase/Lock-Synchronisierung   227
7.3.2 Formate und Anschlusstechnik   227
7.4 Übertragungsfehler   228
7.4.1 Probleme bei der analogen Übertragung   229
7.4.2 Probleme bei der digitalen Übertragung   231

8 **Klangsynthese und MIDI**   233
8.1 Synthesetechniken   234
8.1.1 Lineare Synthese im Frequenzbereich   235
8.1.2 Modulationssynthese (AM, FM)   239
8.1.3 Granulare Synthese   240
8.1.4 Physical Modeling, Faltung und Waveguides   241
8.2 Zeitliche Klangformung   243
8.2.1 Hüllkurve (ADSR)   243
8.2.2 Rendering und Morphing   244
8.3 MIDI   245
8.3.1 MIDI-Protokoll und Anschlusstechnik   246
8.3.2 MIDI-Erweiterungen   249
8.3.3 Sequencer und MIDI-Files   251

8.3.4 Musikalischer Takt, Latenz und Timing   251

9 Schallwandlung   253
9.1 Wandlerprinzipien   254
9.1.1 Elektromagnetischer Wandler   255
9.1.2 Elektrodynamischer Wandler   256
9.1.3 Elektrostatischer Wandler   259
9.1.4 Piezoelektrischer Wandler   262
9.2 Mikrofone   264
9.2.1 Druckempfänger   264
9.2.2 Druckgradientenempfänger   266
9.2.3 Nahbesprechungseffekt   269
9.2.4 Gradientenempfänger mit Laufzeitglied   271
9.2.5 Eigenschaften idealer Kapseln   273
9.2.6 Variable Richtcharakteristik   275
9.2.7 Richtrohrmikrofone (Interferenzempfänger)   278
9.2.8 Grenzflächenmikrofone   279
9.2.9 Digitale Mikrofone   280
9.2.10 Technische Daten   280
9.2.11 Ausführungen   283
9.3 Lautsprecher   287
9.3.1 Schallerzeugung   288
9.3.2 Gehäuse   290
9.3.3 Elektrik   294
9.3.4 Technische Daten   295
9.3.5 Ausführungen   297
9.4 Leistungsverstärker (Endstufen)   299
9.4.1 Funktionsweise   299
9.4.2 Technische Daten   300
9.5 Kopfhörer   301
9.5.1 Funktionsweise und Bauarten   302
9.5.2 Kopfhörerkompatible Signalbearbeitung (HRTF)   302
9.6 Mehrkanaltechnik   303
9.6.1 Stereofonie   304
9.6.2 MS-Verfahren   305
9.6.3 Surround: matriziert und diskret   306
9.6.4 Wellenfeldsynthese (WFS)   308
9.7 Schallaufnahme und -wiedergabe   310
9.7.1 Stereo-Mikrofonverfahren   310
9.7.2 Surround-Mikrofonverfahren   316
9.7.3 Lautsprecheraufstellung   318

10   Geräte zur Tonaufzeichnung   320
10.1   Gerätetechnik – analog, digital, virtuell   321
10.2   Computer   323
10.2.1   Hardwarestruktur   324
10.2.2   Funktionsweise   325
10.2.3   Festplatte (Hard Disk)   326
10.3   Schallspeicherung   328
10.3.1   Magnetband, analog und digital   329
10.3.2   Optische Speicher   332
10.3.3   Bespielbare optische Medien   336
10.3.4   Magneto-optische Speicher   338
10.4   Mischpulte   339
10.4.1   Struktur   340
10.4.2   Bedienkonzepte   341
10.4.3   Baugruppen   344
10.4.4   Anzeigeinstrumente   347
10.4.5   Pegel, Headroom, Dynamik   349
10.5   Hallgeräte   350
10.5.1   Hallalgorithmen   351
10.5.2   Faltungshall   353
10.6   Effektgeräte   354
10.6.1   Equalizer   354
10.6.2   Dynamikprozessoren   356
10.6.3   Delay-Effekte   360
10.6.4   Synthese-Effekte   361
10.6.5   Offline, Online, Echtzeit   362
10.7   Schnitt (Editing) und Mastering   362

Quellen   365
Bildnachweis   370
Sachwortverzeichnis   371

Was ist Tontechnik?

„Wie Wasser, Gas und elektrischer Strom von weither auf einen fast unmerklichen Handgriff hin in unsere Wohnungen kommen, um uns zu bedienen, so werden wir mit Bildern oder mit Tonfolgen versehen werden, die sich, auf einen kleinen Griff, fast ein Zeichen einstellen und uns ebenso wieder verlassen." (Paul Valéry, 1934)[1]

Im beginnenden 21. Jahrhundert ist Paul Valérys Vision längst Wirklichkeit geworden; die Verfügbarkeit von Bildern und Tonfolgen ist Daseinszweck von ganzen Industrien. Und mit der Entwicklung der audiovisuellen Medien ist auch die Tontechnik entstanden. Ihre Aufgabe ist es, für eine Vielfalt an Kommunikationsmitteln und Medien die Töne herzustellen und verfügbar zu machen; sei es für die öffentliche Verbreitung durch Rundfunk, Fernsehen und Film, für Tonträger wie CD und DVD oder für die „körperlose" Verbreitung mit Audiodateien.

Gründliche Kenntnisse der verschiedenen Fachgebiete der Tontechnik, von der Raumakustik über die Hörpsychologie bis zur Schallwandler- und Übertragungstechnik, sind unabdingbare Voraussetzung für fehlerfreie und gut klingende Aufnahmen. Das vorliegende Buch soll bei der Erarbeitung dieser Grundlagen helfen. Darüber hinaus braucht man, je nach angestrebtem Berufsbild, Kenntnisse in künstlerischen Fächern wie Musik oder Dramaturgie. Am wichtigsten – und am schwierigsten zu lernen – sind aber Einfühlungsvermögen, Fantasie und die Fähigkeit zur Kommunikation.

Abb. 1: Gerätelager beim PA-Verleih

Tonmeister, Toningenieur, Tontechniker

Bei der Musikproduktion gibt es, historisch gewachsen, die Arbeitsteilung zwischen **Tonmeister** (bzw. Regisseur, Musikregisseur, Dialogregis-

---

[1] Valéry, P.: **Pièces sur l'art**, Paris 1934. Nach Walter Benjamin: „Das Kunstwerk im Zeitalter seiner technischen Reproduzierbarkeit", 1936.

seur) und **Toningenieur** (**Audio Engineer**, **Tontechniker**). Während die „traditionelle" Musik-Tonmeisterin oder der Tonmeister die künstlerische Leitung der Aufnahme hat, ist der Toningenieur für die technische Durchführung verantwortlich, und u.U. gibt es noch einen Tontechniker, der dem Toningenieur assistiert. Bei einer typischen modernen Musikproduktion ist diese scharfe Trennung längst obsolet – der Tonmeister kommt heutzutage auch ohne technische Unterstützung zurecht, und Ingenieur und Techniker arbeiten auch ohne künstlerischen Leiter. Anders ist das beim Film: Am Set arbeitet ein verantwortlicher Filmtonmeister mit ein oder zwei Tonassistenten („Tonanglern") zusammen. Im Synchronstudio nimmt der Tonmeister die Sprecher auf, und die künstlerische Leitung liegt beim Regisseur.

Abb. 2: Pop-Produktion im Musikstudio

Nach jeder Aufnahme kommen die Arbeitsschritte der Nachbearbeitung („Postproduktion"), also Schnitt, Mischung, Mastering. Beim Filmton ist der **Schnittmeister**, **Cutter** oder **Editor** verantwortlich für den Schnitt, bei Aufnahmen klassischer Musik der verantwortliche Tonmeister oder Techniker. Die bei Musik- und Filmproduktionen erforderliche Tonmischung wird vom verantwortlichen Tonmeister, oft auch vom spezialisierten Mischtonmeister gemacht.

Im englischsprachigen Raum unterscheidet man zwischen dem **Recording Producer** (macht die Aufnahme, hat ggf. die künstlerische Leitung), dem **Executive Producer** (organisiert die Aufnahme) und dem **Recording Engineer** (hat die technische Verantwortung). Der Filmtonmeister wird als **Mixer** oder **Recordist** bezeichnet. Der Schnitt wird vom **Editor** durchgeführt. Irgendwo zwischen Recording Producer und Recording

Abb. 3: Dialogaufnahme am Filmset

Engineer ist der **Balance Engineer** angesiedelt – und manche englischen und amerikanischen Kollegen betonen den künstlerischen Anspruch ihrer Tätigkeit mit dem deutschen Begriff Tonmeister.

Ein modernes Berufsbild in der Film- und Gamesproduktion ist der **Sounddesigner** – hervorgegangen aus dem Beruf des Toncutters – der verantwortlich für die gesamte Klanggestaltung eines Films oder Spiels ist, der Geräuschaufnahmen macht, Atmos aufnimmt und anlegt und der versiert mit Synthesizer und Sequencer umgehen kann.

Diese Liste ist bei weitem nicht vollständig, und Grundlage aller dieser Berufe ist die Tontechnik.

Abb. 4: Musikaufnahme mit mobiler Technik im Orchesterprobensaal

Abb. 5: Elektronische Musikproduktion im MIDI-Projektstudio

Tonqualität

… ist zum größten Teil physikalisch und psychoakustisch erklärbar, auch wenn eingefleischte Leser der „High-End"-Gemeindeblätter das oft nicht wahrhaben mögen.

Man könnte darüber lachen, wenn nicht Leute viel Geld bezahlen würden für: Lautsprecherkabel mit Vorzugsrichtung; mit Diamantstaub beschichtete Hochtöner; luftig klingende Netzstecker; CDs, die dank Goldbeschichtung wärmer klingen. Herr, lass es Hirn regnen! Dass solche Absurditäten oft von respektablen Leuten ernst genommen werden, ist ein Beleg für die Komplexität der Tontechnik.

Man bekommt die klangbestimmenden Parameter einer Tonproduktion nicht durch esoterische Geräte in den Griff, sondern nur durch fundierte technische Kenntnisse. Welche klanglichen Veränderungen sind zu erwarten, wenn man die Mikrofonposition oder den Wandlertyp wechselt, im Aufnahmeraum einen Vorhang schließt oder auch nur ein paar Stühle verschiebt? Wie lässt sich der Wunsch von Musiker oder Produzent nach mehr „Luftigkeit" oder „Kern" in physikalisch-technische Begriffe übersetzen? Ein anderer Netzstecker wird hier nicht helfen …

Der Techniker, Tonmeister, Audio Engineer oder Sounddesigner sollte mit solchen Fragen umgehen können. Wer sich allein auf seine Geräte verlässt, wird bald an die Grenzen seiner Möglichkeiten stoßen. Wer sich aber auf die Tontechnik wirklich einlässt, kann Wunder erleben – auch ohne Wunderkabel.

1 Schall und Schwingungen

Am Anfang und am Ende jeder tontechnischen Arbeit steht der Schall. Die Wissenschaft von Schall und Klang ist, wie die ganze Tontechnik, jung. Zwar führte schon **Isaac Newton** (1642–1727) erste Berechnungen zur Schallausbreitung durch, und Pioniere wie **Ernst Florens Friedrich Chladni** (1756–1827) und **August Adolf Kundt** (1839–1894) konnten die dem Schall zu Grunde liegenden Schwingungen sichtbar machen.

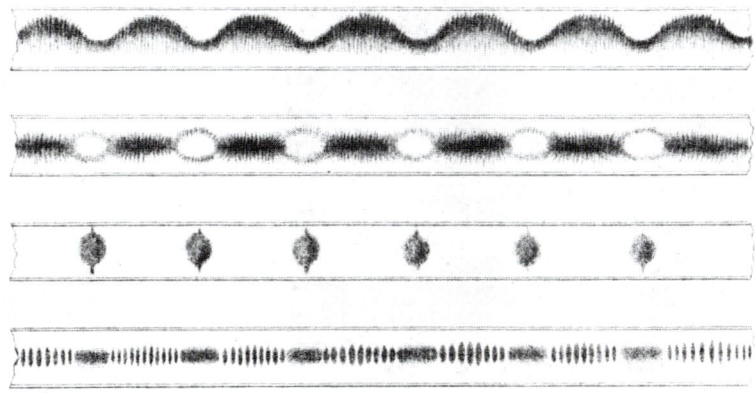

Abb. 1-1: Schallwellen im Glasrohr, mit Bärlappsamen sichtbar gemacht (August Kundt, 1866)

Doch erst **John William Strutt, Lord Rayleigh** (1842–1919), Physiknobelpreisträger 1904, wandte konsequent mathematische Methoden auf die Akustik an und etablierte sie damit als exakte Wissenschaft.

In diesem Kapitel werden Schwingungen und die Prinzipien der Schallausbreitung beschrieben. Neben der in der Tontechnik unverzichtbaren Pegelrechnung folgen Abschnitte über besondere Eigenheiten von Schallwellen wie Reflexion, Beugung, Interferenz, Schwebung, über Huygens'sches Prinzip und Doppler-Effekt, Wiederholungstonhöhe und Nichtlinearitäten bei großen Amplituden.

1.1 Mechanische Schwinger

Jedes Musikinstrument basiert auf Schwingungen: mechanische Schwingungen von Saiten, Membranen oder Platten, Schwingungen von Luftsäulen und akustischen Masseschwingern, Schwingungen in elektrischen Schaltungen, simulierte Schwingungen beim Synthesizer, und auch der Schall selbst ist eine Schwingung. Selbst das Übertragungsverhalten analoger und digitaler Filter lässt sich auf die Gesetzmäßigkeiten des einfachen mechanischen Schwingungsmodells zurückführen.

1.1.1 Freie und gedämpfte Schwingung

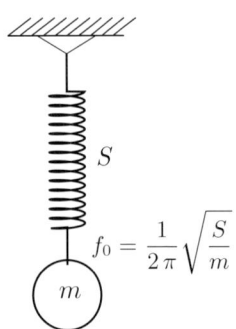

Abb. 1-2: Ideales ungedämpftes Federpendel; m: Masse, S: Federsteife

Der ideale mechanische Schwinger (Abb. 1-2) ist das einfachste Modell für die elastische Schwingung. Wird eine Masse m, die mit einer Feder der Steife S (Federkonstante) elastisch gelagert ist, um einen Betrag ξ_0 (Xi) aus der Ruhelage ausgelenkt und dann losgelassen, so beginnt sie zu schwingen (Abb. 1-3).

Diese Schwingung kann auf zwei Grundgesetze der Mechanik zurückgeführt werden: 1. das Newton'sche Bewegungsgesetz der trägen Masse (Kraft = Masse × Beschleunigung, $F = ma$) und 2. das Hooke'sche Federgesetz (Rückstellkraft ist proportional zur Auslenkung, $F = -S\xi$). Die Rückstellkraft der Feder ist der einwirkenden Kraft entgegengesetzt. Wenn das Pendel losgelassen wird (also keine äußeren Kräfte einwirken), müssen diese beiden Kräfte im Gleichgewicht sein, d.h. $ma = -S\xi$.

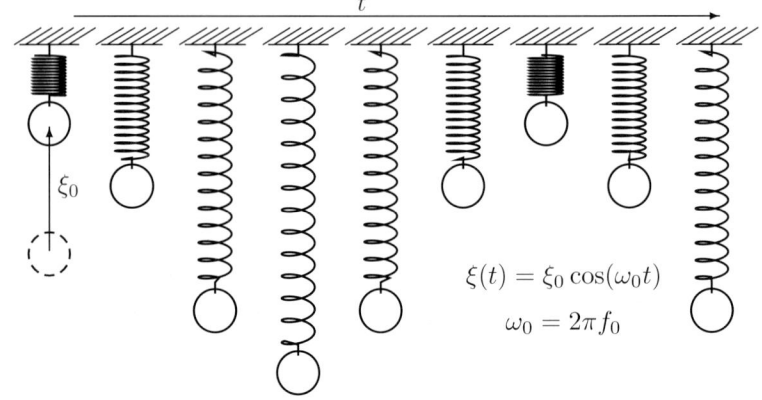

Abb. 1-3: Schwingendes Federpendel zu verschiedenen Zeitpunkten nach einer Anfangsauslenkung ξ_0

Nun ist die Beschleunigung a die zweite Ableitung der Auslenkung nach der Zeit bzw. die erste Ableitung der Geschwindigkeit v, d.h. $v = \mathrm{d}\xi/\mathrm{d}t$ und $a = \mathrm{d}v/\mathrm{d}t = \mathrm{d}^2\xi/\mathrm{d}t^2$. Somit lautet die Differenzialgleichung für die ungedämpfte freie Schwingung

$$m\frac{\mathrm{d}^2\xi}{\mathrm{d}t^2} = -S\xi.$$

Fasst man die Auslenkung als Funktion der Zeit auf, dann wird die Schwingungsgleichung von jeder Funktion $\xi(t)$ gelöst, deren zweite zeitliche Ableitung der ursprünglichen Funktion entspricht. Dies gilt für alle Sinus- und Cosinusfunktionen; die zweite Ableitung von $\cos(\omega_0 t)$ ist $-\omega_0^2 \cos(\omega_0 t)$. So lässt sich als Lösung angeben:

Gleichgewicht von beschleunigter Masse und Federkraft: freie Schwingung

$$\xi(t) = \xi_0 \cos(\omega_0 t) \quad \text{mit} \quad \omega_0 = \sqrt{\frac{S}{m}}.$$

Die Schwingung des idealen Federpendels (und aller anderen idealen Schwinger) ist cosinus- bzw. sinusförmig[1]. Dies nennt man eine **reine** oder **harmonische Schwingung** (Abb. 1-4).

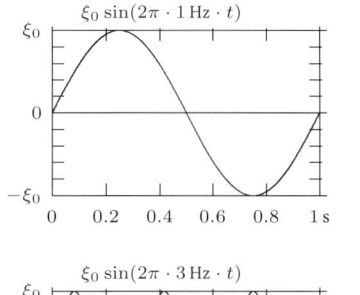
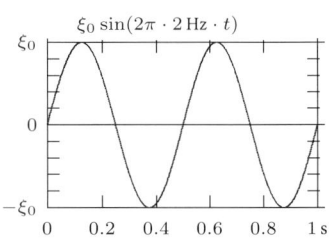
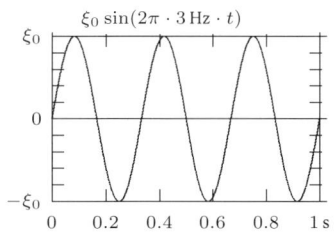
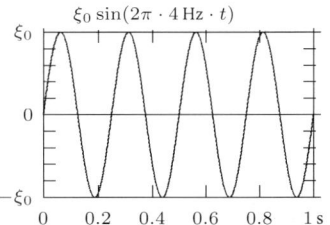

Abb. 1-4: Harmonische Schwingung; $\xi(t) = \xi_0 \sin(\omega t)$ für verschiedene Frequenzen 1 Hz, 2 Hz, 3 Hz, 4 Hz

Den Faktor ω (Omega) nennt man die **Kreisfrequenz**, ω_0 ist die Eigen-Kreisfrequenz des schwingenden Systems. Mit der Beziehung $\omega = 2\pi f$ kommt man von der Kreisfrequenz in s^{-1} zur „üblichen" Frequenz in Hertz (1 Hz = 1/s).

Frequenz und Kreisfrequenz

Der Faktor 2π „übersetzt" die in der Frequenz f angegebene Schwingungszahl pro Sekunde auf die im Winkel 2π periodischen Cosinus- und Sinusfunktionen (es wird grundsätzlich im Bogenmaß gerechnet!) – eine harmonische Schwingung bei einer Frequenz von 1000 Hz wird mathematisch als $f(t) = \sin(2\pi \cdot 1000\,\text{Hz} \cdot t)$ ausgedrückt.

Somit gilt für die **Eigenfrequenz** (engl. eigenfrequency) f_0 des ungedämpften Schwingers

$$\boxed{f_0 = \frac{1}{2\pi}\sqrt{\frac{S}{m}}.}$$

---

[1] Für die Beispielrechnungen wird im Folgenden meist die Cosinusfunktion benutzt.

Die **Periodendauer** T ist für jede Schwingung der Kehrwert der Frequenz:

$$T = \frac{1}{f} = \frac{2\pi}{\omega}.$$

Eigenfrequenz ist nur durch Masse und Federkraft bestimmt

Die Anfangsauslenkung ξ_0 ist die **Amplitude** der Schwingung. Sie hat keinen Einfluss auf die Eigenfrequenz des Systems! Die Frequenz der freien, ungedämpften Schwingung wird ausschließlich durch Masse und elastische Rückstellkraft bestimmt.

elektrische Analogie: Schwingkreis

Vergleicht man den mechanischen Schwinger mit elektrischen Schaltungen, dann entspricht die Masse einer Spule (Induktivität), die Nachgiebigkeit der Feder (Kehrwert der Federsteife S) einem Kondensator. Die elektrische Entsprechung des Federpendels ist der **Schwingkreis**, die Anfangsauslenkung ξ_0 entspricht einer elektrischen Spannung U_0 am Kondensator (vgl. Bandpassfilter, Abschnitt 4.3.1).

Die ideale ungedämpfte Schwingung dauert unendlich lange, ohne dass sich die Amplitude ändert. Reale Schwingungen, ob mechanisch oder elektrisch, sind immer gedämpft. Man unterscheidet aber zwischen schwacher Dämpfung – hier stimmt die Rechnung mit dem ungedämpften Modell ziemlich gut – und starker Dämpfung.

verbessertes Modell: gedämpfte Schwingung, geschwindigkeitsproportionale Dämpfung

Zur Erweiterung des Modells führt man eine Dämpfung r ein. In technischen Systemen ist die Dämpfung in Form einer mechanischen **Reibungskraft** meist proportional zur Geschwindigkeit. Die Bewegungsgleichung für den gedämpften mechanischen Schwinger lautet somit

$$m\frac{d^2\xi}{dt^2} + r\frac{d\xi}{dt} = -S\xi.$$

Sie wird für eine Anfangsauslenkung ξ_0 durch

$$\xi(t) = \xi_0\, e^{-\delta t} \cos(\omega_1 t)$$

gelöst. Die Amplitude der gedämpften Schwingung fällt exponentiell: Mit jeder Schwingungsperiode T verringert sich die Auslenkung um den Faktor $e^{-\delta T}$; die Abklingkonstante δ (Delta) bestimmt sich aus $\delta = r/2m$ (Abbildung 1-5). In der elektrischen Analogie entspricht die Reibung dem elektrischen Widerstand.

exponentiell abklingende Amplitude

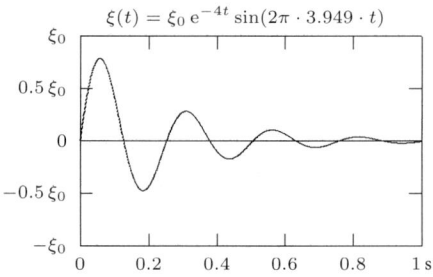

Abb. 1-5: Gedämpfte Schwingung $\xi(t) = \xi_0\, e^{-\delta t} \sin(\omega t)$ mit der Abklingkonstanten $\delta = 4$ und $f_0 = 4$ Hz. Durch die Dämpfung ist die Eigenfrequenz auf 3,949 Hz verstimmt.

Die Eigenfrequenz der gedämpften Schwingung ω_1 ist gegenüber der freien Schwingung um einen kleinen Betrag verstimmt:

$$\omega_1 = \sqrt{\omega_0^2 - \delta^2} \quad \text{mit} \quad \delta = \frac{r}{2m}.$$

Für kleine Werte der Dämpfung kann man diese Verstimmung vernachlässigen und annehmen, dass $\omega_1 \approx \omega_0$ ist. Erst bei sehr starker Dämpfung sinkt die Eigenfrequenz merklich. Für $\delta = \omega_0$ verschwindet sie ganz: $\omega_1 = 0$. Die Masse kehrt exponentiell in ihre Ruhelage zurück, ohne dabei zu schwingen. Dies nennt man den **aperiodischen Grenzfall** der Dämpfung. Er ist von großer Bedeutung für schwingungsfähige Systeme, die nicht nachschwingen sollen. Wählt man die Dämpfung noch größer ($\delta > \omega_0$), dann wird die Eigenfrequenz imaginär. Im Modell entspricht dies dem Kriechfall; der Schwinger kehrt nur sehr langsam in seine Ruhelage zurück[2].

aperiodischer Grenzfall und Kriechfall

1.1.2 Erzwungene Schwingung und Resonanz

Bisher wurde der Fall betrachtet, dass ein Schwinger „angestoßen" und danach sich selbst überlassen wird. Bei den meisten tontechnisch relevanten Schwingungen wird dem System aber ständig Energie zugeführt. Dies nennt man **erzwungene Schwingung**.

Anders als bei der „Stoßanregung" schwingt der Schwinger nicht mehr nur bei seiner Eigenfrequenz, sondern bei der von außen aufgezwungenen Frequenz. Die Eigenfrequenz wird aber in der Schwingungsamplitude sichtbar. Ist die Frequenz der äußeren Anregung gleich der Eigenfrequenz des Schwingers $f \approx f_0$, dann spricht man von **Resonanz**; die Eigenfrequenz nennt man auch **Resonanzfrequenz** des Systems.

Resonanz bei der Eigenfrequenz

Zur Berechnung des Resonanzverhaltens wird die Differenzialgleichung des gedämpften Schwingers um die äußere Kraft F_A ergänzt: Die Summe der Kräfte des freien Schwingers muss gleich der äußeren Kraft sein. Ist F_A eine harmonische Schwingung $F_A = F_0 \cos(\omega t)$, so ist die Bewegungsgleichung für die erzwungene Schwingung

$$F_0 \cos(\omega t) = m\frac{d^2\xi}{dt^2} + r\frac{d\xi}{dt} + S\xi.$$

Die allgemeine Lösung für die Amplitude ξ des Schwingers ist

$$\xi(t) = \xi_0 \cos(\omega t - \varphi),$$

die Masse schwingt mit der erregenden Frequenz, allerdings mit einer **Phasenverschiebung** φ (Phi) gegenüber der äußeren Kraft. Durch Einset-

---
[2] Für eine ausführliche Beschreibung der Schwingungen siehe z.B. Gerthsen, C.: **Physik**, Springer, 24. Aufl. 2010.

zen in die Bewegungsgleichung ergibt sich

$$F_0 \cos(\omega t) = -m\omega^2 \xi_0 \cos(\omega t - \varphi) - r\omega\, \xi_0 \sin(\omega t - \varphi) + S\xi_0 \cos(\omega t - \varphi).$$

In der Praxis kann man für die resultierende Schwingung drei Fälle unterscheiden:

tiefe Frequenzen: quasistatisch, Amplitude konstant

1. Tiefe Frequenzen ($f \ll f_0$): Es überwiegt die Rückstellkraft $S\xi$, und die Bewegungsgleichung vereinfacht sich zu $F_0 \cos(\omega t) = S\xi_0 \cos(\omega t - \varphi)$. Damit ist die Amplitude $\xi_0 = F_0/S$ und der Phasenwinkel $\varphi = 0$. Das System wird von der äußeren Kraft „quasistatisch hin- und hergezerrt" (Gerthsen), Schwinger und äußere Kraft sind in Phase und die Amplitude ist frequenzunabhängig.

hohe Frequenzen: massegehemmt, Amplitude fällt

2. Hohe Frequenzen ($f \gg f_0$): Es überwiegt die Trägheitskraft $m \cdot d^2\xi/dt^2$, und die Bewegungsgleichung vereinfacht sich zu $F_0 \cos(\omega t) = -m\omega^2 \xi_0 \cos(\omega t - \varphi)$. Wegen $-\cos(x) = \cos(x - \pi)$ ist die Gleichung mit dem Phasenwinkel $\varphi = \pi$ erfüllt, und die Amplitude ist dann $\xi_0 = F_0/(m\omega^2)$. Das System schwingt also gegenphasig und „massegehemmt": Mit steigender Frequenz fällt die Amplitude proportional zu $1/\omega^2$ bzw. $1/f^2$. In logarithmischer Darstellung entspricht dies einer Flankensteilheit von 12 dB pro Oktave (siehe Abschnitt 1.2.2).

Resonanz: Amplitude maximal

3. Resonanz ($f \approx f_0$): Wenn die äußere Frequenz in die Nähe der Eigenfrequenz der ungedämpften Schwingung kommt, nimmt das System ständig Leistung auf. Es entsteht ein Gleichgewicht der Leistungsaufnahme mit dem Dämpfungsverlust. Die Phasenverschiebung zwischen erregender und erzwungener Schwingung ist bei der Resonanzfrequenz $\varphi = \pi/2$. Die Amplitude ist $\xi_0 = F_0/(r\omega)$. Maximal erreicht sie den Wert $\xi_{\max} = F_0/(r\sqrt{S/m})$. Bei zu geringer Dämpfung wird sie extrem groß, z.B. beim Wolfston des Cellos oder beim Feedback der Beschallungsanlage (**Resonanzkatastrophe**).

Abbildung 1-6 zeigt den Amplitudenfrequenzgang der erzwungenen Schwingung für unterschiedliche Dämpfungen. Dieser charakteristische Resonanzverlauf ist bei sehr vielen schwingungsfähigen Systemen zu finden, wie z.B. beim Helmholtz-Resonator, der Lautsprechermembran oder dem elektrischen Schwingkreis.

Halbwertsbreite und Q-Faktor

Als Maß für die Resonanzdämpfung kann die **Halbwertsbreite** B_H herangezogen werden. Sie ist die „−3-dB-Bandbreite" des Resonanz-Peaks, also die Bandbreite bis zum Wert der halben Leistung oberhalb und unterhalb der Resonanzfrequenz. Als absolute Bandbreite in Hz berechnet man sie einfach aus der Differenz der beiden −3-dB-Grenzfrequenzen ($B_\mathrm{H} = f_\mathrm{o} - f_\mathrm{u}$).

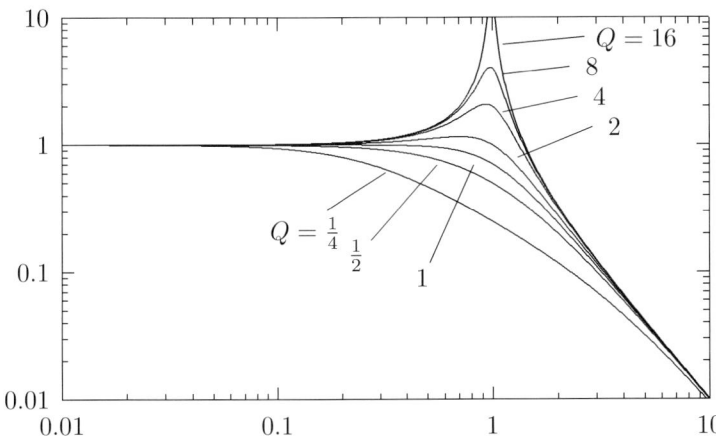

Abb. 1-6: Amplitude der erzwungenen Schwingung in Abhängigkeit von der Frequenz für verschiedene Werte der Resonanzgüte $Q = \omega_0/2\delta$, Darstellung doppelt logarithmisch, Frequenz normiert ($f_0 = 1$). Mit abnehmender Dämpfung bzw. zunehmender Güte wird der Resonanz-Peak höher und schmaler.

Elektrische Filter – und insbesondere die Equalizer am Mischpult – werden in der Tontechnik über ihre **Resonanzgüte** Q (**Gütefaktor**, **Q-Faktor**, engl. **quality factor**) beschrieben. Der Q-Faktor ist definiert als $2\pi \times$ Energie $\div$ Energieverlust in einer Periode, und er ist gleich dem Verhältnis der Resonanzfrequenz zur Halbwertsbreite:

$$Q = \frac{f_0}{B_\mathrm{H}}.$$

Mit abnehmender Halbwertsbreite steigt der Q-Faktor. Ein schwach gedämpfter Schwinger hat einen großen Q-Faktor; ein stark gedämpfter Schwinger hat einen kleinen Q-Faktor. Der Zusammenhang zur Dämpfung r bzw. der Abklingkonstanten δ ist gegeben durch $Q = \omega_0 \cdot m/r$ bzw. $Q = \omega_0/2\delta$. Der **aperiodische Grenzfall** ist für $Q = 1/2$ erreicht.

Bei **Lautsprechern** benutzt man seit den Arbeiten von Neville Thiele und Richard Small in den 1970er Jahren den kombinierten mechanisch-/elektrischen Q-Faktor zur Beschreibung der Resonanzdämpfung des Basschassis in Abhängigkeit vom angekoppelten Boxenvolumen. Die Resonanzdämpfung ist entscheidend für die Impulstreue und für die Klangfarbe im Bassbereich. Der Q-Faktor ist damit einer der wichtigsten **Thiele-Small-Parameter** zur Boxenberechnung. Bei hochwertigen Boxen wird $Q = 1/\sqrt{2} \approx 0{,}7$ angestrebt („Butterworth-Abstimmung", die Box hat dann im Bassbereich den Frequenzgang eines Hochpassfilters 2. Ordnung ohne Resonanzüberhöhung).

Thiele / Small

Ein für die intuitive Einstellung von Filtern sehr nützlicher Wert ist die **relative Bandbreite** B_HR des Resonanzverlaufs. Sie ist das Verhältnis der -3-dB-Grenzfrequenzen: $B_\mathrm{HR} = f_\mathrm{o}/f_\mathrm{u}$. Man kann sie aus der Resonanzgüte mit

relative Bandbreite

$$B_\mathrm{HR} = \left[\frac{1}{2Q} + \sqrt{1 + \frac{1}{(2Q)^2}}\right]^2$$

bestimmen. Normierung der relativen Bandbreite auf das Oktav-Intervall (Frequenzverhältnis 2 : 1) ergibt

$$N = \frac{\ln(B_{\mathrm{HR}})}{\ln 2}.$$

So hat beispielsweise ein Filter mit einer Resonanzgüte von $Q = \sqrt{2}$ eine relative Bandbreite von $B_{\mathrm{HR}} = 2$, was einer oktavnormierten Bandbreite von $N = 1$ (also einer Oktave) entspricht. Mit zunehmender Resonanzdämpfung wird die Resonanzgüte kleiner und die Bandbreite größer.

1.1.3 Effektivwert und Spitzenwert

Die Amplitude ist nicht immer die beste Beschreibung der Schwingungsstärke. Dies soll an einem Beispiel verdeutlicht werden:

Beschreibt man die Wechselspannung aus der mitteleuropäischen Steckdose als Schwingung, so ergibt sich

$$u(t) = u_0 \cos(\omega t) = 325\,\mathrm{V} \cdot \cos(2\pi \cdot 50\,\mathrm{Hz} \cdot t).$$

Der **Spitzenwert** der Wechselspannung (engl. peak) beträgt ± 325 V, der maximale Spannungshub („peak to peak") sogar 650 V – die an einem Verbraucher umgesetzte elektrische Leistung ist aber kleiner: Sie entspricht der Leistung bei einer Gleichspannung von lediglich 230 V. Diesen äquivalenten Gleichwert nennt man den **Effektivwert** der Schwingung. Er wird gelegentlich mit dem Symbol $\sim$ gekennzeichnet: $\tilde{u} = 230$ V.

Energie der Schwingung gemäß der am Verbraucher umgesetzten Leistung

Der Effektivwert ist ein Maß für den Energiegehalt einer Schwingung. Er entspricht der mittleren Amplitude des gleichgerichteten Schwingungsverlaufs; die Berechnung erfolgt für analytische Schwingungen gemäß der englischen Bezeichnung **RMS** (root mean square) durch die Quadratwurzel aus dem quadrierten und über eine Schwingungsperiode zeitlich gemittelten ($\frac{1}{T}\int_0^T \mathrm{d}t$) Schwingungsverlauf:

$$\tilde{\xi} = \sqrt{\frac{1}{T}\int_0^T \xi^2(t)\,\mathrm{d}t}.$$

Für eine harmonische Schwingung $\xi(t) = \xi_0 \cos(\omega t)$ ergibt sich[3]

$$\begin{aligned}
\tilde{\xi} &= \sqrt{\frac{1}{T}\int_0^T \xi_0^2 \cos^2(\omega t)\,dt} \\
&= \sqrt{\frac{1}{T}\xi_0^2 \left[\frac{1}{2}t + \frac{1}{4\omega}\sin(2\omega t)\right]_0^T}
\end{aligned}$$

---

[3] $\int \cos^2(ax) = \frac{1}{2}x + \frac{1}{4a}\sin(2ax)$, $\sin(2\omega T) = \sin(4\pi) = 0$ wegen $T = 1/f = 2\pi/\omega$; siehe S. 20

$$= \xi_0 \sqrt{\frac{1}{T} \cdot \frac{1}{2}T + \frac{1}{T} \cdot \frac{1}{4\omega} \cdot 0} = \xi_0 \frac{1}{\sqrt{2}}.$$

Bei sinus- oder cosinusförmigen Schwingungen wie der Wechselspannung aus der Steckdose ist der Effektivwert um den Faktor $1/\sqrt{2}$ kleiner als der Spitzenwert (z.B.: $325/\sqrt{2} = 230$). Auch bei anderen Schwingungsverläufen ist er kleiner als der Spitzenwert, nur bei rechteckförmiger Schwingung sind beide Werte gleich.

Das Verhältnis von Spitzenwert zu Effektivwert wird als **Crest-Faktor** (**Scheitelfaktor**) bezeichnet. Er ist ein Maß für die „Impulshaftigkeit" einer Schwingung. Harmonische Schwingungen haben einen Crest-Faktor von $\sqrt{2} \approx 1{,}4$, die Rechteckschwingung hat einen Crest-Faktor von 1, ebenso wie die binäre Maximalfolge (MLS, S. 140). Bei Zufallssignalen (Rauschen) hängt der Crest-Faktor von der statistischen Häufigkeitsverteilung der Amplituden ab[4]; typisch sind Werte zwischen 3 und 5. Der Crest-Faktor des idealen Impulses (Dirac-Stoß, S. 138) ist unendlich.

Für zeitveränderliche Schwingungen wie z.B. Sprache und Musik bestimmt man den momentanen Effektivwert und Crest-Faktor messtechnisch z.B. durch numerische Integration.

In der Elektrotechnik und Akustik werden Wechselgrößen meist mit ihrem Effektivwert beschrieben. Der Spitzenwert wird in der Tontechnik benutzt, um die Aussteuerung von Signalen zu kontrollieren – insbesondere in digitalen Systemen ist nicht der Energiegehalt eines Signals, sondern seine maximale Amplitude wichtig.

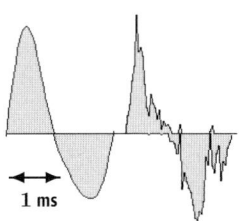

Abb. 1-7: zwei Schwingungen mit vergleichbarer Amplitude, aber unterschiedlichem Crest-Faktor: Klavier (links), Cembalo (rechts)

1.1.4 Komplexe Beschreibung

Die Darstellung einer harmonischen Schwingung als trigonometrische Funktion (Sinus, Cosinus) ist zwar anschaulich, aber für umfangreichere Berechnungen umständlich. Die weniger anschauliche Rechnung mit **komplexen Zahlen** kann den Arbeitsaufwand erheblich verringern. Hier wird die komplexe Rechnung u.A. bei der Fouriertransformation eingesetzt (Abschnitt 4.2).

Eine komplexe Zahl $\underline{z}$ besteht aus zwei Komponenten, einem Realteil und einem Imaginärteil: $\underline{z} = a + jb$ mit $\text{Re}\{\underline{z}\} = a$ und $\text{Im}\{\underline{z}\} = b$. Das Symbol j (oder i) steht für die imaginäre Einheit: $j^2 = -1$.

Während eine reelle Zahl geometrisch als Punkt auf einer Zahlengeraden aufgefasst werden kann, ist die komplexe Zahl ein Punkt in der durch reelle und imaginäre Achse aufgespannten Zahlenebene (Gauß'sche Ebene nach **Carl Friedrich Gauß**, 1777–1855). Jede reelle Zahl lässt sich als Realteil einer komplexen Zahl interpretieren, als Projektion einer komplexen Zahl auf die reelle Achse in der Gauß'schen Ebene.

---

[4] Je mehr sich die Amplitudendichte des Rauschens der Gauß'schen Normalverteilung annähert, und je länger der Messzeitraum ist, desto größer ist der gemessene Crest-Faktor.

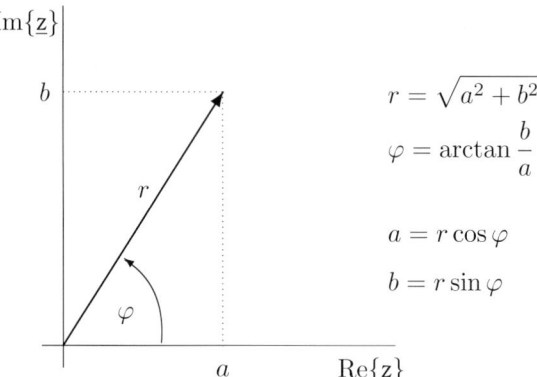

Abb. 1-8: Darstellung einer komplexen Zahl $\underline{z} = a + \mathrm{j}b$ als Zeiger in der Gauß'schen Ebene

Benutzt man die Analogie des **komplexen Zeigers** vom Ursprung der Zahlenebene zu dem durch Real- und Imaginärteil gegebenen Punkt, dann lässt sich die komplexe Zahl auch als Betrag und Phase (Länge r und Winkel φ des Zeigers) darstellen.

Die Übersetzung der Real-/Imaginärteil-Darstellung $a + \mathrm{j}b$ in die Zeigerdarstellung ist formal eine Transformation von kartesischen Koordinaten in Polarkoordinaten:

$$r = \sqrt{a^2 + b^2} \quad \text{und} \quad \varphi = \arctan \frac{b}{a}.$$

Abbildung 1-8 verdeutlicht diese Zusammenhänge.

Nach **Leonhard Euler** (1707 – 1783) sind trigonometrische Funktionen und Exponentialfunktionen über die Beziehung

Euler'sche Formel

$$\cos x + \mathrm{j} \sin x = \mathrm{e}^{\mathrm{j}x}$$

verbunden. Mit dieser **Euler'schen Formel** kann die komplexe Zahl $\underline{z}$ in Betrag und Phase als $\underline{z} = r \cdot \mathrm{e}^{\mathrm{j}\varphi}$ dargestellt werden. Insbesondere lässt sich aber auch die harmonische Schwingung als Realteil einer komplexen Exponentialfunktion interpretieren:

$$\xi(t) = \xi_0 \cos(\omega t) = \mathrm{Re}\{\xi_0 \mathrm{e}^{\mathrm{j}\omega t}\},$$

die komplexe Darstellung der Schwingung ist demnach

$$\underline{\xi}(t) = \xi_0 \mathrm{e}^{\mathrm{j}\omega t}.$$

Schwingung als rotierender Zeiger

Die exponentielle Darstellung der Schwingung ist ein gegen den Uhrzeigersinn um den Koordinatenursprung **rotierender Zeiger** in der komplexen Ebene. Die Länge ξ_0 des rotierenden Zeigers $\xi_0 \mathrm{e}^{\mathrm{j}\omega t}$ entspricht der Schwingungsamplitude (Betrag der Schwingung), seine Rotationsfrequenz ω ist die Kreisfrequenz der Schwingung. Die gewohnte Cosinus-Darstellung lässt sich aus diesem Bild als Projektion des rotierenden Zeigers auf die reelle Achse in Abhängigkeit von der Zeit ableiten.

Ist die Schwingung auf der Zeitachse verschoben, so lässt sich dies als Winkel des Zeigers φ_0 zum Zeitpunkt $t = 0$ beschreiben (**Phasenwinkel** oder **Phase**). Die vollständige komplexe Darstellung der Schwingung einschließlich des Phasenwinkels ist demnach

Phasenwinkel der Schwingung

$$\underline{\xi}(t) = \xi_0\, e^{j(\omega t + \varphi_0)} = \xi_0\, e^{j\omega t}\, e^{j\varphi_0}$$

mit der komplexen Amplitude in Betrag und Phase für $t = 0$ von

$$\underline{\xi}(0) = \xi_0\, e^{j\varphi_0}.$$

Die Darstellung der Schwingung als komplexer Zeiger ist in der Nachrichtentechnik sehr gebräuchlich.

1.2 Schallfeld

Schall ist die erzwungene Schwingung elastischer Materie. Werden benachbarte Moleküle eines Mediums durch eine äußere Kraft aus ihrer Ruhelage bewegt, dann pflanzt sich unter bestimmten Voraussetzungen – die Anregung erfolgt ausreichend schnell und auf einer ausreichend großen Fläche – dieser Bewegungsimpuls durch das Medium fort; eine **Welle** entsteht. Wellen sind Schwingungen in Zeit und Raum: Der zeitliche Verlauf an einem Punkt im Raum ist äquivalent zum räumlichen Verlauf zu einem Zeitpunkt. Die Gesamtheit der von einer Quelle abgestrahlten Wellen wird als **Schallfeld** bezeichnet.

Schallausbreitung gibt es in jedem Medium. In Festkörpern spricht man von **Körperschall**, in Flüssigkeiten von **Wasserschall** bzw. **Flüssigkeitsschall**, in Gasen von **Luftschall**. In der Bauakustik spielt die Körperschallausbreitung eine wichtige Rolle. In der Tontechnik ist dagegen fast ausschließlich die Luftschallausbreitung von Bedeutung; der Körperschall wird hier nur zur Beschreibung von Saiten- und Membranschwingungen gebraucht.

1.2.1 Schallwellen

Eine eindimensionale harmonische Welle einer Feldgröße a (z.B. Schalldruck oder Schallschnelle, s.u.) ist durch

$$a(t,x) = a_0 \cos(\omega t - kx) \quad \text{bzw.} \quad a_0\, e^{j(\omega t - kx)}$$

gegeben, wobei die Variable x den Ort beschreibt, t die Zeit. Analog zur Kreisfrequenz $\omega = 2\pi f$ wird die **Wellenzahl** k über die **Wellenlänge** λ (Lambda) definiert: $k = 2\pi/\lambda$. Die Periodendauer $T = 1/f$ ist der zeitliche Abstand zweier gleicher Schwingungszustände, die Wellenlänge λ ist ihr räumlicher Abstand. Räumlicher und zeitlicher Verlauf sind über die Ausbreitungsgeschwindigkeit c (Phasengeschwindigkeit) gekoppelt:

Wellenlänge

$$\lambda = \frac{c}{f}.$$

Die Phasengeschwindigkeit des Schalls ist die **Schallgeschwindigkeit** (engl. speed of sound). **Pierre Simon Laplace** (1749–1827) gelang es, die Luftschall-Geschwindigkeit aus der Gastheorie abzuleiten: $c = \sqrt{\kappa R T}$. Der Adiabatenexponent κ (Kappa) beschreibt die spezifischen Wärmekapazitäten der Luft, er ist von der Molekülstruktur abhängig ($\kappa_{\text{Luft}} = 7/5 = 1{,}4$). R ist die spezielle Gaskonstante, die Temperatur T wird in Kelvin angegeben[5]. Für Luftschall gilt $R_{\text{Luft}} = 287$ J/(kg K). Bei $20°\text{C} = 293{,}15$ K ergibt sich daraus ein theoretischer Wert der Schallgeschwindigkeit von $c = \sqrt{1{,}40 \cdot 287 \cdot 293{,}15} = 343{,}2$ m/s. Experimentell findet man nahezu den selben Wert (Beranek 1954):

Schallgeschwindigkeit ist temperaturabhängig!

$$c = 331{,}4 \sqrt{\frac{T}{273}} = 331{,}4 \sqrt{1 + \frac{T_{\text{Cels}}}{273}}$$

mit der Temperatur T in Kelvin bzw. T_{Cels} in °C. Im Temperaturbereich $-30°\text{C}$ bis $+30°\text{C}$ gilt die Näherung

$$c \approx 331{,}4 + 0{,}607\, T_{\text{Cels}}$$

Normal-Schallgeschwindigkeit 343 m/s

Bei $20°\text{C}$ ergibt sich ein Wert von $343{,}32$ m/s oder gerundet

$$c_0 = 343 \text{ m/s}.$$

In drei Sekunden legt der Schall rund einen Kilometer zurück; im Hochsommer rund 50 m mehr als im Winter.

Normalerweise kann man die Schallgeschwindigkeit als konstant betrachten. Bei Musikinstrumenten, deren Tonhöhe von der Schallwellenlänge abhängig ist (Blasinstrumente, Orgel), kann die Temperaturabhängigkeit aber einen erheblichen Einfluss haben, weil sich – bei gegebener Wellenlänge – gemäß $f = c/\lambda$ mit der Schallgeschwindigkeit ja auch die Frequenz ändert (Abschnitt 1.4.2). Bei Beschallungen im Freien oder in großen Hallen kann die in verschiedenen Höhen unterschiedliche Temperatur zur **Schallbrechung** führen (Abschnitt 1.3.2).

Schallbrechung durch Temperaturgefälle

In Abhängigkeit von der Molekülstruktur, der Dichte und dem Aggregatzustand eines Mediums ist die Schallgeschwindigkeit u.U. erheblich größer als in Luft: So beträgt sie in Helium etwa 970 m/s, in Meerwasser 1530 m/s, in Holz 3300 bis 4700 m/s und in Stahl 5100 m/s.

Der hörbare und damit für die Tontechnik relevante Frequenzbereich umfasst maximal 16 Hz bis 20 kHz (meist wird entweder 16...16k oder

---

[5] Zur Theorie idealer Gase siehe z.B. Gerthsen, C.: **Physik**, Springer, 24. Aufl. 2010.

20 ... 20k angegeben). Dies nennt man zur Abgrenzung gegen die hohen Frequenzen der Sendetechnik den **Niederfrequenz**-Bereich (NF). Der synonyme angloamerikanische Begriff **Audio Frequency Range** (AF) wird auch eingedeutscht verwendet (Audio-Frequenzbereich).

Der Bereich der hörbaren Wellenlängen erstreckt sich von 21 m bis zu 2,1 cm (bei 16 Hz bis 16 kHz) bzw. von 17 m bis zu 1,7 cm (bei 20 Hz bis 20 kHz). Der Standard-Messton von 1 kHz hat eine Wellenlänge von 34 cm, der Stimmton a′ = 440 Hz eine Länge von 78 cm bei 20°C.

Ein anschauliches Modell für die eindimensionale Schallausbreitung ist eine Reihe gekoppelter Federpendel (Abb. 1-9). Im Gegensatz zur erzwungenen Schwingung des Federpendels ist es aber bei der Wellenausbreitung nicht ohne weiteres möglich, Resonanz zu erzeugen: Resonanz kann nur auftreten, wenn es durch mehrfache Reflexion einer Schallwelle zur Interferenz kommt – eine solche Luftschallresonanz nennt man **stehende Welle** (Abb. 1-10; siehe auch Abschnitt 1.3.2).

Audio-Frequenzbereich 16 Hz ... 16 kHz oder 20 Hz ... 20 kHz, Wellenlängen ungefähr 2 cm ... 20 m

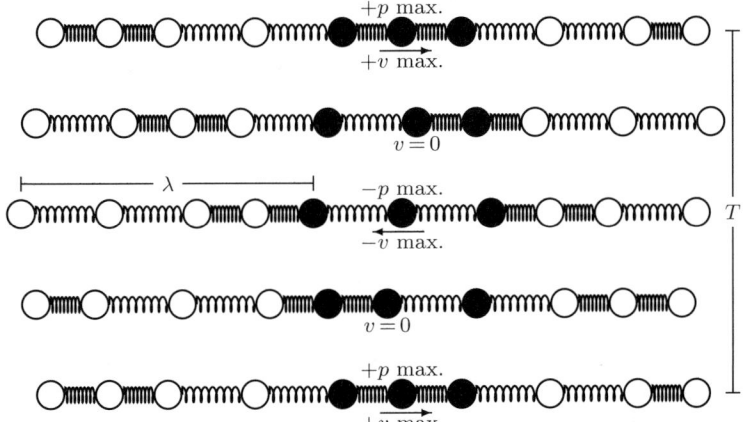

Abb. 1-9: Eine Schwingungsperiode einer fortschreitenden harmonischen Welle. Der Schalldruck wird durch die mittlere Dichte der schwingenden Massen symbolisiert, die Schallschnelle durch die Geschwindigkeit der einzelnen Massen. Bei maximaler Auslenkung der Masse ist ihre Schnelle null; wenn sie ihre Ruheposition durcheilt, ist ihre Schnelle maximal. Druck und Schnelle sind phasengleich.

Die charakteristischen Größen der Schallwelle sind Druck und Schnelle. Die **Schallschnelle** (engl. velocity) v ist die mittlere Geschwindigkeit der schwingenden Luftmoleküle. Sie ist nicht wirklich schnell: Bei Zimmerlautstärke beträgt sie rund 0,25 mm/s und ist damit rund 1,4 Millionen Mal langsamer als die Schallgeschwindigkeit! Bei den leisesten noch hörbaren Schallwellen beträgt die Schnelle unvorstellbare 0,05 µm/s – bei dieser Geschwindigkeit wäre ein Luftmolekül siebeneinhalb Monate unterwegs, um einen einzigen Meter zurückzulegen ...

Dementsprechend ist auch die Auslenkung der Moleküle ξ sehr klein. Sie lässt sich für harmonische Wellen wegen $\xi(t,x) = \xi_0\, e^{j(\omega t - kx)}$ und $v = \partial \xi / \partial t$ mit $\xi_0 = v_0/\omega$ berechnen (vgl. Abschnitt 1.1). Bei einer Frequenz von 1 kHz ($\omega = 2\pi \cdot 1000$ Hz) ergibt sich für den leisesten noch hörbaren Schall ein Wert von $\xi_0 \approx 8 \cdot 10^{-12}$ m $= 0,08$ Ångström – dies ist weniger als ein Zehntel eines Atomdurchmessers!

Schnelle und Auslenkung der Luftmoleküle

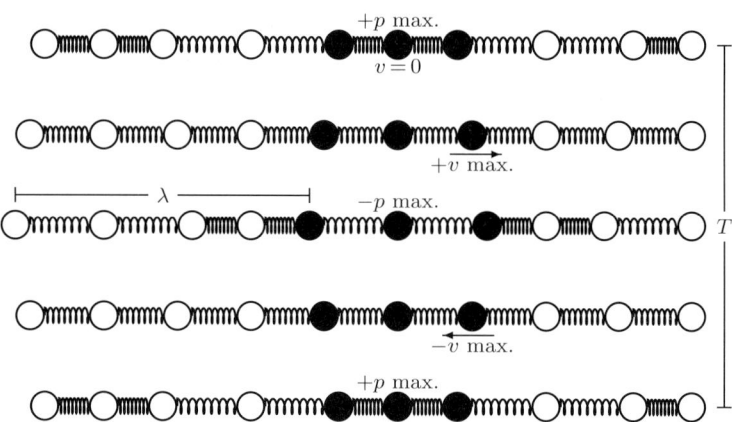

Abb. 1-10: Eine Schwingungsperiode einer stehenden Welle. Druck und Schnelle sind zeitlich und räumlich um $\pi/2$ phasenverschoben, und es entstehen ortsfeste Druck- und Schnelleknoten.

Und auch wenn es wirklich laut wird, bleibt die Auslenkung der Luftmoleküle klein. An der Schmerzgrenze und bei den tiefsten noch hörbaren Tönen ist sie nicht größer als 1 mm. (Was ein Langhub-Tieftöner im Tiefbassbereich produziert, ist vor allem akustische Blindleistung, siehe Abschnitt 1.2.4).

Schalldruck p

Weil unsere Ohren aber nicht auf Schnelle oder Molekülauslenkung, sondern auf Druckschwankungen der Luft reagieren, ist die mit Abstand wichtigste Schallfeldgröße der **Schalldruck** (engl. pressure) p. Seine Einheit ist zu Ehren des Mathematikers **Blaise Pascal** (1623 – 1662) das Pascal (Pa = N/m^2).

Dynamik des Gehörs

Bei mittleren Frequenzen können wir Druckschwankungen von ungefähr 20 µPa bis 20 Pa (Effektivwert) wahrnehmen. Der „lauteste" Schalldruck ist also ungefähr eine Million Mal größer als der „leiseste" Schalldruck (zum Vergleich: Der wetterabhängige statische Luftdruck beträgt im Mittel 1013 hPa $\approx 10^5$ Pa, ist also etwa fünftausendmal größer als der größte wahrnehmbare Wechseldruck).

Wellenwiderstand

Das Verhältnis zwischen Schalldruck und Schallschnelle beschreibt vollständig die akustischen Eigenschaften eines Mediums. Man bezeichnet es als **Wellenwiderstand** oder **Schallimpedanz** Z:

$$Z = \frac{p}{v}$$

Für die ebene Welle bzw. im Fernfeld (siehe Abschnitte 1.2.3, 1.2.4) ist das Verhältnis von Druck und Schnelle und damit auch der Wellenwiderstand reellwertig und konstant. Er entspricht dann dem Produkt aus Ruhedichte und Schallgeschwindigkeit und wird als **Schallkennimpedanz** Z_0 bezeichnet:

$$Z_0 = \varrho_0 \cdot c_0 \approx 413 \ \frac{\text{kg}}{\text{m}^2 \text{s}}.$$

mit einer Luftdichte von $\varrho_0 = 1{,}204$ kg/m^3 bei einem Luftdruck von 1013 hPa und einer Temperatur von 20 °C.

1.2 Schallfeld

Für die Schallenergie sind verschiedene Beschreibungen möglich. Die **Schallintensität** J (engl. intensity) ist ein relatives Energiemaß. Sie berechnet sich aus dem Produkt von Druck und Schnelle

Schallintensität J

$$J = p \cdot v,$$

ihre Einheit ist Watt pro Quadratmeter (W/m²). Ein absolutes Energiemaß (z.B. für die von einer Quelle abgestrahlte Gesamtenergie) ist die **Schallleistung** P (engl. power), angegeben in Watt (W). Sie ist die Intensität multipliziert mit der durchschallten Fläche:

Schallleistung P

$$P = p \cdot v \cdot S = J \cdot S.$$

Typische Werte für die gesamte abgestrahlte Schallleistung liegen zwischen einigen μW bei Sprache bis zu einigen W bei sehr lauten und basskräftigen Instrumenten (z.B. Basstrommel).

Intensität und Leistung sind proportional zum Quadrat des Schalldrucks: Unter der Annahme einer ebenen Welle (bzw. im Fernfeld, siehe Abschnitt 1.2.4) ist ja das Verhältnis von Druck und Schnelle proportional. Daher kann man die Schallschnelle durch den Schalldruck ersetzen: $v = p/Z_0$ und somit ist $J = p^2/Z_0 \sim p^2$.

quadratischer Zusammenhang zwischen Druck und Intensität

Die Entstehung einer ebenen Welle lässt sich aus einigen theoretischen Überlegungen zu Kräften und Zustandsänderungen in idealen Gasen herleiten[6]. Der erste Ausgangspunkt ist die durch ein Druckgefälle im Medium (**Druckgradient:** $\operatorname{grad} p(t,x) = \partial p / \partial x$) verursachte Kraft auf die Umgebung. Der zweite Ausgangspunkt ist die **Poisson-Gleichung** $pV^\kappa = const.$, abgeleitet aus der Zustandsgleichung idealer Gase für sehr kleine und schnelle (und damit adiabatische) Druck- bzw. Volumenänderungen; κ (Kappa) ist der von der Molekülstruktur des Gases abhängige **Adiabatenexponent** (bei sehr großem Schalldruck ist die Schallausbreitung nicht mehr adiabatisch; siehe Abschnitt 1.2.5).

Wellengleichung

Daraus lässt sich die **eindimensionale Wellengleichung** für den Schalldruck ableiten: $\partial^2 p / \partial t^2 = c^2 \, \partial^2 p / \partial x^2$ – die zweite Ableitung des Schalldrucks nach der Zeit ist bis auf den Proportionalitätsfaktor c^2 gleich der zweiten Ableitung nach dem Ort. Die Gleichung beschreibt eine ebene Welle, die mit der Phasengeschwindigkeit c, abhängig vom Verhältnis von statischem Luftdruck p_- zur Ruhedichte der Luft ϱ_0 in x-Richtung wandert: $c = \sqrt{\kappa \, p_- / \varrho_0}$.

Die Wellengleichung wird von jeder zweimal differenzierbaren Funktion $p(t,x)$ erfüllt, deren innere Ableitung nach dem Ort $1/c$ ist. Eine spezielle – und in der Tontechnik wichtige – Lösung ist die **harmonische Welle** in positiver oder negativer x-Richtung: $p(t,x) = p_0 \cos(\omega t \mp kx)$ bzw. $p_0 \, \mathrm{e}^{\mathrm{j}(\omega t \mp kx)}$ mit $\omega = 2\pi f$, $k = 2\pi/\lambda$ und $c = f\lambda$.

Die auf S. 28 vorgestellte Formel für die **Schallgeschwindigkeit** $c = \sqrt{\kappa R \mathcal{T}}$ ergibt sich aus der Wellengleichung mit $p_-/\varrho_0 = R\mathcal{T}$, dem Zusammenhang zwischen Temperatur, Druck und Dichte für ideale Gase; R ist die spezielle Gaskonstante.

---

[6] Für eine ausführliche Beschreibung siehe z.B. Beranek, L.: **Acoustics**, Acoust. Soc. Am. 1986 / 1993, oder Gerthsen, C.: **Physik**, Springer, 24. Aufl. 2010.

1.2.2 Akustische und elektrische Pegel

Weil wir keine absoluten Sinnesreize, sondern näherungsweise Reizverhältnisse (also z.B. eine Reizverdoppelung oder -halbierung) als konstant empfinden, ist der Logarithmus zur Darstellung von Wahrnehmungsgrößen besonders geeignet. Diese Beobachtung geht auf **Gustav Theodor Fechner** zurück und wird als **Fechner'sches Gesetz** (gelegentlich auch nach Ernst Heinrich Weber als Weber-Fechner'sches Gesetz) bezeichnet. Um die Sinneswahrnehmung näherungsweise nachzubilden, muss man also das Verhältnis zweier Reize logarithmieren. Man erhält dabei **Pegel** (engl. level). Zu Ehren von Alexander Graham Bell werden Pegel in **Dezibel** (dB), also „zehntel Bel", angegeben.

> **Fechner'sches Gesetz: Wahrnehmung ist logarithmisch skaliert**

> **Pegel in dB**

Im strengen Sinn ist dB keine Einheit, weil durch den Quotienten zweier physikalischer Größen die Einheiten verschwinden. Die „Pseudo-Einheit" dB wird daher für alle Pegel benutzt, egal ob die Ausgangsgröße Schalldruck, Intensität oder Leistung, elektrische Spannung oder elektrische Leistung war.

Berechnet man das Verhältnis zweier beliebiger Werte, so erhält man **relative Pegel**. Das Verhältnis zu einem definierten Referenzwert führt zum **absoluten Pegel**.

> **absoluter Pegel, relativer Pegel**

Ein Dezibel, gleich bei welcher Art Pegel, entspricht in etwa der kleinsten wahrnehmbaren Lautstärkenänderung. Im Bereich der maximalen Gehörempfindlichkeit verringert sich diese Unterschiedsschwelle allerdings auf bis zu einem viertel Dezibel.

Akustische Pegel sind auf Basis der von einer Quelle abgestrahlten Schallleistung definiert. Der **Schalldruckpegel** L_p (engl. sound pressure level, SPL) ist das gebräuchlichste Maß für die Schallstärke. Wegen des quadratischen Zusammenhangs zwischen Schalldruck und Schallleistung ist er als zehnfacher Logarithmus aus dem quadrierten Verhältnis zweier Schalldrücke definiert: $L_p = 10 \log(p/p_0)^2$. Das Quadrat kann als Faktor 2 vor den Logarithmus gezogen werden, so dass sich

> **Schalldruckpegel L_p**

$$L_p = 20 \log \frac{p}{p_0} \text{ dB}$$

ergibt. Der Referenzwert p_0 entspricht mit $p_0 = 2 \cdot 10^{-5}$ Pa ungefähr dem kleinsten wahrnehmbaren Schalldruck. Durch die Quadrierung bzw. den Faktor 20 vor dem Logarithmus und den passenden Referenzwert ist sichergestellt, dass Schalldruckpegel und Schallleistungspegel zahlenmäßig gleich sind.

Die in Tab. 1-1 angegebenen Werte sollen eine ungefähre Vorstellung der Größenordnungen des Schalldruckpegels geben. Pegel dürfen keinesfalls mit der subjektiven **Lautheit** verwechselt werden (zur Lautheitsempfindung siehe Abschnitte 3.2.4 und 3.2.5).

Hörschwelle bei 2 kHz	0 dB	Standardpegel ($p = 1$ Pa)	94 dB	**Tabelle 1-1:** Typische Werte für den absoluten Schalldruckpegel (Quellen u.a. Kuchling 1984, Lercher 2003)
extreme Stille	10 dB	Club, Popkonzert	110 dB	
Stille	20 dB	Grenze der Erträglichkeit	120 dB	
leise Umgebungsgeräusche	30 dB	Schmerzgrenze	135 dB	
leise Unterhaltung	40 dB	Bassdrum am Trommelfell	150 dB	
laute Unterhaltung	60 dB	Spielzeuggewehr (50 cm)	155 dB	
Kino (Normalpegel)	85 dB	Knallkörper (2 m)	166 dB	

Der **Schallleistungspegel** (engl. power level) wird, um eine Verwechslung mit dem Schalldruckpegel zu vermeiden, mit dem Index W gekennzeichnet:

Schallleistungspegel, Schallintensitätspegel

$$L_W = 10 \log \frac{P}{P_0} \text{ dB} \quad (P_0 = 10^{-12} \text{ W}).$$

Die Referenzleistung $P_0 = 10^{-12}$ W entspricht ungefähr der kleinsten wahrnehmbaren Schallstärke. Der **Schallintensitätspegel** (engl. intensity level) L_J wird auf die gleiche Weise berechnet; die Referenzintensität ist $J_0 = 10^{-12}$ W/m².

Bei der Pegelmessung ist es oft wünschenswert, die subjektive Lautstärkeempfindung zumindest in grober Näherung nachzubilden. Dazu filtert man das zu messende Signal mit dem bandpassartigen **Bewertungsfilter A** nach IEC 651 bzw. DIN 45 633 (Abbildung 1-11). Bewertete Pegel werden mit Angabe der Bewertungskurve bezeichnet, also z.B. mit dB(A). Die A-Bewertung kompensiert in etwa die Kurve gleicher Lautheit für 40 dB (40-phon-Kurve; siehe Abschnitte 3.2.4 und 3.2.5). Sie ist demnach zur gehörrichtigen Pegelmessung bei kleinen und mittleren Pegeln geeignet.

bewertete Pegel dB(A)

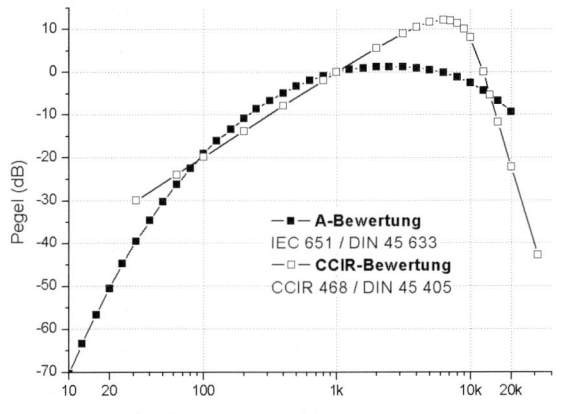

Abb. 1-11: Filterkurven A und CCIR (Bewertungskurven) zur gehörgemäßen Pegelmessung

Da aber mit steigendem Pegel die Lautheitsempfindung mehr und mehr frequenzlinear wird, ist die A-Bewertung für große Schalldruckpegel völlig ungeeignet und liefert u.U. erheblich zu niedrige Werte! In der klassischen akustischen Messtechnik gibt es für diese Fälle zwar die flacheren B- und C-Filter (entsprechend in etwa den inversen 80- und 100-phon-Kurven), nur werden diese Filter de facto nicht benutzt.

CCIR-Bewertung

In der Studiotechnik ist auch das **Bewertungsfilter nach CCIR 468** (auch IEC 60268 bzw. DIN 45 405) gebräuchlich. Das CCIR-Filter bewertet die Mittenfrequenzen noch stärker als das A-Filter, deshalb weichen CCIR- und A-bewertete Pegel u.U. deutlich voneinander ab.

Pegel werden in der Tontechnik auch für elektrische Größen benutzt. So sind beispielsweise „Lautstärkeregler" stets logarithmisch skaliert und haben oft eine Pegelskala (**Pegelsteller**). Ändert man am Lautstärkeregler den elektrischen Pegel um einen bestimmten Wert, so wird sich (vorausgesetzt, Lautsprecher oder Kopfhörer sind linear) der Schalldruckpegel um den gleichen Wert ändern.

elektrischer Leistungspegel in dBm

Elektrische Pegel werden meist mit einem besonderen Index gekennzeichnet. Der **Leistungspegel** wird in dBm angegeben, die elektrische Referenzleistung ist $P_0 = 10^{-3}$ W = 1 mW (daher der Index m), ansonsten ist er identisch mit dem Schallleistungspegel:

$$L_{W,EL} = 10 \log \frac{P}{P_0} \text{ dBm} \quad (P_0 = 1 \text{ mW}).$$

Manche Gerätehersteller benutzen die Bezeichnung dBm fälschlicherweise für den Spannungspegel.

Die elektrische Leistung an einem Widerstand, definiert als Produkt aus Spannung und Strom, ist gemäß dem Ohm'schen Gesetz $R = U/I$ quadratisch proportional zur elektrischen Spannung[7]: $P = UI = U^2/R$ und damit $P \sim U^2$ (vgl. die Definition von Intensität und Schallleistung auf S. 31!). Der **Spannungspegel** wird deshalb analog zum Schalldruckpegel aus dem Quadrat des Spannungsverhältnisses berechnet; der Faktor vor dem Logarithmus ist ebenfalls 20.

Spannungspegel in dBV

Bei seiner Bestimmung sind zwei verschiedene Referenzspannungen gebräuchlich. Mit einer Referenzspannung von 1 V – oft bei amerikanischen und japanischen Herstellern zu finden – wird der Pegel mit dBV bezeichnet:

$$L_u = 20 \log \frac{u}{u_0} \text{ dBV} \quad (u_0 = 1 \text{ V}).$$

Der „europäische" (insbesondere deutsche) Studiostandard sieht historisch bedingt eine Referenz von 0,775 V vor: In der historischen Studiotechnik wurde wie in der Fernmeldetechnik mit **Leistungsanpassung** gearbeitet (siehe Abschnitt 7.1.1); alle Geräte haben eine Eingangs- und Ausgangsimpedanz von 600 Ω. Und der Referenzleistung von 1 mW ent-

---

[7] Zu den Grundlagen der Elektrotechnik siehe z.B. Führer, Heidemann, Nerreter: **Grundgebiete der Elektrotechnik** (3 Bde.), Hanser, 8. Aufl. 2006.

spricht eine Spannung von 0,775 V an 600 Ω: Aus $P = UI$ und $R = U/I$ folgt $U = \sqrt{PR} = \sqrt{0{,}6}\,\text{V} = 0{,}775\,\text{V}$.

Der absolute Spannungspegel Ref. 0,775 V wird meist mit dBu, seltener mit dBv bezeichnet, um eine Verwechslung mit dBV zu vermeiden:

Spannungspegel in dBu

$$L_u = 20 \log \frac{u}{u_0} \ \text{dBu} \quad (u_0 = 0{,}775\,\text{V}).$$

Spannungspegel in dBV und dBu weichen um 2,2 dB voneinander ab: $L_u\,[\text{dBV}] = L_u\,[\text{dBu}] - 2{,}2$.

Schallleistung, Schallintensität und elektrische Leistung sind Maße für den Energiegehalt eines Signals. Sie sind quadratisch proportional zu Schalldruck, Schallschnelle, Strom und Spannung. Daraus und aus $\log 2 = 0{,}301$; $\log 0{,}5 = -0{,}301$; $\log 10 = 1$; $\log 0{,}1 = -1$ ergeben sich die in Tab. 1-2 aufgeführten Zusammenhänge.

relative Pegel für Schalldruck, Spannung, Leistung, Energie

Leistung, Intensität, Energie		Schalldruck, Spannung, Strom	
×2	+3,01 dB	×2	+6,02 dB
÷2	−3,01 dB	÷2	−6,02 dB
×10	+10 dB	×10	+20 dB
÷10	−10 dB	÷10	−20 dB

Tabelle 1-2: Relative Pegel

Für die Verdoppelung oder Halbierung von Schalldruck oder Spannung wird meistens der gerundete Wert ±6 dB verwendet, für energetische Größen ±3 dB.

Der **digitale Pegel** wird relativ zur maximalen Aussteuerbarkeit des Systems (also zur größten darstellbaren Zahl) bestimmt und in dBFS („full scale") angegeben. Werte in dBFS können deshalb nur negativ sein; 0 dBFS ist der digitale Maximalpegel. Die analoge Aussteuerung eines A/D-Wandlers wird z.B. als 0 dBFS = +15 dBu festgelegt (siehe Abschnitt 10.4.4).

digitaler Pegel in dBFS

Um aus einem Pegel die ursprüngliche Amplitude zu berechnen, muss man die obigen Gleichungen nach der Amplitude auflösen. Hat der Pegel einer Größe x allgemein die Form $L_x = 10 \log x/x_0$ (für Energiegrößen, also Leistung oder Intensität) bzw. $L_x = 20 \log x/x_0$ (für Schalldruck oder Spannung), dann bestimmt sich die Größe x zu

$$x = x_0 \cdot 10^{L_x/10} \quad \text{bzw.} \quad x = x_0 \cdot 10^{L_x/20}.$$

1.2.3 Ebene Welle, Kugelwelle und Entfernungsgesetz

Die idealisierte Vorstellung eindimensionaler, perfekt gerichteter Schallabstrahlung nennt man eine **ebene Welle** (engl. plane wave). Die ebene Welle ist ein „Schallstrahl"; die Schallintensität ist theoretisch in jeder Entfernung gleich. Die theoretische Quelle einer ebenen Welle ist eine unendlich ausgedehnte schwingende Wand.

Schall perfekt gerichtet: ebene Welle

In der Praxis gibt es die eindimensionale Schallausbreitung nur in zylindrischen Rohren, deren Durchmesser d klein ist im Vergleich zur Wellenlänge ($d \leq \lambda/2\pi$), also z.B. im Innern von Blasinstrumenten bei tiefen Frequenzen.

Kugelwelle 0. Ordnung (Monopol)

Weitaus geläufiger ist die Vorstellung der ideal ungerichteten Schallabstrahlung in Form der **Kugelwelle** (engl. spherical wave). Der Modellstrahler ist eine **Punktschallquelle** oder „atmende Kugel" (Kugelstrahler 0. Ordnung, akustischer **Monopol**). Ebene Welle und Kugelwelle sind in Abbildung 1-12 dargestellt.

Abb. 1-12: Ideale ebene Welle (Feld einer unendlich ausgedehnten schwingenden Fläche, p entfernungsunabhängig) und ideale Kugelwelle (Feld einer atmenden Kugel, $p \sim 1/r$)

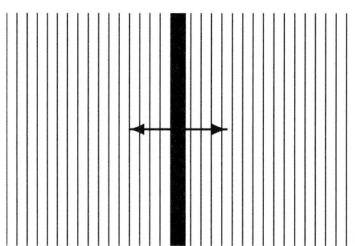
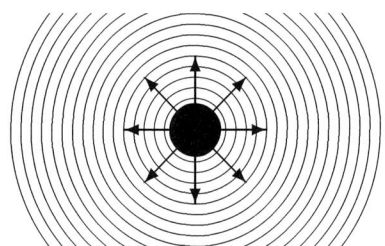

In einer Kugelwelle verteilt sich mit zunehmendem Abstand die Schallenergie auf immer größere Kugelschalen. Die Schallintensität muss deshalb, anders als in der ebenen Welle, mit zunehmender Entfernung abnehmen.

Die Oberfläche einer Kugel mit dem Radius r ist $S = 4\pi r^2$. Betrachtet man eine Schallquelle mit der Gesamtleistung P_0, so ergibt sich im Abstand r_1 eine Schallintensität J_1 von

$$J_1 = \frac{P_0}{S} = \frac{P_0}{4\pi r_1^2}.$$

Im doppelten Abstand $2\,r_1$ verringert sich die Schallintensität auf ein Viertel ihres ursprünglichen Wertes:

$$J_2 = \frac{P_0}{4\pi(2r_1)^2} = \frac{1}{4}\frac{P_0}{4\pi r_1^2} = \frac{1}{4}J_1.$$

Kugelwelle: doppelte Entfernung $\widehat{=}$ −6 dB

Da die Schallintensität proportional zum Quadrat des Schalldrucks ist, fällt der Schalldruck in der Kugelwelle bei doppelter Entfernung auf den halben Wert. Dies ist das **Entfernungsgesetz** oder **Abstandsgesetz**. Der Halbierung des Schalldrucks bzw. der Viertelung der Schallintensität entspricht eine Pegelabnahme um 6 dB (siehe Abschnitt 1.2.2).

Wellengleichung der Kugelwelle

Die **dreidimensionale Wellengleichung** des Schalldrucks für die Kugelwelle 0. Ordnung lautet in Kugelkoordinaten $\frac{\partial^2 p}{\partial t^2} = c^2(\frac{\partial^2 p}{\partial r^2} + \frac{2}{r}\frac{\partial p}{\partial r})$ mit der speziellen Lösung für die divergierende Kugelwelle in positiver r-Richtung $p(t,r) = \frac{p_0}{r}e^{j(\omega t - kr)}$: Der Schalldruck in der Kugelwelle ist umgekehrt proportional zum

Radius. Die theoretische reflektierte Kugelwelle (konvergierende Kugelwelle in negativer r-Richtung) $\mathrm{e}^{\mathrm{j}(\omega t + kr)}$ hat in der Praxis keine Bedeutung.

Reale Schallstrahler erzeugen weder perfekt ebene Wellen noch perfekte Kugelwellen. Viele Schallquellen, ob Musikinstrument oder Lautsprecher, können aber näherungsweise mit diesen beiden Modellen erklärt werden – ist die Wellenlänge groß gegen die Abmessungen des Strahlers, betrachtet man ihn als Kugelschallquelle, und für kleine Wellenlängen oder große Entfernungen rechnet man mit der ebenen Welle.

Der Kugelstrahler 1. Ordnung, die **oszillierende Kugel**, hat eine **Dipol**-Charakteristik. Die Schallabstrahlung erfolgt in Bewegungsrichtung stark gebündelt; senkrecht zur Bewegungsrichtung wird kein Schall abgestrahlt (**achtförmige Richtcharakteristik**). Der akustische Dipol ist das Modell für offene Druckgradienten-Mikrofone und Dipol-Lautsprecher[8] (siehe Abschnitte 9.2.2 und 9.3.2). Offen schwingende Teile von Musikinstrumenten (z.B. das Trommelfell bei offenem Trommelkessel oder der Steg der Violine) lassen sich ebenfalls als Dipole modellieren.

Kugelwelle 1. Ordnung (Dipol)

Ein weiterer Modellstrahler ist die unendlich ausgedehnte **Linienschallquelle**, die perfekte **Zylinderwellen** abstrahlt. Sie kann als Modell für die Abstrahlcharakteristik von **Schallzeilen** (engl. arrays) bei hohen Frequenzen (Wellenlänge kleiner als Array-Länge) herangezogen werden. Bei einer Linienschallquelle in z-Richtung erfolgt die Schallabstrahlung senkrecht zur Ausdehnung der Quelle perfekt gerichtet (wie bei der unendlichen Schallwand), ist aber in der x, y-Ebene perfekt ungerichtet (wie bei der Punktschallquelle). Der Schalldruckpegel nimmt pro Entfernungsverdoppelung um 3 dB ab.

Zylinderwelle und Halbkugel: doppelte Entfernung $\hat{=} -3$ dB

Bei ungerichteter Schallabstrahlung über einem reflektierenden Boden (Modellvorstellung für die Open-Air-Beschallung mit kleinen Lautsprechern) wird aus der Kugelwelle eine **Halbkugelwelle**. Auch hierbei fällt der Pegel pro Entfernungsverdoppelung nur um 3 dB.

In geschlossenen Räumen dicht an der Quelle und in einiger Entfernung vom Boden (Modellvorstellung für die Musikaufnahme in Studio oder Konzertsaal) gilt innerhalb des **Hallradius** näherungsweise das -6-dB-Gesetz (siehe Abschnitt 2.2.2).

1.2.4 Nahfeld und Fernfeld

In der idealen ebenen Welle ist das Verhältnis von Druck und Schnelle konstant (Abschnitt 1.2.1), und sie sind phasengleich. Dies gilt auch für die Kugelwelle, sofern man nur weit genug von der Schallquelle entfernt ist: Die Krümmung der Wellenfronten nimmt mit zunehmender Entfernung ab, die Kugelwelle verhält sich in ausreichender Entfernung wie ei-

---

[8]Wegen des Reziprozitätsprinzips der Akustik gelten alle hier an Schallsendern erläuterten Prinzipien auch für Schallempfänger.

quasiebene Welle im Fernfeld

ne ebene Welle. Was „ausreichend" ist, hängt von der Wellenlänge und den Abmessungen der Schallquelle ab.

Ist die Entfernung zwischen Beobachter und Schallstrahler groß gegen die Wellenlänge und groß gegen die größten Strahlerabmessungen, dann wird die Kugelwelle beim Beobachter zur **quasiebenen** Welle: Dies ist das **Fernfeld** (engl. far field). Alle bisher beschriebenen Gesetzmäßigkeiten der Schallausbreitung gelten im Fernfeld; das Fernfeld ist der „Normalfall" der Schallausbreitung.

Umgekehrt spricht man vom **Nahfeld** (engl. near field), wenn man sich sehr nah an einer Schallquelle befindet und sich die Krümmung der Wellenfronten deutlich bemerkbar macht.

Im Nahfeld sind Druck und Schnelle nicht mehr proportional, und sie sind gegeneinander phasenverschoben. Während der Schalldruck immer dem Abstandsgesetz gehorcht, also im Nahfeld ebenso wie im Fernfeld bei einer Halbierung des Abstands auf den doppelten Wert steigt ($p \sim 1/r$), erreicht die Schallschnelle im Nahfeld bei einer Halbierung des Abstands den vierfachen Wert ($v \sim 1/r^2$).

Eine einfache Abschätzung der Nahfeldausdehnung ist über die Wellenlänge möglich: Bei einer Entfernung von weniger als einer Wellenlänge zur Schallquelle ($r < \lambda$) spricht man vom Nahfeld, bei größeren Entfernungen ($r \geq \lambda$) vom Fernfeld[9].

Nahfeld und Fernfeld aus der Wellengleichung

Der Schalldruck in der Kugelwelle wird durch $p(t,r) = \frac{p_0}{r} e^{j(\omega t - kr)}$ (s.o.) beschrieben; für die Schallschnelle ergibt sich $v(t,r) = \frac{v_0}{\varrho_0 cr} \left(1 + \frac{1}{jkr}\right) e^{j(\omega t - kr)}$. Der Wellenwiderstand $Z = \frac{p(t,r)}{v(t,r)} = \varrho_0 c \frac{jkr}{1+jkr}$ ist im Gegensatz zur ebenen Welle komplex; Druck und Schnelle sind nicht phasengleich. In reeller Darstellung ergibt sich $Z = \varrho_0 c \ (kr)/(\sqrt{1+k^2r^2})$ mit einem Phasenwinkel von $90° - \arctan kr$ (Beranek 1954).

Betrag und Phasenwinkel des Verhältnisses p/v sind von dem Faktor kr abhängig, also vom Verhältnis des Abstands r zur Wellenlänge $\lambda = 2\pi/k$. Dies macht sich insbesondere für kleine Werte von kr, also für kleine Abstände oder tiefe Frequenzen bemerkbar (**Nahfeld**). Für $r = 0{,}1\lambda$ (also $kr = 0{,}2\pi$) wird $p/v = 0{,}53\,\varrho_0 c$, die Schnelleamplitude ist also fast doppelt so groß wie in der ebenen Welle, und der Phasenwinkel zwischen Druck und Schnelle beträgt schon $58°$. Im extremen Nahfeld sind Druck und Schnelle um $90°$ phasenverschoben, d.h. wenn der Druck maximal ist, ist die Schnelle null und umgekehrt. Schallintensität $J = pv$ und Schallleistung $P = pvS$ sind im Nahfeld komplex. Der Realteil lässt sich als Wirkleistung, der Imaginärteil als Blindleistung deuten.

Für große Werte von kr, also für große Abstände oder hohe Frequenzen, geht der Wellenwiderstand der Kugelwelle in den Wellenwiderstand der ebenen Welle $Z_0 = \varrho_0 c$ über. Dies nennt man das **Fernfeld** der Quelle. Bereits für $r = \lambda$ (also $kr = 2\pi$) ist der Betrag des Wellenwiderstands der Kugelwelle $Z \approx 0{,}99\,Z_0$, der Phasenwinkel kleiner als $10°$.

---

[9]In der Literatur wird das Fernfeld häufig mit $r \geq 2\lambda$ oder sogar $r \gg \lambda$ angegeben; für praktische Anwendungen in der Tontechnik ist aber die o.g. Abschätzung besser geeignet.

Anschaulich lässt sich das Nahfeld durch Luftverschiebungen in unmittelbarer Nähe der Schallquelle erklären, die zusätzlich zur abgestrahlten Schallwelle entstehen (mitschwingende Mediummasse). Einleuchtend ist dies bei einem Lautsprecher, der mit einem immensen Membranhub die Luft „umrührt": Wenn schon bei einer Molekülauslenkung von weniger als 1 mm ein ungeheurer Lärm herrscht (Abschnitt 1.2.1), dann kann der Rest der Membranbewegung nur zu letztendlich wirkungslosen Luftverschiebungen führen. Vor einem solchen Lautsprecher bemerkt man u.U. einen deutlichen Luftzug: Genau dies ist das Nahfeld.

Luftverschiebungen im Nahfeld

Weil die im Nahfeld umgesetzte Energie nicht als Schallwelle abgestrahlt wird, geht sie als **akustische Blindleistung** in die Energiebilanz ein. Die Ausdehnung des Nahfelds ist frequenzabhängig: Je kleiner die erregende Frequenz ist, desto langsamer wird die Luft verschoben und desto weiter reicht die Luftverschiebung in den Raum um die Quelle.

tiefe Frequenz = großes Nahfeld

In der Tontechnik ist die Unterscheidung zwischen Nahfeld und Fernfeld wichtig, weil Druckgradientenempfänger (also alle gerichteten Mikrofone, siehe Abschnitt 9.2) im Nahfeld eine deutliche Bassanhebung zeigen (Nahbesprechungseffekt).

Nahbesprechungseffekt bei Mikrofonen

Nun könnte man meinen, dass im Nahfeld grundsätzlich die tiefen Frequenzen stärker vertreten sind (man kann dies beobachten, wenn man z.B. ein Becken sehr zart anschlägt und mit dem Ohr dicht herangeht). Das ist ein Trugschluss: Nah an der Quelle kann durch Interferenz mit der Bodenreflexion der Bass verschwinden. Deshalb sind die tiefen Frequenzen von Klavier oder Kontrabass oft erst im Fernfeld, also in einigen Metern Entfernung, „voll da".

Nahfeld und Fernfeld sind **quellenbezogene Feldbeschreibungen** („die Schallquelle hat ein Nahfeld"). Sie dürfen auf keinen Fall mit den **raumbezogenen Feldbeschreibungen** Freifeld, Direktfeld und Diffusfeld („der Raum hat ein Diffusfeld") verwechselt werden! Gründlich missverstanden wird dies beim „Nearfield-Monitor", der besser Direktfeld-Monitor heißen sollte. Die raumbezogene Feldbeschreibung wird mit den Grundbegriffen der Raumakustik in Abschnitt 2.2 eingeführt.

Feldbeschreibung: quellenbezogen, raumbezogen

1.2.5 Nichtlinearität bei großem Schalldruck

Normalerweise ist die Luft ein lineares Ausbreitungsmedium, die Schallausbreitung ein adiabatischer Prozess: Bei den durch den Wechseldruck verursachten kleinen Temperaturschwankungen in der Schallwelle reicht die Zeit nicht für einen Temperaturausgleich mit der Umgebung (auf dieser Voraussetzung beruht auch die o.g. Lösung der Wellengleichung).

Bei extremen Schallstärken gilt dies allerdings nicht mehr! Die Temperatur steigt dann auch in der Umgebung eines Überdruckgebiets der Welle, und sie sinkt um ein Unterdruckgebiet – die Ausbreitung der Welle ist

Schallgeschwindigkeit abhängig von der Schalldruckamplitude

nicht mehr adiabatisch. In der höheren Umgebungstemperatur ist aber die Schallgeschwindigkeit größer: Positive Halbwellen bewegen sich bei extremer Schallstärke schneller als negative Halbwellen. Dadurch entsteht, vergleichbar mit Brandungswellen am Meer, eine sägezahnähnliche Verformung des Druckverlaufs (Klirrverzerrung, insbesondere k_2, und Intermodulation; vgl. Abschnitt 7.4.1).

Die Grenze der linearen Schallübertragung in der Luft ist erreicht, wenn der Schalldruck nicht mehr verschwindend klein ist gegen den statischen Luftdruck bzw. die Schallschnelle nicht mehr verschwindend klein gegen die Schallgeschwindigkeit. Hermann von Helmholtz konnte zeigen, dass dann bei gleichzeitiger Abstrahlung zweier Signale unteschiedlicher Frequenz **Kombinationstöne** im Spektrum auftreten (Helmholtz 1865).

Schallausbreitung nichtlinear bei mehr als 1000 Pa = 154 dB

Eine Abschätzung für diese Grenze ist ein Wechseldruck von 1 % des statischen Luftdrucks, also ein Schalldruck von rund 1000 Pa (154 dB). Solche Schalldrücke entstehen in **Stoßwellen** durch Explosionen und die „Schallmauer" des Mach'schen Kegels (s.u.), aber auch in Blechblasinstrumenten und Hornlautsprechern. Hörner neigen deshalb zu Verzerrungen, und die Stoßwellen in Trompeten und Posaunen sind für deren charakteristische fortissimo-Klangfarbe verantwortlich: Während in der Orgelpfeife der Pegel immerhin beachtliche 140 dB erreicht, der Schalldruck also 200 Pa beträgt (Bergweiler 2006), wurden im Innern der Trompete 175 dB gemessen, also mehr als 10.000 Pa (Long 1947).

Klirrverzerrung im Blasinstrument

1.2.6 Bewegte Schallquellen

Ein interessanter Effekt ist zu beobachten, wenn sich die Schallquelle bewegt. Nähert sie sich dem Schallempfänger, dann eilt sie gewissermaßen den eigenen Wellenfronten hinterher. Dadurch wird die Wellenlänge verkürzt, und die ausgesandte Frequenz erscheint höher (Abb. 1-13). Dies gilt für jede Art der Wellenausbreitung.

Doppler-Effekt: Frequenzverschiebung

Christian Doppler (1803–1853), österreichischer Physiker und Mathematiker, entdeckte diesen Effekt bei der Lichtausbreitung als Farbverschiebung bei bewegten Sternen[10]. Ihm zu Ehren wird er **Doppler-Effekt** (engl. Doppler effect) genannt.

Bewegt sich die Schallquelle mit der Geschwindigkeit v_x auf den Beobachter zu, dann legt sie in einer Schwingungsperiode $T = 1/f$ den Weg $x = v_x T$ zurück. Um diesen Betrag verkürzt sich also für den Beobachter die Wellenlänge: $\lambda' = \lambda - v_x T$. Wegen $\lambda = cT$ lässt sich dies zusammenfassen zu $\lambda' = T(c - v_x)$. Mit $f = c/\lambda$ ergibt sich schließlich die vom Beobachter wahrgenommene Frequenz f' als

---

[10] Doppler, C.: „Über das farbige Licht der Doppelsterne und einiger anderer Gestirne des Himmels", **Abh. königl. böhm. Ges. Wiss.** 2, Prag 1843.

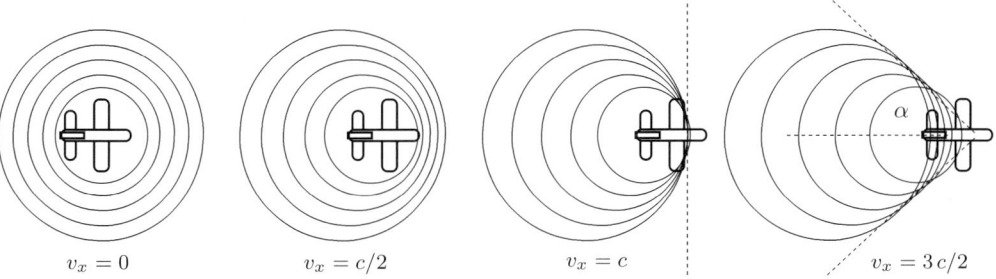

$v_x = 0$ $\qquad$ $v_x = c/2$ $\qquad$ $v_x = c$ $\qquad$ $v_x = 3\,c/2$

Abb. 1-13: Ruhende Quelle, bewegte Quelle (Doppler-Effekt), Schallmauer und Mach'scher Kegel bei eineinhalbfacher Schallgeschwindigkeit (Mach 1,5).

$$f' = \frac{c}{T(c \mp v_x)} = f\,\frac{c}{c \mp v_x},$$

das Minuszeichen gilt für eine Relativbewegung auf den Beobachter zu (wahrgenommene Frequenz steigt), das Pluszeichen für eine Relativbewegung vom Beobachter weg (wahrgenommene Frequenz sinkt)[11].

Der Doppler-Effekt ist hervorragend zur Geschwindigkeitsmessung geeignet, ganz gleich ob dies die Fluchtgeschwindigkeit von Galaxien oder die Geschwindigkeit eines Autos auf der Landstraße ist. Und der Doppler-Effekt ist auch für den charakteristischen Klang der Hammond-Orgel verantwortlich: Die Lautsprecherbox der Orgel, das **Leslie-Kabinett**, erzeugt das typische Amplituden- und Frequenzvibrato durch rotierende Lautsprecher.

Beim **Film-Sounddesign** ist die Nachahmung des Doppler-Effekts ein wesentliches Werkzeug, um Bewegung akustisch darzustellen. So ist seit „Star Wars" kein Science-Fiction-Film ohne den typischen Doppler-verschobenen Klang vorbeifliegender Raumschiffe denkbar, hergestellt z.B. mit dem **Pitch-Wheel** oder der **Pitch Bend**-Funktion des Synthesizers.

Sounddesign mit Doppler-Effekt

Um die Wirkung eines solchen Soundeffekts abschätzen zu können, lässt sich die obige Gleichung für vorbeifahrende oder -fliegende Schallquellen umformulieren: Nähert sich eine Quelle mit der Geschwindigkeit v, so ist die beim Beobachter aufgezeichnete Frequenz f_n um den Faktor $\frac{c}{c-v}$ höher als die Quellenfrequenz f; entfernt sie sich, so ist die Frequenz f_e um den Faktor $\frac{c}{c+v}$ niedriger. Damit ist das Frequenzverhältnis R von näherkommendem und sich entfernendem Signal

vorbeifahrende Quelle

$$R = \frac{f_n}{f_e} = \frac{c+v}{c-v},$$

und die Geschwindigkeit v ergibt sich aus dem Frequenzverhältnis R zu

$$v = c\,\frac{R-1}{R+1}.$$

---

[11] Bei ruhender Quelle und bewegtem Beobachter gilt $f' = f\,(1 \mp v_x/c)$.

Ein Halbtonschritt abwärts ($R \approx 1{,}06$) entspricht demnach einer Geschwindigkeit der sich vorbei bewegenden Schallquelle von rund 10 m/s bzw. 36 km/h; eine musikalische große Terz (vier Halbtöne, $R \approx 1{,}26$) deutet auf eine Geschwindigkeit von 38 m/s bzw. 143 km/h hin (1 m/s = 3,6 km/h). Fällt der Ton beim Vorbeiflug des Raumschiffs um eine ganze Oktave (zwölf Halbtöne), so entspricht dies einer Geschwindigkeit von 114 m/s bzw. 412 km/h (zu musikalischen Intervallen siehe Abschnitt 1.5). Für Intervalle von deutlich weniger als einer Oktave bzw. Geschwindigkeiten weit unterhalb der Schallgeschwindigkeit lässt sich dieser Zusammenhang mit einem scheinbaren Geschwindigkeitszuwachs von rund 10 m/s oder 36 km/h pro Halbton abschätzen.

Faustregel: ein Halbton entspricht 10 m/s

Nähert sich die Bewegungsgeschwindigkeit der Schallquelle der Schallgeschwindigkeit, so kommt es unmittelbar vor der Schallquelle zur Überlagerung aller Wellenfronten (Abb. 1-13) und die Frequenz in Bewegungsrichtung geht gegen Unendlich: Es entsteht eine **Stoßwelle** (engl. shock wave), die einer Explosions-Druckwelle gleicht. In Überschallflugzeugen wird diese Stoßwelle als „Schallmauer" spürbar, am Boden ist sie als **Überschallknall** (engl. sonic boom) hörbar und lässt u.U. die Fensterscheiben platzen.

Schallmauer und Überschallknall

Bewegt sich die Schallquelle mit Überschallgeschwindigkeit, dann zieht sie eine kegelförmige Stoßwellenfront hinter sich her (**Mach'scher Kegel**, nach dem Physiker und Philosophen **Ernst Mach** (1838–1916)). Der Öffnungswinkel α des Mach'schen Kegels ist von der Geschwindigkeit der Schallquelle v_x abhängig: $\sin\alpha = c/v_x = 1/M$; die Mach-Zahl M gibt die Geschwindigkeit relativ zur Schallgeschwindigkeit an.

Mach 1 = 343 m/s = 1235 km/h bei 20 °C

Der Doppler-Effekt kann auch eine Ursache unerwünschter Signalverzerrungen sein. So kann man eine Lautsprechermembran, die gleichzeitig zwei harmonische Wellen tiefer und hoher Frequenz abstrahlt, als mit der tieferen Frequenz harmonisch bewegte Quelle betrachten, die eine höhere Frequenz abstrahlt. Die dabei auftretende Frequenzmodulation des hochfrequenten Signals kann sich bei großem Membranhub und damit auch großer Membrangeschwindigkeit als unangenehme **Doppler-Verzerrung** bemerkbar machen (zu Frequenzmodulation siehe Abschnitt 6.2). Die Doppler-Verzerrung bei Lautsprechern ist pegelabhängig und kann insbesondere bei breitbandig abstrahlenden sog. Langhub-Tieftönern, wie sie in kleinen HiFi-Boxen verwendet werden, zum Problem werden.

Doppler-Verzerrung: Frequenzmodulation

1.3 Überlagerung von Wellen

Bei der Schallausbreitung gilt wie bei fast jeder Wellenausbreitung das **Superpositionsprinzip**. Das resultierende Wellenfeld mehrerer Strahler entsteht durch lineare Überlagerung (Superposition) der einzelnen Wellenfelder, es gibt keine Wechselwirkung zwischen Wellen.

Superposition

1.3 Überlagerung von Wellen

Trifft eine Schallwelle auf ein Hindernis, dann kann es – abhängig von der Wellenlänge sowie den Abmessungen und der Beschaffenheit des Hindernisses – zu Reflexion, Beugung, Brechung, Streuung, zu Absorption und Transmission kommen. Die Superposition von einfallender und reflektierter Welle führt zur Interferenz, und wenn sich zwei Wellen ähnlicher, aber unterschiedlicher Frequenz überlagern, so kommt es zur Schwebung.

1.3.1 Schallreflexion und stehende Wellen

Wellen können reflektiert werden, wenn das Ausbreitungsmedium begrenzt ist bzw. wenn sich die Ausbreitungsbedingungen sprunghaft ändern. Für die Schallwelle soll dies an zwei idealisierten Extremfällen, der **schallharten** und der **schallweichen Reflexion** erläutert werden.

Trifft Schall auf eine Grenzfläche des Ausbreitungsmediums, so kommt es zu **Reflexion, Transmission** und **Dissipation**, d.h. zu unterschiedlichen Teilen wird die Schallenergie zurückgeworfen, tritt durch die Grenzfläche hindurch und wird in der Grenzfläche in Wärme umgewandelt (in der Akustik betrachtet man meist alles, was nicht reflektiert wird, als absorbiert; die „absorbierte" Energie ist also eigentlich die Summe aus Dissipation und Transmission, siehe Abschnitt 2.2.1).

Der einfachste Fall einer akustischen Grenzfläche ist die **Wand**, die im Idealfall nicht nachgibt und damit **schallhart** ist. Ein Wechseldruck, der sich auf die starre Wand zu bewegt, muss auf der Wand die doppelte Amplitude erreichen, weil die Luftmoleküle dort nicht ausweichen können. Dies nennt man den **Druckstau**. Gleichzeitig ist die Schnelle auf der Wand null, weil die Wand per definitionem nicht nachgibt: Druck und Schnelle sind auf der Wand um $\pi/2$ phasenverschoben. Danach muss der Wechseldruck auf dem gleichen Weg zurücklaufen. Ein Überdruck der einfallenden Welle wird auch als Überdruck reflektiert, ein Unterdruck als Unterdruck: Hin- und rücklaufende Druckwelle sind auf der reflektierenden Fläche phasengleich. Dies nennt man die **schallharte Reflexion**.

> schallharte Reflexion vom dünnen zum dichten Medium

Bei jeder schallharten Reflexion kommt es zum Druckstau; der Pegel ist vor jeder Wand grundsätzlich um 6 dB höher als im freien Schallfeld. Man bemerkt dies z.B. bei einer Party durch die im Bassbereich (große Wellenlänge!) zunehmende Lautstärke vor der Wand. In geschlossenen Räumen ergibt sich damit ein Pegelanstieg von 6 dB vor der Wand, 12 dB in einer Raumecke und 18 dB im Raumwinkel. Die Druckstau-Zone erstreckt sich dabei im Bereich von weniger als einer viertel Wellenlänge vor der reflektierenden Fläche.

> Druckstau auf schallharten Oberflächen: +6 dB

Auch im umgekehrten Fall, der Grenzschicht zu einem Medium mit sehr viel größerer Nachgiebigkeit, kommt es zur Reflexion. Insbesondere das offene Ende eines Rohrs (Blasinstrument!) kann man als Grenzfläche

schallweiche Reflexion vom dichten zum dünnen Medium

betrachten: Wenn bei der Schallausbreitung im Rohr ein Druckimpuls der ebenen Welle das offene Ende erreicht, kann er sich plötzlich allseitig als Kugelwelle ausbreiten. Durch diese plötzliche Entspannung entsteht ein Unterdruck-Impuls, der in das Rohr zurückwandert – der Schall wird reflektiert. Auf einer solchen **schallweichen** Grenzfläche verschwindet der Schalldruck, und die Schnelle erreicht den doppelten Wert, weil die Gegenkraft fehlt. Dies nennt man **schallweiche Reflexion**.

Auch hier sind Druck und Schnelle gegeneinander um $\pi/2$ phasenverschoben, aber der Druckimpuls erfährt bei der Reflexion eine Phasendrehung: Ein Überdruck läuft als Unterdruck ins Rohr zurück.

Wellenwiderstand und Reflexionsfaktor

Der **Reflexionsgrad** ρ einer Grenzfläche ist das Verhältnis von reflektierter zu auftreffender Schallenergie. Der komplexe **Reflexionsfaktor** $\underline{r}$ ist das Verhältnis der Schalldrücke; sein Betrag r ist demnach die Wurzel aus dem Reflexionsgrad: $\rho = r^2$. Der **Wellenwiderstand** $Z = p/v$ ist ein Maß für den Widerstand, den ein Medium der Schallausbreitung entgegensetzt. Für den Übergang zwischen zwei Medien A und B mit Z_A und Z_B gilt: $r = (Z_B - Z_A)/(Z_B + Z_A)$.

Ist $Z_B \gg Z_A$ (Übergang in ein wesentlich dichteres Medium), wird der Reflexionsfaktor zu $r = 1$, der gesamte Schalldruck wird an der Grenzfläche zurückgeworfen (schallharte Reflexion); in der Praxis erreicht man mit massiven Wänden Werte in der Größenordnung von $r \approx 0{,}99$. Für $Z_B \ll Z_A$ (Übergang in ein wesentlich dünneres Medium) ergibt sich $r = -1$, der Schalldruck wird ebenfalls zurückgeworfen, erfährt dabei aber eine Phasendrehung (schallweiche Reflexion). Bei $Z_B = Z_A$ herrscht **Anpassung** ($r = 0$), die Welle wird nicht reflektiert.

In der Realität gibt es weder die perfekt schallharte noch die perfekt schallweiche Reflexion. Selbst eine gekachelte Betonwand hat noch eine gewisse Nachgiebigkeit, wird von der einlaufenden Welle zu Schwingungen angeregt und nimmt einen Teil der Schallenergie auf. Und dass die offene Mündung des Blasinstruments einen Teil des Schalls in die Außenwelt entlässt, das ist gut so: Sonst wäre es draußen still …

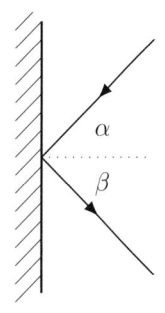

Abb. 1-14: Geometrische Schallreflexion

Trifft eine Schallwelle nicht senkrecht auf eine schallharte oder schallweiche Grenzschicht, dann sind die Normalenwinkel von einfallender Welle α und reflektierter Welle β gleich (**Reflexionsgesetz**, Abb. 1-14; siehe auch Brechungsgesetz in Abschnitt 1.3.2, Abbildung 1-19).

stehende Welle bei jeder Reflexion!

Ein untrennbar mit der Schallreflexion verbundenes Phänomen – bei Blasinstrumenten erhofft und in Aufnahmeräumen gefürchtet – ist die **stehende Welle**. Sie tritt immer dann auf, wenn zwei gleiche Wellen in entgegengesetzte Richtungen laufen, also bei jeder Reflexion!

Abbildung 1-15 zeigt die Entstehung einer stehenden Welle durch Überlagerung von hin- und rücklaufender Welle bei der schallharten Reflexion. Diese Darstellung ist für den eindimensionalen Fall gültig, also z.B. für das Rohr mit geschlossenem Ende: Bei der Schallausbreitung im geschlossenen Rohr entsteht *immer* eine stehende Welle.

1.3 Überlagerung von Wellen

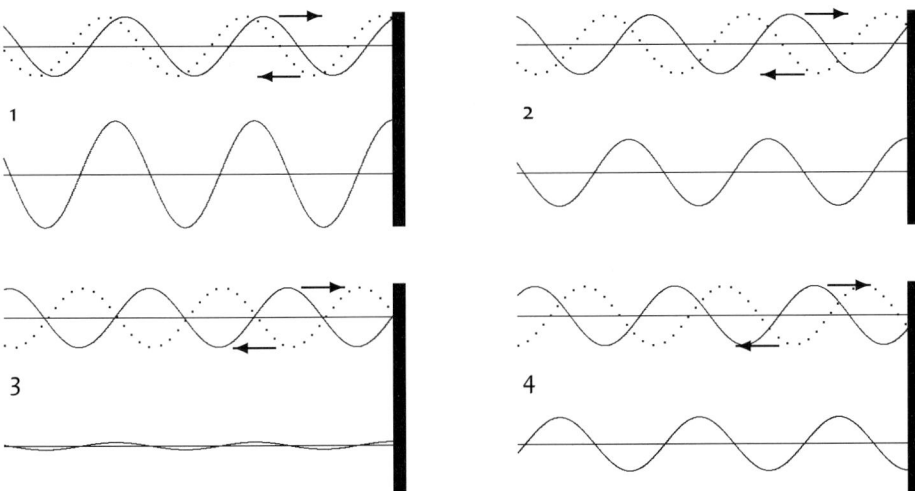

Abb. 1-15: Schalldruck in der stehenden Welle bei schallharter Reflexion: hinlaufende und rücklaufende Welle, Summe (vier Phasen); man beachte die ortsfesten Knoten der resultierenden stehenden Welle (vgl. Abb. 1-10 auf S. 30)

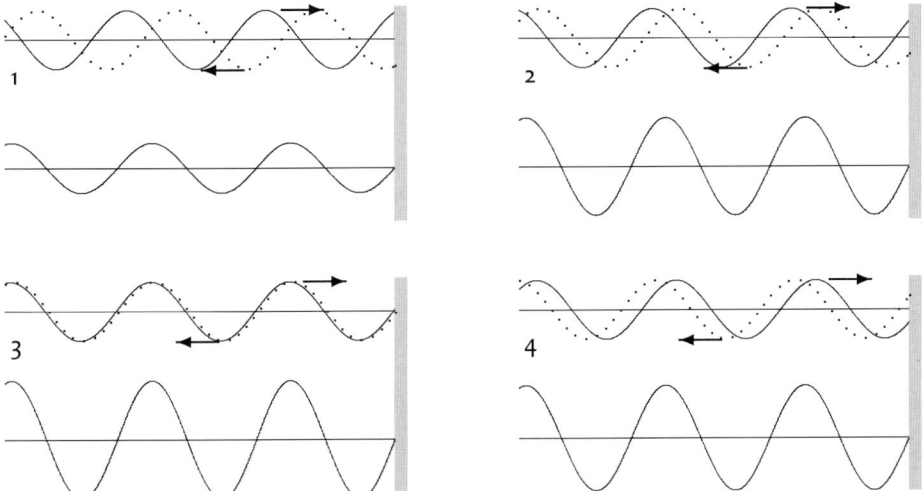

Abb. 1-16: Schalldruck in der stehenden Welle bei schallweicher Reflexion (Reflexion mit Phasensprung): hinlaufende und rücklaufende Welle, Summe aus beiden (vier Phasen)

Anders ist das bei der Schallausbreitung im Raum oder im Freien. Theoretisch gilt der eindimensionale Fall zwar auch für den senkrechten Einfall einer ebenen Welle auf eine Wand. Nur läuft in der Realität jede Schallwelle auseinander; sie divergiert. Daher verschwindet die stehende Welle in einigem Abstand zur Wand (nur bei sehr großen Wellenlängen können sich stehende Wellen auch durch den gesamten Raum ausbilden; siehe Abschnitt 2.1). Unmittelbar vor einer reflektierenden Wand kann man aber immer eine stehende Welle beobachten; insbesondere findet man stets das Schalldruckmaximum des Druckstaus direkt auf der Wand und ein Schalldruckminimum (Knoten) eine viertel Wellenlänge davor.

Weil in jeder stehenden Welle Druck und Schnelle um $\pi/2$ phasenverschoben sind, befindet sich ein Schnellemaximum genau da, wo der Druckknoten ist (also eine viertel Wellenlänge vor der Wand), während bei dem Druckmaximum auf der Wand ein Schnelleknoten ist.

Stehende Wellen führen zu einer Klangfärbung. Man kann dies in einem einfachen Experiment nachweisen: Bewegt man einen Lautsprecher dicht vor einer Wand, so erzwingt man stehende Wellen unterschiedlicher Frequenz zwischen Membran und Wand. Der subjektive Klangeindruck ist ein „Phasing"-Effekt (Wiederholungstonhöhe, siehe Abschnitt 3.2.2).

Klangfärbung durch stehende Welle

Auch bei der schallweichen Reflexion kommt es zur stehenden Welle. Wegen des Phasensprungs bei der Reflexion erscheint sie im Vergleich zur schallharten Reflexion um $\pi/2$ in der Phase gedreht (Abb. 1-16).

1.3.2 Beugung, Brechung, Interferenz

Trifft eine Schallwelle auf ein Hindernis, dann wird sie reflektiert – oder auch nicht: Die Reflexionswirkung hängt von den Abmessungen des Hindernisses und der Wellenlänge ab, wie man leicht mit einem Buch feststellen kann, das sich ein Sprecher vor den Mund hält. Das Schallsignal wird dabei ein wenig leiser und erheblich dumpfer im Klang. Offenbar geht die Welle bei tiefen Frequenzen – also großen Wellenlängen – „um die Ecke". Dieses Phänomen der **Beugung** (engl. diffraction) lässt sich mit dem Prinzip der **Elementarwellen** erklären, das auf den niederländischen Mathematiker (und Erfinder der Pendeluhr) **Christian Huygens** (1629 – 1695) zurück geht.

Beugung bei tiefen Frequenzen

Huygens'sche Elementarwellen

Weil nach dem Superpositionsprinzip die Überlagerung mehrerer Wellenfelder ein neues Wellenfeld ergibt, muss man auch jede gegebene Welle als Überlagerung anderer Wellen interpretieren können. Nach Huygens wird eine beliebige Welle als Überlagerung aus sehr vielen elementaren Kugelwellen betrachtet (Huygens'sches Prinzip).

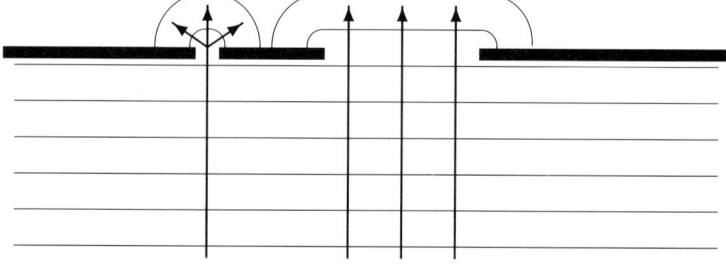

Abb. 1-17: Beugung der ebenen Welle an der großen und der kleinen Öffnung (schematisch)

Eine kleine Öffnung in einem reflektierenden Schirm (Durchmesser der Öffnung $d \ll \lambda$) schneidet gewissermaßen aus der auftreffenden Wellenfront eine Elementarwelle heraus, auf der anderen Seite des Schirms erscheint eine neue Kugelwelle (Abb. 1-17). Die Welle hinter einer großen Öffnung im Schirm ($d \gg \lambda$) lässt sich als Überlagerung vieler Elementarwellen deuten, die aus der auftreffenden Wellenfront herausgeschnitten werden – auch hier muss es zur Beugung kommen: die Elementarwellen in der Mitte der Öffnung summieren sich zur ursprünglichen Wellenform, die von den Kanten der Öffnung ausgehenden Elementarwellen laufen in die „Schattenzone" des Schirms.

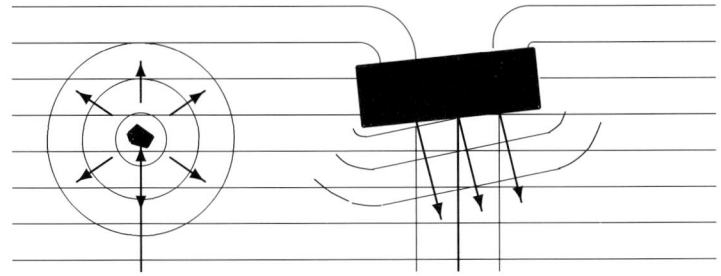

Abb. 1-18: Schallfeld am Hindernis: Streuung und Reflexion

Ganz entsprechend lässt sich das Verhalten der Welle am Hindernis erklären. Ein kleines Hindernis (Durchmesser $d \ll \lambda$) stört die Welle kaum, in einiger Entfernung hinter dem Hindernis läuft die Wellenfront unverändert weiter. Sind die Abmessungen des Hindernisses in der Größenordnung der Wellenlänge, dann kommt es bereits deutlich zur Reflexion; nur ist das Hindernis zu klein, um dem reflektierten Schall eine Richtung zu geben: Der Schall wird gestreut. Erst bei einem sehr großen Hindernis ($d \gg \lambda$) entsteht ein deutlicher Schallschatten (Abb. 1-18).

Als Faustregel für die Tontechnik kann gelten:

- Hindernisgröße $d \ll \lambda$: **Beugung**, die Welle läuft ungestört weiter.

- Hindernisgröße $d \approx \lambda$: **Streuung**, vom Hindernis geht eine neue Kugelwelle aus.

- Hindernisgröße $d \gg \lambda$: **Reflexion**, die Welle wird zurückgeworfen und es kommt zum Druckstau (vgl. Abschnitt 1.3.1).

Natürlich gibt es Beugung, Streuung und Reflexion bei jeder Frequenz, nur fallen sie je nach Verhältnis von Hindernisgröße zu Wellenlänge u.U. nicht wesentlich ins Gewicht.

Die Huygens'schen Elementarwellen erklären nun noch nicht, warum der in die Schattenzone einer Öffnung gebeugte Schall umso schwächer wird, je größer die Öffnung oder je kleiner die Wellenlänge wird. Die entscheidende Ergänzung zum Huygens-Modell stammt vom französischen Physiker (und Entwickler der nach ihm benannten Leuchtturm-Linsen) **Augustin Jean Fresnel** (1788–1827). Mit Hilfe der **Phasenlage**

Interferenz (Fresnel)

lässt sich begründen, warum zwei Wellenzüge einander verstärken oder auslöschen können – Fresnel erklärte die **Interferenz**.

konstruktive und destruktive Interferenz

Bei gleicher Phasenlage zweier gleicher Wellen kommt es zur konstruktiven Interferenz: Die Amplitude der resultierenden Welle ist doppelt so groß wie die ursprüngliche Amplitude. Bei gedrehter Phasenlage kommt es zur destruktiven Interferenz. Im Extremfall kann eine Welle durch destruktive Interferenz mit einer zweiten Welle vollständig verschwinden – dieses Prinzip funktioniert insbesondere bei tiefen Frequenzen gut und wird u.A. bei **aktiven Schallabsorbern** und bei aktiv lärmmindernden Kopfhörern (Pilotenkopfhörer) eingesetzt.

aktive Schallabsorption

Die Interferenz von Wellen verletzt nicht das Superpositionsprinzip, sie ist vielmehr die logische Konsequenz der Superposition von Wellen mit starrer Phasenbeziehung.

Ersetzt man in Gedanken eine große Öffnung durch sehr viele kleine Öffnungen, die miteinander interferierende Huygens'sche Elementarwellen aussenden, dann erklärt sich die mittlere Abschwächung der Intensität mit zunehmendem Winkel. Je größer die Öffnung im Vergleich zur Wellenlänge ist, desto mehr virtuelle kleine Öffnungen senden miteinander interferierende Elementarwellen aus, und desto schärfer begrenzt ist der Schallstrahl, der aus der einlaufenden Welle herausgeschnitten wird.

Gleiches gilt natürlich für die Beugung am Hindernis. Nur bei einem Hindernis, das groß gegen die Wellenlänge ist, kann durch destruktive Interferenz ein scharfer Schallschatten entstehen.

Brechungsgesetz (Snellius)

Die Elementarwellen-Konstruktion erklärt auch das von Willebrord Snellius im Jahre 1621 entdeckte **Brechungsgesetz** (Abb. 1-19): Trifft eine ebene Wellenfront unter dem Normalenwinkel α_1 auf eine Grenzschicht zwischen zwei Medien unterschiedlicher Schallgeschwindigkeiten c_1 und c_2, so läuft ein Teil der Welle in das zweite Medium hinein, wobei für den Normalenwinkel α_2 dieser gebrochenen Welle

$$\frac{\sin \alpha_2}{\sin \alpha_1} = \frac{c_2}{c_1}$$

gilt. Das Brechungsgesetz ergänzt das Reflexionsgesetz (siehe auch Abschnitt 1.3.1). Ist eine Grenzschicht nicht ideal schallhart oder ideal schallweich, dann wird die Schallwelle nicht vollständig reflektiert. Ein Teil läuft als gebrochene Welle in das zweite Medium hinein.

Schallbrechung bei Temperaturschichtung

In sehr großen Räumen oder im Freien kann es Luftschichtungen mit großen Temperaturunterschieden geben. Und beim Übergang in eine wärmere oder kältere Luftschicht wird der Schall gebrochen! Steigt die Temperatur mit zunehmender Höhe (Inversionswetterlage), dann wird der Schall zum Boden zurückgelenkt; eine solche Luftschichtung wirkt als **akustische Linse**. An sonnigen Wintertagen über einem zugefrorenen See kann man deshalb gelegentlich sehr weit hören.

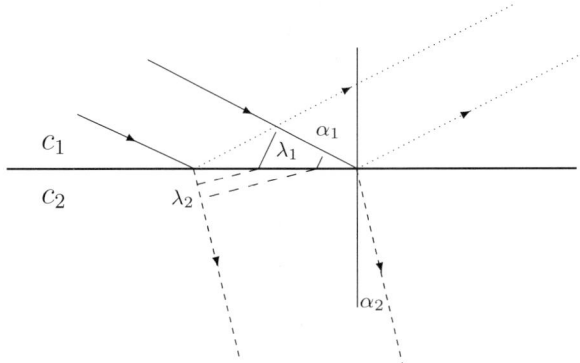

Abb. 1-19: Reflexion und Brechung an der Grenzschicht zwischen Medien unterschiedlicher Schallgeschwindigkeiten c_1 und c_2. Im Medium mit der kleineren Schallgeschwindigkeit c_2 legt die Wellenfront in der gleichen Zeit einen kürzeren Weg zurück. Der Schallweg muss deshalb abknicken, und die Wellenlänge der gebrochenen Welle λ_2 ist kürzer.

Bei Open-Air-Beschallungen muss ggf. die Brechung durch den Temperaturabfall mit zunehmender Höhe berücksichtigt werden. Der Schall wird dabei vom Erdboden weggelenkt; die Ausrichtung hoch gehängter Lautsprecher muss dann korrigiert werden.

1.3.3 Wiederholungstonhöhe und Schwebung

Die Schallreflexion kann auch bei breitbandigen, geräuschartigen Schallsignalen den Eindruck einer Tonhöhe verursachen. Das Musterbeispiel für diesen Effekt ist ein Crash-Becken dicht vor einer Wand oder unter einer niedrigen Decke: In Abhängigkeit vom Abstand Schallquelle-Wand verändert sich die Tonhöhe; eine bewegte Quelle (also z.B. ein pendelndes Becken) kann einen Phasing-Effekt erzeugen.

Stehende Welle lässt Geräusche tonal werden.

Durch Interferenz von einfallender und reflektierter Welle entsteht ein periodisches Muster im Schallsignal. Die Periodizität hängt vom Abstand der Quelle zur Wand ab. Man nennt diesen Effekt **Wiederholungstonhöhe** (engl. repetition pitch) oder auch „Klangecho".

Noch deutlicher wird die Wiederholungstonhöhe bei der **Mehrfachreflexion**, wie sie an regelmäßigen Strukturen auftritt. **Christian Huygens** beobachtete dieses Phänomen bei der Schallreflexion an einer Treppe. An geometrisch regelmäßigen Strukturen kann sogar bei impulshaften Signalen ein tonaler Eindruck entstehen; die Periodizität der geometrischen Anordnung gibt dabei die Frequenz des Wiederholungstons vor.

Periodizität durch Mehrfachecho

Ein weiterer Effekt, der sich auf die Interferenz zweier Signale zurückführen lässt, ist die **Schwebung** (engl. beats). Sie entsteht immer dann, wenn sich zwei harmonische Schwingungen mit einem geringen Frequenzunterschied überlagern.

Schwebung

Abbildung 1-20 zeigt die Superposition zweier Sinusschwingungen der Frequenzen f_1 und f_2 bei gleicher Amplitude ξ_0. Die Summe zweier reiner Schwingungen $\xi_1(t) = \xi_0 \sin(2\pi f_1 t)$ und $\xi_2(t) = \xi_0 \sin(2\pi f_2 t)$ ergibt nach den Additionstheoremen der trigonometrischen Funktionen

Abb. 1-20: Oben: zwei harmonische Schwingungen $\xi_0 \sin(2\pi f_1 t)$ und $\xi_0 \sin(2\pi f_2 t)$ mit einem kleinen Frequenzunterschied; unten: Summensignal

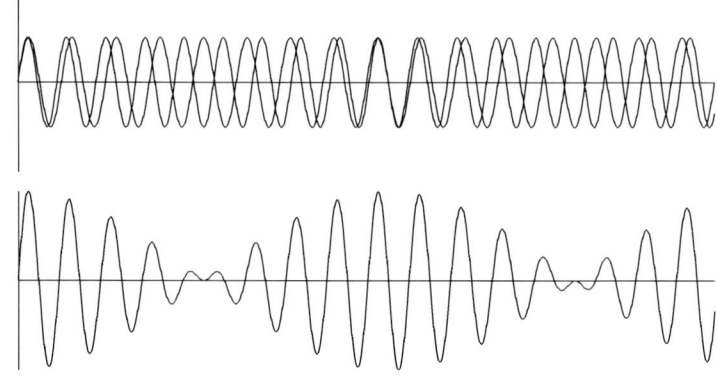

$$\begin{aligned}
\xi_1(t) + \xi_2(t) &= \xi_0 \left(\sin(2\pi f_1 t) + \sin(2\pi f_2 t) \right) \\
&= 2\xi_0 \sin\left(\frac{2\pi f_1 t + 2\pi f_2 t}{2} \right) \cdot \cos\left(\frac{2\pi f_1 t - 2\pi f_2 t}{2} \right) \\
&= 2\xi_0 \underbrace{\sin\left(\frac{2\pi (f_1 + f_2) t}{2} \right)}_{\text{Schwingung mit } \frac{f_1+f_2}{2}} \cdot \underbrace{\cos\left(\frac{2\pi (f_1 - f_2) t}{2} \right)}_{\text{Modulation mit } \frac{f_1-f_2}{2}}.
\end{aligned}$$

$(f_1 + f_2)/2$ **amplitudenmoduliert mit** $(f_1 - f_2)/2$

Liegen f_1 und f_2 dicht beieinander, dann ist auch $\frac{1}{2}(f_1 + f_2)$ in der gleichen Größenordnung; dagegen wird $\frac{1}{2}(f_1 - f_2)$ sehr klein. Die Gleichung lässt sich dann als Schwingung großer Frequenz interpretieren, die mit einer Schwingung kleiner Frequenz moduliert wird: Der erste Term beschreibt eine Schwingung mit dem Mittelwert der ursprünglichen Frequenzen $\frac{1}{2}(f_1 + f_2)$. Dies ist die neue harmonische Schwingung, die sich einstellt. Diese Schwingung wird multipliziert – also amplitudenmoduliert, siehe Abschnitt 6.2.2 – mit einer reinen Schwingung der halben Differenzfrequenz $\frac{1}{2}(f_1 - f_2)$. Die Amplitude der modulierten neuen Schwingung ist doppelt so groß wie die ursprüngliche Amplitude.

Die Periodendauer der Schwebung, von Minimum bis Minimum, ist halb so lang wie die Periodendauer der Modulationsfrequenz (vgl. Abb. 1-20). Daher ist die **Schwebungsfrequenz**, also die Zahl der pro Sekunde gehörten Lautstärkeschwankungen, gerade gleich dem Frequenzunterschied $f_1 - f_2$. Ist die Schwebungsfrequenz kleiner als 10 Hz, hört man einen reinen Ton der Frequenz $\frac{1}{2}(f_1 + f_2)$ mit periodisch schwankender Amplitude. Bei einem Frequenzunterschied größer als 15 Hz entsteht der Eindruck eines Tons mit rauer, unangenehmer Klangfarbe. Mit weiter steigendem Frequenzunterschied nimmt man schließlich zwei getrennte Töne wahr.

Beim **Stimmen** von Instrumenten (siehe Abschnitt 1.5) lässt sich mit Hilfe der Schwebung die Tonhöhe sehr genau einstellen: Eine Schwebung pro Sekunde entspricht einer Verstimmung von 1 Hz. Als Referenz dient z.B. der Standard-Stimmton der Stimmgabel; das a' des Instruments muss schwebungsfrei mit dem Stimmgabelton klingen. Reine Intervalle erhält man, indem man den höheren Ton schwebungsfrei mit einem Teilton des tieferen Tons stimmt (Oktave = zweiter Teilton, Quinte = dritter Teilton, große Terz = vierter Teilton). Schwieriger wird es, wenn Intervalle gezielt unrein (also z.B. gleichschwebend temperiert) gestimmt werden sollen.

Stimmung von Instrumenten mit Hilfe der Schwebung

1.4 Tonerzeugung

Akustische Musikinstrumente können als Verbindung eines tonerzeugenden **Generators** mit einem oder mehreren klangformenden **Resonatoren** aufgefasst werden.

Generator, Resonator

Als Tongeneratoren dienen bei den **Chordophonen** (Gitarre, Harfe, Klavier, ...) schwingende Saiten, bei den **Menbranophonen** (Trommel, Pauke) die schwingende Membran. „Selbstklingende" Instrumente (**Idiophone**) wie Klangstab, Triangel, Stimmgabel, Becken oder Glocken lassen sich als schwingende Stäbe oder Platten modellieren.

Chordophon, Membranophon, Idiophon

Bei den **Aerophonen**, den „luftgetriebenen" Instrumenten, gibt es drei unterschiedliche Generatorprinzipien: die schwingenden Lippen des Musikers (Blechblasinstrumente wie z.B. Trompete, Posaune oder Horn), schwingende Holz- oder Metallzungen (Holzblasinstrumente wie Klarinette, Oboe oder Saxophon; Akkordeon, Mundharmonika und Lingualpfeifen der Orgel) sowie der schwingende Luftstrom selbst (Flöten, Labialpfeifen der Orgel).

Aerophon

Als Resonatoren dienen akustische Schwinger wie Röhren- und Helmholtz-Resonator, schwingende Platten (Resonanzboden, Decke) oder Membranen.

Obwohl Musikinstrumente sehr komplexe physikalische Systeme sind, lassen sie sich weitgehend verstehen, wenn man die Funktionsweise ihrer einzelnen Elemente versteht, über die hier ein kurzer Überblick gegeben wird.

1.4.1 Saiten, Stäbe, Membranen, Platten

Die **ideale Saite** ist unendlich nachgiebig, sie hat keine eigene Steifigkeit. Ihre Eigenfrequenzen f_n werden allein durch die Saitenlänge l, die schwingende Masse pro Längeneinheit – also dem Produkt aus Quer-

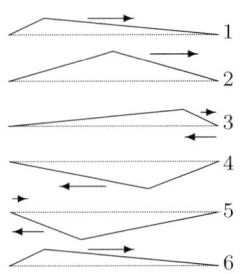

Abb. 1-21: Eine Schwingungsperiode der Wanderwelle auf einer Saite bei der tiefsten Eigenfrequenz

schnittsfläche A und Dichte ϱ – und die Saitenspannung F beschrieben:

$$f_n = \frac{n}{2l}\sqrt{\frac{F}{\varrho A}}, \quad n = 1, 2, 3, \ldots$$

Durch Zupfen, Schlagen oder Streichen wird die Saite zu Biegeschwingungen angeregt; eine **Wanderwelle** läuft ausgehend vom Ort der Erregung entlang der Saite (Abb. 1-21). Wenn ein ganzzahliges Vielfaches der halben Wellenlänge der Saitenlänge entspricht, kommt es zur Resonanz in Form einer **stehenden Welle**. Diese Resonanzen sind die Eigenfrequenzen der Saite (Abb. 1-22).

Damit die akustische Gitarre, die Harfe oder das Klavier Schall abstrahlen kann, muss ein Teil der Schwingungsenergie der Saite über den Steg auf die Decke (den Resonator) übertragen werden. Je mehr Energie über den Steg abfließt, desto lauter ist das Instrument, und desto kürzer ist sein Ton, weil entsprechend weniger Energie am Steg reflektiert wird und zur stehenden Welle beitragen kann. Diesen Zusammenhang kann man auch über die mechanische Impedanz des Stegs darstellen (vgl. Schallimpedanz und Reflexionsfaktor, Abschnitt 1.3.1).

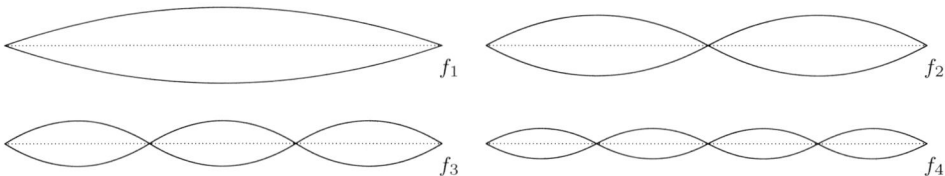

Abb. 1-22: Hüllkurven der Auslenkung einer Saite für die ersten vier Eigenfrequenzen

Bei der elektrischen Gitarre, die ja keinen Schall, sondern eine elektrische Spannung erzeugen soll, ist durch die große Masse des massiven Korpus-Bretts die Impedanz des Stegs sehr groß. Damit ist der Ausklang eines angezupften Tons auf der E-Gitarre wesentlich länger als bei der akustischen Gitarre. Unter Gitarristen ist es ein weit verbreitetes Missverständnis, dass der Korpus der E-Gitarre besonders schwingen muss und deshalb z.B. aus besonderem Holz gebaut sein soll – eine elektrische Gitarre funktioniert gerade dadurch besonders gut, dass der Korpus *nicht* schwingt; je schwerer das Brett, desto besser.

nicht-ideale Reflexion: Wolfston, dead spots

Bei manchen Instrumenten ist die mechanische Impedanz der Saitenbefestigung konstruktiv bedingt frequenzabhängig. Besonders störend macht sich dies beim **Cello** bemerkbar; hier liegt eine Resonanzfrequenz des Stegs im Bereich der Saiten-Eigenfrequenzen. Wird beim Spiel dieser **Wolfston** angeregt, dann wird die Wanderwelle am Steg nicht mehr reflektiert. Statt dessen fließt die Energie des Bogenstrichs ungehindert über den Steg zur Korpusdecke ab und verursacht u.U. eine erhebliche Schwingung des gesamten Korpus.

Polyamid (Nylon u.ä.)	$1{,}1 \cdot 10^3$ kg/m^3	
Schafdarm	$1{,}2 \cdot 10^3$ kg/m^3	
Aluminium	$2{,}7 \cdot 10^3$ kg/m^3	
Chromnickelstahl	$7{,}8 \ldots 8{,}0 \cdot 10^3$ kg/m^3	
Messing	$8{,}1 \ldots 8{,}6 \cdot 10^3$ kg/m^3	
Nickel	$8{,}8 \cdot 10^3$ kg/m^3	
Kupfer	$8{,}9 \ldots 9{,}0 \cdot 10^3$ kg/m^3	
Silber	$10{,}5 \cdot 10^3$ kg/m^3	
Gold	$19{,}3 \cdot 10^3$ kg/m^3	

Tabelle 1-3: Dichte ϱ einiger Saitenmaterialien (Quelle u.a. Kuchling 1984)

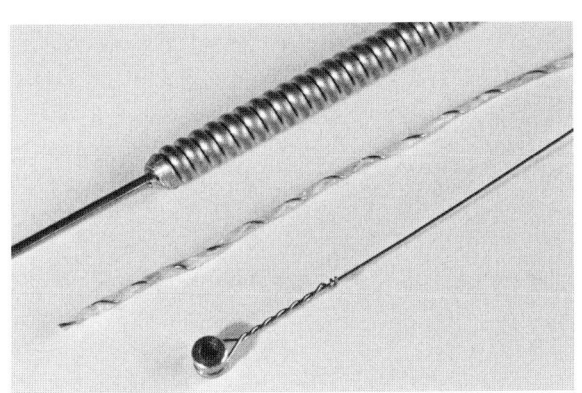

Abb. 1-23: Umsponnene Stahlsaite (Klavier), halb umsponnene Darmsaite (Viola da Gamba), Stahlsaite (Gitarre)

Physikalisch verwandt mit dem Wolfston des Cellos sind die **dead spots** auf dem Gitarren-Griffbrett, die man insbesondere bei elektrischen Gitarren und Bässen findet. Hier sind Resonanzen des Griffbretts Ursache für den „weichen" Abschluss der schwingenden Saite, der sich als stumpfer, matter Klang bemerkbar macht.

Die tiefste Saiten-Eigenfrequenz f_1 ist die **Grundschwingung** der Saite; sie bestimmt die klingende Tonhöhe. Die höheren Eigenfrequenzen sorgen als **Obertöne** für die Klangfarbe. Mit der **Flageolett**-Spieltechnik bei Gitarren und Streichinstrumenten können auch die höheren Eigenfrequenzen als Grundton angeregt werden. Die Schwingungsfrequenz der idealen Saite ist umgekehrt proportional zu ihrer Länge: Bei gleichem Saitendurchmesser und gleicher Spannung erhält man die doppelte Frequenz durch Halbierung der Länge.

Grundton, Obertöne

Typische Werte für die Dichte ϱ einiger Saitenmaterialien sind in Tabelle 1-3 aufgeführt. Messing-, Silber- und Goldsaiten wurden u.a. beim Cembalo eingesetzt; bemerkenswert ist die sehr hohe Dichte von Gold, die zu sehr tiefen Eigenfrequenzen führt. Messing, Aluminium, Kupfer, Nickel und Silber werden verwendet, um Darm-, Nylon-, Nickel- und Stahlsaiten zu umspinnen und so bei relativ geringer Steifigkeit eine höhere Masse zu erreichen (Abb. 1-23).

Abb. 1-24: Inharmonizität der Teiltöne einer Klaviersaite (Kontra-F) in cent als Funktion der Teiltonordnung (Schuck 1943)

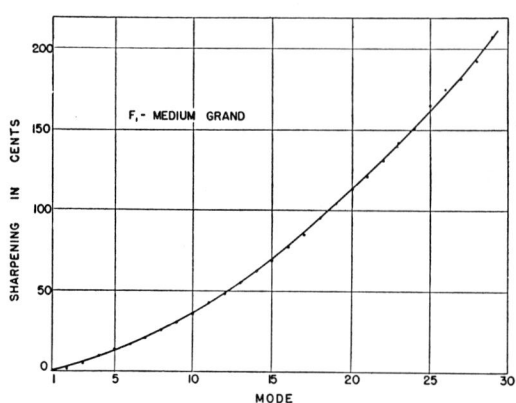

reale, biegesteife Saite

Die **reale Saite** unterscheidet sich von der idealen Saite insbesondere durch ihre Steifigkeit, die sich besonders bei Stahlsaiten bemerkbar macht. Die Eigenfrequenzen einer steifen Saite des Radius r, der Querschnittsfläche $A = \pi r^2$ und der Länge l lassen sich nach **Philip Morse** näherungsweise mit

$$f_n = \underbrace{\frac{n}{2l}\sqrt{\frac{F}{\varrho A}}}_{\text{ideale Saite}} \cdot \underbrace{\left(1 + \beta + \beta^2 + \frac{n^2 \pi^2}{8}\beta^2\right)}_{\text{Inharmonizität}} \quad \text{mit} \quad \beta = \frac{r}{l}\sqrt{E\frac{A}{F}}$$

bestimmen ($n = 1, 2, 3, \ldots$). Der Elastizitätsmodul E (engl. Young's modulus) ist ein Maß für die Steifigkeit; Werte für Chromnickelstahl und Aluminium sind in Tabelle 1-4 zu finden.

Je steifer eine Saite ist, desto größer ist die Abweichung der Teiltonfrequenzen von den perfekt harmonischen Teiltönen der idealen Saite. Mit zunehmender Steifigkeit nimmt auch die Inharmonizität der Teiltöne zu, und sie steigt quadratisch mit der Ordnung der Eigenfrequenz. Dadurch sind die höheren Teiltöne weiter nach oben verstimmt: Das Teiltonspektrum ist gespreizt. Ein Saiteninstrument mit steifen Saiten bekommt dadurch eine zunehmend klirrende, metallische Klangfarbe, wie man am Klangunterschied zwischen Konzert- und Westerngitarre feststellen kann.

gespreiztes Spektrum = metallischer Klang

In Abbildung 1-24 ist beispielhaft die Inharmonizität der Teiltöne für eine Klaviersaite (mittelgroßer Flügel, Kontra-Oktave) aufgetragen. Hier ist der 19. Teilton bereits mehr als 100 cent, also mehr als einen Halbton, zu hoch[12]!

---

[12] zum cent-Maß siehe Abschnitt 1.5

Abb. 1-25: Stahl- und Palisanderstäbe bei Glockenspiel und Xylophon; man beachte die leichte Auskehlung (Ausdünnung) der Xylophonstäbe

Der **ideale Stab** ist das Modell für Klangstäbe, wie sie z.B. bei Glockenspiel, Celesta, Xylophon, Balafon oder Marimba verwendet werden. Bei allen diesen Instrumenten werden frei gelagerte Stäbe aus Metall oder Holz durch Anschlagen zu Biegeschwingungen angeregt (Abb. 1-25).

idealer Stab

Die Ausbreitungsgeschwindigkeit von Biegewellen in Stäben ist frequenzabhängig: Es herrscht – anders als bei der idealen Saite – **Dispersion**[13]. Die Eigenfrequenzen des Stabes sind daher nichtharmonisch. In Tabelle 1-4 sind Dichten und Elastizitätsmoduln typischer Stabmaterialien aufgeführt.

Dispersion

Chromnickelstahl	$\varrho = 7{,}9 \cdot 10^3$ kg/m³	$E = 20{,}0 \cdot 10^{10}$ N/m²
Aluminium	$\varrho = 2{,}7 \cdot 10^3$ kg/m³	$E = 7{,}1 \cdot 10^{10}$ N/m²
Brasilianischer Palisander	$\varrho = 0{,}83 \cdot 10^3$ kg/m³	$E = 1{,}6 \cdot 10^{10}$ N/m²
Indischer Palisander	$\varrho = 0{,}74 \cdot 10^3$ kg/m³	$E = 1{,}2 \cdot 10^{10}$ N/m²
Europäischer Ahorn	$\varrho = 0{,}64 \cdot 10^3$ kg/m³	$E = 1{,}0 \cdot 10^{10}$ N/m²
Afrikanisches Mahagoni	$\varrho = 0{,}55 \cdot 10^3$ kg/m³	$E = 1{,}2 \cdot 10^{10}$ N/m²
Mammutbaum (Redwood)	$\varrho = 0{,}38 \cdot 10^3$ kg/m³	$E = 0{,}95 \cdot 10^{10}$ N/m²
Ebenholz	$\varrho = 1{,}2 \cdot 10^3$ kg/m³	$E = 11{,}1 \cdot 10^{10}$ N/m²

Tabelle 1-4: Dichte ϱ und Elastizitätsmodul E einiger Stabmaterialien (Quellen: Fletcher 1991, Kuchling 1984; Elastizitätsmodul von Holz in Faserrichtung)

Die Eigenfrequenzen eines frei schwingenden Stabes der Länge l und der Dicke d lassen sich bestimmen zu

$$f_n = \alpha_n \frac{0{,}113\, d}{l^2} \sqrt{\frac{E}{\varrho}} \quad \text{mit} \quad \alpha_n \approx (2n+1)^2,$$

Beispiel: Ein 4 mm dicker Glockenspiel-Stab aus Chromnickelstahl (Elastizität $E = 20 \cdot 10^{10}$ N/m², Dichte $\varrho = 7{,}9 \cdot 10^3$ kg/m³) muss auf eine Länge von 10,8 cm gebracht werden, um als Grundschwingung ein klingendes a''' (1760 Hz) zu erhalten. Das klingende a'''' (3520 Hz) erhält man mit einer Länge von 7,6 cm: Für die doppelte Frequenz muss die Stablänge um $1/\sqrt{2}$ gekürzt werden.

---

[13] Dispersion, also frequenzabhängige Schallgeschwindigkeit, tritt z.B. auch bei Oberflächenwellen im Wasser auf, aber *nicht* bei Luftschall (Ausnahme: Schallausbreitung im Trichter) und auch *nicht* bei der idealen Saite.

Abb. 1-26: Ausgekehlte (ausgedünnte) Klangstäbe der Marimba

Die Eigenfrequenzen des freien Stabes sind völlig unharmonisch; die klangbestimmenden ersten beiden Teiltöne stehen wegen $\alpha_n = (2n+1)^2$ näherungsweise im Verhältnis $1:2{,}77$. Dies ist die Ursache für den charakteristischen harten und geräuschhaft klirrenden Ton des **Glockenspiels**.

Auskehlung macht Teiltöne harmonisch

Bei manchen Stabspielen werden durch Auskehlung des Stabes seine Eigenfrequenzen in ein näherungsweise harmonisches Verhältnis gebracht, wodurch der Klang erheblich weicher und angenehmer wird: Die Auskehlung setzt die Grundfrequenz (erster Teilton) herab und vergrößert den Abstand zum zweiten Teilton. Insbesondere bei **Vibraphon** und **Marimba** wird diese Technik eingesetzt (Abb. 1-26). Messungen an Marimba-Klangstäben zeigen ein Frequenzverhältnis der ersten beiden Teiltöne von $1:3{,}9$, also nahezu eine Doppeloktave (Fletcher 1991). Auch die Holzstäbe des **Xylophons** werden ausgekehlt, allerdings erheblich weniger als die Stäbe der Marimba (Abb. 1-25).

ideale Membran

Die **ideale Membran** kann als zweidimensionale Erweiterung der idealen Saite betrachtet werden. Allerdings sind ihre Teiltöne nicht harmonisch: Die Eigenfrequenz $f_{m,n}$ der idealen runden Membran ist durch die n-te Nullstelle der **Bessel-Funktion** m-ter Ordnung J_m bestimmt[14]. Durch die unharmonischen Frequenzverhältnisse hat eine **Trommel** zwar eine erkennbare Tonhöhe, kann aber nicht auf einen eindeutigen Ton gestimmt werden.

Bei der Zählung der Moden (m, n) einer runden Membran bezeichnet m die Zahl der radialen Knotenlinien, n die Zahl der zirkularen. Durch eine Knotenlinie getrennte benachbarte Zonen der Membran schwingen stets gegenphasig.

---

[14]Zu den Bessel-Funktionen siehe z.B. Bronstein, I.N. & Semendjajew, K.A.: **Taschenbuch der Mathematik**, Verlag Harri Deutsch, 7. Aufl. 2008.

1.4 Tonerzeugung

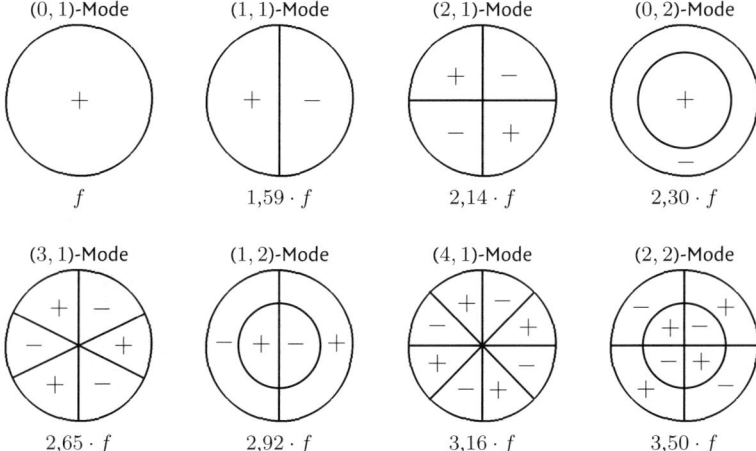

Abb. 1-27: Chladni-Figuren der ersten acht Moden einer idealen Membran mit ihren relativen Frequenzen; die Vorzeichen markieren die relative Phasenlage der Membranschwingung in benachbarten Zonen

Abbildung 1-27 zeigt die ersten acht Moden einer idealen, runden Membran. **Ernst Florens Friedrich Chladni** (1756–1827) untersuchte erstmals die Moden von sandbestreuten Platten: Auf den Knotenlinien der Schwingung sammelt sich der Sand; die dabei entstehenden charakteristischen Knotenlinien-Bilder werden **Chladni-Figuren** genannt[15].

Chladni-Figuren

Bei realen Membranen, wie sie als Trommelfelle zum Einsatz kommen, können nun Moden selektiv unterstützt oder bedämpft werden. So lassen sich Ausklang und Obertongehalt einer Trommel mit dem klassischen „Papiertaschentuch-Gaffa-Dämpfer" oder dem modernen Gel-Dämpferpad durch die Position des Dämpfers auf dem Fell sehr differenziert steuern.

selektive Betonung oder Dämpfung einzelner Moden

Doppellagige Trommelfelle werden eingesetzt, wenn ein stark gedämpfter Klang gefordert ist. Durch die doppeschichtige Konstruktion, u.U. sogar mit Ölfüllung, haben solche Felle eine höhere innere Dämpfung, wodurch ein trockener und obertonarmer Klang erreicht wird. Einer offener klingende Variante ist der Ringdämpfer: Durch einen aufgelegten oder ins Fell eingearbeiteten dämpfenden Ring am äußersten Umfang des Fells können die radialen Moden bedämpft werden, während die zirkularen Moden $(0, 1)$, $(0, 2)$, $(0, 3)$ unbeeinflusst bleiben (Abb. 1-28).

Durch eine Verstärkung (Verdickung) des Fells in der Mitte kann die $(0, 1)$-Mode betont werden, und gleichzeitig erhalten die tieferen Eigenfrequenzen durch die zusätzliche Masse ein harmonischeres Verhältnis. Der Klang wird dadurch runder und tonaler. Im Extremfall können mit einer solchen Zusatzmasse die ersten Teiltöne auf ein annähernd harmonisches Verhältnis gebracht werden: So sorgt der dicke Kautschuk-Punkt auf dem Trommelfell der indischen **Tabla** für eine definierbare Tonhöhe.

[15] Chladni, E.F.F.: **Die Akustik**, Breitkopf & Härtel 1802

Abb. 1-28: Links: Rototom (kessellose Trommel) mit doppelschichtigem am Rand verklebtem Fell, rechts: Snare Drum mit lose aufgelegtem Dämpferring (ausgeschnittenes Trommelfell)

reales, biegesteifes Trommelfell

Der Übergang von der idealen Membran zur realen Membran mit charakteristischer Biegesteife führt, wie bei der realen Saite, zu Veränderungen in der Obertonstruktur. Der helle, harte und trockene Klang von Handtrommeln wie Conga oder Bongo wird wesentlich durch das sehr dicke und steife Naturfell bestimmt.

Abb. 1-29: Pedalpauken im Orchester. Der geschlossene Kessel hat erheblichen Einfluss auf die Membranresonanzen

Pauke

Bei der **Pauke** (Abb. 1-29) werden die Eigenfrequenzen des Fells durch den unten geschlossenen Kessel erheblich beeinflusst: Weil die Luft beim Anschlag nicht ausweichen kann, werden die zirkularen Moden – insbesondere die bei Trommeln dominante $(0, 1)$-Mode – unterdrückt. Für die radialen Moden, bei denen die Luft im Kessel wie Wasser in einer Schüssel hin und her schwingen kann, wirkt die Luft als zusätzliche bewegte Masse, wodurch das Frequenzverhältnis von $(1, 1)$, $(2, 1)$, $(3, 1)$ und $(4, 1)$-Mode mit ungefähr $1 : 1,5 : 2 : 3$ im Wesentlichen harmonisch wird. Die Pauke hat dadurch einen definierten Ton (*Ziegenhals 1989, Fletcher 1991*).

virtuelle Tonhöhe

Der Ton der Pauke kann u.U. sogar eine Oktave *unterhalb* der $(1, 1)$-Resonanzfrequenz wahrgenommen werden (*Rossing 2000*); das Ohr interpretiert dann $1 : 1,5 : 2$ als $2 : 3 : 4$ und rekonstruiert dazu einen „fehlenden Grundton" gemäß der virtuellen Tonhöhenwahrnehmung (siehe Abschnitt 3.2.3).

1.4 Tonerzeugung

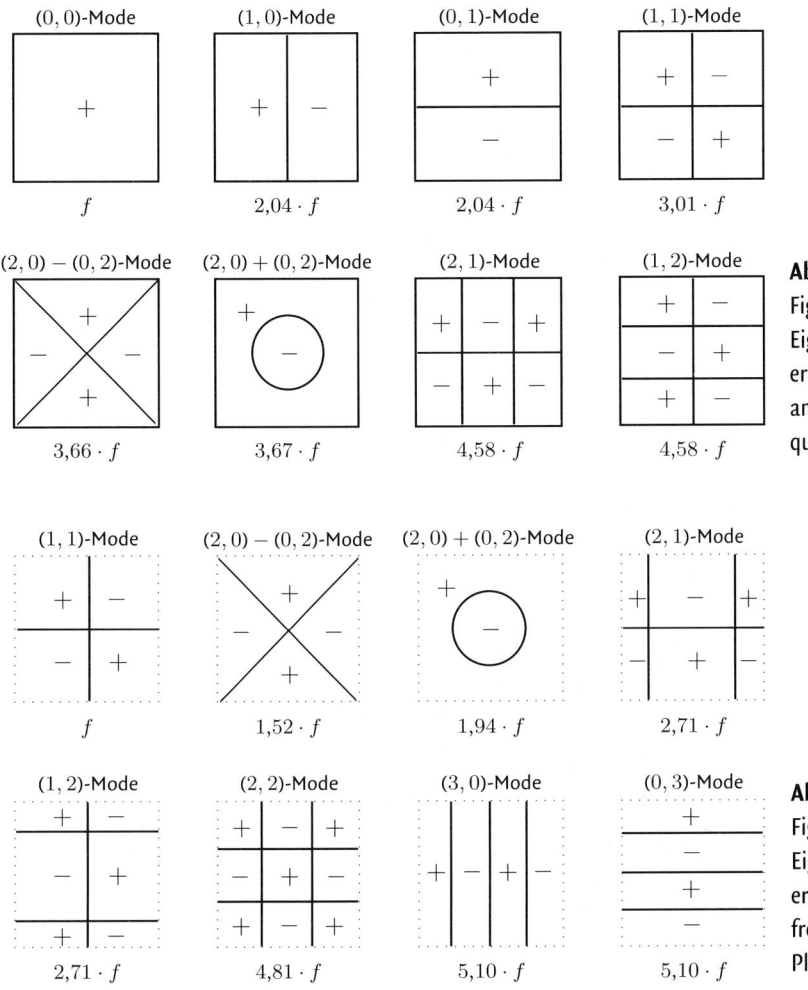

Abb. 1-30: Chladni-Figuren und relative Eigenfrequenzen der ersten acht Moden einer am Rand eingespannten quadratischen Platte

Abb. 1-31: Chladni-Figuren und relative Eigenfrequenzen der ersten acht Moden einer freien quadratischen Platte

Für einen vollen, grundtönigen Klang muss eine Trommel in der Mitte des Fells angeschlagen werden (um die (0, 1)-Mode anzuregen), die Pauke aber am Rand, weil hier die (1, 1)-Mode klangbestimmend ist, die in der Fellmitte eine Knotenlinie hat.

Die schwingende biegesteife **Platte** ist der Prototyp für die verschiedensten Varianten von Platten-Resonatoren. Schwingende Platten z.B. aus Gipskarton, Sperrholz oder Stahlblech werden in der Raumakustik als Resonanzabsorber eingesetzt, wobei aber nur die tiefste Eigenfrequenz zur Schallabsorption genutzt wird; die höheren Eigenfrequenzen werden meist vernachlässigt.

schwingende Platte

Bei Musikinstrumenten wie Gitarre, Violine oder Klavier dienen schwingende Platten als Resonatoren zur Klangformung und Schallabstrahlung. Die Decke von Streich- und Zupfinstrumenten oder der Re-

eingespannte quadratische Platte

sonanzboden von Klavier und Flügel lassen sich in erster Näherung als rechteckige, am Rand eingespannte Platte betrachten. In Abbildung 1-30 sind Moden und relative Eigenfrequenzen für den einfachsten Fall, die quadratische Platte dargestellt (Zählung der Moden nach Knoten in x- und y-Richtung).

freie quadratische Platte

Die Moden der frei schwingende (nicht eingespannten) Platte ähneln denen der eingespannten Platte, ihre Eigenfrequenzen liegen aber dichter und haben unharmonischere Frequenzverhältnisse (Abb. 1-31). Die tiefste Eigenfrequenz der freien Platte ist die der (1, 1)-Mode.

freie runde Platte

Die ideale freie runde Platte (ohne Abbildung) hat Eigenfrequenzen im Verhältnis $1 : 1{,}73 : 2{,}33 : 3{,}91 : 4{,}11 : 6{,}30 : 6{,}71$. Eine Abschätzung der relativen Eigenfrequenzen flacher und gewölbter runder Platten ist möglich mit $f_{m,n} \approx c(m+2n)^p$, der Exponent p ist eine geometrische Konstante. Für flache Platten ist $p = 2$, für gewölbte Platten (Becken, Glocken) ist $p < 2$ (*Fletcher* 1991).

1.4.2 Röhrenresonatoren

Mit ebenen Wellen in einseitig oder beidseitig offenen Rohren lassen sich sehr einfach stehende Wellen erzeugen (vgl. Abschnitt 1.3.1). Damit sich in einem Rohr in Längsrichtung stehende Wellen ausbilden, muss der Rohrdurchmesser d klein sein gegen die Wellenlänge (mind. $d < \lambda/2$, besser $d \leq \lambda/2\pi$). Solche **Röhrenresonatoren** werden insbesondere bei Blasinstrumenten genutzt: Die tiefsten Eigenfrequenzen der Rohre erzeugen durch Wechselwirkung mit dem Generator (schwingendes Rohrblatt, schwingende Lippen, Luftstrom) die auf dem jeweiligen Instrument spielbaren Töne (Grundton); die höheren Eigenfrequenzen wirken als akustisches Filter und bestimmen die charakteristische Klangfarbe. Durch eine besondere Spieltechnik, das so genannte **Überblasen**, können auch höhere Rohr-Eigenfrequenzen den Grundton bestimmen.

Röhrenresonator

akustischer Kammfilter

Röhrenresonatoren wirken akustisch als **Bandpassfilter** oder, genau genommen, als Verkettung von Bandpässen, als **Kammfilter**. Bei jeder Frequenz f_n, mit der sich eine stehende Welle ausbilden kann, ist das Rohr in Resonanz. Im Resonanzfall ($f \approx f_n$) ist die vom Resonator aufgenommene Schallenergie maximal (vgl. Abschnitt 1.1.2).

beidseitig offenes Rohr: Flöte

Man unterscheidet bei Röhrenresonatoren das einseitig und das beidseitig offene Rohr. Aus den Randbedingungen der schallweichen Reflexion ergibt sich, dass bei einem **beidseitig offenen Rohr** an beiden Enden ein Schalldruckknoten entstehen muss. Das Rohr ist in Resonanz, wenn ein ganzzahliges Vielfaches der halben Wellenlänge der Rohrlänge l entspricht (Abb. 1-32). Seine Eigenfrequenzen f_n sind demnach

$$f_n = n\,\frac{c}{2\,l_{\text{eff}}}, \quad n = 1,\ 2,\ 3,\ \ldots$$

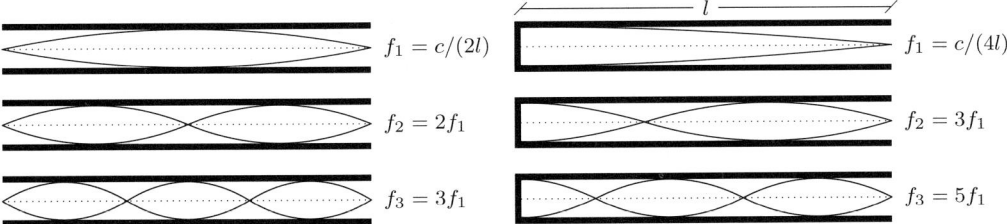

Abb. 1-32: Röhrenresonatoren, beidseitig offen ($\lambda/2$-Resonator, alle harmonischen Teiltöne) und einseitig offen ($\lambda/4$-Resonator, nur ungeradzahlige Teiltöne); Schalldruckverlauf ohne Berücksichtigung der Mündungskorrektur

Das beidseitig offene, zylindrische Rohr ist ein **$\lambda/2$-Resonator**. Es ist das physikalische Modell für alle Flöten (Blockflöten, Querflöten) und für die offenen labialen Orgelpfeifen. Seine Eigenfrequenzen stehen im Verhältnis $1:2:3:4\ldots$

Zur Unterscheidung des theoretischen und des praktischen Resonators dient in der obigen Gleichung die effektive Rohrlänge l_eff. Sie unterscheidet sich von der tatsächlichen Rohrlänge durch die (experimentell zu bestimmende) **Mündungskorrektur** Δl (engl. end correction): Die schallweiche Reflexion erfolgt nicht exakt am Rohrende, sondern ein kleines Stück außerhalb des Rohres. Beim beidseitig offenen Rohr muss man zwei Mündungskorrekturen berücksichtigen: $l_\text{eff} = l + 2\,\Delta l$.

Mündungskorrektur

Für zylindrische Rohre vom Radius r beträgt die Mündungskorrektur bei der ersten Eigenfrequenz $\Delta l = 0{,}57\,r$. Für die höheren Eigenfrequenzen wird die Mündungskorrektur kleiner – die effektive Rohrlänge nimmt mit steigender Frequenz ab, weshalb die höheren Eigenfrequenzen von z.B. Flöte und Orgelpfeife nach oben verstimmt sind (*Meyer* 1961).

Das **einseitig geschlossene Rohr** hat an beiden Enden unterschiedliche Randbedingungen für die stehende Welle: Am offenen Ende muss ein Schalldruckknoten erscheinen, am geschlossenen Ende ein Schalldruckmaximum. Es kommt zur Resonanz, wenn ein ungeradzahliges Vielfaches der viertel Wellenlänge der Rohrlänge l entspricht (Abb. 1-32); das einseitig geschlossene Rohr ist ein **$\lambda/4$-Resonator**. Seine Eigenfrequenzen f_n sind demnach

einseitig geschlossenes Rohr: Holzbläser, Blechbläser

$$f_n = (2n-1)\,\frac{c}{4\,l_\text{eff}}, \quad n = 1,\,2,\,3,\,\ldots$$

Sie stehen im Frequenzverhältnis $1:3:5:7\ldots$

Auch hier muss die Mündungskorrektur $\Delta l = 0{,}57\,r$ berücksichtigt werden, allerdings nur am offenen Ende ($l_\text{eff} = l + \Delta l$). Das einseitig geschlossene zylindrische Rohr ist der physikalische Prototyp für die Klarinette und die gedeckte („gedackte") Orgelpfeife. Eingesetzt wird es auch als abgestimmter Resonator bei Stabspielen wie Xylophon, Vibraphon und Marimba.

Komplizierter als die zylindrischen Rohre ist das **konische Rohr** oder

konisches Rohr, Schalltrichter, Horn

Horn. Ist ein solches Rohr sehr lang oder hat es einen sehr großen Öffnungswinkel, sodass der Durchmesser an der Mündung groß im Vergleich zur Wellenlänge ist, wird an der Mündung praktisch kein Schall reflektiert. Ein solches Horn fungiert als **Schalltrichter** – durch den sich allmählich aufweitenden Querschnitt erfolgt eine Anpassung des Wellenwiderstands der Welle im Rohr an den Wellenwiderstand der Kugelwelle außerhalb des Rohrs. So verbessern die trichterförmig an den Mund gelegten Hände die Schallabstrahlung, und auch ein Lautsprecher erhält durch einen geeigneten Hornvorsatz einen erheblich höheren Wirkungsgrad (siehe Abschnitt 9.3.1).

stehende Wellen im konischen Rohr

Konische Rohre in Musikinstrumenten haben dagegen einen kleinen Öffnungswinkel und einen Mündungsquerschnitt, der klein gegen die Wellenlänge ist. Dadurch kommt es wie beim zylindrischen Rohr zur Reflexion an der Mündung, und es können sich stehende Wellen ausbilden. Die Wellenfront in konischen Rohren ist stets senkrecht zur Rohrwandung und deshalb in Form eines Kugelschalenabschnitts gekrümmt: Die in Richtung zur Hornmündung wandernde Welle *divergiert*, die in das Horn zurück reflektierte Welle *konvergiert*. Weil der Schalldruck in der reflektierten, konvergierenden Welle immer weiter ansteigt während sich die Welle der Hornspitze nähert, muss der Druck dort stets maximal sein; die stehende Welle teilt den Konus unsymmetrisch.

Abb. 1-33: Tenorhorn (konisches Rohr mit Schallbecher) beim Instrumentenbauer

gerader Konus

Die einfachste Variante eines solchen Horns ist der gerade, trichterförmige Konus. Das konische Rohr verhält sich trotz des abgeschlossenen Endes wie ein $\lambda/2$-**Resonator**. Es hat die gleichen Eigenfrequenzen wie ein gleich langes beidseitig offenes zylindrisches Rohr, obwohl der Schalldruck an der Mündung minimal ist und an der Spitze maximal.

Eine weitere Besonderheit ist das gleiche akustische Verhalten von geschlossenem (vollständigem) Konus und offenem Konus (mit abgeschnittener Spitze): Das an der Spitze offene konische Rohr zeigt die gleichen Eigenfrequenzen wie ein geschlossener Konus mit gleichem Öffnungswinkel, d.h. das akustische Verhalten eines konischen Rohrs wird durch das Abschneiden der Spitze nicht wesentlich verändert. Es spielt dabei auch keine Rolle, wie weit die Spitze abgeschnitten wird, wie lang (bzw. kurz) also der offene Konus tatsächlich ist!

Das konische Rohr ist als Röhrenresonator der Prototyp für Fagott und Oboe, für Blechblasinstrumente der Hornfamilie (Waldhorn, Tenorhorn, Flügelhorn, Tuba, Abb. 1-33) und für die Saxophone.

Der Unterschied im akustischen Verhalten zwischen zylindrischem und konischem Rohr ist auch für den Klangunterschied zwischen Klarinette (zylindrisch, einseitig geschlossen) und Saxophon (konisch, einseitig geschlossen) verantwortlich: Die Klarinette hat als $\lambda/4$-Resonator Eigenfrequenzen im Verhältnis $1:3:5:7$, die Eigenfrequenzen des Saxophons ($\lambda/2$-Resonator) stehen im Verhältnis $1:2:3:4$. Daher unterdrückt das Klarinettenrohr die geradzahligen Teiltöne im Signal und unterstützt die ungeradzahligen, während das Saxophon sämtliche Teiltöne im Klang enthält.

Klarinette vs. Saxophon

Neben den geraden, trichterförmigen Hörnern sind auch die Hörner mit gekrümmtem Profil interessant. Solche Hörner findet man einerseits bei Lautsprechern zur Schallverstärkung (bzw. zur akustischen Impedanzanpassung), andererseits bei Blasinstrumenten als **Schallbecher** (Stürze). Die Eigenfrequenzen gekrümmter Hörner sind i.Allg. nicht einfach zu bestimmen: In Abhängigkeit vom Querschnittsverlauf können nicht-ganzzahlige (unharmonische) und damit musikalisch ungeeignete Eigenfrequenzen auftreten. Im Folgenden sollen kurz zwei verschiedene Horntypen vorgestellt werden, das Exponentialhorn und das Besselhorn.

Das **Exponentialhorn** ist die klassische Trichterform bei Hornlautsprechern. Sein Durchmesser D nimmt mit dem Abstand x von der Spitze (Apex) exponentiell mit einem Faktor $e^{\varepsilon x}$ zu: $D = D_0 e^{\varepsilon x}$. Dadurch ist der relative Zuwachs der Querschnittsfläche S pro Längeneinheit konstant: $dS/dx = 2\varepsilon \cdot S$ (Cremer & Hubert 1985). So gut das Exponentialhorn für Lautsprecher geeignet ist, so ungeeignet ist es für Blasinstrumente: Seine Eigenfrequenzen sind unharmonisch; auf einem Blasinstrument mit Exponentialhorn könnte man keine saubere Tonleiter spielen.

Exponentialhorn

Nur eine Klasse von Hörnern mit gekrümmtem Querschnittsverlauf zeigt harmonische Frequenzverhältnisse bei den Eigenfrequenzen und ist deshalb für den Blasinstrumentenbau geeignet. Dies sind die so genannten **Besselhörner** (Benade 1960, Fletcher & Rossing 1991). Den Krümmungsverlauf eines Besselhorns beschreibt man ausgehend von der weiten Öffnung, also dem Schallbecher des Instruments, mit der Gleichung $D = D_0 x^{-\varepsilon}$. Der Durchmesser nimmt mit zunehmendem Abstand x zur Öffnung exponentiell mit einem Faktor $x^{-\varepsilon}$ ab.

Besselhorn

Abb. 1-34: Schallbecher von Trompeten in Form von Besselhörnern

Die stehenden Wellen in solchen Hörnen lassen sich mit Hilfe von **Bessel-Funktionen** berechnen, daher auch der Name. Instrumentenbauer haben die geometrische Form der Besselhörner über Jahrhunderte durch Experimentieren entdeckt und optimiert und bei den verschiedenen Blasinstrumenten umgesetzt.

Die Form des Besselhorns ist durch die Krümmungskonstante ε festgelegt. Interessanter Weise beschreibt die Gleichung des Besselhorns auch die zwei bereits bekannten einfachen Fälle von Rohren mit harmonischen Eigenfrequenzen, das zylindrische Rohr ($\varepsilon = 0$) und das konische Rohr ($\varepsilon = -1$). Das „eigentliche" Besselhorn erhält man aber durch positive Werte für ε; so entspricht der Schallbecher von Trompete und Posaune einem Besselhorn mit einer Krümmungskonstanten von $\varepsilon \approx 0{,}7$ (*Fletcher & Rossing 1991*).

Ein typisches Besselhorn hat eine scharfe Krümmung an der Hornmündung, die allmählich in ein immer geraderes Rohr übergeht, wodurch es sich je nach Länge übergangslos sowohl an ein zylindrisches als auch an ein konisches Rohr montieren lässt (Abb. 1-34).

Schallbecher

Besselhörner findet man als **Schallbecher** (auch Schallstück oder Stürze, engl. bell) bei Blasinstrumenten. Bei Holzblasinstrumenten wie Oboe, Fagott, Klarinette und Saxophon ist der Schallbecher nicht sehr ausgeprägt und beeinflusst das akustische System nicht wesentlich: Trotz Schallbecher ist die Klarinette mit ihrer zylindrischen Bohrung ein $\lambda/4$-Resonator. Anders ist dies bei Blechblasinstrumenten wie Horn, Trompete oder Posaune mit ihren sehr ausgeprägten Schallbechern.

Durch die starke Aufweitung am Rohrende und die vergleichsweise große Mündungsfläche liegt die Reflexionsebene der stehenden Welle *innerhalb* der Öffnung des Schallbechers und verschiebt sich mit steigender Frequenz immer weiter in das Innere des Instruments[16].

---

[16] So beeinflusst ein Trompetendämpfer nicht die Tonhöhe, obwohl er je nach Bauart weit in den Schallbecher hineinragen kann.

Beim Horn (und auch bei Flügelhorn, Tenorhorn und Tuba) ist nun ein *konisches* Rohr mit einem solchen Schallbecher kombiniert (Abb. 1-33 auf Seite 62); beide Teile des Instruments können demnach als Besselhorn beschrieben werden. Bei Trompete und Posaune ist dagegen ein *zylindrisches* Rohr mit einem als Schallbecher versehen. Bei diesen Instrumenten werden also die sehr unterschiedlichen akustischen Eigenschaften von zylindrischem Rohr und (Bessel-) Trichter kombiniert.

Durch den Schallbecher nähert sich das akustische Verhalten des zylindrischen Rohres dem konischen Rohr an. So haben die Eigenfrequenzen der Trompete typischerweise das Verhältnis $0{,}8 : 2 : 3 : 4 \ldots$, obwohl der zylindrische Teil des Instruments allein als einseitig geschlossenes Rohr nur die ungeradzahligen Eigenfrequenzen aufweisen würde (s.o.). Der Preis für das harmonische Verhältnis der höheren Eigenfrequenzen ist die musikalisch unbrauchbare tiefste Eigenfrequenz.

Da Blasinstrumente so konstruiert sind, dass sie möglichst harmonische Eigenfrequenzen haben, entsteht durch *Überblasen* – Anregen der höheren Eigenfrequenzen – die so genannte **Naturtonreihe**, in der sich die Intervalle der musikalischen Skala wiederfinden (siehe Abschnitt 1.5).

1.4.3 Helmholtz-Resonatoren

Ein völlig anderes Prinzip liegt dem **Helmholtz-Resonator** zu Grunde (Abbildung 1-35). Ein geschlossenes Luftvolumen mit ein oder mehr kleinen Öffnungen ist das akustische Pendant zum mechanischen Federpendel: Die Luft in der Öffnung wirkt als schwingende Masse, das eingeschlossene Luftvolumen wirkt in Verbindung mit der Kopplungsfläche zu der kleinen Öffnung als Feder. Wie auch das Federpendel hat der Helmholtz-Resonator nur eine einzige Eigenfrequenz[17]. Der Physiker und Physiologe **Hermann von Helmholtz** (1821–1894) entwickelte solche Resonatoren zur akustischen Spektralanalyse.

Die Eigenfrequenz des Helmholtz-Resonators hat im Gegensatz zum Röhrenresonator nichts mit seiner Größe zu tun; auch ein kleiner Helmholtz-Resonator kann eine tiefe Resonanzfrequenz haben. Für Resonatoren mit nur einer einzigen Öffnung berechnet sie sich aus Mündungsfläche A, Mündungstiefe l und Resonatorvolumen V zu

$$f_0 = \frac{c}{2\pi} \sqrt{\frac{A}{l_{\text{eff}} V}}.$$

Beim Helmholtz-Resonator muss für eine exakte Berechnung wie beim Röhrenresonator eine Mündungskorrektur Δl berücksichtigt werden,

---

[17] Natürlich bilden sich im Innern des Helmholtz-Resonators wie in allen Hohlräumen weitere Resonanzen durch stehende Wellen aus; vgl. hierzu den Röhrenresonator (eindimensionaler Fall) und die Moden eines Raums (dreidimensionaler Fall, Abschnitt 2.1.1).

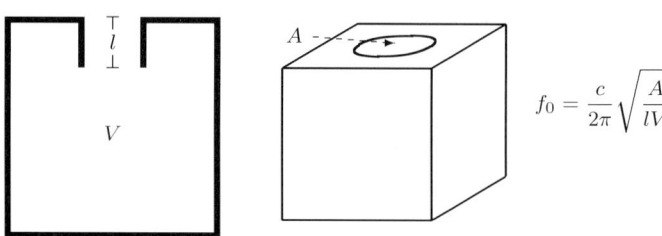

$$f_0 = \frac{c}{2\pi}\sqrt{\frac{A}{lV}}$$

Abb. 1-35: Der Helmholtz-Resonator, das akustische Federpendel

weil auch außerhalb der Resonatoröffnungen die Luft mitschwingt. Diese Mündungskorrektur fällt um so stärker ins Gewicht, je geringer die tatsächliche Mündungstiefe und je größer die Öffnung ist. So ist die effektive Mündungstiefe l_eff die Summe aus der tatsächlichen Mündungstiefe l und der Mündungskorretur Δl auf beiden Seiten der Öffnung: $l_\text{eff} = l + 2\,\Delta l$. Für zylindrische Öffnungen vom Radius r beträgt der experimentell bestimmte Wert $\Delta l = 0,8\,r$ (Cremer 1978). Wenn, wie z.B. beim Gitarrenkorpus, die tatsächliche Mündungstiefe l im Vergleich zum Öffungsradius sehr klein ist, dann wird l_eff praktisch nur durch die Mündungskorrektur bestimmt.

Abb. 1-36: Korpus einer akustischen Gitarre (Flat Top, „Westerngitarre"); das Luftvolumen wirkt in Verbindung mit dem Schallloch als Helmholtz-Resonator

akustischer Tiefpass

Der Frequenzgang des Helmholtz-Resonators ist identisch mit dem Frequenzgang des Federpendels (Abbildung 1-6 auf Seite 23). Damit ist der Helmholtz-Resonator ein akustisches **Tiefpassfilter** mit ausgeprägter Resonanzüberhöhung: Tieffrequente Schallsignale ($f \ll f_0$) können die Resonatoröffnung passieren, hochfrequente Schallsignale ($f \gg f_0$) werden gesperrt. Im Resonanzfall ($f \approx f_0$) ist die vom Resonator aufgenommene und ggf. auch wieder abgegebene Schallenergie maximal.

Bei Musikinstrumenten findet man den Helmholtz-Resonator zur Verstärkung insbesondere tiefer Frequenzen. Der Korpus der akustischen Gitarre ist ebenso ein Helmholtz-Resonator wie der Korpus der Streichinstrumente (Luftvolumen + Schallloch bzw. Luftvolumen + f-Löcher).

So sorgt bei der Gitarre das System aus Korpus und Schallloch mit einer typischen Helmholtz-Resonanz von knapp über 100 Hz für Volumen und Wärme im Klang (Abb. 1-36). Seltener wird der Helmholtz-Resonator direkt zur Tonerzeugung benutzt; Beispiele hierfür sind die Okarina oder auch die angeblasene Flasche.

Außer bei Musikinstrumenten werden Helmholtz-Resonatoren eingesetzt, um Schall zu schlucken (Lochplattenabsorber, S. 93), zu verstärken (Bassreflexbox, S. 290) oder zu filtern (Bandpassbox, S. 291).

1.5 Stimmung

Unter **Stimmung** (engl. tuning) versteht man

1. die Festlegung der absoluten Tonhöhe eines Instruments, und

2. die Einstellung der relativen Frequenzen der Töne eines Instruments zueinander.

Die absolute Tonhöhe eines Instruments wird üblicherweise mit der Referenzfrequenz des **Kammertons a′** festgelegt. Mit der Referenz ist es allerdings nicht weit her: In der italienischen Musizierpraxis des 16. Jahrhunderts wurde der Kammerton auf Werte zwischen 392 und 480 Hz gestimmt. Statistisch betrachtet steigt die Stimmtonhöhe im Laufe der Jahrhunderte immer weiter an: Georg Friedrich Händels Stimmgabel schwang mit 422,5 Hz; Komponisten um Berlioz, Meyerbeer und Rossini setzten im Jahre 1859 den Kammerton auf 435 Hz fest. Erst seit 1939 ist 440 Hz international als „Normfrequenz" definiert – doch in der modernen Orchesterpraxis ist die Stimmtonhöhe bereits bei 444 Hz angekommen.

Die absolute Tonhöhe spielt eine Rolle für den Klangeindruck: Je höher ein Instrument gestimmt ist, desto brillanter klingt es. Man kann dies physikalisch – über die Eigenschaften des Instruments – und psychologisch – über die Hörwahrnehmung – erklären (Kapitel 3). Davon abgesehen ist die absolute Tonhöhe natürlich unerheblich. Sie ist nur wichtig, damit mehrere Instrumente zusammen spielen können.

Heutzutage kann man davon ausgehen, dass alle Musikinstrumente auf $a' = 440$ Hz gestimmt werden – abgesehen von professionellen Orchesterinstrumenten, und abgesehen vom Instrumentarium der **Alten Musik** (engl. Early Music), also der Musik vor Johann Sebastian Bach. In der historischen Aufführungspraxis Alter Musik werden Stimmungen von 392, 415, 440 und 465 Hz verwendet. Dies sind ausgehend von 440 Hz Halbtonschritte nach unten bzw. oben, damit ggf. die Stimmtonhöhe durch Transposition gewechselt werden kann.

Standard-Stimmton $a' = 440$ Hz

Alte Musik

musikalische Temperatur

Die **relative Stimmung** der Töne eines Instruments zueinander, zur besseren Unterscheidung auch als musikalische **Temperatur** (engl. temperament) bezeichnet, ist insbesondere für **Tasteninstrumente** (Klavier, Orgel, Cembalo ...) und Harfe von großer Bedeutung. Bei Blasinstrumenten und Streichern kann der Musiker die Tonhöhe in gewissen Grenzen kontrollieren und dadurch die Stimmung anpassen (**Intonation**, engl. intonation[18]). Bei Zupfinstrumenten mit festen Bünden (Gitarre, E-Bass) wird die relative Stimmung durch die Position der Bünde festgelegt.

Grundlage der relativen Stimmung ist das musikalische **Intervall**. Es ist durch das Frequenzverhältnis zweier Töne – und nicht etwa den absoluten Frequenzabstand! – bestimmt (vgl. Tonhöhenwahrnehmung, Abschnitt 3.2.2). Ein Intervall klingt „sauber" oder „konsonant", wenn das Frequenzverhältnis *einfach ganzzahlig* ist: Nur dann ist es schwebungsfrei, weil die Grundfrequenz des höheren Tons mit einem der harmonischen Teiltöne des tieferen Tons deckungsgleich ist. Und je einfacher das Zahlenverhältnis ist, desto mehr Übereinstimmungen finden sich in den beiden Teiltonspektren.

reine Intervalle

Die Frequenzverhältnisse der reinen, schwebungsfreien Intervalle sind, sortiert nach ihrer subjektiven **Konsonanz**, wie folgt definiert:

Oktave	Quinte	Quarte	gr. Sexte	gr. Terz	kl. Terz
$2:1$	$3:2$	$4:3$	$5:3$	$5:4$	$6:5$

Um zwei Intervalle zu *addieren*, muss man ihre Frequenzverhältnisse *multiplizieren*. So gilt: Quarte + Quinte = Oktave, also $4/3 \times 3/2 = 12/6 = 2/1$. Um Intervalle zu *subtrahieren*, muss man entsprechend ihre Frequenzverhältnisse *dividieren*, z.B. Quinte − große Terz = kleine Terz, also $3/2 \div 5/4 = 3/2 \times 4/5 = 12/10 = 6/5$.

Pythagoras

Diese Regeln für die abendländischen musikalischen Intervalle gehen auf **Pythagoras** (geb. ca. 500 v. Chr.) zurück. Man erhält sie, indem man eine schwingende Saite in genau diesen einfachen Zahlenverhältnissen teilt: Die beiden schwingenden Teilstücke klingen dann in dem entsprechenden Intervall (vgl. Abschnitt 1.4.1).

Auf Basis weniger harmonischer Intervalle lässt sich der vollständige abendländische Tonraum von zwölf Halbtönen konstruieren. Am einfachsten gelingt dies auf Basis der **Quinte** (die gemeinsam mit der Quarte wegen der maximalen Konsonanz im Mittelalter als „göttliches Intervall" galt). Schreitet man ausgehend von einem beliebigen Ton, also z.B. C, in Quinten auf- oder abwärts, so erreicht man zyklisch nach und nach alle zwölf Halbtöne (**Quintenzirkel**, engl. circle of fifths, Abb. 1-37; vgl. zyklische Tonhöhenwahrnehmung, Abschnitt 3.2.2).

---

[18]Nicht zu verwechseln mit der Klangeinstellung eines Instruments durch den Instrumentenbauer, die ebenfalls als Intonation bezeichnet wird, im angloamerikanischen Sprachraum aber „voicing" heißt.

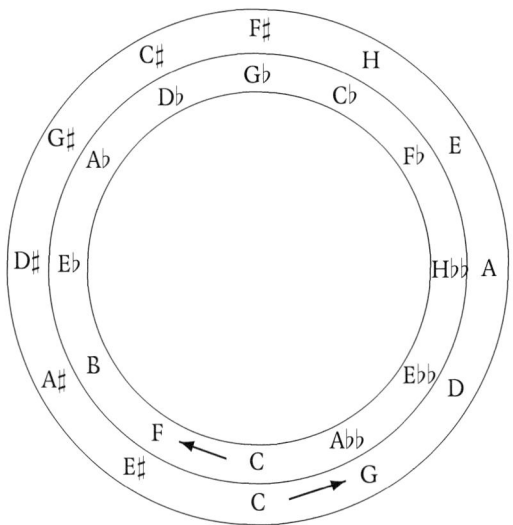

Abb. 1-37: Quintenzirkel. Auf dem äußeren Kreis erreicht man alle zwölf Halbtöne über aufsteigende Quinten (= absteigende Quarten), auf dem inneren Kreis über absteigende Quinten (= aufsteigende Quarten). „Enharmonische" Töne wie D♯ und E♭ sind in gleichschwebend temperierter Stimmung identisch, in anderen Stimmungen u.U. nicht!

Ein Tasteninstrument lässt sich nach Gehör stimmen, indem man jeweils ein oder zwei Quinten aufwärts und eine Oktave abwärts geht: Nach **Johann Nepomuk Hummel** kann man so, beginnend mit A = 110 Hz, in 19 Schritten den Tonraum A ... c♯′ stimmen (Ernst 2004).

Stimmtechnik nach J. N. Hummel

Als Maß für die Stimmung wird das **cent** benutzt[19]. Ein cent ist ein hundertstel Halbton der gleichschwebend temperierten Skala (s.u.), oder einfach ein tausendzweihundertstel einer Oktave: $1 \text{ cent} \simeq \sqrt[1200]{2} : 1 = 2^{1/1200} : 1$.

$1 \text{ cent} = 2^{1/1200} : 1$
$\approx 1{,}0005778 : 1$

Für die Umrechnung zwischen Frequenzverhältnis $R = \frac{f_1}{f_2}$ und musikalischem Intervall von x cent gilt:

$$R = e^{x \,(\ln 2/1200)} \quad \text{und} \quad x = \frac{1200}{\ln 2} \ln R.$$

1.5.1 Pythagoras und der Wolf

Reine Intervalle nach den Regeln des Pythagoras klingen zwar wunderbar klar und schön, sind aber in der musikalischen Praxis nicht umsetzbar. Immerhin lässt sich die **reine Stimmung** (engl. **just intonation**) in einer diatonischen Tonleiter verwirklichen. So ergibt sich für die reine C-Dur-Tonleiter die folgende Intervallstruktur:

C		D		E		F		G		A		H		C
	9:8		10:9		16:15		9:8		10:9		9:8		16:15	

In reiner Stimmung gibt es neben dem Halbton (16:15) zwei unterschiedliche Ganztöne, den **großen** (9:8) und den **kleinen Ganzton**

---
[19] definiert in der *Standard Acoustical Terminology* der Acoustical Society of America, 1936

(10 : 9). Wegen dieser zwei verschiedenen Ganztöne kann man auf einem rein gestimmten Instrument aber auch nur in einer Tonart spielen; die Skala ist nur relativ zum Bezugston rein. Stimmt man z.B. ein Tasteninstrument in reinen Intervallen beginnend mit dem C, so kann man darauf auch nur in C spielen.

Nun wäre ein Tonvorrat, der sich auf eine diatonische Tonleiter beschränkt, musikalisch nicht sehr ergiebig. Baut man aber ein Tasteninstrument mit allen zwölf Tönen des Quintenzirkels pro Oktave, so muss man dabei auch die Intervalle betrachten, die dabei zwischen den anderen Tönen entstehen – und diese Intervalle können niemals alle rein sein!

Wenn man ausgehend von einem Ton den Quintenzirkel einmal komplett durchläuft, also zwölf Quinten nach oben geht, dann sollte man ja schließlich wieder beim Ausgangston ankommen, verschoben um sieben Oktaven. Es müsste also gelten: $\left(\frac{3}{2}\right)^{12} = \left(\frac{2}{1}\right)^7$. Tatsächlich ist nun

$$\left(\frac{2}{1}\right)^7 = 128, \quad \text{aber} \quad \left(\frac{3}{2}\right)^{12} = 129{,}7463.$$

pythagoreisches Komma

Stimmt man ein Instrument mit reinen Quinten, dann landet man nach einem Umlauf des Quintenzirkels, also nach sieben Oktaven, um den Faktor $129{,}7463/128 = 1{,}0136$ oder $23{,}46$ cent (also etwa einen Achtelton) zu hoch! Diese Differenz nennt man das **pythagoreische Komma**.

syntonisches Komma

Vier übereinander geschichtete Quinten (z.B. c - g - d' - a' - e'') sollten zudem eine zweifach oktavierte große Terz (c - c' - c'' - e'') ergeben. Also sollte gelten: $\left(\frac{3}{2}\right)^4 = \frac{5}{4} \cdot \left(\frac{2}{1}\right)^2$. Auch diese Rechnung geht nicht auf: Die Differenz zwischen Quinte und Terz in der reinen Stimmung ergibt sich zu $5{,}0625/5 = 1{,}0125$ oder $21{,}51$ cent – dies ist das **syntonische Komma**. Bei der Stimmung nach reinen Quinten wird die Terz also um etwa einen Zehntelton zu groß.

der Wolf im Instrument

Beim Tasteninstrument müssen also Intervalle unrein gestimmt werden. Ein Intervall, das dabei um einen derart großen Betrag wie das pythagoreische oder syntonische Komma vom reinen Intervall abweicht, klingt erheblich verstimmt und wird als „Wolf" bezeichnet[20]. Damit man aber gleiche Töne in unterschiedlichen Lagen spielen kann, sollten zumindest die Oktaven rein sein. Auch muss man zwischen Reinheit der Quinten und Reinheit der Terzen abwägen: Beides ist nicht möglich.

geteilte Tasten

Eine Lösung wären separate Tasten für die enharmonischen Halbtöne: C♯ und D♭ oder D♯ und E♭ wären dann jeweils zwei verschiedene Töne, die enharmonische Verwechslung nicht möglich. Für das Spiel mit reinen Intervallen bräuchte ein Instrument allerdings *sehr* viele Tasten: **Hermann von Helmholtz** experimentierte mit einem Harmonium mit 24 Tönen pro

---

[20] Der Begriff „Wolf" wird auch für das Resonanzproblem beim Cello benutzt, siehe Abschnitt 1.1.2.

Oktave, mit dem er immerhin fünfzehn reine Durakkorde von Fes-Dur bis Fis-Dur spielen konnte, aber keinen reinen Mollakkord (*Helmholtz 1865*). Praktikabler sind die historischen Orgeln und Cembali mit einzelnen **geteilten Tasten** (engl. split keys), z.B. für F♯/G♭ oder G♯/A♭; noch mehr Tasten machen ein Instrument zu aufwändig und zu kompliziert. Es müssen also bei der Stimmung Kompromisse eingegangen werden.

Bei Instrumenten mit stufenloser Grundfrequenz – also z.B. bei Streichinstrumenten – lässt sich das Stimm-Dilemma in gewissen Grenzen durch Spieltechnik lösen: So findet man bei Violin-Solisten oft eine „pythagoreische" Intonation mit reinen Intervallen (*Rossing 2002*).

1.5.2 Pythagoreische und mitteltönige Stimmung

Bis ins 15. Jahrhundert wurde bevorzugt die **pythagoreische Stimmung** (engl. pythagorean temperament) verwendet. Dabei werden innerhalb einer Oktave elf Quinten rein gestimmt, die zwölfte ist um das pythagoreische Komma (23,5 cent) zu eng und damit unbrauchbar („Wolfsquinte"). Zwar sind damit die benutzbaren Quinten und Quarten rein, dafür sind aber alle Terzen scharf bis dissonant. Für die Gregorianische Musik des Mittelalters mit der Quinte als wichtigstem Intervall ist diese Stimmung aber perfekt.

Wolfsquinte

Mit dem Aufkommen der polyphonen Musik in der Renaissance wurde die Terz als Intervall wichtig. Nun ist aber die pythagoreische Stimmung für solche Musik ungeeignet: Es entstand die **mitteltönige Stimmung** (engl. meantone temperament), in der die Terzen rein, dafür aber die Quinten unsauber sind. Ihren Namen hat diese Stimmung vom Ganzton, der mit einem Frequenzverhältnis von $\sqrt{90/72} = \sqrt{5/4}$ das geometrische Mittel zwischen dem großem und dem kleinem Ganzton der reinen Stimmung ist.

mitteltönige Stimmung

Stimmt man elf Quinten um jeweils ein viertel syntonisches Komma (5,4 cent) zu eng, dann werden die korrespondierenden großen Terzen rein. Die zwölfte Quinte, z.B. zwischen G♯ und E♭, ist dann um ca. 35 cent zu weit (Wolfsquinte). Diese Stimmung nennt man $\frac{1}{4}$-Komma-mitteltönig (siehe auch Tabelle 1-5 auf S. 73).

Auf einem mitteltönig gestimmten Instrument klingen Dur-Akkorde in Tonarten mit wenigen Vorzeichen wegen der reinen Terzen unvergleichlich klar und schön. Viele Kammermusik-Ensembles und Consorts der Alten Musik spielen bevorzugt mitteltönig (vgl. Abschnitt 3.1.4).

1.5.3 Wohltemperierte Stimmungen

Seit der Barockzeit stiegen die Anforderungen an die Instrumente: Es sollte sowohl das Spiel in entlegenen Tonarten als auch die Modulation zwischen den Tonarten möglich sein, ohne dass „Wölfe" den Hörgenuss

Temperierung

stören, und Quinten und Terzen sollten gleichermaßen angenehm klingen. Bei den damals eingeführten **temperierten Stimmungen** werden pythagoreisches oder syntonisches Komma auf mehrere Intervalle verteilt. Die großen Terzen sind in diesen ungleichschwebenden Stimmungen teils in unterschiedlichem Grad zu weit, teils rein; die Quinten sind teils rein, teils in unterschiedlichem Grad zu eng. Es gibt keine Wolfsquinte und keine „verbotenen" Tonarten mehr.

ungleichschwebende Stimmung

Nun gab es ebenso viele Arten der Temperierung wie es Instrumentenbauer und Musiktheoretiker gab; manche sind mit historischen Instrumenten erhalten, andere schriftlich überliefert. In der historischen Aufführungspraxis haben eine Reihe von Kompromisslösungen zwischen pythagoreischer und mitteltöniger Temperatur überdauert. Zwei solche „wohltemperierten" Stimmungen Stimmungen werden neben der mitteltönigen Stimmung auch heute noch bei der Aufführung Alter Musik häufig benutzt (siehe auch Tabelle 1-5):

- die Stimmung nach **Andreas Werckmeister** von 1691, bekannt als **Werckmeister III** (vier Quinten werden mitteltönig gestimmt, die restlichen rein), und

- die Stimmung nach **Johann Philipp Kirnberger** von 1771, bekannt als **Kirnberger II** (das pythagoreische Komma wird auf zwei „halbe" Wolfsquinten verteilt, die restlichen sind rein).

Tonartencharakteristik bei historischen Temperaturen

Auf einem Instrument mit temperierter Stimmung können alle Tonarten gespielt werden (Johann Sebastian Bach schrieb das berühmte *Wohltemperirte Clavier* 1723 / 1744, das Stücke in allen Tonarten enthält, vermutlich auf einem Cembalo in Werckmeister-Stimmung). Wegen der eigentümlichen Intervallstruktur, bei der verschiedene Terzen und Quinten verschiedene Frequenzverhältnisse haben, erhält jede Tonart eine besondere eigene Klangfarbe. Dies ist – neben klangfärbenden Resonanzen in Musikinstrumenten – eine mögliche Ursache für die **Tonartencharakteristik**, die seit dem Ende des 17. Jahrhunderts beschrieben wird und Komponisten bis Ende des 19. Jahrhunderts beeinflusste (*Auhagen 2003*).

1.5.4 Gleichschwebend temperierte Stimmung

gleichstufige Stimmung

Die Farbigkeit der Tonarten ist mit der modernen **gleichschwebend temperierten** oder **gleichstufigen Stimmung** (engl. equal temperament) verloren gegangen. An Stelle der Temperierung nach Abwägung wichtigerer und unwichtigerer Intervalle tritt das mathematische Kalkül: Alle zwölf Töne in der gleichschwebenden Stimmung erhalten anteilig die gleiche Verstimmung (die „gleiche Schwebung"), alle Intervalle außer der Oktave sind unrein. Die gleichschwebende Stimmung wurde erstmalig im frühen 18. Jahrhundert beschrieben.

mitteltönig mit 1/4 synt. Komma engen Quinten					
C	C♯	D	D♯	E	F
+10,3	−13,7	+3,5	+20,6	−3,4	+13,7
F♯	G	G♯	A	B	H
−10,2	+6,9	−17,1	0	+17,1	−6,8
Werckmeister III (A. Werckmeister 1691)					
C	C♯	D	D♯	E	F
0	−3,9	+3,9	0	−3,9	+3,9
F♯	G	G♯	A	B	H
0	+2,0	−7,8	0	+2,0	−2,0
Kirnberger II (J.P. Kirnberger 1771)					
C	C♯	D	D♯	E	F
+4,9	−4,9	+8,8	−1,0	−8,8	+2,9
F♯	G	G♯	A	B	H
−4,9	+6,8	−2,9	0	+1,0	−6,8

Tabelle 1-5: Historische Temperaturen; Abweichung von der gleichschwebenden Stimmung in cent (Quellen u.a. Schütz 1988)

Anders als bei den ungleichschwebenden „wohltemperierten" Stimmungen klingen in der gleichschwebenden Stimmung alle Dur- bzw. Moll-Tonarten gleich; die Intervallstruktur einer Cis-Dur-Tonleiter ist identisch mit der einer C-Dur-Tonleiter.

Die gleichschwebend temperierte Stimmung ist über den **Halbton** definiert, der genau ein Zwölftel einer Oktave betragen soll. Dies entspricht einem Frequenzverhältnis von $\sqrt[12]{2} = 2^{1/12} : 1$ oder 100 cent.

Die gleichschwebende Quinte, zusammengesetzt aus sieben Halbtönen, hat das Frequenzverhältnis $2^{7/12} : 1 = 1,4983$ und ist damit nah an der reinen Stimmung ($3 : 2 = 1,5$). Die gleichschwebende große Terz, bestehend aus vier Halbtönen, ist mit dem Frequenzverhältnis von $2^{4/12} : 1 = 1,2599$ aber gegenüber der reinen Terz mit $5 : 4 = 1,25$ um fast 14 cent zu weit (Tabelle 1-6).

Intervall	rein	gleichschwebend	Diff.
kleine Terz	$6:5 \simeq$ 315,6 cent	$2^{3/12} : 1 \simeq$ 300,0 cent	−15,6
große Terz	$5:4 \simeq$ 386,3 cent	$2^{4/12} : 1 \simeq$ 400,0 cent	+13,7
Quarte	$4:3 \simeq$ 498,0 cent	$2^{5/12} : 1 \simeq$ 500,0 cent	+2,0
Quinte	$3:2 \simeq$ 702,0 cent	$2^{7/12} : 1 \simeq$ 700,0 cent	−2,0
kleine Sexte	$8:5 \simeq$ 813,7 cent	$2^{8/12} : 1 \simeq$ 800,0 cent	−13,7
große Sexte	$5:3 \simeq$ 884,4 cent	$2^{9/12} : 1 \simeq$ 900,0 cent	+15,6
Oktave	$2:1 \simeq$ 1200,0 cent	$2^{12/12} : 1 \simeq$ 1200,0 cent	0,0

Tabelle 1-6: Vergleich musikalischer Intervalle in reiner und gleichschwebender Stimmung, Abweichung der gleichschwebenden von den reinen Intervallen in cent

Akkorde auf historischen (v.A. mitteltönigen) Instrumenten klingen daher deutlich anders als auf modernen Instrumenten mit ihren übergroßen Terzen. Im modern gestimmten Instrument gibt es außer der Oktave kein reines, schwebungsfreies Intervall!

Stimmgerät

Elektronische **Stimmgeräte** sind in der Regel für die gleichschwebende Stimmung ausgelegt; manche Modelle beherrschen aber auch diverse historische Temperaturen. Gegebenenfalls kann man mit einem „gewöhnlichen" Stimmgerät über die cent-Abweichung von der gleichschwebenden Stimmung arbeiten (Tabelle 1-5). Die angegebenen cent-Werte muss man dabei nicht zu genau nehmen: Eine Toleranz von ein bis zwei cent ist bei der Klavierstimmung durchaus normal (Ernst 2004).

1.5.5 Oktavspreizung

Der Konsonanz-Begriff auf Basis einfach ganzzahliger Frequenzverhältnisse nach Pythagoras basiert auf der Übereinstimmung von Teiltonfrequenzen der am Intervall beteiligten Töne. Ein Blick in Abschnitt 1.4.1 zeigt, dass eine ideale Saite zwar perfekt harmonische Teiltöne hervorbringt, mit zunehmender Dicke aber nach und nach in einen idealen Stab (mit charakteristischer Biegesteifigkeit) übergeht, weshalb ihre Teiltöne mehr und mehr unharmonisch werden. Das Teiltonspektrum einer steifen Saite ist **gespreizt**.

Wenn nun aber unser subjektives Harmonie-Empfinden davon abhängt, dass der Grundton des höheren Tons deckungsgleich mit einem Teilton des tieferen Tons (und das Intervall damit schwebungsfrei) ist, dann muss bei einem Saiteninstrument mit dicken Saiten jedes Intervall ein wenig zu groß gestimmt werden, um sauber zu klingen. Man bemerkt dies insbesondere an der Oktave, die eigentlich in jeder Stimmung – temperiert oder nicht – rein sein müsste (**Oktavspreizung**).

Oktavspreizung beim Klavier

Ein Vergleich der Tasteninstrumente zeigt, dass die Oktavspreizung insbesondere beim **Klavier** nötig ist. Orgelpfeifen haben streng harmonische Teiltöne und werden deshalb grundsätzlich in reinen Oktaven gestimmt. Und die Saiteninstrumente Klavier und Cembalo unterscheiden sich in der Saitendicke: Cembalosaiten sind erheblich dünner und weicher und werden in reinen Oktaven gestimmt, während die vergleichsweise dicken und steifen Klaviersaiten in gespreizten Oktaven gestimmt werden – die pythagoreische, reine Oktave würde auf dem Klavier unsauber klingen!

Weite Intervalle klingen angenehm.

Je kleiner nun das Instrument ist, desto kürzer sind seine Saiten im Bassbereich. Und je kürzer die Saiten sind, desto stärker fällt bei gleichem Querschnitt ihre Biegesteifigkeit ins Gewicht, desto deutlicher muss also die Oktavspreizung ausfallen. Oktaven im Bass und im Diskant werden dabei bis zu 20 cent zu groß gestimmt (Abbildung 1-38). Die subjektive Bevorzugung weiter Intervalle (siehe Abschnitt 3.2.2) stellt sicher, dass wir ein gespreiztes Intervall trotz unharmonischem Frequenzverhältnis noch als angenehm empfinden.

1.5 Stimmung

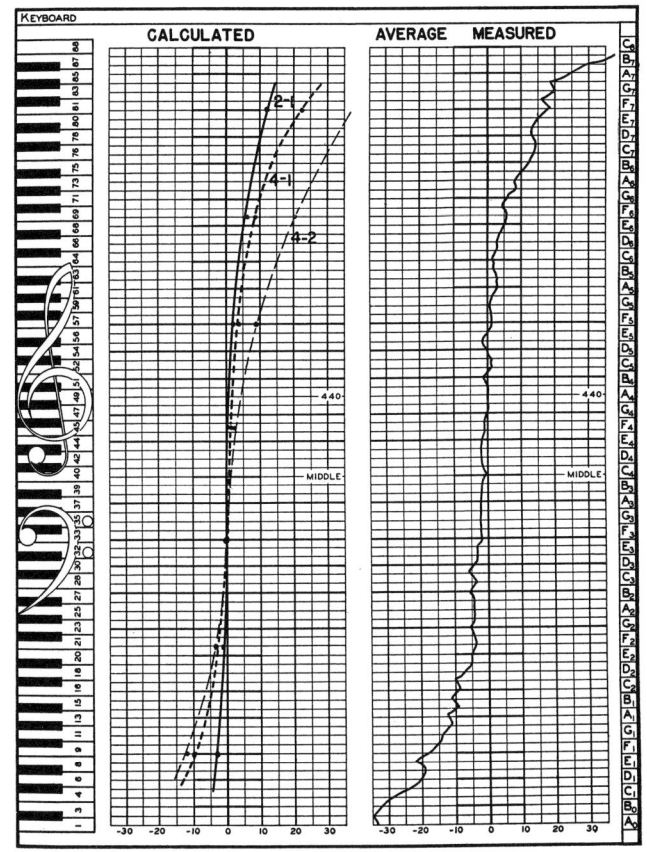

Abb. 1-38: Links: Berechnete Abweichungen von der gleichschwebend temperierten Stimmung in cent (Oktavspreizung) bei Klavieren verschiedener Größe. Rechts: gemessene Abweichungen beim kleinen Klavier, gemittelt über 16 Instrumente („Railsback-Kurve", Quelle: Schuck 1943)

Unter den Klavieren findet man die geringste Oktavspreizung beim großen Konzertflügel mit seiner langen Mensur. Weil der Konzertflügel damit auch die geringsten Inharmonizitäten im Teiltonspektrum hat, klingt er insbesondere im Bass klarer, voller und runder als die kleineren Instrumente.

Literatur zum Nachschlagen und zur Vertiefung

Ivar Veit: **Technische Akustik**, Vogel, 6. Aufl. 2005.

Leo Beranek: **Acoustics**, M.I.T. Acoustic Laboratory 1954. Nachdruck: Acoustical Society of America 1986 / 1993.

Heinrich Kuttruff: **Akustik. Eine Einführung**, Hirzel 2004.

Thomas Rossing, Richard Moore & Paul Wheeler: **The Science of Sound**, Addison Wesley, 3. Aufl. 2002.

Donald E. Hall: **Musikalische Akustik**, Schott, 3. Aufl. 2008.

R. Murray Schafer: **The Soundscape. Our Sonic Environment and the Tuning of the World**, Destiny Books 1977 / 1994.

2 Schall im Raum

Die Schallausbreitung im Raum ist ein Mysterium. Natürlich lässt sich z.B. die Wellengleichung des Schalldrucks für den idealen Rechteckraum lösen – „... *aber betrachten Sie realistische Raumformen und füllen Sie den Raum mit Bänken, Stühlen und Menschen, und die Wellengleichung sucht das Weite.*" (Manfred Schroeder)[1]

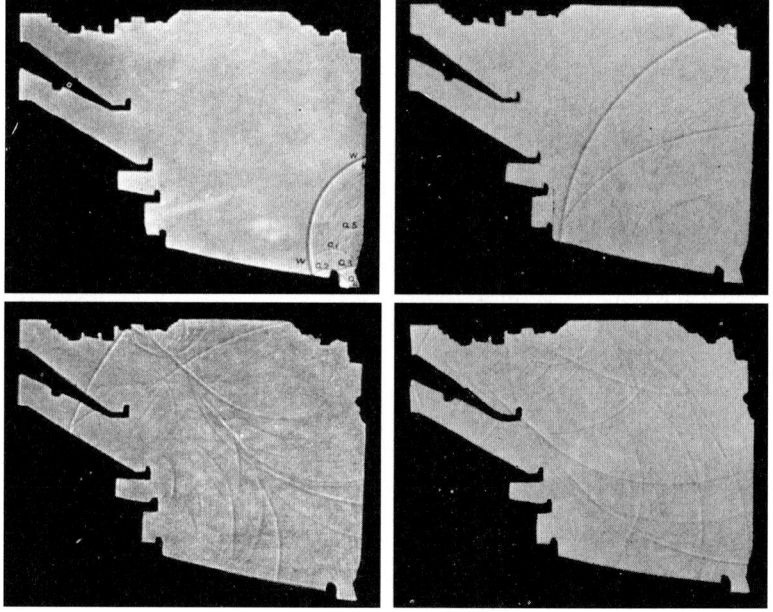

Abb. 2-1: Visualisierung der Schallausbreitung im Konzertsaalmodell durch Schlierenfotos (Sabine 1915)

Die Raumakustik ist daher, beginnend mit den wegweisenden Arbeiten von **Wallace Clement Sabine** (1868 – 1919), eine experimentelle Wissenschaft; raumakustische Berechnungen können nur Prognosen sein.

---

[1] Schroeder, M.: „Die Akustik von Konzertsälen". **Physikalische Blätter** 55 (11), 1999.

Aus der Unmöglichkeit, das Schallfeld in geschlossenen Räumen exakt zu berechnen, resultiert die klassische Unterteilung der Raumakustik in drei Fachgebiete. So werden je nach Aufgabenstellung völlig verschiedene Betrachtungsweisen der Schallausbreitung benutzt:

Die exakte Berechnung mit Methoden der **wellentheoretischen Raumakustik** ist nur im Bereich tiefer Frequenzen möglich, also bei sehr großen Wellenlängen. Der Raum darf dann als ein von glatten Flächen begrenztes geschlossenes Volumen betrachtet werden, das durch seine Eigenfrequenzen (Raumresonanzen) charakterisiert ist.

Die **statistische Raumakustik** behandelt die Verteilung der Schallenergie im Raum. Mit den statistischen Methoden lassen sich u.A. Nachhallzeit und Hallradius berechnen. Die **geometrische Raumakustik** betrachtet „Schallstrahlen". Mit ihrer Hilfe kann man Effekte wie Echobildung und Schallbrennpunkte erklären, und sie kann das für den Raumeindruck wichtige Muster der frühen Reflexionen vorhersagen.

In den folgenden Abschnitten werden die akustischen Eigenschaften geschlossener Räume mit Hilfe der drei raumakustischen Betrachtungsweisen beschrieben, und daraus werden einige Regeln zur Beurteilung von Räumen abgeleitet.

Dreiteilung der Raumakustik

2.1 Wellentheoretische Betrachtung

Beugung und Streuung dürfen vernachlässigt werden, wenn die Wellenlänge groß ist gegen die Strukturen des Raums (Unebenheiten der Wände, Rohre, Steckdosen und Scheuerleisten, Bilder, Pflanzen, Fenster, Türen, Heizkörper, Möbel, Menschen ...). Der Raum vereinfacht sich dann zu einem regelmäßigen, schallhart begrenzten Volumen. In einem solchen idealen, strukturlosen Raum lässt sich das Schallfeld vollständig durch Reflexion an den Begrenzungsflächen erklären.

Voraussetzung für diese vereinfachte Betrachtung ist eine Wellenlänge von mindestens einigen Metern. Dieses Modell gilt also nur bei sehr tiefen Frequenzen.

2.1.1 Raumresonanzen

Bei jeder Schallreflexion kommt es zur Überlagerung von einfallender und reflektierter Welle und damit zu **stehenden Wellen** (siehe Abschnitt 1.3.1). Im geschlossenen Raum wird der Schall mehrfach reflektiert. Das Schallfeld im Raum kann deshalb als Überlagerung stehender Wellen betrachtet werden.

Unter der Annahme, dass die Wände den Schall überwiegend reflektieren und wenig absorbieren, kommt es in einem idealen Rechteckraum zur **Resonanz**, wenn ganzzahlige Vielfache der halben Wellenlänge zwi-

schallharte Reflexion und Raumresonanzen

schen zwei Wände passen. Der Rechteckraum ist ein **λ/2-Resonator** (vgl. Abschnitt 1.4.2); auf den Wänden verschwindet die Schallschnelle und der Schalldruck ist maximal (**Druckstau**). Anders als im Rohr, in dem – sofern die Wellenlänge groß ist gegen den Rohrdurchmesser – sich nur ebene Wellen ausbilden, die stehenden Wellen also eindimensional sind, erscheinen im Rechteckraum Resonanzen oder „Moden" in dreizehn Richtungen:

- **axial** zwischen zwei gegenüberliegenden Wänden (drei Richtungen),
- **tangential** zwischen zwei gegenüberliegenden Raumkanten (sechs Richtungen) und
- **schief** bzw. **diagonal** (engl. oblique) auf den Hauptdiagonalen des Raums zwischen zwei gegenüberliegenden Raumecken (vier Richtungen).

Die Eigenfrequenzen des Rechteckraums lassen sich berechnen zu

$$f_{(m,n,o)} = \frac{c_0}{2} \sqrt{\left(\frac{m}{l_x}\right)^2 + \left(\frac{n}{l_y}\right)^2 + \left(\frac{o}{l_z}\right)^2} \quad \text{Hz}$$

mit $m, n, o = 0, 1, 2, 3, \ldots$
und l_x, l_y, l_z: Raumabmessungen in x-, y-, z-Richtung.

Die Moden lassen sich am Index unterscheiden: die jeweils tiefste Eigenfrequenz zwischen zwei parallelen Wänden (also in x-, y-, z-Richtung) ist gegeben durch die Moden (1,0,0), (0,1,0) und (0,0,1). Bei diesen Moden erscheint jeweils eine Knotenfläche des Schalldrucks in der Mitte des Raums. In der Knotenfläche der stehenden Welle verschwindet der Schalldruck.

Die Moden höherer Ordnung (also z.B. bei der (2,0,0)-Mode die $2\lambda/2$-Resonanz in Längsrichtung) haben entsprechend mehr Knotenflächen. Die diagonalen Moden entstehen durch Kombination mehrerer frequenz- und phasengleicher tangentialer Moden.

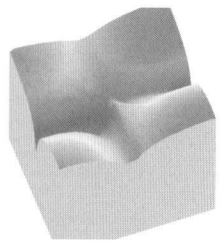 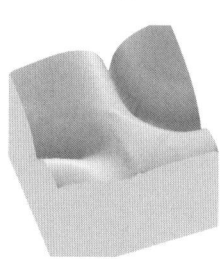 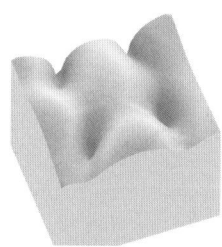 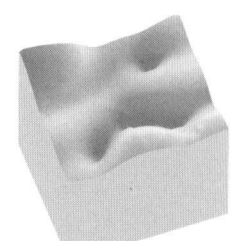

Abb. 2-2: Simuliertes ortsabhängiges Schallfeld im Rechteckraum der Abmessungen $3\,\text{m} \times 3{,}40\,\text{m} \times 2{,}40\,\text{m}$ (Nachhallzeit ca. 0,5 s); Darstellung des Schalldrucks in der Ebene (Höhe 1,20 m über dem Boden) bei 80 Hz, 93 Hz, 109 Hz, 127 Hz; der Pegel schwankt ortsabhängig um bis zu 40 dB (Simulation: CARA)

Raumresonanzen sind die wichtigste Ursache für unausgewogenen Klang im Bass. Befindet man sich im „Bauch" einer stehenden Welle, dann ist die Amplitude des Schalldrucks doppelt so groß wie im freien Schallfeld, der Pegel ist um 6 dB höher. Befindet man sich für eine Frequenz im Wellenknoten, dann ist der Schalldruck sehr klein oder verschwindet völlig – durch Raumresonanzen entstehen „Löcher" im Schallfeld (Abbildung 2-2). Bewegt man sich in einem Raum, der von stehenden Wellen erfüllt ist, dann schwanken Schalldruck und Lautstärke extrem. Dies gilt für die meisten nicht mit speziellen Bassabsorbern ausgestatteten Räume bei tiefen Frequenzen. **unausgewogener Klang im Bass**

Die absolut tiefste Resonanzfrequenz des Raums, gegeben durch die größte Raumabmessung, kennzeichnet zudem die untere Grenze des Übertragungsbereichs: Unterhalb dieser Frequenz ist im Raum keine Schallabstrahlung möglich. Die tiefste Eigenfrequenz ist die **untere Grenzfrequenz** f_0 des Rechteckraums (Abbildung 2-3). **untere Grenzfrequenz des Raums**

Beispiel: Für einen kleinen Studioraum der Abmessungen 3 m × 3,40 m × 2,40 m entspricht die untere Grenzfrequenz der (0,1,0)-Mode. Sie berechnet sich zu $c_0/2 \cdot \sqrt{(0/3)^2 + (1/3,4)^2 + (0/2,4)^2} = 343/2 \cdot 1/3,4 \approx 50$ Hz. Der Große Wiener Musikvereinssaal als typischer und anerkannt guter Konzertsaal hat dagegen bei einer Länge von 40 m eine untere Grenzfrequenz von 4 Hz.

2.1.2 Eigenfrequenzdichte und Großraumfrequenz

Bei tiefen Frequenzen ist der Schalldruck im geschlossenen Raum ortsabhängig, einzelne Raumresonanzen dominieren die Schallübertragung. Mit steigender Frequenz gibt es aber immer mehr Resonanzen; die **Eigenfrequenzdichte** wächst quadratisch mit der Frequenz.

Wenn nun in einem Frequenzband genügend viele Eigenfrequenzen des Raums liegen, die mit zufälligen Phasenlagen miteinander interferieren, dann heben sie sich in ihrer Wirkung gegenseitig auf. Die räumlichen Resonanz-Peaks werden nach und nach ausgeglichen, der Übertragungsfrequenzgang eingeebnet (Abbildung 2-3). Man kann sich das Schallfeld dann als homogen im Raum verteilte Schallenergie vorstellen; im Extremfall ist der Schalldruck überall im Raum gleich. Dies nennt man das **Diffusfeld**. **diffuses Schallfeld**

Jede Raummode hat einen charakteristischen Resonanzfrequenzgang. Die Breite des Resonanz-Peaks, gemessen über seine **Halbwertsbreite**, hängt von der Resonanzgüte und damit von der Dämpfung ab (vgl. Abschnitt 1.1.2). Bei akustischen Schwingern entspricht die Dämpfung der Schallabsorption (s.u.). Damit die Überlagerung benachbarter Resonanz-Peaks einen mehr oder weniger linearen Frequenzgang ergibt, muss der Frequenzabstand der Moden erheblich kleiner sein als ihre durchschnittliche Halbwertsbreite. **Halbwertsbreite und Absorptionsgrad**

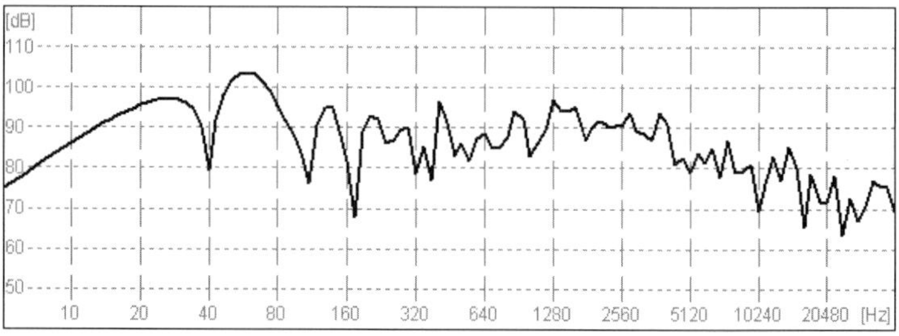

Abb. 2-3: Simulierter Raum-Frequenzgang an einem Punkt im Rechteckraum der Abmessungen
$3\,\text{m} \times 3{,}40\,\text{m} \times 2{,}40\,\text{m}$
(Nachhallzeit ca. 0,5 s);
$f_\text{u} \approx 50\,\text{Hz}$,
$f_\text{S} = 286\,\text{Hz}$
(Simulation: CARA)

Großraumfrequenz

Die untere Grenze des linearen Frequenzbereichs, also den Übergang vom Diffusfeld zum Resonanz-dominierten Bereich tiefer Frequenzen, wird üblicherweise über die Grenzbedingung definiert, dass weniger als 10 Moden in eine Halbwertsbreite fallen. Diese Grenzfrequenz nennt man nach dem Akustiker **Manfred Schroeder**, Professor an der Universität Göttingen und langjähriger Mitarbeiter an den Bell Labs, **Schroeder-Frequenz** oder einfach **Großraumfrequenz**. Sie kann mit der Nachhallzeit T in Sekunden (siehe Abschnitt 2.2.1) und dem Raumvolumen V in m³ sehr einfach bestimmt werden zu

$$f_\text{S} = 2000\,\sqrt{\frac{T}{V}}.$$

Die Zahl der Eigenfrequenzen N_E unterhalb der Großraumfrequenz lässt sich mit $N_\text{E}(f < f_\text{S}) \approx 850\,\sqrt{T^3/V}$ abschätzen (Kuttruff 2004).

Beispiel: Ein kleiner Studioraum der Abmessungen $3 \times 3{,}40 \times 2{,}40 = 24{,}5\,\text{m}^3$ mit einer Nachhallzeit von 0,5 Sekunden hat eine Großraumfrequenz von $f_\text{S} = 286\,\text{Hz}$. Bei tiefen Frequenzen gibt es in diesem Raum $N_\text{E} \approx 60$ einzelne Resonanzen. Der Wiener Musikvereinssaal als typischer Konzertsaal ($V = 15.000\,\text{m}^3$, mittlere Nachhallzeit $T = 2{,}0\,\text{s}$) hat dagegen eine Großraumfrequenz von 23 Hz.

Raumgröße im Vergleich zur Wellenlänge

Die Begriffe „klein" und „groß" sind in der Raumakustik immer in Relation zur Wellenlänge zu sehen. Ein Raum ist groß, wenn seine Abmessungen größer sind als die größte im Raum abgestrahlte Wellenlänge. Sonderfälle der Raumakustik sind deshalb der „Flachraum" (eine Dimension klein gegen die Wellenlänge, Beispiel: Loft bei tiefen Frequenzen) und der „Langraum" (zwei Dimensionen klein gegen die Wellenlänge Beispiel: Tunnel bei tiefen Frequenzen).

Wie groß muss ein Raum sein?

Ein für die Musikwiedergabe ausreichend großer Raum muss mindestens in seiner größten Abmessung d größer sein als die halbe Wellenlänge bei 20 Hz, also $d \geq \lambda = c_0/2f = 343/40\,\text{m}/(\text{s\,Hz}) = 8{,}6\,\text{m}$ (vgl. Abschnitt 1.2.1). Besser ist es, wenn er in allen Abmessungen groß gegen die Wellenlänge ist. Aus diesem Grund klingt ein Klavier im Konzertsaal besser als im Wohnzimmer.

Grenze zwischen dem wellentheoretischen und dem statistischen Modell

In großen Räumen – und in kleinen Räumen oberhalb der Großraumfrequenz – existiert ein Diffusfeld, und die Schallfeldberechnung kann mit den Methoden der statistischen Raumakustik erfolgen.

2.1.3 Druckkammerprinzip

Ist die Wellenlänge erheblich größer als der Raum, ist also eine Wellenausbreitung nicht möglich, so kann Schalldruck auch nach dem **Druckkammerprinzip** erzeugt werden. Dieses Prinzip beruht auf einer gleichmäßigen (quasistatischen) Änderung des Luftdrucks im Raum: Wird die Luft in einem geschlossenen Volumen periodisch komprimiert, ohne dass es dabei zum Druckausgleich mit der Außenwelt kommt, entsteht ein Wechseldruck. Druckempfänger (Abschnitt 9.2.1) oder die eigenen Ohren nehmen diese Druckänderungen als Schall wahr.

Schall ohne Welle

Der Wechseldruck durch Kompression ist von der Volumenänderung der Druckkammer abhängig. Nach der kinetischen Gastheorie ist der Druck umgekehrt proportional zum Volumen: $p \sim V^{-1}$ (Gesetz von Boyle-Mariotte)[2]. Nun wird durch die Kompression in der Druckkammer auch die Temperatur erhöht, aber die Volumenänderung erfolgt so schnell, dass – anders als z.B. bei einer Luftpumpe – kein Wärmeaustausch mit der Umgebung möglich ist (adiabatische Zustandsänderung). Bei der Bestimmung der Druckänderung muss daher als Proportionalitätskonstante der **Adiabatenexponent** κ berücksichtigt werden, und es gilt $p/p_- = \kappa \, \Delta V/V$ mit $\kappa = 1{,}40$ bei einem Ruhe-Luftdruck p_- und einer Volumenänderung ΔV.

Um nach dem Druckkammerprinzip in einem geschlossenen Raum Schall zu erzeugen, ist also – völlig unabhängig von der Frequenz! – eine bestimmte Volumenänderung ΔV erforderlich. Diese Volumenänderung wird von Fläche und Hub der komprimierenden Membran bestimmt. Um bei einem Normaldruck von 1013 hPa einen harmonischen (sinusförmigen) Wechseldruck von 1 Pa = 94 dB (RMS), also 1 Pa $\cdot \sqrt{2} = 1{,}41$ Pa (Peak) zu erzeugen, ist demnach eine relative Volumenänderung $\Delta V/V$ um $\pm \sqrt{2}/1{,}4 \cdot 1{,}013 \cdot 10^{-5} \approx 10^{-5}$ erforderlich.

Volumenänderung um $\pm 10^{-5}$ erzeugt 1 Pa Schalldruck

Beispiel: Soll in dem oben beschriebenen Raum der Abmessungen 3 m × 3,40 m × 2,40 m bei tiefen Frequenzen ein Pegel von 94 dB (RMS) erzeugt werden, so ist dafür eine Kompression von $\pm 2{,}45 \cdot 10^{-4}$ m³ = 245 cm³ oder knapp $\frac{1}{4}$ Liter erforderlich. Ein Lautsprecher mit 20 cm Membrandurchmesser (Fläche 314 cm²) müsste dafür einen Hub von $\pm 0{,}78$ cm ausführen.

Das Druckkammerprinzip wird z.B. bei der Basswiedergabe im Auto genutzt. Es ist aber auch Grundlage der Schallübertragung mit **Kopfhörern**: Die Kopfhörermembran erzeugt keine Schallwelle, sondern bildet mit dem Außenohr eine Druckkammer. Man kann das leicht überprüfen, indem man den Kopfhörer leicht anhebt; Pegel und Basswiedergabe lassen dabei erheblich nach, und das nicht nur beim geschlossenen, sondern auch beim halboffenen und offenen System.

Druckkammerprinzip bei Kopfhörern und Hornlautsprechern

---

[2] zur Theorie idealer Gase siehe z.B. Gerthsen, C.: **Physik**, Springer, 24. Aufl. 2008

Im **Lautsprecherbau** wird das Druckkammerprinzip genutzt, um eine Schnelletransformation durchzuführen. Koppelt man eine Lautsprechermembran mit großer Fläche über eine kleine Druckkammer an einen Tunnel mit kleiner Fläche, so wird dadurch die Schnelle in der Tunnelmündung gegenüber der Membranschnelle im Verhältnis der Flächen vergrößert. Man benutzt solche **Druckkammertreiber** zum Antrieb von Hornlautsprechern.

2.2 Statistische Betrachtung

Die statistische Schallfeldberechnung geht zurück auf die Arbeiten von **Wallace Clement Sabine** (1868–1919), Pionier der Raumakustik und verantwortlich für die Akustik der Boston Symphony Hall, die in **Leo Beraneks** Rangliste der besten Konzertsäle der Welt an zweiter Stelle hinter dem Wiener Musikvereinssaal geführt wird (Beranek 2004).

W. C. Sabine

Ende des 19. Jahrhunderts erforschte Sabine den Zusammenhang zwischen Raumvolumen, Absorptionsgrad und Nachhallzeit. Seine experimentell gefundene Nachhallformel wird auch heute noch benutzt und ist beispielsweise in jeder Software zur Simulation von Schallfeldern implementiert. Nichtsdestotrotz zweifelte Sabine an der Qualität seiner Arbeiten und veröffentlichte vieles nicht, was er für uninteressant oder unausgereift hielt (Sabine 1923).

2.2.1 Schallabsorption und Nachhallzeit

Absorptionsgrad, Reflexionsgrad

Der **Reflexionsgrad** ρ einer Oberfläche ist das Verhältnis von reflektierter zu auftreffender Energie E_R/E_0. Er kann leicht durch eine Pegelmessung bestimmt werden. Der **Absorptionsgrad** α einer Oberfläche (engl. absorption coefficient) ist eigentlich ein Maß für seine Fähigkeit, Schall in Wärme umzuwandeln. Unter der grob vereinfachenden Annahme, dass alles, was nicht reflektiert wird, absorbiert wurde, ergibt sich der Absorptionsgrad aus dem Reflexionsgrad zu

$$\alpha = 1 - \rho = 1 - \frac{E_R}{E_0}.$$

Bei dieser sehr praktisch motivierten Definition betrachtet man auch den Schall, der durch die Wand tritt (und den Nachbarn stört), als „absorbiert". So ist dann nach Sabine das „offene Fenster" ein perfekter Absorber: Schall, der aus dem offenen Fenster verschwindet, kommt nicht

idealer Absorber

zurück. Der Absorptionsgrad ist maximal, wenn 100 % der Schallenergie geschluckt wird ($\alpha = 1$: idealer Absorber), und er ist minimal, wenn nichts geschluckt wird ($\alpha = 0$: idealer Reflektor).

Die **Nachhallzeit** T_{60} oder einfach T (im englischen Sprachraum RT_{60} von reverberation time) ist definiert als die Zeit, in der die Schallenergie um 10^{-6} (also auf ein Millionstel ihres ursprünglichen Wertes) gefallen ist. In der gleichen Zeit sinkt der Schalldruck auf ein Tausendstel, der Pegel fällt um 60 dB. Dies entspricht dem subjektiv wahrnehmbaren Nachhall von lauten Schallsignalen in ruhiger Umgebung.

Nachhallzeit T_{60}

Nach dem amerikanischen Physiker **Carl Ferdinand Eyring** (1889 – 1951), der Sabines Experimente theoretisch untermauerte, gilt für einen Raum mit dem Volumen V und der Gesamtoberfläche S

$$T_{60} = \frac{24 \cdot \ln(10)}{c_0} \cdot \frac{V}{4mV - S\ln(1-\alpha)}.$$

Mit $c_0 = 343{,}32\,\text{m/s}$ bei $20\,°\text{C}$ ergibt sich die **Eyring'sche Formel** für die Nachhallzeit in Abhängigkeit von mittlerem Absorptionsgrad des Raums, Raumvolumen und Oberfläche:

$$T_{60} = 0{,}161\,\frac{V}{4mV - S\ln(1-\alpha)}$$

Der Faktor $4mV$ berücksichtigt die Ausbreitungsdämpfung des Schalls in der Luft (**Dissipation**), Werte für die Luftdämpfungskonstante m können der Tabelle 2-1 entnommen werden. Die Dissipation macht sich als Höhendämpfung bei sehr großen Entfernungen bzw. in großen Räumen bemerkbar, und sie ist wetterabhängig: Mit zunehmender Luftfeuchtigkeit lässt die Dämpfung nach, der Klang wird heller. Dies gilt allerdings nur bei mittleren Temperaturen; in kalter Luft ist der Zusammenhang zwischen Luftfeuchtigkeit und Dissipation weniger „systematisch".

Dissipation

rel. Luftf.	500 Hz	1 kHz	2 kHz	4 kHz	8 kHz
40 %	0,60	1,07	2,58	8,40	30,00
50 %	0,63	1,08	2,28	6,84	24,29
60 %	0,64	1,11	2,14	5,91	20,52
70 %	0,64	1,15	2,08	5,32	17,91

Tabelle 2-1: Luftdämpfungskonstante m bei $20\,°\text{C}$ und $1013\,\text{hPa}$; die Tabellenwerte sind mit 10^{-3} zu multiplizieren (Quelle: Müller 2004)

Die Eyring'sche Nachhallformel ergibt sich aus einer Betrachtung des statistischen Energieverlustes bei der Schallreflexion. **Reflexionsgrad** ρ und **Absorptionsgrad** α sind durch $\alpha = 1 - \rho = 1 - \frac{E_R}{E_0}$ verknüpft. Durch Umstellen erhält man die von einer Oberfläche des Absorptionsgrads α reflektierte Energie E_R: $E_R = E_0(1-\alpha)$ mit der auftreffenden Energie E_0. Mit jeder Reflexion verringert sich die Energie um den Faktor $1 - \alpha$. Die Gesamtenergie einer Schallwelle nach n Reflexionen ist also $E(t) = E_0(1-\alpha)^n$ oder, unter Anwendung von $a^b = \mathrm{e}^{b \cdot \ln a}$, $E(t) = E_0\,\mathrm{e}^{n\,\ln(1-\alpha)}$.

Ein Schallsignal legt im Raum eine sehr große Strecke zurück, typischerweise weit mehr als 100 m, in halligen Räumen u.U. mehr als 1 km. Die **mittlere freie Weglänge** l_{mf} eines „Schallstrahls" (engl. mean free path) ist ein Maß für den Weg, den der Schall durchschnittlich zurücklegt, bevor er eine Wand trifft. Für einen Raum mit dem Volumen V und der Gesamtoberfläche S lässt sie sich mit der Näherungsformel $l_{\mathrm{mf}} \approx 4\,V/S$ abschätzen (Kosten 1960). Also ist jeder Schallstrahl im geschlossenen Raum nach der Zeit t im Mittel n-mal reflektiert worden, wobei n aus dem Verhältnis des zurückgelegten Wegs zur mittleren freien Weglänge bestimmt wird: $n = t \cdot \frac{c_0 S}{4V}$.

Damit ergibt sich die zeitabhängige Energie eines mehrfach reflektierten Schallstrahls zu $E(t) = E_0\, e^{t\,(c_0/4V)\,S\,\ln(1-\alpha)}$. Dieser Ausdruck beschreibt den exponentiellen Verlauf des Abklingens des Schalls im Raum (der Exponent ist zwar positiv, aber der natürliche Logarithmus einer Zahl zwischen 0 und 1 in dem Ausdruck $\ln(1-\alpha)$ ist stets negativ und liefert damit das für den exponentiellen Abfall nötige negative Vorzeichen).

Berücksichtigt man darüber hinaus noch die Schallabsorption der Luft selbst (**Dissipation**) durch den Luftdämpfungsfaktor $t \cdot c_0 \cdot m$ mit der Luftdämpfungskonstanten m (Absorption pro zurückgelegtem Schallweg), so erhält man

$$E(t) = E_0\, e^{-m c_0 t + t\,(c_0/4V)\,S\,\ln(1-\alpha)} = E_0\, e^{-c_0 t\,[4mV - S\ln(1-\alpha)]/4V}.$$

Die **Nachhallzeit** T_{60} ist definiert durch den Abfall der Schallenergie um 10^{-6}. Damit gilt also $E(T_{60}) = E_0 \cdot 10^{-6} = E_0 \cdot e^{-6\ln(10)}$. Der Vergleich mit der obigen Gleichung ergibt

$$-c_0\, T_{60}\, \frac{4mV - S\ln(1-\alpha)}{4V} = -6 \cdot \ln(10).$$

Durch Umstellen und Zusammenfassen erhält man die Eyring-Formel.

Für die meisten Anwendungsfälle lässt sich die Eyring'sche Gleichung erheblich vereinfachen, denn

1. kann in kleinen Räumen die Dissipation vernachlässigt werden: $4mV \ll -S\ln(1-\alpha)$,

2. kann für kleine Absorptionsgrade der Logarithmus ersetzt werden: $-\ln(1-\alpha) \approx \alpha$.

Sabine-Formel

Damit wird die Eyring-Formel zur **Sabine-Formel**:

$$T_{60} = 0{,}161\, \frac{V}{S \cdot \alpha}.$$

Dies ist die berühmte Nachhallformel, die Sabine Ende des 19. Jahrhunderts durch Stoppen des hörbaren Nachhalls von Orgelpfeifen in zwölf verschiedenen Räumen experimentell bestimmte (Sabine 1898).

Das Produkt aus Fläche und Absorptionsgrad wird **äquivalente Absorptionsfläche** A (engl. equivalent absorption area) genannt: $A = S\,\alpha$. In den meisten Räumen haben nun die Begrenzungsflächen sehr unterschiedliche Absorptionsgrade. Man findet dann die gesamte äquivalente Absorptionsfläche über die Summe aller Teilflächen S_i, multipliziert mit ihrem jeweiligen Absorptionsgrad α_i:

$$A = \sum_i S_i\, \alpha_i.$$

In der Sabine-Formel muss man lediglich das Produkt $S \cdot \alpha$ durch die äquivalente Absorptionsfläche ersetzen:

$$T_{60} = 0{,}161 \, \frac{V}{A} = 0{,}161 \, \frac{V}{\sum_i S_i \alpha_i}.$$

Den in der Eyring-Formel benutzten Absorptionsgrad betrachtet man in solchen Räumen als „mittleren Absorptionsgrad" $\overline{\alpha}$. Man erhält ihn als Quotienten von äquivalenter Absorptionsfläche und Gesamtoberfläche:

$$\overline{\alpha} = \frac{A}{S} = \frac{\sum_i S_i \alpha_i}{\sum_i S_i}.$$

Um die Nachhallzeit eines Raums zu berechnen, benötigt man die Absorptionsgrade der Begrenzungsflächen und ggf. die Werte der Luftdämpfung. Traditionell werden in der Raumakustik diese Messungen und Berechnungen in wenigstens sechs Frequenzbändern von 125 Hz bis 4 kHz durchgeführt; die Darstellung der Nachhallzeit erfolgt als Frequenzgang (Abb. 2-4). Tabellen mit den Absorptionsgraden α einiger typischer Materialien sind in Abschnitt 2.4 zu finden.

Nachhallberechnung nach Sabine oder Eyring

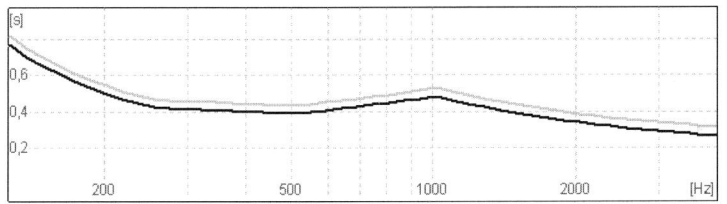

Abb. 2-4: Frequenzabhängige Nachhallzeit T_{60} des simulierten Raums aus Abb. 2-2 und 2-3; schwarze Kurve nach Eyring, graue Kurve nach Sabine (Simulation: CARA)

Man kann die Sabine-Formel auch benutzen, um durch eine Nachhallmessung die gesamte äquivalente Absorptionsfläche des Raums zu bestimmen: $A = 0{,}161 \, V/T$. Auf diesem Prinzip beruht die Messung von Absorptionsgraden im **Hallraum**, einem Raum mit stark reflektierenden Wänden und sehr langer Nachhallzeit.

Auch die Lautstärke im Raum hängt vom Absorptionsgrad ab. Der mittlere Schalldruck in einem Raum mit der äquivalenten Absorptionsfläche A berechnet sich bei einer Schallquelle der akustischen Leistung P zu

Schalldruckpegel in Abhängigkeit vom Absorptionsgrad

$$p = \sqrt{\frac{4 Z_0 P}{A}} \approx 40{,}65 \sqrt{\frac{P}{A}}$$

(Kuttruff 2004). In sehr großen oder sehr halligen Räumen muss auch hier die Luftdämpfung als Zuschlag von $4mV$ zur äquivalenten Absorptionsfläche berücksichtigt werden: $A' = A + 4mV$.

2.2.2 Direktfeld, Diffusfeld, Hallradius

Das Schallfeld im Raum lässt sich auffassen als Summe des direkt abgestrahlten Schalls – der gemäß dem Entfernungsgesetz (Abschnitt 1.2.3) mit zunehmender Entfernung kleiner wird – und des diffusen Schalls, der näherungsweise im ganzen Raum gleich stark ist. Es gibt deshalb ein begrenztes Gebiet um die Schallquelle, in dem der Pegel des Direktschalls überwiegt. Dies ist das **Direktfeld**. Bei Abwesenheit von Diffusschall, also im Freien oder im reflexionsarmen Laborraum, spricht man vom **Freifeld**.

Freifeld

In einem bestimmten Abstand um die Quelle sind die Pegel von Direkt- und Diffusschall (Nachhall) gleich. Diesen Abstand nennt man den **Hallradius** oder **Hallabstand** r_H (engl. critical distance). Der Hallradius ist eng verwandt mit der Großraumfrequenz. Für ungerichtete Schallquellen beträgt er in einem Raum mit der Gesamtabsorption A

Diffusfeld außerhalb des Hallradius

$$r_\mathrm{H} = \sqrt{\frac{A}{16\,\pi}} \approx 0{,}057 \sqrt{\frac{V}{T}},$$

wenn man den Zusammenhang zwischen äquivalenter Absorptionsfläche A, Raumvolumen V und Nachhallzeit T mit der Sabine-Formel beschreibt.

Für Abstände von der Quelle $d > r_\mathrm{H}$ ist der Pegel des Diffusschalls größer als der Direktschallpegel. Dieses Raumgebiet außerhalb des Hallradius ist das eigentliche **Diffusfeld**. Freifeld, Direktfeld und Diffusfeld sind **raumbezogene Feldbeschreibungen** („der Raum hat einen Hallradius"). Die entsprechenden englischen Begriffe lassen sich aus den deutschen Begriffen wörtlich übersetzen: free field, direct field, diffuse field.

raumbezogene Feldbeschreibung

Das Verhältnis von Direkt- zu Diffusschall ist einer der wichtigsten Parameter bei Tonaufnahmen. Ein Mikrofon innerhalb des Hallradius liefert einen „trockenen" Klang, außerhalb klingt es indirekt und räumlich. Auch bei Beschallungen ist der Hallradius wichtig, insbesondere in halligen Räumen.

Der Hallradius – und damit die Ausdehnung des Direktfelds um die Schallquelle – ist in der Praxis nicht nur von der Nachhallzeit und der Raumgröße abhängig, sondern auch von der Richtcharakteristik des Musikinstruments und des verwendeten Mikrofons. Bei gerichteter Schallabstrahlung oder -aufnahme kann der Hallradius doppelt so groß oder sogar noch größer werden. Der Einfluss gerichteter Mikrofone auf den effektiven Hallradius wird in Abschnitt 9.2.5 näher behandelt. Ausführliche Daten über die Abstrahlcharakteristik von Instrumenten sind in (Meyer 1999) zu finden.

Abhängigkeit des effektiven Hallradius von Instrument und Mikrofon

2.3 Geometrische Betrachtung

Die geometrische Raumakustik basiert auf der Vorstellung von **Schallstrahlen**, die geradlinig wie Laserstrahlen mit Schallgeschwindigkeit durch den Raum wandern (Abbildung 2-5). Wände sind im geometrischen Modell Spiegel. Das **Reflexionsgesetz** (Einfallswinkel = Ausfallswinkel) ist das wichtigste Werkzeug der geometrischen Akustik. Über den Absorptionsgrad kann die Intensität des reflektierten Strahls bestimmt werden. Hilfsweise kann auch Schallstreuung durch einen „Streugrad" der Oberflächen berücksichtigt werden.

Reflexionsgesetz

Abb. 2-5: Schallstrahlen im raumakustischen Modell eines kleinen Kammermusiksaals; links: Raum, Mitte: Modell, rechts: Prognose von Reflexionswegen durch Ray Tracing (Simulation: CATT)

Mit Hilfe der Strahlenverfolgung (engl. ray tracing) lassen sich insbesondere die ersten Reflexionen in Stärke und Richtung gut vorhersagen. Man kann sie nutzen, um Positionen und Ausrichtungen von Absorbern, Diffusoren, Reflektoren zu bestimmen oder akustische Anomalien wie Echos oder Brennpunkte zu finden. Bei der raumakustischen Modellierung im Computer wird die Strahlenbetrachtung zur Berechnung des Reflexionsmusters eingesetzt.

Ray Tracing

Ein zweites geometrisches Modell, das bei der Raumsimulation im Rechner benutzt wird, beruht auf **Spiegelschallquellen**. Im Spiegelquellenmodell (engl. mirror source model) erscheint die Schallquelle an jeder Begrenzungsfläche gespiegelt; eine unendlich ausgedehnte Wand wird ersetzt durch eine spiegelbildlich angeordnete zweite Quelle. Die Intensität der Spiegelschallquelle ist durch den Absorptionsgrad der Wand bestimmt.

Spiegelquellen

Der ideale Rechteckraum lässt sich sehr einfach mit dem Spiegelquellenmodell berechnen. Seine Wände werden ersetzt durch ein dreidimensionales Netz aus Spiegelquellen, um die ersten Reflexionen und die Reflexionen höherer Ordnung zu modellieren. Die Zahl der Spiegelquellen bestimmt sich aus der betrachteten Zeitdauer: Man legt eine Kugelschale mit dem Radius des in einer bestimmten Zeit t zurückgelegten Schallwegs $c_0 t$ um die Ursprungsquelle. Alle innerhalb dieser Kugel liegenden Spiegelschallquellen tragen innerhalb des gewählten Zeitraums zum Schallfeld im Raum bei. Bei komplexeren Raumformen und höherer Ordnung der Reflexionen wird das Spiegelquellenmodell aber sehr schnell extrem komplex.

Die rechnergestützte **Raummodellierung** basiert auf Strahlen- und Spiegelquellenmodellen. Solche Software kann genutzt werden, um im virtuellen Raum Impulsantworten zu generieren – durch Faltung mit „schalltot" aufgezeichneten Instrumenten kann dann Musik im modellierten Raum hörbar gemacht werden (**Auralisierung**; zu Faltung siehe Abschnitt 4.1.1). Manche Programme erlauben auch die Eigenfrequenzanalyse nach dem wellentheoretischen Modell.

Auralisierung im virtuellen Raum

Bei der geometrischen Betrachtung spielt die Wellennatur des Schalls keine Rolle; Effekte wie Beugung oder Interferenz können nicht modelliert werden. Es liegt in der Verantwortung des Anwenders, die Gültigkeit des Modells zu überprüfen. Wie auch schon bei der statistischen Betrachtung sind geometrische Überlegungen nur sinnvoll, wenn die Wellenlänge klein gegen die Abmessungen des Raums ist, also oberhalb der Großraumfrequenz (die bei tieferen Frequenzen entstehenden Resonanzen entziehen sich der geometrischen Betrachtung). Und damit Objekte im Raum als geometrische Reflektoren behandelt werden können, muss die Wellenlänge klein gegen die Objektabmessungen sein.

Gültigkeit des geometrischen Modells

2.3.1 Frühe Reflexionen

Reflexionen von Boden, Decke und Wänden, die innerhalb der ersten etwa 100 ms beim Hörer oder am Mikrofon eintreffen, tragen erheblich zum Klangeindruck bei (siehe Abschnitt 3.3.2). Diese **ersten** oder **frühen** Reflexionen (engl. early reflections) beeinflussen die Wahrnehmung von

- Raumgröße: insbesondere das **Initial Time Delay Gap** (ITDG), der zeitliche Abstand zwischen dem Direktschall und der ersten Wand- oder Deckenreflexion, bestimmt den Eindruck der Raumgröße. Je größer das ITDG, desto größer erscheint der Raum. Sehr späte frühe Reflexionen erzeugen den Eindruck eines sehr großen Raums.

Abstand zwischen Direktschall und erster Reflexion

- Raumeindruck: das zeitliche und räumliche Muster der frühen Reflexionen enthält Informationen über die Raumgeometrie. Ein Raum mit ausgeprägten frühen Reflexionen aus der Mitte (= **Deckenreflexionen**) klingt niedriger und enger als ein Raum mit ausgeprägten **seitlichen Reflexionen**. Ein scharfes Muster aus spiegelnden frühen Reflexionen gibt einem Raum seinen charakteristischen „Raumklang". Diffuse, schwache frühe Reflexionen lassen einen Raum neutral klingen.

Richtung der frühen Reflexionen

- Klang: auch subjektiv wahrgenommene Lautstärke und Klangfarbe werden durch die frühen Reflexionen beeinflusst. Eine schnelle frühe Reflexion kann eine Schallquelle voluminöser und lauter wirken lassen. Erheblichen Anteil am Klang eines Musikinstruments hat der Absorptionsgrad der ersten reflektierenden Fläche, also der Frequenzgang der **Bodenreflexion**. Ein glatter Steinboden kann einen harten, hellen Klang verursachen, ein Teppich einen stumpfen Klang. Häufig bietet ein Holzboden den besten Kompromiss. Durch den gezielten Einsatz verschiebbarer **Reflektoren** kann der Klang einzelner Instrumente gestaltet werden. Auch die Ortbarkeit wird durch frühe Reflexionen verbessert.

Frequenzgang der ersten Reflexion

- Entfernung: nicht zuletzt bestimmen die frühen Reflexionen auch die wahrgenommene Entfernung einer Schallquelle. Mit abnehmendem ITDG wird die subjektive Entfernung größer – in jedem Raum ist der zeitliche Abstand zwischen Direktschall und erster **Wand**- oder **Deckenreflexion** maximal, wenn man sich unmittelbar vor der Schallquelle befindet. Manche Hallgeräte modellieren auf diese Weise einen „Distance"-Parameter.

Das Muster der frühen Reflexionen lässt sich durch „scharfes Anschauen" des Raums beurteilen. Glatte und harte Wände sorgen für harte, spiegelnde Reflexionen. Strukturierte Flächen (Stuck, Heizkörper, offene Regale, Mauervorsprünge) sorgen für diffuse Reflexionen. Absorbierende Oberflächen (Vorhänge oder Teppiche bei hohen Frequenzen; Fenster, hohle Holzkonstruktionen oder Gipskarton bei tiefen Frequenzen) schlucken meist die Reflexion nicht vollständig, sondern verändern sie im Frequenzgang. Ein Tiefabsorber erzeugt eine helle, dünne Reflexion; ein Höhenabsorber erzeugt eine dunkle, volle Reflexion.

spiegelnde Reflexionen

Unerwünschte Reflexionen können durch **Reflektoren** umgelenkt, durch **Diffusoren** gestreut oder durch **Absorber** zumindest teilweise geschluckt werden.

2.3.2 Echos und Schallbrennpunkte

Sehr späte und starke Reflexionen können u.U. als **Echo** wahrgenommen werden. Mehrfachechos zwischen parallelen Wänden, so genannte **Flatterechos**, sind besonders unangenehm. Echos und Flatterechos kann man kaum durch „scharfes Anschauen" des Raums entdecken. Man muss sie entweder subjektiv suchen (z.B. mit Händeklatschen), oder man wendet bei der gemessenen oder simulierten Impulsantwort das **Tannenbaum-Kriterium** an. Dazu zeichnet man den Schall nach einer Impulsanregung auf und stellt den exponentiell abklingenden Zeitverlauf des Schalldrucks dar (Raum-Impulsantwort, vgl. Abschnitt 4.1.1).

Tannenbaum-Kriterium

Um 90° gegen den Uhrzeigersinn gedreht, ergibt sich aus der Impulsantwort ein „Tannenbaum-Bild". Bei der Beurteilung nach dem

Tannenbaum-Kriterium sucht man nach „Ästen", die in einem zeitlichen Abstand jenseits der Echoschwelle (Abschnitt 3.3.2), typischerweise später als 50 ms, deutlich aus der Tannenbaum-Silhouette herausragen und deshalb als Echos hörbar sein können. In der Darstellung der quadrierten Impulsantwort, (**Energy Time Curve ETC** proportional zur Schallintensität, vgl. Abschnitt 1.2.1) erkennt man Echos ebenso.

Eine akustische Anomalie, die man durch die geometrische Analyse des Raums leicht entdecken kann, ist der **Schallbrennpunkt**. Er tritt vor konkav gekrümmten Flächen auf, also vor Nischen und Apsiden, unter Torbögen und Gewölbedecken und in Kuppelbauten. Geometrische Anordnungen mit zwei Brennpunkten, also z.B. gegenüberliegende Hohlspiegel, haben die Wirkung einer **Flüstergalerie**: Mit ihrer Hilfe kann man sich über große Entfernung in sehr geringer Lautstärke deutlich verständigen, ohne dass jemand in der unmittelbaren Umgebung – außerhalb der Brennpunkte – mithören kann.

In der Nähe konkaver Wand- oder Deckenkonstruktionen herrscht eine sehr ungleichmäßige Schallenergieverteilung. Man sollte es deshalb vermeiden, seine Instrumente oder Mikrofone in der Nähe solcher Flächen aufzustellen oder seinen Hörplatz unter einem Gewölbe zu installieren. Mit geeignet positionierten Reflektoren, Diffusoren oder Absorbern kann die schallkonzentrierende Wirkung gewölbter Oberflächen korrigiert werden.

2.4 Raumakustische Werkzeuge

Die geeigneten Werkzeuge, um unpassende Nachhallzeiten, unschöne Reflexionsmuster und seltsame Echos oder Brennpunkte in den Griff zu bekommen, sind **Absorber**, **Diffusoren** und **Reflektoren**. Insbesondere Schallabsorber sind sehr beliebt, möglicherweise wegen des Missverständnisses, dass nur ein schalltoter Raum ein guter Raum sei. Das ist falsch: Ein gewisses Maß an Nachhall ist sowohl im Aufnahmeraum notwendig, damit die Instrumente im Raum voll und rund klingen, als auch im Wiedergaberaum, damit eine adäquate Beurteilung der aufgenommenen Musik möglich ist.

2.4.1 Poröse Absorber

Jedes Material mit poröser Oberfläche ist ein **poröser Absorber**. Durch Reibung verlieren die schwingenden Luftmoleküle im Absorber Bewegungsenergie, die in Wärme umgesetzt wird. Typische Materialien mit den Eigenschaften poröser Absorber sind (abgesehen vom beliebten „Akustik-Schaumstoff") unlackiertes Holz, rohes Mauerwerk, Vorhänge oder Teppiche sowie Fasermaterial wie Mineralwolle oder Polyesterwatte.

Der poröse Absorber ist ein λ/4-Absorber: Die stehende Welle vor der Wand erzwingt unmittelbar auf der Wand einen Schnelleknoten (und ein Schalldruckmaximum). Eine viertel Wellenlänge vor der Wand muss deshalb ein Schnellemaximum (und ein Schalldruckknoten) sein. Dort, wo die Bewegungsgeschwindigkeit der Moleküle besonders groß ist – also im Abstand einer viertel Wellenlänge vor der Wand – kann auch besonders viel Schallenergie absorbiert werden.

λ/4-Absorber

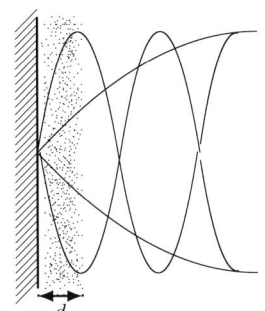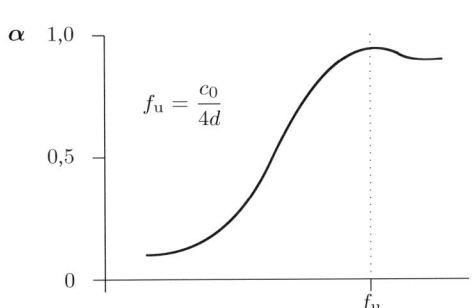

Abb. 2-6: Poröser Absorber, räumlicher Schnelleverlauf in der stehenden Welle vor der Wand bei verschiedenen Frequenzen; Absorptionsgrad-Frequenzgang

Der Absorptionsgrad eines porösen Absorbers steigt deswegen mit der Frequenz – der poröse Absorber ist ein Höhenabsorber (Abb. 2-6). Wenn die Wellenlänge so klein ist, dass ein Schnellemaximum innerhalb des Absorbers liegt, wird der Absorptionsgrad maximal. Die untere Grenze der Absorptionswirkung f_u lässt sich über die Absorberdicke einstellen:

Höhenabsorber

$$f_u = \frac{c_0}{4\,d}.$$

Dabei ist es unerheblich, ob der gesamte Raum zwischen Absorber-Oberfläche und Wand mit Absorber ausgefüllt ist. Man kann viel Geld sparen, wenn man hinter dem eigentlichen Absorbermaterial Abstand zur Wand hält. In Tabelle 2-2 sind beispielhaft gemessene Absorptionsgrade typischer poröser Absorber aufgeführt.

Ein guter poröser Absorber ist luftdurchlässig. Hat man z.B. die Wahl zwischen zwei unterschiedlich dicht gewebten Vorhangstoffen, dann sollte man dem durchlässigeren Gewebe den Vorzug geben.

Ein bewährtes Absorbermaterial ist **Molton**. Aber auch Fleece- oder die von Umzugsfirmen verwendeten grauen Möbel-Decken sind hervorragende und preiswerte poröse Absorber. Faserstoffe wie **Mineralwolle** sind gute Absorber, können aber gesundheitlich bedenklich sein: Ein erheblicher Teil der aktuellen Asbest-Probleme in Bauten aus dem mittleren 20. Jahrhundert ist durch akustisch günstigen Asbest-Putz verursacht. Der teure offenporige **Akustikschaumstoff**, in genoppten Platten unterschiedlicher Dicke im Handel, ist dagegen aus klanglichen Gründen

textile Absorber, Faserstoffe, Noppenschaum

Tabelle 2-2: Absorptionsgrade poröser Absorber (Höhenabsorber), gerundet (Quellen: Mapp o.J., Schumann 2005)

Material	125 Hz	250 Hz	500 Hz	1 kHz	2 kHz	4 kHz
Teppich, 2 mm Flor	0	0	0,1	0,2	0,4	0,5
Teppich, 6 mm Flor	0,1	0,2	0,5	0,7	0,7	0,4
Teppich, 10 mm Flor	0,1	0,1	0,3	0,6	0,7	0,8
Velour-Vorhang, mittelschwer	0,1	0,2	0,2	0,3	0,3	0,4
Vorhang, schwer, faltig	0,1	0,3	0,4	0,5	0,6	0,5
Noppenschaum, 5 cm	0,1	0,3	0,6	0,9	1,0	0,9
Noppenschaum, 7,5 cm	0,2	0,4	1,0	1,0	1,0	1,0
Noppenschaum, 10 cm	0,2	0,7	1,0	1,0	1,0	1,0
Möbelpackdecke, Wandabstand 17 cm	0	0,2	0,4	0,4	0,4	0,6
Möbelpackdecke, Wandabstand 34 cm	0,1	0,3	0,3	0,4	0,5	0,7
Fleecedecke dick, Wandabstand 17 cm	0,1	0,2	0,4	0,4	0,5	0,7
Fleecedecke dick, Wandabstand 34 cm	0,1	0,3	0,3	0,4	0,6	0,7
Fleecedecke dick, über Stühle gelegt	0,3	0,4	0,5	0,6	0,7	0,8

mit Vorsicht zu genießen: Seine Absorptionswirkung bei hohen Frequenzen ist extrem groß (siehe Tabelle 2-2). Verpackungsschaumstoff ist geschlossenporig und daher als Absorber ungeeignet.

2.4.2 Resonanzabsorber

Die zweite Klasse von Schallabsorbern sind die **Resonanzabsorber**. Sie werden vom einwirkenden Schall zu Schwingungen angeregt und entziehen dem Schallfeld dadurch Energie, die im Absorber durch Dämpfung (Eigendämpfung des Materials und mechanische Schwingungsdämpfung z.B. durch Mineralwolle) in Wärme umgesetzt wird. In akustisch sehr trockenen Räumen können schwach bedämpfte Resonatoren den Nachhall scheinbar verlängern, weil sie die Schallenergie speichern und einen Teil verzögert wieder als Luftschall abgeben. Normalerweise kann man aber mit allen Arten von Resonatoren den Nachhall wirkungsvoll verkürzen; ggf. muss die Bedämpfung des Resonators den Anforderungen angepasst werden.

gedämpfter Schwinger

Die einfachste Bauart des Resonanzabsorbers ist der **Plattenschwinger**. Alle schwingungsfähigen Konstruktionen wie z.B. Dielenboden, Fenster, Leichtbauwände oder Vertäfelungen wirken als Plattenschwinger (vgl. Tabelle 2-3). Die Probe auf Eignung als Plattenschwinger macht man durch Anklopfen. Schwingende Platten geben dabei einen dumpfen Ton von sich, seine Frequenz ist die Resonanzfrequenz der Platte. Da bei üblichen Plattenschwingern die Resonanzfrequenz eher tief ist, werden sie meist als **Tiefenabsorber (Bassabsorber)** verwendet.

Plattenschwinger als Bassabsorber

Ein Bassabsorber kann z.B. aus Holz oder Gipskarton, aber auch aus Blech bestehen. Auf eine Lattenkonstruktion in einigem Abstand vor die Wand gesetzt entfaltet die schwingende Platte maximale Wirkung.

Material	63 Hz	125 Hz	250 Hz	500 Hz	1 kHz
Fenster, 4 mm	–	0,3	0,2	0,1	0,1
Fenster, 6 mm	–	0,1	0,1	0	0
Dielen (1)	–	0,1	0,3	0,1	0,1
Dielen (2)	0,2	0,2	0,1	0,1	–
Parkett	0,2	0,1	0,1	0,1	–

Tabelle 2-3: Absorptionsgrade mitschwingender Einbauten, gerundet (Quellen: Mapp o.J., Reichardt 1984)

Eine Kassettierung, d.h. die Einteilung der Unterkonstruktion in luftdicht geschlossene Felder von etwa 0,5 bis 1m Kantenlänge, verbessert die Absorberwirkung.

Der Plattenschwinger entspricht dem einfachen mechanischen Federpendel (Abschnitt 1.1.1). Seine Resonanzfrequenz f_P ist in erster Näherung allein vom Flächengewicht m der Platte in kg/m^2 und vom Wandabstand d in cm abhängig:

$$f_P \approx \frac{600}{\sqrt{m \cdot d}}$$

(Cremer 1978). Das Luftpolster hinter der schwingenden Platte übernimmt die Funktion der Feder; die Federkraft ist proportional zum Kehrwert des Wandabstands. Mit zunehmendem Wandabstand oder zunehmendem Flächengewicht der Platte muss die Resonanzfrequenz sinken. Stimmt man die Resonanzfrequenz auf die Eigenfrequenzen des Raums ab, lassen sich mit dem Plattenschwinger stehende Wellen wirkungsvoll bedämpfen. In Tabelle 2-4 sind beispielhaft gemessene Absorptionsgrade einiger Plattenschwinger aufgeführt.

Auch akustische Schwinger können als Resonanzabsorber eingesetzt werden. Je nach Bauart unterscheidet man dabei **Helmholtz-Absorber**, die auf dem Helmholtz-Resonator beruhen, und **Röhrenabsorber** („Bassfallen") auf Basis des Röhrenresonators. Beschreibungen dieser Resonatoren sind in Abschnitt 1.4.2 zu finden.

Helmholtz-Resonator und Röhrenresonator

Helmholtz-Absorber werden gerne als Wandverkleidung in Form von Lochplatten vor einem Luftpolster mit porösem Absorber ausgeführt. Als Abschätzung für die Helmholtz-Resonanz f_H einer Lochplatte in Abhängigkeit von Lochanteil σ in %, effektiver Lochtiefe l_{eff} in cm (Plattendicke + 0,8 × Lochdurchmesser) und Wandabstand d in cm gilt

Lochplatte

$$f_H \approx 125 \cdot l_{eff} \sqrt{\frac{\sigma}{d}}.$$

Weil die Lochplatte gleichzeitig als Plattenschwinger wirkt, lässt sich eine sehr breitbandige Absorptionswirkung erreichen.

Die **Bassfalle** (engl. bass trap) ist ein großer $\lambda/4$-Röhrenresonator mit Dämm-Material im Innern. Sie wird insbesondere zur Bedämpfung einzelner Raummoden eingesetzt. Besonders wirkungsvoll ist sie in Raumecken, weil dort alle Raumresonanzen ein Druckmaximum haben.

Bassfalle

Tabelle 2-4: Absorptionsgrade ausgewählter Plattenschwinger, gerundet (Quellen: Fasold 1984; Schumann 2005)

Material	125 Hz	250 Hz	500 Hz	1 kHz	2 kHz	4 kHz
Spanplatten auf kassettierter Unterkonstruktion, mit Dämm-Material im Hohlraum						
Dicke 8 mm, 3 cm Abstand	0,4	0,2	0	0	0	0,1
Dicke 13 mm, 3 cm Abstand	0,5	0,2	0	0	0	0
Sperrholzplatten auf kassettierter Unterkonstruktion, mit Dämm-Material im Hohlraum						
Dicke 4 mm, 12 cm Abstand	1,0	0,3	0,1	0,1	0,1	0
Dicke 4 mm, 24 cm Abstand	0,8	0,3	0,2	0,1	0,1	0
Gipskartonplatten auf kassettierter Unterkonstruktion, mit Dämm-Material im Hohlraum						
Dicke 9,5 mm, 6 cm Abstand	0,3	0,2	0,1	0,1	0,1	0,1
Dicke 12,5 mm, 3 cm Abstand	0,5	0,1	0	0	0	0
Kunststoffbeschichtete schwere Zeltplane (LKW-Plane), locker über Stühle gelegt						
Dicke 2,7 mm, Flächengewicht 0,65 kg/m²	0,2	0,2	0,2	0,2	0,1	0

2.4.3 Mikroperforierte Absorber

Der im professionellen Akustikbau sehr beliebte **mikroperforierte Absorber**, ein Absorbertyp zwischen porösem Absorber, Helmholtz-Resonator und Plattenschwinger, stammt von dem chinesischen Akustiker **Dah-You Maa** (Maa 1975), (Fuchs 2006).

Absorber aus Stahl, Glas oder Keramik

Mikroperforierte Absorber bestehen aus gelochten oder geschlitzten Folien oder Platten in definiertem Abstand zur Wand. Der Lochdurchmesser ist mit erheblich weniger als 1 mm so klein, dass der durchtretende Schall durch Reibung bedämpft wird. Je nach Dimensionierung wirken sie als Höhen-, Mitten- oder Breitbandabsorber. Als Materialien kommen z.B. Stahlblech, Glas, Keramik, Acrylglas, Polycarbonat oder PVC in Frage. Eine zusätzliche Bedämpfung – bei klassischen Absorbern meist mit Faserstoffen – ist nicht nötig; mikroperforierte Platten oder Folien werden deshalb auch als **faserfreie Absorber** bezeichnet.

2.4.4 Diffusoren

Um harte Reflexionen „aufzuweichen" und die Durchmischung des Diffusschalls zu verbessern ohne dabei die Nachhallzeit zu verändern, verwendet man **Diffusoren**. Je mehr glatte Wände ein Raum hat und je kleiner der Raum ist, desto wahrscheinlicher ist es, dass die frühen Reflexionen den Klang verderben. Instrumente in einem kleinen Raum mit glatten Wänden klingen oft hart, eng und – durch den Effekt der Wiederholungstonhöhe (Abschnitt 1.3.3) – tonal verfärbt. In solchen Fällen helfen Diffusoren.

Klangfärbung durch spiegelnde Reflexionen in kleinen Räumen

Natürliche Diffusoren sind alle Strukturen, die in der Größenordnung der Wellenlänge sind. So wirken z.B. Bücherregale als Diffusoren im Mittenbereich ($\lambda = 34$ cm bei 1 kHz). Dementsprechend kann man leicht Diffusoren aus Holzjalousien, konvexen Aufbauten oder be-

schallstreuende Möbel und Einbauten

liebigen schallharten Objekten unterschiedlicher Größe zusammensetzen. Bei der Konstruktion eines Diffusors sollte aber geometrische Regelmäßigkeit vermieden werden, damit nicht im reflektierten Schall eine neue, unerwünschte Periodizität auftritt, die zu einer tonalen Färbung des reflektierten Schalls führen würde. Diffus reflektierende Objekte sollten daher in zufälligem Muster angeordnet werden.

Sehr wirkungsvolle Diffusor-Varianten sind die **Maximalfolgen-Diffusoren** nach Manfred Schroeder (Schroeder 1975, v. Heesen 1976). Der binäre Maximalfolgen-Diffusor beruht auf der Anordnung von Streuelementen nach dem Prinzip einer binären Pseudo-Zufallszahlenfolge, wie sie auch als Messsignal zur Systemanalyse eingesetzt wird (engl. maximum length sequence, MLS).

Schallstreuung auf Basis von Zufallszahlen

Das akustisch wirksame Prinzip der Maximalfolgen-Diffusoren ist die Reflexion mit Phasenverschiebung durch akustische **Wellenleiter** (man bezeichnet eine Luftschallleitung, die klein gegen die Wellenlänge ist und durch Beugung den Schall in eine bestimmte Richtung zwingt, als Wellenleiter). Die Oberflächenstruktur des Diffusors wird als „$\lambda/2$-Leitung" ausgeführt: Wenn eine Schallwelle in eine Vertiefung tritt, deren Tiefe gerade eine viertel Wellenlänge ist, dann wird die aus der Vertiefung reflektierte Welle gegenüber der von der benachbarten Oberfläche reflektierten Welle um $\lambda/2$ phasenverschoben. Durch Interferenz kommt es winkelabhängig abwechselnd zu Auslöschung und Verstärkung – die Welle wird gestreut. Nach dem gleichen Prinzip funktioniert auch die Laserabtastung der „Pits" bei CD und DVD.

$\lambda/2$-**Wellenleiter**

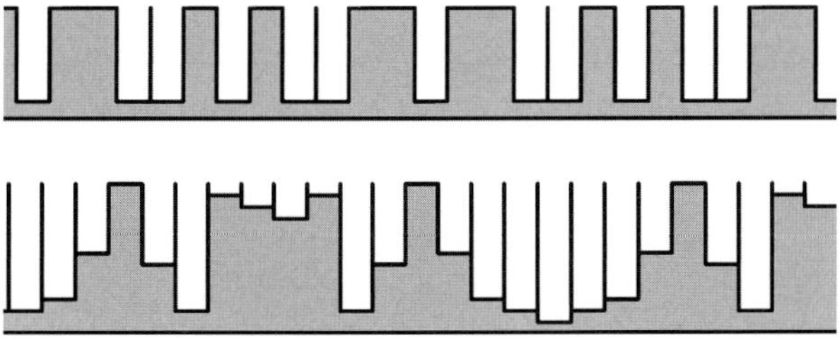

Abb. 2-7: Schnitt durch einen binären Maximalfolgen-Diffusor (oben) und einen QRD (unten)

Damit der $\lambda/2$-Wellenleiter auch bei benachbarten Vertiefungen funktioniert, müssen die einzelnen Felder mit schmalen Brettern voneinander getrennt werden (Abb. 2-7, 2-8). Diffusoren aus $\lambda/2$-Leitungen können eindimensional (als zeilenartige „Lamellstruktur" oder zweidimensional (als schachbrettartiges Feld) ausgeführt sein.

Verfügt der Diffusor nur über *eine* Strukturtiefe, dann kann die $\lambda/2$-Leitung auch nur für *eine* Wellenlänge funktionieren. Die daraus resultierende schmalbandige Streuwirkung einer solchen „binären Struktur" ist natürlich ungünstig. Kombiniert man aber Vertiefungen unterschiedlicher Tiefe geschickt in einem größeren Diffusorelement, so erhält man

QRD, Schroeder-Diffusor

Abb. 2-8: Eindimensionaler QRD im Tonstudio; die Hohlräume werden hier gleichzeitig als Tiefenabsorber (Helmholtz-Resonatoren) genutzt

die schallstreuende Wirkung über einen sehr breiten Frequenzbereich. Solche Diffusorstrukturen werden aus Zufallszahlenfolgen berechnet, die man aus so genannten „quadratischen Residuenfolgen" der Zahlentheorie erhält, auch bekannt als „primitive Einheitswurzeln"; die Berechnung erfolgt aus den Quadrat-Resten einer Folge ganzer Zahlen modulo einer Primzahl[3]. Meist werden solche Diffusoren als **QRD** (Quadratic Residue Diffuser), **Schroeder-Diffusor** oder auch „Primitive Root"-Diffusor bezeichnet.

QRDs werden von zahlreichen Herstellern als fertige Elemente angeboten. Es spricht aber auch nichts gegen einen Eigenbau; Bauanleitungen sind im Internet zu finden.

2.4.5 Reflektoren

Mit **Schallreflektoren** werden geometrische Reflexionen gelenkt. Möchte man z.B. den Hörplatz im Regieraum frei von frühen Reflexionen halten, dann kann man mit Hilfe von Reflektoren an den Wänden und der Decke zwischen Lautsprecher und Hörplatz die Wand- und Deckenreflexionen an die Rückwand lenken, wo sie dann mit Absorbern geschluckt oder mit Diffusoren gestreut werden (siehe Abschnitt 2.5.7).

Lenkung von Reflexionen

Möchte man umgekehrt z.B. in einem Konzertsaal Klarheit und Deutlichkeit (Abschnitt 2.5.2) auf den „schlechten Plätzen" der hinteren Sitzreihen verbessern, dann kann man durch Reflektoren über der Bühne oder vor den Seitenwänden frühe Reflexionen gezielt dorthin lenken.

Im typischen Pop-Aufnahmestudio verwendet man verschiebbare Wände (**Gobos**[4]), um die akustische Trennung verschiedener Instru-

---

[3] Zu Details siehe z.B. Schroeder, M.: **Number Theory in Science and Communication**, Springer, 3. Aufl. 1999.

[4] In der Lichttechnik sind Gobos Projektionsmasken aus Glas oder Metall.

mente zu verbessern, oder um durch eine frühe Reflexion Lautheit und Klangfülle zu vergrößern. Beliebt sind mobile Wände, die von einer Seite reflektierend, von der anderen Seite absorbierend sind (Abbildung 2-9). Man findet aber kaum streuende Stellwände, obwohl diese oft nützlicher wären als Absorber.

Trennwände im Studio („Gobos")

Abb. 2-9: Mobile Stellwände („Gobos") im Tonstudio

Reflektoren sind große, schallharte (also glatte und schwere) Platten. Als Materialien kommen in erster Linie Sperrholz, Spanplatte, mitteldichte Faserplatte (MDF) und Gipskarton in Frage, aber auch Blech, glasfaserverstärkter Kunststoff (GFK) oder Wellaluminium. Damit ein Reflektor tatsächlich eine geometrische Reflexion erzeugt und nicht den Schall streut, muss er im Vergleich zur Wellenlänge groß sein. Eine Abschätzung mit den von unterschiedlichen Instrumenten erzeugten Wellenlängen zeigt, dass eine Reflektorgröße von weniger als $1\,\text{m}^2$ kaum sinnvoll ist. Nach Jürgen Meyer lässt sich die untere Grenzfrequenz der Reflexionswirkung f_u aus dem Durchmesser des Reflektors d, dem Abstand Quelle – Reflektor a_1, dem Abstand Empfänger – Reflektor a_2 und dem Normalenwinkel ϑ bestimmen (Meyer 1999, siehe Abb. 2-10).

Konstruktion von Reflektoren

Reflektorgröße

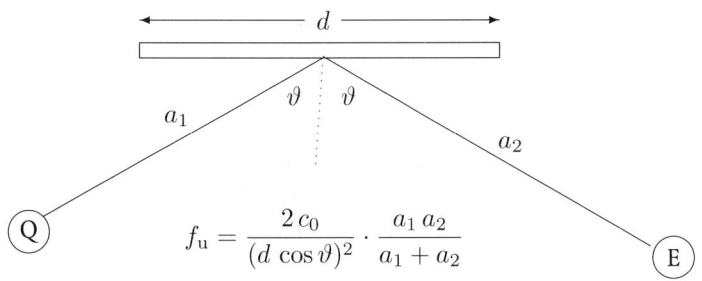

Abb. 2-10: Zur Berechnung der Reflexionswirkung einer Reflektorplatte

$$f_u = \frac{2 c_0}{(d \cos\vartheta)^2} \cdot \frac{a_1 a_2}{a_1 + a_2}$$

Für einen Reflektor der Größe 1 m × 1 m und einen Einfallswinkel von 45° ergibt sich damit in einer Entfernung von $a_1, a_2 = 2$ m gerade noch eine untere Grenzfrequenz von $f_\mathrm{u} = 1{,}4$ kHz! Professionelle Reflektoren, wie man sie beispielsweise in modernen Konzertsälen über der Bühne findet, haben in der Regel eine Größe von mehreren Quadratmetern.

Reflektormasse

Damit eine Reflektorplatte den Schall tatsächlich reflektiert und nicht etwa als Plattenschwinger Schall absorbiert, muss sie zudem schwer sein, und zwar um so schwerer, je tieffrequenter das Schallsignal ist. Richtwerte für das Flächengewicht nach Walter Reichardt sind in Tabelle 2-5 aufgeführt (*Reichardt* 1984).

Tabelle 2-5: Empfohlene Mindestwerte für das Flächengewicht von Reflektorplatten

Flächen zur Reflexion von ...	Masse (kg/m²)
Sprache, Gesang	10
hohen Streichern, Holzbläsern	10
Blechbläsern	20
Bassinstrumenten	40

Kompromisslösungen für die Praxis

Zum Vergleich: Eine 16 mm dicke Spanplatte hat ein Flächengewicht von etwa $10\,\mathrm{kg/m^2}$. In der Praxis werden diese Richtwerte allerdings oft deutlich unterschritten – schließlich bringt ein „schulmäßig" konstruierter Deckenreflektor von $4\,\mathrm{m^2}$ eine Masse von mehr als drei Zentnern über die Köpfe der Musiker! Man sollte nur darauf achten, dass der reflektierte Schall nicht zu bassschwach wird – diese Gefahr besteht sowohl bei zu kleinen als auch bei zu leichten Reflektoren.

2.5 Raumklang

Hörsamkeit

Der Raumklang – Lothar Cremer prägte den schönen Begriff der „Hörsamkeit" eines Raums – ist in der Tontechnik außerordentlich wichtig. Bei Produktionen klassischer Musik machen die Eigenschaften des Raums sicherlich 50 % des Klangcharakters einer Aufnahme aus. Bei Konzerten ist der Raumklang vergleichbar dominierend: Das beste Instrument klingt in einem mittelmäßigen Raum auch nur mittelmäßig.

In Popmusik- und Sprecherstudios ist der Einfluss der Raumakustik auf den Klang geringer, aber immer noch prägend. Klangfehler in einer Aufnahme, die z.B. durch Raumresonanzen oder harte Wandreflexionen des Aufnahmeraums verursacht wurden, lassen sich praktisch nicht mehr korrigieren.

Baut man ein Studio oder einen Konzertraum, dann sollte man auf die Raumakustik größte Sorgfalt verwenden. Eine raumakustische Beratung einschließlich der Rechnersimulation verschiedener Raumkonfigurationen stellt sicher, dass man keine Überraschungen erlebt.

Um vorhandene Räume z.B. auf ihre Eignung für Musikaufnahmen zu beurteilen, kann man Messungen oder Simulationen durchführen und die gleichen objektiven Qualitätskriterien anwenden, die auch beim Akustikbau berücksichtigt werden. So können Parameter wie z.B. Nachhallzeit, Klarheitsmaß oder Sprachübertragungsindex durch Computersimulation im raumakustischen Modell bestimmt werden, oder man misst sie vor Ort z.B. mit Hilfe einer Maximalfolgen-Analyse (MLS).

Messung und Modell-Berechnung raumakustischer Qualitätskriterien

Im weitaus häufigsten Fall wird man aber einen Raum, seine Materialien und geometrischen Stukturen einfach in Augenschein nehmen und seine Hörsamkeit durch kräftiges Händeklatschen subjektiv beurteilen, um dann zu entscheiden, ob er für eine Aufnahme oder ein Konzert geeignet ist (und wenn nicht, ob er mit einfachen Mitteln verbessert werden kann).

subjektive Prüfung

2.5.1 Klangeinfluss von Nachhall und Resonanzen

Die Klangfarbe eines Raums wird größtenteils vom Diffusfeld und den Raumresonanzen bestimmt. Das **diffuse Schallfeld** entsteht durch Mehrfachreflexion in geschlossenen Räumen. Wie „diffus" der Schall tatsächlich ist, hängt vom Raum ab – je unregelmäßiger Raumgeometrie und Oberflächenbeschaffenheiten sind, umso „besser" ist das Diffusfeld; ein schiefwinkliger Raum mit zergliederten Wänden klingt angenehmer als ein Rechteckraum mit glatten Wänden. Zwei Beschreibungsformen des Diffusfelds sind in der Tontechnik von Bedeutung:

Diffusfeld

1. Die **Nachhallzeit** gibt darüber Auskunft, wie lange ein Raum „nachklingt". Zu große Nachhallzeiten sind genau so unangenehm wie zu kleine Nachhallzeiten.

2. Der **Hallradius** definiert den Bereich um eine Schallquelle (Musikinstrument oder Lautsprecher), in dem der Direktschall dominiert. Außerhalb des Hallradius wird der Klangeindruck praktisch nur noch vom Diffusschall und damit vom Raum bestimmt.

Zudem zeigt jeder geschlossene Raum **Resonanzen** bei tiefen Frequenzen. Sie dominieren den Klangeindruck bei Wellenlängen in der Größenordnung der Raumabmessungen. Raumresonanzen sind umso störender, je kleiner der Raum ist. Sehr kleine Räume wie z.B. Regieräume, Sprecherkabinen oder Ü-Wagen sind deshalb zur Übertragung tiefer Frequenzen nur sehr schlecht geeignet. Nur bei extrem großen Räumen (Konzertsaal) kann man die Raumresonanzen vernachlässigen.

Raumresonanzen im Bassbereich

kleine Räume

Der **Frequenzgang** eines Raums ist die Überlagerung der Resonanzkurven sämtlicher Eigenfrequenzen. Er ist an jedem Punkt im Raum verschieden. Die Schallübertragung zwischen zwei Punkten im Raum kann man als Filterung auffassen, wobei für jedes Paar von Sender- und Empfängerpunkt andere Filterkurven wirksam sind. In durchschnittlichen Räumen ist der Frequenzgang bei tiefen Frequenzen kammfilterar-

Filterung des Schallsignals durch den Raum-Frequenzgang

tig und wird mit steigender Frequenz allmählich linear, abgesehen von der Betonung oder Absenkung einzelner Frequenzbereiche gemäß der Nachhallzeit.

Die Grenze zwischen tieffrequentem Kammfilter und hochfrequenter linearer Übertragung ist die Großraumfrequenz.

2.5.2 Objektive Qualitätskriterien

Zeitstruktur (Impulsantwort)

Einige objektive Kriterien zur Beurteilung der akustischen Qualität eines Raums lassen sich aus der Zeitstruktur des Signals (**frühe Reflexionen**) ableiten. Man erhält sie entweder durch Messung (z.B. Maximalfolgen-Messung, MLS) oder aus einer Rechnersimulation mit einem Raytracing-Modell. Aus dem Schalldruck wird durch Quadrierung die Energie der frühen Reflexionen bestimmt. Als Qualitätskriterium dient das Verhältnis der Schallenergie der frühen Reflexionen zur Energie des folgenden Nachhalls.

Die frühen Reflexionen haben großen Einfluss auf Durchsichtigkeit und Sprachverständlichkeit. Zur Beurteilung eines Raums für die Musikwiedergabe ist das **Klarheitsmaß** C_{80} (engl. clarity factor) besonders geeignet. Es beschreibt den Anteil der Schallenergie während der ersten 80 ms, dargestellt als Pegel:

Klarheit bei der Musikwiedergabe

$$C_{80} = 10 \log \left(\frac{\int_0^{80\,\mathrm{ms}} p^2(t)\,\mathrm{d}t}{\int_{80\,\mathrm{ms}}^\infty p^2(t)\,\mathrm{d}t} \right)$$

Deutlichkeit bei der Sprachwiedergabe

Der **Deutlichkeitsgrad** D_{50} (engl. distinctness ratio) wird zur Beurteilung der Sprachverständlichkeit herangezogen. Er ist der prozentuale Anteil der Schallenergie während der ersten 50 ms in Relation zur Restzeit:

$$D_{50} = \frac{\int_0^{50\,\mathrm{ms}} p^2(t)\,\mathrm{d}t}{\int_{50\,\mathrm{ms}}^\infty p^2(t)\,\mathrm{d}t} \cdot 100\,\%$$

Das **Deutlichkeitsmaß** C_{50} ist entsprechend dem Klarheitsmaß C_{80} definiert, d.h. $C_{50} = 10 \log D_{50}$. Alle Werte lassen sich messtechnisch oder durch Simulation am geometrischen Modell bestimmen. Klarheitsmaß und Deutlichkeitsgrad sollten möglichst groß sein; C_{80} sollte auf jeden Fall größer sein als 0 dB.

Nach Heinrich Kuttruff (*Kuttruff* 2004) können für C_{80} Werte zwischen -3 dB und 0 dB als günstig angenommen werden. Walter Reichardt (*Reichardt* 1984) gibt als Richtwerte an:

- $C_{80} > +2$ dB (klassische Orchestermusik)

- $C_{80} > -2$ dB (romantische Orchestermusik)

- $D_{50} > 60\,\%$ (entspricht einer Silbenverständlichkeit $> 90\,\%$)

2.5 Raumklang

Der **Seitenschallgrad** LF (engl. lateral fraction) ist ein Maß für den Anteil der seitlichen Reflexionen an den frühen Reflexionen während der ersten 80 ms. Er ist eng gekoppelt mit der subjektiven Wahrnehmung räumlicher Breite und akustischer „Umhüllung". Messtechnisch werden die Seitenwandreflexionen mit einem Achtermikrofon aufgenommen, das quer zur Hauptachse aufgebaut wird (siehe Abschnitt 9.2.2). Auch den Seitenschallgrad kann man alternativ durch Simulation am geometrischen Modell bestimmen. Die Berechnungsvorschrift lautet

seitliche Reflexionen und akustisches Eingehülltsein

$$LF = \frac{\int_{5\,\text{ms}}^{80\,\text{ms}} p_8^2(t)\,dt}{\int_0^{80\,\text{ms}} p^2(t)\,dt},$$

wobei $p_8(t)$ der mit einem realen oder simulierten Achtermikrofon quer zur Hauptachse des Raums aufgenommene Schalldruck ist (die ersten 5 ms des seitlichen Schalls werden ignoriert, um Messfehler durch Direktschallkomponenten zu vermeiden).

Hohe, relativ schmale Räume („Schuhkarton"; engl. shoebox) haben meist ausgeprägte Seitenwandreflexionen. Paradoxerweise lässt ihr hoher Seitenschallgrad Schallsignale räumlich ausgedehnt klingen, während breite Räume mit niedriger Decke und einem eher kleinen Seitenschallgrad Schallereignisse eng und monofon wirken lassen. Einige der besten Konzertsäle der Welt haben eine „Schuhkarton"-Architektur.

akustisch günstige Schuhkarton-Räume

Bei Aufnahmen, die ja meist zweidimensional in der Horizontalebene aufgezeichnet und wiedergegeben werden, spielt der Seitenschallgrad eine wichtige Rolle bei der Darstellung räumlicher Breite und bei der Durchmischung der Instrumente. Bei zu geringem Seitenschallgrad klingen die Instrumente voneinander isoliert, bei zu großem Seitenschallgrad leiden u.U. Präzision und Ortbarkeit.

seitliche Reflexionen bei der Musikaufnahme

Nach Leo Beranek können Werte von $LF = 12\ldots 22\,\%$ als gut angesehen werden (Beranek 2004). Viele große Säle haben einen zu kleinen Seitenschallgrad; in kleinen Räumen ist er u.U. zu groß. Durch Diffusoren und Absorber an den Seitenwänden kann der Seitenschallgrad gesenkt werden, durch Reflektoren an den Seitenwänden sowie Diffusoren oder Absorber an der Decke wird er erhöht.

Die **Schwerpunktzeit** t_s ist ein Maß für die Verzögerung des „Hauptanteils" der Raumantwort. Sie wird berechnet aus

$$t_s = \frac{\int_0^\infty t \cdot p^2(t)\,dt}{\int_0^\infty p^2(t)\,dt}.$$

Für die Schwerpunktzeit sind kleine Werte erstrebenswert; sie lassen auf eine große Durchsichtigkeit und gute Sprachverständlichkeit schließen (Kuttruff 2004).

2.5.3 Subjektive Qualitätskriterien

Die subjektive Beurteilung eines Raums sollte durch Musik- oder Texthören erfolgen, die Überprüfung auf störende Echos und Flatterechos erfolgt mit Händeklatschen. Zur subjektiven Beurteilung ist eine Checkliste sehr hilfreich.

Zur Bewertung von Räumen, in denen **Musik** aufgenommen oder gehört werden soll, kann man folgende Raumklangparameter benutzen (frei nach *Reichardt* 1984):

1. Bewertung der räumlichen und zeitlichen Struktur:
    - Raumeindruck und „Eingehülltsein"
    - Durchsichtigkeit
    - Halligkeit (zu wenig, angemessen, zu viel)
    - Klangeinsatz (zu weich, angemessen, zu hart)
    - subjektive Breite und Entfernung der Schallquelle
2. Bewertung der spektralen Struktur:
    - spektrale Balance / Ausgewogenheit
    - Wärme
    - Brillanz und Helligkeit
    - Klangverfärbungen
3. Bewertung der dynamischen Struktur:
    - maximale Lautstärke
    - Störgeräusche bei leisem Spiel
    - dynamische Balance und Klangfülle

Zur Beurteilung von Räumen für **Sprache** (Theater, Seminarräume, Sprecherstudios) kann man folgende Kriterien benutzen:

1. Bewertung der räumlichen und zeitlichen Struktur:
    - Raumeindruck
    - Entfernung der Schallquelle
    - Sprachverständlichkeit und Deutlichkeit
    - Freiheit von störenden Echos und Flatterechos
2. Bewertung der spektralen Struktur:
    - Timbre / Stimmcharakter
    - Klangverfärbungen und Sprechererkennung
3. Bewertung der dynamischen Struktur:
    - Lautstärke beim Reden, Flüstern, Schreien

Die Qualität von Aufnahmeräumen lässt sich besonders gut „durch die Lautsprecher" beurteilen, z.B. mit Hilfe von Probeaufnahmen.

2.5.4 Anforderungen an Aufnahmeräume

Ein Aufnahmeraum für **Popmusik** kann entweder mit charakteristischem „Raumklang" gebaut werden, oder im Gegenteil mit möglichst unauffälliger, neutraler Akustik. Ein Studio mit charakteristischer Akustik ist nur zu empfehlen, wenn man einen sehr großen Aufnahmeraum zur Verfügung hat, der dann durch unterschiedliche Wandgestaltungen (z.B. unregelmäßige Ziegelwand, Holzvertäfelung, Stoffbespannung, schallstreuende Strukturen) unterschiedlich klingende Bereiche bekommt. Hat man mehrere Räume, kann man sie mit unterschiedlichem charakteristischem Raumklang gestalten.

<small>Popmusik-Studio mit oder ohne Charakter?</small>

In den meisten Fällen ist aber der neutral klingende Aufnahmeraum praktischer, weil dann die Möglichkeit besteht, der Aufnahme durch ein gutes Hallgerät unterschiedliche Raum-Charakteristiken zu geben. Für die Verträglichkeit von Aufnahmeraum und Hallgerät lassen sich zwei Faustregeln aufstellen:

<small>neutraler Raum ohne frühe Reflexionen</small>

1. Mit simulierten frühen Reflexionen kann ein Raum nur kleiner gemacht werden, nicht größer! Um dennoch mit Hallprogrammen wie „Church" oder „Large Hall" arbeiten zu können, sollte der Aufnahmeraum keine ausgeprägten frühen Reflexionen haben.

2. Mit simuliertem Nachhall kann ein Raum nur halliger gemacht werden, nicht trockener! Um unterschiedliche Diffusfelder simulieren zu können, sollte der Aufnahmeraum eine vergleichsweise trockene Akustik haben, ohne dabei „tot" zu klingen.

Ist der Aufnahmeraum zu hallig oder hat er spiegelnde Reflexionen von glatten Wänden, dann hört man ihn in jeder Aufnahme durch (es sei denn, man simuliert mit dem Hallgerät einen sehr kleinen, sehr halligen Raum, also z.B. ein Badezimmer). Der ideale kleine Studioraum soll diffus reflektierende Wände und eine kurze Nachhallzeit haben. Als Richtwerte bei mittleren Frequenzen kann man bei einem Volumen von $100\,\text{m}^3$ rund $0{,}3\,\text{s}$ annehmen, bei $500\,\text{m}^3$ rund $0{,}4\ldots0{,}5\,\text{s}$, bei $1000\,\text{m}^3$ rund $0{,}6\,\text{s}$ (*Reichardt 1984*).

<small>idealer 100-m^3-Raum: diffus reflektierende Wände, $T_{60} \approx 0{,}3\,\text{s}$</small>

Der Fußboden des Aufnahmeraums hat eine besondere Bedeutung für den Klang, weil die Bodenreflexion – normalerweise immer die *erste* Reflexion kurz nach dem Direktschall – den Klang des Instruments in der Aufnahme erheblich beeinflusst. Die typischen Variationsmöglichkeiten sind hier Steinboden, Holzboden oder Teppich. In den meisten Fällen wird ein Steinboden durch starke hochfrequente Anteile im reflektierten Schall den Klang zu hart machen; Teppichboden lässt den Klang durch übermäßige Absorption hoher Frequenzen leicht muffig werden. Der beste Kompromiss ist in den weitaus meisten Fällen der Holzboden

<small>Klangeinfluss der Bodenreflexion</small>

<small>Holzboden als bester Kompromiss</small>

im Studio, in Form von Parkett oder Dielen und nach Möglichkeit nicht glatt versiegelt, sondern offenporig.

tiefe Frequenzen im kleinen Raum

Bei tiefen Frequenzen wird man in kleinen Aufnahmeräumen immer Probleme haben. Es ist daher dringend zu empfehlen, unterhalb der Großraumfrequenz viel äquivalente Absorptionsfläche in den Raum zu bringen, um die Raumresonanzen zu bedämpfen. Je kleiner der Raum ist, desto wichtiger ist der Absorptionsgrad im Bassbereich. Und ob ein Raum akustisch tot oder lebendig ist, entscheidet sich oberhalb der Großraumfrequenz: Man braucht daher kaum Sorge zu haben, dass der mittlere Absorptionsgrad im Bass zu groß sein könnte.

Sprecherstudio

Eine Besonderheit im **Hörspiel-** und **Synchronstudio** ist das reflexionsarme „Zelt" zur Außenton-Simulation. Im Gegensatz zum „normalen" Studioraum soll es tatsächlich akustisch tot sein (angenehm ist das nicht: die Schauspieler sind froh, wenn sie wieder heraus dürfen). Es wird häufig aus frei gehängten Molton-Bahnen, seltener aus festen Wänden mit Breitband-Absorbern aufgebaut.

Klassik-Studio

Das ideale Aufnahmestudio für **klassische Musik** jeder Stilrichtung ist sehr groß und hat einen ausgeprägten Klangcharakter. Alle Musiker spielen gleichzeitig im gleichen Raum – und das soll man auch hören. Das Klangideal für Klassik-Aufnahmen ist geprägt durch das Konzerterlebnis in Kammermusiksaal, Konzertsaal oder Kirche. Aus diesem Grund verfügt praktisch jeder moderne Konzertsaal über einen angeschlossenen Regieraum und kann als Studio gemietet werden.

mobile Aufnahme in der Kirche

Die weitaus meisten Klassikproduktionen werden aber aus Kostengründen mit mobiler Aufnahmetechnik in Kirchen, Gemeindesälen oder anderen geeigneten großen Räumen gemacht (Hallgeräte werden nur ausnahmsweise benutzt). Vor der Aufnahme kommt also der sehr delikate Arbeitsschritt der Raumauswahl. Neben dem Nachhall sollte man auch hier den Klangeinfluss der Bodenreflexion beachten. In den meisten Fällen wird ein Holzboden oder ein offenporiger Ziegelboden angenehmer klingen als Stein oder Teppich.

Darstellung der Raumgröße in der Aufnahme

Die Erfahrung zeigt, dass ein Raum durch die Aufzeichnung und Wiedergabe über Lautsprecher oft kleiner wirkt, als er ist: Die für den Raumeindruck wichtigen frühen Reflexionen, die beim natürlichen Hören im Raum aus allen Richtungen kommen, werden bei der Stereowiedergabe auf die Horizontalebene hinter den Lautsprechern eingeengt. Ein besserer Raumeindruck ist mit Surround-Techniken wie 5.1 möglich, aber auch hier fehlt in der Abbildung des Raums die dritte Dimension. Der Aufnahmeraum darf deshalb u.U. größer sein als ein Konzertraum für die gleiche Musik. Hervorragende akustische Voraussetzungen findet man häufig in mittelgroßen bis sehr großen Kirchen, die nicht allzu hallig sind. Bei der Auswahl des Raums helfen im Zweifel Probeaufnahmen.

Richtwerte für die Nachhallzeit bei Klassikproduktionen lassen sich kaum aufstellen. Die optimale Nachhallzeit hängt von der Musik ab; Werte von 1,5 s bis zu 4 s sind typisch; meist wird man in Räumen mit Nachhallzeiten von rund 2 bis 3 s arbeiten. Wenn sich die Musiker im Raum wohl fühlen, ist die Nachhallzeit vermutlich in der richtigen Größenordnung. Ansonsten kann man sagen, dass

Nachhallzeit für Klassikproduktion

- schnelle Stücke kürzere Nachhallzeiten verlangen, langsame Stücke längere Nachhallzeiten;

- filigrane, perkussive Instrumente wie Cembalo, Klavier, Gitarre oder Schlagzeug kürzere Nachhallzeiten verlangen, Streichergruppen oder Chorgesang längere Nachhallzeiten;

- kleine Besetzungen oft kürzere Nachhallzeiten verlangen, große Besetzungen längere Nachhallzeiten;

- kleine Räume mit kürzeren Nachhallzeiten gut klingen, große Räume mit längeren Nachhallzeiten.

Man kann sich auch daran orientieren, für welche Räume die Musik geschrieben wurde (daher stammen ja auch die Gattungsbegriffe Kammermusik und Kirchenmusik), sofern man solche Begriffe mit historischem Bewusstsein interpretiert – schließlich war die Kammer bei „Königs" oft der größte Saal im Schloss.

2.5.5 Kleine Tricks zur Verbesserung des Raumklangs

Ist der Aufnahmeraum nicht optimal, oder möchte man im Laufe einer Produktion den Raumklang an die Musik anpassen, so kann man zu einigen einfachen Tricks greifen: Ein zu halliger Raum kann mit Decken und Stoffbahnen akustisch trockener eingestellt werden; ein zu trockener Raum lässt sich verbessern, indem Polster, Teppiche usw. aus dem Raum entfernt oder mit Folien abgedeckt werden.

Eine schnelle Abschätzung für die Fläche, die in einem Raum verändert werden muss, um einen deutlichen Unterschied im Raumklang zu erhalten, gibt die **20 %-Regel** nach **Philip Newell**: Um einen „überakustischen" Raum deutlich trockener zu machen, muss man wenigstens 20 % der Raumoberfläche mit Absorbern bedecken. Um einen „toten" Raum deutlich lebendiger zu machen, muss man wenigstens 20 % der absorbierenden Raumoberfläche schallreflektierend abdecken (Newell 2003).

20 %-Regel

Eine genauere Abschätzung für die erforderliche Absorberfläche zur Nachhallverkürzung lässt sich aus der Sabine-Formel ableiten, mit T = Nachhallzeit unbearbeitet, T' = geforderte Nachhallzeit,

Verkürzung des Nachhalls

A = äquivalente Absorptionsfläche des Raums und
A^* = zusätzlich erforderliche äquivalente Absorptionsfläche:

$$A^* = A\left(\frac{T}{T'} - 1\right).$$

mobile Höhen- und Breitbandabsorber

Geeignete Absorber für den mobilen Einsatz sind z.B. Molton-Bahnen, Fleecedecken, Möbelpackdecken etc. Die Wirkung solcher Absorber lässt sich erheblich verbessern, wenn sie nicht flach auf dem Boden liegen, sondern lose über Stühle oder Kirchenbänke ausgebreitet sind. Durch Kombination mit Resonanzabsorbern (z.B. Fleecedecken auf Zeltplanen) lässt sich die Absorptionswirkung wirkungsvoll zu tiefen Frequenzen hin erweitern (Schumann 2005).

Beispiel: Ein Gemeindesaal $25\,\text{m} \times 15\,\text{m} \times 8\,\text{m}$, $V = 3000\,\text{m}^3$, *Gesamt-Oberfläche* $S = 1390\,\text{m}^2$, *habe eine Nachhallzeit von* $T = 3\,\text{s}$. *Damit ist nach Sabine seine äquivalente Absorptionsfläche* $A = 161\,\text{m}^2$. *Um die Nachhallzeit auf* $T^* = 2\,\text{s}$ *zu senken, ist eine zusätzliche äquivalente Absorptionsfläche von* $A^* = 80{,}5\,\text{m}^2$ *erforderlich, was ungefähr* $150\,\text{m}^2$ *Fleecedecken über Stühlen (Absorptionsgrad* $\alpha = 0{,}55$ *bei mittleren Frequenzen) entspricht.*

gekoppelte Räume

Arbeitet man in einem Raum, der – z.B. über einen offenen Durchgang – mit einem zweiten Raum gekoppelt ist, so muss man die Nachhallzeiten in beiden Räumen getrennt betrachten. Ist der gekoppelte Raum akustisch trockener als der Arbeitsraum, so kann man die Verbindungsfläche zwischen den Räumen als Absorberfläche betrachten; besondere Maßnahmen sind nicht erforderlich. Ist der gekoppelte Raum halliger, dann hört man von nebenan eine störende „Hallfahne". In diesem Fall kann man entweder die Verbindungsfläche möglichst schalldicht verschließen oder im gekoppelten Raum Absorber zur Verkürzung der Nachhallzeit anbringen.

Korrektur des Nachhall-Frequenzgangs

Ein Raum mit zu viel porösen (höhenabsorbierenden) Oberflächen, der dumpf oder muffig klingt, kann verbessert werden, indem Polster, Teppiche usw. mit Folien abgedeckt werden. Bei einem dröhnenden Raum mit zu wenig Tiefenabsorption schafft u.U. der Einsatz schwerer Planen (Zeltplanen, Segel) als selektive Bassabsorber Abhilfe.

Reflexionen und Echos

Frühe Reflexionen, insbesondere die Bodenreflexion, haben einen deutlichen Einfluss auf den Klang. So kann z.B. auf einem Steinboden eine Decke zwischen Instrument und Mikrofon den harten, hellen Klang weicher machen. Echos und Flatterechos lassen sich mit Gobos oder anderen reflektierenden Platten stören. Mit schweren gefalteten Planen lassen sich Reflexionen diffus streuen.

Durch geeignete Wahl der Mikrofon-Richtcharakteristik und geeignete Positionierung des Mikrofons können einzelne Reflexionen auch bei der Aufnahme ausgeblendet werden.

2.5.6 Einfluss von Publikum im Saal

Der akustische Einfluss von Publikum spielt bei Live-Aufnahme und der Beschallung eine große Rolle. Als Faustregel kann gelten, dass mit jeder Person etwa $0{,}8\,\text{m}^2$ äquivalente Absorptionsfläche in den Raum kommen; genauere Angaben sind in den Tabellen 2-6 und 2-7 zu finden. Für die schnelle Abschätzung der Nachhallzeit des besetzten Saals T' bei n Besuchern ergibt sich damit aus der Sabine'schen Nachhallformel

$A \approx 0{,}8\,\text{m}^2$ pro Person

$$T' \approx T \cdot \left(1 + \frac{0{,}8\,n\,T}{0{,}161\,V}\right)^{-1} \approx \frac{T}{1 + (5\,n\,T/V)}$$

mit dem Saalvolumen V in m^3 und der (z.B. durch Händeklatschen abgeschätzten) Nachhallzeit des leeren Saals T.

Beispiel: Eine Sporthalle der Größe $50\,\text{m} \times 20\,\text{m} \times 8\,\text{m}$, $V = 8000\,\text{m}^3$, habe eine geschätzte Nachhallzeit von $4\,\text{s}$. Am Abend werden 500 Konzertbesucher erwartet. Damit wird sich die mittlere Nachhallzeit des besetzten Saals voraussichtlich auf $4/(1 + (10000/8000)) \approx 1{,}8\,\text{s}$ verkürzen.

Ist die vom Publikum bedeckte Bodenfläche schallabsorbierend (z.B. Teppich), dann muss man die Wirkung durch das Publikum knapper abschätzen, z.B. mit $0{,}5\,\text{m}^2$ / Person. In Konzertsälen wird der akustische Einfluss des Publikums oft dadurch begrenzt, dass die Bestuhlung einen hohen Absorptionsgrad hat. In solchen Sälen fällt der Unterschied zwischen unbesetztem und besetztem Saal nicht wesentlich ins Gewicht.

Publikum auf absorbierenden Flächen

	125 Hz	250 Hz	500 Hz	1 kHz	2 kHz	4 kHz
stehend	$0{,}15\,\text{m}^2$	$0{,}25\,\text{m}^2$	$0{,}60\,\text{m}^2$	$0{,}95\,\text{m}^2$	$1{,}15\,\text{m}^2$	$1{,}15\,\text{m}^2$
sitzend	$0{,}15\,\text{m}^2$	$0{,}25\,\text{m}^2$	$0{,}55\,\text{m}^2$	$0{,}80\,\text{m}^2$	$0{,}90\,\text{m}^2$	$0{,}90\,\text{m}^2$

Tabelle 2-6: Äquivalente Absorptionsfläche pro Person (Fasold 1998)

	125 Hz	250 Hz	500 Hz	1 kHz	2 kHz	4 kHz
stark gep., voll bes.	0,7	0,8	0,9	0,9	0,9	0,9
stark gep., unbes.	0,7	0,8	0,8	0,8	0,8	0,8
leicht gep., voll bes.	0,5	0,6	0,8	0,8	0,8	0,8
leicht gep., unbes.	0,4	0,5	0,6	0,6	0,6	0,6

Tabelle 2-7: Absorptionsgrade großer Publikumsflächen bei unterschiedlich stark gepolsterter Bestuhlung und unterschiedlicher Besetzung, gerundet (Quelle: Beranek 2004)

In Räumen mit großer Nachhallzeit und mit ungepolsterter Bestuhlung bzw. ganz ohne Bestuhlung – also in Kirchen oder Hallen – kann der Unterschied zwischen leerem und besetztem Saal dramatisch werden. Eine rechnerische Abschätzung ist insbesondere dann sinnvoll, wenn man die Klangeinstellungen *ohne* Publikum machen muss, dann aber während der Veranstaltung völlig andere akustische Verhältnisse herrschen.

Man sollte dann auch ein besonderes Augenmerk auf Anomalien wie Echo oder Flatterecho haben – wenn z.B. die spiegelnde Rückwand-Reflexion in einer leeren Halle noch durch den Nachhall verdeckt wird, kann sie bei verkürztem Nachhall im voll besetzten Saal u.U. als Echo deutlich in Erscheinung treten.

Fehler des Raums werden bei verkürzter Nachhallzeit hörbar

2.5.7 Regieraum-Akustik

Die Anforderungen an einen Regieraum lassen sich leicht definieren:

- Die Abhörsituation soll *adäquat* sein: Musik, die im Wohnzimmer konsumiert werden soll, muss in einer dem Wohnzimmer ähnlichen Akustik produziert werden, Filmton in Kinoakustik etc.

- Der Regieraum soll *störungsfrei* sein: Der Abhörplatz muss frei von Resonanzen und ausgeprägten frühen Reflexionen sein.

Die erste Forderung definiert Raumgröße, die Größenordnung der Nachhallzeit und natürlich auch die Auswahl der Lautsprecher (siehe dazu Kapitel 9.6). Die zweite Forderung lässt sich durch Absorption tieffrequenter Raumresonanzen sowie durch Absorption, Streuung oder Umlenkung früher Reflexionen erfüllen.

Die ideale Nachhallzeit für Regieräume ist allerdings kürzer als die ideale Nachhallzeit für Wohnräume: Um analytisches Hören zu ermöglichen, ist eine Nachhallzeit von rund 0,2 s günstig, während ein angenehm klingender Wohnraum rund 0,4 s Nachhall hat (Hirata 1981).

optimaler Nachhall 0,2 s

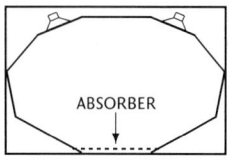

Abb. 2-11: Typischer Westlake-Grundriss

Der früheste Ansatz zur sytematischen Beeinflussung der Regieraum-Akustik wurde in den 1970er Jahren auf Basis der geometrischen Raumakustik bei Westlake-Audio entwickelt. Auffälligstes Merkmal der Westlake-Regie ist der vieleckige Grundriss ohne parallele Wände; die Regielautsprecher sind in die Wände eingelassen (Abb. 2-11). Die frühen Reflexionen werden auf diese Weise vom Regieplatz abgelenkt und Raumresonanzen werden abgeschwächt.

Ein raffinierterer Entwurf von Wolfgang Jensen, ebenfalls aus den 1970er Jahren, geht vom normalen rechteckigen Grundriss aus. Die Seitenwände werden mit einer in Aufsicht sägezahnförmigen Verkleidung aus leicht angewinkelten Holzplatten bedeckt, hinter denen sich poröser Absorber befindet (Abb. 2-12). Der Direktschallanteil von den Lautsprechern, der die Seitenwände trifft, wird hinter den Verkleidungsplatten absorbiert. Die Rückwand kann reflektierend oder absorbierend ausgelegt werden, je nach Anforderung an die Nachhallzeit.

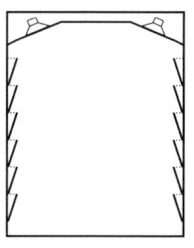

Abb. 2-12: Typischer Jensen-Grundriss

Ende der 1970er Jahre kam ein Regieraumkonzept auf, bei dem die reflexionsfreie Zone am Hörplatz durch stark absorbierende Wände im Bereich der Lautsprecher hergestellt wird – die andere Seite des Raums ist diffus reflektierend ausgelegt („Live End/Dead End"-Raum, **LEDE**, Abb. 2-13). Zusätzliche Bassabsorber unterdrücken Raumresonanzen. Mit dem LEDE-Konzept lassen sich Einflüsse des Raums sehr wirkungsvoll unterdrücken.

In der Impulsantwort eines LEDE-Raums sieht man ein außergewöhnlich großes „Initial Gap" zwischen Direktschall und Reflexionen. Obwohl sich der Raumklang dadurch und durch die quasi-schalltote Zone um die Lautsprecher erheblich vom typischen Wohnraum unterscheidet, ist dieses Konzept nach wie vor beliebt. Man sagt ihm einen besonders neutralen Charakter des Direktschalls und einen angenehm „musikalischen" Charakter des Diffusschalls nach (was insbesondere bei modernen Produktionen eine große Rolle spielen kann, wenn Instrumente auch im Regieraum gespielt werden). Ein Vorteil der LEDE-Regie gegenüber anderen Konzepten ist die diffus reflektierende Rückwand: Technik-Racks oder Archivschränke im hinteren Raumbereich können den Raum sogar akustisch verbessern, während sie bei einem Raum mit absorbierender Rückwand stören würden (Goodyer 2003).

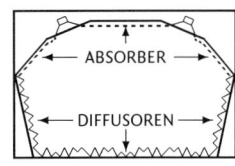

Abb. 2-13: Typischer LEDE-Grundriss

In den 1980ern wurde das Live End / Dead End-Konzept gerade wegen der diffus reflektierenden Rückwand kritisiert – schließlich ist diffuse Reflexion in der Praxis nur bei hohen und mittleren Frequenzen möglich, weil die großen Wellenlängen im Bassbereich zu große Diffusorstrukturen verlangen würden. Als Variante kamen deshalb „umgedrehte" LEDE-Räume auf, bei denen die Wände im Bereich der Lautsprecher reflektieren, im hinteren Raumbereich aber absorbieren („Dead End / Live End"). Und bei einem sehr radikalen Ansatz wird der Raum zum größten Teil absorbierend ausgeführt und ist damit komplett akustisch tot. Auch solche „Non-Environment"-Räume erlauben sehr analytisches Hören und sind bei namhaften Produzenten beliebt (Newell 2003). Gleichwohl sind sie im Sinne der eingangs aufgeführten Definition nicht adäquat.

umgedrehter LEDE-Raum

akustisch tote Regie (Non-Environment)

Literatur zur Vertiefung und Simulationssoftware

Jürgen Meyer: **Akustik und musikalische Aufführungspraxis**, Verlag Erwin Bochinsky, 5. Aufl. 2004.

Leo Beranek: **Concert Halls and Opera Houses. Music, Acoustics, and Architecture**, Springer, 2. Aufl. 2004.

Philip Newell: **Recording Studio Design**, Elsevier / Focal Press 2003.

Software zur Simulation von Schallfeldern: **CARA** Computer Aided Room Acoustics, ELAC Techn. Software Kiel.

3 Hören

Die Hörempfindung ist wie jede Sinneswahrnehmung individuell sehr unterschiedlich. Die Erkenntnisse über die Eigenschaften des Gehörs stammen daher aus wahrnehmungspsychologischen Experimenten, die statistisch ausgewertet wurden: **Psychoakustik** ist eine Wissenschaft im Grenzgebiet zwischen Psychologie und Physik. Die **Physiologie** des Gehörs ist leichter fassbar; sie beschäftigt sich mit der physikalischen und biologischen Funktionsweise der Hörorgane.

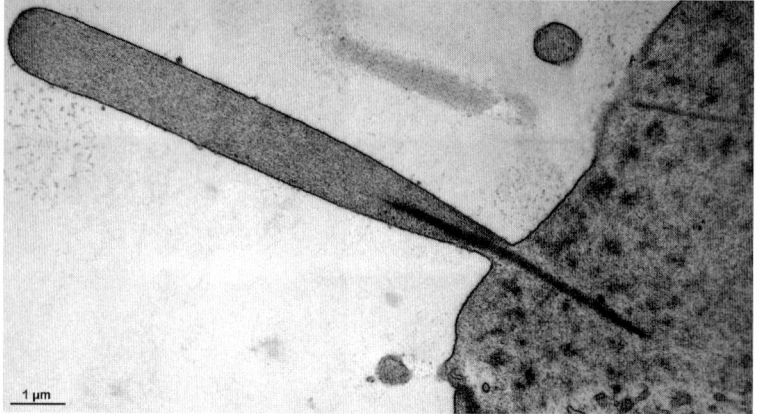

Abb. 3-1:
Elektronenmikroskop-Aufnahme des Innenohrs: Flimmerhärchen (Stereozilie), ca. 7600-fach vergrößert

Die systematische Psychoakustik geht zurück auf die Arbeiten von **Gustav Theodor Fechner** (1801 – 1887), Professor für Physik und Philosophie in Leipzig. In seinem 1860 erschienenen Buch *Elemente der Psychophysik* beschreibt er erstmals die Beziehung zwischen physikalischen Größen und Sinneswahrnehmungen.

Doch auch heute noch werden physikalische Begriffe wie „Schalldruckpegel" und psychologische Begriffe wie „Lautheit" durcheinander geworfen. Dabei lassen sich die Schallempfindungen nur bedingt aus den objektiv messbaren Schallfeldgrößen bestimmen (Tabelle 3-1).

Empfindung	hängt ab von	aber auch von
Lautstärke	Pegel	Frequenz, Spektrum, Zeitverlauf...
Tonhöhe	Frequenz	Spektrum, Pegel, Zeitverlauf...
Klangfarbe	Spektrum	Zeitverlauf, Frequenz, Pegel...

Tabelle 3-1: Zusammenhang zwischen psychologischen und physikalischen Größen

In diesem Kapitel wird zunächst die Physiologie des Ohres beschrieben. Anschließend werden einige aus der Psychoakustik gewonnene Erkenntnisse über die Schallwahrnehmung vorgestellt. Ein kurzer Abschnitt ist den Gehörschäden gewidmet.

3.1 Physiologie und Akustik des Ohrs

Abbildung 3-2 zeigt schematisch den Aufbau des Ohrs. Es besteht aus dem Außenohr (Ohrmuschel und Gehörgang), dem Mittelohr (Paukenhöhle mit Trommelfell und Gehörknöchelchen) und dem Innenohr (Kochlea und Hörnerv).

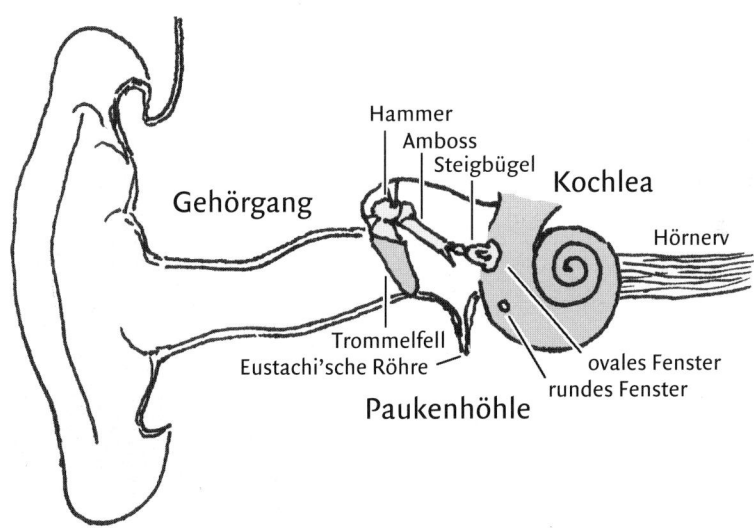

Abb. 3-2: Außenohr, Mittelohr, Innenohr (ohne das an der Kochlea anschließende Gleichgewichtsorgan)

3.1.1 Außenohr

Das **Außenohr** ist als richtungsabhängiger Schallreflektor ausgelegt. Durch Überlagerung von Direktschall und Ohrmuschel-Reflexion entsteht an der Öffnung des Gehörgangs (Ohrkanal) ein charakteristisches Interferenzmuster, das sich als richtungsabhängiges hochfrequentes Kammfilter mit Pegeldifferenzen von rund 20 dB auswirkt (Abb. 3-3). Diese **Außenohr-Übertragungsfunktion** oder **HRTF** (engl. head related transfer function) beeinflusst die Ortung in der Horizontalebene, und

Übertragungsfunktion der Ohrmuschel

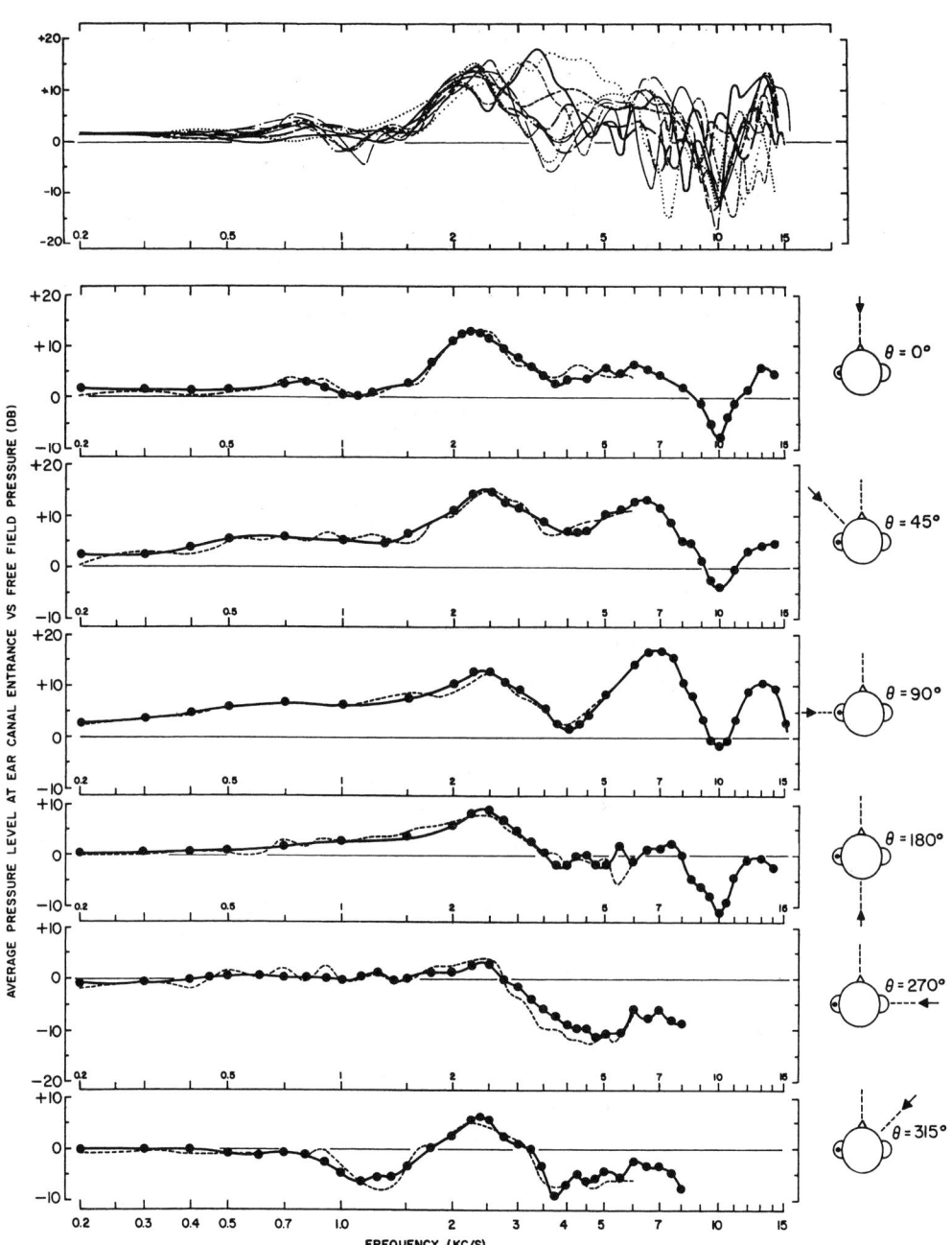

Abb. 3-3: Winkelabhängige Außenohr-Übertragungsfunktionen (HRTF), gemessen im linken Gehörgang. Oben: Messungen an zehn Vesuchspersonen, frontaler Schalleinfall (0°). Unten: aus je zehn Messungen gemittelte Kurven für unterschiedliche Schalleinfallsrichtungen Θ: 0°, 45°, 90° (= senkrecht auf das Ohr), 180°, 270°, 315°. Skalierung der Frequenzachse 200 Hz bis 15 kHz (aus: Shaw 1966)

sie ermöglicht die Ortung in der Vertikalebene und die vorne/hinten-Unterscheidung.

Die HRTF spielt eine große Rolle bei der Kopfhörerwiedergabe (siehe Abschnitt 3.3.4). In der digitalen Audiotechnik sind HRTFs z.B. als Plugins verfügbar. Über die Fourier-Transformation kann von einer realen HRTF, individuell gemessen oder gemittelt über mehrere Versuchspersonen, die Impulsantwort bestimmt und mit einem beliebigen Eingangssignal gefaltet werden (siehe Abschnitt 4.1).

Anwendung der HRTF in der Tontechnik

Beaufschlagt man beispielsweise die einzelnen Kanäle einer Surroundmischung mit der jeweiligen richtungsabhängigen HRTF, so ist bei zweikanaliger Kopfhörerwiedergabe eine naturgetreue Rundumortung von im Prinzip beliebig vielen Kanälen möglich.

Ein Problem bei der Simulation der HRTF ist allerdings die erhebliche individuelle Streuung durch die unterschiedliche Form der Ohrmuschel (Abbildung 3-3).

3.1.2 Mittelohr und Innenohr

Der **Ohrkanal** (Gehörgang) ist rund 2,3 cm lang und hat einen Durchmesser von 6 bis 8 mm. Als $\lambda/4$-Röhrenresonator (einseitig geschlossenes Rohr) hat er einen charakteristischen Bandpassfrequenzgang mit Eigenfrequenzen bei rund 3,7 kHz ($l = \lambda/4$) und 11,2 kHz ($l = 3\lambda/4$; siehe Abschnitt 1.4.2). Seine Hauptaufgabe ist damit offenbar die Verstärkung der Ohrempfindlichkeit bei mittleren Frequenzen. Der Ohrkanal wird vom Trommelfell abgeschlossen, das mit dem **Mittelohr** (Paukenhöhle, cavitas tympani, Abb. 3-4) einen Schalldruckempfänger bildet (vgl. Abschnitt 9.2.1). Zum statischen Druckausgleich ist das Mittelohr über die Eustachi'sche Röhre mit dem Rachenraum verbunden.

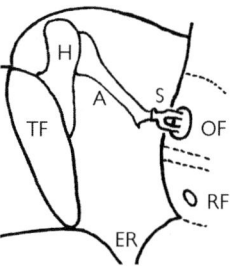

Abb. 3-4: Schematischer Aufbau des Mittelohrs. TF: Trommelfell, ER: Eustachi'sche Röhre, H: Hammer, A: Amboss, S: Steigbügel, OF: ovales Fenster, RF: rundes Fenster

Das eigentliche Hörorgan ist die **Kochlea** (Schnecke). Sie ist ein in zweieinhalb Windungen aufgewickeltes, insgesamt rund 3,2 cm langes Rohr. Dieses Rohr ist von **Reissner'scher Membran** und **Basilarmembran** in drei Kanäle geteilt, die Scala vestibuli, den Ductus cochlearis (Schneckengang) und die Scala tympani (Abb. 3-5). Durch die Füllung mit Lymphe unterschiedlicher Ionenkonzentration besteht zwischen diesen Kanälen ein Potentialgefälle und damit eine elektrische Spannung. Abbildung 3-6 zeigt schematisch die abgewickelte Kochlea und den Weg des Schallsignals über das ovale Fenster durch Scala vestibuli und Scala tympani zum runden Fenster.

Die elastischen Abschlüsse der Kochlea zum Mittelohr sind das **ovale** (als Schalleintritt) und das **runde Fenster** (als „weicher Abschluss"). Die Schwingungsübertragung vom Trommelfell zum ovalen Fenster erfolgt über die **Gehörknöchelchen** (Hammer, Amboss, Steigbügel), die auch eine akustische Anpassung des luftgefüllten Mittelohrs an die flüssigkeitsgefüllte Kochlea leisten: Gemäß dem Zusammenhang Kraft = Druck × Fläche wird die auf das Trommelfell einwirkende kleine Kraft durch die Hebelwirkung der Gehörknöchelchen in eine große Kraft auf das ovale Fenster übersetzt. An diesem Übertragungsmechanismus setzen auch **Trommelfellspanner** und **Steigbügelmuskel** an, die kleinsten menschlichen Muskeln, über die vermutlich eine Adaption an hohen Schalldruck (insbesondere bei tieffrequentem Schall über $L_p = 85$ dB) erfolgt.

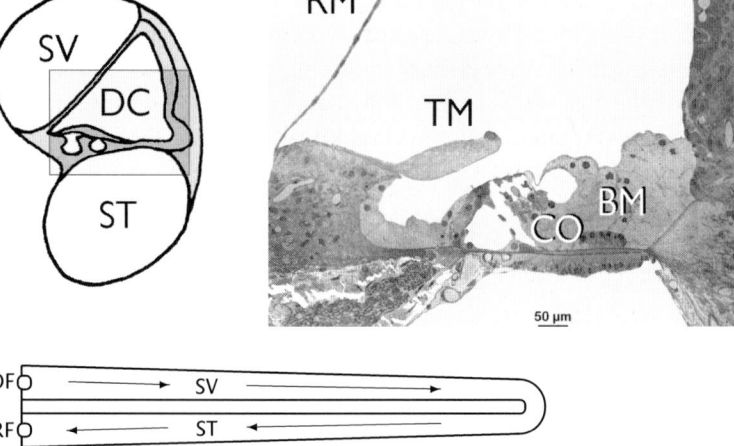

Abb. 3-5: Schematischer Schnitt durch die Kochlea und Elektronenmikroskop-Aufnahme (Detail). SV: Scala vestibuli, ST: Scala tympani, DC: Ductus cochlearis, RM: Reissner'sche Membran, TM: Tektorialmembran, BM: Basilarmembran, CO: Corti-Organ

Abb. 3-6: Abwicklung der Kochlea; OF: ovales Fenster, RF: rundes Fenster

3.1.3 Frequenzanalyse im Innenohr

Wanderwelle auf der Basilarmembran

Die Kochlea führt eine Frequenzanalyse des Schalls durch: Der über das ovale Fenster in die Scala vestibuli eindringende Schall erzeugt auf der gallertartigen Basilarmembran eine sog. Wanderwelle, vergleichbar der „La Ola"-Welle im Stadion; die Auslenkung der Basilarmembran erfolgt dabei senkrecht zur Schallausbreitung. Die extrem dünne Reissner'sche Membran ist schalldurchlässig und spielt deshalb für die mechanische Funktion des Innenohrs keine Rolle.

Frequenz-Orts-Transformation

Abhängig von der Frequenz erreicht die Auslenkung ihr Maximum an verschiedenen Orten der Basilarmembran. Je tiefer die Frequenz ist, desto tiefer dringt die Wanderwelle in die Kochlea ein: Das Schallsignal erfährt auf der Basilarmembran eine Frequenz-Orts-Transformation. Der ungarische Ingenieur **Georg von Békésy** (1899–1972), Forscher in Harvard und später Professor in Honolulu, erhielt für die Untersuchungen zur Wanderwellentheorie den Nobelpreis für Medizin 1961.

Die kleinste Auslenkung, die zu einer Sinneswahrnehmung führt, liegt in der Größenordnung von $1\,\text{nm} = 10^{-9}$ m (zum Vergleich: typ. Atomdurchmesser einige Ångström = einige 10^{-10} m). Die Auslenkung der Basilarmembran ist so noch erheblich größer als die Molekülauslenkung in der freien Schallwelle (Abschn. 1.2.1): Außenohr und Mittelohr wirken gemeinsam als frequenzselektiver akustischer Verstärker.

Auf der Basilarmembran befindet sich, abgedeckt von der Tektorialmembran, das **Corti-Organ** (Abb. 3-5), in dem die eigentlichen Rezeptoren, die mehr als 3000 **inneren** und ca. 12000 **äußeren Haarzellen**, sitzen. Jede Haarzelle endet in einem Bündel **Flimmerhärchen** (Stereozilien), das aus dem Corti-Organ herausragt (Abbildung auf Seite 110). Die Stereozilien der äußeren Harzellen werden durch die Relativbewegung zwischen Tektorial- und Basilarmembran seitlich verbogen. Die inneren Haarzellen wandeln diese Erregung in elektrische Impulse auf dem Hörnerv.

Corti-Organ und Haarzellen

Die Schwingung der Basilarmembran wird durch aktive Bewegungen der äußeren Haarzellen aktiv unterstützt: Große Schwingungsamplituden werden bis zu hundertfach verstärkt, kleine Schwingungen werden unterdrückt[1]. Dies führt zur Verbesserung der Empfindlichkeit und Frequenzauflösung des Gehörs.

aktive Verstärkung der Basilarmembran-Schwingung

Haarzellen an unterschiedlichen Orten der Basilarmembran werden nun von unterschiedlichen Signalfrequenzen angeregt; die Kochlea führt eine spektrale Zerlegung des Schallsignals durch (vgl. Abschnitt 4.2). Allerdings wäre die Frequenzauflösung des Gehörs allein durch die örtliche Begrenzung der Erregung noch zu grob, zumal mit abnehmender Frequenz das schwingende Gebiet der Basilarmembran größer wird. Insbesondere bei tiefen Frequenzen ($f < 1$ kHz) ist die Wanderwellentheorie zur Erklärung der Tonhöhenwahrnehmung ungeeignet.

Eine mögliche Erklärung ist hier das „phase locking" der neuronalen Impulse (**Salventheorie**). Demnach werden die Hörnerven mit hoher Wahrscheinlichkeit nur dann aktiviert, wenn sich die Basilarmembran in Richtung zur scala tympani bewegt. Die Nervenimpulse sind also phasenstarr an das erregende Signal gekoppelt.

Frequenzanalyse durch räumliche Signalzerlegung und „phase locking" der Nervenimpulse

Nun beträgt die maximale Frequenz, mit der eine Nervenzelle „feuern" kann, nicht mehr als etwa 1 kHz. Wenn aber jedes Neuron statistisch bei ganzzahligen Vielfachen der Schwingungsperiode des erregenden Signals aktiviert wird, kann durch zeitliche Mittelung der Impulse einer größeren Zahl Neuronen die Signalfrequenz erkannt werden. Durch eine solche zeitliche Verzahnung neuronaler Impulse können Frequenzen bis maximal 5 kHz codiert werden.

Bei Frequenzen unterhalb von 1 kHz lässt sich die Tonhöhenwahrnehmung allein mit der Salventheorie erklären, zwischen 1 kHz und 5 kHz durch das Zusammenwirken von Salven- und Wanderwellentheorie – in diesem Frequenzbereich ist die Frequenzauflösung des Gehörs maximal.

Trennschärfe des Gehörs frequenzabhängig

---

[1] Die Beweglichkeit der Haarzellen lässt sich durch Echos extrem kleiner Amplitude aus dem Innenohr nachweisen (otoakustische Emissionen).

Oberhalb von 5 kHz kann die Wahrnehmung allein mit der Wanderwellentheorie erklärt werden.

Mit abnehmender Frequenz wird also die Tonhöhenwahrnehmung undeutlicher. Zusammen mit der Frequenzunschärfe kurzer tiefer Töne (Abschnitt 4.2.4) erschwert dies Stimmung und Intonation im Bassbereich.

3.1.4 Kombinationstöne

Kombinationstöne entstehen im Ohr, wenn zwei harmonische Schwingungen der Frequenzen f_1, f_2 gleichzeitig die Basilarmembran erregen. Das Ohr selbst erzeugt Teiltöne, die nicht im Signal enthalten sind! Hermann von Helmholtz zeigte in seiner „Lehre von den Tonempfindungen", dass dieser Effekt auf nichtlinearen Verzerrungen des Innenohrs beruhen muss (Helmholtz 1865): Wie bei allen anderen nichtlinearen Systemen entstehen dabei insbesondere die neuen Frequenzen $f_1 - f_2$ (**Differenzton**) und $f_1 + f_2$ (**Summenton**). Zwar entstehen solche Verzerrungen auch z.B. durch übersteuerte Studiogeräte oder durch extreme Pegel bei der Luftschallausbreitung – die Ohr-Verzerrung ist aber *immer* vorhanden, also nicht nur bei extremer Signalstärke.

nichtlineare Verzerrungen des Innenohrs

Kombinationstöne werden besonders dann deutlich hörbar, wenn f_1 und f_2 groß sind und dicht beieinander liegen, und wenn die beiden Klänge lang anhalten und obertonarm sind, also z.B. bei zwei gleichzeitig gespielten hohen Flötentönen. Die Differenzfrequenz $f_1 - f_2$ erscheint dann als zusätzlicher tiefer Ton: Es werden zwei Töne gespielt, man hört aber drei Töne. Durch den Differenzton werden schon geringste Unsauberkeiten im Zusammenspiel sehr unangenehm – aus diesem Grund gibt es kaum eine so heikle musikalische Besetzung wie ein Flötenensemble.

„How do you get two piccolos to play in unison? Shoot one."

Ein Beispiel soll dies verdeutlichen. Spielen zwei Flöten im Abstand einer reinen großen Terz ($f_1 = 5/4 \cdot f_2$), dann erscheint auf der Basilarmembran die Differenzfrequenz $f_\Delta = f_1 - f_2 = f_1(5/4 - 1) = 1/4 \cdot f_1$. Dies ist die Doppelung von f_1 zwei Oktaven tiefer. Spielen die Flöten aber in der üblichen gleichschwebend temperierten Stimmung ($f_1 = 1{,}26 \cdot f_2$), dann ist nicht nur die Terz um knapp 14 cent zu weit (was bereits zu Schwebungen zwischen den Teiltönen führt), sondern die Suboktave des Differenztons ist mit $f_\Delta = f_1 - f_2 = 0{,}26 \cdot f_1$ auch noch um ganze 68 cent – also mehr als einen Viertelton – zu hoch! Der Gesamtklang des gespielten Intervalls wird dadurch rau und sehr unangenehm. Blockflöten-Consorts spielen deshalb gerne mitteltönig (siehe Abschnitt 1.5.1).

3.2 Monaurales Hören

In diesem Abschnitt werden einige Aspekte der Hörwahrnehmung zusammengefasst, die sich **monaural** („einohrig") erklären lassen. Dazu zählen Tonhöhen- und Lautstärkenwahrnehmung, die Filterwirkung des Innenohrs sowie die Verdeckungseffekte in Zeit- und Frequenzbereich.

3.2.1 Ton, Klang, Geräusch

Zwischen dem subjektiven Eindruck eines **Tons** mit deutlicher Tonhöhe, bzw. eines **Geräuschs** ohne deutliche Tonhöhe und dem **Spektrum** des Schallsignals besteht ein enger Zusammenhang. Während das Empfinden von Tonhöhe immer mit deutlichen Periodizitäten im Spektrum verbunden ist (Linienspektrum aus Grundton und Obertönen bzw. diskretes Teilton-Spektrum), findet man beim nichttonalen Geräusch ein nichtharmonisches Frequenzgemisch bzw. (bei zeitbegrenzten Signalen) ein kontinuierliches Spektrum.   *Linienspektrum*

Auch kann man zwischen einem **reinen Ton** und einem **Klang** unterscheiden: Im ersten Fall ist das Schallsignal eine harmonische Welle (Sinussignal), im zweiten Fall sind mehr Teiltöne beteiligt. Ein gewisses Maß an Geräuschanteil im Signal findet man bei allen Musikinstrumenten; diese Signalkomponenten werden durch Anschlagen, Anblasen usw. erzeugt.   *reiner Ton (Sinuston) / Klang aus harmonischen Teiltönen*

Eine ausführliche Beschreibung des Zusammenhangs zwischen Zeitverlauf und Spektrum eines Signals ist in Kapitel 4 zu finden.

3.2.2 Tonhöhe

Die empfundene Tonhöhe (engl. pitch) eines Schallsignals entspricht normalerweise der Frequenz des **Grundtons**, also des tiefsten Teiltons im Spektrum (vgl. Abschnitt 4.2.5).

Wie die Lautheit ist auch die Tonhöhe näherungsweise logarithmisch skaliert (**Fechner'sches Gesetz**, siehe Abschnitt 1.2.2). Gleiche musikalische Intervalle entsprechen gleichen Frequenzverhältnissen; durch die logarithmische Darstellung werden gleiche Intervalle auf gleiche Strecken abgebildet. Um die Tonhöhenempfindung zu berücksichtigen, werden in der Tontechnik fast ausschließlich logarithmische Frequenzskalen verwendet (Abbildung 3-7). Nur in Ausnahmefällen findet man auch lineare Skalen, z.B. bei FFT-Analysen (Abschnitt 4.2.2).   *Tonhöhenwahrnehmung logarithmisch*

Die Tonhöhe ist also logarithmisch proportional zur Frequenz. Abweichungen von dieser einfachen Regel gibt es u.a. durch drei Effekte:

1. Die meisten Hörer bevorzugen „gespreizte" (etwas zu groß gestimmte) Intervalle gegenüber reinen Intervallen. Dieser Effekt ist verwandt mit der als angenehm empfundenen Oktavspreizung beim Klavier (siehe Abschnitt 1.5.5). Bei sehr großem Frequenzabstand zweier Töne bevorzugen rund 40 % der Hörer sogar eine um einen Halbton gespreizte Stimmung (Terhard 1975).   *übergroße Intervalle*

Tonhöhe in Abhängigkeit vom Schalldruckpegel

2. Es gibt Abhängigkeiten der Tonhöhe vom Pegel. Bei reinen Tönen sinkt die wahrgenommene Tonhöhe mit steigendem Pegel bei hohen Frequenzen, und sie steigt bei tiefen Frequenzen (Zwicker 1982). Bei der Untersuchung mit gepulsten Sinussignalen (engl. bursts) findet man eine Abnahme der Tonhöhe bei steigendem Pegel unabhängig von der Frequenz (Rossing 1986).

Tonhöhe bei Anwesenheit anderer Signale

3. Es gibt Wechselwirkungen zwischen der Tonhöhe eines reinen Tons und einem breitbandigen Störgeräusch. Ein tieffrequentes Störgeräusch erhöht die subjektive Tonhöhe eines reinen Tons, ein hochfrequentes Störgeräusch verringert die Tonhöhe (Terhard 1971).

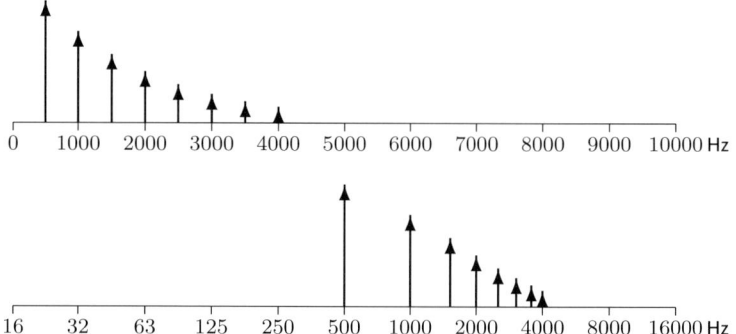

Abb. 3-7: Lineare und logarithmische Frequenzskala, jeweils mit demselben harmonischen Teiltonspektrum bei einem Grundton von 500 Hz. Man beachte, dass auf der logarithmischen Skala die Frequenz 0 Hz nicht dargestellt werden kann.

Chroma und Oktavlage

Die Tonhöhenwahrnehmung ist zyklisch; sie lässt sich zerlegen in **Chroma** (die Stufe innerhalb einer Oktave) und **Oktavlage**. Eine Melodie klingt bei Transponierung um eine Oktave nach oben oder unten gleich. Musikalische Intervalle wie Terz, Quinte oder Oktave lassen sich an ihrem charakteristischen Klang erkennen, unabhängig von der Lage. Und beim Nachsingen wird häufig die richtige Melodie in der falschen Oktavlage wiedergegeben.

Durch geschickte Ausnutzung dieser Gehöreigenschaft lassen sich endlos steigende oder fallende Melodien herstellen, allerdings nur mit synthetischen Tönen – beim Klang „echter" Musikinstrumente würde man die Täuschung an Hand des Obertonspektrums erkennen (Tonhöhenillusion nach Shepard[2]).

absolutes Gehör

Die relative Tonhöhenerkennung, also das Erkennen der musikalischen Intervalle, ist erlernbar und gehört zu den grundlegenden Fertigkeiten von Tontechnikern, -ingenieuren und Tonmeistern. Die absolute Tonhöhenerkennung, das **absolute Gehör**, ist dagegen selten und – wenn überhaupt – nur sehr schwer erlernbar. Es bezeichnet die Fähigkeit, die wahrgenommene Tonhöhe eindeutig einem bestimmten musi-

---

[2] Hörbeispiele im Internet, Suchbegriff „Shepard Tone".

kalischen Ton bzw. einer Frequenz zuzuordnen. Absoluthörer irren sich nicht im Chroma, gelegentlich aber in der Oktavlage.

Das absolute Gehör ist nicht unbedingt erstrebenswert. Insbesondere bei der Beschäftigung mit Alter Musik und historischen Stimmungen ($a' = 392, 415, 440, 465$ Hz ...) kann das Absoluthören hinderlich sein. In Westeuropa haben etwa 0,01 % der Bevölkerung das absolute Gehör (obwohl man hier eine hohe „Dunkelziffer" vermuten kann, weil Nicht-Musiker und Nicht-Tonmeister diese Fähigkeit vermutlich oft gar nicht bemerken).

3.2.3 Virtuelle Tonhöhe

In komplexen Schallsignalen kann das Gehör fehlende Grundtöne rekonstruieren, sofern ein ausgeprägtes Obertonspektrum vorhanden ist. Das Ohr ist in der Lage, aus der Obertonstruktur auf den ursprünglich „verursachenden" Grundton zu schließen, auch wenn er nicht im Signal vorhanden ist!

Die Wahrnehmung der **virtuellen Tonhöhe** oder **Residualtonhöhe** (engl. fundamental tracking) ist so vertraut, dass uns meist gar nicht auffällt, dass wir nicht existierende Töne hören. So ist bei der Musikwiedergabe mit dem kleinen Lautsprecher des Küchenradios der Frequenzgang so stark beschnitten, dass ein erheblicher Teil der Grundtöne fehlt. Trotzdem ist es möglich, die nicht vorhandenen Grundtöne zu hören und mitzusingen – offensichtlich richtet sich die Tonhöhenwahrnehmung nicht immer nach der tiefsten Signalfrequenz.

Zu dieser wahrnehmungsgesteuerten Grundton-Rekonstruktion gibt es verschiedene Theorien. Sie lässt sich insbesondere durch das zeitliche Muster der neuronalen Impulse erklären: Wenn nach der Salventheorie die unterschiedlichen von einer Obertonreihe angeregten Neuronen zwar zufällig, aber im Wesentlichen nur bei ganzen Vielfachen der jeweiligen Schwingungsperiode aktiviert werden, tritt im zeitlichen Muster der neuronalen Impulse die Schwingungsperiode der (nicht vorhandenen) Grundfrequenz gehäuft auf – die fehlende Grundfrequenz existiert als Schwebungsfrequenz der Obertöne.

Rekonstruktion des fehlenden Grundtons

3.2.4 Hörfläche und Frequenzbewertung

Unser Wahrnehmungsfenster auf die unendlich ausgedehnte Ebene möglicher Kombinationen von Schalldruckpegel und Frequenz wird als **Hörfläche** bezeichnet. In typischen Sprach- und Musiksignalen sind tiefe Frequenzen stärker vertreten als hohe Frequenzen (Abb. 3-8). Nach unten ist die Hörfläche durch die **Hörschwelle** (engl. hearing threshold) begrenzt, nach oben durch die **Schmerzschwelle** (Schmerzgrenze, engl. threshold of pain). Links von der Hörfläche, also zu unhörbar tiefen Frequenzen hin, findet sich der Bereich des **Infraschalls**, rechts (zu unhörbar

Infraschall und Ultraschall

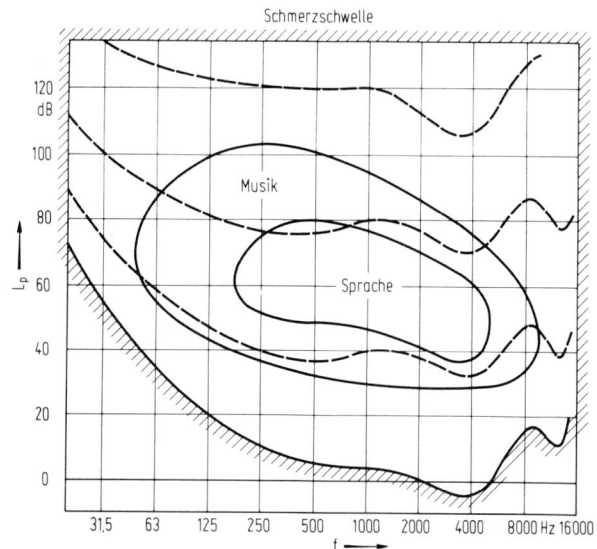

Abb. 3-8: Hörfläche mit durchschnittlichen Pegel-Frequenz-Bereichen von Sprache und Musik; Kurven gleicher Lautheit auf Basis der Robinson-Dadson-Messungen von 1956 (aus: Cremer 1985)

Ohrdynamik 120 dB

Hörschwelle und Schmerzgrenze

Ohrbandbreite 10 Oktaven

hohen Frequenzen hin) der Bereich des **Ultraschalls**.

Die vertikale Ausdehnung der Hörfläche, also die **Ohrdynamik**, beträgt etwa 120 dB bei mittleren Fequenzen. Wäre unser Ohr noch empfindlicher, dann würden wir das thermische Rauschen der Luft hören, hervorgerufen durch die Brown'schen Bewegungen der Luftmoleküle.

Die Hörschwelle ist stark frequenzabhängig und individuell sehr unterschiedlich. Man kann an ihrem im Audiogramm gemessenen Verlauf verschiedene Arten der Schwerhörigkeit erkennen (s.u.). Die durchschnittliche Hörschwelle bei 1 kHz, abgerundet auf einen einfachen Wert, ist als **Referenzschalldruck** p_0 festgelegt: $p_0 = 2 \cdot 10^{-5}$ Pa $\rightarrow L_p = 0$ dB (siehe Abschnitt 1.2.2)[3]. Die Schmerzgrenze, bei der die Hörempfindung in stechenden Schmerz übergeht, wird meist recht willkürlich bei 100 Pa = 134 dB angenommen. Jenseits von 120 dB ist jedoch bereits sicher die Grenze zur sehr unangenehmen Empfindung überschritten (engl. threshold of discomfort), und es kann zu dauerhaften Hörschäden kommen (s.u.). Die Beschallung in Clubs und bei Rockkonzerten liegt typischerweise in der Größenordnung von 100 bis 110 dB, gelegentlich auch bei bis zu 120 dB.

Der maximale Frequenzumfang, also die **Bandbreite** des Gehörs, beträgt etwa zehn Oktaven von 16 Hz bis 16 kHz (max. ca. 20 kHz). Zum Vergleich: Das Auge nimmt aus dem Spektrum der elektromagnetischen Wellen, von Radiowellen und Mikrowellen über die Wärmestrahlung bis

---

[3]In der Realität entspricht dies etwa der Hörschwelle bei 2 kHz. Zwischen 2 und 5 kHz hören die meisten Menschen Pegel von weniger als 0 dB. Die tatsächliche Hörschwelle für einen Sinuston von 1 kHz ist höher; sie liegt bei etwa +3 dB, also bei einem Schalldruck von ungefähr $p_0 = 2{,}8 \cdot 10^{-5}$ Pa.

zu Röntgenstrahlung und kosmischer Strahlung, Frequenzen nur im Bereich 4,1 bis 7,7 · 10^{14} Hz (Wellenlängen 730 bis 390 nm) wahr, also weniger als eine Oktave.

Die untere Grenzfrequenz des Hörvermögens wird von der Geschwindigkeit der Datenverarbeitung im Gehirn bestimmt – bei weniger als 16 Druckänderungen pro Sekunde nimmt das Ohr noch getrennte Schallsignale wahr, oberhalb von 16 Hz verschmelzen diese Einzelwahrnehmungen zum Eindruck eines tiefen Tons. Dies entspricht auch ungefähr der Bildfrequenz, ab der aus Einzelbildern der Eindruck eines bewegten Filmbilds entsteht. Man sagt daher zur unteren Grenzfrequenz des Gehörs auch **Flimmergrenze**.

untere Grenzfrequenz (Flimmergrenze)

Bemerkenswert an der Hörfläche ist die extreme Frequenzabhängigkeit des Gehörs bei geringen Pegeln, die zu höheren Pegeln hin abnimmt. Sie lässt sich z.T. durch die Bandpasscharakteristik des Gehörgangs erklären. **Harvey Fletcher** (1884 – 1981), Wissenschaftler an den Bell Laboratories und erster Präsident der Acoustical Society of America, führte in den 1930er Jahren gemeinsam mit Wilden Munson die grundlegenden hörpsychologischen Arbeiten dazu durch (*Fletcher 1933*).

Die häufig als „Fletcher-Munson-Kurven" bezeichneten **Kurven gleicher Lautstärke** oder **Lautheit** (Isophone, engl. equal loudness contours) gehen allerdings meist auf die Messungen von Robinson und Dadson aus dem Jahr 1956 zurück (vgl. Verlauf der Hörschwelle in Abb. 3-8). Charakteristisch ist hierbei ein zweites Minimum der Ohrempfindlichkeit bei 12 kHz. Auf Grundlage der Robinson-Dadson-Kurven wurden DIN- und ISO-Normen definiert. Jüngere Untersuchungen zeigen aber, dass diese weit verbreiteten Kurven partiell Messfehler von mehr als 10 dB haben (*Hellbrück 2004*).

Fletcher-Munson vs. Robinson-Dadson

Abbildung 3-9 zeigt die Kurven gleicher Lautheit nach **Eberhard Zwicker** (1924 – 1990), Professor für Elektroakustik in München und Wissenschaftler an den Bell Labs (*Zwicker 1982*).

Zwicker-Kurven

Die Kurven nach Zwicker sind auch Grundlage für die **Pegellautstärke** (**Lautstärkepegel**, engl. **loudness level**) in **phon** bzw. die Lautheit in **sone**. In der Einheit „phon" sind alle reinen Töne gleich, die zu einem Vergleichston bei 1 kHz als gleich laut empfunden werden; ihre phon-Zahl entspricht dem Schalldruckpegel des Vergleichstons. Alle Signale, die auf einer Kurve gleicher Lautheit liegen, haben demnach den gleichen phon-Wert.

phon und sone

Die Einheit „sone" bildet die Pegellautstärke auf die „Lautheit" ab, indem 40 phon als 1 sone definiert werden, und gemäß der (umstrittenen) Stevens'schen Lautheitsregel (s.u.) mit jedem Anstieg des Pegels um 10 dB der sone-Wert verdoppelt wird (unterhalb von 40 dB ist der Zusammenhang nicht mehr linear).

Abb. 3-9: Hörschwelle und Kurven gleicher Lautheit (Isophone, Phonkurven). Pegel-Frequenz-Kombinationen, die auf der gleichen Kurve liegen, erscheinen subjektiv gleich laut. Die phon- und sone-Skalierung basiert auf dem Vergleich zur empfundenen Lautheit eines Sinustons bei 1 kHz (aus: Zwicker 1982)

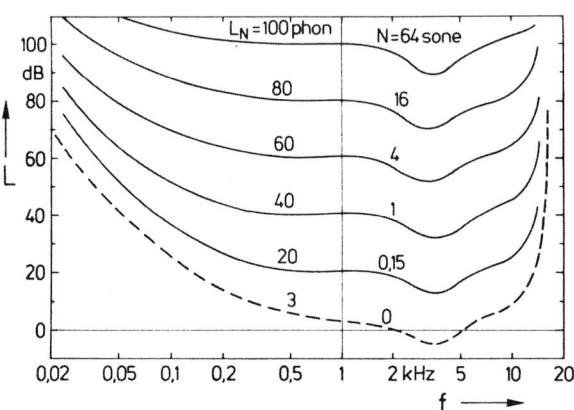

Im Gegensatz zum Schalldruckpegel in dB berücksichtigen die Einheiten phon und sone die Frequenzabhängigkeit der Lautheit. Allerdings ist die Lautheitsmessung technisch nur schwer zu realisieren. In der Praxis wird daher mit **Bewertungsfiltern** gemessen, die näherungsweise einer invertierten Kurve gleicher Lautheit entsprechen (siehe Abschnitt 1.2.2).

3.2.5 Pegel und Lautheit

Schalldruckpegel ist nicht Lautstärke!

Die Unterscheidung von Pegel (engl. level) und Lautheit oder Lautstärke (engl. loudness) ist in der Tontechnik von größter Bedeutung. Ob z.B. ein digitales System übersteuert wird, hängt nicht von der Lautheit, sondern allein vom Spitzenpegel (engl. peak level) ab.

So kann es vorkommen, dass ein Signal mit kleinem Spitzenpegel und kleinem Crest-Faktor subjektiv wesentlich lauter ist als ein Signal mit großem Spitzenpegel und großem Crest-Faktor. Dann wären beim lauten Signal noch Aussteuerungsreserven vorhanden, während das leise Signal die Aufnahmemaschine bereits übersteuert. Und moderne „Mastering-Prozessoren" sollen die Lautheit der Musik erhöhen, ohne dabei wesentlich den Pegel zu verändern (zu Spitzenwert, Crest-Faktor und Signaldynamik siehe Abschnitte 1.1.3 und 10.4.5).

Um die Lautheit von stationären Signalen mit unterschiedlichen Spektren zu vergleichen, kann man den **bewerteten Pegel** heranziehen; diese Messung ist aber mit Vorsicht zu genießen. Besser wäre die Messung der Pegellautstärke in phon oder der Lautheit in sone, nur ist dies im Tonstudio nicht praktikabel (s.o.).

Stevens: +10 dB bei doppelter Lautheit

Für den Zusammenhang zwischen Pegel und Lautheit bei ansonsten identischen Signalen gibt es unterschiedliche Theorien. Heute noch sehr weit verbreitet ist die Theorie des Psychoakustik-Pioniers **Stanley Smith Stevens**, Förderer v. Békésys, dass einer **Verdoppelung** oder **Halbierung** der Lautheit eine Pegeldifferenz von 10 dB entspricht. Untersuchungen von **Richard Warren** an mehr als 3000 Versuchspersonen

(1958, 1999) führen dagegen zu einer Pegeldifferenz von 6 dB; demnach würde der doppelte Schalldruck auch die doppelte Lautheit bewirken (Hellbrück 2004).

Warren: +6 dB bei doppelter Lautheit

Neuere Untersuchungen zur Lautheit stammen von dem US-amerikanischen Psychologen **John Neuhoff**. Das Ohr ist offenbar für steigende Pegel empfindlicher als für fallende Pegel: Bei gleicher Pegeldifferenz ist die Lautheitsänderung von leise nach laut stärker als von laut nach leise (Neuhoff 1998, Neuhoff 2001).

Neuhoff: Lautheitsstufe nach Richtung der Pegeländerung

Und schließlich ist, zumindest in der Filmtontechnik, das Phänomen der **bedeutungsgekoppelten Lautheitsempfindung** interessant – große Objekte werden häufig lauter eingeschätzt als kleine Objekte.

3.2.6 Frequenzgruppen (Critical Bandwidth)

Ein frequenzbewerteter Pegel (Abschnitt 1.2.2) kann ebenso wie ein Lautstärkepegel in phon oder eine Lautheit in sone noch stark von der subjektiven Lautheit abweichen. Die Lautheitsempfindung ist nämlich nicht nur frequenzabhängig. Sie hängt u.a. auch von der Bandbreite des Schallereignisses ab: Mit zunehmender Bandbreite steigt die Lautheit. Vergleicht man im Experiment die Lautheit von bandpassgefiltertem Rauschen bei konstantem Gesamtpegel mit der Lautheit eines reinen Tons, so findet man, dass die Lautheit steigt, sobald die Bandbreite einen gewissen Schwellenwert überschreitet (Abb. 3-10).

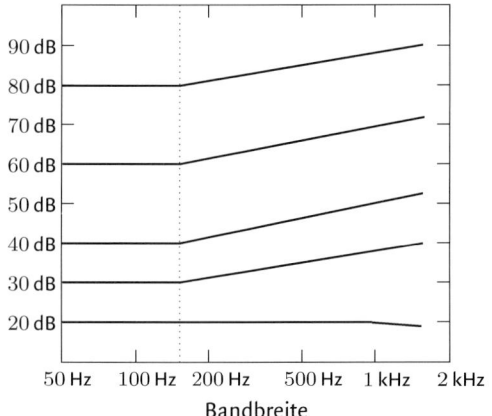

Abb. 3-10: Spektrale Lautheitssummation: Lautheit von Rauschen variabler Bandbreite im Vergleich zu einem 1-kHz-Ton (nach Zwicker). Bei einer Bandbreite von 1 kHz und einem Pegel von 60 dB wird Rauschen gleich laut empfunden wie ein Sinuston von 70 dB

Die Frequenz-Orts-Transformation in der Kochlea lässt sich mit einer Filterbank-Zerlegung vergleichen. Nach **Harvey Fletcher** („Critical Bandwidth") und **Eberhard Zwicker** („Frequenzgruppen") haben diese Filter bei tiefen Frequenzen ($f < 500\,\text{Hz}$) ungefähr konstante absolute Bandbreite von etwa 100 Hz, bei hohen Frequenzen ($f > 500\,\text{Hz}$) ungefähr konstante relative Bandbreite. Sie entspricht dann in etwa einer großen Terz: Dies könnte ein Grund sein, warum Terzband-Filter in der Tontechnik – z.B. in Form grafischer Analyzer und Equalizer – zur Signalanalyse und Signalbearbeitung so beliebt sind.

Die „Filterbank-Eigenschaft" des Gehörs ist Ursache für sehr unterschiedliche Phänomene:

- **Spektrale Lautheitssummation**: Überschreitet die Signalbandbreite die Frequenzgruppenbreite, so steigt die Lautheit.
- **Verdeckungseffekt**: Experimente zur spektralen Verdeckung (s.u.) zeigen unmittelbar die Filterkurven des Innenohrs.
- **Konsonanz**: Fallen zwei reine Töne in die gleiche Frequenzgruppe, so wird das Intervall als „dissonant" oder „rau" empfunden. Nur bei Anregung unterschiedlicher Frequenzgruppen entsteht der Eindruck der Konsonanz.

Die Frequenzgruppe kann man sich als Filter vorstellen, das von einem schmalbandigen Signal aktiviert wird und – unsymmetrisch, s.u. – um diese Aktivierungsfrequenz liegt.

Eine physiologische Erklärung für die Frequenzgruppen ist die räumliche Ausdehnung der neuronalen Aktivierung auf der Basilarmembran. Nur wenn zwei Reize im Frequenzbereich weit genug auseinander liegen, werden auch unterschiedliche Nervenzellen angesprochen.

3.2.7 Verdeckung in Zeit- und Frequenzbereich

Simultanverdeckung

Werden dem Ohr zwei Schallsignale angeboten, so kann eines der beiden unhörbar sein, falls die Signale in Zeit- und Frequenzbereich nah beieinander liegen (**Verdeckung**, engl. masking). Bei der Verdeckung gleichzeitig dargebotener Signale (**Simultanverdeckung**) sind folgende Effekte zu beobachten:

- dicht benachbarte Töne verdecken einander stärker als Töne mit großem Frequenzunterschied;
- die Verdeckung ist im Frequenzbereich unsymmetrisch, höhere Töne werden stärker verdeckt als tiefere Töne;
- je größer der Pegel des verdeckenden Tons ist, desto breiter ist der verdeckte Frequenzbereich;
- je größer die Bandbreite des verdeckenden Tons ist, desto breiter ist der verdeckte Frequenzbereich; Rauschen verdeckt alle Frequenzen gleichmäßig.

Durch Simultanverdeckung (Verdeckung im Frequenzbereich) wird aus der Hörschwelle die **Mithörschwelle** (Abbildung 3-11).

Bei der Maskierung durch reine Töne ist der Verlauf der Mithörschwellen ähnlich wie bei der Maskierung durch Schmalbandrauschen. Allerdings kann dabei das maskierte Signal als Rauigkeit oder Schwebung des Maskers hörbar werden. Details zu Psychoakustik und Verdeckung sind u.a. in (Zwicker 1990) zu finden.

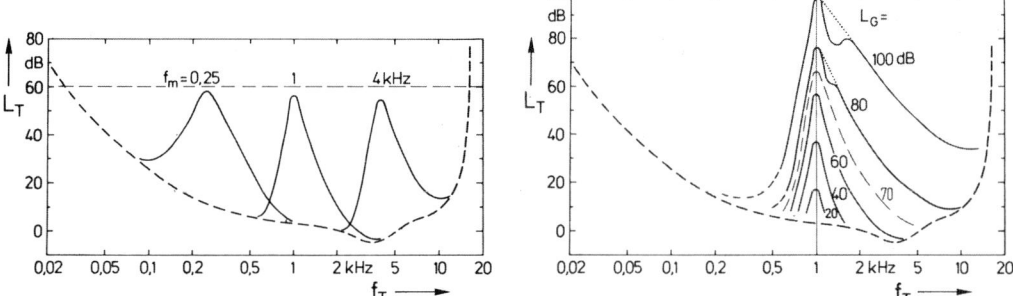

Abb. 3-11: Spektrale Verdeckung durch Schmalbandrauschen; links: Mithörschwellen bei unterschiedlichen Masker-Frequenzen, rechts: Mithörschwellen bei unterschiedlichen Masker-Pegeln (aus: Zwicker 1982)

Auch bei nacheinander dargebotenen Signalen kann es zur Verdeckung kommen:

- ein starker Ton kann einen schnell – max. 20 bis 30 ms – folgenden schwächeren Ton verdecken (**Nachverdeckung**, engl. forward masking [sic!]); **Nachverdeckung**
- ein schwacher Ton kann von einem schnell – max. 10 ms – folgenden stärkeren Ton verdeckt werden (**Vorverdeckung**, engl. backward masking). **Vorverdeckung**

Die Verdeckungseffekte sind Grundlage der wahrnehmungsbasierten Datenreduktion. Die Prognose der Mithörschwellen in Abhängigkeit von Maskerfrequenz, Maskerart (geräuschhaftes oder tonales Signal) und Maskerpegel ist die Hauptaufgabe der dabei eingesetzten psychoakustischen Modellierung (Abschnitt 6.3.2).

3.3 Binaurales Hören: räumliche Wahrnehmung

Noch im 19. Jahrhundert war umstritten, ob es möglich sei, Schall zu orten. Der englische Physiker **Lord Rayleigh** (1842 – 1919) zeigte mit einem einfachen Experiment, bei dem die Richtung einer angeschlagenen Stimmgabel gezeigt werden sollte, dass die räumliche Schallwahrnehmung funktioniert – und dass sie manchmal irrt: Der Winkel des Schallereignisses lässt sich stets sicher angeben, aber ob die Schallquelle dabei vorne oder hinten ist, wird gelegentlich verwechselt.

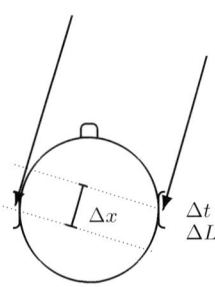

Abb. 3-12: Seitlicher Schalleinfall am Kopf (Aufsicht). Die unterschiedlichen Schallwege zu den beiden Ohren führen zu Laufzeitdifferenzen Δt, Druckstau und Schallschatten führen zu Pegeldifferenzen ΔL

Ursache für die Fähigkeit des räumlichen Hörens in der Horizontalebene sind hauptsächlich interaurale **Laufzeit-** und **Pegeldifferenzen**, also Differenzen zwischen den beiden Ohrsignalen (Abbildung 3-12). Die räumliche Wahrnehmung ist **binaural** („zweiohrig").

Das einfache Modell zur Richtungsortung zeigt, warum im Rayleigh-Experiment gelegentlich vorne und hinten verwechselt werden kann: Eine Schallquelle schräg rechts vorne erzeugt die gleichen interauralen Signaldifferenzen wie eine Schallquelle schräg rechts hinten. Solche Fehlortungen treten insbesondere bei schmalbandigen Schallsignalen auf (Blauert 1974).

Dank der Außenohr-Übertragungsfunktion (HRTF) können wir Schallquellen auch in der Vertikalebene orten und insbesondere vorne und hinten unterscheiden. Damit das HRTF-Kammfilter seine Wirkung entfalten kann, muss das Schallsignal aber breitbandig mit ausgeprägten hochfrequenten Komponenten sein. Zudem muss das Schallsignal dem Hörer bekannt sein: Bei unbekannten (v.a. synthetischen) Schallsignalen ist die vorne / hinten-Unterscheidung schwierig.

Im täglichen Leben helfen die Augen bei der räumlichen Wahrnehmung; man hört was man sieht. Zudem können kleine, unwillkürliche Kopfbewegungen die Ortung unterstützen: Die Veränderung der HRTF bei Bewegung des Kopfes erzeugt zusätzliche Richtungsinformationen.

3.3.1 Richtungshören

Unsere räumliche Wahrnehmung ist für die Orientierung in der Horizontalen (Azimutebene) optimiert. Die maximale Ortungsschärfe von ungefähr 1° erreicht das Ohr bei frontalen Schallquellen.

Ortungsschärfe des Gehörs

Eine seitlich auf den Kopf treffende ebene Welle erreicht das abgewandte Ohr später als das zugewandte Ohr. Der durchschnittliche Ohrabstand beträgt rund 17 cm, der maximal mögliche Schallumweg über den Umfang des Kopfes ungefähr 21 cm bei einem Einfallswinkel von 90°. Die daraus resultierende maximale Laufzeitdifferenz τ (Tau) zwischen den Ohrsignalen beträgt $0{,}21/c = 0{,}61$ ms. Bei einer Signalverschiebung von rund 0,6 ms kommt es zur vollständigen Seitwärtsortung (Blauert 1974). Der kleinsten wahrnehmbaren Richtungsänderung einer Schallquelle von 1° entspricht in etwa eine minimal wahrnehmbare Laufzeitdifferenz von 0,01 ms. Aus der Richtungsortung über Laufzeitdifferenzen leitet sich die **Laufzeitstereofonie** ab.

Fehlortung bei Mehrdeutigkeit der Phasenlage

Laufzeitdifferenzen führen aber nur dann zu einer eindeutigen Richtungsinformation, wenn die Schallwellenlänge größer als der Schallumweg ist bzw. die Periodendauer länger als die Laufzeitdifferenz. Der maximalen Laufzeitdifferenz von $\tau = 0{,}61$ ms beim natürlichen Hören entspricht eine Frequenz von $f = 1/\tau = 1{,}63$ kHz. Trifft eine reine Schwingung von 1,63 kHz unter einem Winkel von 90° den Kopf, dann sind die Ohrsignale phasengleich, und die Schallquelle kann fälschlicherweise frontal geortet werden.

Dieser Fall der mehrdeutigen Ortung – charakteristisch für die reine Laufzeitstereofonie – tritt ein, wenn das Signal hochfrequent ist ($f \geq 1{,}6$ kHz), und wenn es quasistationär ist (also bei „stehenden" Tönen z.B. von Flöte oder Violine).

Der zweite an der Richtungsortung beteiligte Effekt sind die **Pegelunterschiede** zwischen den Ohrsignalen: Eine seitlich auf den Kopf treffende ebene Welle wird am Kopf reflektiert, sofern ihre Wellenlänge klein im Vergleich zum Kopfdurchmesser ist (andernfalls kommt es zur Beugung). Am zugewandten Ohr entsteht ein Druckstau, am abgewandten Ohr ein Schallschatten (siehe Abschnitt 1.3.1). Bei einem durchschnittlichen Kopfdurchmesser von 17 cm kann man Schallreflexion für Frequenzen $f \geq 2$ kHz erwarten. Aus der Richtungsortung über Pegeldifferenzen leitet sich die **Intensitätsstereofonie** ab.

Pegeldifferenzen durch Druckstau

Nun könnte man meinen, dass im Frequenzbereich um 1,6 bis 2 kHz das räumliche Orientierungsvermögen schlecht wäre. Es ist aber umgekehrt: Gerade bei mittleren Frequenzen ist die Ortungsschärfe besonders hoch. Offensichtlich wirkt die Ortung über Pegeldifferenzen doch schon bei tieferen Frequenzen, obwohl dann der größte Teil des Schalls um den Kopf gebeugt wird. Und auch bei hohen Frequenzen kann das Ohr Laufzeitdifferenzen richtig erkennen, sofern das Schallsignal zeitveränderlich ist. Dann wiederholen sich die Schwingungsperioden nicht identisch wieder, und es kann nicht zur Fehlinterpretation sehr großer Phasenwinkel kommen.

maximale Ortungsschärfe bei mittleren Frequenzen

Besonders gut sind deshalb impulshafte Schallsignale zu orten, die übrigens auch die Aufmerksamkeit viel stärker erregen als gleichförmige Signale: Evolutionsgeschichtlich betrachtet sind gleichförmige Signale weniger gefährlich als beispielsweise der knackende Ast.

Bei sehr tiefen Frequenzen wird die Ortbarkeit schlechter, weil bei gleichem Schalleinfallswinkel, aber zunehmender Wellenlänge der Phasenwinkel zwischen den Ohrsignalen immer kleiner wird. Technisch wird meist angenommen, dass reine Töne von weniger als 100 Hz nicht mehr ortbar sind. So werden die monofonen Subwoofer in Satelliten-Subwoofer-Anlagen häufig unterhalb von 100 Hz angekoppelt.

tiefe Frequenzen sind schlecht zu orten

Dabei wird aber das Gehör unterschätzt: Ein Subwoofer, der unterhalb von 100 Hz Schall abstrahlt, ist sehr wohl ortbar, wenn auch nicht besonders gut. In der Satelliten-Anlage wird die Subwoofer-Ortung allerdings durch die dominante Richtungsinformation der Satelliten überdeckt (die Satelliten strahlen ja auch einen erheblichen Teil des Obertongehalts der Basssignale ab).

Um unscharfe Ortung im Bassbereich zu vermeiden, sollte der Subwoofer deshalb grundsätzlich frontal in der Mitte stehen. Und umgekehrt gilt: Möchte man bei einer Aufnahme ein Bassinstrument im Stereobild seitlich anordnen, dann empfiehlt sich die Laufzeitstereofonie.

3.3.2 Gesetz der ersten Wellenfront

Präzedenzeffekt

In geschlossenen Räumen trifft eine Vielzahl von Schallreflexionen aus allen Richtungen den Hörer. Trotzdem ist die Ortung der Schallquelle möglich, selbst im Diffusfeld, wo der Pegel der Reflexionen im Mittel den Direktschallpegel überwiegt: Eine Schallquelle wird stets in der Richtung geortet, aus der die erste Wellenfront den Kopf erreicht (**Präzedenzeffekt**, engl. precedence effect). Lothar Cremer (1905 – 1990), verantwortlicher Akustiker beim Bau der Berliner Philharmonie, nennt dies sehr anschaulich das **Gesetz der ersten Wellenfront**.

Phantomschallquelle bei Stereowiedergabe

Man kann den Präzedenzeffekt experimentell untersuchen, indem man einer Versuchsperson über Kopfhörer oder Lautsprecher zwei gleiche (kohärente) Schallsignale aus unterschiedlichen Richtungen mit einer kleinen Verzögerung τ präsentiert. Ist die Verzögerungszeit des Sekundärschalls in der Größenordnung der interauralen Laufzeitdifferenz beim natürlichen Hören (also $\tau \leq 0{,}6$ ms), dann interpretiert das Ohr die beiden Schallsignale als Ohrsignalkomponenten einer seitlich verschobenen Schallquelle, und das Signal wird zwischen den beiden Schalleinfallsrichtungen geortet (**Phantomschallquelle**, s.u.).

Echoschwelle

Ist die Verzögerungszeit sehr groß, dann wird der Sekundärschall als **Echo** wahrgenommen. Bei welcher Verzögerung die **Echoschwelle** liegt, hängt vom relativen Pegel des Sekundärschalls ab, von der Signalform (mehr oder weniger impulshaft) und von der Akustik des Wiedergaberaums (mehr oder weniger hallig). Die Größenordnung der Echoschwelle ist für impulshafte Signale in akustisch trockener Umgebung etwa 30 ms, falls Primär- und Sekundärschallpegel gleich sind (Blauert 1974). Dies entspricht einer Wegdifferenz von $x = c \cdot \tau = 10$ m. Bei kürzeren Verzögerungszeiten kann man sogar den Pegel des Sekundärschalls um bis zu 10 dB größer machen als den Pegel des Primärschalls, ohne dass ein Echo hörbar wird (**Haas-Effekt**). Unter Berücksichtigung des Haas-Effekts lassen sich z.B. die zusätzlichen, publikumsnahen Lautsprecher von Groß-Beschallungsanlagen mit Delay-Zeiten und Pegeln so einstellen, dass sie als Primärschallquelle unhörbar bleiben. Auch bei der Mischung mehrerer, räumlich entfernter Mikrofonsignale (Hauptmikrofon / Stützmikrofon) muss u.U. der Haas-Effekt beachtet werden.

Haas-Effekt

Ist der Sekundärschall schwächer als der Primärschall, so wird die Echoschwelle größer. Bei einem Sekundärschallpegel von -10 dB ist sie bereits größer als 40 ms, bei -20 dB ist sie größer als 80 ms. Bei wenig impulshaften Musiksignalen und in halliger Umgebung kann die Echoschwelle deutlich über 100 ms liegen.

Die Wahrnehmung verzögerter gleicher Schallsignale in Abhängigkeit von der Verzögerungszeit τ lässt sich folgendermaßen zusammenfassen:

$\tau \leq 0{,}6$ ms	Phantomschallquellenortung
$0{,}6$ ms $\leq \tau \leq 30$ ms	Ortung der ersten Wellenfront (Präzedenzeffekt)
$\tau \geq 30$ ms	Echowahrnehmung

Der Präzedenzeffekt hilft uns bei der Orientierung in geschlossenen Räumen. Boden-, Wand- und Deckenreflexionen werden (sofern der Schallumweg nicht zu groß ist) nicht als separates Schallsignal wahrgenommen. Statt dessen sorgen sie subjektiv für einen volleren und lauteren (!) Klang, und sie geben uns einen Eindruck von der Raumgröße und Raumform. **subjektive Wirkung von frühen Reflexionen**

In der Raumakustik sind deshalb diese frühen Reflexionen besonders wichtig (siehe Abschnitt 2.3.1). In Konzertsälen und Auditorien muss die Versorgung des Publikums mit frühen Reflexionen insbesondere von den Seiten gesichert sein. Und bei der Raumsimulation mit einem Hallgerät werden frühe Reflexionen simuliert, um dem Raum einen akustischen Charakter und dem Signal Deutlichkeit zu geben (Abschnitt 10.5).

3.3.3 Phantomschallquellen und Stereofonie

Beim natürlichen Hören stimmt normalerweise das subjektive Abbild der Schallquelle – das **Hörereignis** – mit dem tatsächlichen physikalischen Geschehen – dem **Schallereignis** – überein. Wird aber das gleiche Schallsignal gleichzeitig von mehreren Schallquellen abgegeben (also über Stereo- oder Surround-Anordnungen), dann erzeugt die Wahrnehmung eine **Phantomschallquelle** (engl. phantom source). **Schallereignis und Hörereignis**

Man kann dieses Phänomen mit dem oben beschriebenen Experiment zum Präzedenzeffekt nachweisen: Spielt man einer Versuchsperson über zwei Lautsprecher gleiche (kohärente) Schallsignale vor, dann entsteht ein Hörereignis in der Mitte zwischen den beiden Lautsprechern. Die Phantomschallquelle lässt sich nicht vom monofonen Signal eines dritten Lautsprechers in der Mitte unterscheiden.

Verzögert man nun eines der beiden Signale um mehr als 0,01 ms, dann bewegt sich die Phantomquelle in Richtung zum früheren Signal. Ab einer Verzögerung von etwa 0,6 bis 1 ms ist die Phantomquelle im früheren Lautsprecher angekommen (Abb. 3-13). Dies ist die **Laufzeitstereofonie**. **Laufzeitstereofonie**

Alternativ kann man die Phantomschallquelle bewegen, indem man das Pegelverhältnis der beiden Signale ändert. Damit dabei die Lautheit gleich bleibt, muss man dafür sorgen, dass auch die Summe der beiden Schallintensitäten konstant bleibt (diese Anforderung führt zur **Intensitätsstereofonie**

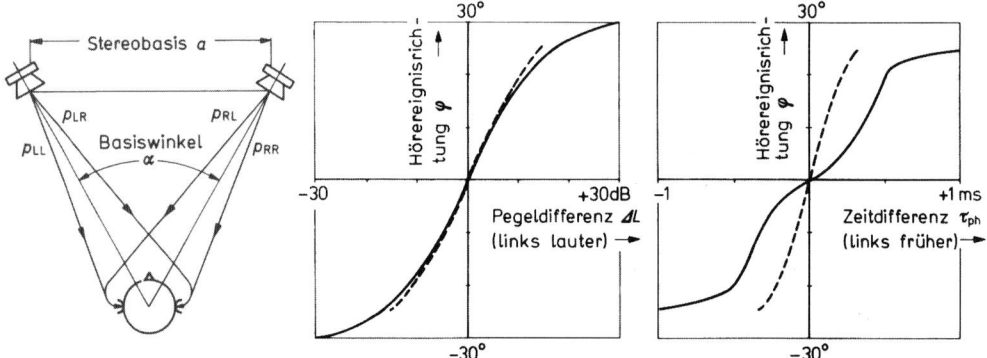

Abb. 3-13: Richtungswahrnehmung von Phantomschallquellen bei der stereofonen Lautsprecherwiedergabe (Basiswinkel $\alpha = 60°$) in Abhängigkeit von Laufzeit- und Pegeldifferenzen. Gestrichelte Linien: Sprache, durchgezogene Linien: Impulse (aus: Blauert 1974)

Panoramaregler-Kennlinie, siehe Abschnitt 10.4.3).

Ab einer Pegeldifferenz von etwa 0,6 bis 2 dB, je nach Signal, ist eine Bewegung der Phantomschallquelle in Richtung zum größeren Pegel zu bemerken. Ab etwa 10 bis 20 dB ist die Phantomschallquelle im Lautsprecher mit dem größeren Pegel angekommen; größere Pegeldifferenzen ändern den Höreindruck nicht mehr (Abb. 3-13). Dies ist die **Intensitätsstereofonie**. Tragen die Lautsprechersignale sowohl Laufzeit- als auch Pegeldifferenzen, so spricht man von **Äquivalenzstereofonie**.

Äquivalenzstereofonie

In der Praxis werden die verschiedenen Stereoverfahren mit speziellen Mikrofon-Anordnungen umgesetzt (Abschnitt 9.7.1). Die reine Intensitätsstereofonie entsteht alternativ auch aus Monosignalen durch die Richtungsmischung mit den Panoramareglern des Mischpultes. Die Prinzipien der Surround-Technik sind identisch mit denen der Zweikanal-Stereofonie. Auch bei mehr als zwei Kanälen entstehen Phantomschallquellen nach Laufzeit- und Pegeldifferenzen (Abschnitt 9.6.3).

3.3.4 Kopfbezügliche Stereofonie

Bei der Wahrnehmung komplexer Schallfelder im Raum, wie sie durch Überlagerung mehrerer Lautsprechersignale entstehen, spricht man von **raumbezüglicher Stereofonie** (engl. room related stereophony). Die oben beschriebenen Techniken der Laufzeit-, Intensitäts- und Äquivalenzstereofonie sind raumbezügliche Stereoverfahren. Sie sind für die **Lautsprecherwiedergabe** gedacht.

Schallwiedergabe raumbezüglich und kopfbezüglich

Damit ein Stereosignal für die **Kopfhörerwiedergabe** geeignet ist, sollte es zwei Voraussetzungen erfüllen:

1. Das Signal soll gemäß dem natürlichen Hören sowohl Laufzeit- als auch Pegelunterschiede enthalten.

2. Beide Kanäle sollen mit der Außenohr-Übertragungsfunktion (HRTF) beaufschlagt sein.

Ein solcherart aufbereitetes Stereosignal nennt man **kopfbezügliche, binaurale**[4] oder **Kunstkopf-Stereofonie** (engl. head related stereophony). Zu Herstellung von kopfbezüglichen Stereosignalen gibt es verschiedene Methoden, z.B.:

- Aufnahme mit einem Kunstkopfmikrofon oder mit Sondenmikrofonen in den eigenen Ohren;
- Abspielung einer raumbezüglichen Aufnahme über Lautsprecher und erneute Aufnahme mit einem Kunstkopf;
- Konvertierung einer raumbezüglichen Aufnahme im Computer durch Faltung mit einer gespeicherten zweikanaligen HRTF.

Raum- und kopfbezügliche Aufnahmen sind nur begrenzt kompatibel. Spielt man raumbezügliche Aufnahmen über Kopfhörer ab, so kommt es zur **Im-Kopf-Lokalisation** (IKL, engl. **IHL**: in head localization). Weil bei Kopfhörerwiedergabe der Einfluss des Außenohrs auf das Schallfeld fehlt, werden die Phantomschallquellen im Kopf auf einer Linie zwischen den Ohren geortet. Die IKL ist bei langem Hören ermüdend und führt zu dem typischen „Druck auf den Ohren".

Im-Kopf-Lokalisation

Filtert man das raumbezügliche (also „normale") Stereosignal mit einer HRTF, so wird – ohne dass sich der Klang ändert! – der Druck vom Kopf genommen. Im Idealfall vergisst man, dass man Kopfhörer auf den Ohren hat. Standardisierte HRTFs in Form digitaler Filter sind deshalb für die Kopfhörerwiedergabe raumbezüglicher Stereofonie sehr empfehlenswert (vgl. Abb. 3-3 auf S. 112).

Umgekehrt sind kopfbezügliche Signale nur bedingt für die Lautsprecherwiedergabe geeignet, weil bei Lautsprecherwiedergabe die HRTF als hochfrequente Klangfärbung wahrgenommen wird.

3.4 Hörschäden

Die Kochlea ist (als einziges Organ!) bereits zwischen dem vierten und fünften Schwangerschaftsmonat voll ausgebildet und wächst nach der Geburt nicht mehr. Der Mensch kommt mit ausgewachsenem und maximal leistungsfähigem Gehör auf die Welt. Durch Lärm, Umweltgifte, Medikamenten-Nebenwirkungen und Krankheiten wird es im Laufe des Lebens immer weiter beschädigt.

---

[4] Der Begriff „binaural" (zweiohrig) wird häufig zweckentfremdet, z.B. für raumbezügliche Aufnahmen in Äquivalenzstereofonie. Um Missverständnisse zu vermeiden, wird hier im Folgenden ausschließlich der Begriff „kopfbezüglich" verwendet.

Schädigungen des Gehörs können für Menschen, die mit Tontechnik ihr Geld verdienen, zur Arbeitsunfähigkeit führen. Ein sorgsamer Umgang mit dem wertvollsten tontechnischen Gerät, dem Ohr, sollte daher selbstverständlich sein.

3.4.1 Schwerhörigkeit

Die Energieversorgung des Innenohrs erfolgt zum größten Teil über die durchblutete Wandung des Schneckengangs (Ductus cochlearis, siehe Abb. 3-5 auf S. 114). Sie hält das elektrische Potenzial in der Lymphe durch Ionentransport aufrecht, und sie versorgt das Corti-Organ (also Haarzellen und Stereozilien) mit Glukose und Sauerstoff.

Zerstörung der Haarzellen durch Überlastung

Durch andauernde Beschallung mit hohen Pegeln kann das Corti-Organ beschädigt werden. Die aktiven Prozesse in Haarzellen und Stereozilien verbrauchen ständig Sauerstoff und Glukose. Geraten die Zellen durch anhaltende intensive Stimulation in eine Versorgungsnotlage, können sie – sofern sie keine Gelegenheit zur Erholung bekommen – degenerieren; Empfindlichkeit und Trennschärfe des Gehörs lassen drastisch nach (**Lärmschwerhörigkeit**). Dabei wird der wahrgenommene Schall nicht nur leiser, sondern wegen der schlechteren Frequenzauflösung auch „unschärfer", komplexe Schallsignale lassen sich nicht mehr trennen. Die akustische Orientierung und die Kommunikation werden dadurch erheblich erschwert.

TTS und PTS

Nach Dauerbeschallung lässt sich durch eine lange Ruheperiode das Gesundheitsrisiko senken. Eine Lärmschwerhörigkeit, die nach einer Erholungphase verschwindet, nennt man **TTS** (temporary threshold shift = temporäre Hörschwellenverschiebung). Sofern die Haarzellen nach extremer Überlastung oder lang andauernder Belastung ohne Ruhepausen degeneriert sind, spricht man von einer **PTS** (permanent threshold shift = dauerhafte Hörschwellenverschiebung).

dauerhafte Schäden durch Erschöpfung

Schalldruckpegel ab 85 dB gelten als gesundheitsschädlich; Pegel über 120 dB schon bei Kurzzeitbeschallung. Bei tiefen Frequenzen werden u.U. auch große Pegel unbeschadet überstanden (vgl. Hörfläche, Abb. 3-8). Andauernde Beschallung (z.B. durch permanentes Tragen von Kopfhörern oder durch Arbeiten in lauter Umgebung) kann das Ohr durch Erschöpfung dauerhaft schädigen – in Tierversuchen mit Meerschweinchen wurde ein Verlust von Haarzellen nach einer 15-minütigen Beschallung mit 95 dB und bereits nach 30 Sekunden bei 115 dB nachgewiesen (Hellbrück 2004).

Adaptierung auf hohe Pegel

Allerdings ist das Mittelohr in der Lage, in gewissen Grenzen die Schwingungsübertragung zur Kochlea zu adaptieren: Bei lauten Schallsignalen reduziert das gesunde Ohr die Schwingungsamplitude mit Hilfe der Mittelohrmuskulatur (Abschnitt 3.1.2). Durch die Erhöhung der

Trommelfellspannung wird ein größerer Teil des einwirkenden Schalls am Trommelfell reflektiert und die Kochlea wird geschützt. Die Reaktionszeit (Latenzzeit) der Mittelohrmuskulatur ist von der Schallintensität abhängig; sie ist aber nicht kürzer als 35 ms. Besonders gefährlich sind deshalb Schallimpulse. Ein **Schalltrauma** (Knalltrauma) z.B. durch einen Sylvesterknaller neben dem Ohr kann zu irreparablen Gehörschäden führen (siehe Pegeltabelle auf S. 33).

Schalltrauma

In Tonstudios wird häufig bei Pegeln gearbeitet, die erheblich über der gesundheitsgefährdenden Grenze liegen. So ist der Standardpegel für Filmvorführungen 85 dB bei Vollaussteuerung – mit reichlich dynamischem Headroom für laute Passagen!

Weitere Risikofaktoren für das Gehör sind Umweltgifte wie Blei, Quecksilber und Kohlenmonoxid sowie Nebenwirkungen von Medikamenten (z.B. Salicylsäure und Antibiotika). Auch Stoffwechselkrankheiten wie Diabetes können zu Innenohrschäden führen. Untersuchungen seit den 1960er Jahren legen die Vermutung nahe, dass die so genannte „Altersschwerhörigkeit" (Presbyakusis), ein allmählicher Hörverlust bei hohen Frequenzen, eigentlich eine durch Umweltgifte und Lärm verursachte Zivilisationskrankheit ist (*Hellbrück 2004*). Eine gesunde Lebensweise mit guter Ernährung und wenig Lärm kann dies u.U. verhindern, bewahrt aber zumindest vor TTS und PTS.

Umweltgifte und Medikamente

Die charakteristische Gehörschädigung auf Grund von degenerierten Haarzellen ist im Audiogramm als Einbruch im Bereich der maximalen Ohrempfindlichkeit zwischen 2 bis 5 kHz zu finden (im Audiogramm wird die „Hörverlustkurve" als Abweichung von der durchschnittlichen Hörschwelle dargestellt). Weil in diesem Frequenzbereich der höchste Ton des Klaviers liegt, das fünfgestrichene c ($\approx$ 4 kHz), wird dieser Einbruch als **c5-Senke** bezeichnet.

c5-Senke

Eine ganz andere, sehr banale Ursache für Hörverlust kann auch einfach Ohrwachs (Cerumen) im Gehörgang sein. Hat man das Gefühl, dass das Ohr „verstopft" ist, sollte man auf keinen Fall selbst mit spitzen Gegenständen im Ohr herumfummeln; durch unsachgemäße Reinigungsversuche kann das empfindliche Trommelfell leicht beschädigt werden. Auch Wattestäbchen sind für diesen Zweck nutzlos – aber eine Spülung des Ohrkanals beim Ohrenarzt kann manchmal wahre Wunder bewirken.

verstopfter Ohrkanal

3.4.2 Hörsturz und Tinnitus

Eine besonders dramatische Erkrankung des Gehörs ist der **Hörsturz** (engl. sudden deafness), das allmähliche oder schlagartige Ertauben eines Ohres. Entgegen weit verbreiteter Meinung lässt sich der Hörsturz – im Gegensatz zu TTS und PTS – nicht mit Durchblutungsstörungen erklären und er ist auch kein „Ohr-Infarkt", sondern im Regelfall psy-

Hörsturz psychosomatisch

chosomatisch bedingt (siehe z.B. *Ziegler 2003*). Nichtsdestotrotz wird er üblicherweise mit durchblutungsfördernden Medikamenten, oft in Verbindung mit Cortison, behandelt.

akuter und chronischer Tinnitus

Hörsturz und Lärmschädigung sind häufig mit Ohrgeräuschen (**Tinnitus**: lat. für „Geklirr, Geklingel") verbunden. Aber auch bei ansonsten gesundem Gehör kann Tinnitus auftreten; in Deutschland hat jeder vierte Mensch im Alter über 10 Jahren schon einen Tinnitus erlebt (*Delb 2002*). 2 % der Bevölkerung sind durch Tinnitus erheblich belastet (*Hellbrück 2004*). Manche Mediziner zählen chronischen Tinnitus neben chronischen Schmerzen zu den schlimmsten Krankheiten: Ein schwerer Tinnitus kann Patienten in den Selbstmord treiben (*Goldstein 2002*).

Hyperakusis

Der Tinnitus ist häufig mit einer akustischen Überempfindlichkeit (**Hyperakusis**) gekoppelt. Die Betroffenen empfinden Geräusche wie Papierrascheln oder das Rauschen eines Computers als zu laut und unangenehm (*Goebel 2003*).

Tinnitus psychosomatisch

Auslöser des Tinnitus sind u.a. Lärm und – selten – auch Probleme mit der Mittelohrmuskulatur, dem Kiefergelenk (Zähneknirschen) und der Halswirbelsäule. Die meisten Fälle von chronischem Tinnitus sind aber offenbar, wie auch der Hörsturz, psychosomatisch bedingt (siehe u.a. *Stobik 2005*). Abgesehen von sehr wenigen schulmedizinisch therapierbaren Fällen gehört chronischer Tinnitus zu den Krankheiten, die nicht „geheilt" werden können. Man kann nur – z.B. im Rahmen einer Tinnitus-Bewältigungstherapie, Retrainings-Therapie oder Verhaltenstherapie – lernen, die Angst vor dem Tinnitus zu verlieren und mit den Ohrgeräuschen zu leben. Den umgekehrten Weg schlägt Paul Watzlawick in seiner wunderbaren „Anleitung zum Unglücklichsein" vor:

„Gehen Sie in einen möglichst stillen Raum, und stellen Sie fest, dass Sie plötzlich ein Summen, Surren, leichtes Pfeifen oder einen ähnlichen gleichbleibenden Ton in Ihren Ohren feststellen können. [...] Mit entsprechender Hingabe dürften Sie es fertigbringen, den Ton immer häufiger und lauter wahrzunehmen. Gehen Sie schließlich zum Arzt."

Literatur und Hörbeispiele zur Vertiefung

Jürgen Hellbrück & Wolfgang Ellermeier: **Hören. Physiologie, Psychologie und Pathologie**, Hogrefe, 2. Aufl. 2004.

Robert Jourdain: **Das wohltemperierte Gehirn. Wie Musik im Kopf entsteht und wirkt.** Spektrum Akademischer Verlag 1998.

Don Ihde: **Listening and Voice. Phenomenologies of Sound.** State University of New York Press, 2. Aufl. 2007.

CD **Auditory Demonstrations**, Institute for Perception Research (IPO) Eindhoven & Acoustical Society of America 1987, Philips 1126-061.

4 Signale und Systeme

Meyers Konversationslexikon von 1904 definiert ein **Signal** als ein „bestimmtes, für das Auge (optisches Signal) oder das Ohr (akustisches Signal) berechnetes Zeichen". Damit waren zwar eigentlich Flaggenschwenken und Trommelwirbel gemeint, die Definition ist aber trotzdem auch heute unverändert gültig. Sie braucht lediglich um die elektrischen und elektromagnetischen Signale (für den Draht und die Antenne) ergänzt zu werden.

Abb. 4-1:
Claude Shannon in den Bell Laboratories mit einer mechanischen Maus im Labyrinth (ca. 1950)

Signale dienen der Informationsübermittlung. Die Pioniere der Informationstechnik, allen voran **Claude Elwood Shannon** (1916 – 2001), erkannten die Universalität des Informationsbegriffs. Shannon definierte die theoretischen Grundlagen der Nachrichtenübertragung (Shannon 1948).

Wenn wir heute von Signalen sprechen, denken wir insbesondere an Schwingungen (akustisch, elektrisch, elektromagnetisch) als Informationsträger. Lange vor der Idee der Informationsübermittlung durch Schwingungen entdeckte **Jean Baptiste Joseph Fourier** (1768–1830), dass jede beliebig komplexe Schwingung in reine Schwingungen verschiedener Frequenz, Amplitude und Phase zerlegt werden kann (**Fourier'scher Satz**): Aus dem Zeitverlauf eines Signals wird sein **Spektrum**. Der Fourier'sche Satz ist eng verknüpft mit der Faltung von Signalen und der Theorie linearer Systeme.

Die Modellierung komplexer Systeme durch elementare lineare Systeme und die Zerlegung in Zeit- und Frequenzbereich nach Fourier ermöglichen u.a. die Berechnung von Studiogeräten wie z.B. elektrische Filter, die Simulation der Schallübertragung im Raum oder die Modellierung der Klangerzeugung in Musikinstrumenten.

Obwohl dieses Kapitel recht theoretisch anmutet, findet man hier Antworten auf elementare tontechnische Fragen, wie z.B.: Was macht ein Faltungshall, was ist eigentlich ein Frequenzgang, und warum gibt es keine idealen Filter?

4.1 Lineare Systeme

Ein **System** ist jedes Ding, das Signale übertragen und verändern kann. Beispiele für signalverarbeitende Systeme sind Mikrofone, Lautsprecher, Verstärker oder Filter oder, ganz allgemein, alle Geräte der Tontechnik. Jede Kombination signalverarbeitender Systeme ist wieder ein System. In diesem Abschnitt wird gezeigt, wie man komplexe Systeme modellieren und ihr Verhalten vorhersagen kann. Von zentraler Bedeutung ist dabei der Zusammenhang zwischen Zeit- und Frequenzbereich.

Das Eingangssignal eines signalverarbeitenden Systems sei eine beliebige Zeitfunktion $s(t)$. Sein Ausgangssignal $g(t)$ bezeichnet man als **Systemantwort** (engl. response) auf das Signal $s(t)$ (Abb. 4-2).

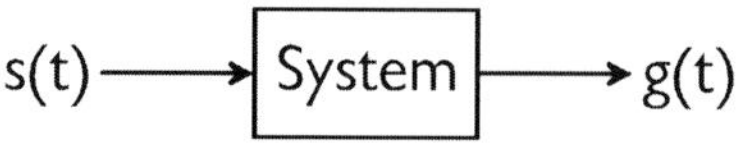

Abb. 4-2: Eingangs- und Ausgangssignal eines Übertragungssystems

$s(t) \longrightarrow$ | System | $\longrightarrow g(t)$

LTI-Systeme

In der Theorie der Signalübertragung nehmen die **linearen zeitinvarianten Systeme** (auch **LTI**-Systeme von engl. linear time-invariant) eine Sonderstellung ein. Sie können ein Signal höchstens **linear verzerren**. Lineare Verzerrungen sind Pegeländerungen – frequenzabhängig oder frequenzunabhängig – und Änderungen in der Phasenlage des Signals. **Nichtlineare Verzerrungen** wie z.B. Klirrverzerrung oder Doppler-Verzerrung verändern dagegen das Spektrum nicht nur quantitativ, sondern auch qualitativ; es entstehen neue Teiltöne (vgl. Abschnitt 7.4.1).

Die Eigenfunktionen der LTI-Systeme sind die **harmonischen Schwingungen**. Eine Schwingung $s(t) = \cos \omega t$ bzw. in komplexer Schreibweise

$s(t) = \mathrm{e}^{\mathrm{j}\omega t}$ wird durch ein LTI-System höchstens in Amplitude und Phase verändert:
$$s(t) = \mathrm{e}^{\mathrm{j}\omega t} \implies g(t) = H\mathrm{e}^{\mathrm{j}\omega t}.$$

Eigenfunktionen: harmonische Schwingungen

Der komplexe Skalierungsfaktor H beinhaltet auch eine mögliche Phasendrehung. LTI-Systeme erfüllen zwei Anforderungen:

1. Es gilt das Superpositionsprinzip, d.h. die Systemantwort auf die Summe zweier Signale ist die Summe der beiden einzelnen Systemantworten (Linearität).

2. Bei einer zeitlichen Verschiebung des Eingangssignals erscheint die Systemantwort ebenso verschoben (Zeitinvarianz).

Reale Systeme sind niemals wirklich linear und zeitinvariant, die Nichtlinearitäten können aber häufig vernachlässigt werden. Die meisten Geräte im Tonstudio erfüllen die LTI-Anforderungen, abgesehen von geringen nichtlinearen Verzerrungen, die man im Datenblatt als Klirrfaktor oder Intermodulationsfaktor findet. Auch die meisten Musikinstrumente und selbst die Schallübertragung im Raum können als LTI-Systeme betrachtet werden[1]. *Keine* LTI-Systeme sind z.B. der Kompressor / Limiter und der übersteuerte Gitarrenverstärker (nicht linear); Phaser, Flanger oder die rotierenden Lautsprecher des Leslie-Kabinetts (nicht zeitinvariant).

LTI als Modell für die meisten Studiogeräte

Für digitale Systeme gelten die gleichen Überlegungen wie für analoge Systeme. Gelegentlich werden digitale LTI-Systeme auch als **LSI** (linear shift-invariant) bezeichnet. Der Einfachheit halber wird hier bei analogen und digitalen Systemen aber dieselbe Nomenklatur verwendet.

Bei der Verkettung von LTI-Systemen ist die Reihenfolge der Geräte egal. Ob man z.B. ein Signal erst filtert und dann verzögert oder umgekehrt, spielt keine Rolle: Die Signale sind – zumindest theoretisch – identisch. Sobald aber ein nichtlineares System dabei ist (z.B. Kompressor und Filter), spielt die Reihenfolge u.U. eine erhebliche Rolle.

4.1.1 Dirac-Stoß, Impulsantwort und Faltung

Approximiert man eine beliebige Zeitfunktion $s(t)$ mit Rechtecken $d(t)$ der Breite T_0 und der Höhe $1/T_0$ (Abb. 4-3), so erhält man

$$s(t) \approx s_\mathrm{A}(t) = \sum_{n=-\infty}^{\infty} s(nT_0)\, d(t - nT_0)\, T_0.$$

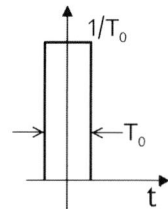

Abb. 4-3: Rechtecksignal $d(t)$ der Breite T_0, der Höhe $1/T_0$ und der Fläche 1

$d(t - nT_0)T_0$ ist ein um nT_0 nach rechts verschobenes Rechteck der Höhe 1; $s(nT_0)$ ist als Amplitudengewichtung des verschobenen Rechtecks der Wert von $s(t)$ an der Stelle nT_0 (siehe Abbildung 4-4).

---

[1]Genau genommen stellt der Raum eine unendliche Zahl verschiedener, wenn auch einander ähnlicher LTI-Systeme dar; jede Verbindung zwischen zwei Punkten im Raum ist ein individuelles Übertragungssystem.

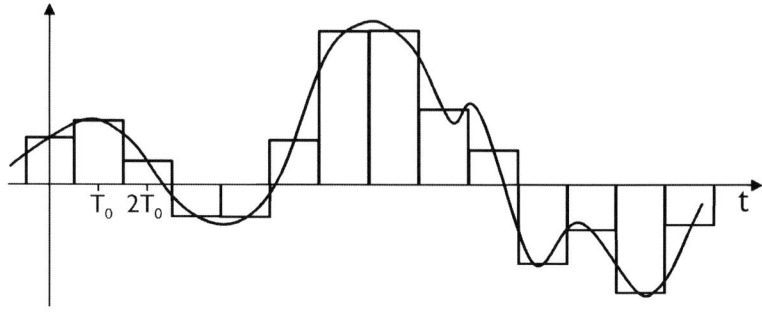

Abb. 4-4: Approximation einer Zeitfunktion $s(t)$ durch Summierung verschobener, gewichteter Rechtecksignale

Ist die Antwort eines beliebigen LTI-Systems auf das Rechtecksignal $d(t)$ eine Funktion $g_\mathrm{d}(t)$, dann lässt sich wegen des Superpositionsprinzips und der Zeitinvarianz die Systemantwort $g_\mathrm{A}(t)$ auf die Rechteck-Approximation $s_\mathrm{A}(t)$ als Summe der einzelnen Rechteck-Antworten darstellen:

$$g(t) \approx g_\mathrm{A}(t) = \sum_{n=-\infty}^{\infty} s(nT_0)\, g_\mathrm{d}(t - nT_0)\, T_0.$$

Je schmaler die Rechtecke werden, desto genauer wird die Näherung. Lässt man die Breite der Rechtecke infinitesimal klein werden, so wird die Näherung exakt. Um den Grenzübergang zu unendlich schmalen Rechtecken zu kennzeichnen, ersetzt man nT_0 durch τ und T_0 durch $\mathrm{d}\tau$.

Dirac-Stoß: der ideale Impuls

Aus der Rechteckfunktion $d(t)$ wird der **Dirac-Stoß**[2] $\delta(t)$ (auch Dirac-Funktion, Deltafunktion oder Einheitsimpuls), ein unendlich schmaler Impuls mit unendlich großer Amplitude, aber endlicher Fläche (wegen $T_0 \cdot 1/T_0 = 1$).

Impulsantwort

Aus der Rechteck-Antwort $g_\mathrm{d}(t)$ wird die **Impulsantwort** (Stoßantwort, engl. impulse response) $h(t)$; die Summe wird zum Integral. Das Eingangssignal, approximiert durch die Dirac-Funktion, ist dann

$$s(t) = \int_{-\infty}^{\infty} s(\tau)\, \delta(t - \tau)\, \mathrm{d}\tau$$

und das Ausgangssignal wird zu

$$g(t) = \int_{-\infty}^{\infty} s(\tau)\, h(t - \tau)\, \mathrm{d}\tau.$$

Faltung (convolution)

Dies ist das **Faltungsintegral**; die Berechnung des Integrals nennt man **Faltung** (engl. convolution). Man notiert das Faltungsintegral auch in Kurzform als „Faltungsprodukt":

---

[2] Der britische Physiker und Nobelpreisträger **Paul Dirac** (1902–1984) entwickelte diesen „idealen Impuls" als Werkzeug zur Beschreibung quantenmechanischer Prozesse.

$$g(t) = s(t) * h(t)$$

(lies „$s(t)$ gefaltet mit $h(t)$"). Abbildung 4-5 zeigt das symbolische Schaltbild. Die Faltung ist kommutativ, d.h. $a(t) * b(t) = b(t) * a(t)$.

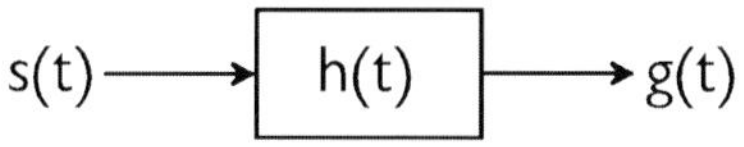

s(t) ⟶ [h(t)] ⟶ g(t)

Abb. 4-5: LTI-System mit der Impulsantwort $h(t)$

Aus den obigen Überlegungen folgt ein zentraler Satz der Tontechnik:

> Das Ausgangssignal eines linearen Systems erhält man durch Faltung des Eingangssignals mit der Impulsantwort.

Die anschauliche Erklärung für die Faltung zweier Signale ist die Spiegelung des zweiten Signals an der Zeitachse ($t - \tau$) und dann die Multiplikation aller Werte der beiden Signale ($s \cdot h$), wobei sie über die gesamte Signallänge sukzessiv gegeneinander verschoben werden ($\int_{-\infty}^{\infty} d\tau$).

Die Approximation des Eingangssignals $s(t)$ durch die Dirac-Funktion $\delta(t)$ ist in Kurzfassung

$$s(t) = s(t) * \delta(t).$$

Die Faltung mit dem idealen Impuls verändert ein Signal nicht (anschauliche Begründung: Jede Funktion lässt sich durch eine unendlich dichte Folge unendlich schmaler Impulse darstellen). Der Dirac-Stoß ist die Einheitsfunktion der Faltung.

Die Impulsantwort $h(t)$ beschreibt ein LTI-System vollständig. In der Audio-Messtechnik werden deshalb Impulse zur Systemanalyse benutzt. Allerdings sind technisch erzeugte Schallimpulse wie z.B. Funkentladung und Pistolenknall weit vom Ideal der Dirac-Funktion entfernt. Trotzdem kann man auch mit technisch erzeugten Impulsen das Übertragungsverhalten eines Systems einigermaßen genau bestimmen.

Impulsantwort beschreibt das LTI-System

Eng verwandt mit der Faltung sind die **Korrelationsfunktionen**. Die **Kreuzkorrelation (KKF)** zweier Signale entspricht der Faltung, nur wird das zweite Signal nicht zeitlich invertiert. Damit kann man die KKF zweier Signale $s_1(t)$ und $s_2(t)$ durch $s_1(t) * s_2(-t)$ berechnen. Die Kreuzkorrelationsfunktion liefert ein Maß für die Ähnlichkeit der beiden Signale. Korreliert man ein Signal mit sich selbst, so spricht man von der **Autokorrelationsfunktion (AKF)**.

Korrelation von Signalen

Periodische Signale haben auch periodische AKFs; die AKF vom Sinus ist der Cosinus. Bei einem Rauschsignal verschwindet die AKF für alle Zeitpunkte $t \neq 0$; für $t = 0$ ist die Übereinstimmung aber maximal: Die Autokorrelationsfunktion eines Zufallssignals ist der Dirac-Stoß $\delta(t)$. Näherungsweise gilt dies auch für das „deterministische Rauschsignal",

Impulsantwort-Bestimmung mit MLS und Sweep

die quasi-zufällige **Maximalfolge** (**MLS**, Maximum Length Sequence), und sogar für einen Sinus-Sweep mit zu hohen Frequenzen steigender Amplitude (**Chirp**). Mit solchen speziellen Signalen lässt sich die Impulsantwort eines unbekannten Systems $h(t)$ sehr elegant und präzise bestimmen, indem man die Kreuzkorrelation von Eingangs- und Ausgangssignal berechnet:

Ist die AKF eines Messsignals $s_M(t)$ der Dirac-Stoß, dann muss die KKF von Systemantwort $g_M(t)$ und Signal $s_M(t)$ die Impulsantwort sein! $g_M(t) = s_M(t) * h(t)$, also ist die KKF $(s_M(t) * h(t)) * s_M(-t) = (s_M(t) * s_M(-t)) * h(t) = \delta(t) * h(t) = h(t)$.

4.1.2 Diskrete Faltung

Faltung und Dirac-Stoß bei digitalen Signalen

In der zeitdiskreten „digitalen Welt" wird aus dem Faltungsintegral (also der Signaldarstellung durch unendlich dichte Impulse bzw. Impulsantworten) die **zeitdiskrete Faltung**; das Integral wird zur Summe. Die **zeitdiskrete Dirac-Funktion** $\delta(n)$ ist dabei einfach ein einzelnes Sample der Amplitude 1 in einer unendlich langen Nullfolge.

Eingangssignal des digitalen Systems sei eine diskrete Folge $x(n)$, die Systemantwort sei $y(n)$. Es gilt dann

$$y(n) = \sum_{k=-\infty}^{\infty} x(k)\, h(n-k)$$

oder in Kurzschreibweise

$$y(n) = x(n) * h(n).$$

Die Ausgangsfolge eines diskreten LTI-Systems ist durch die diskrete Faltung von Eingangsfolge und Impulsantwort beschrieben.

Die Signalverarbeitung mit der diskreten Faltung wird in der Tontechnik sehr häufig eingesetzt. Zur Berechnung gibt es zwei Methoden:

Faltung und digitale Filter

- Direkte Implementierung im Zeitbereich durch ein FIR-Filter. Die Samples der Impulsantwort werden zu den Filterkoeffizienten, die Filterlänge begrenzt die erlaubte Länge der Impulsantwort (siehe Abschnitt 4.3.2).

schnelle Faltung

- Implementierung als **schnelle Faltung** (engl. fast convolution) mit Hilfe der FFT. Zunächst wird durch Fourier-Transformation der Impulsantwort die Übertragungsfunktion berechnet. Dann wird das Signal abschnittsweise in den Frequenzbereich transformiert, dort mit der Übertragungsfunktion multipliziert und schließlich in den Zeitbereich zurücktransformiert (siehe Abschnitt 4.2.3).

Dank des raffinierten FFT-Algorithmus benötigt die schnelle Faltung trotz des Umwegs über den Frequenzbereich erheblich weniger Rechenschritte als die Faltung im Zeitbereich und ist deshalb zur Echtzeitverarbeitung besonders gut geeignet.

Theoretische Impulsantworten sind unendlich lang. In der „wirklichen" Welt sind sie höchstens so lang, bis sie im Grundrauschen des Systems verschwinden. In der Digitaltechnik arbeitet man konsequenterweise mit endlichen Impulsantworten. Möchte man z.B. mit einem **Faltungshallgerät** ein Musikstück bearbeiten, so kann man die (mit MLS oder Chirp gemessene) Raum-Impulsantwort nach Ende des hörbaren Nachhalls abschneiden. Zur Simulation einer Kirche mit 6 s Nachhall bei einer Abtastrate von 48 kHz hätte die zur Faltung eingesetzte Impulsantwort dann immerhin noch eine Länge von rund 288.000 Samples pro Kanal!

ideale und reale Impulsantworten

Bei der Darstellung linearer Systeme durch Impulsantworten sind die Begriffe „Signal" und „Übertragungssystem" austauschbar – denn auch die Impulsantwort ist ein Signal. Durch die Faltung eines Signals mit einem impulsartigen Instrumentenklang, sei es nun das Anklopfen einer Violindecke oder ein Bassdrum-Schlag, lassen sich interessante Klangeffekte erzielen. Doch auch die Faltung zweier völlig beliebiger Signale ist erlaubt; man betrachtet dann eines der beiden als Impulsantwort eines nicht näher bezeichneten Systems.

4.2 Vom Zeit- in den Frequenzbereich

Akustische, elektrische oder optische Signale werden üblicherweise als Funktion der Zeit übermittelt: Die Information steckt in der zeitlichen Änderung von Schalldruck, Spannung oder Lichtintensität. Man nennt dies auch die Signalbeschreibung im **Zeitbereich** (engl. time domain).

Dank **Jean Baptiste Joseph Fourier** (1768 – 1830), Mathematikprofessor in Auxerre, ist uns auch die Darstellung im **Frequenzbereich** (engl. frequency domain) vertraut. Die Zerlegung eines beliebigen Signals mit der Fourier-Transformation ermöglicht die Betrachtung der momentan im Signal vetretenen Teiltöne und ihrer Phasenbeziehungen. In Form der digitalen „Fast Fourier Transform" ist Fouriers mathematisches Werkzeug eine der Säulen der Digitaltechnik.

Signalzerlegung

4.2.1 Fourier-Transformation

Zur Herleitung der **Fourier-Transformation** betrachtet man das Verhalten von LTI-Systemen bei der Übertragung harmonischer Schwingungen[3]. In Abschnitt 4.1.1 wurde gezeigt, dass die Systemantwort eines LTI-Systems als Faltung des Eingangssignals mit der Impulsantwort des Systems beschrieben werden kann: $g(t) = s(t) * h(t)$. Die harmonischen Schwin-

Systemanalyse mit Eigenfunktionen

---

[3] Nichts anderes macht man, wenn man ein Mikrofon oder einen Lautsprecher mit einem variablen Sinussignal (Sweep) untersucht.

gungen, in komplexer Schreibweise $s_\mathrm{E}(t) = \mathrm{e}^{\mathrm{j}\omega t}$, sind die **Eigenfunktionen** der LTI-Systeme – es ist ja gerade das Kennzeichen des linearen Systems, dass es eine harmonische Schwingung abgesehen von einer Amplituden- und / oder Phasenänderung (dargestellt als komplexer Faktor H) unverändert passieren lässt.

Die auf S. 137 eingeführte Beziehung zwischen LTI-System und Eigenfunktion kann also für eine Schwingung der Kreisfrequenz $\omega_0 = 2\pi f_0$ dargestellt werden als

$$\mathrm{e}^{\mathrm{j}\omega_0 t} * h(t) = H\mathrm{e}^{\mathrm{j}\omega_0 t} \qquad \text{bzw.} \qquad h(t) * \mathrm{e}^{\mathrm{j}\omega_0 t} = H\mathrm{e}^{\mathrm{j}\omega_0 t}.$$

Harmonische Schwingung im LTI-System

Möchte man berechnen, wie ein LTI-System eine harmonische Schwingung überträgt, dann kann man statt der Impulsantwort auch einfach den komplexen Skalierungsfaktor H benutzen. Zur Bestimmung von H wird das Faltungsintegral ausgeschrieben:

$$\int_{-\infty}^{\infty} h(\tau)\, \mathrm{e}^{\mathrm{j}\omega_0 (t-\tau)}\, \mathrm{d}\tau = H\mathrm{e}^{\mathrm{j}\omega_0 t}.$$

Die Schwingung $\mathrm{e}^{\mathrm{j}\omega_0(t-\tau)}$ lässt sich zerlegen in einen bezüglich der Integrationsvariablen τ konstanten und einen variablen Teil $\mathrm{e}^{\mathrm{j}\omega_0 t} \cdot \mathrm{e}^{-\mathrm{j}\omega_0 \tau}$, so dass sich

$$\mathrm{e}^{\mathrm{j}\omega_0 t} \int_{-\infty}^{\infty} h(\tau)\, \mathrm{e}^{-\mathrm{j}\omega_0 \tau}\, \mathrm{d}\tau = H\mathrm{e}^{\mathrm{j}\omega_0 t}$$

ergibt. Vergleich der beiden Seiten und Ersetzung der Integrationsvariablen τ durch t ergibt

$$H = \int_{-\infty}^{\infty} h(t)\, \mathrm{e}^{-\mathrm{j}\omega_0 t}\, \mathrm{d}t.$$

Fourier-Transformation: Funktion der Frequenz

Da diese Beziehung für Eigenfunktionen jeder beliebigen Frequenz gelten muss, kann man sie auch als Funktion der Frequenz schreiben:

$$\boxed{H(f) = \int_{-\infty}^{\infty} h(t)\, \mathrm{e}^{-\mathrm{j}2\pi f t}\, \mathrm{d}t.}$$

$h(t) \circ\!\!-\!\!\bullet H(f)$ Übertragungsfunktion, Frequenzgang

Dies nennt man die **Fourier-Transformation** $\mathcal{F}\{h(t)\}$. Aus der Impulsantwort $h(t)$ als Funktion der Zeit wird die **Übertragungsfunktion** $H(f)$ als Funktion der Frequenz. Bei realen Systemen wie Filtern, Lautsprechern oder Verstärkern nennt man $H(f)$ den **Frequenzgang** (engl. frequency response). Die Kurzschreibweise für den Zusammenhang zwischen Impulsantwort und Übertragungsfunktion ist $h(t) \circ\!\!-\!\!\bullet H(f)$ bzw. $H(f) \bullet\!\!-\!\!\circ h(t)$.

Der Betrag des komplexen Frequenzgangs erhält man im allgemeinen Fall aus Real- und Imaginärteil mit

$$|H(f)| = \sqrt{[\mathrm{Re}\{H(f)\}]^2 + [\mathrm{Im}\{H(f)\}]^2}$$

(vgl. Abschnitt 1.1.4). Dies ist der **Amplitudenfrequenzgang** oder **Amplitudengang** des Systems. Die Phase

$$\varphi(f) = \arctan\left(\frac{\operatorname{Im}\{H(f)\}}{\operatorname{Re}\{H(f)\}}\right)$$

ist sein **Phasenfrequenzgang** oder **Phasengang** (siehe z.B. Lüke 1990).

Die Impulsantwort lässt sich aus der Übertragungsfunktion durch die **inverse Fourier-Transformation** $\mathcal{F}^{-1}\{H(f)\}$ zurückgewinnen:

$$h(t) = \int_{-\infty}^{\infty} H(f)\, e^{j2\pi f t}\, df$$

der Beweis kann durch Einsetzen erfolgen.

Die Impulsantwort $h(t)$ ist die Systemantwort auf den Dirac-Stoß $\delta(t)$. In Abschnitt 4.1.1 wurde gezeigt, dass man jedes beliebige Signal durch Dirac-Stöße approximieren kann. Die Fourier-Transformation muss daher auch für beliebige Signale $s(t)$ gelten:

Verallgemeinerung für beliebige Signale

$$S(f) = \int_{-\infty}^{\infty} s(t)\, e^{-j2\pi f t}\, dt \qquad \text{bzw.} \qquad S(f) = \mathcal{F}\{s(t)\}$$

und für die inverse Transformation gilt

$$s(t) = \int_{-\infty}^{\infty} S(f)\, e^{j2\pi f t}\, df \qquad \text{bzw.} \qquad s(t) = \mathcal{F}^{-1}\{S(f)\}$$

Der Approximation des Signals durch Dirac-Stöße im Zeitbereich entspricht die Approximation durch eine unendlich dichte Folge von harmonischen Schwingungen im Frequenzbereich. Damit ist die Dirac-Funktion $\delta(t)$ die Elementarfunktion für die Signalzerlegung im Zeitbereich. Die harmonische Schwingung $e^{j\omega t} = cos(\omega t) + j\sin(\omega t)$ ist die Elementarfunktion für die Zerlegung im Frequenzbereich.

Die komplexe Funktion $\mathcal{F}\{s(t)\} = S(f)$ nennt man das **Spektrum** des Signals. Durch die Zerlegung des komplexen Spektrums in Betrag und Phase (s.o.) erhält man **Amplituden-** und **Phasenspektrum**.

$s(t) \circ\!\!\!-\!\!\!\bullet S(f)$
Spektrum

Die Integralrechnung ermöglicht eine exakte Lösung der Fourier-Transformation – falls Signal oder Impulsantwort als analytische Funktion vorliegen und falls die Stammfunktion bekannt ist. Dies gilt für eine Reihe „idealer" Signale und Systeme, die als Näherungen realer Signale und Systeme betrachtet werden können. Abbildung 4-6 gibt dafür einige wichtige Beispiele.

Anwendung: Es soll das Spektrum eines Rechteckpulses rect(t) der Höhe 1 und der Breite T_0 berechnet werden. Das Signal rect(t) kann als

$$\text{rect}(t) = \begin{array}{ll} 0 & : \ t < \frac{-T_0}{2} \\ 1 & : \ \frac{-T_0}{2} \leq t \leq \frac{T_0}{2} \\ 0 & : \ t > \frac{T_0}{2} \end{array}$$

dargestellt werden. Seine Fouriertransformierte berechnet sich demnach zu

$$\begin{aligned}
\mathcal{F}\{\text{rect}(t)\} &= \int_{-\infty}^{-T_0/2} 0 \cdot e^{-j2\pi ft} \, dt + \int_{-T_0/2}^{T_0/2} 1 \cdot e^{-j2\pi ft} \, dt \\
&\quad + \int_{T_0/2}^{\infty} 0 \cdot e^{-j2\pi ft} \, dt \\
&= \int_{-T_0/2}^{T_0/2} e^{-j2\pi ft} \, dt \\
&= \frac{1}{-j2\pi f} \left[e^{-j2\pi ft} \right]_{t=-T_0/2}^{T_0/2} \\
&= \frac{1}{-j2\pi f} \left(e^{-j2\pi fT_0/2} - e^{j2\pi fT_0/2} \right) \\
&= \frac{e^{j\pi fT_0} - e^{-j\pi fT_0}}{j2\pi f} = T_0 \frac{e^{j\pi fT_0} - e^{-j\pi fT_0}}{j2\pi fT_0}.
\end{aligned}$$

Mit $\dfrac{e^{jx} - e^{-jx}}{2j} = \sin(x)$ (vgl. Euler'sche Formel, S. 26) lässt sich das zu

$$\mathcal{F}\{\text{rect}(t)\} = T_0 \frac{\sin(\pi fT_0)}{\pi fT_0} = T_0 \cdot \text{si}\,(\pi fT_0)$$

vereinfachen, in Kurzschreibweise rect(t) ⚬—● $T_0 \cdot \text{si}\,(\pi T_0 \cdot f)$.

Die inverse Foruriertransformation eines Rechtecks der Breite $2f_g$ im Frequenzbereich (idealer Tiefpass mit der Grenzfrequenz f_g) ergibt entsprechend rect(f) ●—⚬ $2f_g \cdot \text{si}\,(\pi 2f_g \cdot t)$, vgl. Abbildung 4-6.

Die Funktion si$(x) := \sin(x)/x$ nennt man **Spalt-** oder **si-Funktion**, sie erscheint u.A. auch als Intensitätsmuster bei der Beugung am Spalt, als Verteilungsfunktion der Magnetfeldstärke im Kopfspalt des Tonkopfes vom Tonbandgerät oder als Richtcharakteristik des Line-Arrays.

Lässt sich ein Signal nicht analytisch beschreiben – und das gilt für die meisten realen Signale wie Musik oder Sprache – so löst man das Fourier-Integral abschnittsweise numerisch (s.u., DFT und FFT).

Der mathematische Formalismus der Fourier-Transformation führt zu **negativen Frequenzen**: Jedes Spektrum und jede Übertragungsfunktion erscheint an der Frequenz 0 gespiegelt. Die Vorstellung eines negativen Frequenzbereichs ist hilfreich zum Verständnis mancher Effekte wie der scheinbar rückwärts drehenden Postkutschenräder im Western (Aliasing, Abschnitt 5.1.2). Technisch haben negative Frequenzen keine Bedeutung, bei der Beschreibung realer Systeme werden sie deshalb weggelassen.

Abb. 4-6 (gegenüber): Zeitfunktionen (links) und Fourier-Transformierte (rechts) idealer Signale und Systeme. Die Zeitfunktionen lassen sich als Signale oder Impulsantworten interpretieren, die Fourier-Transformierten als Spektren oder Frequenzgänge

4.2 Vom Zeit- in den Frequenzbereich

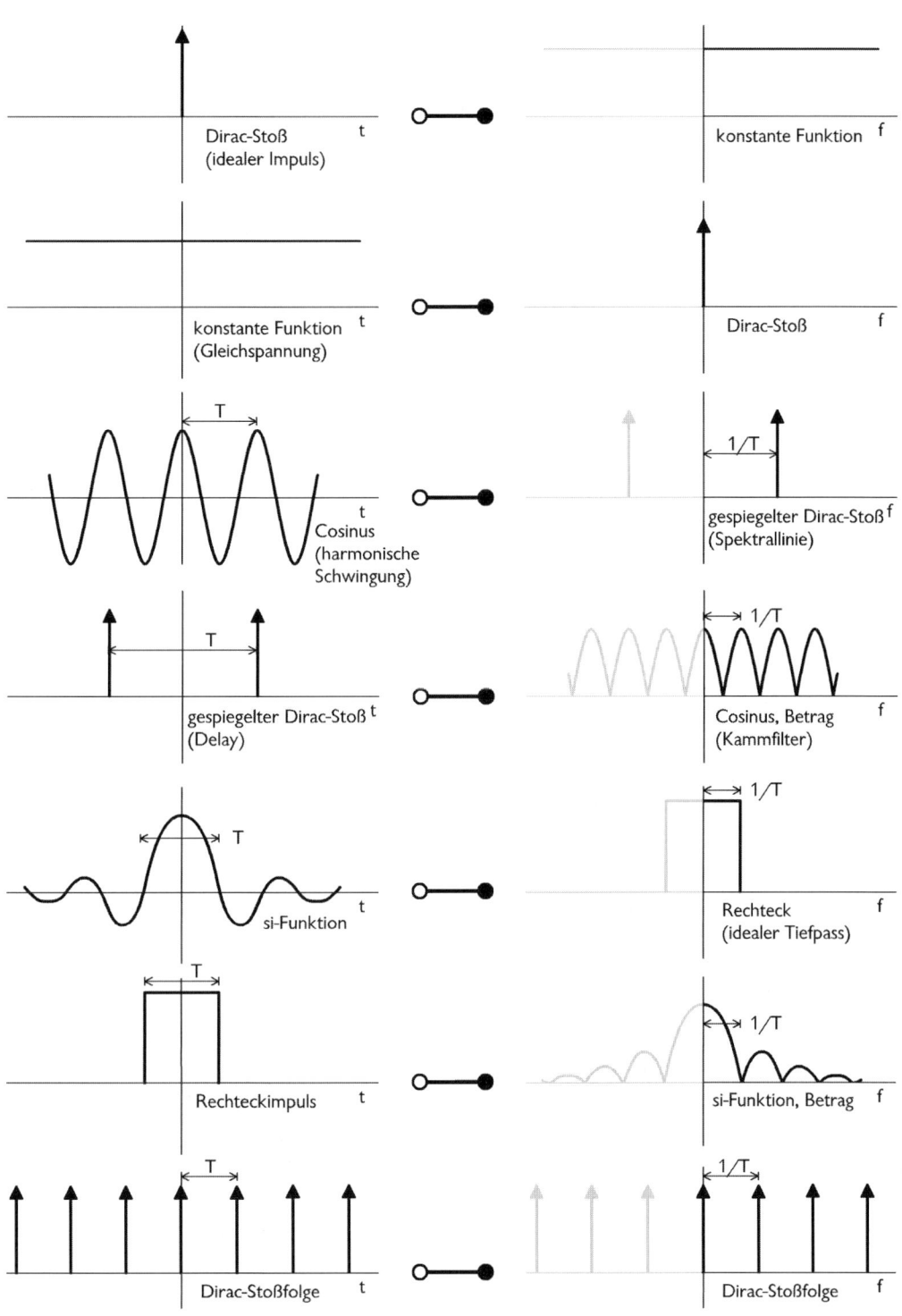

4.2.2 Diskrete Fourier-Transformation: DFT und FFT

Die Fourier-Transformation ist der mathematische Formalismus zur spektralen Zerlegung, die „diskrete" (= digitale) Transformation ist das technische Werkzeug dazu. In der „digitalen Welt" sind Signale zeitdiskrete Folgen $x(n)$. Das Fourier-Integral geht daher über in eine Summe:

$$\mathcal{F}\{x(n)\} = X(k) = \sum_{n=0}^{M-1} x(n)\, e^{-j2\pi nk/M} \qquad k = 0, \ldots, M-1$$

und für die inverse Transformation gilt entsprechend

$$\mathcal{F}^{-1}\{X(k)\} = x(n) = \frac{1}{M} \sum_{k=0}^{M-1} X(k)\, e^{j2\pi nk/M} \qquad n = 0, \ldots, M-1.$$

Transformation mit endlicher Genauigkeit

Dies ist die **diskrete Fourier-Transformation DFT**. Man nimmt dabei an, dass das zeitdiskrete Signal $x(n)$ auf M Werte beschränkt ist (weil es entweder ein nichtperiodisches Signal der Länge M ist, oder weil seine Periodendauer gleich M ist). Das Ergebnis ist ein diskretes Spektrum, das im Frequenzbereich auf M äquidistante Werte beschränkt ist (und von dem $M/2$ Werte nutzbar sind, s.u.). Somit steigt die Genauigkeit des berechneten Spektrums mit M (Abbildung 4-7).

Mit der DFT kann man das Spektrum für jedes beliebige Signal berechnen. Weil die Rechnung nur für M Werte durchgeführt wird, ist die DFT aber grundsätzlich fehlerbehaftet. Außerdem führt die im Frequenzbereich äquidistante Verteilung zu einem linear skalierten Spektrum (vgl. Abbildung 3-7 auf S. 118). In logarithmischer Frequenzdarstellung erkennt man, dass damit die Auflösung der diskreten Fourier-Transformation bei tiefen Frequenzen sehr viel schlechter ist als bei hohen Frequenzen (Abbildung 4-7).

lineare Frequenzskala

Bei der technischen Umsetzung der DFT entspricht M der einstellbaren Länge des Zeitfensters. Natürlich bekommt man durch die „Fensterung" eines realen Signals noch zusätzliche Fehler, man schneidet ja aus dem Zeitverlauf willkürlich einen Bereich heraus. Diese Fehler können aber durch eine geeignete Fensterfunktion minimiert werden, die das Signal mit unterschiedlichen Kennlinien ein- und ausblendet. Das im Zeitbereich hart abschneidende „Rechteck-Fenster" (d.h. die Fensterung ohne Fensterfunktion) erzeugt normalerweise die größten Fehler.

Fensterfunktionen

Hann, Hamming usw.

Das **Hann-** oder **Hanning-**Fenster blendet das Signal mit einer Cosinuskurve ein und sofort wieder aus: $w(n) = 0.5 - 0.5 \cos(2\pi n/M)$ mit dem Index des Abtastwerts n und der Fensterlänge M ($n = 0 \ldots M-1$). Das **Hamming-**Fenster entspricht einem angehobenen Hann-Fenster mit geringen Diskontinuitäten an den Rändern: $w(n) = 0.54 - 0.46 \cos(2\pi n/M)$. Ebenfalls von der Cosinusfunktion abgeleitet (aber komplizierter in der Berechnung) sind **Blackman-** und **Blackman-Harris-**Fenster. Das **Bartlett-**Fenster ist eine Dreiecksfunktion.

4.2 Vom Zeit- in den Frequenzbereich

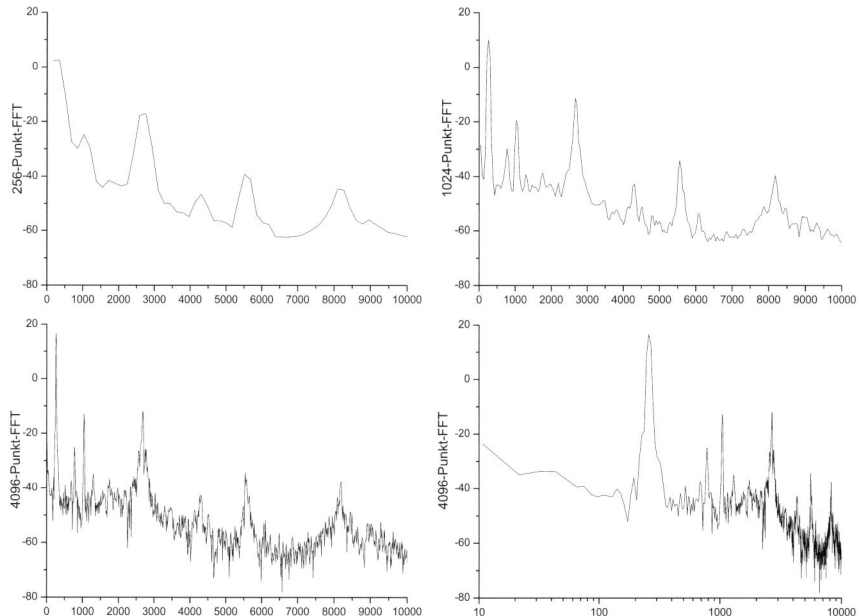

Abb. 4-7: Diskrete Fourier-Transformation: vier Mal das gleiche Signal (Marimba), Hann-Fenster mit unterschiedlichen Fensterlängen. 256-Punkt-FFT, 1024-Punkt-FFT und 4096-Punkt-FFT in linearer Frequenzdarstellung; 4096-Punkt-FFT in logarithmischer Frequenzdarstellung

Die Implementierung der DFT auf Digitalrechnern geschieht üblicherweise mit dem **FFT**-Algorithmus (schnelle Fourier-Transformation, Fast Fourier Transform). Durch geschickte Ausnutzung der Zweierkomplement-Codierung im Computer und durch maschinennahe Programmierung wird mit der FFT im Vergleich zur direkten DFT-Implementierung Rechenzeit gespart: Während die direkte Implementierung für M Ausgangswerte $M \cdot M$ Rechenoperationen benötigt, sind für die Berechnung der FFT nur $M \cdot \mathrm{ld}\,(M/2)$ Operationen erforderlich[4]. Die FFT ist typischerweise um weit mehr als hundertmal schneller als die DFT. Allerdings erzwingt der FFT-Algorithmus die Fensterlänge in einer Zweierpotenz ($M = 2^n$); typische Werte sind $M = 512$, 1024, 2048, 4096 oder 8192 Samples[5].

FFT-Algorithmus

Da wegen der Symmetrie des gespiegelten diskreten Spektrums nur die Hälfte der berechneten Werte nutzbar ist (Abbildung auf S. 145, vgl. auch Abtasttheorem, Abschnitt 5.1), hat eine FFT bei einer Fensterlänge von 2048 Samples eine Frequenzauflösung von nur 1024 Samples („1024-Punkt-FFT"). Bei einer Abtastrate von 48 kHz entspricht dies einer Zeitunschärfe von knapp 43 ms.

---

[4] dualer Logarithmus: $\mathrm{ld}\,x = \ln x / \ln 2$

[5] zur Implementierung der FFT siehe z.B. Tohyama, M. & Koike, T.: **Fundamentals of Acoustic Signal Processing**, Academic Press (San Diego), 1998

4.2.3 Transformation von LTI-Systemen

Selbstverständlich kann die Fourier-Transformation auch auf vollständige Übertragungssysteme angewendet werden. Die Transformation eines LTI-Systems (Abschnitt 4.1.1) in den Frequenzbereich ergibt:

$$s(t) \circ\!\!-\!\!\bullet\ S(f)$$
$$h(t) \circ\!\!-\!\!\bullet\ H(f)$$
$$g(t) \circ\!\!-\!\!\bullet\ G(f)$$

und es gilt

$$g(t) = s(t) * h(t) \quad \circ\!\!-\!\!\bullet \quad G(f) = S(f) \cdot H(f).$$

> Die Faltung im Zeitbereich entspricht einer Multiplikation im Frequenzbereich und umgekehrt.

Berechnung wahlweise im Zeit- oder Frequenzbereich

Die Berechnung des Ausgangssignals eines linearen Systems, zeitkontinuierlich oder zeitdiskret, kann also wahlweise im Zeitbereich (durch Faltung mit der Impulsantwort) oder im Frequenzbereich (durch Multiplikation mit der Übertragungsfunktion) erfolgen. Der Rechenaufwand lässt sich dadurch u.U. erheblich verringern!

Der Algorithmus der „schnellen Faltung" (engl. fast convolution) macht von diesem Trick Gebrauch: Signal und Impulsantwort werden zunächst mit der FFT in den Frequenzbereich transformiert und dann miteinander multipliziert. Die inverse FFT liefert schließlich das Ausgangssignal im Zeitbereich. Die schnelle Faltung wird zur Echtzeit-Implementierung der Faltung genutzt.

4.2.4 Unschärferelation

Das Problem der endlichen Länge des Analysefensters bei der FFT führt auf ein grundlegendes Phänomen der Akustik und Nachrichtentechnik, die Unbestimmtheit von Zeit- und Frequenzverlauf eines Signals. Diese Unbestimmtheit ist eng verwandt mit der Unschärferelation der Quantenmechanik[6].

Je länger ein Analysefenster ist, desto stärker wird das Spektrum zeitlich gemittelt. Bei sehr großer Fensterlänge spricht man auch vom **LTAS** (long time average spectrum, gemitteltes **Langzeitspektrum**). Dadurch wird die Genauigkeit im Frequenzbereich zwar immer größer, aber gleichzeitig im Zeitbereich immer kleiner!

Bei der Einführung der Fourier-Transformation in Abschnitt 4.2.1 tauchte dieses Problem noch nicht auf. Dort wurde stillschweigend vor-

---

[6]Die Heisenberg'sche Unschärferelation $\Delta t\, \Delta E \geq h/2\pi$ wird mit der Planck'schen Quantenhypothese $E = h f$ zur Unschärferelation der Nachrichtentechnik.

ausgesetzt, dass die Signale analytisch beschreibbar und damit für jeden beliebigen Zeitpunkt vorherbestimmt sind. Anders ist es bei realen Signalen, die zeitveränderlich sind, die also im Zeitverlauf Information enthalten. Hier muss man abwägen: Möchte man das Spektrum genau bestimmen? Dann muss man im Zeitbereich mitteln. Und je genauer (schärfer) man das Signal im Frequenzbereich darstellen möchte, desto mehr Information über den zeitlichen Verlauf verliert man, desto ungenauer (unschärfer) wird es im Zeitbereich! Beides kann man nicht haben. Diesen Zusammenhang kann man als Ungleichung darstellen:

ideale vs. reale Signale

$$\Delta t \, \Delta \omega \geq 1 \quad \text{bzw.} \quad \Delta t \, \Delta f \geq \frac{1}{2\pi}$$

Diese **Unschärferelation** hat weder mit den Fehlern der FFT zu tun, noch mit der Ungenauigkeit des Gehörs. Ihre Ursache ist die Welleneigenschaft des Schalls und die daraus resultierende Unbestimmtheit der Frequenz bei kurzen Signalen. Der Begriff „Frequenz", wie er üblicherweise gebraucht wird, impliziert ein sich für alle Zeiten exakt periodisch wiederholendes Signal. In einem zeitveränderlichen Signal hängt die Gültigkeit dieses Begriffs von der Beobachtungsdauer bzw. von der Veränderungsrate ab; es gibt nur so etwas wie unscharfe „momentane Frequenzen". Ein extrem kurzes Signal „hat" keine Frequenz mehr (verkürzt man eine harmonische Schwingung schrittweise, so wird nach und nach aus dem Ton ein Geräusch).

was ist „die Frequenz" eines zeitveränderlichen Signals?

Beispiel: Beim Klavier perlen schnelle chromatische Läufe im Diskant präzise, im Bassbereich aber verschmieren sie, tiefe Töne lassen sich nicht mehr einzeln auseinander halten. Warum? Nehmen wir an, dass ein Pianist Sechzehnteltriolen im Tempo ♩ = 100 spielt; ein einzelner Ton dauert dann 0,1 s. Aus der Unschärferelation folgt mit $\Delta t = 0,1$ s eine Frequenzunschärfe von $\Delta f \geq 10/(2\pi) \approx 1,6$ Hz. Im Diskant ist der Frequenzunterschied der Töne relativ groß, z.B. beträgt er zwischen den Tönen h'' und c''' 987,8 Hz − 1046,5 Hz = 58,7 Hz. In der großen Oktave zwischen E_1 und F_1 wird der Frequenzabstand aber kleiner als die doppelte Frequenzunschärfe: 41,2 Hz − 43,7 Hz = 2,5 Hz. Damit sind die Töne physikalisch nicht mehr sicher unterscheidbar (nach www.gmg-amberg.de).

Zeit-Frequenz-Unschärfe in der Musik

Die Unschärferelation erklärt auch das Zeit-Frequenz-Verhalten von LTI-Systemen: So ist die Impulsantwort eines Filters um so länger, je steilflankiger das Filter ist. Ein ideales Filter mit unendlicher Flankensteilheit hat eine in Vergangenheit und Zukunft unendlich ausgedehnte Impulsantwort und ist damit nicht „kausal": Das Prinzip von Ursache und Wirkung ist verletzt, weil die Wirkung (Impulsantwort) *vor* der Ursache (Impuls) kommt[7]. Reale Systeme sind immer kausal.

kausale und nichtkausale Systeme

---

[7] Sofern ein nichtkausales System in der Vergangenheit beschränkt ist, die Impulsantwort also zu einem bestimmten Zeitpunkt beginnt, wird es durch eine Laufzeit zwischen Ein- und Ausgang kausal. Dies nennt man die **Latenz** des Systems.

Auch der in Abschnitt 1.1 eingeführte mechanische Schwinger ist dem Unschärfeprinzip unterworfen. Eine Resoanzdämpfung von 0 ($Q = \infty$) ist verknüpft mit einer reinen Schwingung ohne Anfang und Ende.

4.2.5 Musikalische Deutung der Frequenzanalyse

Die ungeheure Bedeutung von Fouriers Entdeckung der Schwingungsanalyse und -synthese durch Zerlegung in Elementarschwingungen blieb lange verborgen: Nach Ansicht vieler Physiker des 19. Jahrhunderts war der Fourier'sche Satz eine „mathematische Fiktion" (Helmholtz) ohne Entsprechung in der wirklichen Welt.

Nichtsdestotrotz hatte schon lange vor Fouriers Arbeiten der Komponist **Jean Philippe Rameau** (1683–1764) eine Theorie des Klangs aus Grundton und Obertönen entwickelt, und die Orgelbaumeister konstruierten „Mixtur"-Register zur additiven Klangsynthese. Doch erst die auf dem Fourier'schen Satz basierende Theorie der Teiltöne von **Georg Simon Ohm** (1787–1854) und deren messtechnischer Nachweis durch den Physiker und Physiologen **Hermann von Helmholtz** (1821–1894) brachten schließlich die Erkenntnis, dass die von Fourier vorausgesagten Elementarschwingungen auch tatsächlich im Schallsignal existieren (**Ohm-Helmholtz'sches Gesetz**). Zur Signalanalyse benutzte Helmholtz die heute nach ihm benannten akustischen Resonatoren (*Helmholtz 1865*).

> **Ohm-Helmholtz'sches Gesetz: Klang aus Grundton und Obertönen**

Es ist erstaunlich, dass sich diese Erkenntnis erst so spät durchsetzte – schließlich zerlegt das Ohr ebenfalls komplexe Töne im Frequenzbereich und führt so eine Art Fourieranalyse durch (vgl. Abschnitt 3.1).

Was hat nun der Fourier'sche Satz mit dem Klang zu tun? Analysiert man ein periodisches Signal $f(t)$ bzw. $x(n)$, dann ergibt der Betrag der Fourier-Transformation ein **Linienspektrum**. Der Frequenzabstand der Spektrallinien ist ein ganzzahliges Vielfaches von derjenigen Frequenz, die gerade die Periodizität des Signals beschreibt; dies ist auch die Frequenz der „untersten" Spektrallinie und entspricht der wahrgenommenen Tonhöhe[8]. Je größer die Periodendauer des Signals ist (= tiefer Ton), desto kleiner wird der Abstand der Spektrallinien.

> **periodisches Signal ○—● Linienspektrum**

Die Spektrallinien bezeichnet man als **Teiltöne** (engl. partials) des Klangs. Der erste Teilton ist der **Grundton** (engl. fundamental), die höheren Teiltöne sind als **Obertöne** (engl. harmonics) für die Klangfarbe verantwortlich (zur Tonhöhenempfindung bei fehlendem Grundton siehe Abschnitt 3.2.3; die Phase des komplexen Spektrums, der Phasenfrequenzgang, hat fast keinen Einfluss auf den Klang).

> **nichtperiodisches Signal ○—● kontinuierliches Spektrum**

Zeitlich begrenzte Signale (wie z.B. der Dirac-Stoß), zeitveränderliche Signale und Zufallssignale (wie z.B. Rauschen) führen bei der Trans-

---
[8] Dies entspricht der Fourier-Reihenentwicklung. Die Fourier-Reihe kann als Sonderfall der Fourier-Transformation für periodische Signale aufgefasst werden.

formation zu einem **kontinuierlichen Spektrum**; siehe auch Abbildung 4-6 auf Seite 145. Signale mit kontinuierlichem Spektrum werden als „Geräusch" empfunden.

Periodische Signale nennt man auch **stationär** oder **deterministisch**. Musiksignale sind, mit Ausnahme mancher synthetischer Klänge, niemals stationär, sondern bestenfalls **quasistationär**. Auch bei einem „stehenden" Ton ist der Signalverlauf zu einem gewissen Grad zeitveränderlich. Das Spektrum einzelner, stationärer Klänge setzt sich aus diskreten Linien (Grundton, Obertöne) zusammen. Das Spektrum von komplexeren Musiksignalen ist meist kontinuierlich mit mehr oder weniger deutlich abgesetzten Spektrallinien (Abbildungen 4-8, 4-9).

stationäre und quasistationäre Signale

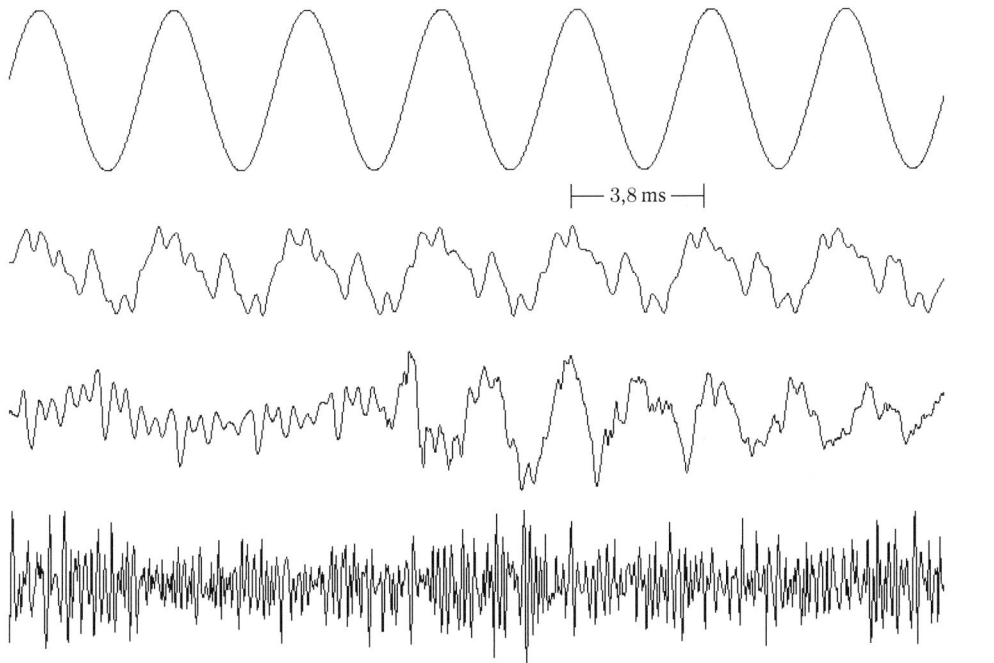

Abb. 4-8: Zeitverläufe verschiedener Klänge, von deterministisch bis stochastisch: synthetische Sinusschwingung, Ausklang eines Klaviertons (c′), Ausschnitt eines Musikstücks, Beckenschlag (Crash)

Der Gegensatz zum vorherbestimmten periodischen Signal ist das **Zufallssignal** oder **stochastische Signal**. Das **weiße Rauschen** (engl. white noise) ist das perfekte Zufallssignal – deshalb klingen so viele natürliche Schallereignisse ähnlich wie weißes Rauschen. Musik- und Sprachsignale haben einerseits einen unvorhersagbaren Signalverlauf, andererseits aber auch periodische, tonale Bestandteile. Sie befinden sich auf halbem Weg zwischen dem perfekt deterministischen und dem perfekt stochastischen Signal (Abbildung 4-8). Ihr Spektrum ändert sich ständig. Zur Spektralanalyse führt man oft eine Zeit-Frequenz-Analyse durch. Hierbei

stochastische Signale und das weiße Rauschen

Sprache und Musik

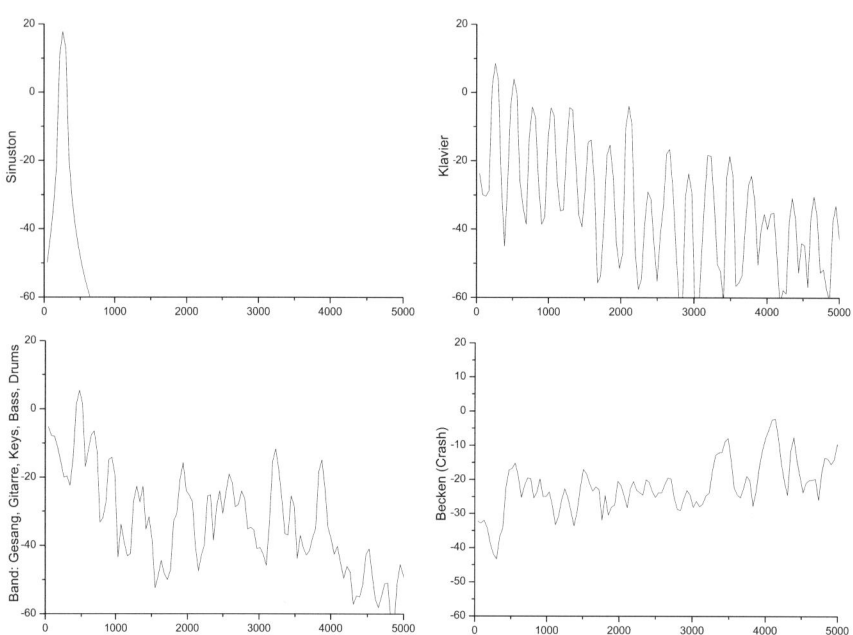

Abb. 4-9: Kurzzeit-Spektren der Signale aus Abb. 4-8: Sinus, Klavierton, Musik, Beckenschlag (man beachte die lineare Frequenzdarstellung); auf Grund der Zeit-Frequenz-Unschärfe erscheinen Spektrallinien sehr breit

Zeit-Frequenz-Analyse für zeitveränderliche Signale

wird ein kurzes FFT-Analysefenster abschnittsweise überlappend über das Signal geschoben („running windows"). Die so ermittelten Kurzzeitspektren können z.B. als dreidimensionale Datenlandschaft („Wasserfalldiagramm") dargestellt werden. Die Zeit-Frequenz-Analyse spielt eine große Rolle bei der Zerlegung von Signalen für die Datenreduktion (vgl. Abschnitt 6.3.2). Die Fensterlänge entscheidet dabei über den Kompromiss zwischen Zeit- und Frequenzauflösung.

4.2.6 Andere Möglichkeiten spektraler Zerlegung

Neben der Fourier-Transformation in Gestalt der FFT sind in der digitalen Audiotechnik noch andere Algorithmen zur Spektralanalyse verbreitet.

Cosinus-Transformation (MDCT)

Die diskrete **Cosinus-Transformation** (**DCT**) ist (wie auch die diskrete Sinus-Transformation DST) verwandt mit der FFT. Statt das Signal wie bei der FFT in Sinus- und Cosinusfunktionen zu zerlegen (Eigenfunktionen der LTI-Systeme $e^{j\omega t} = \cos\omega t + j\sin\omega t$), werden nur die Cosinus-Terme berücksichtigt. Damit halbiert sich der Rechenaufwand der DCT gegenüber der ohnehin schon schnellen FFT.

Anwendung findet sie in Form der modifizierten diskreten Cosinus-Transformation (**MDCT**) u.a. bei den Datenreduktionsverfahren MP3 und AC-3 (vgl. Abschnitt 6.3.2). Durch besondere Fensterfunktionen und Überlappung der Fenster im Zeitbereich ist die MDCT – anders als die

FFT – verlustfrei, d.h. bei zweimaliger Transformation erhält man exakt das ursprüngliche Signal („perfect reconstruction").

Die diskrete **Wavelet-Transformation** (**DWT**) zerlegt ein Signal nicht in reine Schwingungen, sondern in elementare **Wavelets** (kleine Wellenpakete). In Analogie zur FFT wird sie bevorzugt als **FWT** (fast wavelet transform) implementiert. Hervorstechendes Merkmal der Wavelet-Transformation ist die logarithmische (also gehörgemäße) Auflösung im Frequenzbereich, die dank der Skalierung der Analyse-Wavelets möglich ist (unabhängig von der Frequenz enthält jedes Wavelet die gleiche Zahl von Schwingungsperioden). Im Vergleich zur FFT wird damit eine erheblich bessere Auflösung bei tiefen Frequenzen erreicht, die Auflösung bei hohen Frequenzen ist allerdings entsprechend schlechter. Wie die MDCT wird die FWT bei der Datenreduktion eingesetzt.

Wavelet-Transformation

Eine den Transformationen verwandte Technik der Signalzerlegung im Frequenzbereich ist die Bandpass-**Filterbank**. Das klassische Beispiel ist der **Real-Time Analyzer**, der ein Signal mit 30 Terzband-breiten Bandpassfiltern zerlegt und durch LED-Ketten in jedem Bandpasskanal den Pegel anzeigt. Bei vergleichsweise grober Frequenzauflösung ist die Zeitauflösung sehr gut.

Filterbankzerlegung

Eine digitale Variante der Filterbank ist ein kaskadiertes Paar spiegelbildlich komplementärer FIR-Filter (s.u.), Tiefpass und Hochpass. Bei diesem „Quadrature Mirror Filter" (**QMF**) wird das Signal mit jeder Aufteilung in zwei Bänder um den Faktor 2 dezimiert; die Datenrate bleibt dadurch konstant. Diese Technik kann als zeitdiskrete Transformation mit geringer Fensterlänge betrachtet werden; die Parameter am Ausgang der Filterbank (Transformation in den Frequenzbereich) werden genutzt, um mit derselben Filterbank das ursprüngliche Signal wieder zu synthetisieren (Rücktransformation). Die QMF-Filterbank ist, wie die MDCT, ein fehlerfreies Analyse-Synthese-Verfahren („perfect reconstruction").

Analyse-Synthese-Filterbank

Eine akustische Implementierung des Fourier'schen Theorems ist die Zerlegung eines Schallfelds mit dem **akustischen Beugungsgitter**. Um genügend kleine Wellenlängen zu erhalten, wird das Signal in den Ultraschallbereich verschoben. Das hinter einem Nadelgitter entstehende Interferenzfeld wird mit einem Mikrofon abgetastet (*Thiehaus 1935*).

akustisches Beugungsgitter

4.3 Filter

Filter sind die elementaren linearen Systeme. Sehr viele reale Systeme sind mit Filtern aufgebaut, sehr viele Systeme lassen sich durch Filter modellieren. Die technische Umsetzung von Filtern wird in diesem Abschnitt nur kurz angerissen; eine ausführliche Darstellung ist z.B. in (*Führer 2006*), (*Tietze 2002*) und (*Watkinson 2001*) zu finden.

4.3.1 Tiefpass, Hochpass, Bandpass

Der grundlegende Filtertyp ist der **Tiefpass** (engl. lowpass oder highcut). Er sperrt hohe Frequenzen und lässt tiefe Frequenzen durch. Die charakteristischen Merkmale des Tiefpassfilters sind seine **Grenzfrequenz** f_g bzw. $\omega_g = 2\pi f_g$ und seine **Flankensteilheit**. Der Kehrwert der Grenzfrequenz τ (Tau) = $1/\omega_g$ wird als **Zeitkonstante** des Filters bezeichnet. Der Frequenzbereich unterhalb der Grenzfrequenz ($f \ll f_g$) ist der **Durchlassbereich** des Filters (engl. passband), der Frequenzbereich oberhalb ($f \gg f_g$) sein **Sperrbereich** (engl. stopband). Bei der Grenzfrequenz ist die Energie des gefilterten Signals auf die Hälfte reduziert, die Spannung auf den Wert $1/\sqrt{2}$ (Pegelabfall von -3 dB).

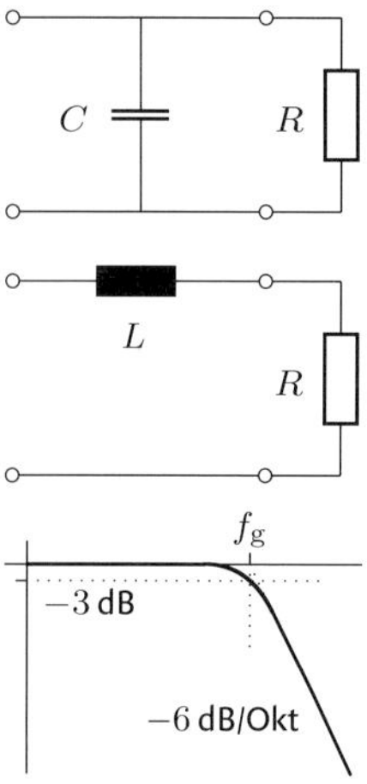

Ein Filter, dessen Ausgangsspannung oberhalb der Grenzfrequenz umgekehrt proportional zur Frequenz ($\sim 1/\omega$) ist, heißt **Filter 1. Ordnung**. Seine Flankensteilheit beträgt 6 dB pro Oktave. Bei einer quadratischen Frequenzabhängigkeit ($\sim 1/\omega^2$) spricht man von einem **Filter 2. Ordnung**, es hat eine Flankensteilheit von 12 dB / Oktave, usw. Auch hier gilt die Unschärferelation: Je größer die Flankensteilheit eines Filters ist, desto länger ist die Impulsantwort bzw. der **Einschwingvorgang**.

In Abb. 4-10 bis 4-12 sind Realisierungen einfacher Filter in passiver Elektronik dargestellt. Das Eingangssignal liegt jeweils an den linken Klemmen an, das Ausgangssignal wird an den rechten Klemmen (also über dem Widerstand) abgegriffen.

Einen Tiefpass 1. Ordnung kann man entweder durch einen Kondensator (Kapazität C) mit einem Widerstand in Parallelschaltung (RC-Tiefpass) oder durch eine Spule (Induktivität L) mit einem Widerstand R in Reihenschaltung (RL-Tiefpass) realisieren, siehe Abb. 4-10. Die Grenzfrequenz berechnet sich mit $\omega_g = 1/RC$ bzw. $\omega_g = R/L$. Für einen Tiefpass 2. Ordnung benötigt man einen Kondensator und eine Spule, für einen Tiefpass 3. Ordnung zwei Kondensatoren und eine Spule oder einen Kondensator und zwei Spulen usw.

Der Tiefpass kann als Modell für viele Systeme herangezogen werden. So hat jedes zweiadrige Kabel eine kleine Kapazität zwischen den beiden Leitern und ist damit ein RC-Tiefpass 1. Ordnung. Bei sehr großen Kabellängen bemerkt man deshalb eine Höhendämpfung. Das Federpendel ist bei hinreichender Dämpfung ($Q = 1/\sqrt{2}$) ein mechanischer Tiefpass 2. Ordnung (Abschnitt 1.1.2), der Helmholtz-Resonator ein akustischer Tiefpass 2. Ordnung (Abschnitt 1.4.2). Selbst die Schallübertragung in Luft hat Tiefpasscharakteristik, weil die Ausbreitungsdämpfung durch Dissipation mit steigender Frequenz zunimmt (Abschnitt 2.2.1).

Die zum Tiefpass spiegelsymmetrische Charakteristik erhält man mit einem **Hochpass**. Er sperrt tiefe Frequenzen, lässt aber hohe Frequenzen passieren (engl. highpass oder lowcut). Einen Hochpass 1. Ordnung rea-

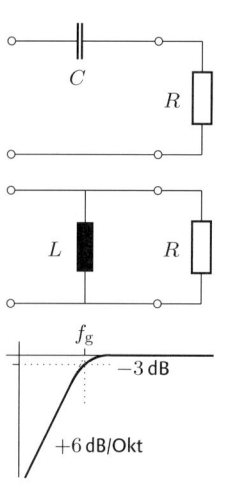

Abb. 4-10: Tiefpassfilter 1. Ordnung, RC und RL; Frequenzgang

Abb. 4-11: Hochpassfilter 1. Ordnung, RC und RL; Frequenzgang

lisiert man mit einem Kondensator in Reihenschaltung oder einer Spule in Parallelschaltung (Abb. 4-11).

Eine Kombination von Spule und Kondensator, bei der die Energie zwischen elektrischem Feld und magnetischen Feld pendeln kann, heißt **Schwingkreis**. Der Schwingkreis ist die elektrische Analogie des Federpendels: Das elektrische Feld im Kondensator entspricht der Federkraft, das magnetische Feld in der Spule entspricht der bewegten Masse, der ohmsche Widerstand entspricht der Reibungsdämpfung. Die Resonanzfrequenz ist $\omega_0 = \sqrt{LC}$ (vgl. S. 19). Bei geringer Dämpfung, also hohem Gütefaktor Q (siehe Abschnitt 1.1.2), wirkt die scharfe Resonanzüberhöhung als schmales Bandfilter, und zwar je nach Schaltung als **Bandpass**[9] oder **Bandsperre** (Abbildung 4-12). Die Resonanzgüte berechnet sich beim Bandfilter zu $Q = (1/R) \cdot \sqrt{L/C}$.

Der **Allpass** (Abb. 4-13) ändert nur den Phasenfrequenzgang, aber nicht den Amplitudenfrequenzgang des Signals. Allpässe werden z.B. zur Laufzeitkorrektur in aktiven Lautsprechern eingesetzt.

4.3.2 Digitale Filter: FIR und IIR

Die Anwendung von linearen Rechenoperationen (Addition und Multiplikation) auf digitale Signale in Form von Software oder digitaler Hardware nennt man **digitales Filter**. Digitale Filter als Software haben die angenehme Eigenschaft, dass die Filteregenschaften variabel sind und dass die mögliche Komplexität des Filters nur durch die Rechengeschwindigkeit begrenzt ist.

Auch die **diskrete Faltung**, ein Algorithmus aus Taktverzögerung, Multiplikation mit den Samples der Impulsantwort und Addition, ist ein digitales Filter. In Abbildung 4-14 oben ist das Flussdiagramm der diskreten Faltung mit einer Impulsantwort der Länge N dargestellt; z^{-1} symbolisiert jeweils die Verzögerung um einen Taktschritt bzw. einen Abtastwert (Sample) des Eingangssignals. Die Abtastwerte der Impulsantwort sind die **Filterkoeffizienten** b_i. Wegen der endlichen Länge der Impulsantwort nennt man dies ein **FIR**-Filter („finite impulse response").

Nun ist man beim Filterentwurf nicht allein auf den Algorithmus der diskreten Faltung beschränkt. Systeme mit einer Impulsantwort sehr großer Länge kann man natürlich mit einem FIR sehr großer Länge realisieren. Effizienter ist aber ein rekursiver Algorithmus, also gewissermaßen eine Rückkopplungsschleife im Signalweg.

In Abbildung 4-14 unten ist das Flussdiagramm eines solchen **rekursiven Filters** der Länge M mit den Filterkoeffizienten a_i dargestellt (zur Abgrenzung bezeichnet man den nicht-rekursiven Algorithmus auch als **Transversalfilter**). Rekursive digitale Filter haben eine unendlich lang

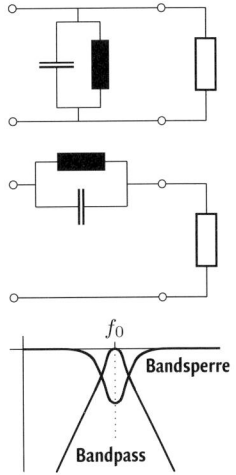

Abb. 4-12: Bandfilter 1. Ordnung mit Parallelschwingkreis; Bandpass (oben) und Bandsperre (unten); Frequenzgänge

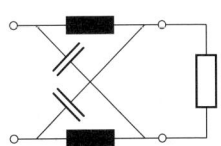

Abb. 4-13: Allpass, Phasenverschiebung von 0 bzw. 0° bei tiefen Frequenzen bis π bzw. 180° bei hohen Frequenzen

---

[9] Eine Verkettung von Hochpass und Tiefpass wird ebenfalls als Bandpass bezeichnet.

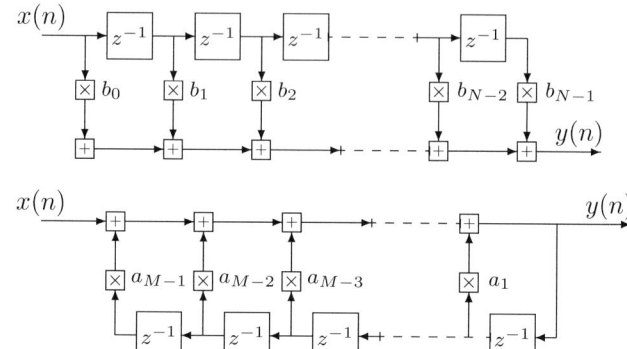

Abb. 4-14: Digitale Filter; oben: transversale Struktur (FIR), unten: rein rekursive Struktur (IIR)

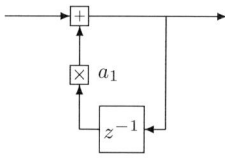

Abb. 4-15: IIR-Simulation eines RC-Filters

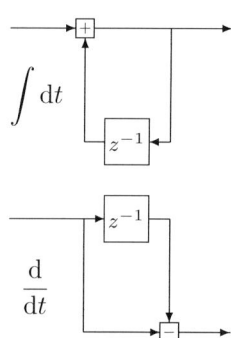

Abb. 4-16: Integrierer und Differenzierer

ausschwingende Impulsantwort und werden deshalb als **IIR** (Infinite Impulse Response) bezeichnet.

Mit digitalen Filtern lassen sich dieselben Kennlinien (Tiefpass, Hochpass etc.) realisieren wie mit analogen Filtern. Die IIR-Struktur ist zur Simulation einfacher analoger Filter geeignet. Abbildung 4-15 zeigt die digitale Entsprechung eines RC-Filters 1. Ordnung; mit einem Koeffizienten a_1 kleiner als 1 ergibt sich ein digitaler Tiefpass (*Watkinson* 2001).

Zwei in der digitalen Signalverarbeitung wichtige Filter sind der **Integrierer** und der **Differenzierer** (Abb. 4-16). Sie werden u.a. in A/D- und D/A-Wandlern benötigt, um Abtastwerte aufzusummieren oder zu subtrahieren. Der Integrierer ist ein einfaches IIR mit positiver Rückkopplung (Koeffizient $a_1 = 1$); Berechnungsgleichung für das n-te Ausgangssample: $y(n) = x(n) + y(n-1)$. Der Differenzierer ist ein einfaches FIR mit Invertierer (Koeffizienten $b_0 = 1$, $b_1 = -1$); die Invertierung wird durch die Komplement-Bildung des binär codierten Abtastwertes erreicht (siehe Abschnitt 5.2.1); Berechnungsgleichung für das n-te Ausgangssample: $y(n) = x(n) - x(n-1)$.

Der Amplitudenfrequenzgang des Integrierers fällt linear mit $-6\,\mathrm{dB}$ / Oktave über den gesamten Frequenzbereich (Tiefpasscharakteristik), der Differenzierer hat einen dazu inversen Frequenzgang mit einem linearen Anstieg von 6 dB / Oktave (Hochpasscharakteristik).

Digitale **Allpässe** werden u.a. in Hallgeräten eingesetzt, um Signalverzögerungen ohne den ausgeprägten Kammfilter-Effekt des einfachen Delays zu realisieren.

Grundlegende und weiterführende Literatur

Arnold Führer, Klaus Heidemann & Wolfgang Nerreter: **Grundgebiete der Elektrotechnik** (3 Bde.), Hanser, 8. Aufl. 2006.

Ulrich Karrenberg: **Signale, Prozesse, Systeme. Eine multimediale und interaktive Einführung in die Signalverarbeitung**, Springer, 5. Aufl. 2009. Mit Software zur Signalverarbeitung.

5 Analoge Welt, digitale Welt

„My Engineer and I would like to thank the Sony Corporation for their creation of the Professional Digital Audio System which helped us reach the technological dream that once only existed in our minds."
(Stevie Wonder auf der LP „Hotter than July", 1980)

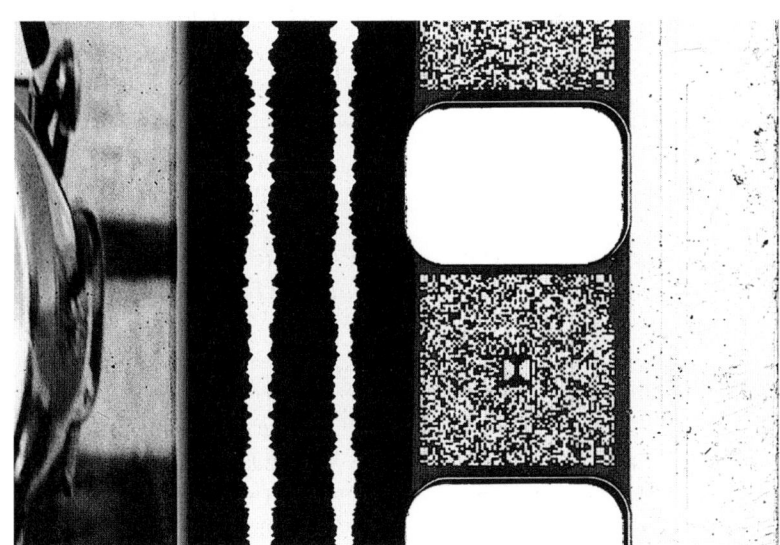

Abb. 5-1: Analoger und digitaler Lichtton an der Randperforation eines Filmstreifens, ca. 40-fach vergrößert

Der Startschuss für die digitale Studiotechnik fiel 1969 mit den ersten Digital-Delays, entwickelt von **Barry Blesser** für Gotham Audio und von **Francis Lee** für American Data Sciences (seit 1971 Lexicon). Die digitale Tonaufzeichnung etablierte sich in den frühen 1980er Jahren mit dem Sony PCM 1610 „PCM-Adapter" für U-Matic-Videorecorder. Zeitgleich wurde der CD-Standard von Sony und Philips eingeführt; 1982/83 kamen die ersten CD-Spieler auf den Markt. Seitdem ist die vollständig digitale Tonübertragung möglich.

5 Analoge Welt, digitale Welt

Was ist besser: digital oder analog?

Trotzdem scheint die Entscheidung „digital oder analog?" noch immer eine Glaubensfrage zu sein. Dabei ist die Glorifizierung der Analogtechnik ebenso unsinnig wie die Behauptung, digitale Geräte würden nicht rauschen. Zwar kann ein analoges Signal im Prinzip unendlich viele Zustände annehmen, während ein digitales Signal aus einem begrenzten Vorrat einzelner zeit- und wertediskreter Zeichen zusammengesetzt ist. Viele Menschen unterstellen „der Digitaltechnik" deshalb einen kalten, unmusikalischen, eckigen Klang – doch man darf nicht die äußere Form eines Signals mit seinem Informationsgehalt verwechseln! In der unendlichen Zahl von Zuständen des analogen Signals ist nicht zwangsläufig mehr Information verborgen (siehe Kapitel 6).

Die Klangqualität ist kein Argument für oder gegen die Digitaltechnik. Dass die moderne Tontechnik zum größten Teil digital ist, hat ganz pragmatische Gründe: Audiosignale in digitaler Form sind leichter zu manipulieren als analoge Signale; Übertragung, Speicherung und Kopie sind ohne Qualitätsverlust möglich.

In diesem Kapitel werden zunächst die Grundlagen der Digitaltechnik und die Prinzipien der Analog-Digital-Wandlung vorgestellt und dann Bauarten typischer Wandler beschrieben.

5.1 Die diskrete Zeit: Abtastung

Digitalisierung = Diskretisierung

Digitale Signale sind zeit- und wertediskret. Um in die „digitale Welt" (engl. digital domain) zu gelangen, muss man das analoge Signal zunächst im Zeitbereich **abtasten** und die dann zeitdiskreten Abtastwerte **quantisieren**.

5.1.1 Abtasttheorem

Nyquist Kotelnikov

Große Ideen entstehen häufig an verschiedenen Orten in verschiedenen Köpfen. Schon 1928 formulierte der gebürtige Schwede **Harry Nyquist** (1889 – 1976), Entwickler an den Bell Laboratories, die Grundlage für die Digitaltechnik. 1933 entdeckte **Vladimir Aleksandrovich Kotelnikov** (1908 – 2005) am Moskauer MPEI[1] die gleichen Gesetzmäßigkeiten.

Nyquist und Kotelnikov zogen die richtigen Schlüsse aus der Tatsache, dass erstens nach Fourier jedes Signal in harmonische Schwingungen zerlegt werden kann, und dass zweitens jede harmonische Schwingung bereits durch zwei Funktionswerte innerhalb einer Schwingungsperiode eindeutig definiert ist.

Der Wechsel zwischen Schwingungsminimum und Schwingungsmaximum des höchsten im Signal enthaltenen Teiltons ist auch die

---

[1] Moscow Power Engineering Institute / Московский Энергетический Институт

schnellstmögliche Zustandsänderung, die im Signal auftreten kann. Kennt man diese obere Grenzfrequenz des Signals, dann kann man daraus die Rate bestimmen, mit der Signalstichproben genommen werden müssen, ohne dass dabei Information verloren geht:

> Zur vollständigen Beschreibung eines beliebigen Signals mit der oberen Grenzfrequenz $f_{\max}$ genügen pro Sekunde $2 \cdot f_{\max}$ äquidistante Stichproben des Signalverlaufs.
>
> $$f_A \stackrel{!}{\geq} 2 \cdot f_{\max}$$
>
> f_A ist die **Abtastrate** oder Tastfrequenz (engl. sampling rate)[2].

Dies ist das **Abtasttheorem** (auch Nyquist- oder Kotelnikov-Theorem oder, nach dem wichtigsten Theoretiker der Informationstechnik, Shannon-Theorem).

Abtasttheorem

Die bei gegebener Abtastrate maximal erlaubte obere Grenzfrequenz des Signals wird als **Nyquist-Frequenz** f_{NY} bezeichnet[3]:

Nyquist-Frequenz

$$f_{NY} = f_A/2.$$

Ein Signal darf keine spektralen Komponenten oberhalb der Nyquist-Frequenz enthalten, andernfalls kommt es zu Fehlern (s.u.).

Durch die **Abtastung** (engl. sampling) wird das zeitkontinuierliche Signal ohne Informationsverlust in ein zeitdiskretes Signal aus endlich vielen Stichproben umgewandelt. Der Signalverlauf zwischen zwei Abtastwerten trägt nichts zum Informationsgehalt des Signals bei (zwar enthalten typische Musiksignale u.U. spektrale Komponenten oberhalb der Nyquist-Frequenz, wodurch es einen theoretischen Informationsverlust gibt, nur liegt die verlorene Information außerhalb des Übertragungsbereichs der meisten Mikrofone und Lautsprecher und außerhalb des Hörbereichs).

Abtastung (Sampling)

Dies erscheint seltsam; zum Verständnis hilft die Betrachtung im Frequenzbereich (Abb. 5-2). Vom Standpunkt der analogen Nachrichtentechnik handelt es sich bei der Abtastung um eine **Pulsamplitudenmodulation** (PAM, siehe Abschnitt 6.2). Das PAM-Spektrum ist die (theoretisch unendliche) periodische Fortsetzung des ursprünglichen Signalspektrums; die Periodendauer ist gleich dem Kehrwert des zeitlichen Abstands der Abtastwerte ($f_A = 1/T_A$). Durch die Abtastung wird dem Signal also nichts weggenommen, sondern

Durch die Abtastung wird dem Signal nichts weggenommen, sondern hinzugefügt!

---

[2]Diese Formulierung gilt für Signale mit Frequenzen zwischen 0 Hz und $f_{\max}$ („Tiefpass-Signale"). Für „Bandpass-Signale", die auch eine charakteristische *untere* Grenzfrequenz $f_{\min}$ haben, genügt $f_A \geq 2 \cdot (f_{\max} - f_{\min})$. Typische Audiosignale sind Tiefpass-Signale, ihre untere Grenzfrequenz ist so tief, dass man sie vernachlässigen kann.
[3]nicht zu verwechseln mit der **Nyquist-Rate**, der geringst möglichen Tastfrequenz

Abb. 5-2: Zeitkontinuierliches Signal und Spektrum; zeitdiskretes Signal (PAM) mit periodisch fortgesetztem Spektrum

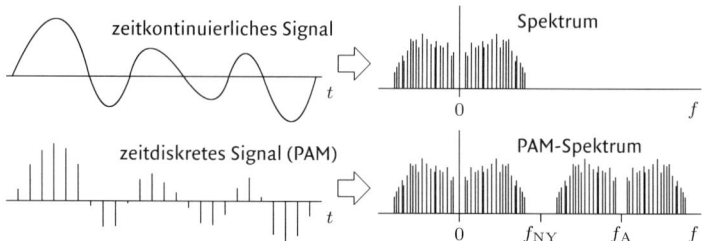

Rekonstruktion mit Tiefpass

etwas hinzugefügt (nämlich die mit f_A periodischen Wiederholungen des Spektrums). Die Rekonstruktion des ursprünglichen Signals gelingt somit ganz leicht, indem die zusätzlichen spektralen Bestandteile mit einem Tiefpassfilter entfernt werden.

5.1.2 Unterabtastung und Alias-Effekt

Wird das Abtasttheorem verletzt, ist also die Nyquist-Frequenz kleiner als die maximale Signalfrequenz, so können die Abtastwerte nicht mehr eindeutig einer Signalfrequenz zugeordnet werden (**Unterabtastung**, Abb. 5-3). Signalanteile oberhalb der Nyquist-Frequenz erscheinen „gespiegelt" im Frequenzbereich unterhalb der Nyquist-Frequenz (Alias-Effekt, engl. aliasing). In Abbildung 5-4 ist Aliasing im Frequenzbereich dargestellt.

Mehrdeutigkeit der Abtastwerte bei Unterabtastung

Zur Verdeutlichung soll ein Gedankenexperiment helfen: Man stelle sich vor, dass auf einem Plattenteller mit 33,3 U/min $\approx 0{,}56$ Hz ein Gegenstand rotiert ($T = 1/f = 1{,}8$ s). Die „Abtastung" erfolgt durch kurzes Öffnen der geschlossenen Augen. Öffnet man die Augen mindestens zwei mal pro Rotationsperiode, also häufiger als alle 0,9 s, dann lässt sich die Rotation eindeutig und fehlerfrei identifizieren. Öffnet man sie genau zwei mal, dann ist die Richtung der Rotation nicht mehr entscheidbar (kritische Abtastung). Öffnet man die Augen seltener als zwei mal pro Periode, dann scheint sich die Richtung der Bewegung umzukehren, während gleichzeitig die Rotationsgeschwindigkeit langsamer erscheint (Aliasing). Öffnet man die Augen genau einmal pro Rotationsperiode, dann scheint das Objekt ganz stillzustehen (Unterabtastung mit Nyquist-Frequenz; das durch Aliasing entstehende neue Signal hat die Frequenz 0 Hz).

Beispiele für optisches Aliasing sind unter Stroboskoplicht verlangsamt erscheinende schnelle Schwingungen oder scheinbar langsam oder rückwärts drehende Räder im Film (Abtastung mit 24 Hz durch die Filmkamera).

In der Bildtechnik lässt sich Aliasing nicht vermeiden und wird deshalb notgedrungen toleriert. In der Tontechnik ist Aliasing aber absolut verboten: Jede spektrale Signalkomponente *oberhalb* der Nyquist-Frequenz wird durch die Abtastung an der Nyquist-Frequenz gespiegelt und taucht dadurch auch im Frequenzbereich *unterhalb* der Nyquist-Frequenz auf. So würde bei einer Abtastung mit $f_A = 48$ kHz (Nyquist-

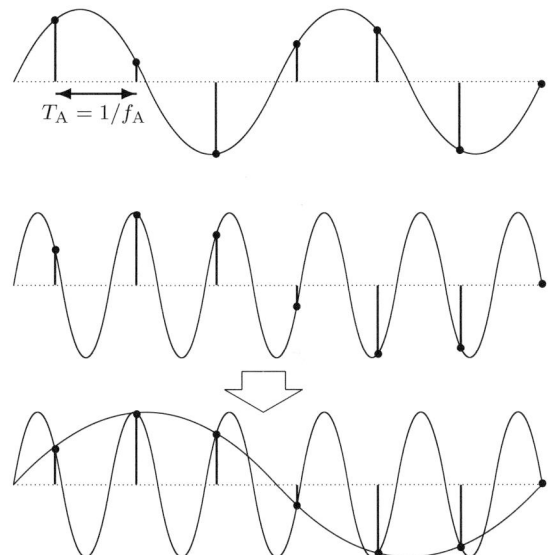

Abb. 5-3: Oben: korrekte Abtastung mit mehr als zwei Stützstellen pro Schwingungsperiode des Signals. Mitte und unten: bei der höheren Signalfrequenz reicht die Abtastrate nicht mehr aus (Unterabtastung); die Stützstellen werden fehlinterpretiert als tieffrequentes Signal (Aliasing)

Frequenz $f_{NY} = 24$ kHz) eine an sich unhörbare Signalkomponente bei 30 kHz als Ton bei $48 - 30 = 18$ kHz erscheinen! Die durch den Alias-Effekt entstehenden Signalbestandteile machen sich als sehr unangenehme nichtharmonische Verzerrung bemerkbar.

Aliasing führt zu unangenehmen Verzerrungen

Um Aliasing zu vermeiden, muss jedes Analogsignal deshalb vor der Abtastung immer mit einem Tiefpass (**Anti-Aliasing-Filter**) bandbegrenzt werden. Ist das Signal erst durch Aliasing verzerrt, nützt die Filterung nichts mehr. Der Anti-Aliasing-Tiefpass muss bei der Nyquist-Frequenz seine maximale Sperrdämpfung erreichen.

Anti-Aliasing-Filter

Würde man ein Signal mit der kleinst möglichen Frequenz abtasten („kritische Abtastung", Nyquist-Frequenz = Signalbandbreite), dann wäre sowohl für als Anti-Aliasing-Filter als auch als Rekonstruktionsfilter jeweils ein idealer, im Frequenzbereich perfekt rechteckiger Tiefpass erforderlich. Eine idealer Tiefpass existiert aber leider nur in der Theorie, praktisch kann er nicht realisiert werden (siehe Abschnitt 4.3.1).

Bei der realen Abtastung muss also das Abtasttheorem übererfüllt werden – deshalb arbeiten digitale Geräte bei ein wenig zu hohen Abtastraten, z.B. 44,1 oder 48 kHz, und die Filter können mit endlichen Flankensteilheiten konstruiert werden.

Aliasing ist jedoch kein exklusives Problem der Abtastung analoger Signale. In digitalen Signalen kann Aliasing ebenso auftreten. Digitale Signalkomponenten oberhalb der Nyquist-Frequenz entstehen insbesondere bei nichtlinearer Verzerrung des digitalen Signals, bei der Abtastratenwandlung oder bei der Dezimierung nach Oversampling. Ein Beispiel ist die verzerrte Tonspur einer Video-DVD bei langsamer Abspielgeschwindigkeit: Spielt der DVD-Player bei halber Bildgeschwindigkeit nur

Aliasing bei digitalen Signalen

jeden zweiten Abtastwert ab, kommt es zum digitalen Aliasing. Abhilfe schafft eine erneute Anti-Aliasing-Filterung mit einem digitalen Tiefpass.

5.1.3 Abtastung, ideal und nichtideal

ideale Abtastung = Faltung mit dem Deltakamm im Frequenzbereich

Die **ideale Abtastung** kann als Multiplikation des analogen Signals mit einer Dirac-Impulsfolge („Deltakamm") der Periodizität T_A (Tastzeit) aufgefasst werden. Der Multiplikation im Zeitbereich entspricht die Faltung im Frequenzbereich; die Fourier-Transformierte des Deltakamms ist wieder der Deltakamm (vgl. Abschnitte 4.1 und 4.2). Im Frequenzbereich wird daher das Signalspektrum mit einem Deltakamm der Frequenzbreite $f_A = 1/T_A$ (Tastfrequenz, Abtastrate) gefaltet, es entsteht eine periodische Fortsetzung des Nutzsignalspektrums (Abb. 5-4).

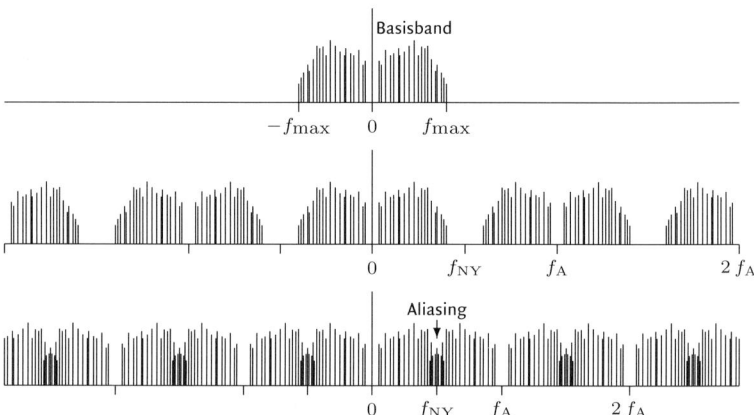

Abb. 5-4: Darstellung der Abtastung im Frequenzbereich. Oben: Spektrum eines analogen, zeitkontinuierlichen Signals; Mitte: periodisch fortgesetztes Spektrum nach korrekter Abtastung ($f_{NY} > f_{max}$); unten: Aliasing durch Unterabtastung ($f_{NY} < f_{max}$)

> Jedes digitale Signal und jedes digitale System erscheint im Frequenzbereich periodisch mit der Periodizität f_A. Davon praktisch nutzbar ist nur der Frequenzbereich von 0 Hz bis zur Nyquist-Frequenz $f_{NY} = \frac{1}{2} f_A$.

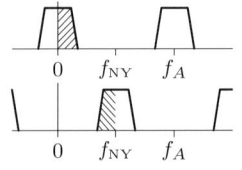

Abb. 5-5: Digitale Filter; Tiefpass und Hochpass

Rekonstruktion durch Tiefpassfilterung

Daher sehen die Übertragungsfunktionen digitaler Filter aus wie ein periodisch wiederholter Bandpass bei Vielfachen der Abtastrate. In Abb. 5-5 sind die Übertragungsfunktionen von digitalem Tiefpass und digitalem Hochpass dargestellt, der praktisch nutzbare Bereich ist schraffiert.

Das Nutzsignal kann mit einem Tiefpass aus dem abgetasteten Signal exakt rekonstruiert werden. Die Wirkungsweise dieses **Rekonstruktionsfilters** ist im Frequenzbereich leichter zu verstehen als im Zeitbereich: Filtert man mit einem Tiefpass die periodische Fortsetzung des Spektrums aus dem Signal heraus, erhält man wieder das unveränderte ursprüngliche Signal.

Technisch wird die Signalabtastung bei der A/D-Wandlung durch eine **Sample-&-Hold**-Schaltung (S&H, „Abtasten und Halten") realisiert:

Die momentan gemessene Signalspannung wird für eine gewisse Zeit gehalten, damit der nachfolgende Quantisierer diese Spannung mit einer Referenzspannung vergleichen kann. Das S&H-Glied verbreitert die Abtast-Impulse entprechend der Haltezeit T_H. Der Quotient aus Haltezeit und Tastzeit T_H/T_A wird als **Tastverhältnis** (engl. duty cycle) bezeichnet (Abb. 5-6). Auch bei der D/A-Wandlung werden Sample-&-Hold-Schaltungen eingesetzt; hier benötigt man sie, um aus dem digitalen Signal wieder eine analoge Spannung zu erzeugen.

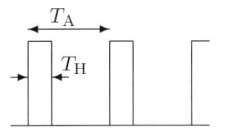

Abb. 5-6: Tastzeit T_A und Haltezeit T_H

Wegen der endlichen Impulsbreite durch S&H spricht man bei realen Wandlern von **nichtidealer Abtastung**. Statt einer gewichteten Dirac-Stoßfolge entsteht durch die nichtideale Abtastung in A/D- und D/A-Wandler eine gewichtete Rechteckfolge.

Im Modell der linearen Systeme kann man die nichtideale Abtastung als Faltung des PAM-Signals im Zeitbereich mit einem Rechtecksignal auffassen. Die periodisch fortgesetzten PAM-Spektren des ideal abgetasteten Signals erscheinen deshalb multipliziert mit der Fourier-Transformierten der Rechteckfunktion. Diese Fourier-Transformierte ist die **Spaltfunktion** oder **si-Funktion** $\operatorname{si}(\pi T_H \cdot f)$ (Rechnung auf S. 144). Sie hat ihre erste Nullstelle beim Kehrwert der Haltezeit $f = 1/T_H$. Die Gewichtung des Signalspektrums mit der si-Funktion bezeichnet man als **Apertur-Effekt**[4].

Apertur-Effekt: Höhendämpfung

Die si-Funktion, mit der das Nutzsignalspektrum gewichtet ist, erscheint stets sehr breit; auf das Nutzsignal hat sie die Wirkung eines Tiefpassfilters. Der Apertur-Effekt ist vom Tastverhältnis abhängig – je größer das Tastverhältnis ist, also je breiter die Rechteckimpulse im Zeitbereich sind, desto stärker ist die Höhendämpfung im Frequenzbereich.

Die Breite eines einzelnen Rechteckimpulses kann aus dem Produkt von Tastverhältnis und Tastzeit $T_A = 1/f_A$ bestimmt werden: So ist z.B. bei einer Abtastrate $f_A = 48\,\text{kHz}$ und einem Tastverhältnis von 1:2 die Impulsdauer $1/(48000 \cdot 2) \approx 10\,\mu\text{s}$; die erste Nullstelle der si-Funktion wäre bei $4 \cdot f_{NY} = 96\,\text{kHz}$. Der Wert der si-Funktion bei der Nyquist-Frequenz ist somit $\operatorname{si}(\pi/4) = 0{,}90$. Dies entspricht einem Pegelverlust von $20\log(0{,}90) = -0{,}9\,\text{dB}$. Für einen professionellen Analog-Digital-Wandler ist diese Höhendämpfung von knapp einem dB nicht akzeptabel! Bei einem Tastverhältnis von 1:1 („Treppensignal" eines typischen D/A-Wandlers) beträgt die Höhendämpfung bereits $-3{,}9\,\text{dB}$.

Der Apertur-Effekt kann auf zwei Wegen kompensiert werden, durch

- Höhenanhebung (Präemphase) und
- Verkleinerung des Tastverhältnisses.

---

[4] analog zur Höhendämpfung durch die Kopfspalt-Breite bei der Magnettonaufzeichnung, auch hier ist die si-Funktion wirksam; und analog zur frequenzabhängigen Lichtbeugung am Spalt (Apertur), die ebenfalls durch die si-Funktion beschrieben wird.

Kompensation durch Präemphase oder Nachabtastung

Bei der A/D-Wandlung wird meist eine Frequenzgangkorrektur (Präemphase) vor der Abtastung vorgenommen. Bei der D/A-Wandlung lässt sich das Tastverhältnis gut durch eine **Nachabtastung** verbessern. Dabei wird das treppenförmige Ausgangssignal der S&H-Schaltung mit sehr kleiner Haltezeit erneut abgetastet, bevor es in den Rekonstruktions-Tiefpass kommt[5].

Ein typischer Wert für ein durch Nachabtastung verbessertes Tastverhältnis ist 1:8. Die erste Nullstelle der si-Funktion liegt dann bei $16 \cdot f_{\mathrm{NY}}$, und der Wert der si-Funktion bei der Nyquist-Frequenz ist dann $\mathrm{si}\,(\pi/16) = 0{,}99$, was einer Dämpfung von nicht mehr als $-0{,}05$ dB entspricht und damit auch professionellen Ansprüchen genügt.

5.1.4 Oversampling

Die Anforderungen an analoge Anti-Aliasing- und Rekonstruktionsfilter sind hoch. Wegen ihrer großen Flankensteilheit sind solche Filter aufwändig und fehlerbehaftet; sie produzieren insbesondere Phasenfehler bei mittleren und hohen Frequenzen.

Beispiel: Für eine Abtastrate von 44,1 kHz muss das Anti-Aliasing-Filter Signale bei 20 kHz noch ungedämpft passieren lassen, aber schon bei 22,05 kHz maximale Sperrdämpfung erreichen. Ein typischer passiver Anti-Aliasing-Tiefpass 9. Ordnung erreicht im Sperrbereich eine Dämpfung von nur 60 dB, und dazu treten oberhalb von 1 kHz Phasenverzerrungen auf. Die Konstruktion eines phasenlinearen Filters mit hoher Sperrdämpfung ist zwar möglich, aber sehr aufwändig, und die Schaltung ist dann störanfällig (Watkinson 2001).

Oversampling und Noise Shaping

Durch Vervielfachung der Abtastrate (2fach, 4fach, 8fach, 2^n-fach **Oversampling**) lässt sich nun die Nyquist-Frequenz drastisch erhöhen, und man kann analoge Tiefpassfilter mit geringer Flankensteilheit einsetzen. Zudem wird das Quantisierungsrauschen im Basisband abgesenkt, weil die Gesamtenergie der Quantisierungsfehler auf einen größeren Frequenzbereich verteilt wird (Abschnitte 5.2.3 und 5.2.4). Dieser Effekt wird beim **Noise Shaping** genutzt (Abschnitt 5.2.7). Was man durch Oversampling aber *nicht* bekommt, ist ein „besseres" Audiosignal: Die Datenrate wird erhöht, ohne dass mehr Information codiert wird. Oversampling erhöht lediglich die **Redundanz**. Die Wortbreite des Oversampling-Signals darf deshalb auch kleiner sein als die Ziel-Wortbreite.

dezimierende und interpolierende Filter

Wird Oversampling bei der A/D-Wandlung eingesetzt, so benötigt man nach der Abtastung und Quantisierung ein **dezimierendes** digitales Filter zur Reduzierung der Abtastrate. Oversampling bei der D/A-Wandlung verlangt vor der Rekonstruktion ein **interpolierendes** digitales Filter zur Erhöhung der Abtastrate. Solche Filter können durch einen

---

[5] Durch die Nachabtastung werden auch Zeitfehler der Spannungswandler unterdrückt.

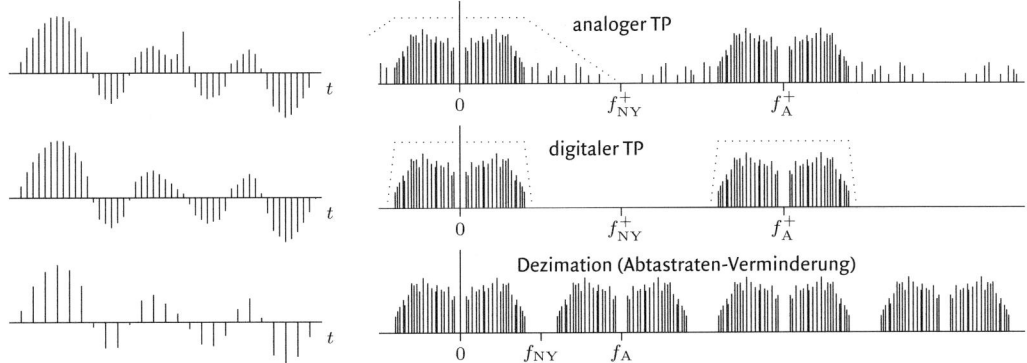

Abb. 5-7: Zweifach-Oversampling bei der A/D-Wandlung, Darstellung in Zeit- und Frequenzbereich. Oben: überabgetastetes Signal mit hoher Abtastrate f_A^+ und hoher Nyquist-Frequenz f_{NY}^+; Mitte: Signal nach Tiefpassfilterung bei tiefer Nyquist-Frequenz f_{NY}; unten: dezimiertes Signal mit Ziel-Abtastrate $f_A = \frac{1}{2} f_A^+$

FIR-Tiefpass in Verbindung mit einem Abtastraten-Verminderer (der z.B. jedes zweite Sample verwirft) oder Abtastraten-Erhöher (der zwischen je zwei Samples ein oder mehrere Null-Samples einfügt) realisiert werden.

Eine **Kaskadierung** (Reihenschaltung mehrerer gleicher Systeme) vereinfacht den Aufbau: Die Verkettung von fünf Zweifach-Interpolatoren oder -Dezimatoren ermöglicht bereits $2^5 = 32$faches Oversampling.

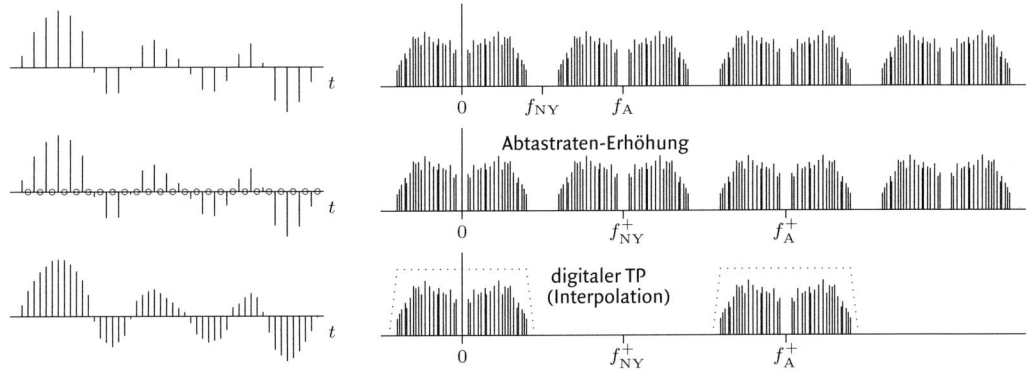

Abb. 5-8: Zweifach-Oversampling bei der D/A-Wandlung, Darstellung in Zeit- und Frequenzbereich. Oben: digitales Eingangssignal mit tiefer Abtastrate f_A; Mitte: Signal nach Abtastraten-Erhöhung mit $f_A^+ = 2 \cdot f_A$; unten: interpoliertes Signal nach Tiefpassfilterung bei tiefer Nyquist-Frequenz f_{NY}.

Das Oversampling bei der A/D-Wandlung (Abb. 5-7) erfolgt in zwei Schritten: **1.** Redundante Abtastung mit dem $m = 2^n$-fachen der Ziel-Abtastrate $f_A^+ = m \cdot f_A$ und Digitalisierung (s.u.); **2.** Tiefpassfilterung zur Bandbegrenzung des Signals auf die Ziel-Nyquist-Frequenz f_{NY} (digitales Anti-Aliasing-Filter), ggf. mit gleichzeitiger Erhöhung der Wortbreite, dabei Entfernung der $m-1$ überzähligen Samples zwischen den Samples der Ziel-Abtastrate mit einem Abtastraten-Verminderer (Dezimation).

A/D-Wandler: Oversampling + Dezimation

**D/A-Wandler:
Oversampling
+ Interpolation**

Oversampling bei der D/A-Wandlung (Abb. 5-8) wird ebenfalls in zwei Schritten durchgeführt: **1.** Erhöhung der Abtastrate auf ein m-faches der ursprünglichen Rate $f_A^+ = m \cdot f_A$, dabei Generierung von jeweils $m-1$ Null-Samples auf den neuen Abtastwerten zwischen den ursprünglichen Samples mit einem Abtastraten-Erhöher; **2.** digitale Tiefpassfilterung zur Bandbegrenzung des digitalen Signals auf die ursprüngliche Nyquist-Frequenz f_{NY} – dadurch erhalten die Null-Samples „interpolierte" Signalwerte – und ggf. gleichzeitige Verringerung der Wortbreite.

Grundsätzlich ist es egal, ob die Dezimation oder Interpolation auf dem analogen oder digitalen Signal durchgeführt wird. Da aber digitale Filter erheblich leichter zu realisieren sind als analoge Filter, werden sie üblicherweise bevorzugt.

5.1.5 Abtastratenwandlung

Die **Abtastratenwandlung** (engl. sample rate conversion) ist eng mit der Oversampling-Technik verwandt. Man kann vier Fälle unterscheiden:

ganzzahliger Faktor

Die Wandlung um einen *ganzzahligen* Wert, z.B. um 1:2 von 96 auf 48 kHz oder umgekehrt kann – genau wie beim Oversampling – durch Abtastfrequenz-Erhöher bzw. -Verminderer und interpolierende bzw. dezimierende Filter ausgeführt werden. Dieses Verfahren ist fehlerfrei.

rationaler Faktor

Zur Wandlung um einen *rationalen* Wert, z.B. um 2:3 von 48 auf 32 kHz oder umgekehrt kann die Abtastratenwandlung in zwei Schritten erfolgen: Zunächst wird durch Interpolation die Abtastfrequenz ganzzahlig erhöht (Faktor 2) und danach durch Dezimation ganzzahlig vermindert (Faktor $1/3$). Auch diese Abtastratenwandlung ist fehlerfrei.

reellwertiger Faktor

Typisch für die Wandlung um einen *reellen* (nicht ganzzahlig beschreibbaren) Wert, z.B. um $1{,}08843537\ldots$ von 44,1 auf 48 kHz ist die rationale Wandlung mit endlicher Genauigkeit, d.h. es wird eine Grenze für den reservierten Speicherplatz festgelegt oder einfach mit einem reellen Faktor endlicher Genauigkeit gewandelt. Die bei einer solchen Wandlung generierten Samples liegen dann allerdings knapp neben ihren theoretisch exakten Positionen: Es entstehen Jitterfehler (siehe Abschnitt 7.4.2).

Eine fehlerfreie Alternative ist die sehr rechen- und speicherintensive stückweise rationale Wandlung mit dem kleinsten gemeinsamen Nenner, also z.B. zunächst die Erhöhung von 44,1 kHz um den Faktor 48000 auf rund $2{,}12$ GHz mit nachfolgender Dezimation um den Faktor $1/44100$ auf 48 kHz.

**unbestimmter Faktor
(„Echtzeit-Wandlung")**

Die Abtastratenwandlung *in Echtzeit* ist schwierig. In diesem Fall ist die Taktfrequenz am Eingang des Abtastratenwandlers nicht definiert und kann u.U. veränderlich sein, z.B. beim digitalen Mischpult, wenn viele Quellen mit unterschiedlicher Abtastrate gleichzeitig an die interne Taktfrequenz des Pultes angepasst werden müssen und eine Taktsynchronisierung nicht möglich ist (vgl. Abschnitt 7.2.1). Mögliche Lösungen sind die fein aufgelöste rationale Wandlung mit endlicher Genauigkeit (und Jitterfehlern), oder die Rekonstruktion und erneute Abtastung des Signals mit einem „Echtzeit-Abtastratenwandler".

Es ist nützlich zu wissen, dass dabei das Signal im Prinzip digitalanalog und wieder zurück gewandelt wird: Man könnte daher auch einen guten D/A-Wandler benutzen und das nunmehr analoge Signal auf die analogen Eingänge des Mischpultes geben.

Ob neben der Echtzeit-Abtastratenwandlung auch die anderen Verfahren zur Echtzeit-Übertragung geeignet sind, hängt vom Signal und der Rechengeschwindigkeit des verwendeten Prozessors ab. Bei einer Beschränkung der Rechengenauigkeit muss man ggf. Jitterfehler tolerieren.

5.2 Spannung in Stufen: Digitalisierung

Trotz aller oben benutzten Begriffe der Digitaltechnik ist auch ein abgetastetes Signal noch immer analog. Der eigentliche Schritt in die digitale Welt wird durch die Amplitudenquantisierung vollzogen, die deshalb auch **Digitalisierung** genannt wird. Nach einer kurzen Einführung in die binäre Codierung werden in diesem Abschnitt die Grundlagen der Digitalisierung vorgestellt, von linearer und nichtlinearer PCM bis Dithering und Noise Shaping.

5.2.1 Binäre Codierung und Zweierkomplement

Zur Datenverarbeitung im Computer werden Binärzahlen benutzt. Die binäre Ziffer wird – genau wie die kleinste Einheit der Information, vgl. Abschnitt 6.1 – **Bit** genannt (man kann dies als „Häppchen" übersetzen oder als Abkürzung für „binary digit" deuten). Um Datenzugriff und -verarbeitung im Rechner zu beschleunigen, werden Bits grundsätzlich zu **Bytes** („Happen") zusammengefasst (1 Byte = 8 Bit). Die Bytes werden ihrerseits zu **Datenworten** von z.B. 16, 32 oder 64 Bit gruppiert. Das höchstwertige Bit eines Datenwortes (in der Binärzahl die Ziffer ganz links) wird als **Most Significant Bit** (MSB) bezeichnet, das geringstwertige (in der Binärzahl die Ziffer ganz rechts) als **Least Significant Bit** (LSB).

Bit und Byte

Most Significant Bit, Least Significant Bit

Während im „herkömmlichen" dezimalen Zahlensystem eine M-stellige Zahl 10^M unterschiedliche Werte annehmen kann, sind im Binärsystem 2^M unterschiedliche Werte darstellbar. In der digitalen Welt wird gerne mit Zweierpotenzen gerechnet. Die aus der Physik bekannten SI-Vorsätze für Einheiten – Kilo, Mega, Giga, Tera – haben deshalb in der Informatik eine andere Bedeutung. So umfasst z.B. ein Megabyte nicht 10^6 = eine Million Byte, sondern 2^{30} Byte und damit ungefähr fünf Prozent mehr (Tabelle 5-1).

Tabelle 5-1: Die „Informatik-Einheiten" Byte, Kilobyte, Megabyte, Gigabyte, Terabyte

Einheit	Bedeutung
1 Byte (B)	8 Bit
1 KB	2^{10} Byte = 1.024 Byte
1 MB	2^{20} Byte = 1.024 KB = 1.048.576 Byte
1 GB	2^{30} Byte = 1.024 MB ≈ 1.073.742.000 Byte
1 TB	2^{40} Byte = 1.024 GB ≈ 1.099.512.000.000 Byte

Auch die PCM-Codierung von Audiosignalen (s.u.) wird mit Binärzahlen realisiert. Üblich sind dabei Wortbreiten von 12, 16, 20 oder 24 Bit (Tabelle 5-2). Die Darstellung der quantisierten Amplituden erfolgt dabei stets mit ganzen Zahlen („integer"). Eine Signaldarstellung auf Basis reeller Zahlen („float"), bevorzugt in der Wortbreite 32 Bit, wird von mancher Software bei der internen Signalverarbeitung genutzt.

Tabelle 5-2: Wortbreiten und Zahl der darstellbaren Quantisierungsstufen bei Multibit-A/D-Wandlern

Wortbreite	Wertevorrat
12 Bit	$2^{12} = 4.096$
16 Bit	$2^{16} = 65.536$
20 Bit	$2^{20} = 1.048.576$
24 Bit	$2^{24} = 16.777.216$

Nun sind Audiosignale immer Wechselgrößen, sie können als Schwingungen um einen Mittelwert (z.B. den statischen Luftdruck) betrachtet werden. Sinnvollerweise sollten sie deshalb mit positiven und negativen Zahlen dargestellt werden. Man benutzt dazu die **Zweierkomplement-**Codierung (engl. two's complement). Dazu wird der mit einer bestimmten Wortbreite darstellbare Zahlenraum halbiert; die Hälfte der Zahlen wird für die positiven Werte benutzt, die andere Hälfte für die negativen Werte. Das Vorzeichen einer Zweierkomplement-codierten Binärzahl wird umgekehrt, in dem man die Zahl invertiert und 1 addiert. Das MSB erhält damit die Bedeutung des Vorzeichens (0 entspricht „Plus", 1 entspricht „Minus"). Tabelle 5-3 zeigt als Beispiel den mit einer Wortbreite von 4 Bit darstellbaren Zahlenraum.

binäre Darstellung von Audiosignalen im Zweierkomplement

Tabelle 5-3: Zahlenvorrat im 4-Bit-Zweierkomplement

Dezimal	0	±1	±2	±3	±4	±5	±6	±7	±8
Dual +	0000	0001	0010	0011	0100	0101	0110	0111	X
Dual −	X	1111	1110	1101	1100	1011	1010	1001	1000

Die Zweierkomplement-Codierung ermöglicht die einfache Rechnung mit negativen Binärzahlen; die formale Addition von positiven und negativen Zahlen im Zweierkomplement ergibt stets das richtige Ergebnis.

Beispiel: Die dezimale 1, codiert mit vier Bit Wortbreite, wird zur Dualzahl 0001. Invertierung ergibt 1110, die Addition von 1 ergibt 1111 (dies entspricht der dezimalen −1*). Addiert man 0001 und 1111 binär, so ergibt sich 0001 + 1111 = 10000 bzw. (weil ja nur vier Stellen vorgesehen sind) 0000, also dezimal* 1 − 1 = 0*.*

Digitale Audiosignale werden – unabhängig von Wortbreite oder Wandlertyp – ausschließlich im Zweierkomplement codiert; die gesamte digitale Signalverarbeitung basiert auf der Zweierkomplement-Darstellung (vgl. Abb. 5-9).

5.2.2 Multibit-Quantisierung

Durch die Quantisierung der Amplitude jedes Samples auf einen Wert aus einem begrenzten Wertevorrat wird das Signal digitalisiert. Aus dem zeitdiskreten und wertekontinuierlichen analogen Signal wird ein zeit- und wertediskretes digitales Signal.

Die am häufigsten eingesetzte Methode der Digitalisierung ist die **Multibit-Quantisierung**. Hierbei wird die Amplitude jedes analogen Abtastwertes mit einer sehr fein gestuften Kennlinie verglichen und jeder Spannungswert auf den nächstgelegenen Vergleichswert gerundet. Aus unendlich vielen Amplitudenwerten werden, abhängig von der Stufenzahl der Kennlinie, begrenzt viele Werte, die als ganze Zahlen codiert werden können (Abb. 5-9).

Multibit-Quantisierung (PCM)

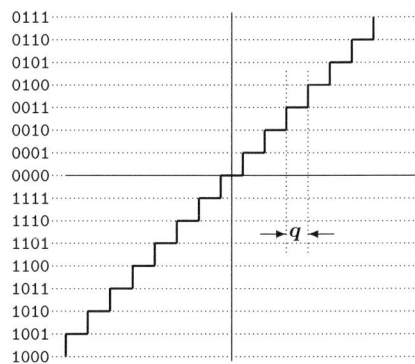

Abb. 5-9: Kennlinie eines linearen 4-Bit-Quantisierers mit Zweierkomplement-Codierung. Man beachte die Unsymmetrie: für positive Werte steht eine Stufe weniger zur Verfügung

Die Zahl der Quantisierungsstufen eines M-Bit-Quantisierers ist 2^M; die Höhe einer Quantisierungsstufe sei q Volt. Dann lassen sich Spitzenwert-Amplituden bis zu $((2^M/2) - 1)\,q$ Volt quantisieren. Das Ergebnis der Amplitudenquantisierung nennt man **PCM** (pulse code modulation); der Multibit-Quantisierer macht aus dem analogen PAM-Signal ein digitales PCM-Signal.

Nach der Informationstheorie gelingt die Amplitudenquantisierung verlustfrei, wenn die Dynamik des digitalen Signals größer oder gleich der Dynamik des analogen Signals ist. Die Amplitude des immer vorhandenen analogen Rauschens im Signal im Vergleich zur maximalen Amplitude ergibt die maximal erlaubte Höhe der Quantisierungsstufe q.

Quantisierung ohne Informationsverlust

Zur technischen Realisierung des Multibit-Quantisierers wird der von der Sample-&-Hold-Schaltung gemessene und gehaltene Momentanwert mit Referenzspannungen verglichen. Dafür gibt es unterschiedliche Verfahren. Einen guten Kompromiss aus Geschwindigkeit und konstruktivem Aufwand bietet das **Successive Approximation Register (SAR)**: Mit

Wägeverfahren (SAR)

jedem Taktschritt wird ein Bit im Datenwort gesetzt, beginnend mit dem MSB in immer kleineren Schritten bis zum LSB. Diese „schrittweise Annäherung" bezeichnet man auch als **Wägeverfahren**.

Alternative Verfahren zur Multibit-Quantisierung sind u.a. das **Zählverfahren** (Aufsummierung der Quantisierungsstufen bis zum gehaltenen Vergleichswert: sehr einfach, aber langsam), das **Parallelverfahren** (direkter Vergleich durch parallel anliegende Komparatoren für jede Quantisierungsstufe: sehr schnell, aber aufwändig) und das **Dual Slope-Verfahren** (Quantisierung durch Messung der Entladezeit eines die gehaltene Spannung integrierenden Kondensators: zuverlässig und langzeitstabil, aber sehr große Latenz).

Multibit-Wandler ohne Multibit-Quantisierer

Die meisten modernen Multibit-Wandler kommen allerdings ganz ohne Quantisierer aus! Sie basieren auf Sigma-Delta-Wandlern bei hohem Oversampling, deren Ausgangssignal durch Dezimation in ein PCM-Signal umcodiert wird. Dieser Wandlertyp wird in Abschnitt 5.3.3 beschrieben. Die „klassischen" Multibit-Quantisierer findet man u.a. noch in der Videotechnik.

5.2.3 Digitales Rauschen

Quantisierungsfehler

Die Abtastung eines analogen Signals ist verlustfrei, die Quantisierung nicht. Die Differenz zwischen der Amplitude des ursprünglichen Analogsignals und der nächstgelegenen Stufe der Quantisierungs-Kennlinie ist der **Quantisierungsfehler**. Er kann als additives Signal aufgefasst werden (Abbildung 5-10). Obwohl dieses Fehlersignal vom Signalverlauf abhängt, also eigentlich eine **Quantisierungsverzerrung** ist, klingt es (meistens) wie Rauschen, und man nennt es **Quantisierungsrauschen**.

Damit Quantisierungsfehler nicht zu Informationsverlust führen, muss die Fehleramplitude und damit die Stufenhöhe des Quantisierers kleiner sein als die Amplitude des Signalrauschens – eine Bedingung, die sich nicht immer einhalten lässt.

Granularrauschen
Abhilfe: Dither

Wird ein extrem rauscharm aufgenommenes Signal leise (z.B. Ausklang eines Tons in sehr stiller Umgebung), dann bekommen die Quantisierungsfehler den Charakter einer nichtlinearen Verzerrung, extrem kleine Signale werden als Rechteck wiedergegeben, und aus dem harmlosen Quantisierungsrauschen wird das unangenehme **Granularrauschen** (engl. granular noise): Die Kleinsignal-Verzerrung des Quantisierers entspricht einer starken Klirrverzerrung (vgl. Abschnitt 7.4.1), und bei schwankender Singalamplitude verändern sich die Klirrkomponenten, was zu einem scharfen und „Flanger-ähnlich" modulierten Klang führt. Abhilfe schafft ein additives Rauschsignal vor der Quantisierung (**Dither**, siehe Abschnitt 5.2.6).

Ebenso entstehen Fehler, wenn mit digitalen Signalen gerechnet

5.2 Spannung in Stufen: Digitalisierung

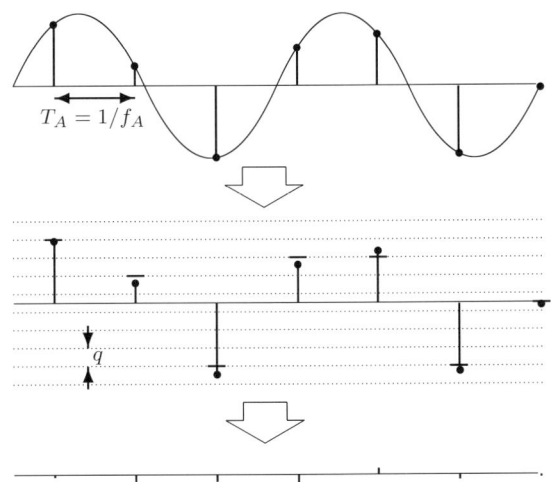

Abb. 5-10: Quantisierungsrauschen. Oben: Abtastung, Mitte: Quantisierung, unten: Fehlersignal (Differenz zwischen der quantisierten und der „wirklichen" Amplitude)

wird. Digitale Audiosignale bestehen aus ganzen Zahlen (in binärer Zweierkomplement-Codierung). Dividiert man ganze Zahlen, so erhält man **Rundungsfehler**, weil das Ergebnis der Berechnung – eine rationale Zahl – zu der nächstgelegenen ganzen Zahl auf- oder abgerundet werden muss. Andere Operationen führen sogar zu reellen Zahlen, die dann auf ganze Werte gerundet werden.

Fehler durch endliche Rechengenauigkeit

Rundungsfehler enstehen bei der digitalen Signalverarbeitung zwangsläufig, weil bei jeder Amplitudenänderung – sei es durch Pegelkorrektur, Blenden, Crossfades oder Normalisierung, Samples dividiert werden[6]; bei jeder Filterung wird mit rational- oder sogar reellwertigen Koeffizienten multipliziert usw. Rundungsfehler sind identisch mit Quantisierungsfehlern, nur entstehen sie im digitalen Signal. Man bezeichnet sie daher auch als **Rundungsrauschen**.

Rundungsrauschen

Man kann die Rundungsfehler klein halten, indem man die Signalverarbeitung mit der größtmöglichen Wortbreite (z.B. 24 oder 32 Bit) durchführt, auch wenn das Zielmedium vielleicht nur eine Auflösung von 16 Bit hat. Eine Signalverarbeitung auf Basis quasi-reeller Gleitkommazahlen („floating point") ist besonders günstig, weil in diesem Zahlenformat auch kleine Zahlen sehr genau dargestellt werden können. Das Gleitkommaformat wird von vielen digitalen Effektgeräten und Audio Workstations intern genutzt (siehe Abschnitt 10.2).

Abhilfe: floating point-Arithmetik und große Wortbreite

Hat man bei der Signalverarbeitung keine Gleitkomma-Arithmetik in großer Wortbreite zur Verfügung, ist das digitale **Dithering** empfehlenswert (siehe Abschnitt 5.2.6). Rundungsfehler der **Wortbreitenreduktion** (Re-Quantisierung z.B. von 24 oder 32 Bit auf 16 Bit) werden bevorzugt mit **Noise Shaping** reduziert (Abschnitt 5.2.7).

Dithering und Noise Shaping

---

[6]einzige Ausnahme: die ganzzahlige Pegelanhebung (z.B. „Gain +100 %")

5.2.4 Dynamik digitaler Systeme

Bei der Multibit-Quantisierung hängt die Dynamik des digitalen Systems von der Wortbreite und damit von der möglichen Anzahl der Quantisierungsstufen ab.

Nimmt man an, dass ein M-Bit-System bei Quantisierungsstufen der Höhe q mit einem Sinussignal voll ausgesteuert wird, dann beträgt die Schwingungsamplitude $(2^M/2)\,q = 2^{M-1}\,q$ (abgesehen von der geringen Unsymmetrie der Zweierkomplement-Codierung). Der Effektivwert beträgt somit $(2^{M-1}/\sqrt{2})\,q$ (siehe Abschnitt 1.1.3).

Der Zeitverlauf des Quantisierungsfehlers bei voll ausgesteuertem Sinus ist nach der D/A-Wandlung über dem Abtastintervall T_A sägezahnförmig, und es gilt für die Fehlerspannung $u_\mathrm{q}(t) = -q\,t/T_\mathrm{A}$. Der Effektivwert ergibt sich aus der Wurzel des über eine Periode $\left[+\frac{T_\mathrm{A}}{2}, -\frac{T_\mathrm{A}}{2}\right]$ integrierten quadrierten Fehlersignals („Root Mean Square") zu $\sqrt{\int u_\mathrm{q}^2(t)\,\mathrm{d}t} = (1/\sqrt{12})\,q$.

Der Quantisierungsfehler hat also einen maximalen Spitzenwert von $(1/2)\,q$ bei einem Effektivwert von $(1/\sqrt{12})\,q$. Die Dynamik des digitalen Systems berechnet sich aus dem Pegel des Verhältnisses der Effektivwerte von Signal und Quantisierungsrauschen, also

$$20 \log \frac{2^{M-1}\sqrt{12}}{\sqrt{2}} = 20\,M \log 2 + 20 \log \frac{\sqrt{6}}{2} = 6{,}02 \cdot M + 1{,}76\,\mathrm{dB}.$$

PCM-Dynamik: 6 dB pro Bit Wortbreite

Ein ideales M-Bit-System hat eine Dynamik von $6{,}02 \cdot M + 1{,}76$ dB. Ein 16-Bit-System erreicht demnach eine theoretische Dynamik von 98,1 dB, ein ideales 24-Bit-System eine Dynamik von 146,2 dB. Dies gilt aber nur für große Signale, solange das Quantisierungsrauschen unabhängig vom Signal selbst ist – eigentlich sogar nur für den hier berechneten Spezialfall des Sinussignals bei Vollaussteuerung. Reale digitale Systeme werden in ihrer Dynamik u.a. durch Dither eingeschränkt (Abschnitt 5.2.6).

Darüber hinaus gilt diese Überlegung nur für die Multibit-Codierung digitaler Signale (PCM, siehe Abschnitt 5.3.1). Nur bei einfacher linearer PCM ist der Quantisierungsfehler und damit auch die Dynamik unabhängig von der Frequenz. Bei modernen Verfahren wie Noise Shaping sind die Quantisierungsfehler frequenzabhängig; die Dynamik kann daher nur grob abgeschätzt werden. Die vereinfachte Faustregel $6 \cdot M$ dB ist in den meisten Fällen ausreichend.

Bei nichtlinearer Quantisierung (s.u.) und bei differentieller Codierung (Abschnitte 5.3.2, 5.3.3) sind die Quantisierungsfehler vom Signalverlauf abhängig. Die Dynamik lässt sich deshalb nicht mehr so einfach berechnen.

5.2.5 Lineare und nichtlineare Quantisierung

Sind alle Stufen des Quantisierers gleich groß, so spricht man von **linearer** oder **gleichförmiger Quantisierung** bzw. von **linearer PCM**. Je feiner die Quantisierer-Kennlinie abgestuft ist, d.h. je größer die Wortbreite des linearen Wandlers ist, desto kleiner ist der Quantisierungsfehler. Lineare PCM wird z.B. bei CD, DAT und DVD-Audio verwendet.

lineare PCM: Quantisierungsfehler konstant

Lässt man nun mit abnehmender Signalamplitude die Stufenhöhe des Quantisierers immer kleiner werden, dann nimmt der Quantisierungsfehler ab und die Dynamik ist größer. Bei großen Amplituden sind dann natürlich Stufenhöhe und Quantisierungsfehler entsprechend größer, die Dynamik ist kleiner. Der mittlere Fehler bleibt zwar gleich, er ist aber weniger hörbar (Verdeckung, siehe Abschnitt 3.2.7); man kommt deshalb bei subjektiv gleichem Quantisierungsrauschen mit einer geringeren Wortbreite aus. Dies nennt man **nichtlineare** oder **ungleichförmige Quantisierung** bzw. **nichtlineare PCM** (Abb. 5-11).

nichtlineare PCM: Quantisierungsfehler abhängig von der Signalamplitude

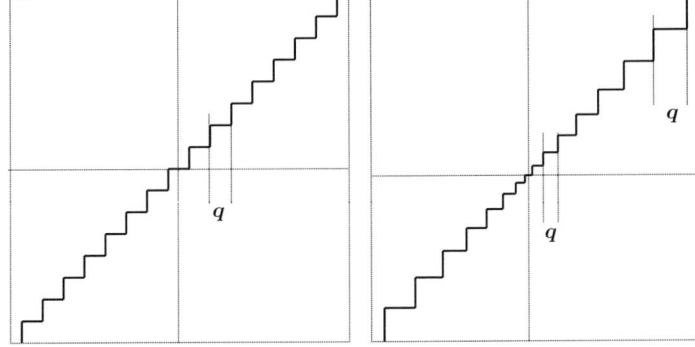

Abb. 5-11: Kennlinien von 4-Bit-Quantisierern; links: gleichförmige (lineare) Quantisierung, rechts: ungleichförmige (nichtlineare) Quantisierung

Lineare und nichtlineare Quantisierung sind inkompatibel. Die nichtlineare PCM wirkt wie ein digitaler Kompander (vgl. Abschnitt 6.2.1); ohne Kenntnis des genauen Kennlinienverlaufs kann sie nicht fehlerfrei rekonstruiert werden. Anwendungen sind der „Long Play"-Betriebsmodus des DAT-Recorders (12 Bit nichtlinear, 32 kHz) und die ISDN-Technik, ebenso wie die Datenreduktion (Abschnitt 6.3.2).

5.2.6 Dither

Ob die Quantisierung nun linear oder nichtlinear erfolgt – die Quantisierungsfehler klingen sehr unangenehm, sobald die Signalamplitude in die Größenordnung der kleinsten Quantisierungsstufe q kommt. Analoge Übertragungssysteme kennen dieses Problem nicht.

Die Idee, das Kleinsignalverhalten von A/D-Wandlern durch analoges Rauschen oder digitales Quasi-Rauschen bei kleinen Signalen zu linearisieren, stammt aus den frühen 1960er Jahren. Das synthetische

additives Rauschen, Amplitude $\frac{1}{2}\,q$

Rauschsignal mit typischerweise der Amplitude einer halben Quantisierungsstufe wird als **Dither** (Zittern) bezeichnet.

Wesentliche Eigenart des Rauschens ist die zufällige Folge von Amplituden, die beim **weißen Rauschen** (engl. white noise) eine Gauß'sche Häufigkeitsverteilung („Normalverteilung") haben. Paradoxerweise führt die Einführung eines Zufallsprozesses in die geregelte Welt des idealen Quantisierers zur drastischen Verringerung von Verzerrungen und – obwohl Dither ja ein additives Rauschsignal ist – zur subjektiven Verringerung des Rauschens.

subjektive Verringerung des Rauschens

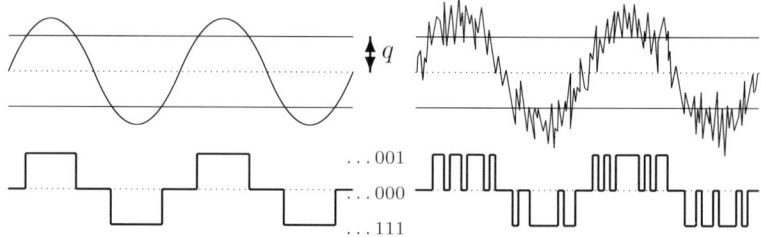

Abb. 5-12: Links ungedithertes Signal mit einer Amplitude von $1{,}5\,q$ vor der A/D-Wandlung, digitales Signal; rechts gedithertes Signal vor der A/D-Wandlung, digitales Signal

In Abbildung 5-12 ist die Wirkung von korrektem Dithering zu sehen. Signale in der Größenordnung von q werden durch die A/D-Wandlung stark verzerrt; bei Amplituden von weniger als q liefert der Wandler konstant digital 0. Wird zu dem Signal nun vor der Quantisierung ein Dither-Rauschsignal mit einer mittleren Amplitude von $q/2$ addiert, dann springt der Quantisierer gemäß der momentanen Dither-Amplitude in zufälliger Folge um den Signalwert. Die Signalamplitude wird dadurch in der Häufigkeit der jeweils positiven oder negativen quantisierten Werte codiert. Nach der D/A-Wandlung erscheint wieder ein verrauschtes Signal, ohne Verzerrung. Mit Hilfe von Dither kann sogar ein Signal digital aufgezeichnet werden, das kleiner als die kleinste Quantisierungsstufe des Wandlers ist!

erst Dithering, dann Quantisierung

Dither muss stets *vor* der Quantisierung zum Signal addiert werden; nach der Quantisierung hat Dither keine Wirkung.

Analog-Digital-Wandler sind grundsätzlich gedithert. Darüber hinaus kann Dither optional eingesetzt werden, wenn das digitale Signal …

- re-quantisiert wird, wenn also z.B. die Wortbreite von 24 auf 16 Bit reduziert wird (Verringerung von Quantisierungsrauschen);

- mit einem rationalen Faktor multipliziert wird, wenn also z.B. das Signal mit digitalen Filtern bearbeitet wird (Verringerung von Rundungsrauschen);

- in der Amplitude verändert wird, wenn also z.B. das Signal ein- oder ausgeblendet wird.

Bei digitalen Audio-Workstations (DAWs) ist Dither meist als zuschaltbare Option vorgesehen. Bei natürlich verrauschten Signalen (z.B. Aufnahmen klassischer Musik in Kirchen oder Konzertsälen, Filmtonaufnahmen am Set) ist Dither nicht nötig. Anders sieht es aus, wenn das analoge Signal auch geringste Pegel ohne Rauschen aufweist. Dies ist der Fall, wenn laute Quellen in gut schallisolierter Umgebung aufgenommen werden (z.B. typische Popmusikaufnahme im guten Tonstudio mit rauscharmen Mikrofonen). Auch bei Ein- und Ausblenden bis in die „digitale Stille" ist Dither unbedingt erforderlich.

Dither als Option in der DAW-Software

Je nach Amplitudenwahrscheinlichkeit unterscheidet man u.a. Dither mit rechteckiger, dreieckiger und Gauß'scher Verteilung. Rechteck- und Dreieck-Dither sind digital leicht zu realisieren. Ideal für rein digitale Dither-Implementierungen ist die Dreieck-Verteilung. Gegenüber der Dynamik eines idealen M-Bit-Wandlers von $M \cdot 6{,}02 + 1{,}76$ dB ist die Dynamik des Dreieck-gedítherten Wandlers mit $M \cdot 6{,}02 - 3$ dB um 4,76 dB geringer. Günstig für Analog-Digital-Wandler ist die Gauß-Verteilung (Normalverteilung) der Amplitude, wie sie bei natürlichem thermischem Rauschen auftritt. Die Dynamik eines Gauß-gedítherten M-Bit-Wandlers beträgt $(M-1) \cdot 6{,}02 + 1{,}76$ dB und ist damit genau so groß wie die Dynamik eines ungedítherten idealen $M-1$-Bit-Wandlers (*Watkinson* 2001).

Gauß-, Rechteck-, Dreieck-Dither

5.2.7 Noise Shaping

Wie die nichtlineare Quantisierung und Dithering ist auch **Noise Shaping**, die „Rauschformung", eine Technik zur Verringerung des Quantisierungsrauschens. Noise Shaping ist eng verbunden mit Oversampling und Wortbreitenreduktion (Re-Quantisierung). Die grundlegende Idee ist, das Quantisierungsrauschen bei hohen Frequenzen zu erhöhen und gleichzeitig bei tiefen Frequenzen zu verringern. Das ist natürlich besonders effektiv, wenn es außerhalb des Hörbereichs angehoben und gleichzeitig im Hörbereich abgesenkt werden kann. Und dies erfordert, dass die Nyquist-Frequenz weit oberhalb der höchsten Signalfrequenz liegt.

spektrale Verschiebung des Quantisierungsrauschens

Bei 2^n-fachem Oversampling ist die Nyquist-Frequenz um den Faktor 2^n erhöht (Abschnitt 5.1.4), es entsteht eine sehr große Lücke im Spektrum zwischen höchster Signalfrequenz und Nyquist-Frequenz. Noise Shaping verschiebt das Quantisierungsrauschen in diese Lücke.

Durch Noise Shaping *ohne* Oversampling lässt sich das Quantisierungsrauschen nicht verringern. Immerhin ist es aber möglich, durch eine geeignete spektrale Gewichtung seine Hörbarkeit zu vermindern, indem man die Unempfindlichkeit des Ohrs bei sehr hohen Frequenzen ausnutzt (Abschnitt 3.2.4).

Das Prinzip des Noise Shapers, bekannt seit den 1950er Jahren, ist die Rückkopplung des Quantisierungsfehlers zum Quantisierer-Eingang.

Dabei arbeitet man zunächst mit einer höheren Auflösung, als der Quantisierer eigentlich vorsieht, und versucht dann, die in den zusätzlichen Bits enthaltene Information zu bewahren. Die typische Anwendung ist die Wortbreitenreduktion.

Funktionsweise des Noise Shapers

Die Funktion des Noise Shapers soll an einem Beispiel verdeutlicht werden: Ein M-Bit-Datenwort habe die LSBs $[\ldots 00011]$. Wird es um zwei Bit gekürzt, so geht die Information dieser beiden Bits verloren. Der Noise Shaper addiert nun den Fehler, also die Differenz zwischen $M-2$ und M-Bit-Signal, zyklisch zum jeweils letzten Datenwort (Abb. 5-13).

Zyklus	Eingangssignal, Fehlerrückkopplung	$\rightarrow$	Ausgangssignal	Fehler
0.	$\ldots 00011 + 00 = \ldots 00011$	$\rightarrow$	$\ldots 000$	11
1.	$\ldots 00011 + 11 = \ldots 00110$	$\rightarrow$	$\ldots 001$	10
2.	$\ldots 00011 + 10 = \ldots 00101$	$\rightarrow$	$\ldots 001$	01
3.	$\ldots 00011 + 01 = \ldots 00100$	$\rightarrow$	$\ldots 001$	00
4.	$\ldots 00011 + 00 = \ldots 00011$	$\rightarrow$	$\ldots 000$	11
5.	$\ldots 00011 + 11 = \ldots 00110$	$\rightarrow$	$\ldots 001$	10
6.	$\ldots 00011 + 10 = \ldots 00101$	$\rightarrow$	$\ldots 001$	01
7.	$\ldots 00011 + 01 = \ldots 00100$	$\rightarrow$	$\ldots 001$	00
$\vdots$	$\vdots$	$\rightarrow$	$\vdots$	$\vdots$

Abb. 5-13: Schema eines Noise Shapers 1. Ordnung

Durch die Fehlerrückkopplung taucht die ursprünglich in den beiden letzten Bits gespeicherte Information in der Zeitstruktur des Noise Shaper-Ausgangs auf: Bei drei von vier Taktschritten wird das LSB des gekürzten Datenworts gesetzt. Ab dem vierten Taktschritt wiederholt sich die Ausgangsfolge. Durch zeitliche Mittelung (z.B. durch den Rekonstruktions-Tiefpass) erscheint nach der D/A-Wandlung ein analoges Signal mit einer Amplitude von $3/4\,q$ – dies entspricht genau dem Wert der beiden verlorenen LSBs!

Quantisierungsfehler steigt mit der Frequenz

Nur hat dieses Verfahren einen Haken: Im obigen Beispiel ist das Signal am Eingang des Noise Shapers konstant. Dies entspricht einer Gleichspannung oder näherungsweise einer tiefen Frequenz. Wenn sich aber das Eingangssignal des Noise Shapers schnell ändert (= hohe Frequenz), führt die Fehlerückkopplung zu einem *vergrößerten* Quantisierungsfehler. Gerade diese Frequenzabhängigkeit ist charakteristisch für Noise Shaping. Der hier beschriebene Noise Shaper 1. Ordnung führt zu einem linearen Anstieg des Quantisierungsrauschens mit der Frequenz.

Eine typische kommerzielle Anwendung ist der Oversampling-D/A-Wandler von CD-Spielern der ersten Generation. Diese Geräte wandelten zunächst das 16-Bit-/44,1 kHz-Signal in 28 Bit bei 4fachem Oversampling, um danach mit Noise Shaping eine optimale 16-Bit-D/A-Wandlung zu erreichen. Nur mit solchen Tricks ist es möglich, die theoretischen Grenzen der Digitaltechnik auch mit realen Geräten zu erreichen. Zu den herstellereigenen, patentierten Noise Shaping-Varianten zählt u.a. das „Super Bit Mapping" (SBM) von Sony.

5.3 Bauarten von Digitalwandlern

In den vorherigen Abschnitten 5.1 und 5.2 wurden die Werkzeuge zur Digitalwandlung vorgestellt. In diesem Abschnitt folgen die unterschiedlichen Ausführungen typischer A/D- und D/A-Wandler.

5.3.1 Multibit-Wandler (PCM)

Der „klassische" Multibit-Analog/Digital-Wandler (engl. analog to digital converter, ADC) besteht aus einer Verkettung von Anti-Aliasing-Tiefpass, Abtaster und Quantisierer (Abb. 5-14). Gegebenenfalls kommen dazu noch eine Höhenanhebung (Präemphase zur Kompensation des Apertur-Effekts), ein Dither-Generator, dezimierende Tiefpassfilter (falls mit Oversampling gearbeitet wird) und eine Gegenkopplung (Noise Shaper zur spektralen Formung des Quantisierungsrauschens). Ein Multibit-Wandler macht aus der analogen Wechselspannung ein lineares PCM-Signal (pulse code modulation).

Multibit-ADC

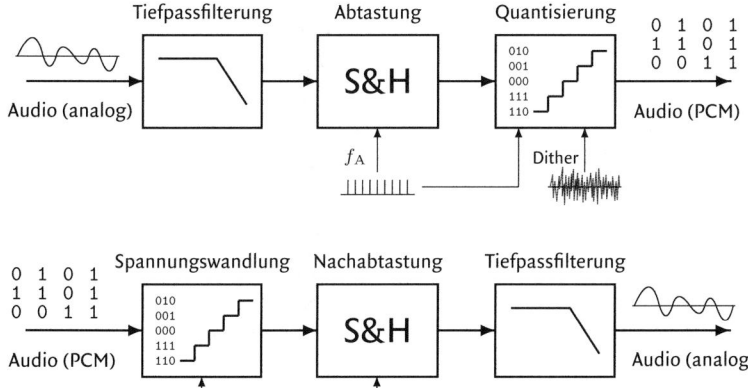

Abb. 5-14: Prinzip des Multibit-Wandlers, Analog-Digital und Digital-Analog

Der Digital-Analog-Wandler (engl. digital to analog converter, DAC) besteht im Prinzip aus den gleichen Elementen wie der Analog-Digital-Wandler, aus Tiefpass, Abtaster und Quantisierer. Zur Decodierung eines PCM-Signals ist zunächst ein „rückwärts" betriebener Quantisierer (Spannungswandler) erforderlich, der aus der Zahlenfolge des PCM-Signals eine analoge „Treppenspannung" erzeugt. Eine Sample-&-Hold-Schaltung macht daraus ein PAM-Signal mit kleinem Tastverhältnis (zur Verringerung des Apertur-Effekts). Der Rekonstruktions-Tiefpass filtert daraus wieder das zeitkontinuierliche Signal (Abbildung 5-14). Dazu kommen ggf. noch interpolierende Tiefpassfilter (falls mit Oversampling gearbeitet wird) und/oder eine Gegenkopplung (Noise Shaper zur Verringerung des Quantisierungsrauschens).

Multibit-DAC

5.3.2 Differentielle Wandler (DPCM, DM)

Der **differentielle Wandler** quantisiert nicht den momentanen Absolutwert des Signals, sondern die Differenz zu dem vorherigen Abtastwert, gewonnen durch Aufsummierung der vorherigen Samples des bereits quantisierten Signals. Das Ausgangssignal eines solchen Wandlers bezeichnet man als **differentielle PCM** oder **DPCM**. Durch Wandlerfehler bei der differentiellen Wandlung kann ein gleichmäßiger Überschuss an positiven oder negativen Werten enstehen. Zur Entfernung solcher digitalen „Gleichspannungsanteile" („DC-Offset") aus dem Datenstrom gibt es ein digitales Hochpassfilter im Wandler.

prädiktive Codierung

Die differentielle Wandlung ist eine **prädiktive Codierung**: Ohne Kenntnisse über den voraussichtlichen Signalverlauf ist sie sinnlos. Ein komplett zufälliges Signal, in dem aufeinander folgende Abtastwerte beliebige Werte annehmen können, ist für die DPCM ungeeignet. Ein typisches Sprach- oder Musiksignal, dessen Zeitverlauf mehr oder weniger einer Kurve folgt, lässt sich dagegen sehr gut mit DPCM codieren, weil im Mittel die Differenz zweier aufeinander folgender Abtastwerte nicht sehr groß ist.

Zur Darstellung der DPCM genügt im Vergleich zur „klassischen" PCM eine geringere Wortbreite. So lässt sich beispielsweise bei einer Sprachübertragung die Datenrate halbieren. Die DPCM ist ein Verfahren zur **Datenreduktion**; sie eignet sich insbesondere für die Sprachübertragung. DPCM wird u.a. für digitalen Sprechfunk, aber auch zur Videobild-Codierung eingesetzt.

Zur Demodulation eines DPCM-Signals müssen die codierten Differenzwerte vor oder hinter dem Spannungswandler aufsummiert werden, bevor sie mit einem Rekonstruktions-Tiefpass zum zeitkontinuierlichen Signal gewandelt werden können. Diese Aufsummierung erfolgt mit einem digitalen oder analogen **Integrierer** (siehe Abschnitt 4.3.2).

Umcodierung:
PCM → DPCM
DPCM → PCM

Die differentielle Wandlung muss nicht zwangsläufig auf Basis des analogen Signals erfolgen. Man kann auch ein PCM-Signal umcodieren, indem man einen differentiellen Wandler rein digital implementiert. Ebenso lässt sich das Ausgangssignal eines differentiellen Wandlers durch einen rein digitalen Demodulator in ein „herkömmliches" PCM-Signal umcodieren.

DPCM mit Oversampling:
Deltamodulator (DM)

Kombiniert man die DPCM mit Oversampling, dann lässt sich – bei gleichbleibender Auflösung – die Wortbreite des Wandlers nochmals verringern, im Extremfall bis auf 1 Bit. Den DPCM-Wandler mit 1-Bit-Quantisierer bei sehr hohem Oversampling nennt man **Deltamodulator** (das griechische Delta ist Symbol für eine Differenz).

Bei der Deltamodulation (DM) wird nur noch die *Richtung* (größer oder kleiner) codiert, in der sich die Signalamplitude ändert. Die technische

5.3 Bauarten von Digitalwandlern

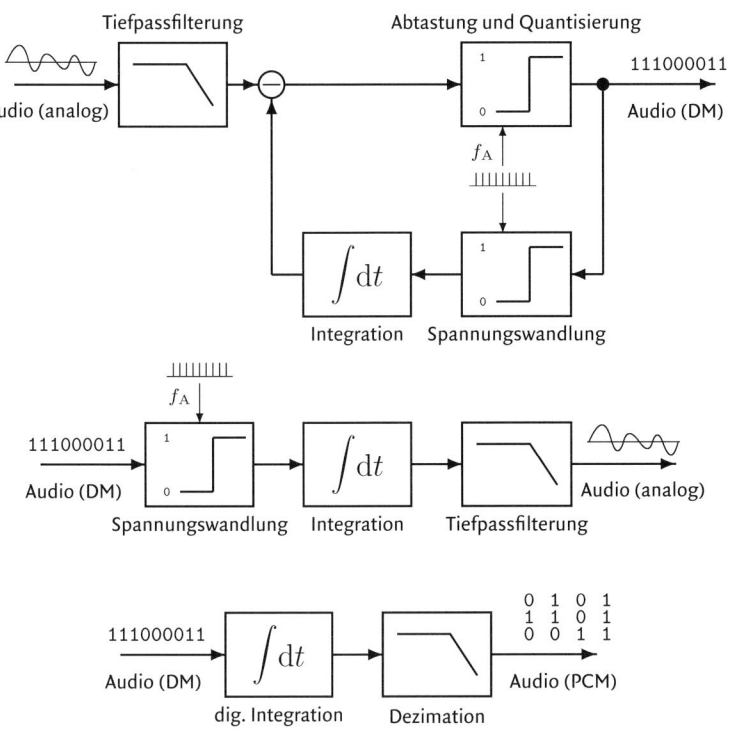

Abb. 5-15: Oben: Deltamodulator (differentieller Wandler mit 1 Bit Wortbreite); Mitte: analoger Demodulator (D/A-Wandler); unten: digitaler Demodulator zur Umcodierung in PCM (an Stelle des Rekonstruktions-Tiefpasses kommt hier ein dezimierender digitaler Tiefpass bei gleichzeitiger Erhöhung der Wortbreite)

Umsetzung ist einfach, weil statt Sample & Hold und Multibit-Quantisierer nur noch ein getaktetes Flip-Flop[7] als Schwellwert-Quantisierer gebraucht wird (Abbildung 5-15). Beim Multibit-Wandler führen Fehler in der Stufenhöhe des Quantisierers zu Verzerrungen – beim Deltamodulator können solche Fehler gar nicht erst auftreten!

Amplitude steigt: $\rightarrow 1$
Amplitude fällt: $\rightarrow 0$

Weil der Deltamodulator pro Taktschritt nur *eine* Stufenhöhe q verändern kann, ist er bei sehr steilen Signalflanken (also bei hochfrequenten Signalanteilen mit hohem Pegel) nicht mehr in der Lage zu folgen. Dies führt zu einem überproportionalen Quantisierungsfehler, der **Flankenübersteuerung** (engl. slope overload).

Bleibt dagegen die Signalamplitude konstant oder liegt kein Signal am Eingang des Wandlers, dann muss das quantisierte Signal um eine Quantisierungsstufe auf und ab pendeln. Diesen Fehler nennt man – genau wie die Kleinsignal-Verzerrung beim Multibitwandler – **Granularrauschen** (engl. granular noise).

---

[7] Zu Schaltungstechnik siehe z.B. Tietze / Schenk: **Halbleiter-Schaltungstechnik**, Springer, 13. Aufl. 2009.

5.3.3 Sigma-Delta-Wandler (PDM / DSD)

Sigma-Delta-Modulator (Bitstream-Wandler)

Der **Sigma-Delta-** oder **Bitstream-Wandler**, eine raffinierte Variante des differentiellen Wandlers, ist der heute am weitesten verbreitete Digitalwandler. Ausgangspunkt ist der 1-Bit-Deltamodulator wie in Abbildung 5-15. Mit einem zusätzlichen **Integrierer** am Wandlereingang wird aus dem Deltamodulator der Sigma-Delta-Wandler oder -Modulator (Σ wegen der Summierung der Abtastwerte im Integrierer; Abb. 5-16).

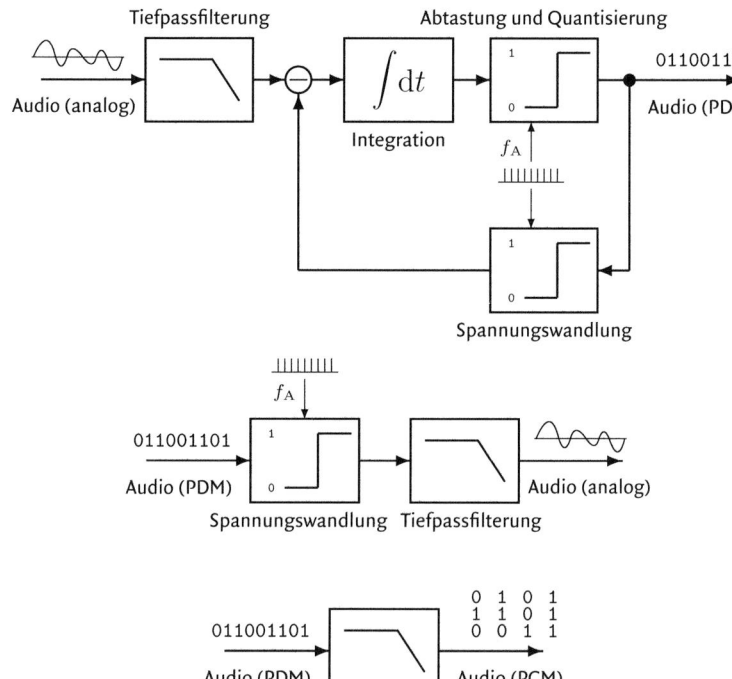

Abb. 5-16: Oben: Sigma-Delta-Modulator (Bitstream-Wandler); Mitte: analoger Demodulator (D/A-Wandler); unten: digitaler Demodulator zur Umcodierung in PCM (dezimierender digitaler Tiefpass bei gleichzeitiger Erhöhung der Wortbreite)

Der Integrierer löst ein wesentliches Problem des Deltamodulators, das Problem der großen Quantisierungsfehler bei steilen Signalflanken (slope overload). Die Integration macht aus einem Amplitudensprung eine allmählich ansteigende Flanke, und mit den kleineren Flankensteilheiten im Signal verringern sich auch die Quantisierungsfehler.

Der Modulator enthält damit eigentlich *zwei* Integrierer: einen im Rückkopplungszweig des Deltamodulators (siehe Abb. 5-15) und den zweiten zur Signalformung. Es werden also zwei integrierte Signale voneinander subtrahiert. Weil Integration und Subtraktion lineare Prozesse sind, kann man die Reihenfolge auch vertauschen – damit lassen sich die zwei Integratoren zu einem zusammenfassen. Der Sigma-Delta-Modulator sieht deshalb auf den ersten Blick aus wie der Deltamodulator.

5.3 Bauarten von Digitalwandlern

Nun unterdrückt der Integrierer mit seinem linear fallenden Frequenzgang (Abschnitt 4.3.2) hochfrequente Signalkomponenten. Am Ende der Übertragungskette, im D/A-Wandler, muss man diese Frequenzgangverzerrung kompensieren. Dies gelingt mit dem genau komplementären Frequenzgang eines **Differenzierers**.

Der D/A-Wandler des ursprünglichen Deltamodulators enthält einen Integrierer; im Sigma-Delta-D/A-Wandler ergibt sich daher eine Verkettung von Differenzierer und Integrierer. Weil sich aber Differenzierer und Integrierer gegenseitig in ihrer Wirkung aufheben, kann man beide weglassen. Der analoge Sigma-Delta-Demodulator besteht deshalb nur aus Spannungswandler und Tiefpassfilter. Zur digitalen Demodulation – also zur Umcodierung in ein PCM-Signal – genügt dementsprechend ein dezimierendes digitales Tiefpassfilter, wobei mit abnehmender Abtastrate die Wortbreite erhöht wird.

Sigma-Delta-Demodulator: Tiefpass

Im 1-Bit-Ausgangssignal des Sigma-Delta-Wandlers ist der analoge Signalverlauf sichtbar: Die Häufigkeit der binären 1 im digitalen Datenstrom bzw. der Spannungspulse hinter dem Spannungswandler ist proportional zur analogen Signalamplitude. Man nennt das Ausgangssignal des Sigma-Delta-Wandlers deshalb **Pulsdichtemodulation (PDM**, engl. pulse density modulation). Die PDM wurde u.a. im „Super Audio CD"-Standard (SACD) von Sony unter dem Namen „Direct Stream Digital" (DSD) eingesetzt (Sigma-Delta-Wandler bei 64fachem Oversampling; $f_A = 64 \cdot 44{,}1\,\text{kHz} = 2{,}8224\,\text{MHz}$).

Pulsdichtemodulation (PDM)

Super Audio CD

Die meisten handelsüblichen Multibit-A/D-Wandler basieren auf Sigma-Delta-Wandlern; nach der Wandlung erfolgt eine Umcodierung von PDM auf PCM. Auch die verbreiteten 1-Bit-D/A-Wandler nutzen die Sigma-Delta-Technik. Durch Oversampling (z.B. 128- oder 256fach) und Noise Shaping wird das PCM-Signal in PDM umcodiert, wobei die Wortbreite bis auf 1 Bit verringert wird. Die D/A-Wandlung erfolgt dann mit Spannungswandler und analogem Tiefpass.

Multibit-Wandler = Sigma-Delta-Wandler: PDM → PCM

Unabhängig von der Signalcodierung als PCM oder PDM stecken in den meisten modernen Geräten also im Prinzip die gleichen Wandler. Die Umcodierung von PDM zu PCM ist allerdings ökonomisch sinnvoll: Bei vergleichbarer Qualität belegt eine Stunde hochauflösende PCM in Stereo (24 Bit, 96 kHz) 1,93 GB, eine Stunde PDM bei 64fachem Oversampling 2,37 GB. Erklären lässt sich dies u.a. mit der günstigeren Informationsdichte der Multibit-Codierung, die umso mehr Information auf kleinerem Raum ermöglicht, je größer die Wortbreite ist.

Literatur zur Vertiefung

John Watkinson: **The Art of Digital Audio**, Focal Press, 3. Aufl. 2001.

Udo Zölzer: **Digitale Audiosignalverarbeitung**, B. G. Teubner, 2. Aufl. 1997.

6 Information, Modulation, Codierung

Ein **Signal** ist ein Träger für **Information**. Auch die Stille zwischen zwei Stücken auf der CD ist ein Signal (und zwar mit den selben physikalischen Eigenschaften wie das Musiksignal davor und danach), nur enthält sie sehr wenig Information.

Abb. 6-1: Chaos oder Information? Die Signalcodierung ist eng verwandt mit der Kryptografie.

Nun ist nach **Claude Shannon** der Informationsgehalt jedes Signals endlich, und er ist messbar. Gelingt es, die gesamte in einem Signal enthaltene Information zu übertragen, dann ist die Übertragung verlust- und fehlerfrei. Die Informationsmenge eines Signals ist eng verwandt mit seiner digitalen Darstellung – nichtsdestotrotz gelten die gleichen Grundsätze für analoge Signale.

Nahezu jeder Arbeitsprozess im Tonstudio kann als Informationsübertragung aufgefasst werden. Nicht nur Kabel und Funkstrecken sind „Übertragungskanäle"; auch die CD, das Magnetband, die Festplatte auf dem Computer oder einfach die Luft bei der Schallausbreitung.

Bei der Übertragung wird ein Signal i.Allg. im Frequenzgang beschnitten und durch Rauschen gestört. Ob dabei Information verloren geht, hängt insbesondere von Dynamik und Bandbreite des Übertragungskanals und von Dynamik und Bandbreite des Signals ab. Der Informationsverlust lässt sich minimieren, indem man das Signal an die Anforderungen des Übertragungskanals anpasst. Diese Anpassung wird als **Modulation** oder **Codierung** bezeichnet (Beispiele: analoge Rundfunkübertragung mit FM oder AM, digitale Übertragung mit PCM oder PDM, datenreduzierte digitale Übertragung mit MP3 oder AC-3).

Die Alternative ist die Übertragung eines Signal „so wie es ist", also ohne spezielle Modulation oder Codierung (Beispiele: Übertragung bei der Stereoanlage zwischen analogem CD-Spieler-Ausgang und Verstärker, im Studio zwischen Mikrofon und Mischpult oder einfach bei der Schallausbreitung im Raum). Die uncodierte Übertragung erfolgt im **Basisband** – damit bezeichnet man in der Audiotechnik den Frequenzbereich bis 20 kHz.

Die in diesem Kapitel vorgestellte Informationstheorie nach Shannon ermöglicht die Bestimmung optimaler Übertragungs- und Speicherverfahren, sie erlaubt die Vorhersage von Übertragungsverlusten und ist u.a. Grundlage der digitalen Fehlerkorrekturverfahren, der Datenkompression und Datenreduktion.

6.1 Signal und Information

Zwar enthält jedes analoge Signal eine unendlich feine Abstufung unterschiedlicher Amplituden, nur sind diese unendlich feinen Stufen nicht alle unterscheidbar, weil jedes Signal auch systembedingtes **Rauschen** (engl. noise) enthält. Damit ist seine Informationsmenge begrenzt.

Die kleinstmögliche Informationsmenge eines Signals entspricht der Unterscheidbarkeit von zwei Signalzuständen (z.B. Spannung größer oder kleiner als die Rauschamplitude). Damit lässt sich Information binär beschreiben, ihre Einheit ist das **Bit** (Abkürzung für binary digit = binäre Ziffer, Wortspiel mit engl. bit = Häppchen). Eine Information der Menge 1 Bit kann in einer binären Ziffer, also mit 1 Bit, codiert werden.

Informationsmenge binär messbar

Die Informationsmenge pro Zeiteinheit wird in Bit (nicht Byte!) pro Sekunde gemessen. Zur Beschreibung großer Informationsmengen benutzt man Faktor $2^{10} = 1024$. 1 kBit/s sind 2^{10} Bit pro Sekunde (vgl. Abschnitt 5.2.1). Als Einheit der Datenrate (Bitrate, Baudrate) wird zu

Bit und Baud

Ehren des französischen Ingenieurs **Jean-Maurice-Émile Baudot** (1845 – 1903), Konstrukteur des ersten funktionstüchtigen Fernschreibers, auch das **Baud** benutzt: 1 Bd = 1 Symbol pro Sekunde; bei der Binärübertragung gilt 1 Bd = 1 Bit/s.

6.1.1 Relevanz und Redundanz

Nicht jede Information ist nützlich. Man kann in jedem Signal drei Arten von Information unterscheiden, nämlich

1. **relevante**, „nützliche" Information,

2. **irrelevante**, „unnütze" Information (trägt zwar zum Gehalt einer Nachricht bei, ist aber für den Empfänger nicht von Interesse),

3. **redundante**, „überflüssige" Information (trägt nichts zum Gehalt einer Nachricht bei).

Information = Entropie

Für die theoretische Betrachtung ist es zunächst unerheblich, ob Information relevant oder irrelevant ist, wieviel Information ein Signal also „wirklich" enthält – es zählt allein die *potentielle* Information. Es spielt also keine Rolle, ob hinter einem bestimmten Signalverlauf bewusstes Wirken steht; man kann aber leicht sehen, ob in einem Signal Information enthalten sein *könnte*[1]. Diese potentielle Information wird in der Übertragungstechnik als **Entropie** bezeichnet. Relevante und irrelevante Information sind die Entropie eines Signals, der Rest ist Redundanz.

Die Entropie-Begriffe der Informationstechnik und der statistischen Physik sind formal identisch; beide sind ein Maß für die Wahrscheinlichkeit eines Zustands. Dass sich ein unbekanntes Signal perfekt periodisch wiederholt, ist sehr unwahrscheinlich (ebenso wie es sehr unwahrscheinlich ist, mit dem Löffel aus der Buchstabensuppe nur die A zu fischen).

deterministische Signale

Sich periodisch wiederholende Signale nennt man **deterministisch**: kennt man eine Schwingungsperiode, dann kennt man alles. Ihre Entropie ist demnach sehr klein. Je regelmäßiger eine Schwingung ist, desto geringer ist ihr Informationsgehalt; eine reine sinusförmige Schwingung enthält nur die Informationen über ihre Amplitude und Frequenz.

stochastische Signale

Sehr komplexe, unregelmäßige Schwingungsverläufe haben dagegen einen hohen Informationsgehalt. Maximal ist er, wenn der momentane Signalzustand keinen Hinweis auf den zukünftigen Signalverlauf erlaubt, wenn der Signalverlauf also scheinbar **zufällig** (**stochastisch**) ist: Rauschen ist redundanzfrei, hat also maximale Entropie. Bei optimaler, redundanzfreier Codierung erscheinen Signale daher wie Rauschsignale.

---

[1] jeder Computerbesitzer mit Internetanschluss kann im Rahmen des SETI-Projekts das Rauschen der kosmischen Strahlung – die maximalen potenziellen Informationsgehalt hat – nach bislang unerkannter „beabsichtigter" Information durchsuchen (http://setiathome.ssl.berkeley.edu)

Musik und Sprache sind weder rein deterministisch noch rein stochastisch. Sie enthalten zwar eine Menge Redundanz, also inneren Zusammenhang oder Ähnlichkeit mit sich selbst, sind aber stets auch im Signalverlauf weitgehend zufällig und schwer vorhersagbar (vgl. Abb. 4-8 auf Seite 151).

6.1.2 Der Übertragungskanal

Abbildung 6-2 zeigt das von Claude Shannon entwickelte Prinzip jeder Übertragung: Die **Information** (**Nachricht**) einer **Quelle** wird ggf. mit einem **Sender** in ein übertragungsfähiges **Signal** umgewandelt und auf einen **Kanal** gegeben (**Modulation**, **Codierung**). Dieser Kanal ist einerseits äußeren **Störungen** ausgesetzt und ist andererseits selbst durch seine **Verluste** gekennzeichnet; durch Störungen und Verluste kann die Informationsmenge verringert werden. Der **Empfänger** extrahiert schließlich aus dem Signal wieder die Information, die an die **Senke** weitergegeben wird.

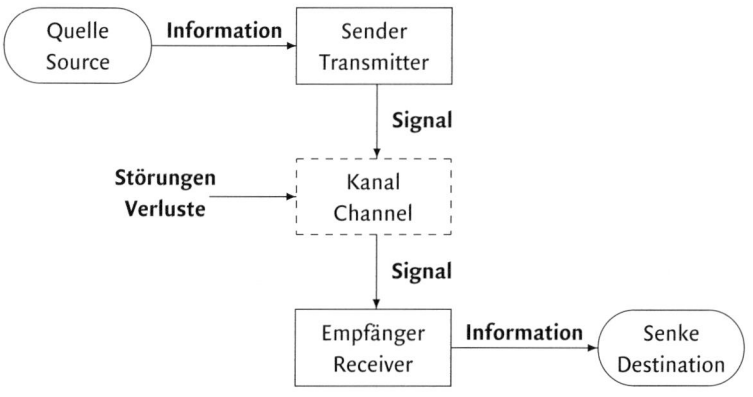

Abb. 6-2: Prinzip der Informationsübertragung nach Claude Shannon

Das wichtigste Modell eines Übertragungskanals ist der **Gauß-Kanal**, charakterisiert durch seine begrenzte Bandbreite, seine begrenzte Aussteuerbarkeit und additives weißes Rauschen (Gauß'sches Rauschen). Die meisten realen Übertragungssysteme können als Gauß-Kanäle betrachtet werden.

Gauß-Kanal: begrenzte Bandbreite, additives Rauschen

Betrachtet man eine Musikaufnahme als Shannon'sche Übertragung, dann ist z.B. das Mikrofon die Quelle; Mischpult und Digitalwandler sind zusammen der Sender; die CD ist der Kanal; der CD-Spieler ist der Empfänger; der Lautsprecher ist die Senke. Komplexe Übertragungssysteme können ihrerseits in kleine Übertragungssysteme zerlegt werden. So kann man auch das Mikrofon als Sender, das Mikrofonkabel als Kanal und den Mischpult-Eingang als Empfänger betrachten.

6.1.3 Informationsgehalt und Kanalkapazität

Informationsquader und Kanalfenster

Reale Signale und reale Übertragungskanäle haben eine begrenzte Frequenzbandbreite und eine begrenzte Dynamik. Daraus ergibt sich die durch den „Informationsquader" symbolisierte Informationsmenge eines Signals, das durch das symbolische „Kanalfenster" eines Gauß'schen Übertragungskanals geschickt wird (Abb. 6-3).

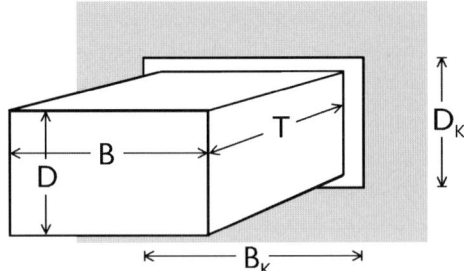

Abb. 6-3:
Informationsquader und Kanalfenster.
B: Signalbandbreite,
D: Signaldynamik,
T: Signaldauer,
B_K: Kanalbandbreite,
D_K: Kanaldynamik

Der maximale Informationsgehalt I eines Signals – also die Summe aus Entropie und Redundanz – lässt sich aus **Bandbreite** B, **Dynamik** D und **Signaldauer** T berechnen:

$$I = B \cdot D \cdot T$$

Dies entspricht dem Volumen des Signalquaders in Abbildung 6-3: Ein Signal geringer Dynamik und geringer Bandbreite, aber langer Dauer kann somit die gleiche Informationsmenge enthalten wie ein sehr kurzes Signal bei hoher Bandbreite oder Dynamik.

Bandbreite und Dynamik

Die Bandbreite ist einfach der Abstand zwischen oberer und unterer Grenzfrequenz: $B = f_{\max} - f_{\min}$. Die Dynamik nach Shannon ist ein Maß für das Verhältnis von Signalleistung P_S zu Rauschleistung P_R, ausgedrückt in der Zahl binär unterscheidbarer Stufen.

Dazu wird die Gesamtleistung $P_S + P_R$ ins Verhältnis gesetzt zur Rauschleistung P_R, und von diesem Verhältnis der duale Logarithmus berechnet:

$$D = \mathrm{ld}\left(\frac{P_S + P_R}{P_R}\right) = \mathrm{ld}\left(1 + \frac{P_S}{P_R}\right)$$

Der duale Logarithmus liefert aufgerundet zur nächsten ganzen Zahl diejenige Anzahl dualer Ziffern, die erforderlich ist, um binär $1 + \frac{P_S}{P_R}$ Amplitudenstufen darstellen zu können.

Ersetzt man mit $\log_a(x) = \log_b(x)/\log_b(a)$ den dualen Logarithmus durch den Zehnerlogarithmus, so ergibt sich

$$D = \frac{\log\left(1 + \frac{P_S}{P_R}\right)}{\log(2)} = \frac{\log\left(1 + \frac{P_S}{P_R}\right)}{0{,}301} \approx \frac{1}{3} \cdot 10 \cdot \log\left(1 + \frac{P_S}{P_R}\right).$$

Nun ist meistens die Signalleistung P_S erheblich größer als die Rauschleistung P_R, und mit $P_S \gg P_R$ gilt $1 + \frac{P_S}{P_R} \approx \frac{P_S}{P_R}$. Somit ergibt sich in guter Näherung für große Signale

$$I \approx B \cdot \frac{1}{3} \cdot \underbrace{10 \cdot \log\left(\frac{P_S}{P_R}\right)}_{\text{Signal-Rausch-Abstand}} \cdot T.$$

Der Ausdruck $10 \log \frac{P_S}{P_R}$ ist der übliche Abstand zwischen kleinstem und größtem Signalpegel, der **Signal-Rausch-Abstand** (engl. signal to noise ratio, **SNR**) in dB[2].

Die Dynamik nach Shannon kann also mit $1/3 \cdot \text{SNR}$ Bit abgeschätzt werden. Für den maximalen Informationsgehalt eines Signals gilt somit

Informationsgehalt eines Signals

$$\boxed{I \approx \frac{B \cdot \text{SNR} \cdot T}{3} \quad [\text{Bit}].}$$

Die Informationsmenge pro Zeiteinheit erhält man daraus durch Division mit der Signaldauer T.

Beispiele: Eine kurze Unterhaltung ($B = 10000$ Hz, $D = 30$ dB, $T = 30$ min $= 1800$ s) hat – ohne Unterscheidung zwischen Entropie und Redundanz – einen Informationsgehalt von ≈ 170 MBit, die Datenrate beträgt ≈ 100 kBit/s. Ein 90-minütiges Orchesterkonzert ($B = 20000$ Hz, $D = 60$ dB) hat einen Informationsgehalt von ≈ 2 GBit bei einer Datenrate von ≈ 390 kBit/s (Berechnungen pro Übertragungskanal).

Die Öffnung des Kanalfensters in Abbildung 6-3 bestimmt die maximal übertragbare Datenrate oder Baudrate in Bit pro Sekunde. Man nennt dies auch die **Kanalkapazität** C. Für den Gauß-Kanal gilt

Kanalkapazität

$$\boxed{C \approx \frac{B_K \cdot \text{SNR}_K}{3} \quad [\text{Bit/s}].}$$

Einige Beispiele für Kanalkapazitäten sind in Tabelle 6-1 aufgeführt.

Ein Signal kann grundsätzlich immer dann verlustfrei übertragen werden, wenn die Informationsmenge pro Zeiteinheit kleiner ist als die Kanalkapazität ($B \cdot D \leq B_K \cdot D_K$). Ist das Kanalfenster zu niedrig, dann wird das Signal verzerrt oder verrauscht; ist das Kanalfester zu schmal, dann wird das Signal im Frequenzbereich beschnitten.

---

[2] alternativ: $20 \log(u_S/u_R)$, vgl. Abschnitte 5.2.4, 7.4.1

Tabelle 6-1: Abschätzungen für die Kanalkapazitäten einiger Übertragungskanäle

Kanal	Bandbreite	SNR	$C = B_K \cdot D_K$
MW-Rundfunk (AM)	4,5 kHz	40 dB	$\approx$ 60 kBit/s
UKW-Rundfunk (FM)	15 kHz	60 dB	$\approx$ 300 kBit/s
Langspielplatte	20 kHz	60 dB	$\approx$ 400 kBit/s
CD (16 Bit @ 44,1 kHz)	22,05 kHz	96 dB	$\approx$ 700 kBit/s
DVD-Audio (24 Bit @ 96 kHz)	48 kHz	144 dB	$\approx$ 2,2 MBit/s

Informationsgehalt und digitale Datenmenge

Der Zusammenhang mit der Digitaltechnik ergibt sich durch Anwendung der in Kapitel 5 vorgestellten Prinzipien: Möchte man beispielsweise das oben erwähnte Sprachsignal ohne Qualitätsverlust digitalisieren, so ist nach den Regeln der fehlerfreien PCM-Codierung erstens eine Abtastung mit mindestens 20 kHz und zweitens eine Quantisierung mit mindestens 5 Bit erforderlich. Somit ergibt sich ein minimaler digitaler Datenstrom von $20.000 \cdot 5 = 100.000$ Bit/s, also 97,7 kBit/s. Diese Äquivalenz gilt allerdings nur für Tiefpass-Signale, bei denen die Bandbreite gleich der oberen Grenzfrequenz ist (vgl. Abschnitt 5.1.1) – für Bandpass-Signale ist die lineare PCM keine günstige Codierung.

6.1.4 Multiplexing

Als **Multiplexing** bezeichnet man Verfahren, die es erlauben, auf einem Kanal mehrere Signale zu übertragen. Man unterscheidet u.a.

Übertragung gleichzeitig in benachbarten Frequenzbändern

- **Frequenzmultiplex** (engl. frequency division multiplex, **FDM**). Die Signale werden z.B. durch AM oder FM (s.u.) in benachbarte Frequenzbereiche verschoben und gleichzeitig übertragen.

Übertragung nacheinander im gleichen Frequenzband

- **Zeitmultiplex** (engl. time division multiplex, **TDM**). Die Signale werden in kleinen „Paketen" abwechselnd übertragen. Beim Sender und beim Empfänger ist dazu jeweils ein Puffer erforderlich.

Übertragung gleichzeitig und im gleichen Frequenzband

- **Codemultiplex** (engl. code division multiplex, **CDM**). Die Signale werden orthogonalen (= unkorrelierten) Trägern – z.B. digitalem Quasi-Rauschen in Form von Maximalfolgen (MLS) – aufmoduliert; die Decodierung gelingt mit Hilfe der Kreuzkorrelation mit jeweils einem der Trägersignale (siehe Abschnitt 4.1.1). Die Übertragung erfolgt gleichzeitig und im gleichen Frequenzband.

Frequenzmultiplex wird u.a. in analogen Telefonnetzen, bei der Rundfunkübertragung und bei den meisten Funkverbindungen (z.B. drahtlose Mikrofone) eingesetzt; Zeitmultiplex u.a. bei der elektrischen und optischen Übertragung digitaler Signale (AES3, IEC Typ II, MADI). Codemultiplex ist geeignet für die geschützte Übertragung: Ein Empfänger, der den genauen Verlauf des Trägersignals nicht kennt, bemerkt lediglich einen kleinen Anstieg des Hintergrundrauschens. Anwendung findet Codemultiplex z.B. beim Satellitenfunk und im UMTS-Netz.

6.2 Aufbereitung analoger Signale

Die analoge Übertragung erfolgt entweder unverändert „so wie es ist", oder das Signal wird vor der Übertragung in den Hochfrequenzbereich moduliert. Die unveränderte Übertragung nennt man auch Übertragung im **Basisband**. Eine Basisbandübertragung erfolgt z.B. bei der Stereoanlage zwischen analogem CD-Spieler-Ausgang und Verstärker, im Studio zwischen Mikrofon und Mischpult oder einfach bei der Schallausbreitung im Raum.

Die analogen **Modulationsverfahren** dienen einzig dazu, ein Basisband-Signal in ein hochfrequentes Übertragungssignal zu überführen[3]. Denn im Gegensatz zur digitalen Übertragung ist es bei der analogen Übertragung nicht ohne weiteres möglich, relevante und redundante und irrelevante Information zu trennen. So spielt es bei einer analogen Übertragung i.Allg. keine Rolle, ob das Signal bei gegebener Bandbreite und Dynamik eher stochastisch (viel Entropie, wenig Redundanz) oder deterministisch (wenig Entropie, viel Redundanz) ist: Ein stationäres Gemisch aus reinen Tönen stellt die gleichen Anforderungen an den Kanal wie ein komplexes Musikstück. Immerhin ist es aber möglich, die **Irrelevanz** im Signal zu verringern – dies gelingt mit einer „Rauschunterdrückung" (s.u.).

6.2.1 Kompandierung (Rauschunterdrückung)

Zur Irrelevanz-Reduktion kann ein analoges Signal beim Sender in seiner Dynamik *komprimiert* und beim Empfänger genau invers wieder *expandiert* werden (Abb. 6-4). Die Wirkung ist eine Verringerung des SNR bei lauten Signalabschnitten; die maximale Dynamik des Signals auf dem Übertragungskanal wird verringert (das ist natürlich nur sinnvoll, wenn es Signalpassagen unterschiedlicher Dynamik gibt).

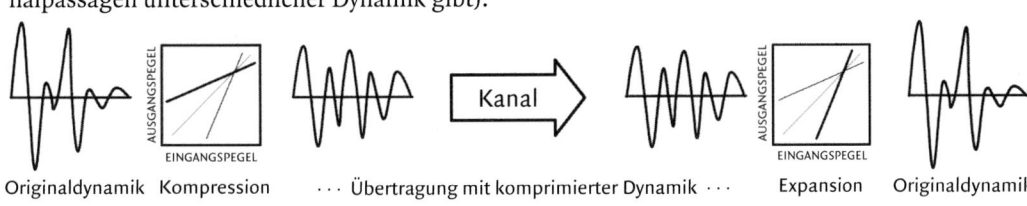

Originaldynamik Kompression ··· Übertragung mit komprimierter Dynamik ··· Expansion Originaldynamik

Abb. 6-4: Prinzip der Signalübertragung mit einem Kompander

Eine solche **Kompandierung** ermöglicht die Übertragung eines Signals mit großer Dynamik durch ein niedriges Kanalfenster. Mit der Verringerung des SNR bei lauten Passagen ist natürlich ein Informationsverlust verbunden, nur ist diese verlorene Information irrelevant – das

Übertragung durch einen verrauschten Kanal

---

[3] ... wenn sie nicht gerade zur Klangsynthese zweckentfremdet werden (Kapitel 8)

stärkere Rauschen wird durch die laute Musik verdeckt (vgl. Abschnitt 3.2.7). Bei leisen Passagen bleibt das Signal im Idealfall unverändert.

Die Wirkung bei der Übertragung eines Signals großer Dynamik durch einen stark verrauschten Kanal ist – verglichen mit der nichtkompandierten Übertragung – eine relative *Verringerung* des Rauschens in leisen Passagen. Man bezeichnet Kompander daher auch als **Rauschunterdrückung** (engl. noise reduction, NR).

Anwendung: Magnetband, Lichtton, Funkstrecke

Klassische Anwendungsfälle sind das analoge Magnetband (Tonbandmaschine, Kassettenrecorder), der analoge Lichtton (Kino), die analoge Funkstrecke (drahtloses Mikrofon, drahtloser Kopfhörer) und die Rundfunkübertragung. Die effektive Vergrößerung des Kanalfensters wird als **Kompandierungsgewinn** in dB angegeben.

Dolby-Kompander

Die verschiedenen Kompandierungsverfahren sind von den jeweiligen Herstellern geschützt, es gibt keinen „offenen" Standard. Verbreitete professionelle Systeme sind Dolby A, Dolby SR, Telcom c4 (Telefunken) und dbx I. Dolby SR ist sehr verbreitet bei der Tonbandaufzeichnung, und in Verbindung mit dem matrizierten Surround-Format 4:2 (Abschnitt 9.6.3) ist es der De-facto-Standard für analogen Filmton (**Dolby Stereo SR**). Das Konkurrenzprodukt **DTS-Stereo** ist kompatibel.

Varianten für die Stereoanlage, insbesondere für Kassettenrecorder, sind Dolby B, C und S (Dolby HX pro ist *kein* Kompander), HighCom und dbx II. Während Kassettenrecorder stets herstellerseitig mit Kompandern ausgestattet sind – z.B. Dolby B, C und S wahlweise –, müssen Tonbandmaschinen mit einer externen Kompandereinheit ergänzt werden. Unterschiedliche Kompander sind zueinander i.Allg. *nicht* kompatibel (Ausnahme s.o.); so muss z.B. ein Dolby A-codiertes Magnetband auch mit einer Dolby A-Einheit abgespielt werden.

Kompandierungsgewinn bei Dolby SR max. 24 dB

Der Kompandierungsgewinn – pegel- und frequenzabhängig – beträgt bei Dolby C maximal 20 dB, bei Dolby S und Dolby SR maximal 24 dB, bei dbx maximal 30 dB.

Die analoge Kompandierung produziert Fehler im Signal. Jeder Kompander reagiert auf Pegelsprünge durch mehr oder weniger hörbares „Pumpen" des Signals und Rauschfahnen hinter lauten Passagen. Wie auch bei anderen Dynamikprozessoren (z.B. Kompressor, Limiter, Expander; siehe Abschnitt 10.6.2) sind beim Kompander die **Regelzeiten** entscheidend für die Funktion. Denn eine zur Kompression perfekt inverse Expansion ist in der Praxis nicht möglich, weil dafür eine perfekt phasenstarre Übertragung erforderlich wäre.

Bei realen Kompandersystemen „weiß" der Expander nicht, wie der Kompressor das Signal bearbeitet hat; er muss durch die Signaldynamik gesteuert werden. Zur Kompandierung sehr perkussiver Signale ohne hörbares Pumpen und Rauschfahnen sind daher sehr kurze Attack-

und Release-Zeiten nötig; um aber Verzerrungen bei tieffrequenten Signalen zu vermeiden, müssen Attack- und Release-Zeit lang sein. Beste Ergebnisse sind von **Multiband-Kompandern** zu erwarten. Die populären Systeme Dolby SR und Dolby S arbeiten mit einem festen und einem gleitenden Frequenzband, wobei die Grenzen des gleitenden Bandes durch das Signalspektrum gesteuert werden. Dolby SR bearbeitet zudem Signale in drei Dynamikbereichen unabhängig voneinander (Dolby 1987).

Professionelle Kompandereinheiten sollten bei jedem Gebrauch eingemessen werden, andernfalls kann es zu erheblichen Fehlern kommen. Kompandierte Magnetbänder enthalten deshalb üblicherweise spezielle Testsignale.

In digitalen Multibit-Übertragungssystemen ermöglicht die Kompandierung eine Verringerung der Wortbreite. Digitale Kompander sind **Momentanwertkompander**, weil sie ohne die Regelzeiten analoger Systeme auskommen: Der digitale Kanal kann Signale phasenstarr übertragen, die typischen Kompander-Artefakte wie Pumpen oder Rauschfahnen treten nicht auf. Die Implementierung digitaler Momentanwertkompander erfolgt durch die **nichtlineare Quantisierung** (Abschnitt 5.2.5), hierfür gibt es standardisierte Kennlinien.

digitaler Kompander = nichtlineare PCM

Digitale Kompander in analogen Übertragungssystemen simulieren das Verhalten der üblichen analogen Kompander. Sie werden z.B. bei analogen Funkstrecken eingesetzt.

6.2.2 Amplituden- und Frequenzmodulation

Als **Modulation** bezeichnet man Verfahren, mit denen die Information eines Signals (Nutzsignal) einem anderen Signal (Träger, engl. carrier) „aufmoduliert" wird. Ist die Trägerfrequenz wesentlich höher als die Nutzsignalfrequenz, wird das Signal dadurch in den HF-Bereich verschoben und kann dann z.B. drahtlos übertragen werden. Als hochfrequentes Trägersignal dient normalerweise eine harmonische Schwingung.

Nutzsignal und Träger

In der analogen Übertragungstechnik werden insbesondere die Amplituden- und Frequenzmodulation eingesetzt. Bei der **Amplitudenmodulation (AM)** wird die Amplitude des Trägers $A\cos(\omega_c t)$ der Amplitude A und der sehr hohen Kreisfrequenz $\omega_c = 2\pi f_c$ mit einem beliebigen Nutzsignal $s(t)$ gewichtet. Dies entspricht ganz einfach einer Multiplikation der beiden Signale:

Amplitudenmodulation (AM)

$$s_{\mathrm{AM}}(t) = A \cdot s(t) \cdot \cos(\omega_c t).$$

Technisch realisiert man die Multiplikation z.B. mit einem **Ringmodulator** aus vier im Ring geschalteten Dioden.

Ist die Trägerfrequenz wesentlich höher als die höchste Frequenzkomponente des Nutzsignals, wird die Nutzsignal-Amplitude zur **Hüllkurve**

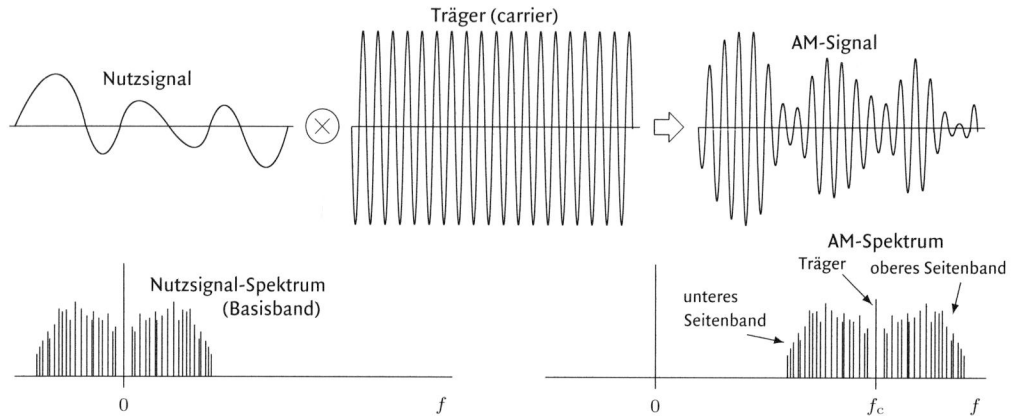

Abb. 6-5: Amplitudenmodulation (Zweiseitenband-AM mit Träger), Darstellung in Zeit- und Frequenzbereich

AM-Signal: Nutzsignal ist Hüllkurve des Trägers

(engl. envelope) des AM-Signals. Im Frequenzbereich erscheint das Nutzsignalspektrum *oberhalb* der Trägerfrequenz und noch einmal gespiegelt *unterhalb* der Trägerfrequenz (Abb. 6-5); die Bandbreite dieser „Zweiseitenband-AM" ist damit doppelt so groß wie die Nutzsignal-Bandbreite[4]. Die Zweiseitenband-AM ist allerdings unökonomisch, weil beide Seitenbänder die gleiche Information enthalten. Filtert man eines der beiden AM-Spektren heraus, so erhält man die ökonomischere Einseitenband-AM.

Um die Demodulation zu erleichtern, sollte das Nutzsignal keine Nulldurchgänge haben. Man kann deshalb entweder vor der Modulation auf das Nutzsignal einen Gleichspannungs-Offset geben oder nach der Modulation zum AM-Signal das Trägersignal addieren (ein Gleichspannungsoffset, im Frequenzbereich eine Spektrallinie bei 0 Hz, erscheint nach der Modulation im AM-Spektrum als Spektrallinie bei f_c).

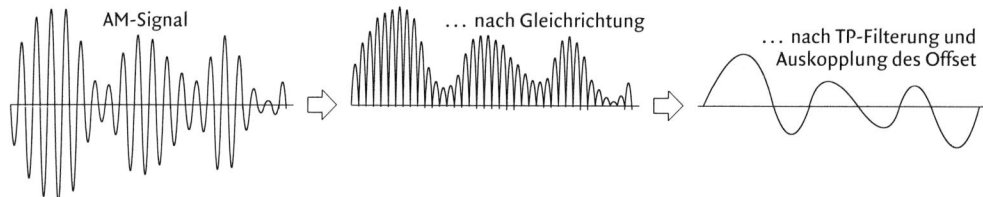

Abb. 6-6: Demodulation einer AM durch Zweiweg-Gleichrichtung und Tiefpassfilterung (Geradeaus-Empfänger)

AM-Demodulation mit Gleichrichter

Die Demodulation, also die Extraktion des Nutzsignals aus dem AM-Signal, gelingt am einfachsten mit einem klassischen **Geradeaus-Empfänger**, der aus Zweiweg-Gleichrichter und Tiefpass besteht (Abb. 6-6). Der Gleichspannungs-Offset im demodulierten Signal kann anschließend noch durch ein Hochpassfilter (z.B. Kondensator in Reihe ge-

---

[4] Die Signalmultiplikation ist ein nichtlinearer Prozess; es entstehen dabei immer Summen- und Differenzfrequenzen und somit zwei neue Spektren.

schaltet) ausgekoppelt werden[5].

Ist das Trägersignal einer AM keine harmonische Schwingung, sondern eine Dirac-Impulsfolge (Abschnitt 4.1), dann spricht man von einer **Pulsamplitudenmodulation (PAM)**. Die PAM ist gleichbedeutend mit einer Abtastung des Nutzsignals; eine ausführliche Beschreibung ist in Abschnitt 5.1 zu finden. Zur Demodulation eines PAM-Signals ist lediglich ein Tiefpass erforderlich (vgl. AM- und PAM-Spektren!).

**Pulsamplitudenmodulation (PAM)
= ideale Abtastung**

Durch AM und PAM wird das Nutzsignalspektrum im Frequenzbereich verschoben, aber nicht verändert. Man nennt sie daher auch lineare Modulationsverfahren.

Bei der **Frequenzmodulation (FM)** wird das Nutzsignalspektrum nicht nur verschoben, sondern komplett verändert. Man findet im FM-Spektrum keine Bestandteile des Nutzsignalspektrums. Das **FM-Signal** entsteht durch Addition des Nutzsignals $s(t)$ zur Frequenz eines harmonischen Trägers $A \cos(\omega_c t)$:

Frequenzmodulation (FM)

$$s_{\text{FM}}(t) = A \cdot \cos\left[\omega_c t + \mu \cdot s(t)\right].$$

Der Amplitudenverlauf des Nutzsignals wird dadurch als Momentanfrequenz des FM-Signals codiert (Abbildung 6-7).

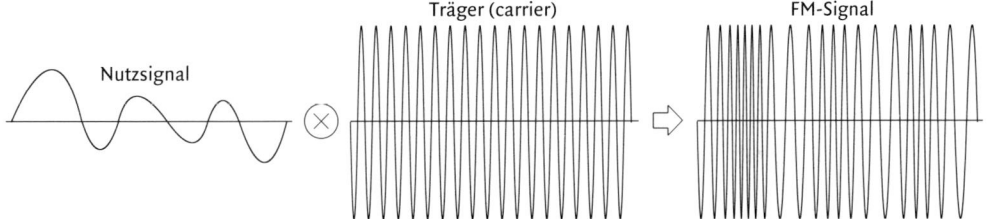

Abb. 6-7: Frequenzmodulation (FM); die Nutzsignalamplitude steuert die Trägerfrequenz

Die FM kann z.B. durch einen vom Nutzsignal gesteuerten Hochfrequenz-Oszillator realisiert werden. Die Trägerfrequenz muss dabei wesentlich höher als die höchste Frequenzkomponente des Nutzsignals sein (außer bei der FM-Klangsynthese). Den Gewichtungsfaktor des Nutzsignals µ (My) bezeichnet man als **Modulationsindex**.

Auch bei der FM entstehen zwei Spektren ober- und unterhalb der Trägerfrequenz. Die FM-Bandbreite hängt aber nicht von der Bandbreite des Nutzsignals ab, sondern von Nutzsignaldynamik und Modulationsindex. Bei der FM-Übertragung sollte das Nutzsignal daher mit einem Limiter begrenzt werden, damit das FM-Band nicht zu breit wird. In der FM-Klangsynthese ist der Modulationsindex ein klangbestimmender Parameter.

---

[5] Im Prinzip kann jeder Gleichrichter in Verbindung mit einem Tiefpass ein AM-Signal demodulieren. Aus diesem Grund können Haushaltsgeräte oder elektrische Gitarren gelegentlich Radio empfangen.

FM-Demodulation

Die Demodulation eines FM-Signals ist komplizierter als die AM-Demodulation. Zunächst wird mit einem Differenzierer die zeitliche Ableitung erzeugt (siehe Abschnitt 4.3.2).

Wegen $\frac{d}{dt}\cos(\omega_c t + s(t)) = -\frac{d}{dt}(\omega_c t + s(t)) \cdot \sin(\omega_c t + s(t))$ (Kettenregel der Ableitung) entsteht dabei ein Signal, das sowohl frequenz- als auch amplitudenmoduliert ist. Aus diesem Zwischensignal kann mit einem AM-Demodulator das Nutzsignal extrahiert werden.

Anwendungen von AM und FM: Rundfunk, HF-Mikrofone, Klangsynthese

AM und FM werden für die Rundfunkübertragung „auf Mittelwelle" ($f_c = 300$ kHz bis 3 MHz, $\lambda_c = 1$ km bis 100 m) bzw. Ultrakurzwelle (UKW, $f_c = 30$ bis 300 MHz, $\lambda_c = 10$ bis 1 m) eingesetzt. Die Breite des Kanalfensters beträgt beim MW-Rundfunk 9 kHz (Zweiseitenband-AM mit Träger; die Nutzbandbreite ist deshalb nur 4,5 kHz). Die UKW-Kanalbandbreite beträgt 150 kHz, wobei bei der FM die Nutzsignaldynamik in die Bandbreite des modulierten Signals eingeht. Die FM ist daher sehr gut geeignet für Kanäle mit großer Bandbreite, aber geringer Dynamik. Diese Eigenschaft ist die Ursache für die hohe Qualität des UKW-Rundfunks. Auch die Signalwandlung im HF-Kondensatormikrofon (Abschnitt 9.1.3) erfolgt auf Basis von AM und FM. Hier führt aber die AM zu besseren Ergebnissen.

Bei niedriger Trägerfrequenz erscheinen die Seitenbänder von AM und FM im Basisband (vgl. Aliasing, Abschnitt 5.1.2); dieser Effekt wird bei der Klangsynthese ausgenutzt (Abschnitt 8.1.2).

6.3 Aufbereitung digitaler Signale

Zur digitalen Übertragung werden Signale üblicherweise mehrfach aufbereitet. Die **Quellencodierung** entfernt (unnütze) Redundanz und – bei den Datenreduktionsverfahren – irrelevante Information aus dem Signal.

Quellencode, Kanalcode, Leitungscode

Die **Kanalcodierung** fügt dem Signal wieder (nützliche) Redundanz zu, um es fehlerresistent zu machen und ggf. auch die Rekonstruktion stark gestörter Signale zu ermöglichen.

Die **Leitungscodierung** sorgt schließlich für die Anpassung an den jeweiligen physikalischen Kanal. Die Leitungscodes sind die Verbindung zwischen digitaler und analoger Übertragungstechnik; schließlich werden ja auch digitale Signale „analog" über Kabel, Funkstrecke, Magnetband oder Lichtwellenleiter übertragen. Die analogen Multiplex-Verfahren werden daher auch bei der digitalen Übertragung eingesetzt.

Bei der codierten Übertragung nennt man den Sender **Encoder**, den Empfänger **Decoder**. Kombinierte Coder/Decoder bezeichnet man als **Codec**.

Die digitale Übertragung wird durch ihre **Datenrate** und **Signalbandbreite** charakterisiert. Die Dynamik spielt dagegen keine wesentliche Rolle, weil im Gegensatz zur Analogtechnik ja nur binäre Information übertragen werden muss, der Empfänger also nur zwei Zustände im Signal zu unterscheiden braucht. Mehrkanalige digitale Signale werden in der Regel im **Zeitmultiplex** (TDM) übertragen

Die Datenrate R (Bitrate, Baudrate) einer digitalen Übertragung in **Baud** (1 Bd = 1 Bit/s, 1 kBd = 1000 Bit/s bzw. 1 KBd = 1024 Bit/s) berechnet sich aus Abtastrate f_A, Wortbreite M und Kanalzahl n (bei Zeitmultiplex). Je nach Übertragungsprotokoll setzt man für M statt der Wortbreite die Framelänge des jeweiligen Protokolls ein (so trägt z.B. ein AES3-Subframe der Länge 32 Bit maximal 24 Bit Audiodaten). **Datenrate**

Zur Bestimmung der Bandbreite B der digitalen Basisband-Übertragung betrachtet man das codierte Signal als analoge Pulsfolge, die z.B. als Wechselspannung übertragen wird. Der Einfachheit halber nimmt man dabei an, dass dieses Übertragungssignal den gesamten Frequenzbereich von 0 Hz bis zur höchsten Frequenz in der Pulsfolge einnimmt; die Bandbreite ist dann einfach gleich dieser höchsten Pulsfrequenz. Sie berechnet sich aus der halben Datenrate – zwei Pulse im digitalen Signal entsprechen einer Wellenlänge – unter Berücksichtigung des Leitungscodes. Für den einfachsten Fall gilt **Bandbreite**

$$R = f_A \cdot M \cdot n \quad \text{und} \quad B = \frac{R}{2}.$$

Bei Verwendung eines „halfbauded" Leitungscodes (z.B. Biphase Mark, siehe Abschnitt 6.3.5) ist die Bandbreite doppelt groß.

Der **Speicherplatzbedarf** S eines digitalen Signals wird in Byte bzw. KB oder MB pro Zeiteinheit angegeben. Im einfachsten Fall, d.h. bei der Speicherung ohne Zusatzdaten, berechnet er sich zu **Speicherplatzbedarf**

$$S = \frac{f_A \cdot M \cdot n \cdot 60}{8 \cdot 1024^2} \; \frac{\text{MB}}{\text{min}}.$$

Beispiele: 16 Bit / 44,1 kHz *stereo:* 10 MB/min; 24 Bit / 96 kHz *stereo:* 33 MB/min.

6.3.1 Quellencodes

Die **Quellencodierung** wird in erster Linie vom A/D-Wandler geleistet. Der „klassische" Quellencode für digitalen Ton ist die **Pulscodemodulation** (PCM; ausführliche Beschreibung in Kapitel 5, Abschnitt 5.2.2). **Quellencodierung mit PCM und PDM**

Allerdings produziert die PCM recht große Datenmengen. Ökonomischer arbeiten die Verfahren der **prädiktiven Codierung** wie differentielle PCM und Sigma-Delta-Modulation (PDM) (vgl. Abschnitte 5.3.2, 5.3.3). Sie codieren redundanzärmer als die PCM, sind aber fehlerbehaftet.

Ebenfalls redundanzreduzierend, aber fehlerbehaftet ist die „Lineare Vorhersage" **LPC** (**Linear Predictive Coding**), die ursprünglich zur

Linear Predictive Coding

Sprachsignalcodierung entwickelt wurde. Hierbei wird ein Abtastwert durch eine gewichtete Linearkombination vorheriger Abtastwerte ausgedrückt. Wie beim Vocoder (Abschnitt 10.6.4) wird das Signal damit parametrisiert, wobei Amplituden- und Frequenzinformation getrennt werden. LPC wird u.a. in der Klangsynthese eingesetzt.

Entropiecodierung (Lossless Coding)

Andere Quellencodes verringern die Redundanz, erhalten aber die Entropie des Quellsignals. Dies bezeichnet man auch als **verlustfreie Datenreduktion**, **Datenkompression** oder **Entropiecodierung** (Lossless Coding): Aus dem *komprimierten* Signal kann das ursprüngliche Signal wieder *expandiert* – also Bit für Bit wieder hergestellt – werden[6].

RLE

Eine einfache Methode der Entropiecodierung ist die „Lauflängencodierung" **RLE** (Run Length Encoding): Mehr als drei aufeinander folgende identische Symbole im Datenstrom werden über ihre Anzahl codiert. Damit ist RLE sehr effektiv für Schwarz-Weiß-Grafiken und wird u.a. bei der Faxübertragung eingesetzt.

Huffman-Code

Der Informatiker **David Huffman** (1925 – 1999) entwickelte als Ph.D.-Student am Massachusetts Institute of Technology (MIT) eine der wichtigsten und effektivsten Entropiecodierungen (Huffman 1952). Im **Huffman-Code** werden Symbole (z.B. Buchstaben oder Amplituden-Frequenz-Kombinationen), die im Signal mit großer Wahrscheinlichkeit auftreten, mit wenigen Bits codiert, Symbole, die mit kleiner Wahrscheinlichkeit auftreten, mit vielen Bits. Dadurch entstehen wie beim Morse-Alphabet Codewörter variabler Länge.

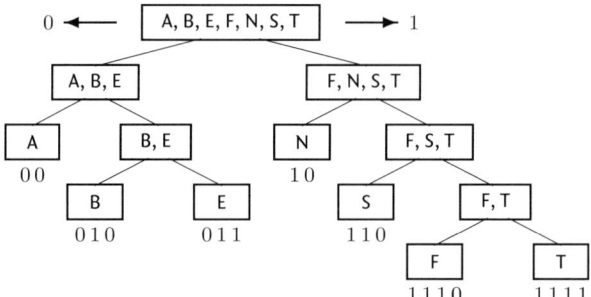

Abb. 6-8: Beispiel eines Huffman-Baums zur redundanzarmen Codierung gesunder Lebensmittel (vgl. ANANAS, aber: FETT)

```
BANANENSAFT = 010 00 10 00 10 011 10 110 00 1110 1111
            = [01000100] [01001110] [11000111] [01111    ]
```

Symbol-Wahrscheinlichkeit

Die Huffman-Codierung benötigt Vorwissen über das Signal. Für jedes Signal gibt es eine optimale Codierung. Aus den Wahrscheinlichkeiten für das Auftreten der unterschiedlichen Symbole wird ein „Huffman-Baum" aufgebaut (Abb. 6-8). Dieser Huffman-Baum muss dem Empfänger bekannt sein, ansonsten ist die Decodierung nicht möglich.

---

[6] Die Begriffe Datenkompression und -expansion dürfen nicht mit der Dynamikbearbeitung verwechselt werden, die z.B. von einem Kompander durchgeführt wird!

In der Praxis braucht man nicht jedes neue Signal nach Symbolhäufigkeiten zu analysieren. Man kann auch auf Huffman-Codes zurückgreifen, die für ähnliche Signale (z.B. Popmusik, klassische Musik, perkussive Signale, quasistationäre Signale etc.) berechnet wurden.

In Abbildung 6-8 ist ein Beispiel für eine Huffman-Codierung mit sieben Symbolen dargestellt. Ein Schritt nach links an einer Verzweigung im Baum entspricht einer binären 0 im Code, ein Schritt nach rechts einer 1. Diejenigen Symbole, die im Datenstrom wahrscheinlich am häufigsten auftreten, werden über die kürzesten Baumzweige codiert.

Im obigen Beispiel wird das Wort „BANANENSAFT" mit 29 Bit, also weniger als 4 Byte, codiert. Der ASCII-Code[7] – Basis z.B. der Textübertragung im Internet – benötigt pro Buchstabe ein Byte; „BANANENSAFT" hat daher 88 Bit. Im Vergleich zu ASCII komprimiert der Huffman-Code hier den Text auf weniger als ein Drittel.

Die Codewörter eines Huffman-Codes können problemlos in Datenbytes zusammengefasst und übertragen werden – eine Decodierung ist immer möglich, auch wenn die Wortgrenzen nicht mehr sichtbar sind! Man benutzt dabei den codierten Datenstrom als Wegweiser durch den Huffman-Baum: Mit jedem Bit aus dem Datenstrom schreitet man durch die Verzweigungen des Baums, bis man ein Codewort erreicht (Symbol decodiert). Dann springt man wieder an den Baum-Anfang und wiederholt die Prozedur, bis der Datenstrom vollständig decodiert ist.

Decodierung mit dem Huffman-Baum

Huffman-Codes werden u.a. bei der psychoakustischen Datenreduktion (s.u.) eingesetzt, beim Fernsehstandard HDTV, zur Datenübertragung in Computernetzwerken oder bei der Modem-Übertragung.

6.3.2 Datenreduktion: MP3, AC-3 und andere

Auch psychoakustisch motivierte **Datenreduktionsverfahren (Perceptive Coding**, von engl. perception = Wahrnehmung) können als Quellencodierung aufgefasst werden. Sie entfernen nicht nur redundante, sondern auch irrelevante Information aus dem Signal und verringern damit die Datenmenge drastisch (vgl. z.B. JPEG-Bilddatenformat). Damit sind sie hervorragend zur Speicherung und Distribution beim Endverbraucher geeignet – für professionelle Anwendungen aber *nicht*. Insbesondere wenn Signale im Studio noch weiterverarbeitet werden sollen, verbietet sich die datenreduzierte Übertragung und Speicherung!

Datenreduktions-Algorithmen wurden seit den 1980er Jahren von Firmen und Forschungsinstituten wie dem Erlanger *Fraunhofer-Institut* (FhG-IIS), den *Bell Laboratories*, von *Dolby*, *Philips* und *Sony* entwickelt; Standards zur Datenreduktion wurden von der *International Standards Organization* (ISO) und der *Moving Pictures Experts Group* (MPEG) definiert. Zu den populären Verfahren zählen u.a. MP3, ATRAC, AC-3 oder AAC; eingesetzt

typ. Speicherplatzbedarf von Audiosignalen:

PCM 16 Bit 44,1 kHz stereo: 10 MB/min

Lossless Coding: bis zu 5 MB/min

Perceptive Coding mit 128 kBit/s: 1 MB/min

---
[7] „American Standard Code for Information Interchange" nach ISO/IEC 646

werden sie u.a. für den Musikaustausch über das Internet, bei der MiniDisc und beim iPod, bei den Filmton-Standards Dolby Digital, DTS und SDDS, bei der Audiocodierung für Video-DVD, beim digitalen Satellitenrundfunk und bei ISDN-Audio-Codecs.

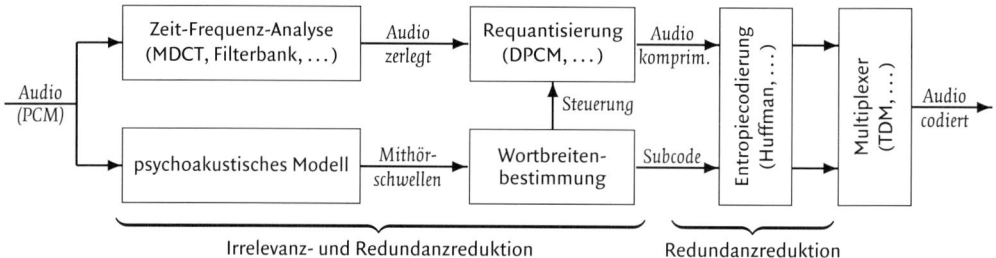

Abb. 6-9: Schema der Datenreduktion auf Basis von psychoakustischer Modellierung und Entropiecodierung

Datenreduktions-Algorithmen

In Abbildung 6-9 ist das Prinzip der psychoakustisch begründeten Datenreduktion dargestellt. Das eingehende PCM-Signal wird zunächst in einzelne Frequenzbänder zerlegt, die z.B. den kritischen Bändern des Gehörs nachempfunden sein können (Frequenzgruppen, vgl. Abschnitt 3.2.6). Beliebte Verfahren sind die Filterbankzerlegung und die Cosinus-Transformation (MDCT, vgl. Abschnitt 4.2.6). Gleichzeitig wird durch ein psychoakustisches Modell die momentane Mithörschwelle auf Basis des Verdeckungseffekts berechnet (vgl. Abschnitt 3.2.7).

Quantisierung in getrennten Frequenzbändern unter Berücksichtigung der Verdeckung

Auf Grund des Verdeckungseffekts ist nun die Dynamik des Gehörs sehr stark vom Signalverlauf abhängig. Daher kann die Signaldynamik der prognostizierten Gehördynamik angepasst werden. Je mehr leise Signalanteile durch laute Signalanteile verdeckt werden, desto gröber darf das Signal ohne hörbaren Klangunterschied quantisiert werden (**Requantisierung** mit geringerer Wortbreite). Im Idealfall wird die Entropie verringert, ohne dass relevante Information verloren geht: Dies ist die **Irrelevanzreduktion**. Um nun gleichzeitig Redundanz aus dem Signal zu entfernen, wird bei dieser Wortbreitenreduktion häufig statt PCM z.B. nichtlineare PCM oder differentielle PCM (DPCM) verwendet.

Bearbeitung in zeitlich aufeinander folgenden Blöcken

Der gesamte Prozess muss nun auch den Zeitverlauf des Signals berücksichtigen. Dazu wird das Signal zeitlich segmentiert und dann in einzelnen Blöcken analysiert und codiert; jeder Block wird dabei als stationäres Signal betrachtet. Bei den einfacheren Verfahren haben diese Blöcke eine feste Länge (typ. 2 bis 50 ms). Bei raffinierteren Verfahren wird die Blocklänge durch den Signalverlauf gesteuert. Die variable Blocklänge ist klar im Vorteil, denn auch bei der Datenreduktion setzt die Unschärferelation (Abschnitt 4.2.4) Grenzen: Je genauer die Analyse im Frequenzbereich arbeiten soll, desto größer muss die Blocklänge sein (Codierung quasistationärer Klänge); je genauer sie im Zeitbereich arbeiten soll, desto kleiner müssen die Blöcke sein (Codierung perkussiver Klänge).

Bei subjektiv sehr guter Klangqualität kann durch die Irrelevanzreduktion der Rauschabstand (SNR) des codierten Signals segmentabhängig zwischen 90 und 13 dB schwanken (*Painter* 2000).

Um die Redundanz noch weiter zu reduzieren, werden bei den meisten Verfahren im nächsten Schritt sowohl die in einzelnen Frequenzbändern requantisierten Audiodaten, als auch die bei der Worbreitenreduktion verwendeten Parameter Entropie-codiert, z.B. mit einem Huffman-Code. Ein Multiplexer fasst schließlich Audio- und Zusatzdaten zu einem einzigen Datenstrom zusammen. Zur Decodierung des datenreduzierten Signals muss der gesamte Prozess in einem Decoder rückwärts durchlaufen werden. Die aus dem codierten Signal extrahierten Zusatzdaten steuern dabei die Signalsynthese.

zusätzliche Entropiecodierung

Im Folgenden werden die Eigenschaften einiger Verfahren aufgeführt (Quellen: *Gilchrist* 1996, *Brandenburg* 1999, *Painter* 2000, *Watkinson* 2001, *Xiph.org* 2004).

AC-2 (Dolby 1990): Segmentierung und Zerlegung nach Frequenzgruppen durch MDCT-ähnliche Transformation, zwei Fensterlängen (128- und 512-Punkt) zur Adaption an den Signalverlauf (AC-2A); Requantisierung. Sehr geringe Datenrate der Zusatzinformation, Requantisierungsparameter müssen nicht übertragen werden.
Eingangsdaten: 16 Bit PCM mit 44,1 oder 48 kHz; einkanalige Architektur, Betriebsarten je nach Hardware (z.B. Stereo); *Datenrate:* 128 oder 192 kBit/s pro Kanal; *Anwendung:* u.a. **DolbyFAX**-Codec zur Übertragung von zwei Audiokanälen über vier ISDN-Leitungen.

Dolby AC-2

AC-3 (Dolby 1993): Mehrkanalsystem (5.1) mit integriertem Stereo- und Mono-Downmix-Algorithmus (Downmix im Frequenzbereich); Möglichkeit der Normalisierung des Center-Kanals (Dialogkanal beim Filmton) im Decoder; Latenz ca. 100 ms.
Segmentierung und Transformation mit adaptiver MDCT (256- und 512-Punkt-Fenster), Adaption der Fensterlänge unabhängig in jedem Kanal; keine weitere Entropiecodierung. Bei sehr großer Informationsdichte frequenzselektive MS-Matrizierung (vgl. Abschnitt 9.6.2) zur Reduktion von Redundanz zwischen den Kanälen.
In der Zusatzinformation (Subcode) können Timecode sowie Hilfsdaten wie Sprachkennung oder Copyright codiert werden.
Eingangsdaten: 16 Bit PCM mit 32, 44,1 oder 48 kHz; 5.1-Surround (L, C, R, LS, RS, LFE); *Datenrate:* 64 bis 640 kBit/s pro Kanal, variabel; Subjektiv gute Qualität bei 64 kBit/s pro Kanal.
Anwendung: u.a. Mehrkanal-Filmton **Dolby Digital** (DD, SR.D, DSD).

Dolby AC-3 (Dolby Digital)

apt-X100 (DTS)	**apt-X100** (Audio Processing Technology 1990): Segmentierung in 4-Sample-Blocks, 4-Band-Filterbankzerlegung, Redundanzreduktion mit LPC (Linear Predictive Coding), adaptive Requantisierung mit DPCM; fester Kompressionsfaktor 4:1; Latenz ca. 20 ms. *Eingangsdaten:* 16 Bit PCM mit 16, 32, 44,1 oder 48 kHz; einkanalige Architektur, Betriebsarten je nach Hardware (Mono, Stereo, Surround). *Datenrate:* 176,4 kBit/s pro Kanal (44,1 kHz). *Anwendung:* u.a. Filmton im 5.1 **DTS**-Format (DTS-6) und **ISDN-Codecs** zur Audiosignalübertragung.
ATRAC (MiniDisc, SDDS)	**ATRAC** (Adaptive Transform Acoustic Coding, Sony 1994): Segmentierung mit 512 Samples, Hybrid-Filterbankzerlegung durch 3-Band-Filterbank mit nachgeschalteter adaptiver 32- bis 256-Punkt-MDCT (Zeitauflösung 1,45 bis 11,6 ms), Requantisierung; fester Kompressionsfaktor 5:1. *Eingangsdaten:* 16 Bit PCM mit 44,1 kHz; Varianten: Stereo, 8-Kanal-Surround; *Datenrate:* 146 kBit/s pro Kanal. *Anwendung:* **MiniDisc**, Filmton im 7.1 **SDDS**-Format.
MPEG-1 Layer I / II / III (MUSICAM, MP3)	**MPEG-1** (ISO/IEC 11172-3, 1992): Drei „Layer" mit zunehmender Komplexität, abgeleitet von **MUSICAM**[8] und **ASPEC**[9]. **MPEG-1 Layer I**: Adaptive Segmentierung, 32-Band-Filterbank-Zerlegung, psychoakustisches Modell mit 512-Punkt-FFT, Requantisierung mit nichtlinearer PCM, Entropie-Codierung. *Eingangsdaten:* 16 Bit PCM mit 32, 44,1 oder 48 kHz. *Betriebsarten:* Mono, Stereo, Zweikanal-Mono. *Datenrate:* 32 bis 192 kBit/s (Mono), 64 bis 384 kBit/s (Stereo). **MPEG-1 Layer II** (=MUSICAM): 1024-Punkt-FFT bei der psychoakustischen Modellierung, höhere Auflösung bei der Requantisierung, Berücksichtigung von Verdeckung im Zeitbereich. **MPEG-1 Layer III**: unter dem Namen **MP3** der De-facto-Standard für Musik-Datenreduktion. Hybrid-Filterbank durch nochmalige Zerlegung jedes Teilbands der Filterbank mit einer 18-Punkt-MDCT, erweiterter Requantisierungs-Algorithmus, Huffman-Codierung.
MPEG-2 BC	**MPEG-2 BC** („backward compatible", ISO/IEC IS13818-3, 1994): wie MPEG-1, erweitert für 5-Kanal-Surround (L, C, R, LS, RS), abwärtskompatibel zu MPEG-1.
MPEG-2 AAC „Advanced Audio Coding"	**MPEG-2 AAC** („Advanced Audio Coding", ISO/IEC IS13818-7, 1996): Signalzerlegung durch MDCT mit adaptiver Fensterlänge (Zeitauflösung min. 2,6 ms) und adaptiver Fensterfunktion, verbesserte Zeit-Frequenz-

---

[8] „Masking pattern adapted universal sub-band integrated coding and multiplexing", entwickelt von IRT, CCETT und Philips für den digitalen Rundfunkstandard DAB (1990).

[9] „Adaptive spectral perceptual entropy coding", entwickelt vom Fraunhofer-Institut, CNET und den Bell Labs (1990).

Codierung. Psychoakustisches Modell wie MPEG-1. Adaptive Entropie-Codierung mit 12 Huffman-Codes. Subjektiv gute Qualität bei 320 kBit/s für 5-Kanal-Surround (64 kBit/s pro Kanal). *Anwendung:* u.a. **LiquidAudio**.

MPEG-4 (ISO/IEC 14496-3, 1998): in weiten Grenzen skalierbare und sehr flexible objektorientierte Codierung für Sprache und Musik, Datenraten 200 Bit/s bis 64 kBit/s pro Kanal. Unterstützung von interaktivem Zugriff, Musik- und Sprachsynthese, MIDI, Kommunikation mit MPEG-Abspielern durch JAVA.

MPEG-4 Natural Audio Coding: Datenreduktion auf der Grundlage von MPEG-2 AAC für Datenraten größer als 16 kBit/s. Parametrische Codierung für Datenraten 2 bis 4 kBit/s bei einer Abtastrate von 8 kHz und für 4 bis 16 kBit/s bei 8 bis 16 kHz, spezielle Sprachsignalcodierung mit 6 bis 24 kBit/s (vgl. Vocoder).

MPEG-4 Synthetic Audio Coding: Datenreduktion und Codierung speziell für Daten zur Sprachsynthese (Text to Speech, TTS), u.a. für sprachunterstützte Computerbedienung, sowie zur Musiksynthese (Structured Audio Orchestra Language, SAOL), Unterstützung u.a. von FM-, additiver und granularer Synthese sowie Physical Modeling.

MPEG-4 Datenreduktion, Text to Speech, Klangsynthese...

PAC (Perceptual Audio Coder, AT&T Bell Labs / Lucent Technologies 1992): Segmentierung in 1024-Sample-Blocks, Signalzerlegung und psychoakustische Modellierung durch MDCT mit adaptiver Fensterlänge (256- und 2048-Punkt-Transformation), psychoakustisches Modell wie MPEG-1; nichtlineare Requantisierung, adaptive Entropie-Codierung mit 8 Huffman-Codes. Skalierbare Kompression.

Weiterentwicklung als **EPAC** (verbesserte MDCT, subjektiv gute Qualität bei 64 kBit/s, stereo) und **MPAC** (monaural PAC, Möglichkeit der MS-Matrizierung zur Reduktion der Redundanz zwischen den Kanälen; einer der besten Algorithmen im 5.1-Vergleichstest bei 320 kBit/s).

Eingangsdaten: 16 Bit PCM mit 44,1 kHz; *Betriebsarten:* Mono, Stereo, 4-Kanal, 5-Kanal, 6-Kanal-Surround (5.1); *Datenrate:* 32 bis 1000 kBit/s. *Anwendung:* u.a. digitaler Rundfunk, Internetanwendungen mit JAVA-Decoder.

PAC

PASC (Precision Adaptive Subband Coding, Philips 1994): identisch mit MPEG-1 Layer I, Stereo bei 384 kBit/s; wurde eingesetzt bei der DCC (Digital Compact Cassette)[10].

PASC

RealAudio (RealNetworks, Inc.): Fileformat für Internet-Audio, basierend auf unterschiedlichen Codecs. In der Version 10 Codierung mit AAC (MPEG). Frühere Versionen sind z.T. identisch mit AC-3 bzw. ATRAC. RealAudio Lossless ermöglicht verlustfreie Kompression.

RealAudio

---

[10] Für Details zum DCC-System siehe z.B. Warstat, M. & Görne, T.: **Studiotechnik, Hintergrund und Praxiswissen**, Elektor 1994.

Vorbis
Ogg Vorbis

Vorbis (Xiph.org Foundation 2000): Open Source Codec (lizenzfrei). Zerlegung mit MDCT, Fensterlänge 64 bis 8192 Samples. Huffman-Entropiecodierung der Audiodaten, Vektorquantisierung der berechneten Mithörschwellen, Huffman-Bäume werden im Dateiheader übertragen. Bei Codierung von Mehrkanalformaten mit LFE-Kanal wie 5.1 wird die Datenreduktion der Bandbreite des LFE-Kanals angepasst.

Zusatzinformationen wie „Title", „Album", „"Artist" oder „Contact" können im Header übertragen werden.

Eingangsdaten: 16 Bit PCM mit 8 bis 48 kHz, *Datenrate:* 16 bis 128 kBit/s.

Anwendung: in Verbindung mit dem Fileformat Ogg für Internet-Audio als **Ogg Vorbis**. Subjektive Qualität vegleichbar mit AAC.

WMA

WMA (Windows Media Audio, Microsoft): datenreduziertes Fileformat für Internet-Audio, verbreitet u.a. mit dem Windows Media Player, Codierung mit variabler Bitrate (WMA Version 9).

Eingangsdaten: 16 Bit PCM, 44,1 oder 48 kHz; *Datenrate:* 64 bis 192 kBit/s.

WMA 9 Professional: Unterstützung von 24 Bit / 96 kHz PCM, Mehrkanalformate bis zu 7.1. Automatischer Downmix auf das von der Wiedergabe-Hardware geforderte Format. **WMA 9 Lossless:** Verlustfreie Kompression mit variabler Bitrate, Eingangsdaten bis zu 24 Bit / 96 kHz, 5.1-Surround. **WMA 9 Voice:** optimiert für niedrige Bitraten (4 bis 20 kBit/s), Anwendung z.B. Echtzeitübertragung von Sprache im Internet (Quelle: www.microsoft.com).

Artefakte bei der Datenreduktion

Typische Fehler bei übermäßiger Datenreduktion sind Artefakte wie **Vorecho** – verursacht durch eine zu grobe Segmentierung im Zeitbereich –, **Aliasing** – verursacht durch Fehler bei der Frequenzzerlegung –, kurzzeitige Frequenzgangfehler bei hohen Frequenzen, hörbar als „Zwitschern" („birdies") –, **Granularrauschen** und fehlerhafte **Höhenwiedergabe**, meist als Höhendämpfung (Erne 2001)[11].

Auch wenn die Datenreduktion subjektiv fehlerfrei arbeitet, können bei einer Nachbearbeitung im Studio – z.B. mit Filtern – Artefakte hörbar werden. Datenreduzierte Audioformate sind deshalb ausschließlich für Endverbraucher-Anwendungen geeignet, nicht für die professionelle Arbeit. Die verschiedenen datenreduzierten Formate sind zudem i.Allg. nicht kompatibel. Bei der Konvertierung zwischen zwei datenreduzierten Formaten kann es daher zu erheblichen Qualitätsverlusten kommen.

6.3.3 Kanalcodes und Fehlerkorrektur

Die **Kanalcodierung** soll das digitale Signal fehlerresistent machen. Insbesondere bei der Speicherung von Signalen, z.B. auf CD, DVD, digi-

---

[11] Hörbeispiele auf der CD **Perceptual Audio Coders: What to Listen For**, herausgegeben von der Audio Engineering Society (www.aes.org).

talem Magnetband, Filmstreifen oder magneto-optischer Platte, ist eine fehlerresistente Codierung notwendig. Sie kann entweder algorithmisch oder nach einer Codetabelle erfolgen: Im ersten Fall ist die Codierungsvorschrift ein mathematischer Schlüssel, nach dem aus dem Datenstrom **Prüfbits** berechnet werden, die dann an das Signal angehängt werden. Beispiele sind die **Hamming-** und **Reed-Solomon-Codes**.

fehlerresistente Codierung

Im zweiten Fall werden einzelne Abschnitte des Datenstroms nach einer willkürlich festgelegten Zuordnungsvorschrift durch Symbole ersetzt, die als Tabelle in einem Speicherchip („Lookup Table") abgelegt sind. Diese Codeklasse nennt man „Gruppencodes" (**Group Codes**) oder **Run Length Limited Codes (RLL)**.

Durch die Kanalcodierung wird dem Signal gezielt **Redundanz** zugefügt, indem die Datenrate und damit auch die Zahl der möglichen Codeworte vergrößert wird. Weil dabei aber die Informationsmenge gleich bleibt, gibt es nach der Kanalcodierung *gültige* und *ungültige* Codeworte: Dies ist der Schlüssel zu Fehlererkennung und Fehlerkorrektur.

Erhöhung der Redundanz

Ein Maß für die Qualität eines Kanalcodes ist die **Hamming-Distanz** H nach dem Mathematiker und Informatiker **Richard Wesley Hamming** (1915–1998), die den Unterschied zwischen zwei Codeworten beschreibt: Je größer die Hamming-Distanz der gültigen Codeworte eines Kanalcodes ist, desto besser funktionieren Fehlererkennung und -korrektur. Ein Code mit maximal möglichem Hamming-Abstand der gültgen Codeworte ist **perfekt**. Ziel jeder Kanalcodierung ist maximale Effizienz. Dies erreicht man durch eine maximale Hamming-Distanz bei einem Minimum an Redundanz.

Hamming-Distanz und perfekte Codes

Die Hamming-Distanz ist gleich der Zahl von Bits, die man ändern muss, um ein gültiges Codewort in ein anderes gültiges Codewort zu überführen.

Zur fehlerresistenten Codierung wird nun ein M-Bit-Signal geschickt mit $M+x$ Bit codiert. Durch Bitfehler bei der Übertragung entsteht dann ein ungültiges Codewort (**Fehlererkennung**), das beim Empfänger z.B. durch das ähnlichste gültige Codewort – also dasjenige mit dem geringsten Hamming-Abstand – ersetzt wird. Dies ist die **Fehlerkorrektur** mit der **Maximum Likelihood-Decodierung (MLD)**.

Fehlererkennung, Fehlerkorrektur: Maximum Likelihood

> Ein Kanalcode mit einer Hamming-Distanz H kann pro Codewort $H-1$ Bitfehler erkennen und $\frac{H-1}{2}$ Bitfehler korrigieren.

Beispiel: In einem 3-Bit-Code seien die Worte 000 und 111 gültig, alle anderen Worte redundant (perfekter Code mit Hamming-Distanz $H=3$). Erhält der Empfänger z.B. das Signal 100, so muss ein Übertragungsfehler vorliegen, und das fehlerhafte Wort wird nach Maximum Likelihood durch das nächstgelegene gültige Wort 000 ersetzt. Zwei Bitfehler werden zwar erkannt, können aber nicht korrigiert werden.

Der einfachste Fall eines fehlererkennenden Codes ist der „Wiederholungscode" (**Repetition Code**): Das Informationsbit wird schlicht mehrfach wiederholt (Beispiel s.o.). Er ist perfekt, aber nicht sehr effizient. Ebenso simpel ist der **Single Parity Check Code**. Die fehlerresistente Codierung beschränkt sich dabei auf ein angehängtes Paritätsbit zur Herstellung einer geraden Zahl binärer Einsen im Datenwort[12]. Mit der einfachen Paritätsprüfung kann ein einzelner Bitfehler erkannt, aber nicht korrigiert werden (Hamming-Distanz $H = 2$).

Repetition Code
Single Parity Check Code

Die Paritätsprüfung wird z.B. bei der elektrischen Übertragung über Kabel und bei der optischen Übertragung per Lichtleiter angewendet; die Wahrscheinlichkeit für Bitfehler ist hier gering. Die Paritätsprüfung ist implementiert in Übertragungsprotokollen wie **AES3** oder **IEC Typ II**; nur bei der mehrkanaligen **MADI**-Übertragung erfolgt zur Absicherung eine zusätzliche RLL-Codierung (siehe Abschnitt 7.2.3).

Wesentlich raffinierter sind die **Hamming-Codes**. Sie verwenden mehrere Paritätsbits (Prüfbits), um bei geringer Redundanz einen Bitfehler im Datenwort lokalisieren und damit auch korrigieren zu können. Dazu werden die Prüfbits so berechnet, dass sie mit jeweils unterschiedlichen Bits des Datenworts Parität erzeugen.

Hamming-Code

Beispiel: Im 4-Bit-Code soll ein Signal $(a_0, a_1, a_2, a_3) = (1, 0, 0, 1)$ codiert werden. Drei Prüfbits (p_0, p_1, p_2) werden so bestimmt, dass sie mit jeweils drei Datenbits Parität erzeugen: p_0 mit a_0, a_1, a_2; p_1 mit a_1, a_2, a_3; p_2 mit a_0, a_2, a_3. Somit ergibt sich ein Hamming-codiertes 7-Bit-Datenwort $(a_0, a_1, a_2, a_3, p_0, p_1, p_2) = (1, 0, 0, 1, 1, 1, 0)$. Ein Bitfehler an der dritten Stelle (a_2) erzeugt $(1, 0, 1, 1, 1, 1, 0)$. Bei erneuter Paritätsprüfung werden alle drei Berechnungsgleichungen falsch. Und weil a_2 als einziges Bit in allen drei Gleichungen auftritt, muss hier der Fehler sein! Entsprechend kann ein einzelner Bitfehler an jeder anderen Stelle des codierten Datenworts eindeutig erkannt und korrigiert werden.

Bei einer Datenwortbreite von 4 Bit sind im Hamming-Code drei Prüfbits erforderlich (43 % Redundanz), bei einer Wortbreite von 11 Bit sind vier Prüfbits erforderlich (27 % Redundanz), bei einer Wortbreite von 26 Bit fünf Prüfbits (16 % Redundanz): Der Code wird umso effizienter, je größer die zu codierende Wortbreite ist. Auch der obige 3-Bit-Wiederholungscode kann als Hamming-Code aufgefasst werden (Datenwortbreite 1 Bit, zwei Prüfbits).

Effizienz steigt mit der Wortbreite

In der Tontechnik weit verbreitet sind die **Reed-Solomon-Codes** (RS-Codes). Sie werden u.a. bei **CD**, **DVD**, **R-DAT** und **MiniDisc**, aber auch beim Balkencode (Barcode) benutzt. Ihre Codeworte werden mit Hilfe von Polynomen berechnet.

Reed-Solomon-Codes: CD, DVD, MiniDisc

Die Reed-Solomon-Codes gehören zu den zyklischen Codes, bei denen die Codeworte durch Linearkombinationen eines zyklisch verschobe-

---

[12] Berechnung der Parität durch die Quersumme modulo 2.

nen Generatorpolynoms erzeugt werden. Zur Konstruktion eines Reed-Solomon-Codes für ein Signal der Wortbreite k benötigt man ein Generatorpolynom $C(x)$ vom Grad $k-1$, also $C(x) = C_0 + C_1 x + C_2 x^2 + \ldots C_{k-1} x^{k-1}$, wobei die Koeffizienten C_i aus einer speziellen abgeschlossenen Menge ganzer Zahlen (Galoisfeld) mit 2^m Elementen sein müssen. Ein Codewort $(c_0, c_1, c_2, \ldots c_{n-1})$ der Länge $n = 2^m - 1$ ergibt sich daraus durch die Beziehung $c_i = C(\alpha^i)$ mit $\alpha^n = 1$ (α ist Element des Galoisfelds; die Algebra im Galoisfeld ist durch die obligatorische modulo 2^m-Operation zyklisch). Der Code hat bei $n-k$ redundanten Symbolen einen Hamming-Abstand von $H = n - k + 1$.

Die Implementierung eines Reed-Solomon-Codecs ist über die diskrete Fourier-Transformation möglich: Man interpretiert das Datenwort der Länge k als „Spektrum", hängt eine gewisse Zahl Nullen ans Ende (bis auf eine Länge n, die einer Zweierpotenz entspricht) und transformiert mit der IDFT in den „Zeitbereich". Das dadurch generierte Signal der Länge n ist das Codewort. Der Empfänger decodiert das Signal mit einer DFT und kontrolliert, ob wieder $n-k$ Nullen am Ende stehen – wenn nicht, gab es einen Übertragungsfehler (Meyer 2002).

Die Codeworte im Reed-Solomon-Code sind nicht binär, sondern aus mehrwertigen (typischerweise 2^j-wertigen) Symbolen zusammengesetzt und deshalb sehr lang. Ein typischer RS-Code ist aus $n = 255$ Symbolen der Länge 8 Bit aufgebaut und enthält 32 Prüfsymbole, d.h. im Codewort von 255 Byte = 2040 Bit sind 223 Byte = 1784 Bit Daten enthalten. Die Redundanz beträgt 12,5 %, die Hamming-Distanz $H = 33$, es können also 16 fehlerhaft übertragene Symbole korrigiert werden.

typ. Codewortlänge 255 Byte, Redundanz 12,5 %

Dabei spielt es keine Rolle, ob im fehlerhaften Symbol nur ein Bit beschädigt ist oder alle: Der Reed-Solomon-Code kann sogar Häufungen von Fehlern – nach dem englischen Begriff sagt man auch **Burst-Fehler** – bis zur Symbollänge (also z.B. 8 Bit) korrigieren!

Ebenfalls in der Tontechnik sehr verbreitet sind die **RLL** (Run Length Limited)- oder **Gruppencodes**. Bei der **MADI**-Übertragung wird ein $4:5$-Gruppencode verwendet („vier-Bit-fünf-Bit", **4B5B**).

Run Length Limited: Gruppencodes (EFM, ETM)

Bei CD, DVD und MiniDisc wird ein $8:14$-Code (Eight to Fourteen Modulation **EFM**)[13] in Verbindung mit einem Reed-Solomon-Code verwendet und beim **DAT**-Recorder kommt ein $8:10$-Gruppencode (Eight to Ten Modulation, **ETM**) zum Einsatz.

Der Gruppencode entsteht nicht nach einem Algorithmus, sondern „heuristisch" nach Expertenwissen und Gefühl des Codedesigners. Damit enthält er auch keine Prüfbits oder -symbole. Statt dessen werden alle Datenworte willkürlich mit Codeworten verknüpft; die Zuordnungsvorschrift wird in einer Tabelle (Codebook) definiert und der Codedesigner trägt die Verantwortung für die Einhaltung eines vorgegebenen mi-

Zuordnung vom Datenwort zum Codewort über das Codebook

---
[13] Bei der DVD wird eine modifizierte EFM benutzt.

nimalen Hamming-Abstands. So werden z.B. im EFM-Code die insgesamt $2^8 = 256$ Datenworte durch 256 gültige Codeworte der insgesamt $2^{14} = 16384$ möglichen Codeworte ersetzt. In Tabelle 6-2 sind Beispiele aus den Codetabellen der wichtigsten Gruppencodes aufgeführt.

Tabelle 6-2: Auszug aus den Codetabellen verschiedener Gruppencodes; links: Datenwort, rechts: Codewort

4 : 5 (MADI)	ETM (DAT)	EFM (CD)
0000 ⇄ 11110	00000000 ⇄ 0101010101	00000000 ⇄ 01001000100000
0001 ⇄ 01001	00000001 ⇄ 0101010111	00000001 ⇄ 10000100000000
0010 ⇄ 10100	00000010 ⇄ 0101011101	00000010 ⇄ 10010000100000
0011 ⇄ 10101	00000011 ⇄ 0101011111	00000011 ⇄ 10001000100000
0100 ⇄ 01010	00000100 ⇄ 0101001001	00000100 ⇄ 01000100000000
0101 ⇄ 01011	00000101 ⇄ 0101001011	00000101 ⇄ 00000100010000
0110 ⇄ 01110	00000110 ⇄ 0101011010	00000110 ⇄ 00010000100000
0111 ⇄ 01111	00000111 ⇄ 0101011010	00000111 ⇄ 00100100000000

Gruppencodes sind Universalcodes

Gruppencodes sind **Universalcodes**. Sie können sowohl Aufgaben der Kanalcodierung als auch der Leitungscodierung (s.u.) übernehmen. Damit kann das Signal bereits den besonderen physikalischen Anforderungen des Kanals angepasst werden. So wird im EFM-Code der CD eine binäre 1 im Datenstrom immer von mindestens einer, höchstens aber zehn Nullen gefolgt, um die Spurverfolgung bei der optischen Abtastung zu erleichtern, während der ETM-Code des DAT-Recorders auf Gleichspannungsfreiheit und geringe tieffrequente Signalkomponenten für die magnetische Aufzeichnung ausgelegt ist (Tabelle 6-2).

6.3.4 Codespreizung (Interleaving)

Cross Interleaving

Viele Kanalcodes sind empfindlich gegen **Burst-Fehler**. So reicht bei der EFM schon ein binärer „Doppelfehler", um aus einem Codewort ein anderes zu machen; beim Hamming-Code werden zwei aufeinander folgende Bitfehler zwar erkannt, sind aber nicht mehr korrigierbar. Abhilfe schafft die Codespreizung durch „kreuzweise Verschachtelung" von Codeworten, das **Interleaving** (Abbildung 6-10).

Burst-Fehler auf dem Kanal erscheinen nach dem De-Interleaving als je ein Bitfehler in aufeinander folgenden Datenworten. Durch die Pufferung der Daten bei Sender und Empfänger entstehen allerdings Latenzen, die um so größer sind, je größer die Interleavingtiefe ist.

Interleaving von Codeworten: CIRC

Natürlich muss Interleaving nicht auf Bit-Ebene durchgeführt werden. Auch Symbole von mehreren Bits oder ganze Datenworte können verschachtelt werden. Diese Strategie empfiehlt sich bei Speichermedien wie CD oder DVD, weil hier z.B. durch Schmutz oder Kratzer extrem große Burst-Fehler auftreten können. Wendet man Interleaving auf ganze Codeworte an, so erscheinen Burstfehler, die mehrere Datenworte beschädigen, als viele kleine Burstfehler in räumlich getrennten Datenworten. Benutzt man dann noch einen Burst-korrigierenden Code wie den RS-Code,

innerer und äußerer Code der CD

6.3 Aufbereitung digitaler Signale

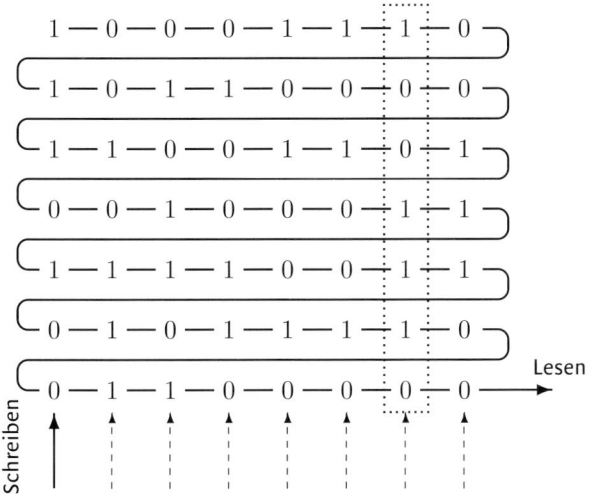

Abb. 6-10: Blockinterleaver mit einer Interleavingtiefe von 8 zur Absicherung eines 7-Bit-Kanalcodes gegen Burst-Fehler bis zur Länge von 8 Bit; die Daten werden in Spalten in den Interleaver geschrieben und zeilenweise ausgelesen. Ein Datenwort (gestrichelter Rahmen) wird im codierten Datenstrom über $7 \times 8 = 56$ Bit gespreizt

dann erhält man den *inneren Code* der CD: Durch Interleaving wird aus dem einfachen Reed-Solomon-Code ein **Cross-Interleaving Reed-Solomon-Code (CIRC)**. Als zweiter, *äußerer* Kanalcode für das mit CIRC fehlerresistent codierte Signal dient die EFM.

6.3.5 Leitungscodes

Auch wenn bei digitalen Audiogeräten die Information digital verarbeitet wird, so ist doch die physikalische Übertragung oder Speicherung immer analog – elektrisch, magnetisch, optisch oder mechanisch. Zur Aufbereitung digitaler Signale für den physikalischen Kanal dienen die **Leitungscodes**. Merkmale von Leitungscodes sind

- **Clockgehalt:** Codes mit hohem Clockgehalt ermöglichen die Extraktion des digitalen Takts aus dem Datenstrom (**selbsttaktende Codes**; siehe Abschnitt „Taktsynchronisation" 7.2.1). Eine Alternative zu selbsttaktenden Signalen sind separate **Wordclock-Leitungen** zwischen den Geräten.

  hoher Clockgehalt für selbsttaktende Übertragung

- **DC-Gehalt** (Gleichspannungsanteil): Gleichspannungsfreie Codes erzeugen im Mittel die gleiche Zahl positiver und negativer Halbwellen im Signal. Diese Eigenschaft ist wichtig, damit z.B. bei der elektrischen Übertragung im Signalweg die DC-sperrenden Übertrager eingesetzt werden können, oder damit bei der magnetischen Aufzeichnung das magnetische Feld im Mittel neutral bleibt.

  Gleichspannungsfreiheit für elektrische Übertragung

- **Phasentoleranz:** Phasentolerante Codes sind unempfindlich gegen elektrische Verpolung; die Decodierung ergibt unabhängig von der Phasenlage des elektrischen Signals dieselbe Information. Dies ist

  phasenunabhängige Übertragung

besonders im Tonstudio wichtig, wenn digitale Geräte mit symmetrischen Kabeln verbunden werden sollen.

Bandbreite bei gegebener Informationsrate

- **Bandbreite:** entspricht die minimale Pulsbreite der Bitdauer, dann transportiert der Code pro Baud Datenrate auch ein Baud Information, und die Bandbreite entspricht der halben Datenrate (s.o.). Manche Leitungscodes sind aber „halbbauded", die Pulsbreite entspricht einer *halben* Bitdauer. Dadurch transportieren sie pro Baud Datenrate nur ein halbes Baud Information; bei gleicher Informationsrate haben sie die doppelte Übertragungsbandbreite.

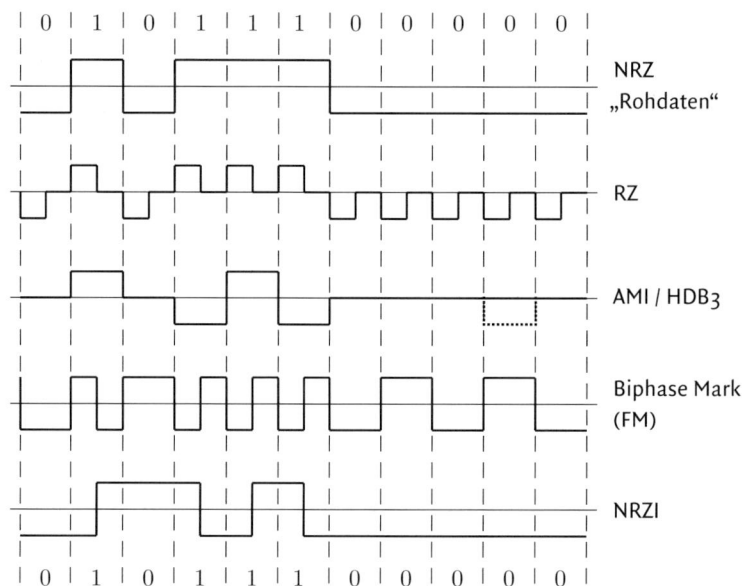

Abb. 6-11: Bipolare Leitungscodes, v.o.n.u.: Non Return to Zero; Return to Zero; Alternate Mark Inversion bzw. High Density Bipolar of Order 3 (gestrichelt); Biphase Mark; Non Return to Zero Inversion.

unipolare und bipolare Leitungscodes

Abbildung 6-11 zeigt einige ausgewählte Beispiele für solche Codes. Alle dargestellten Leitungscodes sind **bipolar**: Die physikalische Größe (z.B. elektrische Spannung) wechselt zwischen positiven und negativen Werten. **Unipolare** Varianten dieser Codes werden z.B. für die optische Übertragung genutzt.

NRZ: digitale Rohdaten

Der einfachste Leitungscode ist die direkte Umsetzung der beiden Bitzustände z.B. in positive und negative Spannung. Diese Repräsentierung als „digitale Rohdaten" nennt man **NRZ-Code** (non return to zero). Clock- und DC-Gehalt hängen vom Signalverlauf ab.

RZ: ternär und halfbauded

Im bipolaren **RZ-Code** (return to zero) kehrt das Signal nach jeder Bit-Information in den Nullzustand zurück. Dadurch ist RZ – im Gegensatz zum binären NRZ-Code – **ternär**, also dreiwertig[14]. RZ ist halfbauded und selbsttaktend, aber nicht gleichspannungsfrei und nicht sehr effizient.

---

[14] Man spricht von einem *quasiternären* Code, wenn in den drei Signalzuständen nur zwei Zustände der Nachricht (also z.B. binär 0 und 1) codiert werden.

Der **AMI-Code** (alternate mark inversion) ist wie RZ quasiternär. Die Coderegel verlangt bei einer 1 im binären Datenstrom alternierend einen positiven und einen negativen Signalwert; bei einer 0 bleibt der Signalwert null. Damit ist AMI nicht nur gleichspannungsfrei, sondern auch phasentolerant. Um zu vermeiden, dass bei langen Nullfolgen die Taktinformation verloren geht, gibt es die **HDB3**-Variante (high density bipolar of order 3). Im HDBx-Code sind maximal x aufeinander folgende Nullzustände im Signal möglich. Die $(x+1)$te Null wird als Spannungspuls codiert, wobei die Polarität des Signals *nicht* wechselt.

AMI und HDB3

Dieses Konzept der **Codeverletzung** wird in der digitalen Übertragungstechnik gerne benutzt, um zusätzliche Information zu verschlüsseln. HDB3 wird z.B. in **ISDN**-Telefonnetzen (Integrated Services Digital Network) eingesetzt.

Codeverletzung

Der **Biphase Mark**- oder **FM-Code**[15] gehört in die Familie der **Manchester-Codes**. Diese Codes sind halbbaudet und ihr Clockgehalt ist maximal; die Information wird als Phasenwechsel verschlüsselt. Im Biphase Mark Code wird jede Bitgrenze als Phasenwechsel codiert, und eine binäre 1 wird zum zusätzlichen Phasenwechsel *innerhalb* einer Bitzelle.

Biphase Mark (FM): gleichspannungsfrei, phasentolerant, selbsttaktend

Biphase Mark ist – wie alle Manchester-Codes – gleichspannungsfrei, selbsttaktend und phasentolerant. Diese angenehmen Eigenschaften und die simple Codierung machen Biphase Mark zum beliebtesten Leitungscode in der digitalen Audiotechnik. Er wird u.a. bei den Übertragungsstandards **AES3**, **IEC Typ II** und zur Codierung von **Timecode**-Signalen eingesetzt.

Das letzte Beispiel, der **NRZI-Code**, wird – in Verbindung mit einem geeigneten Kanalcode – zur Datenspeicherung bei **CD** und **DVD** genutzt, zur magnetischen Speicherung (**DAT**), zur Mehrkanal-Übertragung mit **MADI** und im **ADAT**-Format bei optischem Anschluss („Lightpipe"). Er verbindet Eigenschaften des Biphase Mark Codes – Codierung der binären 1 als Phasenwechsel innerhalb der Bitzelle – mit dem geringen Clockgehalt von AMI oder NRZ. Damit ist er besonders für sehr hohe Datenraten geeignet, wie sie bei der mehrkanaligen Übertragung im Zeitmultiplex (TDM) auftreten.

NRZI

Literatur zur Vertiefung

Martin Meyer: **Kommunikationstechnik. Konzepte der modernen Nachrichtenübertragung**, Vieweg, 3. Aufl. 2008.

Tor Nørretranders: **Spüre die Welt. Die Wissenschaft des Bewußtseins**, rororo, 4. Aufl. 2002.

---

[15] Die Bezeichnung FM kommt von der Betrachtung als diskrete Frequenzmodulation.

7 Anschlusstechnik

Die Geschichte der Audiosignalübertragung begann mit der Erfindung des **Telephons** im 19. Jahrhundert. Der schottische Taubstummenlehrer und College-Professor **Alexander Graham Bell** (1847 – 1922) meldete das Telephon 1876 in den USA zum Patent an.

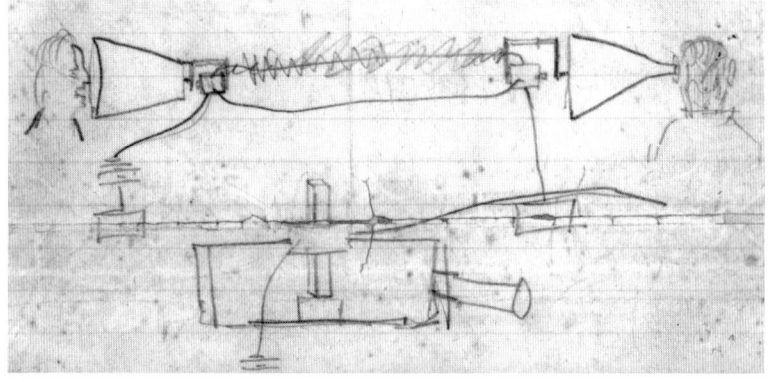

Abb. 7-1: Analoge Übertragung auf symmetrischer Leitung mit dem Telephon, Skizze von A. G. Bell (1876)

Seine Erfindung kann als Startschuss der Tontechnik betrachtet werden – auch wenn es nicht der erste war: Der italienische Ingenieur **Antonio Meucci** (1808 – 1896) stellte seine technisch gleiche Entwicklung zwar schon 1860 vor und ließ sie 1871 in den USA patentieren. Das Patent verfiel aber 1874; Bell setzte sich bei den bis zu Meuccis Tod dauernden Rechtsstreitigkeiten durch. Auch der amerikanische Physiker **Elisha Gray** (1835 – 1901) entwickelte ein Telephon. 1875 begann er mit den Arbeiten, und wie Bell ging er am 14. Februar 1876 zum Patentamt. Er bekam das Patent nicht – Bell war zwei Stunden schneller.

Und schließlich arbeitete in Deutschland der Physiklehrer **Philipp Reis** (1834 – 1874) an einem Telephon, das er 1863 – drei Jahre nach Meucci – vorstellte. Anders als die Entwicklungen von Meucci und Bell war aber Reis' Telephon nicht ausgereift, und die später zu Reis' Gunsten vorgebrachten Einsprüche gegen Bells Patent blieben ohne Erfolg.

Bell war vielleicht selbst kein Wissenschaftler, aber er wusste, wie aus wissenschaftlichen Ideen funktionsfähige Technik wird. So kommt es, dass die „Bell Company", seit 1925 als **Bell Laboratories** (Bell Labs) Bestandteil von AT&T und heute Lucent Technologies Inc. zugeordnet, zu einem der einflussreichsten Zentren für Forschung und Entwicklung in der Kommunikationstechnik wurde.

An den Bell Labs arbeiteten Wissenschaftler wie Richard Hamming und Claude Shannon; aus den Bell Labs stammen Transistor, Elektretmikrofon und Laser, das Betriebssystem UNIX, die Programmiersprache C und die Pulscodemodulation (PCM); bis heute haben elf Mitarbeiter der Bell Labs Physik-Nobelpreise erhalten.

Forschung und Entwicklung an den Bell Labs:
Faxübertragung (1925)
Transistor (1947)
Laser (1958)
Digital-Multiplex (1962)
DSP-Chip (1979)
Unix / C (1969-72)
DSL (1980er Jahre)

Nach den theoretischen Grundlagen in den Kapiteln 4 bis 6 werden hier zur Erinnerung an A. G. Bell praktische Probleme der Signalübertragung wie Impedanzanpassung, Leitungsführung, Steckernormen, digitale Protokolle, Synchronisation und Übertragungsfehler behandelt.

7.1 Analoge Übertragung

In der Tontechnik erfolgt die analoge Signalübertragung meistens mit Kabeln („drahtgebunden") und im Basisband, also unmoduliert. Speichermedien – die ja ebenfalls als Übertragungskanäle betrachtet werden können – werden gesondert in Kapitel 10 behandelt.

7.1.1 Impedanzanpassung

Nachdem in den vorigen Kapiteln die Signalübertragung vom Standpunkt der Theorie linearer Systeme und der Informationstheorie betrachtet wurde, folgt hier eine kurze elektrische Betrachtung[1].

Das Signal einer elektrischen Übertragung kann entweder eine **Spannung** oder eine **Leistung** sein. Stromsignale werden nicht verwendet (Ausnahme: MIDI, Abschnitt 8.3.1). Für die erfolgreiche Signalübertragung zwischen zwei Geräten ist das Verhältnis der **Impedanzen**, also der frequenzabhängigen elektrischen Widerstände, entscheidend.

Nimmt man vereinfachend an, dass Eingangs- und Ausgangsimpedanzen der Geräte *nicht* frequenzabhängig sind, dann gilt das **Ohm'sche Gesetz**[2]

$$R = \frac{u}{i} \quad \text{bzw.} \quad i = \frac{u}{R} \quad \text{bzw.} \quad u = R \cdot i$$

mit dem elektrischen **Widerstand** R in Ω (Ohm), der Spannung u in V

---
[1] Für eine ausführliche Einführung in die Elektrotechnik siehe z.B. Führer, Heidemann, Nerreter: **Grundgebiete der Elektrotechnik** (3 Bde.), Hanser, 8. Aufl. 2006.

[2] Viel Ohm, wenig Strom.

(Volt) und dem Strom i in A (Ampere); zur Kennzeichnung von Wechselspannung und -strom werden Kleinbuchstaben verwendet.

In Abbildung 7-2 ist die elektrische Ersatzschaltung der Signalübertragung zwischen zwei Geräten dargestellt. Gerät 1 „sieht" von Gerät 2 nur den Eingangswiderstand R_E (der zwischen den beiden Pins des Eingangssteckers gemessen werden kann). Umgekehrt „sieht" Gerät 2 von Gerät 1 nur dessen Ausgangswiderstand. Das Signal kann als Spannungsquelle in Gerät 1 aufgefasst werden.

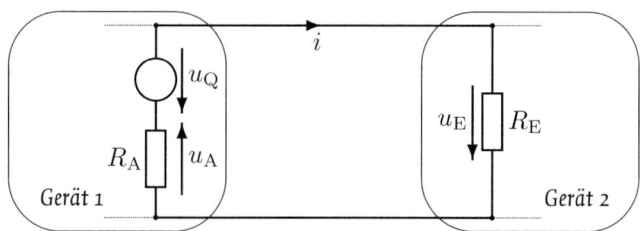

Abb. 7-2: Zu den elektrischen Verhältnissen bei der Signalübertragung; u_Q: Quellspannung in Gerät 1 (Signal), R_A, u_A: Ausgangswiderstand und Ausgangsspannung von Gerät 1, R_E, u_E: Eingangswiderstand und Eingangsspannung von Gerät 2

Nach dem **2. Kirchhoff'schen Gesetz** („Maschenregel") ist die in Gerät 1 erzeugte Quellspannung u_Q gleich der Summe der Spannungsabfälle an den beiden Widerständen u_A und u_E. Weil beide Widerstände vom gleichen Strom $i = u_Q/(R_A + R_E)$ durchflossen werden, muss das Verhältnis der beiden Spannungen gleich dem Verhältnis der beiden Widerstände sein; Ausgangswiderstand und Eingangswiderstand bilden einen **Spannungsteiler**:

$$\frac{u_E}{u_A} = \frac{R_E}{R_A}.$$

u_E ist die nach Gerät 2 übertragene **Nutzspannung**, u_A ist die **Verlustspannung**. Das Produkt $i \cdot u_A$ ist die **Verlustleistung** in Gerät 1 (Leistung = Strom × Spannung). Sie ist für die Erwärmung von Geräten mitverantwortlich.

Die theoretischen Extremfälle der Impedanzanpassung sind:

- $R_E = 0$ (**Kurzschluss**): Stromfluss und Verlustleistung sind maximal, in Gerät 2 fällt keine Spannung ab, und

- $R_E = \infty$ (**Leerlauf**): Stromfluss und Verlustleistung sind null, in Gerät 2 fällt die gesamte Quellspannung ab.

In der Praxis unterscheidet man zwei Fälle der Signalübertragung:

Leistungsanpassung
$R_E = R_A$

1. **Leistungsanpassung**: Um die übertragene Leistung zu maximieren, muss einerseits der Strom $i = u_Q/(R_A + R_E)$ groß sein, andererseits aber auch die übertragene Spannung $u_E = u_A(R_E/R_A)$. Die optimale Kompromisslösung ist $R_E = R_A$.

2. **Spannungsanpassung**: Um die nach Gerät 2 übertragene Spannung zu maximieren, muss das Verhältnis $R_\mathrm{E}/R_\mathrm{A}$ möglichst groß sein ($R_\mathrm{E} \gg R_\mathrm{A}$, Quasi-Leerlaufbetrieb). Man fordert in der Praxis $R_\mathrm{E} \geq 5 \cdot R_\mathrm{A}$ (**Überanpassung**). Die meisten Hersteller halten ein Impedanzverhältnis von 1 : 10 bis 1 : 20 ein.

Spannungsanpassung $R_\mathrm{E} \geq 5 \cdot R_\mathrm{A}$

Um herstellerunabhängig die Bedingungen für die Impedanzanpassung einhalten zu können, sind für die Geräte der Tontechnik **Nennimpedanzen** definiert. Weil bei realen Geräten die Impedanzen frequenzabhängig sind, werden dabei vereinfachend Widerstandswerte bei einer Frequenz von 1 kHz angegeben.

Nennimpedanzen

Nahezu jede kabelgebundene analoge Signalübertragung erfolgt mit Spannungsanpassung. Für **Spannungsanpassung** (**Überanpassung**) soll die Nenn-Eingangsimpedanz von Mischpulten oder Verstärkern mindestens **1 kΩ** sein (man findet häufig 2 kΩ), die Nenn-Ausgangsimpedanz von Mikrofonen oder Verstärkern soll höchstens **200 Ω** betragen (üblich sind z.B. 100 Ω).

Spannungsanpassung bei jeder analogen Übertragung

Die Leistungsanpassung, obligatorisch bei historischen Röhrengeräten, wird heutzutage nur noch bei der elektrischen Übertragung digitaler Signale (Audio und Timecode) und in der analogen Videotechnik genutzt. Bei der Timecode-Übertragung und bei alten Röhrengeräten sind die Nennimpedanzen von Eingang und Ausgang jeweils **600 Ω**. Bei der digitalen Audiosignalübertragung sind als Impedanzen jeweils **110 Ω** (symmetrisch) bzw. **75 Ω** (unsymmetrisch, s.u.) festgelegt.

Leistungsanpassung bei jeder digitalen Übertragung

Der Grund für die Leistungsanpassung in der Digitaltechnik ist die hohe Bandbreite digitaler Signale in Verbindung mit dem Resonanzverhalten von Kabeln bei hohen Frequenzen, wenn es an Impedanzsprüngen zur Wellenreflexion kommt (vgl. Abschnitt 1.3.1). So beträgt bei einer Frequenz von 10 MHz die elektrische Wellenlänge $\lambda = 300$ m (Lichtgeschwindigkeit $c \approx 3 \cdot 10^9$ m/s). Ein längeres Multicore-Kabel kann bereits als $\lambda/2$-Resonator wirken. Um die Reflexion des Signals zu vermeiden, müssen die Kabel-Enden „terminiert" (mit gleicher Impedanz abgeschlossen) werden: Dies entspricht der historischen Leistungsanpassung. Im analogen Basisband tritt die Wellenreflexion erst ab Kabellängen von einigen hundert Kilometern auf (Echo-Effekte bei Telefonverbindungen).

Wellenreflexion bei großen Kabellängen

7.1.2 Symmetrisch, unsymmetrisch

Im einfachen Modell der elektrischen Übertragung in Abbildung 7-2 sind die Geräte mit zwei Drähten verbunden. Beide Geräte werden vom selben Strom durchflossen, der auf den zwei Drähten bis auf die Stromrichtung – die sich bei Wechselstrom als **Polarität** („Phasenlage") bemerkbar macht – identisch ist. Das Signal, gleich ob es als Spannung oder Leistung am

Eingangswiderstand des zweiten Gerätes abfällt, wird also mit einer relativen Phasendrehung von beiden Drähten übertragen. Dies bezeichnet man als **symmetrische** Übertragung (engl. balanced).

symmetrisch:
gleiche Signale,
gegensätzliche Polarität

Bei der symmetrischen Übertragung tragen also zwei Drähte dasselbe Signal, nur mit umgekehrter Polarität. Der „phasenrichtige" Draht wird als +Signal (engl. live, hot) bezeichnet, der „phasengedrehte" Draht als −Signal (engl. return, cold).

Abschirmung

Weil in der Tontechnik meist sehr kleine Signale – also kleine Spannungen und extrem kleine Ströme – übertragen werden, müssen Kabel grundsätzlich gegen äußere elektromagnetische Einstreuungen (z.B. Netzbrummen von benachbarten Stromleitungen) **abgeschirmt** werden. Dieser Schirm, technisch ausgeführt als Drahtgeflecht um die signalführenden Leitungen, wird mit den Metallgehäusen der angeschlossenen Geräte und letztendlich über den Schutzleiter an der Steckdose mit dem Erdpotential verbunden (**Masse**, **Erde**; engl. earth, am. engl. ground). Deshalb haben symmetrische Leitungen neben den beiden signalführenden Anschlüssen einen dritten Anschluss für den Schirm[3].

Auslöschung von
Rest-Einstreuungen
beim Empfänger

Die symmetrische Übertragung ist sehr praktisch, weil Einstreuungen, die trotz Abschirmung auftreten, auf beiden Drähten phasengleich sind. Beim Empfänger werden die beiden Signale phasengedreht summiert, so dass sich die Signalamplitude verdoppelt und die Störungen wegen ihrer dann umgekehrten Polarität verschwinden.

Ist die elektrische Schaltung eines symmetrischen Geräts nicht mit dem Null-Volt-Potential der Abschirmung verbunden, dann spricht man von einem **erdfrei symmetrischen** Anschluss. Manche professionellen Geräte haben einen „Ground Lift"-Schalter, um die Abschirmung vom Gerät zu trennen und es damit erdfrei (engl. floating) zu machen. Der erdfreie Anschluss kann **Brummschleifen** verhindern (die Brummschleife entsteht durch ein Potenzialgefälle zwischen den Schutzleitern verschiedener Steckdosen, wenn zwei an diesen Steckdosen angeschlossene Geräte miteinander verbunden sind, und ein Ausgleichsstrom über die Abschirmung des Verbindungskabels fließt).

Brummschleife und
erdfreie Leitung

unsymmetrisch:
nur eine Signalleitung,
Abschirmung als
Vergleichspotential

Um den Schaltungsaufwand zu verringern, kann man Signale auch **unsymmetrisch** (engl. unbalanced) übertragen. Dazu wird nur *eine* signalführende Leitung genommen; als elektrisches Vergleichspotential dient das Null-Volt-Potential der Abschirmung.

Symmetrierung

Zur Anpassung symmetrischer und unsymmetrischer Signale benutzt man **Übertrager**. Diese können entweder passiv als Tonfrequenz-Trafo, also mit galvanischer Trennung zwischen Primär- und Sekundärseite, oder aktiv („eisenlos") durch invertierende Verstärker ausgeführt sein.

---

[3]Die einzige Ausnahme von dieser Regel sind **Lautsprecherkabel**, die wegen des großen Stromflusses ohne Abschirmung auskommen.

Nur wenige Geräte haben intern eine symmetrische Leitungsführung. Die weitaus meisten Geräte sind intern unsymmetrisch. Für den symmetrischen Anschluss brauchen sie deshalb Übertrager in Ein- und Ausgang. Speziell zur Anpassung der unsymmetrischen Ausgangssinale elektrischer Musikinstrumente an symmetrische Mikrofoneingänge von Mischpulten gibt es **DI-** (Direct Injection) -Boxen mit internem aktivem oder passivem Übertrager.

7.1.3 Analoge Übertragungsstandards

Der symmetrische Anschluss mit dreipoligen **XLR**-Steckern[4] wird für Signale bei **Studiopegel** und für **Mikrofone** verwendet, die Kabel sind **zweiadrig abgeschirmt**. Die „männlichen" Anschlüsse XLR-m werden üblicherweise für Geräteausgänge verwendet, die „weiblichen" Anschlüsse XLR-f für Eingänge (Abb. 7-3 und 7-4). Symmetrische Leitungen dürfen ohne Qualitätsverlust bis zu 200 m lang sein.

XLR:
eXternal - Live - Return

Abb. 7-3: Symmetrischer Anschluss mit XLR, links: XLR-f, rechts: XLR-m

Symmetrischer Anschluss
XLR: Pin 1 = Abschirmung, 2 = Signal (+), 3 = Signal (−)
Standardpegel 0 dB = +4 dBu = 1,23 V

Groß-Tuchel: Pin 1 = Signal (+), 2 = Signal (−), 3 = Schirm
Klein-Tuchel / DIN: Pin 1 = Signal (+), 2 = Schirm, 3 = Signal (−)
Stereo-Klinke („Jack", TRS = Tip-Ring-Sleeve) 6,3 mm:
Schaft = Schirm, Ring = Signal (−), Spitze = Signal (+)

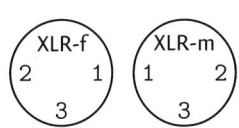

Abb. 7-4: Pinbelegung (Steckerseite)

XLR-Stecker sind verriegelbar, Tuchelstecker werden verschraubt. Neben den Standard-Steckern kommen insbesondere bei Kleingeräten auch Miniaturstecker wie Mini-XLR und Lemo zum Einsatz; die Beschaltung ist dann herstellerabhängig.

Manche amerikanischen Geräte haben XLR-Anschlüsse mit Signal (+) auf Pin 3 und (−) auf Pin 2. Bei Verbindung mit einem Gerät nach „europäischem" Standard wird deshalb das Signal verpolt. Abhilfe schafft ein phasendrehender XLR-Adapter. Manche älteren deutschen Geräte haben die Ausgänge mit XLR-f bzw. Tuchel-f bestückt, die Eingänge mit XLR-m bzw. Tuchel-m. Hier benötigt man „Gender-Changer".

---

[4] nach Herstellernamen gelegentlich auch als „Cannon" oder „Switchcraft" bezeichnet

Studiopegel +4 dBu

Der **Referenz-Leitungspegel** (engl. line level) für die Signalübertragung im Studio beträgt meist +4 dBu = 1,23 V, gelegentlich auch +6 dBu = 1,55 V (ggf. müssen Differenzen in den Arbeitspegeln der Geräte durch Eingangstrimmer ausgeglichen werden). Beim Referenzpegel zeigt der Aussteuerungsmesser eines Studiogerätes einen relativen Pegel von 0 dB an (Abschnitt 10.4.4).

Mikrofonpegel

Der Ausgangspegel von **Mikrofonen** (mic level) ist wesentlich niedriger und in weiten Grenzen vom Mikrofontyp und der Aufnahmesituation abhängig (typ. −80 bis −20 dBu). Mikrofoneingänge haben deshalb Vorverstärker zur Pegelanpassung.

Phantomspeisung für Kondensatormikrofone

Zudem brauchen Kondensatormikrofone eine Spannungsversorgung – diese Versorgung erfolgt gelegentlich mit Batterie, bei Röhrenmikrofonen fast immer mit Netzgerät, ansonsten aber über die Mikrofonleitung mit der **Phantomspeisung P 48** (engl. phantom power) nach DIN 45 596 / IEC 268-15. Dabei wird eine Gleichspannung von 48 V ± 4 V auf die beiden signalführenden Drähte der symmetrischen Leitung zugeschaltet (Abb. 7-5). Für digitale Mikrofone an der AES42-Leitung (s.u.) ist eine **digitale Phantomspeisung** (DPP) mit 10 V +0,5 / −0,1 V standardisiert (AES 2001).

digitale Phantomspeisung

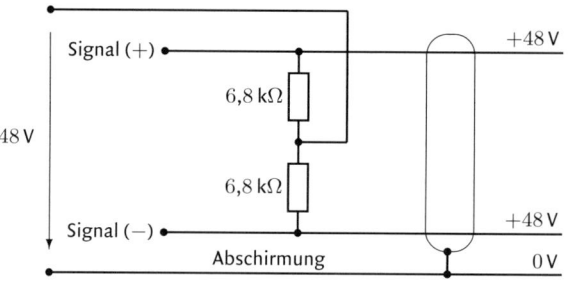

Abb. 7-5: Schaltung der Phantomspeisung P 48

Weil beide Drähte auf demselben elektrischen Potential liegen, ist die Phantomspeisung für dynamische Mikrofone und die meisten anderen symmetrischen Geräte „unsichtbar" und unschädlich. Bei vielen Mischpulten wird sie daher für alle Mikrofoneingänge gemeinsam geschaltet. Im Kondensatormikrofon wird die Phantomspannung über zwei Widerstände gegen das Null-Volt-Potential der Abschirmung abgegriffen.

Manche – insbesondere alte – Mikrofone verlangen eine 12-V-Spannungsversorgung nach DIN 45 595 (**Tonaderspeisung T 12**, engl. Tpower). Die Spannung liegt dabei im Gegensatz zur Phantomspeisung zwischen den beiden signalführenden Adern. Tonader- und Phantomspeisung sind *nicht* kompatibel.

Der **unsymmetrische** Anschluss – Standard in der HiFi-Technik – erfolgt meist mit **Cinch**-Steckern (**koaxial / coax**, **RCA phono**), die Kabel sind **einadrig abgeschirmt** (Abb. 7-6).

> **Unsymmetrischer Anschluss**
> Cinch (RCA): Seele = Signal, Ring = Abschirmung
> HiFi-Pegel $-10\,\text{dBV} = 0{,}32\,\text{V}$
>
> XLR: Pin 1 und 3 = Abschirmung, 2 = Signal
> DIN: Pin 1 = Signal, 2 und 3 = Schirm
> Mono-Klinke 6,3mm: Schaft = Abschirmung, Spitze = Signal

Abb. 7-6: Cinch-Anschluss

Der Referenzpegel bei der unsymmetrischen Übertragung orientiert sich mit typischerweise $-10\,\text{dBV}$ an der HiFi-Technik (Ausnahme: unsymmetrische „Line"-Eingänge am Mischpult). Damit ist er um knapp 12 dB niedriger als der Studiopegel ($-10\,\text{dBV} = -7{,}8\,\text{dBu}$, vgl. Abschnitt 1.2.2). Bei der Verbindung symmetrischer und unsymmetrischer Geräte muss diese Pegeldifferenz durch eine Verstärkung oder Dämpfung ausgeglichen werden.

HiFi-Pegel $-10\,\text{dBV}$

7.2 Digitale Übertragung

Beim digitalen Anschluss werden in der Regel mindestens zwei modulierte Audiosignale (z.B. PCM, PDM, MP3) als Rechteckspannung im Zeitmultiplex auf einem Kanal übertragen, ggf. zusammen mit Zusatzdaten, die z.B. Informationen über Format, Wortbreite etc. enthalten können. In Verbindung mit den hohen Abtastraten und der speziellen Kanal- und Leitungscodierung ergeben sich sehr hohe Datenraten und damit auch sehr hohe Übertragungsfrequenzen bzw. Übertragungsbandbreiten (z.B. AES3 @ 48 kHz: $B \approx 3\,\text{MHz}$).

Übertragung als Rechteckspannung

Durch die hohen Signalfrequenzen steigen die Anforderungen an Kabel und Stecker: Während ein Kabel bei der analogen Basisband-Übertragung als idealer Leiter betrachtet werden kann, also praktisch keinen Einfluss auf die Übertragung hat, muss bei der Übertragung digitaler Signale im analogen Megahertz-Bereich auch bei kleinen Kabellängen die bandbegrenzende Eigenschaft des Kabels berücksichtigt werden (siehe Abschnitt 7.4). Zudem begrenzen Transmitter und Receiver im Signalweg die Übertragungsgeschwindigkeit und damit die Kanalkapazität.

Wegen der Übertragung im Zeitmultiplex (TDM) müssen die Signale beim Sender und beim Empfänger jeweils in einem **Pufferspeicher** (engl. buffer) zwischengespeichert werden. Damit dabei nichts verloren geht, muss die Kanalkapazität sehr hoch sein – nur so lassen sich die einzelnen Abtastwerte unterbrechungsfrei im digitalen Takt (Wordclock, s.u.), generiert aus der Abtastrate, übertragen.

Pufferspeicher und Echtzeit-Übertragung

Damit kann die **Echtzeit**-Bedingung formuliert werden: Ist die Kanalkapazität hoch genug, dass der Empfänger-Pufferspeicher für ein Signal bei gegebener Abtastrate und Wortbreite einen kontinuierlichen Datenstrom bereit stellen kann, spricht man von digitaler **Echtzeit-Übertragung** (engl. real time transmission; Beispiel: AES3-Leitung).

Ist andererseits die Kanalkapaztät so niedrig, dass bei gegebener Abtastrate und Wortbreite kein kontinuierlicher Datenstrom übertragen werden kann, ist die Übertragung **asynchron** (engl. asynchronous transmission; Beispiel: Datentransfer über das Internet).

asynchrone Übertragung

In der Praxis spricht man auch dann von asynchroner Übertragung, wenn auf der Leitung *kein* kontinuierlicher Datenstrom liegt, selbst wenn die Echtzeit-Bedingung erfüllt ist (Beispiele: Datentransfer im Computer zwischen Festplatte und D/A-Wandler, MIDI-Übertragung).

7.2.1 Taktsynchronisierung (Word Sync)

Jede digitale Echtzeit-Signalverarbeitung erfolgt in einem Takt (**Wordclock, WCLK**), der durch einen internen Taktgenerator vorgegeben und aus der Abtastrate abgeleitet wird. So muss z.B. bei einer Abtastrate von 48 kHz alle 20,8 μs ein Sample verarbeitet werden.

Bei der Echtzeit-Übertragung muss auch der Empfänger die Daten in diesem Takt verarbeiten, d.h. er muss seinen Taktgenerator mit dem externen Takt des einlaufenden Signals synchronisieren (**Word Sync**). Die Taktgeneratoren von Geräten, die mit einer digitalen Leitung verbunden sind, müssen synchron laufen – andernfalls würde es Dropouts (fehlende Samples) oder Glitches (Diskontinuitäten im Amplitudenverlauf) durch gegeneinander driftende Taktgeneratoren geben. Eine instabile Taktübertragung kann zu Jitter-Fehlern führen (siehe Abschnitt 7.4.2).

Zur Taktsynchronisierung gibt es zwei Möglichkeiten:

Daisy Chain

1. Verkettung von Geräten, wobei das erste Gerät in der Kette als **Wordclock-Master** fungiert, alle anderen als **Wordclock-Slave** („Daisy Chain"). Diese Variante bietet sich für **selbsttaktende** Verbindungen wie AES3 oder IEC Typ II (s.u.) an.

Referenz-Taktgeber

2. Verbindung aller Geräte – die dabei im Slave-Modus betrieben werden – mit einem zentralen **Wordclock-Generator**. Diese Variante ist für Studio-Installationen interessant, funktioniert aber nur mit Geräten, die einen separaten Wordclock-Anschluss haben.

Der Betrieb mit einem zentralen Wordclock-Generator für alle digitalen Geräte im Studio ist aufwändig, aber gut. Nur dann laufen die Taktgeneratoren aller verbundenen Geräte tatsächlich synchron – in der einfacheren daisy chain kumulieren die Latenzen der einzelnen Geräte.

Daisy Chain: Zuspieler WCLK-Master, Recorder WCLK-Slave

Im daisy chain-Betrieb darf nur *eines* der verketteten Geräte im Master-Betrieb laufen! Daisy-chaining funktioniert *nur* in einer offenen Kette, *nicht* im Kreis oder in der Schleife. Beim Wechsel von Quelle und Ziel einer daisy chain-Übertragung müssen ggf. Kabel gezogen und Master- und

Slave-Betrieb der Geräte umgeschaltet werden (Umschaltung z.B. über die Funktion „Sync intern / extern")[5].

Daisy chaining ist nicht immer möglich. Ein Beispiel ist ein digitales Mischpult, das aus unterschiedlichen digitalen Quellen in sternförmiger Signalführung (digitale Mikrofone, externe DAW, Sampler, DAT-Recorder etc.) Signale erhält. Für digitale Mikrofone sieht der **AES42**-Standard (s.u.) die Möglichkeit vor, dass der Empfänger (Mischpult) an den Sender (Mikrofon) ein Synchronisierungs-Signal sendet, um dessen Taktgenerator zu steuern (AES42 Modus 2). Die Steuersignale werden als Modulation der digitalen Phantomspeisung (DPP) codiert.

<!-- margin: AES42: Synchronisierung des Senders durch den Empfänger -->

Bei der sternförmigen Verbindung von Geräten ohne Wordclock-Eingang und ohne Unterstützung des AES42 Modus 2 ist die Synchronisierung nicht möglich. In solchen Fällen helfen **Echtzeit-Abtastratenwandler** (siehe Abschnitt 5.1.5), die in digitalen Mischpulteingängen obligatorisch sind. Allerdings ist die Abtastratenwandlung fehlerbehaftet. Die Wordclock-Synchronisierung ist deshalb im Zweifel vorzuziehen. Eine digitale Übertragung *ohne* Taktsynchronisierung und *ohne* Abtastratenwandlung ist dagegen absolut verboten – notfalls muss man dann eben die analogen Ein- und Ausgänge benutzen.

<!-- margin: Abtastratenwandler -->

7.2.2 Transmitter, Receiver, Repeater

Der Sender einer digitalen Übertragung wird **Transmitter** genannt, der Empfänger **Receiver**; ein kombinierter Sender / Empfänger ist ein **Transceiver**. Der Transmitter puffert den quellencodierten Datenstrom und übernimmt Kanalcodierung, Leitungscodierung, Spannungswandlung zum Rechtecksignal und Taktsynchronisierung.

Der Receiver führt im einfachsten Fall zunächst aus dem empfangenen Signal durch Schwellwertbildung eine Amplitudenerkennung durch. Dann generiert er – bei selbsttaktender Übertragung – aus dem Rechtecksignal einen Takt, der über einen phasengekoppelten Regelkreis (Phase Locked Loop, PLL) den eigenen Taktgenerator (Voltage Controlled Oscillator, VCO) steuert. Mit einem stabilen und ausreichend trägen PLL werden dabei Ungenauigkeiten in der zeitlichen Abfolge der Spannungspulse ausgeglichen (**Taktregenerierung**). Mit einem Spannungswandler kann dann die Rechteckspannung in eine Folge binärer Ziffern gewandelt werden, die schließlich decodiert wird.

Bei stark gestörter Übertragung können Empfangsfehler beim Receiver entstehen. Mit größerem technischem Aufwand lässt sich aber oft trotzdem noch das ursprüngliche Signal rekonstruieren: **Signal-**

---

[5] Die „Daisy Chain" ist eine Gänseblümchen-Kette, wobei jeweils der Stiel eines Gänseblümchens in den gespaltenen Stiel des vorigen gesteckt wird. Als Daisy Chain werden z.B. auch MIDI-, SCSI- oder FireWire-Geräte verbunden.

Regenerierung der Pulsfolge durch Repeater

Regenerierer (Repeater), z.B. als „Transmission Interface" oder „Signal Conditioner" im Handel, können so manche instabile Übertragung retten. Die Regenerierung erfolgt in mehreren Schritten (Abb. 7-7):

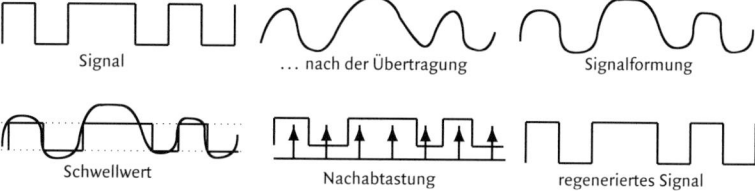

Abb. 7-7: Signalregenerierung bei der digitalen Übertragung durch Signalformung, Amplitudenregenerierung und Zeitregenerierung

1. **Signalformung** durch Höhenanhebung (EQ) zur Kompensation der Höhendämpfung durch das Kabel,
2. **Taktregenerierung** mit PLL und VCO,
3. **Amplitudenregenerierung**, z.B. durch Schwellwert oder getaktete Signalintegration,
4. **Zeitregenerierung** durch Nachabtastung des Rechtecksignals zur Unterdrückung von Zeitfehlern (**Jitter**).

Bei manchen hochwertigen Geräten sind aufwändige Regenerierer bereits im Receiver integriert.

7.2.3 Digitale Übertragungsstandards

In den hier beschriebenen Übertragungsstandards zur Echtzeitübertragung sind Datenformate, Leitungscodierung und Anschlusstechnik definiert. AES3 und IEC Typ II sind die am weitesten verbreiteten Formate für die digitale Übertragung von Stereosignalen; MADI und ADAT sind Formate für die Mehrkanalübertragung.

Abb. 7-8: Digitales Anschlussfeld im Maßstab 1:1. IEC Typ II (S/PDIF) optisch mit TOSLink und unsymmetrisch mit Cinch; AES3 (AES/EBU) symmetrisch mit XLR

7.2 Digitale Übertragung

Der **AES3**-Standard (**AES/EBU**) definiert die professionelle Übertragung von zwei Audiosignalen auf einer Leitung, wahlweise ein Signal bei doppelter Abtastrate (**SCDSR**, Single Channel Double Sample Rate); Zusatzdaten werden kontinuierlich zusammen mit den Audiodaten übertragen. Der elektrische Anschluss erfolgt symmetrisch über XLR (Abbildungen 7-8 bis 7-10).

Die Leitungscodierung ist Biphase Mark, selbsttaktend. Weil der Biphase Mark-Code phasentolerant ist, hat die Verpolung eines AES3-Kabels keinen Einfluss auf die Übertragung! Damit ist die Steckerbelegung definiert als Pin 1 = Abschirmung, Pin 2 und 3 = Signal (AES 2003a).

AES3-Standard AES/EBU, AES42

Symmetrischer Anschluss AES3 (AES/EBU)
XLR: Pin 1 = Abschirmung, 2 und 3 = Signal
Kabelimpedanz 110 Ω, 2 bis 7 V Spitze-Spitze, min. 200 mV
Baudrate 1,3 bis 10,8 MBit/s, Bandbreite 1,4 bis 11,3 MHz[6]

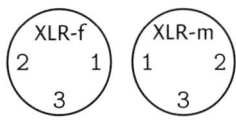

Abb. 7-9: Pinbelegung (Steckerseite)

Das Kabel soll im Frequenzbereich von 100 kHz bis zum 128fachen der maximalen Framerate eine Impedanz von 110 Ω haben; gewöhnliche XLR-Kabel (z.B. Mikrofonkabel) sind bis zu einer Länge von 100 m gut geeignet. Die Signalamplitude soll im Betrieb, also elektrisch terminiert[7], 2 bis 7 V Spitze-Spitze betragen (typ. 3,3 oder 5 V), minimal 200 mV.

AES3 ist kompatibel zu den Standards **AES/EBU**, **AES3-1992**, **AES3id**, **SMPTE 276M**, **IEC 60958-4** und **IEC 958 Typ I**. AES3id und SMPTE 276M werden unsymmetrisch über BNC angeschlossen (Signalamplitude terminiert 1 V Spitze-Spitze, 75 Ω-Leitung = prof. Videokabel / analoge Video-Signalverstärker, Leitungslänge bis 1000 m).

AES3 AES/EBU IEC 958 Typ I SMPTE 276M

Ein **AES3-Subframe** hat eine Länge von 32 Bit und enthält neben maximal 24 Bit Audiodaten 8 Bit Zusatzdaten (siehe S. 223). Zwei Subframes bilden einen 64 Bit langen **AES3-Frame**. Jeweils 192 Frames werden bei der Übertragung zu einem **Block** zusammengefasst (Abb. 7-10).

Der **AES42**-Standard ist eine Erweiterung von AES3 für digitale Mikrofone. AES42 erlaubt den Anschluss von Mono- und Stereomikrofonen (bei Mono-Mikrofonen tragen beide Kanäle dasselbe Signal), definiert die **digitale Phantomspeisung** (**DPP**: 10 V +0,5/−0,1 V, siehe Abschnitt 7.1.3) und definiert die Möglichkeit der Fernsteuerung über eine Modulation dieser Phantomspeisung mit +2-V-Pulsen. Im **Modus 1** erfolgt die Übertragung nicht taktsynchron; im Receiver wird dann ein Abtastratenwandler benutzt. Im **Modus 2** wird der Sender vom Empfänger synchronisiert (s.o., Abschnitt 7.2.1). Es besteht die Möglichkeit, für AES42-Leitungen besondere XLR-Stecker mit mechanischer Sperre und schwarzweißer Markierung (**XLD**) zu benutzen (AES 2001).

AES42 für digitale Mikrofone

XLD-Stecker

---

[6] Baudrate in MBit/s = 2^{20} Bit/s; Bandbreite in MHz = 10^6 Hz.
[7] Wegen Leistungsanpassung ist die Betriebsspannung halb so groß wie die Leerlaufspannung!

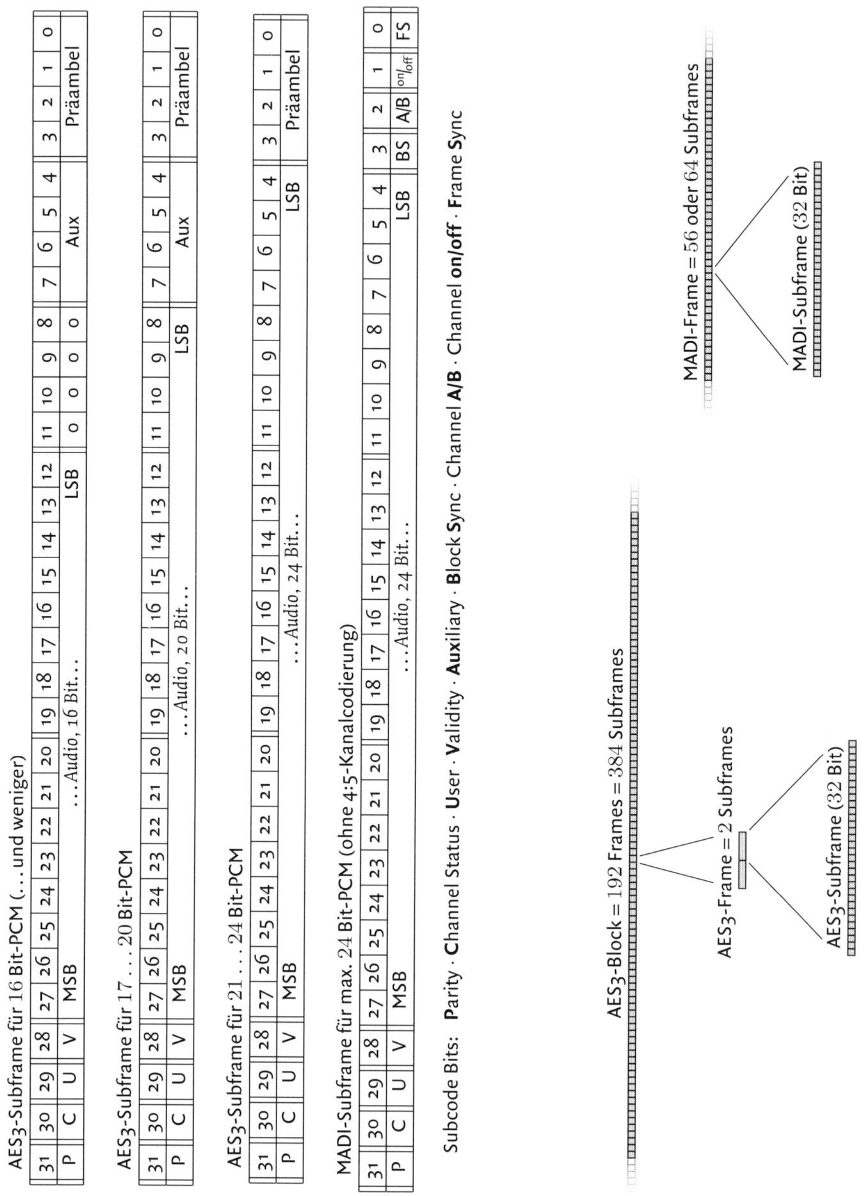

Abb. 7-10: Struktur der AES3- und AES10-Übertragung (AES/EBU, IEC Typ II, MADI)

AES3-Subframe für 16 Bit-PCM (... und weniger)

31	30	29	28	27	26	25	24	23	22	21	20	19	18	17	16	15	14	13	12	11	10	9	8	7	6	5	4	3	2	1	0
P	C	U	V	MSB								...Audio, 16 Bit...							LSB	0	0	0	0		Aux				Präambel		

AES3-Subframe für 17 ...20 Bit-PCM

31	30	29	28	27	26	25	24	23	22	21	20	19	18	17	16	15	14	13	12	11	10	9	8	7	6	5	4	3	2	1	0
P	C	U	V	MSB									...Audio, 20 Bit...									LSB			Aux			Präambel		

AES3-Subframe für 21 ...24 Bit-PCM

31	30	29	28	27	26	25	24	23	22	21	20	19	18	17	16	15	14	13	12	11	10	9	8	7	6	5	4	3	2	1	0
P	C	U	V	MSB										...Audio, 24 Bit...												LSB			Präambel		

MADI-Subframe für max. 24 Bit-PCM (ohne 4:5-Kanalcodierung)

31	30	29	28	27	26	25	24	23	22	21	20	19	18	17	16	15	14	13	12	11	10	9	8	7	6	5	4	3	2	1	0
P	C	U	V	MSB										...Audio, 24 Bit...												LSB	BS	A/B	on/off	FS

Subcode Bits: Parity · Channel Status · User · Validity · Auxiliary · Block Sync · Channel **A/B** · Channel **on/off** · Frame Sync

AES3-Block = 192 Frames = 384 Subframes
AES3-Frame = 2 Subframes
AES3-Subframe (32 Bit)

MADI-Frame = 56 oder 64 Subframes
MADI-Subframe (32 Bit)

Der **AES3-Subframe** (auch IEC Typ II, AES10/MADI) enthält folgende Datenfelder:

Präambel (Preamble), 4 Bit (#0 ... 3)
zur Markierung des Subframe-Anfangs. Die drei Präambel-Bitmuster X, Y, Z verletzen die Biphase-Coderegel (sie enthalten Bitübergänge ohne Spannungswechsel) und identifizieren somit eindeutig die Subframe-Grenze. X markiert Subframe A (linker Kanal), Y markiert Subframe B (rechter Kanal). Die Z-Präambel wird alle 192 Frames gesetzt, um einen Block-Anfang abzugrenzen (Abb. 7-11).

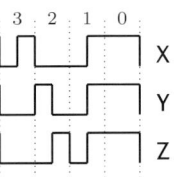

Abb. 7-11: AES3-Präambeln

Audio, 24 Bit (#4 ... 27)
PCM-Signale mit weniger als 24 Quantisierungsstufen werden linksbündig (zum MSB) angeordnet, und das 3-Byte-Datenwort wird mit Nullen aufgefüllt. Ab 20 Bit abwärts sind die 4 Bit nach der Präambel frei für Hilfsdaten im **Aux-Datenfeld** (mögliche Anwendung z.B. Talkback-Signale mit 12-Bit-Quantisierung und gedrittelter Abtastrate; wird selten genutzt.).

V = Validity Bit (#28)
wird gesetzt, wenn der Sender einen Fehler im Audio-Datenwort entdeckt hat; wird auch gesetzt, wenn das Audiodatenfeld **keine linearen PCM-Daten** enthält.

U = User Data Bit (#29)
für anwendungsspezifische Informationen; durch die Kumulation über einen 192-Frame-Block können Daten mit einer Länge von $2 \cdot 192 = 384$ Bit bei einer Rate von $f_A/192$ Blöcken pro Sekunde übertragen werden. Wird beim AES 42-Standard genutzt, um den Status des digitalen Mikrofons (Richtcharakteristik, Verstärkung etc.) zu übermitteln.

C = Channels Status Bit (#30)
durch die Kumulation der Channel Bit-Information über einen 192-Frame-Block werden Channel Status-Daten mit einer Länge von je 192 Bit für die beiden Kanäle übertragen. Der Channel Status enthält u.a. folgende Datenfelder:

- **Pro/Con**, Unterscheidung von professionellem Format (AES3, AES/EBU) und Konsumerformat (IEC Typ II, S/PDIF).
- **Non-Audio**, Kennzeichnung von Nicht-Audio-Daten (auch für datenreduzierte Formate wie MP3, DTS, AC-3).
- **Emphasis**, Kennzeichnung von PCM mit Präemphase.
- **Sample Frequency** (6 Bit), Codierung von acht Abtastraten des Audiosignals: 22,05, 44,1, 88,2 und 176,4 kHz sowie 24, 32, 48 und 96 kHz. Zusätzliches **Scaling**-Bit für Drop-Frame-Modus (44,0559 kHz), zusätzliches **User Defined**-Bit für andere Abtastraten.
- **Channel Mode**, Kennzeichnung von Mono / Stereo / Zweikanal / SCDSR / Mehrkanal / anwenderdefinierte Formate.
- **Source Word Length** (3 Bit), Codierung von neun Wortbreiten des Audiosignals (16 bis 24 Bit)

Die weiteren Bits im Channel Status werden anwendungs- bzw. geräteabhängig genutzt.

P = Parity Bit (#31)
wird gesetzt, um Bitparität (eine gerade Zahl von binären 1-Werten) im Subframe herzustellen; kann zur Fehlererkennung genutzt werden.

**IEC Typ II-Standard
S/PDIF**

Das Konsumerformat **IEC 60958-3**, meist bezeichnet als **IEC 958 Typ II** bzw. **IEC Typ II, S/PDIF**[8] oder „koaxial", unterscheidet sich nur in wenigen Punkten vom professionellen AES3-Format.

Das Datenformat ist bis auf den Channel Status identisch mit dem professionellen AES3-Format. Zur Unterscheidung wird beim Konsumerformat das erste Channel Status-Bit (Pro/Con) auf 0 gesetzt. IEC Typ II unterstützt den digitalen Kopierschutz: Der Channel Status kann u.a. Daten des **SCMS** (Serial Copy Management System) und Informationen über die Quelle – CD, DAT, DCC oder MiniDisc – enthalten. Standardmäßig werden nur die drei Abtastraten 44,1, 32 und 48 kHz unterstützt; grundsätzlich sind aber auch andere Abtastraten möglich.

**SCMS-Bits:
digitale Kopie ist ...
00: unbegrenzt erlaubt
11: ein Mal erlaubt
10: verboten**

> **Unsymmetrischer Anschluss IEC Typ II (S/PDIF)**
> Cinch (RCA): Seele = Signal, Ring = Abschirmung
> Kabelimpedanz 75 Ω, 500 mV Spitze-Spitze
> Baudrate 2,0 bis 2,9 MBit/s, Bandbreite 2,0 bis 3,1 MHz

Der Anschluss erfolgt entweder unsymmetrisch elektrisch mit **Cinch (RCA phono)** oder optisch mit **TOSlink** (Abb. 7-8), die Leitungscodierung ist Biphase Mark. Weil beim elektrischen Anschluss die Signalspannung von 500 mV die Minimalforderung des AES3-Anschlusses übertrifft, kann ein IEC Typ II-Signal oft mit einem AES3-Receiver verarbeitet werden; man braucht lediglich einen Cinch/XLR-Adapter zur Anpassung des unsymmetrischen Signals an den symmetrischen Eingang. Umgekehrt, also mit einem AES3-Signal am IEC Typ II-Receiver, kann es elektrische Probleme (wg. zu großer Spannung) und logische Probleme (u.a. wg. SCMS und Pro/Con-Bits) geben.

**Verbindung von
IEC Typ II und AES3**

Die Auswahl des Kabels ist kritischer als beim AES3-Anschluss. „Gewöhnliche" Cinch-Kabel können benutzt werden, spezielle 75-Ω-Kabel bieten aber größere Betriebssicherheit.

Der optische Anschluss erfolgt mit **TOSLink** (IEC 60874-17) oder 3,5 mm „optischem Klinkenstecker". Die optische Miniklinken-Buchse dient bei Kleingeräten oft gleichzeitig als elektrischer Anschluss (z.B. für den Kopfhörer).

**AES10-Standard
MADI**

Das „Multichannel Audio Digital Interface" **MADI**, standardisiert als **AES10**, ist ein professionelles Format für die elektrische oder optische TDM-Übertragung von bis zu 64 (nach altem Standard 56) Audiokanälen bei einer Wortbreite von 24 Bit auf einer elektrischen oder optischen Leitung (AES 2003b). Das Datenformat ist kompatibel mit AES3: Ein **MADI-Frame** kann 64 AES3-Subframes aufnehmen (Abbildung 7-10).

Um die Konstruktion des Receivers zu erleichtern und übermäßig hohe Übertragungsbandbreiten zu vermeiden, ist MADI für eine **konstan-**

---

[8] Sony/Philips Digital Interface

te Baudrate von $\approx$ 100 MBit/s ausgelegt. Dies wird erreicht, indem der MADI-Frame bei niedrigen Datenraten mit **Füllbytes** (engl. pad bytes) aufgefüllt wird.

Bei der MADI-Übertragung sind folgende Betriebsarten möglich:

- $f_A = 32$ bis 48 kHz $\pm 12{,}5\,\%$ mit 56 Kanälen,
- $f_A = 32$ bis 48 kHz ohne Toleranz mit 64 Kanälen,
- $f_A = 64$ bis 96 kHz $\pm 12{,}5\,\%$ mit 28 Kanälen.

Die $\pm 12{,}5\,\%$ Toleranz ist zur Unterstützung des Varispeed-Modus digitaler Bandmaschinen vorgesehen[9].

Vor der Übertragung wird das MADI-Signal mit einer **4 : 5-Modulation** kanalcodiert. Die Kanalcodierung sorgt für ein DC-freies robustes Signal. Eine spezielle Leitungscodierung ist daher nicht nötig; das codierte MADI-Signal wird einfach mit **NRZI** übertragen. Damit ist die **Bandbreite** auch nur halb so groß wie die Baudrate, nämlich ca. 50 MHz.

Anders als AES3 ist MADI nicht zwingend selbsttaktend. Zwar können viele MADI-Receiver den Takt aus dem MADI-Signal regenerieren, eine zusätzliche Wordclock-Leitung ist aber sicherer. Bei der selbsttaktenden Übertragung kann Jitter auftreten (AES 2003b). Zur Taktübertragung kann z.B. eine AES3-Leitung genutzt werden. — **zusätzliche Wordclock-Leitung**

Das uncodierte **MADI-Subframe** ist bis auf die Bits 0 bis 3 (Präambel) identisch mit dem AES3-Subframe. Anstelle der Präambel wird bei MADI das Bit 0 (Frame Sync) zur Markierung der Framegrenze genutzt; Bit 1 (On/Off) ist ein Indikator für den Kanalstatus (wird bei ungenutzten Kanälen auf 0 gesetzt). Bit 2 (A/B) kennzeichnet den AES3-Subframe A oder B, Bit 3 (Block Sync) kennzeichnet die AES3-Blockgrenze (Abb. 7-10).

> **Unsymmetrischer Anschluss AES10 (MADI)**
> BNC: Seele = Signal, Ring = Abschirmung
> Kabelimpedanz 75 Ω, 1 V Spitze-Spitze
> Baudrate ca. 100 MBit/s, Bandbreite ca. 50 MHz

Der **elektrische Anschluss** erfolgt unsymmetrisch mit BNC-Steckern und 75-Ω-Leitung. Dadurch ist es möglich, professionelle Videokabel und analoge Video-Signalverstärker einzusetzen. Wegen der hohen Signalbandbreite soll die Leitungslänge nicht mehr als 50 m betragen; mit guten Videokabeln und -verstärkern sind allerdings erheblich längere Übertragungsstrecken möglich.

---

[9] MADI wurde ursprünglich von Sony, Mitsubishi, Neve und SSL für die Verbindung digitaler Bandmaschinen und digitaler Mischpulte entwickelt.

Bei **optischer Übertragung** sind mit Glasfaserleitung nach ISO/IEC 9314-3 bis zu 2 km Leitungslänge möglich; der Anschluss erfolgt mit **ST1**-Stecker (Media Interface Connector, **MIC**).

ADAT-Standard Lightpipe

Der **ADAT**- oder **Lightpipe**-Standard ist ein Format für die optische TDM-Übertragung von acht PCM-Kanälen bis zu 24 Bit, der Anschluss erfolgt mit **TOSLink**. Er wurde von Alesis für den Gebrauch mit dem ADAT-Recorder entwickelt (1990 / erw. 2001). Es wird nur eine Abtastrate (48 kHz) unterstützt; 96 kHz ist mit zwei ADAT-Leitungen möglich.

Das ADAT-Übertragungsformat ist *nicht* in Subframes organisiert. Ein **ADAT-Frame** beginnt mit einer Präambel (8 Bit) zur Markierung der Framegrenze, dann folgen vier **User-Bits** U3, U2, U1, U0, und danach die acht Audiokanäle mit je 24 Bit. Das User-Bit **U0** enthält **Timecode**-Information, **U1** trägt **MIDI**-Daten. **U2** definiert die **Abtastrate** (48 oder 96 kHz). **U3** ist vorbehalten für Erweiterungen des ADAT-Standards.

Die Leitungscodierung erfolgt mit **NRZI**. Durch Einfügung von einer binären 1 nach jeweils 4 Datenbits wird der ADAT-Frame hochmoduliert von 204 auf 256 Bit. Bei langen Nullfolgen bleibt dadurch der Takt erhalten, die Übertragung ist selbsttaktend. Die Framegrenze wird mit einer längeren Nullfolge am Frameende markiert. Die **Baudrate** ist konstant, sie beträgt sehr niedrige **12 MBit/s**.

7.3 Timecode

Die Synchronisierung mit **Timecode** (**TC**) wird zur Kopplung der Laufwerksfunktionen beliebiger analoger und digitaler Maschinen benutzt. Die klassische Anwendung ist die Bild-Ton-Kopplung; so basiert die Synchronkopplung sämtlicher Maschinen im Filmtonstudio auf Timecode, und selbst der digitale 5.1-Ton im **DTS**-Format wird im Kino von einer TC-synchronisierten CD-ROM abgespielt. Auch die Mischpult-Automation ist in der Regel Timecode-gesteuert.

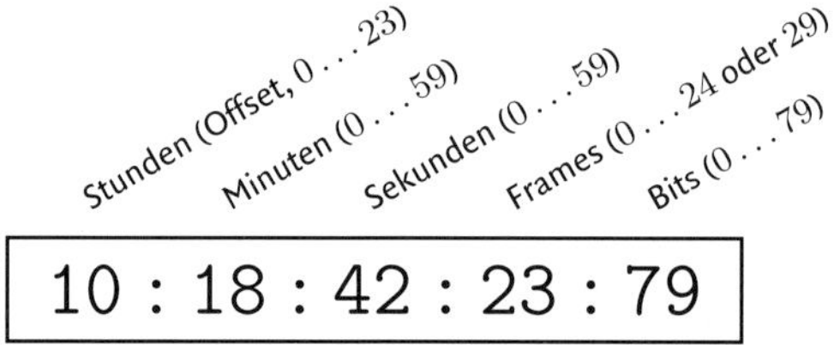

Stunden (Offset, 0 ... 23)   Minuten (0 ... 59)   Sekunden (0 ... 59)   Frames (0 ... 24 oder 29)   Bits (0 ... 79)

```
10 : 18 : 42 : 23 : 79
```

Abb. 7-12: Timecode-Anzeige

Der Timecode entspricht einer Uhr, die während der Übertragung mitläuft, und die jedem aufgezeichneten Signalabschnitt eindeutig eine Zeit zuweist. Timecode-Signale werden – real oder virtuell – neben dem Audio- oder Video-Signal auf dem Tonträger aufgezeichnet. Damit hat jede „Bandposition" eine unverwechselbare Zeit-Adresse. Die Timecode-

Uhr ist organisiert in Frames; eine typische Timecode-Steuerung und Anzeige hat meist das Format hh:mm:ss:ff, gelegentlich noch mit einer feineren Unterteilung in TC-Bits (Abb. 7-12).

Die Timecode-Kopplung ist i.Allg. **framegenau** (Zeitauflösung typ. 33 bis 40 ms, s.u.) oder TC-bitgenau (Zeitauflösung min. 0,41 ms, zum Vergleich: digitale Auflösung bei 44,1 kHz = 0,023 ms).

7.3.1 Chase/Lock-Synchronisierung

Wie bei der Abtastraten-Synchronisierung (Word Sync) gibt es bei der Timecode-Kopplung **Master** und **Slave**. Zusätzlich ist aber ein **Synchronizer** erforderlich, der die Timecode-Information in Steuerbefehle für die angeschlossenen Laufwerke umsetzt (bei der Audio-Workstation kann der Synchronizer ebenso wie das Laufwerk von der Software simuliert werden). Timecode-fähige Bandmaschinen und Videorecorder müssen daher neben dem Timecode-Anschluss auch über einen „Remote"-Anschluss für den Synchronizer verfügen.

Master, Slave und Synchronizer

Anders als die nahezu starre Wordclock-Synchronisierung ist die Maschinenkopplung mit Timecode elastisch; für den Gleichlauf von Master und Slave gibt es eine gewisse Toleranz. Die Maschine im Slave-Betrieb eilt dem Master hinterher (**Chase**), bis beide im Rahmen der Toleranz stabil parallel laufen (**Lock**). Timecode-fähige Maschinen signalisieren im Slave-Modus, ob sie „angekoppelt" sind; üblicherweise dauert das nach dem Start des Masters einige Sekunden.

Die Trägheit des Synchronizers kann häufig als „Flywheel" eingestellt werden: Wenn der Master abrupt stehen bleibt (oder im Timecode-Signal Lücken sind), läuft der Slave eine Weile weiter. Startet der Master, dann dauert es einen Augenblick, bis auch der Slave startet.

Nachlauf des Synchronizers mit Flywheel

Bei der Synchronkopplung digitaler Geräte gibt es einen Konflikt zwischen Wordclock- und Timecode-Synchronisierung. Man muss daher ggf. alle Timecode-verkoppelten Geräte mit eigenem (internem) Takt betreiben und die Audiosignale entweder über **Echtzeit-Abtastratenwandler** (vgl. Abschnitt 5.1.5) oder analoge Ein- und Ausgänge verbinden.

Die gleichzeitige Chase/Lock- und Wordclock-Kopplung ist i.Allg. nicht möglich!

7.3.2 Formate und Anschlusstechnik

Weil Timecode zur Kopplung von Bild und Ton entwickelt wurde, ist er in Frames organisiert, die sich am einzelnen Video- oder Filmbild (engl. frame) orientieren. Der **Timecode-Frame** ist, anders als z.B. der Frame eines digitalen Übertragungsprotokolls wie AES3, über die Bildfolgefrequenz in Frames per second (Fps) definiert (Tabelle 7-1).

In digitalen Systemen lässt sich jedem TC-Frame eine bestimmte Zahl von Audiosamples zuordnen. Umgekehrt wird der Timecode durch das Abzählen von Samples erzeugt. Zeichnet man Audio mit einer „falschen"

Tabelle 7-1: Timecode-Formate

Format	Framerate	Framedauer	Audiosamples pro Frame
SMPTE (Audio allg.)	30 Fps	33,33 ms	1600 @ 48 kHz bzw. 1470 @ 44,1 kHz
EBU (PAL-Video)	25 Fps	40 ms	1920 @ 48 kHz bzw. 1764 @ 44,1 kHz
Film	24 Fps	41,67 ms	2000 @ 48 kHz bzw. 1837,5 @ 44,1 kHz
Pro R-Time (R-DAT)	≈ 33,33 Fps	30 ms	1440 @ 48 kHz bzw. 1323 @ 44,1 kHz
Drop Frame (NTSC-Video)	≈ 29,97 Fps	33,37 ms	1470 @ 44,0559 kHz

Der SMPTE Drop Frame-Timecode wird realisiert, indem jede Minute außer in der 10., 20. etc. zwei Frames übersprungen werden.

Bid/Ton-Asynchronität durch falsche Abtastrate

Abtastrate auf, können deshalb die gekoppelten Maschinen u.U. asynchron werden. Speziell für die Arbeit mit dem US-Farbvideoformat NTSC existiert die Abtastrate 44,0559 kHz, damit auch im „Drop Frame"-Modus eine ganzzahlige Zuordnung von Frame und Audiosamples möglich ist.

Die Datenformate der beiden verbreiteten Standards SMPTE und EBU sind kompatibel. Die Wortbreite beträgt in beiden Fällen 80 Bit, was eine Baudrate von 2400 Bit/s (SMPTE: 30 Fps) bzw. 2000 Bit/s (EBU: 25 Fps) ergibt. Der Leitungscode ist **Biphase Mark**; die analoge Frequenz der übertragenen Wechselspannung beträgt demnach niedrige 2,4 bzw. 2 kHz und kann somit als analoges Audiosignal betrachtet werden.

> **Timecode-Anschluss (SMPTE/EBU) unsymmetrisch**
> BNC: Seele = Signal, Ring = Abschirmung
> +4 dBm bzw. +4 dBu = 1,23 V an 600 Ω
> Baudrate 2,0 bis 2,3 kBit/s, Bandbreite 2,0 bis 2,4 kHz

LTC vs. VITC

Timecode kann auf einem Magnetband sowohl vorwärts als auch rückwärts und im Schnelllauf gelesen werden, was für die Chase/Lock-Synchronisierung notwendig ist. Bei Bandstillstand gibt es allerdings kein TC-Signal. Die Aufzeichnung der Biphase Mark-codierten Wechselspannung als analoges Audiosignal auf der longitudinalen Tonspur eines Videorecorders wird als **LTC** (Longitudinal Timecode) bezeichnet, die Aufzeichnung in einer Videosignal-Codierung in der V-Austastlücke des hochfrequenten Video-Bildsignals als **VITC** (Vertical Interval Timecode).

In MIDI-Netzen kann Timecode in ein MIDI-Signal umgewandelt und über MIDI-Schnittstellen übertragen werden (vgl. Abschnitt 8.3). Man spricht dann vom **MIDI-Timecode (MTC)**.

7.4 Übertragungsfehler

Gauß-Kanal: begrenzte Bandbreite und additives weißes Rauschen

Bei jeder Übertragung gibt es Störungen und Verluste. Im einfachsten Fall entspricht der Übertragungskanal dem idealen **Gauß-Kanal**, der durch seine begrenze Dynamik durch additives weißes (also spektral gleichverteiltes) **Rauschen** und seine begrenzte Bandbreite charakterisiert ist (vgl.

Abschnitt 6.1.2). Sehr viele reale Übertragungsstrecken lassen sich als Gauß-Kanäle beschreiben. Neben „klassischen" Kanälen wie Rundfunk und Telefon gilt dies auch für praktisch alle Studiogeräte.

Die begrenzte Bandbreite des Gauß-Kanals macht sich als **Höhendämpfung** bemerkbar; oberhalb einer **oberen Grenzfrequenz** wird das Signal im Spektrum beschnitten (Tiefpass-Kanal). Viele Kanäle haben zudem eine **untere Grenzfrequenz** und damit eine Bandpasscharakteristik.

Die Minimalabschätzung für das Rauschen jeder elektrischen Übertragung ist das **thermische Rauschen** der ohmschen Widerstände:

$$u_R = \sqrt{4k\mathcal{T}RB}.$$

Die Rauschspannung u_R ist abhängig von der absoluten Temperatur $\mathcal{T}$ in Kelvin, dem Widerstand R in Ω und der Bandbreite B in Hz; $k = 1{,}38 \cdot 10^{-23}$ J/K ist die Boltzmann-Konstante.

Lange Kabel sind Tiefpass-Kanäle, sie verursachen eine Höhendämpfung. Leiter und Abschirmung eines Kabels wirken als Parallel-Kondensator sehr kleiner Kapazität (typ. 200 pF/m). Bei hohen Frequenzen und großen Kabellängen macht sich dies zusammen mit dem Ausgangswiderstand des angeschlossenen Gerätes als Tiefpassfilter 1. Ordnung bemerkbar (siehe Abschnitt 4.3.1). Bei der Grenzfrequenz $\omega_g = 1/RC$ bzw. $f_g = \omega_g/2\pi$ ist der Pegel bereits um 3 dB abgesenkt. Damit es nicht zu Höhenverlusten kommt, sollte die Kabel-Grenzfrequenz nach Möglichkeit ein Oktave oberhalb des genutzten Frequenzbereichs liegen.

Kabelkapazität typ. 200 pF/m

Für eine Grenzfrequenz von $f_g = 40$ kHz ergibt sich als Faustregel für die maximal erlaubte Kabellänge l_{max} bei einer Quellimpedanz R und einer Kabelkapazität c in pF/m:

$$\boxed{l_{max} \approx \frac{4 \cdot 10^6}{R \cdot c}.}$$

Beispiel: Ein Mikrofon mit einer Impedanz von $200\,\Omega$ ist über ein 200 m langes Kabel der Kapazität 200 pF/m $= 2 \cdot 10^{-10}$ F/m angeschlossen. Damit liegt zwischen Mikrofon und Mischpult ein RC-Tiefpass mit $R = 200\,\Omega$ und $C = 4 \cdot 10^{-8}$ F. Die Grenz-Kreisfrequenz dieses Filters ergibt sich zu $\omega_g = 1/RC = 1/(2 \cdot 4) \cdot 10^8 \cdot 10^{-2}$ Hz $= 1{,}25 \cdot 10^5$ Hz $= 125$ kHz. Die Grenzfrequenz ist $f_g = \omega_g/2\pi \approx 20$ kHz. Halbiert man Quellimpedanz oder Kabellänge, so verdoppelt sich die Grenzfrequenz. Die in diesem Beispiel maximal zulässige Kabellänge ist nach der Faustformel $\frac{4 \cdot 10^6}{200 \cdot 200} = 100$ m.

7.4.1 Probleme bei der analogen Übertragung

Jede Störung bei der analogen Übertragung führt zu einem Informationsverlust. Ein Qualitätsverlust lässt sich deshalb nur vermeiden, wenn das

Informationsverlust durch Übertragung	Kanalfenster stets größer ist als der Querschnitt des Signalquaders (siehe Abschnitte 6.1.2, 6.1.3). Dazu muss die **Systemdynamik** jedes Gerätes in der Übertragungskette im Prinzip immer größer werden.

So ist zur Aufzeichnung in einem sehr ruhigen Studio ein Mikrofon mit sehr geringem Eigenrauschen nötig; die Dynamik des nachfolgenden Mischpultes sollte größer sein als die Dynamik des Mikrofons, und der zur Aufzeichnung benutzte Tonträger sollte eine nochmals größere Dynamik haben.

Erst ganz am Ende der Übertragungskette, also z.B. beim **Mastering**, wird ggf. die Systemdynamik auf die geforderte **Zieldynamik** eingeengt.

Die unvermeidlichen Übertragungsfehler analoger Audiogeräte werden durch folgende Kenngrößen beschrieben:

Rauschabstand (SNR)	**Rauschabstand** (engl. signal to noise ratio, SNR): Pegeldifferenz zwischen Vollaussteuerung (z.B. $+4$ dBu) und Rauschpegel. Der Rauschabstand eines Signals ist die Differenz zwischen Signalpegel und Rauschpegel.
Dynamik	**Dynamik:** wird nach oben bestimmt durch die **Aussteuerungsreserve** (engl. headroom), angegeben in dB: Systemdynamik = Rauschabstand + Headroom; Umrechnung in die Shannon'sche Dynamik in Bit (Abschnitt 6.1.3) mit dem dualen Logarithmus.
Klirrfaktor (THD)	**Harmonische Verzerrungen** (engl. harmonic distortion): Durch Beschneidung des Signals bei Übersteuerung (engl. clipping, overload) entstehen zusätzliche Harmonische im Spektrum. Der Effektivwert der Harmonischen k_n im Verhältnis zum Effektivwert des Gesamtsignals einschließlich Verzerrung ist der **Klirrfaktor** k (engl. total harmonic distortion, **THD**). Speist man z.B. ein Testsignal von 1 kHz in das System, so muss man am Ausgang erst die Effektivwert-Spannung des Gesamtsignals messen und dann, bei einer zweiten Messung, mit einer 1-kHz-Bandsperre im Ausgangssignal das Testsignal unterdrücken. Das Verhältnis der beiden gemessenen Spannungen ist der Klirrfaktor. Typische Werte: Mikrofone, Lautsprecher: $k < 1\,\%$, Verstärker und Mischpulte: $k \ll 0{,}1\,\%$. Messung des Klirrfaktors einschließlich Rauschen als **THD+N** („plus noise").
Intermodulationsfaktor, Differenztonfaktor	**Intermodulationsverzerrungen** (engl. intermodulation distortion): nichtharmonische Verzerrungen (nichtharmonische spektrale Komponenten), die durch Nichtlinearitäten entstehen; werden gemessen als **Intermodulationsfaktor** oder **Differenztonfaktor**. Werden gleichzeitig zwei reine Schwingungen über ein nichtlineares System übertragen, entstehen Summen- und Differenztöne mit den Frequenzen $f_1 + f_2, f_1 - f_2, 2f_1 + f_2, 2f_1 - f_2$ etc. Bei Einspeisung einer hohen und einer tiefen Frequenz (z.B. 5000 Hz und 50 Hz) ergibt der Effektivwert der neuen nichtharmo-

nischen spektralen Bestandteile (4950 Hz, 5050 Hz, 5100 Hz, 4900 Hz etc.) im Verhältnis zum Effektivwert des Gesamtsignals (einschließlich Verzerrung) den Intermodulationsfaktor. Bei Einspeisung zweier hoher Frequenzen (z.B. 5000 Hz und 6600 Hz) bestimmt man über die Differenztöne (1600 Hz, 3400 Hz, 8200 Hz etc.) den Differenztonfaktor.

7.4.2 Probleme bei der digitalen Übertragung

Es liegt im Wesen der digitalen Übertragung, dass Rauschen und Verzerrungen *nicht* zwangsläufig zum Informationsverlust führen müssen: Das Quellsignal kann beim Empfänger perfekt rekonstruiert werden, wenn es nicht allzu stark beeinträchtigt ist (Abschnitte 6.3.3, 7.2.2). Erst wenn Rauschen oder Verzerrungen so stark sind, dass eine Regenerierung nicht mehr möglich ist und zudem der fehlerkorrigierende Kanalcode versagt, erkennt und markiert der Receiver einen Fehler: Es kommt zum **Datenverlust** (engl. dropout).

kein Informationsverlust durch Übertragung!

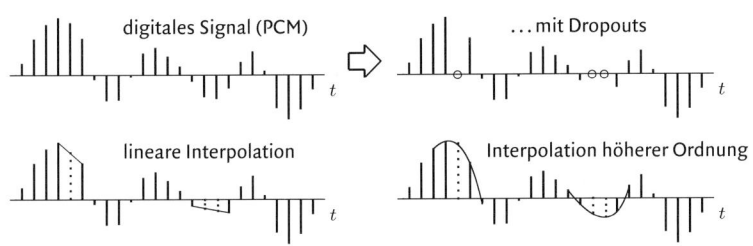

Abb. 7-13: Signalrekonstruktion durch Fehlerverdeckung. Signal mit Dropouts, lineare Interpolation, Interpolation höherer Ordnung

Dropouts können beim Empfänger u.U. durch eine **Fehlerverdeckung** (umgangssprachlich auch **Fehlerkorrektur**) rekonstruiert werden. Am einfachsten gelingt dies durch **lineare Interpolation**; der neu erzeugte Abtastwert erhält den Mittelwert der benachbarten Samples. Bessere Ergebnisse sind zu erwarten, wenn die neuen Samples durch **Interpolation höherer Ordnung** mit einer angepassten Kurve berechnet werden (Abb. 7-13). Fehlerverdeckungs-Algorithmen sind im Prinzip digitale Tiefpassfilter.

Können bei stark gestörtem Kanal (z.B. lange Leitung mit falscher Impedanz oder verkratzte CD) Dropouts weder korrigiert noch verdeckt werden, schalten die meisten digitalen Übertragungskanäle stumm – und hinter dem D/A-Wandler ist ein heftiger Knacker zu hören.

Fehlerverdeckungs-Algorithmen sind bei jeder digitalen Tonwiedergabe implementiert, z.B. im CD-Laufwerk. Als Anwender hat man in der Regel keinen Zugriff auf den Datenstrom *vor* der Fehlerverdeckung. Auch wenn beispielsweise der CD-Spieler eine frisch gebrannte Master-CD-R scheinbar fehlerlos über Analog- oder Digitalausgang abspielt, können z.B. durch Herstellungsmängel des Rohlings im gespeicherten Signal sehr viele Dropouts sein.

Datenfehler oft nicht hörbar

Jitter

Ein Fehler, der durch driftende Taktgeneratoren auftritt – also bei mangelhafter **Taktsynchronisierung** – ist das „übersprungene" Sample, das sich als leiser Knacker oder „Glitch" bemerkbar macht. Andere Ursachen für solche „kleinen" Störungen sind Rechenfehler unvollkommener Software oder Hardwarefehler bei der Signalverarbeitung im Computer.

Dropouts, Knacker und Glitches sind oft schwierig zu bemerken, weil sie lokal begrenzt sind. Sie treten u.U. im Abstand einiger Minuten oder Stunden in einem ansonsten einwandfreien Signal auf. Zudem sind sie konventionell nicht korrigierbar (Abhilfe schafft z.B. das manuelle Einebnen am Rechner).

Ein Fehler, der vollständig den Klang einer digitalen Übertragung beeinflussen kann, ist der **Zeitfehler** in der Abfolge der Samples. Diese zeitliche Ungenauigkeit („Wackeln" der Abtastwerte) wird als **Jitter** bezeichnet. Man kann die zeitliche Änderung der Tastzeitpunkte ihrerseits wieder als Signal interpretieren; die Amplitude eines Jitter-Signals wird typischerweise in Nanosekunden gemessen. Hauptursachen für Jitter sind neben instabilen Taktgeneratoren die verrauschte Übertragung (führt zu zufallsverteiltem Jitter) oder das Übersprechen niederfrequenter Signale z.B. vom Stromnetz (führt zu periodischem Jitter).

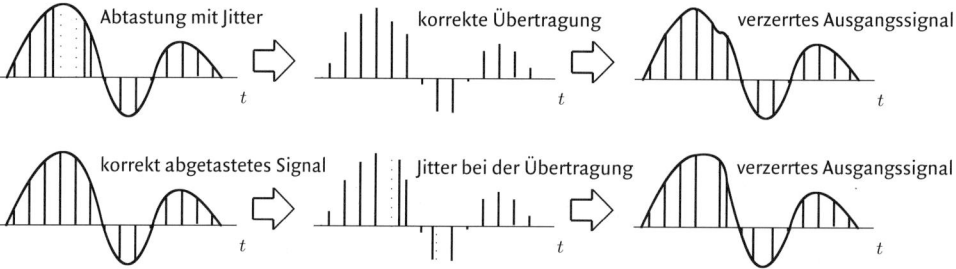

Abb. 7-14: Wirkung von Jitter bei der A/D-Wandlung und bei der digitalen Übertragung auf das rekonstruierte Signal

Solange das Signal zeitdiskret bleibt, ist Jitter nicht schädlich. Seine Wirkung entfaltet er erst im D/A-Wandler, weil dort durch die Diskrepanz zwischen ideal gleichförmigem und instabilem Takt das Ausgangssignal verformt und damit verzerrt wird (Abb. 7-14).

In digitalen Netzen kumulieren die Jitter-Fehler. Abhilfe schaffen **Repeater** („Jitterbugs"), die durch **Zeitregenerierung** ein digitales Signal von Jitter befreien können (Abschnitt 7.2.2). Jitter, der im A/D-Wandler entsteht, ist *nicht* korrigierbar.

Literatur zur Vertiefung

Philip Giddings: **Audio Systems, Design and Installation**, Focal Press 1990.

8 Klangsynthese und MIDI

Die elektronische Klangerzeugung begann mit Pionieren wie dem russischen Physiker Lev Termen alias **Leon Theremin** (der 1919 das „Theremin" erfand, ein Instrument, das allein durch Annäherung der Hände an zwei Antennen gesteuert wird und u.a. die Klänge zu It Came From Outer Space lieferte) und dem Physiker und Musiker **Friedrich Trautwein**, Professor an der Berliner Musikhochschule (mit dessen 1930 vorgestelltem „Trautonium" **Oskar Sala** u.a. Hitchcocks Vögel vertonte).

Abb. 8-1:
Gerhard Haderer:
„Ars electronica", 1988

Der amerikanische Ingenieur **Robert Moog** (1934 – 2005), der sein Studium seit 1955 durch den Bau von Theremins finanzierte, erkannte den wesentlichen Nachteil solcher Geräte: „Ohne Tastatur könnte man denken, so ein Ding sei dazu da, um Russland abzuhören." Sein Moog-Synthesizer von 1964 – mit Tastatur ausgestattet und damit als Musikinstrument zu erkennen – wurde bereits von den Beatles, den Stones und Led Zeppelin eingesetzt. Und mit dem 1971 vorgestellten **Mini-Moog**, dem ersten wirklich bedienbaren und transportablen Synthesizer, schenkte Bob Moog der Musik des 20. Jahrhunderts endgültig eine neue Klangwelt.

1984 wurde das **MIDI-Protokoll** zum Datenaustausch zwischen elektronischen Instrumenten eingeführt. Damit konnte der **Computer** als Sampler und Sequencer eingesetzt werden, und die klassischen analogen Synthesetechniken wurden ergänzt durch die digitale Synthese. So wurde der Computer – in Verbindung mit seiner Funktion als virtuelles Mischpult und virtuelles Tonband, siehe Kapitel 10 – schließlich zum wichtigsten Gerät im modernen Tonstudio.

Heutzutage entsteht der größte Teil der Popmusikproduktionen am Computer. Die „echten" Musikinstrumente sterben trotzdem nicht aus: Sie sind und bleiben Vorbild für die synthetischen Klänge (siehe die „General MIDI"-Spezifikation in 8.3.2).

In diesem Kapitel werden die Prinzipien der elektronischen und digitalen Klangerzeugung vorgestellt, und es wird eine kurze Einführung in die Grundlagen der MIDI-Technik gegeben.

8.1 Synthesetechniken

„Echte" akustische und elektroakustische Musikinstrumente sind außerordentlich komplex: Ihre Klänge sind geprägt u.a. durch Frequenzverschiebungen des ganzen Spektrums oder auch nur einzelner Teiltöne während des Einschwingvorgangs, Nichtlinearitäten bei der Anregung, durch Mikro-Fluktuationen von Teiltonamplituden und -frequenzen im Ausklang, durch geräuschhafte und unharmonische Signalanteile, unterschiedliche Ein- und Ausschwingzeiten der Teiltöne ...

Die Modellierung solcher Irregularitäten ist der Schlüssel zu ansprechenden, farbigen und angenehmen synthetischen Klängen, selbst wenn man keine „echten" Musikinstrumente imitieren, sonder genuin elektronische Klänge erfinden möchte. Synthetische Klänge lassen sich u.a. mit den folgenden Techniken herstellen:

Analoge Verfahren
- subtraktive Synthese
- Waveshaping
- AM-Synthese
- FM-Synthese

Digitale Verfahren
- Wavetable-Synthese
- granulare Synthese
- Physical Modeling
- Waveguides

Die analogen Syntheseverfahren sind Grundlage der „klassischen" analogen Synthesizer. Sie können unterteilt werden in **lineare** (additive und subtraktive) und **nichtlineare Synthese** (AM, FM, Waveshaping).

Lineare Verfahren kann man als **LTI-Systeme** betrachten (siehe Abschnitte 4.1 und 4.2). Jedes lineare Übertragungselement kann im Zeitbereich durch seine Impulsantwort oder im Frequenzbereich durch seine Übertragungsfunktion vollständig beschrieben werden; die Signalverarbeitung entspricht einer Faltung im Zeitbereich oder einer Multiplikation im Frequenzbereich.

Bei der linearen Synthese finden sich im Spektrum der synthetisierten Signale nur solche Teiltöne, die explizit hineingesteckt wurden. Dagegen entstehen durch nichtlineare Signalverarbeitung neue Teiltöne. Nichtlineare Syntheseverfahren sind daher besonders attraktiv: Sie ermöglichen mit vergleichsweise geringem Aufwand die Synthese komplexer, auch zeitlich veränderlicher und dadurch besonders interessant klingender Spektren.

Analoge Syntheseverfahren können ohne weiteres digital simuliert werden. Man muss dabei lediglich das **Abtasttheorem** beachten – insbesondere die durch nichtlineare Synthese neu generierten Teiltöne dürfen nicht oberhalb der Nyquist-Frequenz liegen (vgl. Abschnitt 5.1.1).

Neben der Modellierung analoger Synthesizer lassen sich mit digitaler Signalverarbeitung auch ganz neue Synthesetechniken verwirklichen. Zu den rein digitalen Verfahren zählen u.a. Wavetable-Synthese, Physical Modeling und Waveguides.

Bei den klassischen Syntheseverfahren wird der Zeitverlauf des Signals mehr oder weniger unabhängig von der eigentlichen Klangsynthese in Form einer Amplituden-Hüllkurve eingestellt. Diese Hüllkurvenmodellierung wird in Abschnitt 8.2 vorgestellt. Bei modernen digitalen Verfahren wie granularer Synthese, Sampling und Physical Modeling entsteht der Zeitverlauf des Signals u.U. durch die Synthese selbst.

8.1.1 Lineare Synthese im Frequenzbereich

Additive und subtraktive Klangsynthese sind lineare Verfahren im Frequenzbereich. Die **additive Synthese** ist sehr einfach, ihre Umsetzung aber sehr aufwändig: Gemäß dem **Fourier'schen Satz** (Abschnitt 4.2) wird ein Klang Teilton für Teilton aus einzelnen harmonischen Schwingungen zusammengesetzt. Damit ist im Prinzip für jeden Teilton im Spektrum ein eigener Sinusgenerator erforderlich. Die additive Synthese wurde vor allem in der traditionellen **elektronischen Musik** eingesetzt.

Die additive Synthese ist nicht exklusiv der elektronischen Klangerzeugung vorbehalten – seit mehreren Jahrhunderten werden bei der **Orgel** sog. **Mixtur-Register** zur Teiltonverstärkung eingesetzt, die auf die Oktave (zweiter Teilton), die oktavierte Quinte (dritter Teilton) oder die doppelt oktavierte große Terz (fünfter Teilton; vgl. Abschnitt 1.5) des Grundtonregisters abgestimmt sind. Sie verändern nur die Klangfarbe, nicht die Tonhöhe oder die harmonische Struktur.

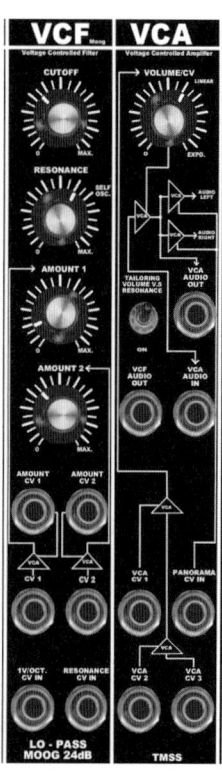

Abb. 8-2: Filtermodul eines modularen Synthesizers (TMSS)

1971: Mini-Moog

Bei der **subtraktiven Synthese** wird der umgekehrte Weg beschritten: Der Klang entsteht durch Filterung eines Signals mit komplexem, möglichst dichtem Spektrum. Ein Synthesizer für die subtraktive Synthese besteht aus drei Baugruppen, nämlich Generator, Filter und Verstärker. Als Generator-Wellenformen kommen obertonreiche Signale wie **Rechteck** (engl. square), **Dreieck** (engl. triangle), **Sägezahn** (engl. sawtooth oder ramp), **Pulsfolge** bzw. **Deltakamm** (engl. pulse train) oder **Rauschen** (engl. noise) in Frage.

Die Filter zur subtraktiven Synthese – Hochpass und Tiefpass – werden gerne mit hohem **Q-Faktor** gebaut (z.B. als „resonanter Tiefpass"). Durch die starke Resonanzüberhöhung bei der Grenzfrequenz können solche Filter den Klang deutlich färben: Nach der **Unschärferelation** werden mit zunehmendem Q-Faktor Ein- und Ausschwingzeit immer größer, das Filter „singt nach" bis hin zur selbsterregten Schwingung (vgl. mechanischer Schwinger, Abschnitt 1.1.2). Filter mit Resonanzüberhöhung erzeugen **Formanten** analog zu den Decken- oder Hohlraumresonanzen bei akustischen Musikinstrumenten.

Die subtraktive Synthese ist zentraler Bestandteil der Klangerzeugung bei einer Reihe klassischer analoger Synthesizer, beginnend mit dem **Moog** von 1964. Und bei solchen Synthesizern sind Generator, Filter und Verstärker *steuerbar*. Verwendet man nämlich an Stelle der statischen Bauelemente die spannungsgesteuerten Module **VCO** (Voltage Controlled Oscillator), **VCF** (Voltage Controlled Filter) und **VCA** (Voltage Controlled Amplifier), so kann man Frequenz- und Amplitudenfluktuationen im Spektrum herstellen, die den synthetischen Klang sehr viel farbiger und lebendiger machen. Zur Steuerung dient z.B. ein zusätzlicher Signalgenerator niedriger Frequenz (**LFO**, Low Frequency Oscillator). Abbildung 8-2 zeigt ein Filtermodul eines modernen modularen Synthesizers nach Moog-Vorbild.

Bei einigen klassischen Synthesizern wie dem Moog oder dem ARP sind die Baugruppen ganz unabhängig voneinander und werden mit Patch-Kabeln oder Schaltern frei konfiguriert. Eine moderne digitale Realisierung ist leicht durch modulare Verkettung von zeitdiskreten LTI-Systemen möglich (vgl. Abschnitt 4.1). Ein solches modulares Konzept bietet zwar alle Freiheiten, verlangt vom Benutzer aber ein hohes Maß an technischem Verständnis.

Synthesizer mit fest verdrahteten Baugruppen sind einfacher zu bedienen. Der Prototyp für solche kompakten Geräte ist der monofone **Mini-Moog** mit drei Tongeneratoren, einem Rauschgenerator, einem Filter und zwei Hüllkurvengeneratoren. Obwohl die Klangsynthese theoretisch unbegrenzte Möglichkeiten bietet, entstehen dank der festen Konfiguration solcher Instrumente die „typischen" Synthesizer-Klänge.

Modelliert man die subtraktive Synthese digital, so kann man den klassischen Signalgenerator durch eine raffiniertere digitale Version ersetzen: Dank der Digitaltechnik sind die Generator-Wellenformen nicht mehr auf Rechteck, Dreieck, Sägezahn und Pulsfolge begrenzt. Dies führt zur **Wavetable-Synthese**, erstmals in frühen digitalen Instrumenten wie dem deutschen PPG-WAVE-Synthesizer (1978) umgesetzt.

Wavetable-Synthese

Ein analoger Tongenerator basiert auf elektronischen Schwingkreisen; die erzeugten Wellenformen werden unmittelbar durch die Schaltung bestimmt. Ein digitaler Oszillator basiert auf einer Wellenform, die entweder beim Hochfahren des Systems berechnet und im RAM als Wavetable (Wellenform-Tabelle) abgelegt wird, oder die aus einem nicht-flüchtigen Speicher geladen wird. So müssen beispielsweise für einen digitalen Sinusgenerator gemäß der internen Abtastrate für die tiefste Generatorfrequenz zunächst alle Samples einer Schwingungsperiode mit $y = sin(x)$ berechnet und gespeichert werden; bei 20 Hz Signalfrequenz und 48 kHz Abtastrate sind das 2400 Samples. Und der Sinuston erklingt, wenn diese Werte, getaktet mit der Abtastrate, in einer Endlosschleife (engl. **loop**) aus dem Speicher ausgelesen werden. Höhere Frequenzen erhält man, indem man dabei Samples überspringt.

Oszillator greift auf gespeicherte Wellenformen zu

Loop

Weil bei der digitalen Generierung von Wellenformen – anders als beim klassischen analogen Synthesizer – keine elektronischen Bauteile der Fantasie Grenzen setzen, stehen im Wavetable-Synthesizer praktisch unbegrenzt viele Wellenformen (knapp zweitausend beim PPG WAVE 2) für die Bearbeitung mit Filtern zur Verfügung. Zudem lässt sich der Wellenform-Speicher vorwärts, rückwärts und mit unterschiedlichen Loop-Parametern auslesen, und es können im Prinzip auch beliebige externe Signale geladen („gesampelt") werden[1]. Damit ist die Generator-Wellenform das klangbestimmende Element eines Wavetable-Synthesizers.

Sampling-Keyboards und **Sampler**[2], bei denen gespeicherte Klänge abgerufen, aber nicht wesentlich verändert werden können, sind streng genommen *keine* Synthesizer. Doch die Grauzone zwischen Wavetable-Synthesizer und Digitalpiano ist groß. Auf der einen Seite steht der Synthesizer mit hunderten oder tausenden einzelner Generator-Wellenformen (jeweils eine Wellenform als Generator für den gesamten Tonumfang des Instruments) und mit allen Möglichkeiten der subtraktiven Synthese – auf der anderen Seite stehen Keyboards, bei denen einige wenige gesampelte Klänge abrufbar sind, die abgesehen von Transposi-

Sampling-Keyboards, Sampler, Synthesizer

---
[1] Die einfache **Soundkarte** mit „Wavetable-Synthese" ist nicht mit einem solchen Synthesizer vergleichbar; sie verfügt meist über nur wenige gesampelte Wellenformen, ergänzt durch rudimentäre Syntheseparameter

[2] Kleine Begriffsverwirrung: Nicht nur die einzelnen Abtastwerte, sondern auch die gesamten digitalisierten Signalfragmente werden hierbei als **Samples** bezeichnet!

tion um einige cent auf- oder abwärts und abgesehen von Effekten wie Chorus und Hall nicht bearbeitet werden können, aber für jeden einzelnen Ton separat gesampelt wurden und deshalb sehr naturgetreu klingen.

Instrumente, die gesampelte Klänge für die Synthese völlig neuer Klänge verwenden, nennt man **Sampling-Synthesizer**. Wie der Wavetable-Synthesizer basieren sie auf „geloopten" Signalfragmenten, sind aber erheblich leistungsfähiger. Der **Fairlight CMI** („Computer Musical Instrument", 1979) war der erste echte Sampling-Synthesizer. Kate Bush gehörte mit *The Dreaming* zu den ersten Nutzern der neuen Technik; später wurde der Fairlight-Computer u.a. von Jan Hammer bei der Musik zur Fernsehserie *Miami Vice* eingesetzt.

1979: Fairlight CMI

Der Fairlight CMI Series I, achtstimmig polyphon, bot für einen Preis von £ 15.000 zwei Motorola 68000-Prozessoren mit 64 KB Systemspeicher und zusätzlich pro Stimme 16 KB Signalspeicher; das Betriebssystem war eine Fairlight-Entwicklung[3]. Die A/D-Wandlung erfolgte mit 8-Bit-Quantisierung bei einer Abtastrate von 16 kHz. Zur Synthese konnten beliebige Wellenformen grafisch eingegeben werden; gespeicherte „Samples" konnten mit Methoden der klassischen Synthese und mit direkter Editierung der Wellenform (waveform editing) bearbeitet werden.

Als Gegenpol zu den computerbasierten Synthesizern zur kreativen Klanggestaltung entstanden Instrumente zur täuschend echten Simulation „natürlicher" Instrumente, allen voran der 1983 vorgestellte **Kurzweil-Synthesizer**, der vom Sprachsynthese-Pionier **Ray Kurzweil** auf Anregung Stevie Wonders entwickelt wurde.

nichtlineare Synthese

Eine eigenständige Methode zur Generierung eines dichten Teiltonspektrums ist der Einsatz nichtlinearer Übertragungssysteme wie z.B. Pegelbegrenzer oder Gleichrichter im Signalweg (man könnte beispielsweise bei einem modularen Synthesizer das Signal durch einen hart eingestellten Limiter schicken). Die Folge sind starke Verzerrungen – es entstehen neue Harmonische, die zur Klanggestaltung genutzt werden. Diese Strategie nennt man **Waveshaping** („Wellenformung").

Waveshaping

Der Waveshaping-Synthesizer ähnelt dem Synthesizer für subtraktive Synthese, nur benutzt man als Generator-Signal gerne reine Schwingungen. Das entscheidende Gestaltungselement ist die nichtlineare Kennlinie zur Manipulation des Generator-Sinustons. Bei digitaler Implementierung lassen sich nichtlineare Systeme realisieren, die in analoger Elektronik kaum herzustellen wären. Waveshaping findet man deshalb vor allem in digitalen Synthesizern.

---

[3] Zum Vergleich: Der zwei Jahre nach [!] dem Fairlight CMI eingeführte *Personal Computer* (PC) von IBM, bestückt mit dem Intel 8086-Prozessor, hatte 64 KB Arbeitsspeicher und 360 KB Festspeicher auf Floppy Disk

8.1.2 Modulationssynthese (AM, FM)

Die kleinen Signalfluktuationen, die eine klassische subtraktive Synthese als Amplituden- und Frequenzvibrato so lebendig machen, sind im strengen Sinn **Amplituden-** und **Frequenzmodulation** des Signals. Weil diese Fluktuationen aber dank LFO langsam im Vergleich zur Signalfrequenz sind, darf man das Signal trotz Modulation noch als quasistationär betrachten. Eine konsequente Umsetzung von AM und FM führt dagegen zu völlig neuen Signalen.

Der Unterschied von AM- und FM-Synthese zu den in Abschnitt 6.2.2 vorgestellten Verfahren zur Signalmodulation liegt in der Definition von „Nutzsignal" und „Träger": Statt niederfrequentem Nutzsignal und hochfrequentem Trägersignal moduliert man zwei Signale ähnlicher, niedriger Frequenz miteinander. Die Wirkung entspricht einer starken nichtlinearen Verzerrung; die neu generierten Teiltöne sind i.Allg. *nichtharmonisch*.

<small>nichtharmonische Teiltöne mit AM und FM</small>

Die **AM-Synthese** ist schon sehr lange bekannt. Bei der traditionellen analogen Synthese benutzt man wie in der klassischen Rundfunktechnik einen so genannten **Ringmodulator**, um zwei Signale miteinander zu multiplizieren. Ringmodulatoren werden u.a. als eigenständige Synthesizer oder in großen modularen Instrumenten benutzt (Beispiel: Der ARP 2500 von Alan R. Pearlman – Konkurrenzprodukt zum „großen" Moog – mit sieben Tongeneratoren, zwei Rauschgeneratoren, zwei Filtern, vier Hüllkurvengeneratoren und vier Ringmodulatoren).

<small>analoger Ringmodulator</small>

Die **FM-Synthese** ist jünger und komplizierter. Anders als bei der AM-Synthese, die als Klangverfremdung genutzt werden kann, entstehen durch die FM Signale, die subjektiv nichts mit den Ursprungssignalen zu tun haben. Damit ist die FM-Synthese ungeeignet als Modul im klassischen Synthesizer, aber prädestiniert für eigenständige Instrumente.

Die zugrunde liegende Signaltheorie wurde zwischen 1967 und 1973 von **John Chowning** entwickelt, einem amerikanischen Komponisten, der u.a. bei Nadia Boulanger in Paris studierte und der bereits 1964 – mit Unterstützung der Bell Labs – in Stanford Computermusik machte (Chowning 1973).

<small>Chowning-FM</small>

Ersetzt man in der FM-Gleichung auf S. 193 das Nutzsignal $s(t)$ durch eine reine Schwingung, so ergibt sich für das FM-Signal $s_{FM}(t) = A \cdot \cos[\omega_c t + \mu \cdot \cos(\omega_m t)]$ mit der Träger-Kreisfrequenz ω_c und der Modulator-Kreisfrequenz ω_m. Der Modulationsindex µ entspricht ungefähr der Zahl „signifikanter" Seitenbänder im FM-Signal. Somit hängt die FM-Synthese von zwei Parametern ab: die spektrale Struktur des synthetisierten Signals vom Verhältnis ω_c/ω_m, die spektrale Dichte (Zahl der Spektrallinien) von der Amplitude des Modulators. Der FM-Synthesizer steuert die Tonhöhe durch ω_c/ω_m (ein ganzzahliges Verhältnis führt zu Periodizitäten im Spektrum, die einen Tonhöheneindruck erzeugen; ein nicht-ganzzahliges Verhältnis erzeugt metallische bis geräuschhafte Klänge. Die Klangfarbe lässt sich durch Gaten (Schwellwertbildung) des Modulators festlegen.

1983: Yamaha DX7

Obwohl die FM-Synthese ein analoges Verfahren ist, ist sie besonders für die digitale Implementierung geeignet. 1983 präsentierte Yamaha mit dem digitalen Synthesizer **DX7** den ersten FM-Synthesizer auf Basis der Chowning-Methode. Der DX7 war für den Elektropop der 1980er Jahre (Depeche Mode, Brian Eno, Vangelis ...) prägend. Charakteristisch sind insbesondere Glockenspiel-ähnliche metallische Klänge, die sich dank der inharmonischen FM-Spektren leicht herstellen lassen (zu inharmonischen Spektren akustischer Instrumente siehe Abschnitt 1.4.1).

8.1.3 Granulare Synthese

Die bisher beschriebenen Syntheseverfahren – additive und subtraktive Synthese, Wavetable-Synthese, Waveshaping, AM und FM – sind Verfahren im Frequenzbereich: Stille Voraussetzung ist immer der **Fourier'sche Satz** zur Zerlegung eines Signals im Frequenzbereich in elementare Schwingungen (vgl. Abschnitt 4.2).

Signalzerlegung im Zeitbereich

Der ungarische Ingenieur und Physiker **Dennis Gabor** (1900 – 1979), der in Berlin studierte, 1933 nach England emigrierte und 1971 den Physik-Nobelpreis für die Entwicklung der Holografie erhielt, beschrieb 1947 die Möglichkeit der Zerlegung eines Signals im Zeitbereich in akustische Quanten (Gabor 1947). Seit den frühen 1970er Jahren wird dieses Prinzip in der digitalen Synthese auf Basis von elementaren „Klangkörnern" (engl. grains) umgesetzt[4]. Diese Technik bezeichnet man als **granulare Synthese**.

Gabor-Grain

Ein typisches Grain besteht aus einem mehr oder weniger komplexen Signal, das mit einer weichen Hüllkurve ein- und ausgeblendet wird und eine Dauer zwischen 5 und 50 ms hat (Abb. 8-3). Damit ist die Wiederholfrequenz bei einer Aneinanderreihung von Grains größer als 20 Hz – entscheidende Voraussetzung für eine zeitliche Verschmelzung des Klangs. Der Signalverlauf kann z.B. mit einem der klassischen Syntheseverfahren generiert werden.

Synthese durch Reihung und Schichtung von Grains

Ein einzelnes Grain ist unspektakulär, es hört sich wie ein Knackser an (reine Schwingungen, die Elementarsignale der Fourier-Zerlegung im Frequenzbereich, klingen auch nicht interessanter). Erst durch die Aneinanderreihung und Schichtung offenbaren die Grains ihre Klangeigenschaften.

Zwei unterschiedliche Ansätze zur granularen Synthese sind verbreitet: Einerseits die Anordnung von Grains im strengen Zeitraster von „Frames", wobei in jedem Frame Klangfarbe, Pegel und Tonhöhe durch unter-

---

[4]vgl. Signalzerlegung mit Wavelets, Abschnitt 4.2.6

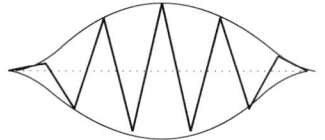 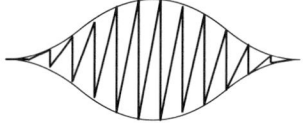

Abb. 8-3: Gabor-Grains mit unterschiedlichen Wellenformen, Hüllkurven und Frequenzen

schiedliche Grains definiert werden, und andererseits die Organisation von Grains in unscharfen, asynchronen „Wolken" (engl. clouds), wobei ein Teil der Steuerung dem Zufall überlassen wird – dadurch werden die Signale variabel und lebendig, ohne dass die Fluktuationen von Amplitude, Spektrum und Frequenz einer bestimmten Regel folgen.

zufallsgesteuerte „Clouds"

Die Parameter einer „Grain-Wolke" sind

- statistische Dichte (in Grains pro Sekunde),
- Amplitudenverlauf (abhängig von der mittleren Grain-Amplitude zwischen einer minimalen und einer maximalen Amplitude),
- statistische Frequenz (bestimmt durch die Grain-Frequenzen zwischen einer unteren und einer oberen Grenzfrequenz),
- räumliche Darstellung (Position und Ausdehnung der Phantomschallquelle einer „Wolke", dynamisch in Abhängigkeit von den Phantomschallquellen der einzelnen Grains).

Dazu kommen die elementaren Parameter Grain-Wellenform, Grain-Hüllkurve und Grain-Dauer.

Die **granulare Zerlegung und Re-Synthese** von Signalen ist ein hervorragendes Werkzeug zur Klangverfremdung und wird im Film-Sounddesign und in der elektronischen Musik gerne angewendet, z.B. mit Software wie **Ableton Live**, **Max/MSP** oder **PureData**. Die klassische granulare Synthese wird von Komponisten wie **Iannis Xenakis** für Computermusik eingesetzt.

Sounddesign durch granulare Zerlegung und Re-Synthese

8.1.4 Physical Modeling, Faltung und Waveguides

Ein ganz und gar eigenständiger Ansatz zur Klangsynthese ist die digitale Modellierung der physikalischen Gesetzmäßigkeiten realer Klangerzeuger. Für diese Verfahren hat sich der angloamerikanische Begriff **Physical Modeling** eingebürgert.

Beim Physical Modeling wird ein komplexer Klangerzeuger in elementare Systeme wie z.B. Saite, Stab oder Membran sowie mechanische und akustische Resonatoren zerlegt. Die Modellierung solcher Teilsysteme kann z.B. durch Bewegungs-Differenzialgleichungen oder nach der Finite-Elemente-Methode erfolgen. Charakteristisch für das Physical Modeling ist in jedem Fall der Zugriff auf die physikalischen Parameter des

Modellierung eines physikalischen Systems

modellierten Systems. Physical Modeling ist das akustische Äquivalent zur Generierung realitätsnaher virtueller Bildwelten für Kino und Games und wird deshalb auch ganz folgerichtig zur Klangsynthese virtueller Welten in Computerspielen eingesetzt.

Kombination von Physical Modeling und Faltung

Die Qualität der Synthese ist natürlich nur so gut wie das zu Grunde liegende physikalische Modell, und die Modellierung von akustischen Musikinstrumenten ist z.T. extrem kompliziert. Zur Vereinfachung können daher einzelne Teilsysteme – insbesondere lineare Systeme wie z.B. Resonatoren – am realen Instrument messtechnisch analysiert und als **LTI**-Element implementiert werden.

So lässt sich beispielsweise eine Gitarre synthetisieren, indem man über die Schwingungsgleichung der Saite (mit Parametern wie Masse, Zugspannung, Biegesteifigkeit, Art und Ort der Anregung) ein Generator-Signal berechnet, das dann mit den Impulsantworten unterschiedlicher Gitarrenkorpusse gefaltet wird. Die Impulsantworten müssen dafür auf der Übertragungsstrecke zwischen der mechanischen Anregung am Steg und dem abgestrahlten Schall aufgenommen werden (zu LTI-Systemen, Impulsantworten, Übertragungsfunktionen und Faltung siehe Abschnitte 4.1 und 4.2).

Waveguides: digitale Modellierung akustischer Wellenleiter

Physical Modeling ist eng verwandt mit digitalen **Waveguides** (Wellenleitern). Dabei betrachtet man Elemente wie z.B. Röhrenresonatoren, Saiten und Membranen als schallführende Leitung, die durch ihre Länge, die Ausbreitungsdämpfung und die Reflexionsfaktoren bzw. Impedanzen an den Enden gekennzeichnet sind. Nach den Gesetzmäßigkeiten der Schallausbreitung lassen sich damit u.a. stehende Wellen simulieren. Waveguides sind besonders geeignet zur Modellierung von Blasinstrumenten.

virtuelle Analogsynthis, virtuelle analoge Elektronik und Modeling-Amps

Ein wichtiges Einsatzgebiet des Physical Modeling ist die Modellierung klassischer Analog-Synthesizer, aber auch die Modellierung von analogen Effektgeräten und Gitarrenverstärkern. Physical Modeling ist in solchen Fällen sehr effektiv, weil die Simulation analoger Elektronik vergleichsweise einfach ist. Mit Analogsynthi-Plugins, virtuellen Röhrenkompressoren oder Modeling-Amps sind deshalb sehr realistisch klingende Ergebnisse erreichbar.

Games-Sounddesign

Beim Games-Sounddesign eröffnet Physical Modeling die Möglichkeit, die in der virtuellen Welt im Rechner interaktiv entstehenden Spielsituationen durch eine Echtzeit-Synthese in Klang zu übersetzen. So ist es grundsätzlich möglich, dass z.B. die Schritte einer virtuellen Figur auf Basis physikalischer Parameter wie Laufgeschwindigkeit, Gewicht, Material der Sohle und des Untergrunds im Spiel berechnet werden.

Vom Standpunkt der Signalverarbeitung spielt es nun auch keine Rolle, ob das modellierte System eine Entsprechung in der realen Welt hat oder nicht. Auch Algorithmen, die eigentlich für ganz andere Zwecke gedacht sind, können als Tongeneratoren dienen: So kommt man vom Physical Modeling zum **Mathematical Modeling**. Der Fantasie sind keine Grenzen gesetzt – Klänge auf Basis chaotischer Systeme sind ebenso möglich wie fraktale Audiosignale oder Musik aus Gravitationsberechnungen in Planetensystemen (Boulanger 2000). Werkzeuge für Physical Modeling und verwandte Syntheseverfahren sind Programmiersprachen wie **Max/MSP** und **PureData**.

8.2 Zeitliche Klangformung

Der zeitliche Verlauf eines Instrumentenklangs hat große Bedeutung für den Klangeindruck. Die Amplituden-Hüllkurve macht den Unterschied zwischen perkussivem und stationärem Signal, und sie erzeugt beim stationären Signal den Eindruck von Anblasen, -schlagen, -streichen oder -zupfen. Synthetische Klänge können zudem, anders als natürliche Klänge, stufenlos ineinander überführt werden (Morphing).

8.2.1 Hüllkurve (ADSR)

Die **Hüllkurve** (engl. envelope) wird bei klassischen Analog-Synthesizern in vier Phasen modelliert:

- **Attack**- und **Decay**-Phase simulieren das Ein- und Ausschwingverhalten des Instrumenten-Generators (beim realen Instrument z.B. Rohrblatt, Schneidenton oder Saite),

- **Sustain**- und **Release**-Phase simulieren das Ein- und Ausschwingverhalten der Energiespeicher, also der Instrumenten-Resonatoren (beim realen Instrument z.B. Resonanzdecke, Röhren- oder Helmholtz-Resonatoren) und ggf. eine äußere Energiezufuhr während der Sustain-Phase.

Dieser zeitliche Verlauf, abgeleitet von realen Musikinstrumenten-Klängen, lässt sich bei der Klangsynthese als stückweise lineare **ADSR-Kurve** mit wenigen Steuerbefehlen parametrisieren (Abb. 8-4).

Je kürzer die Attack-Zeit ist, desto perkussiver erscheint der Klang. Eine lange Sustain-Phase führt zu einem schwach gedämpften, langen Ton; Instrumente mit kontinuierlicher Energiezufuhr während der Tonbildung (Blasinstrumente, Streicher) lassen sich durch eine mehr oder weniger pegelkonstante Sustain-Phase modellieren (Abb. 8-5).

Natürlich ist das ADSR-Modell eine grobe Vereinfachung der Wechselwirkungen in akustischen Instrumenten. Für die Klangsynthese ist es aber nützlich, und es lässt sich technisch leicht umsetzen.

Abb. 8-4: ADSR-Einheit eines modularen Synthesizers (TMSS)

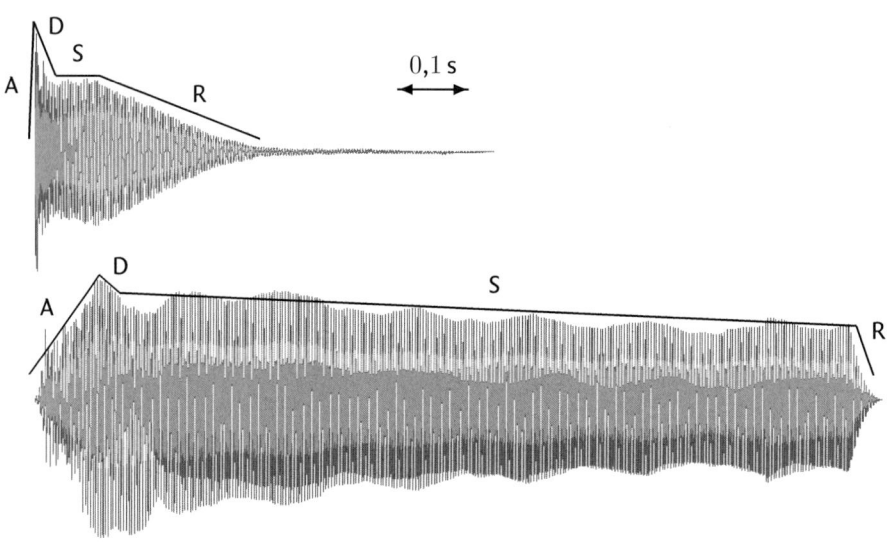

Abb. 8-5: Ableitung des ADSR- (Attack-Decay-Sustain-Release-) Modells von der Klangentwicklung bei akustischen Musikinstrumenten; oben: Marimba, unten: Violine

Zudem kann die ADSR-Kurve nicht nur die Amplitude, sondern auch andere Syntheseparameter steuern. Insbesondere bei nichtlinearer Synthese erreicht man durch ADSR-Steuerung eine sehr lebendige Klangentwicklung, indem man z.B. zeitabhängige Frequenzfluktuationen im Signal erzeugt.

8.2.2 Rendering und Morphing

Rendering (engl. to render: wiedergeben, machen; dt. rendern) ist der im Computer „offline" durchgeführte Prozess, aus Syntheseparametern für z.B. eine granulare Synthese oder Physical Modeling eine Audiodatei zu erzeugen. Jede digitale Synthese, die zu aufwändig für eine Berechnung in Echtzeit ist, muss gerendert werden.

Mit dem englischen Kunstwort **morph** (verwandeln, von Metamorphose) bezeichnet man den stufenlosen Übergang zwischen zwei Klängen, die Verwandlung eines Klangs in einen anderen. Morphing ist bei allen Verfahren möglich, bei denen die Klangsynthese über kontinuierlich einstellbare Parameter erfolgt. Prädestiniert für Morphing sind digital implementierte Verfahren wie FM-Synthese und Physical Modeling.

Je mächtiger das Syntheseverfahren ist, desto leichter lässt sich Morphing realisieren. Hat man mit demselben Algorithmus zwei möglichst verschiedene Klänge definiert, dann muss man lediglich alle Syntheseparameter gleichzeitig und kontinuierlich vom ersten Zustand in den zweiten Zustand überführen. Im einfachsten Fall geschieht dies durch lineare Interpolation.

8.3 MIDI

Synthesizer-Hersteller wie Sequential Circuits, Oberheim und Roland begannen 1981, an einem Standard zum Datenaustausch zwischen elektronischen Instrumenten zu arbeiten. Aus diesen Bemühungen ging 1984 das **Musical Instrument Digital Interface (MIDI)** hervor.

Die Grundidee von MIDI ist, den Ablauf eines Musikstücks durch diskrete Steuerinformationen für die verbundenen Geräte darzustellen. So ist die Tonhöhe diskret darstellbar (z.B. $a' = 440\,\text{Hz}$), ebenso wie die Art des Instruments (z.B. Klavier oder Cembalo oder E-Piano). Andere Spielparameter wie Anschlagstärke oder Tondauer lassen sich mit hinreichender Genauigkeit quantisieren.

externe Steuerung für Synthesizer

Durch die MIDI-Schnittstelle wurde es möglich, den eigentlichen Synthesizer von der Tastatur zu trennen – der Keyboarder kann seitdem eine Reihe verschiedener Instrumente mit der gleichen Tastatur spielen. Der MIDI-Standard setzte sich sehr schnell durch, und bald wurde die Datenleitung auch zur Steuerung anderer Geräte als nur Synthesizer verwendet. Beispiele für den Einsatz von MIDI mit den dabei verwendeten MIDI-Spezifikationen sind:

- Kopplung von Synthesizern, Samplern und Computern
- Steuerung von Effektgeräten
- Mischpult-Automation
- Laufwerkssteuerung für Bandmaschinen und DAWs
- Steuerung von Lichttechnik-Anlagen
- Synchronisierung von Studiogeräten

Vom Standpunkt der Signalübertragung handelt es sich bei MIDI um eine asynchrone digitale Schnittstelle. Die Aufnahme und Wiedergabe von MIDI-Daten zur automatischen Ablaufsteuerung nennt man **sequencing**, sie darf nicht mit der Verarbeitung digitaler Audiosignale verwechselt werden – auch wenn die moderne digitale Audio-Workstation (**DAW**) beides beherrscht und auf sehr ähnliche Art und Weise darstellt.

Sequencer

Für den Verbraucher ist der Unterschied häufig nicht erkennbar: Ein großer Teil der Musik von Computerspielen und Multimedia-Anwendungen liegt auf dem Datenträger nicht als digitalisierter Ton, sondern als MIDI-Sequenz vor. Abgespielt werden diese Sequenzen von dem auf jeder modernen Soundkarte implementierten Wavetable- oder FM-Synthesizer. Insbesondere für Internet-Anwendungen sind **Downloadable Sounds (DLS)** interessant, mit deren Hilfe die abzuspielenden Klänge zum Verbraucher gebracht werden können.

8.3.1 MIDI-Protokoll und Anschlusstechnik

asynchrone Übertragung mit UART

Die MIDI-Übertragung erfolgt **asynchron**. Es gibt also keinen kontinuierlichen (getakteten) Datenstrom, sondern es werden nur dann Daten übertragen, wenn beim Sender ein Steuerbefehl ausgelöst wird: So wird z.B. beim Synthesizer mit jeder Aktion (Taste drücken, Taste loslassen, Pitch-Bend-Rad bewegen etc.) eine separate **MIDI-Meldung** (Message) ausgelöst. Sender und Empfänger werden als **UART** (Universal Asynchronous Receiver / Transmitter) bezeichnet.

Stromimpulse, inverse NRZ-Codierung unipolar

Der Anschluss erfolgt mit zweiadrig abgeschirmten Kabeln über fünfpolige DIN-Stecker, wobei die Pins 1 und 3 nicht belegt sind; die Abschirmung des Kabels ist mit Pin 2 verbunden (Abb. 8-6, 8-7). MIDI–Signale werden in Form von 5-mA-Stromimpulsen übertragen, wobei bei einer binären 0 Strom fließt, bei einer binären 1 nicht. Im MIDI-Ausgang werden 5 V über 220 Ω auf Pin 4 geschaltet, der Strom fließt über Pin 5 zurück. Die Kabellänge sollte 15 m nicht überschreiten.

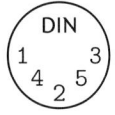

Abb. 8-6: Pinbelegung (Steckerseite)

> **MIDI-Anschluss**
> 5-Pol DIN: Pin 4 und 5 = Signal, 2 = Abschirmung
> Signalamplitude 5 mA (+5 V zwischen Pin 4 und 5)
> Kabel zweiadrig abgeschirmt Twisted Pair, max. 15 m
> Baudrate 31,25 kBit/s, Bandbreite 16 kHz

Anders als z.B. beim analogen oder digitalen XLR-Anschluss sind bei MIDI Eingangs- und Ausgangsbuchse gleich. Handelsübliche DIN-Kabel können deshalb nur benutzt werden, wenn in den Steckern jeweils Pin 4 mit Pin 4 und Pin 5 mit Pin 5 verbunden ist, d.h. die Drähte im Kabel müssen „über Kreuz" angelötet sein (**Twisted Pair**). Zudem ist auf eine korrekte Abschirmung zu achten, weil sonst das MIDI-Signal in benachbarte Audioleitungen übersprechen kann.

USB und FireWire

Zur Verbindung von MIDI-Geräten und Computern können häufig auch **USB** und **FireWire** (IEEE-1394) genutzt werden. Für die FireWire-Schnittstelle existiert ein von der MIDI Manufacturers Association standardisiertes Format. Die MIDI-Übertragung mit USB ist *nicht* standardisiert; bei Geräten unterschiedlicher Hersteller können daher Inkompatibilitäten auftreten (MMA 2005).

Die Baudrate der MIDI-Übertragung beträgt 31,25 kBit/s. Die Leitungscodierung ist unipolar NRZ, damit ist die Übertragungsbandbreite 16 kHz (vgl. Abschnitt 6.3). Die Datenrate ist also niedrig genug, um MIDI-Daten wie ein analoges Audiosignal mit gewöhnlichen Kabeln zu übertragen, andererseits aber auch hoch genug, um (nahezu) ohne hörbare Latenz zu arbeiten.

MIDI IN - OUT - THRU Daisy Chain

MIDI IN und **MIDI OUT** bezeichnen Ein- und Ausgang. Das am Eingang anliegende Signal wird – galvanisch getrennt – durch Optokopp-

8.3 MIDI

Abb. 8-7: MIDI-Anschlussfeld mit fünfpoligen DIN-Buchsen

ler ausgekoppelt und dann einerseits an die interne Schaltung, andererseits über eine neue Ausgangsschaltung an die **MIDI THRU**-Buchse weitergereicht. Damit ist die Verkettung von MIDI-Geräten als „daisy chain" möglich (siehe S. 218).

Auf einer physikalischen MIDI-Leitung stehen 16 logische Kanäle zur Verfügung, über die 16 angeschlossene Geräte ansprechen können. Für jedes Instrument können 16-stimmig bzw. 32-stimmig polyphone Daten übertragen werden (**General MIDI Lite** bzw. **General MIDI 2**).

16 Kanäle pro Leitung

Die kleinste Einheit der MIDI-Übertragung ist das **MIDI-Byte** mit 10 Bit – das informationstragende „normale" Byte wird von Start- und Stoppbit eingerahmt, um bei der asynchronen Übertragung dem Empfänger die Nachricht anzukündigen. Eine Standard-MIDI-Meldung besteht aus ein bis drei MIDI-Bytes.

MIDI-Byte: 10 Bit

Das erste Byte einer Meldung ist stets ein **Status-Byte**, das zur Identifizierung der nachfolgenden Nachricht dient; die folgenden Bytes tragen die MIDI-Daten. Das **MSB** jedes Datenbytes ist reserviert zur Markierung als Status- oder Datenbyte. Es bleiben also sieben Bit potentielle Information pro MIDI-Byte – damit können $2^7 = 128$ diskrete Zustände übertragen werden, also z.B. 128 verschiedene Töne, 128 quantisierte Stufen der Anschlagsdynamik oder auch 128 unterschiedliche Helligkeitsstufen eines Scheinwerfers.

7 Bit Information
2^7 darstellbare Zustände

Es gibt zwei Kategorien von MIDI-Meldungen, die „Kanalmeldung" (**Channel Message**) und die „Systemmeldung" (**System Message**, siehe Tabelle 8-1).

Channel Message	**Channel Voice:** Kontrolle der Tongenerierung **Channel Mode:** Wahl der Betriebsart	**Tabelle 8-1:** Kategorien von MIDI-Meldungen
System Message	**System Realtime:** Synchronisierung **System Common:** Position innerhalb des „Songs" usw. **System Exclusive:** Exklusive Datenübertragung	

Channel Message   Die „Stimmenmeldung" **Channel Voice Message** trägt die eigentlichen Informationen zur Synthesizer-Steuerung und macht im klassischen MIDI-Netzwerk den Hauptteil der übertragenen Daten aus. Nach der Kanalnummer im Status-Byte – die z.B. der quasi-parallelen Übertragung der einzelnen Stimmen bei polyphonem Spiel oder der Ansteuerung unterschiedlicher Klangquellen dient – kommen in ein oder zwei MIDI-Bytes folgende Informationen:

- **Note on** (gespielte Note = Byte 1, Tastengeschwindigkeit = Byte 2)
- **Note off** (gespielte Note = Byte 1, Tastengeschwindigkeit = Byte 2)
- **Aftertouch** (gespielte Note = Byte 1, Tastendruck = Byte 2)
- **Channel aftertouch** (Tastendruck = Byte 1)
- **Program change** (Programm-ID = Byte 1)
- **Pitch wheel** (Position des Pitch-Rads = Byte 1)
- **Control change** (*reserviert für die Steuerung sonstiger Schalter und Pedale*)

Die **Channel Mode Message** legt fest, wie ein empfangendes Gerät die Channel Voice Messages behandelt (Tabelle 8-2, Quelle: *Warstat 1994*).

Tabelle 8-2: Betriebsarten zur Nutzung der MIDI-Kanäle (Channel Mode Message); N bezeichnet die Kanalnummer, M die Anzahl der Stimmen

Omni	Mode	Transmitter	Receiver
on	poly	Alle Stimmen werden auf Kanal N übertragen.	Stimmenmeldungen werden von allen Stimmenkanälen empfangen und polyfon zu Stimmen zugeordnet.
on	mono	Eine einzige Stimmenmeldung wird auf Kanal N übertragen.	Stimmenmeldungen werden von allen Stimmenkanälen empfangen und steuern eine Stimme monofon.
off	poly	Alle Stimmenmeldungen werden auf Kanal N übertragen.	Stimmenmeldungen werden nur auf Kanal N empfangen und den Stimmen polyfon zugeordnet.
off	mono	Stimmenmeldungen für Stimmen 1 bis M werden auf Kanälen N bis $N + M - 1$ übertragen (eine Stimme pro Kanal).	Stimmenmeldungen werden auf Stimme N bis $N + M - 1$ empfangen und werden polyfon zu Stimme 1 bis M zugeordnet. Die Anzahl der Stimmen M wird durch das dritte Byte der Mono-Meldung angegeben.

System Message   Die System Message dient zum Austausch von nicht-musikalischen Daten. Es gibt drei Arten von Systemmeldungen, spezifiziert im Status-Byte: Die **System Common Message** dient der Übertragung von **MIDI Timecode** (MTC, s.u.), der Song-Auswahl und Ansteuerung einer bestimmten Position im Song, und zur Ende-Markierung einer System Exclusive Message. Die **System Realtime Message** dient der Synchronisierung von getakteten MIDI-Geräten (z.B. Sequencer und Drumcomputer).

Die herstellerabhängig nutzbare **System Exclusive Message** trägt eine ID zur Identifikation der Meldung, gefolgt von beliebig vielen Datenbytes – dies ist der Ansatzpunkt für die Erweiterung des MIDI-Standards für andere Anwendungen als nur die Synthesizer-Steuerung. Als einzige MIDI-Meldung kann die SysEx-Meldung länger als drei Byte sein (deshalb wird das Ende einer SysEx-Meldung mit einer System Common Message signalisiert).

System Exclusive zur Erweiterung des MIDI-Standards

8.3.2 MIDI-Erweiterungen

Für den Einsatz des MIDI-Protokolls in verschiedenen technischen Umgebungen existieren unterschiedliche Spezifikationen. Unbedingt notwendig sind sie nicht, und vom Datenformat her sind sie gleich. Sie beinhalten lediglich Konventionen zur Deutung der übertragenen Information. Dadurch ist gewährleistet, dass MIDI-fähige Geräte unterschiedlicher Hersteller untereinander kompatibel sind.

Der **General MIDI**-Standard ist für den Datenaustausch zwischen Synthesizern und anderen Keyboards gedacht, **MIDI Machine Control** beschreibt die Maschinensteuerung, **MIDI Show Control** die Steuerung von Lichttechnik-Anlagen, und **MIDI Timecode** ermöglicht die Übertragung von SMPTE/EBU-Timecode.

In der **General MIDI**-Spezifikation sind die 128 über die Program Change-Information ansprechbaren Klänge einer Channel Message standardisiert. Schließlich wäre ein Musikstück kaum wiederzuerkennen, wenn statt der Klavier-Stimme plötzlich Bässe zu hören wären, und statt Blechbläsern Handclaps, nur weil die MIDI-Daten auf einem anderen Klangerzeuger abgespielt werden. Erst wenn bei den verschiedenen Klangerzeugern zumindest ähnliche Klänge auf die jeweiligen Programm-IDs ansprechen, sind MIDI-Daten austauschbar.

General MIDI (GM)

Level 1 (General MIDI 1, GM1) wurde 1991 definiert, Level 2 (General MIDI 2, GM2) im Jahre 1999. Der wichtigste Unterschied ist die größere Zahl an möglichen polyphonen Stimmen; in GM2 sind 32 Stimmen möglich, in GM1 nur 24. Der Standard **General MIDI Lite** (2001), als Teilmenge von GM1 entworfen für speicherkritische mobile Anwendungen, erlaubt nur 16-stimmig polyphones Spiel.

Mit **SP-MIDI**-Meldungen (**Scalable Polyphony**) können 32-stimmige Daten nach dem GM2-Standard auf Instrumenten abgespielt werden, die z.B. nur 16 Stimmen erlauben. Scalable Polyphony erlaubt dem Nutzer, die abwärtskompatibel abzuspielenden Stimmen festzulegen.

Scalable Polyphony SP-MIDI

Im GM-Standard ist Kanal 10 ausschließlich für Schlagzeug (Drumset und Perkussion) reserviert. Dafür ist eine feste Zuordnung der Drumset-Instrumente zu den verschiedenen Tönen definiert, d.h. bei Keyboards nach dem GM-Standard ist auf MIDI-Kanal 10 die „akustische Bassdrum"

Schlagzeug auf MIDI-Kanal 10

der Taste 35 (H_1) zugeordnet, die „akustische Snaredrum" der Taste 38 (D), die „geschlossene HiHat" der Taste 42 (F♯) usw[5]. Somit können auf diesem Kanal 128 verschiedene synthetische oder gesampelte Drumsets angesprochen werden.

Tabelle 8-3: General MIDI-Standard (Kanäle 0 bis 9 und 11 bis 15): Programm-IDs und zugeordnete Klänge

ID	Klang	ID	Klang
0...7	Klaviere (Flügel, E-Piano, Cembalo, ...)	64...71	Holzbläser (Saxophon, Oboe, ...)
8...15	Stabspiele (Vibraphon, Marimba, ...)	72...79	Flöten (Querflöte, Shakuhachi, ...)
16...23	Orgeln (Kirchenorgel, Harmonika, ...)	80...87	Synth Lead (Rechteck, Dreieck, ...)
24...31	Gitarren (akustisch, elektrisch, ...)	88...95	Synth Pad (New Age, Warm, ...)
32...39	Bässe (akustisch, elektrisch, ...)	96...103	Synth Effects (Sci-Fi, Crystal, ...)
40...47	Streicher (Violine, Cello, ...)	104...111	Ethnic (Sitar, Dudelsack, ...)
48...55	Ensemble (Streichergruppen, Chor, ...)	112...119	Percussion (Steel Drum, Woodblock, ...)
56...63	Blech (Trompete, Posaune, ...)	121...127	Sound Effects (Applaus, Telefon, ...)

Die anderen fünfzehn MIDI-Kanäle (0...9 und 11...15) sind für Instrumente mit definierten Tonhöhen reserviert. Auf allen diesen Kanälen gilt die in Tabelle 8-3 aufgeführte Richtlinie, aufgeschlüsselt für alle einzelnen Programm-IDs. Natürlich sind diese Klänge nicht exakt definiert – es bleibt den Herstellern von GM-kompatiblen Klangerzeugern überlassen, zu vorgegebenen Namen wie „Crystal FX", „Distortion Guitar" oder „Synth Bass 2" adäquate Klänge zu synthetisieren oder zu sampeln.

MIDI Machine Control (MMC)

In der **MIDI-Machine-Control**-Spezifikation (**MMC**) sind System Exclusive-Meldungen zur Laufwerkssteuerung von DAWs und Bandmaschinen festgelegt. Insbesondere Befehle wie Play, Stop, Pause, schneller Vorlauf, schneller Rücklauf, Punch In und Punch Out können durch MIDI übertragen werden. Die MMC-Meldung hat eine Länge von sechs MIDI-Bytes. Erstes und zweites Byte werden gesetzt, um die System Exclusive-Meldung zu kennzeichnen. Das dritte Byte trägt eine ID zur Identifizierung des angesprochenen Gerätes (damit können unabhängig voneinander 128 Geräte fernbedient werden). Das fünfte Byte enthält den eigentlichen Steuerbefehl.

MIDI Show Control (MSC)

MIDI Show Control (MSC) kann als Erweiterung von MMC betrachtet werden und ist insbesondere zur Steuerung komplexer Bühnenaufbauten gedacht. Wie MMC ist MSC durch System Exclusive-Meldungen spezifiziert, nur können die Meldungen länger als sechs Byte sein, und es können sehr unterschiedliche Gerätekategorien angesprochen werden, z.B. Stroboskope, Farbwechsler, Laser, Video-Projektoren, Nebelmaschinen, Pyrotechnik etc., aber auch Audio-Effektgeräte, Verstärker und Bandmaschinen. Vorprogrammierte Szenen werden kontrolliert mit Befehlen wie Set (Gerät einstellen), Fire (Tastatur-Makro starten), Go (Szene starten), Stop (Szene anhalten), Resume (Szene weiterfahren), All Off (alle Geräte anhalten) und Reset (auf Standard zurücksetzen).

---

[5] MIDI-Taste 48 = c, 60 = c', 72 = c''.

Die MIDI-Schnittstelle kann auch zur Übertragung von **SMPTE/EBU-Timecode** genutzt werden. Der Timecode wird dazu mit einem Timecode-to-MIDI-Konverter in MIDI Sync-Signale übersetzt. Diese MIDI Sync-Signale bezeichnet man als **MIDI Timecode (MTC)**. Moderne Sequencer und Synchronizer besitzen integrierte Timecode-to-MIDI-Konverter.

MIDI Timecode (MTC)

8.3.3 Sequencer und MIDI-Files

Die Idee der automatischen Ablaufsteuerung für Synthesizer geht auf den Synthesizer-Pionier **Don Buchla** (*1937) zurück, der zeitgleich mit Bob Moog in den 1960er Jahren modulare Synthesizer entwickelte. Mit den Potentiometern seines analogen **Sequencers** werden die Steuerspannungen für den VCO eines modularen Synthesizers eingestellt und nacheinander abgerufen. Auf diese Weise können typischerweise 8 bis 48 Töne nacheinander abgespielt werden.

analoger Sequencer

Inzwischen versteht man unter einem Sequencer vor allem einen digitalen Datenrecorder und Editor für MIDI-Signale. Je komplexer der Ablauf ist, der mit MIDI gesteuert werden soll, desto nützlicher ist ein solcher Datenspeicher. Dies gilt sowohl für Musikstücke in Form von MIDI-Daten, als auch für beliebige andere MIDI-gesteuerte Abläufe – mit einem MIDI-Sequencer können komplette musikalische Partituren oder auch vollständige Beleuchtungssequenzen einer großen Bühneninstallation gespeichert, bearbeitet und „auf Knopfdruck" abgerufen werden. Das Zeitmaß einer MIDI-Sequenz ist das musikalische Tempo, gemessen im Metronom-Tempo der Viertelnoten (**beats per minute, bpm**).

MIDI-Sequencer

Professionelle Sequencer werden als Hardware – meist in Verbindung mit einem **Sampler** zur Speicherung von Klängen – oder als Software für die Audio-Workstation (DAW) angeboten. Primitive Software-Sequencer gehören zur Ausstattung moderner Betriebssysteme wie Linux, Windows oder MacOS, und moderne Soundkarten beinhalten primitive FM- oder Wavetable-Synthesizer. Damit kann praktisch jeder moderne Computer MIDI-Daten abspielen.

Das **Speicherformat** für MIDI-Daten unterscheidet sich vom MIDI-Protokoll insbesondere durch die zusätzliche Zeitinformation für jede MIDI-Meldung. **Standard MIDI Files** sind systemunabhängig und können daher zur Portierung von MIDI-Daten zwischen verschiedenen Systemen genutzt werden. Dabei hat der Benutzer selbst auf die Kompatibilität (GM1, GM2 etc.) zu achten.

Standard MIDI File

8.3.4 Musikalischer Takt, Latenz und Timing

Wie jede digitale Datenübertragung leidet auch die MIDI-Übertragung unter Verzögerung des Signals (**Latenz**, engl. latency). Wegen der im Vergleich geringen Kanalkapazität ist die Latenz bei MIDI aber erheblich größer als z.B. bei der digitalen Audiosignal-Übertragung. Zur Beurteilung dient einerseits das „Spielgefühl" (*kommen die Töne spürbar nach dem Tastendruck?*) und andererseits die Wahrnehmbarkeit der Übertragung im Zeitmultiplex (*kommen gleichzeitig gespielte Töne merklich nacheinander?*). Als besonders störend wird ungenaues Timing empfunden, erzeugt durch „Jitter" des musikalischen Taktes – die zeitliche Genauigkeit musikalischen Spiels liegt in der Größenordnung von 1,5 ms.

Bei der Anwendung von MIDI zur Synthesizer-Steuerung wird von den Herstellern eine Latenz von 10 ms als akzeptabel bezeichnet, sofern das Timing erhalten bleibt, die Latenz also konstant ist (MMA 2005). Bei monofonem Spiel macht sich die Latenz dann als „Trägheit" des Instruments bemerkbar, und bei polyfonem Spiel bleibt sie unbemerkt, weil selten mehrere Tasten perfekt gleichzeitig gedrückt werden.

Bei einer Baudrate von 31,25 kBit/s und 10 Bit pro MIDI-Byte benötigt eine „Note On" oder „Note Off"-Meldung mit einer Länge von drei Byte mindestens 1 ms. In der Praxis werden Latenzen kleiner als 3 ms mit einem Timing-Jitter von weniger als 1 ms erreicht.

Running Status

Anders sieht es aus, wenn ein komplexes musikalisches Arrangement vom Sequencer übertragen wird. Durch die große Menge an Daten kann es zu größeren Latenzen und damit zur „Verschmierung" des Taktes kommen. In solchen Fällen können mit der „Running Status"-Methode sehr viele Status-Bytes eingespart werden, so dass die effektiv übertragene Datenrate erhöht wird. Ist bei Sender und Empfänger der „Running Status" aktiviert, so wird bei einer Channel Message nur dann ein Status-Byte gesendet, wenn die nachfolgende Meldung zu einer anderen Kategorie gehört. Zudem können Note-Off-Meldungen durch Note-On-Meldungen mit Byte 2 = null (Tastengeschwindigkeit) ersetzt werden – zwar gehen dabei musikalische Ausdrucksmöglichkeiten verloren (die ohnehin nur selten genutzt werden), aber statt eines sehr dichten, komplexen MIDI-Datenstroms erfolgt dann der größte Teil des Datenverkehrs durch Note-On-Meldungen ohne Statusbyte.

Empfehlenswerter Hör-, Lese- und Übungsstoff

Richard Boulanger (Hrsg.): **The Csound Book. Perspectives in Software Synthesis, Sound Design, Signal Processing, and Programming**, MIT Press 2000. Mit Software *Csound* zur Klangsynthese, Komposition und Signalverarbeitung.

Andy Farnell: **Designing Sound**, MIT Press 2010. Arbeitsbuch zum Physical Modeling mit PureData.

MIDI Website www.midi.org, MIDI Manufacturers Association Inc. Los Angeles.

9 Schallwandlung

Am Anfang und am Ende jeder tontechnischen Arbeit steht der Schall. Das erste und das letzte Gerät in der Übertragungskette ist deshalb ein **Schallwandler**, der den Schall in elektrische Spannung (Mikrofon) oder elektrische Spannung in Schall (Lautsprecher) umsetzt. Auch elektrisch oder digital erzeugte Signale werden erst dann zu Klängen, wenn sie in Schallsignale gewandelt werden.

Abb. 9-1:
Elektromagnetischer Wandler (Gitarre), elektodynamischer Wandler (Lausprecher), elektrostatischer Wandler (Mikrofon)

Mikrofone und Lautsprecher haben deshalb eine besondere Bedeutung in der Tontechnik. Nahezu alle Geräte lassen sich nach Geschmack und Vorliebe ersetzen oder mit dem Computer simulieren – Schallwandler nicht.

In diesem Kapitel werden zunächst die elektrischen Wandlerprinzipien beschrieben, auf denen sowohl Lautsprecher als auch Mikrofone basieren. Den Grundlagen zu Mikrofon- und Lautsprechertechnik folgen jeweils einige Beispiele für Geräte, die bei der professionellen Arbeit oder beim Endverbraucher eingesetzt werden.

9.1 Wandlerprinzipien

akustisches Signal
↕
mechanisches Signal
↕
elektrisches Signal

Nahezu jeder Schallwandler besteht aus *zwei* Wandlern: Eine bewegte Membran als akustisch-mechanischer Wandler sorgt für die Umsetzung von Schalldruck in mechanische Schwingungen (oder umgekehrt), und ein elektromechanischer Wandler setzt diese mechanischen Schwingungen in elektrische Spannung um (oder umgekehrt)[1]. Den akustisch-mechanischen Wandler, bestehend aus Membran und umgebender Konstruktion, nennt man beim Mikrofon **Kapsel**, beim Lautsprecher **Box** oder **Schallführung**. Der elektromechanische Wandler wird meist einfach als **Wandler** bezeichnet.

Die Wandler bei Mikrofonen und Lautsprechern sind im Prinzip gleich und unterscheiden sich nur in der Baugröße: Während Mikrofone klein sein sollen (damit sie das Schallfeld möglichst wenig stören), müssen Lautsprecher groß sein (damit sie genügend Schallenergie erzeugen).

Die Klassifikation von Wandlern kann nach sehr unterschiedlichen Gesichtspunkten erfolgen. Je nach gewandelter mechanischer Größe und nach Funktionsweise unterscheidet man **Elongationswandler**, die eine Membranauslenkung in eine Spannung umsetzen oder umgekehrt, und **Schnellewandler**, bei denen die Membrangeschwindigkeit gewandelt wird (Abb. 9-2).

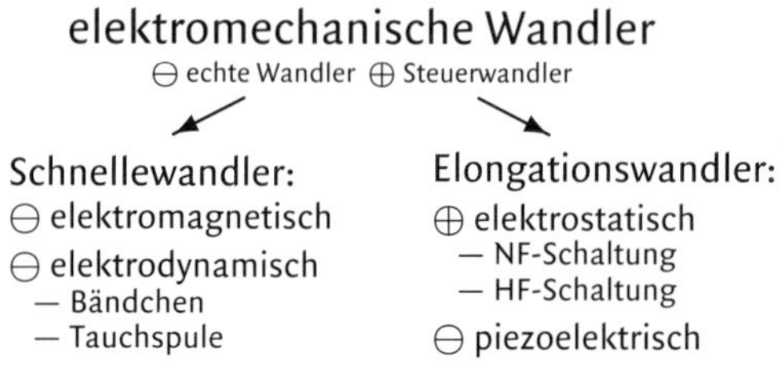

elektromechanische Wandler
⊖ echte Wandler ⊕ Steuerwandler

Schnellewandler:
⊖ elektromagnetisch
⊖ elektrodynamisch
 — Bändchen
 — Tauchspule

Elongationswandler:
⊕ elektrostatisch
 — NF-Schaltung
 — HF-Schaltung
⊖ piezoelektrisch

Abb. 9-2: Einteilung einiger wichtiger Wandlertypen

Die **echten Wandler** arbeiten ohne äußere Energiezufuhr; sie *wandeln* die mit dem Eingangssignal aufgenommene Energie. Die **Steuerwandler** benötigen eine externe Energieversorgung; das Eingangssignal *steuert* den Energiefluss dieser Quelle. Alle echten Wandler und einige Steuerwandler sind umkehrbar (reversibel): Sie sind sowohl zur Schallaufnahme als

---

[1] Es gibt nur wenige Ausnahmen vom Prinzip der doppelten Wandlung, so z.B. den Plasmawandler, der die Temperatur und damit das Volumen eines Lichtbogens zur Wandlung nutzt (Ionenhochtöner und Kathodophon), und das Hitzdrahtmikrofon (Thermophon), bei dem die Temperaturabhängigkeit des Widerstands eines dünnen Drahtes zur Wandlung genutzt wird. Lichtbogen- und Hitzdrahtwandler sind seit den 1920er Jahren bekannt (Schneider 2008)

auch zur Schallwiedergabe geeignet. Von den in Abb. 9-2 aufgeführten Wandlertypen ist nur der elektrostatische Wandler in HF-Schaltung nicht reversibel.

Gelegentlich findet man auch eine Einteilung in **aktive** und **passive**, Wandler; die Zuordnungskriterien sind aber nicht allgemein verbindlich.

9.1.1 Elektromagnetischer Wandler

Der erste in Serie hergestellte Schallwandler war der **elektromagnetische** oder **magnetische Wandler**, 1876 von Alexander Graham Bell als Bestandteil seines „Telephons" patentiert. Er basiert auf dem **Induktionsgesetz**, im Jahre 1831 entdeckt von dem englischen Chemiker und Physiker **Michael Faraday** (1791–1867):

$$u = n \frac{\mathrm{d}\phi}{\mathrm{d}t}$$

Die elektrische Spannung u in einem Leiter ist proportional zur zeitlichen Änderung des von dem Leiter mit n Windungen umschlossenen magnetischen Flusses ϕ (Phi). Die gewandelte Größe ist also die Geschwindigkeit der Flussänderung: Der elektromagnetische Wandler ist ein echter Wandler, und er ist ein **Schnellewandler**.

Abbildung 9-3 zeigt den Aufbau eines elektromagnetischen Wandlers. Ein Dauermagnet bildet zusammen mit einem beweglichen ferromagnetischen Anker (z.B. aus Eisen, Kobalt, Nickel) einen magnetischen Kreis; die Spannung wird an einer Spule abgegriffen, die um den Magneten gewickelt ist.

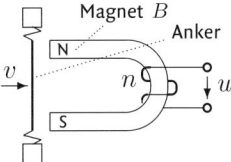

Abb. 9-3: Elektromagnetischer Wandler

Der magnetische Fluss ϕ im Magnetkreis ist von der Permeabilität (magnetischen Leitfähigkeit) $\mu = \mu_0 \mu_r$ abhängig (μ_0: magnetische Feldkonstante $1{,}257 \cdot 10^{-6}$ Vs/Am, μ_r: Permeabilitätszahl des Materials). Nun ist aber die Permeabilität im Luftspalt zwischen Anker und Magnet erheblich kleiner als im ferromagnetischen Material: $\mu_r(\text{Magnet}) = 10^2$ bis 10^5, $\mu_r(\text{Luft}) = 1$; der Gesamtfluss wird fast ausschließlich von Breite und Querschnittsfläche des Luftspalts bestimmt. Für einen Dauermagneten der Feldstärke H mit einer Luftspaltfläche S und einer Luftspaltbreite d gilt $\phi = \mu H S / d$.

Wird nun der Anker bewegt, so ändert sich die Luftspaltbreite und damit der Magnetfluss. Für den Aufbau in Abb. 9-3 mit der Luftspaltbreite d und der Ankerschnelle v gilt näherungsweise $\mathrm{d}\phi/\mathrm{d}t \approx -v\,\phi/d$ (Cremer 1985); die induzierte Spannung ist proportional zur Ankerschnelle, sofern die Auslenkung klein gegen die Luftspaltbreite bleibt.

Mit dem Zusammenhang zwischen Fluss ϕ und magnetischer Flussdichte $B = \phi/S$ ergibt sich damit aus dem Induktionsgesetz die **Wandlergleichung** des elektromagnetischen Schallempfängers zu

$$u = -v \frac{B \cdot n \cdot S}{d}$$

Als Schallsender hat der magnetische Wandler keine wesentliche Bedeutung in der Tontechnik. Als Empfänger wird er aber noch häufig eingesetzt, so z.B. in Tonabnehmersystemen für Plattenspieler („Moving Magnet", MM), in Hörgeräten und Kopfhörern, in E-Gitarren, E-Bässen und in vielen klassischen elektroakustischen Keyboards wie z.B. Fender Rhodes, Hohner Clavinet und Hammond-Orgel.

In Hör- und Sprechkapseln, wie sie in Kopfhörern und Hörgeräten eingesetzt werden, besteht der magnetische Wandler aus einem mit einer Spule umwickelten Dauermagneten und einer ferromagnetischen Membran, z.B. aus Nickel.

E-Gitarren-Tonabnehmer

Bei magnetischen Tonabnehmern von elektrischen Gitarren und Bässen befindet sich jede Saite vor einem Pol eines mit einer Spule umwickelten Stabmagneten. Die Saiten müssen ferromagnetisch sein; sie übernehmen an Stelle der Membran die Funktion des Ankers im magnetischen Kreis. Mit niedriger Saitenlage, großem Saitenquerschnitt und hoher Windungszahl (typ. $n > 1000$) auf dem Tonabnehmer erhält man ein großes Ausgangssignal (typ. 10 mV bis 1 V). Für den E-Gitarren-Tonabnehmer gilt die oben aufgeführte lineare Wandlergleichung *nicht*; der Zusammenhang zwischen Saitenschnelle und Spannung ist nichtlinear (Zollner 2003).

9.1.2 Elektrodynamischer Wandler

Der elektrodynamische Wandler ist der mit Abstand meistgebaute Schallwandler. Er ist Basis der Tauchspulen- und Bändchenmikrofone, und er steckt in nahezu jedem Lautsprecher. Wie der magnetische Wandler basiert auch der dynamische Wandler auf dem Induktionsgesetz, nur wird zur Wandlung nicht der magnetische Fluss moduliert, sondern ein Leiter in einem statischen Magnetfeld bewegt.

Abbildung 9-4 zeigt die einfachste Bauart des elektrodynamischen Wandlers, den **Bändchenwandler**. Ein Leiter der Länge l („Bändchen") befindet sich im Luftspalt eines Dauermagneten. Wird der Leiter im B-Feld mit der Geschwindigkeit v bewegt, so wird eine Spannung induziert (Schallempfänger), und schickt man durch den ruhenden Leiter im B-Feld einen Strom, so wirkt auf ihn eine Kraft (Schallsender). Nach Hendrik Antoon Lorentz (1853 – 1928) nennt man dies die **Lorentz-Kraft**. Bändchenwandler findet man insbesondere in historischen und modernen Mikrofonen und bei Hochtonlautsprechern.

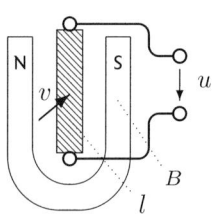

Abb. 9-4: Elektrodynamischer „Bändchen"-Wandler

Beim Schallempfänger ist die induzierte Spannung proportional zur Geschwindigkeit des Leiters. Beim Schallsender wirkt die Lorentz-Kraft proportional zum Strom, also zur zeitlichen Änderung der Ladungen ($i = dq/dt$): Der dynamische Wandler ist ein **Schnellewandler**.

Die **Wandlergleichungen** des dynamischen Wandlers als Schallempfänger bzw. Schallsender sind

$$u = -B \cdot l \cdot v \quad \text{bzw.} \quad F = B \cdot l \cdot i$$

mit der induzierten Spannung u bzw. der Lorentz-Kraft F, der Flussdichte im Luftspalt B, der Länge des elektrischen Leiters im Magnetfeld l, der Schnelle des Leiters v und dem Strom im Leiter i. Das Minuszeichen bei der Schallempfänger-Gleichung beinhaltet die Richtung bzw. Phasenlage der induzierten Spannung (vgl. elektromagnetischer Wandler).

Damit diese einfachen linearen Wandlergleichungen gültig sind, müssen zwei Voraussetzungen erfüllt sein:

1. Das Magnetfeld muss *homogen* sein, d.h. Feldstärke und Feldrichtung müssen überall gleich sein.

2. Der Leiter muss *senkrecht* zum B-Feld ausgerichtet sein, und seine Bewegungsrichtung muss sowohl senkrecht zu seiner eigenen Ausrichtung als auch senkrecht zum B-Feld sein (in Abb. 9-4 also senkrecht zur Papierebene).

Ist das Magnetfeld nicht homogen, dann ist die induzierte Spannung bzw. die Lorentz-Kraft davon abhängig, an welcher Stelle im Feld sich der schwingende Leiter gerade befindet. Die Folge sind nichtlineare Verzerrungen des Wandlers. **inhomogenes Feld → Verzerrungen**

Steht der Leiter nicht senkrecht zum Feld, dann ist die induzierte Spannung bzw. die Lorentz-Kraft schwächer. Sie folgt dem Cosinus des Winkels zur idealen Ausrichtung; wird der Leiter gegenüber der ideal senkrechten Ausrichtung um 90° gedreht, verschwindet sie ganz. „Taumelt" der Leiter im Magnetfeld, dann ändert sich die induzierte Spannung je nach Bewegungsrichtung, was ebenfalls nichtlineare Verzerrungen verursacht.

Bei realen Wandlern obliegt die Einhaltung der Linearität dem Hersteller. Insbesondere die von der Geometrie des Luftspalts abhängige Homogenität des Magnetfeldes wird durch die mechanische Präzision bei der Herstellung bestimmt. Preiswerte dynamische Wandler verzerren deshalb üblicherweise stärker als teure „High-End"-Wandler. **Linearität des Wandlers nach Präzision der Herstellung**

Die Empfindlichkeit des dynamischen Wandlers hängt gemäß den Wandlergleichungen von der Flussdichte im Luftspalt B und der Leiterlänge im Luftspalt l ab. Ein starkes B-Feld im Luftspalt wird einerseits durch den Magneten mit der Feldstärke $H = B/\mu_0\mu_r$ sichergestellt, andererseits durch die Geometrie des Luftspalts, der möglichst schmal sein sollte. **Empfindlichkeit (Wirkungsgrad)**

Als Magnetmaterial für Wandler wird **Ferrit** verwendet, ein synthetischer Werkstoff aus Eisenoxidpulver mit Beimengungen z.B. von Kobalt, Chrom, Nickel, Strontium oder Barium, das unter sehr hohem Druck bei **Magneten: Ferrit, Alnico, Neodym** sehr hoher Temperatur knapp unter dem Schmelzpunkt zu keramikartigen, spröden Blöcken „gesintert" wird (Weicheisenmagneten verlieren mit der Zeit ihre remanente Magnetisierung und sind daher für Schallwandler ungeeignet). Typische Werte für die Energiedichte von Barium-Ferritmagneten sind $B \cdot H = 5$ bis $30\,\text{kJ/m}^3$.

Sehr starke Magneten (üblich bei Mikrofonen, selten bei Lautsprechern) werden aus **Alnico** hergestellt, einem Ferrit mit Aluminium, Nickel und Kobalt ($B \cdot H = 20$ bis $100\,\text{kJ/m}^3$).

„State of the art" sind derzeit die **Neodym**-Magneten, bei denen im Ferrit u.a. das Element Neodym verarbeitet wird, ein Lanthanoid („Seltene Erde", engl. rare earth element) mit außerordentlich hoher Energiedichte ($B \cdot H = 250$ bis $350\,\text{kJ/m}^3$). Neodym-Magneten findet man in vielen hochwertigen dynamischen Mikrofonen, aber wegen des hohen Materialpreises nur äußerst selten in dynamischen Lautsprechern.

Magnetostat

Um den Wirkungsgrad des Wandlers weiter zu erhöhen, kann man die Länge des Leiters im Luftspalt vergrößern. Der **Magnetostat** ist so eine Variante des Bändchenwandlers mit längerem Leiter: Er hat eine Membran aus Kunststofffolie, auf die ein Bündel Leiterbahnen aufgedampft ist, und die sich zwischen mehreren Reihen von Stabmagneten befindet. Magnetostaten werden insbesondere als Schallsender (Hochtonlautsprecher, Breitbandlautsprecher, Kopfhörerwandler) eingesetzt. Den magnetostatischen Hochtöner bezeichnet man genau wie den einfachen dynamischen Wandler als „Bändchenlautsprecher".

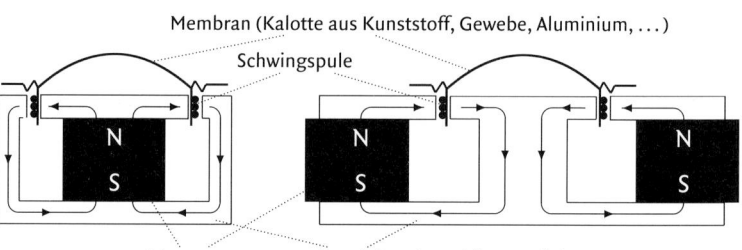

Abb. 9-5: Schnitt durch Tauchspulenwandler; links: dynamisches Mikrofon mit Stabmagnet im Stahltopf, rechts: Kalottenhochtöner mit Ringmagnet, Polplatten und Polkern; schematisch ist die Richtung des Magnetflusses eingezeichnet

Die größtmögliche Leiterlänge im Luftspalt und damit auch den größten Wirkungsgrad findet man beim **Tauchspulenwandler** (Abb. 9-5): Er besteht aus einer Spule, in der einige Meter feinster Draht aufgewickelt sind, und die in den ringförmigen Luftspalt eines Topfmagneten eintaucht. Dieser Wandlertyp ist der meistgebaute Schallwandler in der professionellen Tontechnik. Viele Studiomikrofone, die meisten Bühnenmikrofone und die weitaus meisten Lautsprecher werden mit Tauchspulenwandlern gebaut.

Die elektrodynamischen Wandlergesetze gelten selbstverständlich für den Tauchspulenwandler ebenso wie für den Bändchenwandler. Insbesondere bei Tieftonlautsprechern ist aber die Einhaltung der ersten Anforderung an den Wandler (Homogenität des Feldes) schwierig, weil die Schwingspule bei großem Membranhub u.U. den Luftspalt verlässt und sich damit der Fluss, der die Spule durchsetzt, ändert. Bei hochwertigen Tieftönern ist deshalb die Schwingspule oft erheblich *höher* als der Luftspalt; damit befindet sich immer die gleiche Anzahl Windungen innerhalb des Luftspalts (**Überhangspule**). Alternativ kann die Schwingspule auch erheblich *flacher* sein als der Luftspalt (**Unterhangspule**).

9.1.3 Elektrostatischer Wandler

Beim **elektrostatischen** oder **kapazitiven Wandler** ist eine Elektrode eines Plattenkondensators als elastische Membran ausgeführt. Eine Auslenkung der Membran führt zu einer Veränderung der Kapazität des Kondensators. Diese Kapazitätsänderung steuert das Ausgangssignal.

Der elektrostatische Wandler ist Basis der **Kondensatormikrofone** und steckt somit in den meisten Studiomikrofonen. Auch bei manchen hochwertigen Lautsprechern, den „Elektrostaten", wird er verwendet.

Man unterscheidet Kondensatorwandler in NF- und HF-Schaltung. Beide sind Steuerwandler: Ein Kondensator allein kann kein elektrisches Signal erzeugen. Beim NF-Kondensatorwandler moduliert die Kapazitätsänderung eine Gleichspannung, beim HF-Wandler eine hochfrequente Wechselspannung.

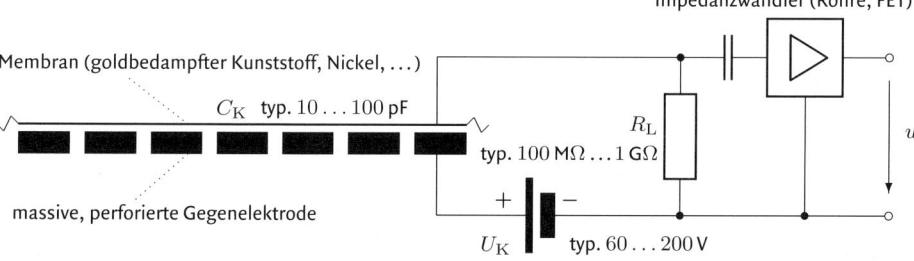

Abb. 9-6: Schema des elektrostatischen Wandlers in NF-Schaltung (NF-Kondensatormikrofon)

Abbildung 9-6 zeigt die Prinzipschaltung eines Kondensatormikrofons in NF-Schaltung. Ein Kondensator, gebildet aus einer elektrisch leitenden Membran und einer Gegenelektrode im Abstand von einigen hundertstel Millimetern, wird auf eine hohe Spannung aufgeladen (Kapselvorspannung U_K typ. 60 bis 200 V). Am offenen Kondensator (Leerlaufbetrieb) ist nun die Spannung umgekehrt proportional zum Abstand der Kondensatorplatten: Eine im Vergleich zum Membranabstand sehr kleine Auslenkung der Membran führt deshalb zu einer entsprechenden Spannungsänderung[2]. Damit überlagert sich der großen Gleichspannung eine kleine Wechselspannung proportional zur Membranauslen-

NF-Kondensatorwandler

---

[2] Membranauslenkung bei 1 Pa (94 dB) typ. 1 nm, also ein millionstel Millimeter!

kung, die als Signal abgegriffen werden kann (man braucht lediglich das Signal vom Gleichspannungsoffset der Kapselvorspannung durch einen in Reihe geschalteten Kondensator zu entkoppeln).

Beim elektrostatischen Lautsprecher wird das Signal $u(t)$ der Wandlervorspannung überlagert, wobei die Signalamplitude klein sein muss gegen die Vorspannung U_K. Wegen der unterschiedlichen Ladung zwischen Membran und Gegenelektrode bildet sich ein elektrisches Feld E aus, dessen Stärke von der Vorspannung U_K und dem Membranabstand d abhängt: $E = U_K/d$. Daher wirkt eine elektrostatische Anziehungskraft $F \sim E^2$ auf die Membran. Eine kleine Änderung der Spannung durch das überlagerte Nutzsignal u führt zu einer proportionalen Änderung der elektrostatischen Kraft und damit zu einer Membranbewegung.

Die **Wandlergleichungen** des elektrostatischen Wandlers als Schallempfänger bzw. Schallsender sind

$$u = E \cdot \xi \quad \text{bzw.} \quad F = -E \cdot C_K \cdot u$$

mit der elektrischen Feldstärke E, der Membranauslenkung ξ und der Wandlerkapazität C_K; für den Zusammenhang von Spannung und Strom am Kondensator gilt $i = C \cdot du/dt$. Weil als Wandlerkonstante die elektrische Feldstärke $E = U_K/d$ auftritt, ist die Empfindlichkeit des Wandlers von der Höhe der Vorspannung abhängig[3]. In der Praxis wird die Vorspannung so groß eingestellt, dass es gerade noch nicht zum Funkenüberschlag zwischen Membran und Gegenelektrode kommt.

Quasi-Leerlaufbetrieb

Damit dieses Prinzip funktioniert, muss der Wandler im Quasi-Leerlauf betrieben werden – andernfalls würde bei einer Kapazitätsänderung augenblicklich ein Ausgleichsstrom fließen, und die Spannung über dem Kondensator bliebe konstant. Daher legt man parallel zur Wandlerkapazität einen sehr großen Widerstand R_L, den **Ladewiderstand** (typ. einige 10^8 bis 10^9 Ohm). Er wird so bemessen, dass bei den langsamsten in der Praxis auftretenden Kapazitätsänderungen (z.B. 20 Änderungen pro Sekunde) gerade noch kein Ausgleichsstrom fließt. Man kann Kondensator und Ladewiderstand auch als RC-Hochpassfilter auffassen, das auf eine untere Grenzfrequenz von 20 Hz abgestimmt ist.

Beispiel: Ein typischer Mikrofonwandler hat bei einer Membranfläche von $S = 2{,}27\,\text{cm}^2$ (Durchmesser 17 mm) und einem Elektrodenabstand von $d = 40\,\mu\text{m}$ nach $C = \varepsilon S/d$ eine Ruhekapazität von rund $50\,\text{pF} = 50 \cdot 10^{-12}\,\text{F}$ (Dielektrizitätskonstante der Luft $\varepsilon = 8{,}85 \cdot 10^{-12}\,\text{F/m}$). Der Ladewiderstand R_L muss dann wegen $\omega_0 = 1/RC$ für eine Grenzfrequenz von 20 Hz wenigstens $R_L = 1/\omega_0 C_K = 1/(2\pi \cdot 20 \cdot 50 \cdot 10^{-12})\,\Omega \approx 160\,\text{M}\Omega$ betragen. Wählt man den Ladewiderstand größer, dann sinkt die elektrische untere Grenzfrequenz des Mikrofons weiter.

---

[3] Für eine ausführliche Einführung in die Elektrotechnik siehe z.B. Führer, Heidemann, Nerreter: **Grundgebiete der Elektrotechnik** (3 Bde.), Hanser, 8. Aufl. 2006.

Der NF-Kondensatorwandler mit dem extrem großen Ladewiderstand stellt eine sehr **hochohmige** Quelle dar. Er ist hervorragend zur elektromechanischen Wandlung geeignet, aber nicht zur Signalübertragung über längere Strecken: Die Quellimpedanz im Gigaohm-Bereich würde in Verbindung mit der Kabelkapazität eines Mikrofonkabels zu erheblichem Pegel- und Höhenverlust führen (vgl. Abschnitt 7.4). Daher muss der Ausgangswiderstand mit einem **Impedanzwandler** – oft irreführend als „Vorverstärker" bezeichnet – herabgesetzt werden.

Impedanzwandler sind Verstärkerschaltungen mit einer Spannungsverstärkung von ungefähr 1, großer Stromverstärkung, sehr großem Eingangswiderstand und kleinem Ausgangswiderstand. Sie können mit Elektronenröhren (Trioden, Pentoden), Bipolartransistoren oder Feldeffekttransistoren (FETs) aufgebaut werden. Bei Mikrofonen werden ausschließlich FETs und Trioden bzw. Pentoden eingesetzt (Abb. 9-7). Kondensatormikrofone mit Röhren-Impedanzwandler werden als **Röhrenmikrofone** bezeichnet. Zur Impedanzanpassung von elektrostatischen Lautsprechern benutzt man Übertrager.

Zur Spannungsversorgung der Mikrofonschaltung dient die **Phantomspeisung** vom Mischpult (siehe Abschnitt 7.1.3); manche Modelle arbeiten auch mit Batterien oder Netzgeräten. Röhrenmikrofone werden fast ausschließlich mit Netzgeräten betrieben, weil die normgerechte Phantomspeisung meist nicht ausreicht, um die Betriebsspannungen einer Elektronenröhre zu generieren.

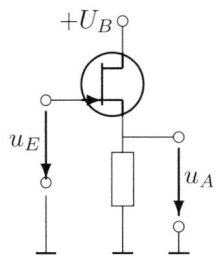
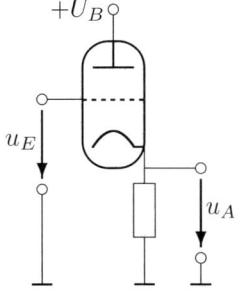

Abb. 9-7: Beispiele für Impedanzwandler-Schaltungen mit Feldeffekttransistor (oben) und Triode (unten)

Eine preiswertere Variante des elektrostatischen Wandlers in NF-Schaltung kommt ohne äußere Kapselvorspannung aus. Statt dessen wird im Wandler ein **Elektret** eingesetzt, ein Material, das eine permanente elektrische Ladung besitzt. Elektret-Folien können u.a. aus Polytetrafluorethylen (**PTFE**, „Teflon") hergestellt werden. Dazu wird die Kunststofffolie zunächst erhitzt und dann in einer Koronaentladung oder im Elektronenstrahl mit Elektronen beschossen, während sie wieder abgekühlt wird. Dabei werden Ladungsträger im Material „eingefroren". Bringt man eine Elektret-Folie in den elektrostatischen Wandler ein, so entsteht durch Influenz eine Spannung über dem Kondensator, die als Wandlervorspannung wirkt. Mit Elektret-Wandlern lassen sich Polarisationsspannungen von weit mehr als 100 V erreichen.

Elektret-Wandler

Das Folien-Elektret-Mikrofon mit Elektret-Membran wurde Anfang der 1960er Jahre von **Gerhard Sessler** und **James West** an den Bell Labs entwickelt (Sessler 1962). Heute wird bevorzugt die Gegenelektrode (engl. backplate) mit einer Elektret-Folie beschichtet. Diese Bauform nennt man **Back-Elektret-Wandler**.

Ferroelektrische Stoffe (Ferroelektrika) wie kristallines Bariumtitanat, Polycarbonat oder Polyvinylidenfluorid (PVDF) lassen sich im starken

Ferroelektrika

elektrischen Feld permanent elektrisch polarisieren: Analog zum Ferromagnetismus werden dabei im Material elementare elektrische Dipole ausgerichtet. Solche Stoffe können ebenfalls in Elektretwandlern eingesetzt werden.

HF-Wandler

Eine Variante des elektrostatischen Wandlers, die ganz ohne elektrische Gleichspannung am Kondensator auskommt, ist der Wandler in **Hochfrequenz-Schaltung**. Mit der veränderlichen Kapazität wird ein an der Kapsel anliegendes hochfrequentes Sinussignal („Trägersignal") gesteuert. Die Frequenz dieses HF-Trägers muss dabei sehr groß im Vergleich zur maximalen Nutzsignalfrequenz sein (typ. einige MHz). Weil der Widerstand eines Kondensators mit zunehmender Frequenz fällt, wird der Wandler dadurch praktisch im Kurzschluss betrieben: Dies nennt man eine **niederohmige** Schaltung. Der HF-Wandler ist nicht reversibel; er funktioniert nur als Mikrofon, nicht als Lautsprecher.

FM- und AM-Schaltung

Wird die Wandlerkapazität parallel zu einem Hochfrequenz-Schwingkreis geschaltet, der als Frequenzgenerator fungiert, so bewirkt die Kapazitätsänderung eine Frequenzänderung des HF-Signals und damit eine **Frequenzmodulation** (FM). Alternativ kann man die gleiche Schaltung auch mit einer äußeren, frequenzstabilen HF-Schwingung ansteuern, so dass die Trägerfrequenz *neben* dem Resonanzmaximum des Schwingkreises – also auf der Flanke des Resonanzverlaufs – liegt. Durch die Kapazitätsänderung wird wiederum der Schwingkreis verstimmt, was in diesem Fall eine Verschiebung des Arbeitspunktes auf der Resonanzflanke und damit eine **Amplitudenmodulation** (AM) bewirkt.

Am Ausgang des HF-Wandlers erscheint also ein amplituden- oder frequenzmoduliertes Sinussignal im MHz-Bereich. Das Nutzsignal muss aus diesem HF-Signal durch eine geeignete Demodulation extrahiert werden (siehe Abschnitt 6.2.2). Diese Demodulation erfolgt im Mikrofon; NF- und HF-Mikrofone lassen sich deshalb äußerlich nicht voneinander unterscheiden. HF-Wandler sind selten; sie werden u.a. von Sennheiser in den Mikrofonen der MKH-Reihe eingesetzt.

9.1.4 Piezoelektrischer Wandler

Der **piezoelektrische Wandler** wird zwar nicht in hochwertigen Mikrofonen oder Lautsprechern eingesetzt, er ist aber sehr verbreitet als Tonabnehmer für akustische Musikinstrumente. Man findet den Piezo-Wandler (sprich: pi-ezo) u.a. als Steg-Tonabnehmer für Gitarren und Streichinstrumente, als Schwingungsaufnehmer für den Resonanzboden des Klaviers, in den Schlagflächen vom Drum-Synthesizer und als sehr preiswerten und robusten Hochtöner für Beschallungsboxen.

Der Wandler basiert auf einem Effekt, den **Pierre Curie** (1859 – 1906), Nobelpreisträger und Ehemann der zweifachen Nobelpreisträgerin Marie

Curie, gemeinsam mit seinem Bruder Jacques am Quarzkristall entdeckte: Bei mechanischer Verformung setzt der Kristall Ladungen frei, die als elektrische Spannung abgegriffen werden können, und beim Anlegen einer äußeren Spannung verformt er sich. Die Curie-Brüder nannten dies den **piezoelektrischen (druckelektrischen) Effekt**. Ein Piezo-Element, an Ober- und Unterseite mit Metall bedampft, wird zum elektromechanischen Wandler. Spannung und relative Verformung sind proportional: Der piezoelektrische Wandler ist ein echter Wandler, und er ist ein **Auslenkungswandler**.

piezoelektrischer Effekt

Der *longitudinale* piezoelektrische Effekt tritt in Richtung der Spannung bzw. in Richtung der einwirkenden Kraft auf, der *transversale* Effekt senkrecht dazu. Nutzt man den longitudinalen Effekt, so erhält man einen **Dickenschwinger**; nutzt man den transversalen Effekt bei einem am Rand eingespannten Wandlerplättchen, so erhält man einen **Biegeschwinger** mit erheblich größerer Schwingungsamplitude. Durch einen geschichteten Aufbau lässt sich die Amplitude des Biegeschwingers weiter vergrößern.

Im Betrieb als Schallsender wird das Wandlerelement direkt an den Verstärkerausgang angeschlossen. Weil piezoelektrische Werkstoffe dielektrisch und damit Isolatoren sind, arbeitet der Verstärker dabei praktisch (bis auf die kleine Kapazität des Piezoelements) im Leerlauf; es fließt kein nennenswerter Strom und es fällt so gut wie keine elektrische Verlustleistung an. Für piezoelektrische Lautsprecher sind deshalb **Spannungsverstärker** besonders günstig, die hohe Spannungen (aber keine große elektrische Leistung) erzeugen. In Beschallungsanlagen werden Piezo-Wandler auch häufig gemeinsam mit elektrodynamischen Wandlern an **Leistungsverstärkern** (Abschnitt 9.4) betrieben. Im Betrieb als Schallempfänger benötigt der piezoelektrische Wandler wie der NF-Kondensatorwandler einen Impedanzwandler.

piezoelektrischer Schallsender und -empfänger

Piezoelektrizität findet man nicht nur bei Quarz- und Turmalin-Kristallen – daher die Bezeichnung „Kristallwandler" – sondern auch bei synthetischen Piezokeramiken wie gesintertem Barium-Titanat ($BaTiO_3$) und Bleizirkonat-Titanat (**PZT**: $PbZrO_3$–$PbTiO_3$) sowie bei polaren Polymeren wie Polyvinylidenfluorid (**PVDF**). Biegeschwinger aus PVDF wurden u.a. für Hochtonlautsprecher, Kopfhörerwandler, Mikrofone und Schallplatten-Tonabnehmer verwendet (*Tamura 1974*).

Bei sog. **Ferroelektreten** mit mikroskopisch feiner, schwammartiger zellulärer Struktur wie porösem PVDF und porösem PTFE bilden sich in Hochspannungsfeld oder Korona-Entladung Dipole aus, indem sich über den einzelnen „Blasen" positive und negative Ladungen trennen (vgl. oben, Ferroelektrika). Bei Verformung des Werkstoffs ändert sich dann der Abstand der Ladungen in den Dipolen – damit wirken solche Werk-

Ferroelektrete

stoffe nicht nur als Elektret, sondern zeigen auch starke piezoelektrische Eigenschaften (siehe z.B. *Gerhard-Multhaupt 2000, Bauer 2004*).

Dank der primitiven mechanischen und elektrischen Konstruktion ist der piezoelektrische Wandler – im Gegensatz zu filigranen Konstruktionen wie Tauchspulen- und Kondensatorwandler – nicht nur sehr preiswert, sondern auch mechanisch und elektrisch praktisch unzerstörbar.

9.2 Mikrofone

Mikrofone werden klassifiziert nach Wandlertyp (dynamische Mikrofone, Kondensatormikrofone) und nach **Richtcharakteristik**[4]. Bestimmend für die Richtcharakteristik ist die akustisch-mechanische Konstruktion, die **Mikrofonkapsel**. In Verbindung mit dem Wandler bestimmt sie zudem den **Frequenzgang**. Die Kapsel besteht aus der elastisch eingespannten Membran, offen oder mit einem geschlossenen oder halboffenen Becher, die durch das Schallfeld zu erzwungenen Schwingungen angeregt wird. Ihr mechanisches Modell ist das ideale, gedämpfte Federpendel (vgl. Abschnitt 1.1.2).

Kapsel bestimmt Richtcharakteristik und Frequenzgang

9.2.1 Druckempfänger

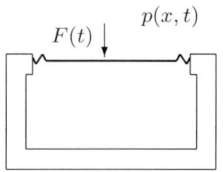

Abb. 9-8: Schema des Druckempfängers

Der erste und einfachste physikalische Prototyp einer Mikrofonkapsel ist der **Druckempfänger** (engl. pressure receiver). Er wird aus einem luftdichten Becher gebildet, der mit einer elastisch eingespannten Membran verschlossen ist (Abb. 9-8, 9-9).

Durch den luftdichten Abschluss herrscht im Innern der Kapsel Normaldruck. Eine sehr kleine Öffnung („Kapillare") sorgt für den statischen Druckausgleich. Wird nun der äußere Druck durch ein Schallsignal geändert, so wird die Membran ausgelenkt; bei einer Druckamplitude p_0 ist die Kraft F_0 auf eine Membran der Fläche S gleich dem Druck gewichtet mit der Fläche ($F_0 = p_0 S$), also proportional zum einwirkenden Schalldruck.

Abb. 9-9: Kapsel eines NF-Kondensator-Druckempfängers

Sofern die Schallwellenlänge im Vergleich zur Kapsel sehr groß ist, befindet sich die gesamte Kapsel stets in einem Gebiet mit ungefähr gleichem Druck, der sich gemäß dem Signalverlauf zeitlich ändert. Zudem werden Signale großer Wellenlänge um die Kapsel herum gebeugt, es gibt weder Reflexion noch Schallschatten. Deshalb ist die auf die Membran einwirkende Kraft unabhängig von der Einfallsrichtung der Schallwelle. Der Druckempfänger nimmt den Schall ungerichtet auf; seine Richtcharakteristik ist **kugelförmig** (engl. omnidirectional; Abb. 9-10). Das Richtdiagramm erhält man durch Auftrag der **Richtfunkti-**

---

[4] Die *Charakteristiken* eines Mikrofons sind z.B. Kugel, Niere und Acht; seine *Charakteristika* sind z.B. Störfestigkeit und linearer Frequenzgang.

on $\Gamma(\vartheta)$ im Polardiagramm. Für den Druckempfänger gilt $\Gamma(\vartheta) = const.$ bzw. mit der üblichen Normierung der Amplitude auf die Haupteinfallsrichtung

$$\Gamma(\vartheta) = 1.$$

Zur Herleitung des Frequenzgangs betrachtet man nun die Membran als gedämpften Schwinger (vgl. S. 22). Liegt die mechanische Resonanzfrequenz der Membran f_0 oberhalb des Übertragungsbereichs (quasistatischer Fall der erzwungenen Schwingung, siehe S. 22), so folgt die Membranauslenkung ξ ausschließlich dem Schalldruck und ist nicht von der Frequenz abhängig:

$$\xi(t) \sim p(t) \quad \text{falls} \quad f \ll f_0.$$

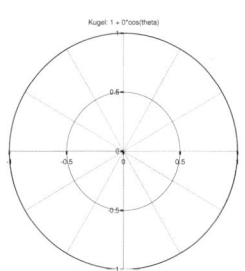

Abb. 9-10: Polardiagramm des idealen Druckempfängers (Kugelcharakteristik)

Dies sind ideale Voraussetzungen für ein Mikrofon! In Verbindung mit einem Auslenkungswandler, also z.B. einem Kondensatorwandler, ist der Druckempfänger perfekt linear (Abb. 9-11). Aus diesem Grund werden Messmikrofone grundsätzlich als Kondensator-Druckempfänger gebaut.

Kondensator-Druckempfänger

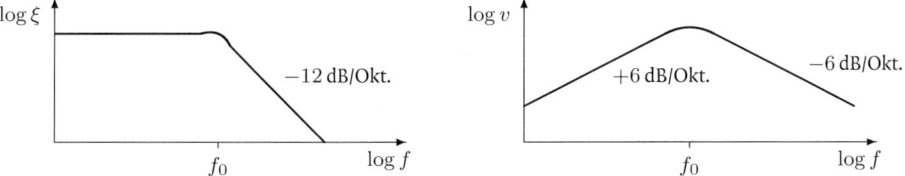

Abb. 9-11: Mechanische Frequenzabhängigkeiten beim Druckempfänger: Auslenkungs- und Schnellefrequenzgang der Membran (Prinzip-Frequenzgänge mit Auslenkungs- und Schnellewandler)

Oberhalb der Kapsel-Resonanzfrequenz f_0 fällt der Auslenkungsfrequenzgang des Druckempfängers mit 12 dB/Oktave. Damit wirkt die Kapsel mechanisch als Tiefpass 2. Ordnung. Die Resonanzfrequenz wird daher **hoch abgestimmt**. In der Praxis legt man sie durch straffe Membraneinspannung und ein sehr kleines Kapselvolumen (und damit hartes Luftpolster) auf $f_0 \approx 20\,\text{kHz}$.

Kombiniert man einen Druckempfänger mit einem Schnellewandler, also z.B. mit einem dynamischen Wandler, so muss man den Schnellefrequenzgang der Membran betrachten. Hier ergibt sich ein anderes Bild: Wegen $v(t) = d\xi(t)/dt$ bzw. $v_0 = \omega \xi_0$ ist die Membranschnelle bei gegebener Auslenkung frequenzabhängig. Diese einfache Frequenzabhängigkeit entspricht in doppelt logarithmischer Darstellung einer Flanke von 6 dB/Oktave, die sich zum Tiefpass-Frequenzgang der Auslenkung addiert. Damit wird aus dem linearen Bereich unterhalb von f_0 ein Anstieg mit 6 dB/Oktave, und aus dem Abfall mit 12 dB/Oktave oberhalb von f_0 beim Auslenkungsfrequenzgang wird ein Abfall mit 6 dB/Oktave beim Schnellefrequenzgang (Abb. 9-11).

dynamischer Druckempfänger

9 Schallwandlung

Die Kapsel eines dynamischen Druckempfängers wird deshalb **mittig abgestimmt**, sein Frequenzgang ist bandpassartig (vgl. Gradientenempfänger mit Auslenkungswandler, Abschnitt 9.2.2). Dynamische Druckempfänger sind deshalb selten, man baut sie nur für wenige Spezialanwendungen.

Druckstau bei hohen Frequenzen

Bei hohen Frequenzen, wenn die Wellenlänge in die Größenordnung des Membrandurchmessers kommt, beginnt die Kapsel jedes Druckempfängers, Schall zu reflektieren. Durch Abschattung (mangelnde Beugung des von hinten eintreffenden Schalls) entsteht eine starke Richtwirkung nach vorne, und im Frequenzgang erscheint durch den **Druckstau** ein Anstieg der Empfindlichkeit zu hohen Frequenzen (Abb. 9-12).

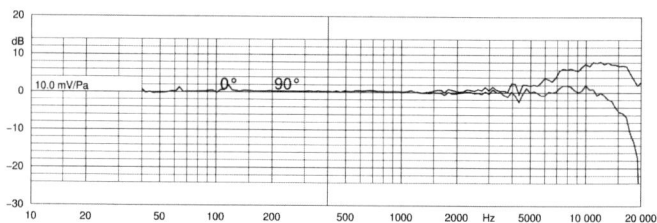

Abb. 9-12: Druckstau bei einem diffusfeldentzerrten Druckempfänger (Frequenzgänge bei frontalem und seitlichem Schalleinfall)

Freifeldentzerrung, Diffusfeldentzerrung

Druckempfänger, bei denen der Druckstau durch Bedämpfung der Membran oder durch ein elektrisches Filter kompensiert ist, heißen **freifeldentzerrt**. Sie haben im Freifeld und im Direktfeld bei frontalem Schalleinfall einen linearen Frequenzgang. Im idealen Diffusfeld, wenn der Schall im Mittel gleich stark aus allen Richtungen kommt, zeigen freifeldentzerrte Druckempfänger einen Höhenabfall und damit einen gedeckten oder dumpfen Klang. Druckempfänger, bei denen der Druckstau nicht kompensiert ist, heißen **diffusfeldentzerrt**. Sie haben im idealen Diffusfeld einen linearen Frequenzgang. Im Freifeld und im Direktfeld bei frontalem Schalleinfall ist dagegen der Druckstau voll wirksam, diffusfeldentzerrte Druckempfänger klingen dann hell oder hart.

Die Eigenschaften des Druckempfängers lassen sich folgendermaßen zusammenfassen:

- er nimmt Schall von allen Seiten mit gleicher Empfindlichkeit auf (**Kugelcharakteristik**),
- er kann **beliebig tiefe Frequenzen** aufnehmen und hat mit einem Kondensatorwandler einen perfekt **linearen Frequenzgang**,
- im Direktfeld kommt es zum Höhenanstieg durch **Druckstau**.

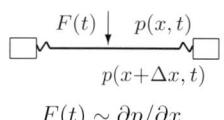

Abb. 9-13: Schema des Druckgradientenempfängers

9.2.2 Druckgradientenempfänger

Der zweite physikalische Prototyp einer Mikrofonkapsel ist die freie Membran im Schallfeld (Abb. 9-13), der **Druckgradientenempfänger** oder einfach **Gradientenempfänger** (engl. gradient receiver).

Die Kraft, die den Gradientenempfänger bewegt, ist die Schalldruckdifferenz zwischen Vorder- und Rückseite der Membran. Sie wird verursacht durch die Druckschwankungen in einer Schallwelle – zwischen zwei räumlich getrennten Punkten im Schallfeld gibt es stets ein Druckgefälle.

Die Druckdifferenz an den beiden Seiten der Membran ist abhängig vom Umweg Δx, den der Schall von der Vorderseite der Membran zur Rückseite zurücklegen muss, und damit von Schalleinfallswinkel und Baugröße der Kapsel. Einerseits ist die Antriebskraft umso größer, je größer der Schallumweg ist, andererseits funktioniert das Antriebsprinzip nicht mehr, wenn der Umweg größer als die Wellenlänge ist: Die Kapsel muss also so groß wie möglich sein, dabei aber klein im Vergleich zur Schallwellenlänge bleiben.

Der maximale Schallumweg an der offenen Membran entsteht bei Beschallung genau von vorne oder von hinten, also bei einem Normalenwinkel von $\vartheta = 0°$ bzw. $180°$. Bei genau seitlichem Schalleinfall ($\vartheta = 90°$ bzw. $270°$) erreicht die Welle die gegenüberliegenden Seiten der Membran gleichzeitig, es gibt keinen Druckunterschied zwischen Vorder- und Rückseite und keine Antriebskraft.

Genau betrachtet ist der relative Umweg einer ebenen Schallwelle zwischen den Mittelpunkten von Vorder- und Rückseite einer offenen Membran mit dem Radius r vom Cosinus des Einfallswinkels ϑ abhängig: $\Delta x = r \cos \vartheta$ (Abb. 9-14). Damit ergibt sich für die normierte **Richtfunktion** $\Gamma(\vartheta)$ des offenen Gradientenempfängers

$$\Gamma(\vartheta) = \cos \vartheta.$$

Im Polardiagramm aufgetragen ergibt der Betrag des Cosinus eine **achtförmige Richtcharakteristik** (engl. bidirectional oder figure eight, Abb. 9-15; man beachte die Darstellung der Haupteinfallsrichtung $\Gamma = 0°$ nach oben). Der offene Druckgradientenempfänger ist von vorne und von hinten gleich empfindlich, von der Seite nimmt er keinen Schall auf (akustischer **Dipol**). Offene Gradientenempfänger werden stets mit aufrecht stehender Kapsel gebaut (Abb. 9-16).

Schall aus dem hinteren Halbraum wird mit einer relativen Phasendrehung aufgenommen, wie der Vergleich mit dem Druckempfänger zeigt: Während bei frontaler Beschallung beide Membranen in die gleiche Richtung ausgelenkt werden, wirkt die Kraft bei rückseitiger Beschallung in entgegengesetzte Richtungen (Abb. 9-17). Das negative Vorzeichen der Cosinusfunktion im Winkelbereich $\frac{1}{2}\pi$ bis $\frac{3}{2}\pi$ bzw. 90 bis $270°$ lässt sich demgemäß als Phasendrehung deuten.

Man kann das Druckgefälle zwischen zwei dicht benachbarten Punkten im Schallfeld durch die räumliche Ableitung des Drucks, den **Druck-**

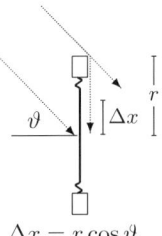

$\Delta x = r \cos \vartheta$

Abb. 9-14: Zur Richtcharakteristik des Gradientenempfängers

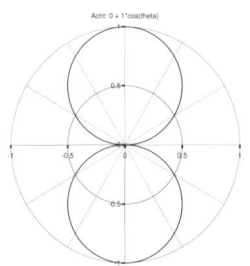

Abb. 9-15: Polardiagramm des idealen offenen Gradientenempfängers (Achtercharakteristik)

Abb. 9-16: Kapsel eines elektrodynamischen Gradientenempfängers mit Achtercharakteristik (Bändchenmikrofon)

Abb. 9-17: Zur Polarität von Mikrofonsignalen. Bei frontaler Beschallung schwingen die Membranen von Druck- und Gradientenempfänger phasengleich, bei rückseitiger Beschallung gegenphasig

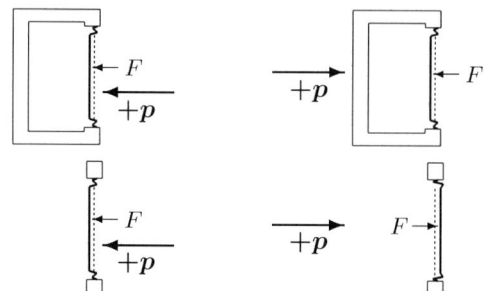

gradienten, beschreiben[5]. Der Gradient einer ebenen harmonischen Welle in x-Richtung $p(t, x) = p_0 \cos(\omega t - kx)$ ist ihre Ableitung in x-Richtung $\partial p/\partial x$:

$$\operatorname{grad}_x(p) = \frac{\partial}{\partial x} p_0 \cos(\omega t - kx) = k \cdot p_0 \sin(\omega t - kx)$$

mit der Wellenzahl $k = 2\pi/\lambda$. Bei cosinusförmigem Verlauf des Schalldrucks ist der Schalldruckgradient sinusförmig – die beiden Schallfeldgrößen sind phasenverschoben, der Druckgradient eilt dem Druck um $\pi/2 = 90°$ voraus; davon abgesehen haben sie den gleichen zeitlichen und räumlichen Verlauf.

Frequenzgänge des Gradientenempfängers

Die Amplitude des Druckgradienten ist umgekehrt proportional zur Wellenlänge und damit (wegen $f = c/\lambda$) proportional zur Frequenz: Bei konstantem Schalldruck steigt der Druckgradient mit der Frequenz, und damit steigt auch die Antriebskraft mit der Frequenz. Im Vergleich zu den Frequenzgängen des Druckempfängers (S. 265) muss man deshalb bei Auslenkungs- und Schnellefrequenzgang des Gradientenempfängers eine weitere Frequenzabhängigkeit mit einem Anstieg von 6 dB/Oktave berücksichtigen.

Kondensator-Gradientenempfänger

Der Auslenkungsfrequenzgang des Gradientenempfängers ist deshalb mittenbetont (Abb. 9-18). In Verbindung mit einem Auslenkungswandler, also z.B. einem Kondensatorwandler, hat der Gradientenempfänger deshalb im Prinzip einen bandpassartigen Frequenzgang. Der Kondensator-Gradientenempfänger wird üblicherweise durch starke mechanische Bedämpfung oder – in seltenen Fällen – durch aktive Filter linearisiert.

Die meisten professionellen Studiomikrofone sind Kondensator-Gradientenempfänger. Ihre mechanische Eigenfrequenz liegt typischerweise zwischen 1 und 4 kHz; die Kapsel ist **mittig abgestimmt**. Im Vergleich zu Kondensator-Druckempfängern ist ihr Frequenzbereich sowohl bei tiefen als auch bei hohen Frequenzen eingeschränkt.

Der Schnellefrequenzgang des Gradientenempfängers entspricht einem Hochpass 2. Ordnung (Abb. 9-18). Dies ist auch der Prinzip-

---

[5] Der Gradient einer skalaren Feldgröße ist ihre räumliche Änderungsrate.

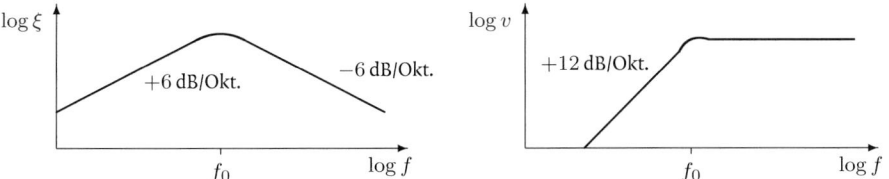

Abb. 9-18: Mechanische Frequenzabhängigkeiten beim Druckgradientenempfänger: Auslenkungs- und Schnellefrequenzgang der Membran (Prinzip-Frequenzgänge mit Auslenkungs- und Schnellewandler)

Frequenzgang des dynamischen Gradientenempfängers. Sofern seine Resonanzfrequenz unterhalb des Übertragungsbereichs liegt, kann man einen linearen Übertragungsbereich nutzen (Abb. 9-18). Eine solche Kapsel nennt man **tief abgestimmt**.

dynamischer Gradientenempfänger

Die meisten dynamischen Mikrofone sind Gradientenempfänger, allerdings mit Laufzeitglied (s.u.), was aber für die Prinzipfrequenzgänge keine erhebliche Rolle spielt. Theoretisch sollten sie einen ebenso perfekten linearen Frequenzgang haben wie die Kondensator-Druckempfänger – praktisch ist das nicht so. Insbesondere die tiefe Kapselabstimmung (typ. 100 bis 200 Hz) ist problematisch. Eine tiefere Abstimmung ist kaum möglich, weil das Mikrofon dann durch die notwendige sehr weiche Membraneinspannung sehr störanfällig wäre. So hat der dynamische Gradientenempfänger einen unterhalb von 100 bis 200 Hz fallenden Frequenzgang, der zwar durch angekoppelte Resonanzräume im Mikrofongehäuse erweitert werden kann, der aber vor allem durch den Nahbesprechungseffekt bei extrem kleinem Einsprechabstand kompensiert werden muss (s.u.).

Auch bei hohen Frequenzen (Wellenlänge in der Größenordnung der Kapselabmessungen) stößt der dynamische Gradientenempfänger schnell an seine Grenzen. Zwar wirkt der Druckstau auch beim Gradientenempfänger – bei sehr kleinen Wellenlängen wird jede Kapsel zum Druckempfänger –, doch reicht diese zusätzliche Antriebskraft allein nicht aus, um den Frequenzbereich erheblich zu erweitern. Auch bei hohen Frequenzen werden deshalb in der Regel Resonatoren eingesetzt.

Die Hoch- und Tieffrequenz-Resonatoren des dynamischen Gradientenempfängers erzeugen einen mehr oder weniger welligen Frequenzgang. Seine Linearität hängt somit vom Konstruktionsaufwand und von der Sorgfalt des Herstellers ab.

9.2.3 Nahbesprechungseffekt

Die bisherigen Überlegungen zum Gradientenempfänger gelten für die ebene Welle bzw. für die quasiebene Welle im Fernfeld. Im Nahfeld, also bei Entfernungen $r < \lambda$ zur Schallquelle (Abschnitt 1.2.4), nimmt der Membranantrieb des Gradientenempfängers im Vergleich zum Druckempfänger überproportional zu. Man bemerkt diesen **Nahbesprechungseffekt** (engl. proximity effect) als Bassanhebung.

Der Nahbesprechungseffekt lässt sich durch die Entfernungsabhängigkeit des Schalldrucks in der Kugelwelle erklären (Abstandsgesetz, Abschnitt 1.2.3). Damit kommt zu der Druckdifferenz zwischen zwei benachbarten Punkten im Schallfeld, also dem Druckgradienten, eine zusätzliche entfernungsabhängige Druckdifferenz zwischen Vorder- und Rückseite der Membran.

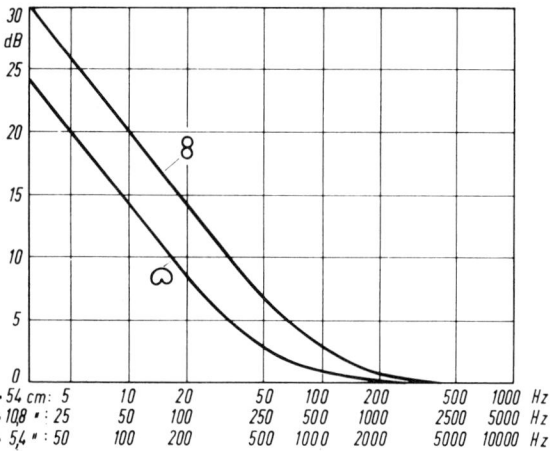

Abb. 9-19:
Nahbesprechungseffekt: relativer Pegelanstieg bei Achter- und Nierenkapsel in Abhängigkeit des Einsprechabstands r und der Frequenz (nach Boré 1973)

In großer Entfernung oder bei hohen Frequenzen spielt die zusätzliche Druckdifferenz keine Rolle. Bei tiefen Frequenzen, wenn der Druckgradient klein und damit der Membranantrieb des Gradientenempfängers schwach ist, fällt dieser zusätzliche frequenzunabhängige Membranantrieb aber deutlich ins Gewicht (Abb. 9-19).

Nahbesprechung entsteht bei Entfernungen $r < \lambda$ zur Schallquelle. In der Praxis bemerkt man den Nahbesprechungseffekt bei Entfernungen von weniger als 1 m. Bei Sprach- und Musikaufnahmen wird er gerne als gestalterisches Mittel eingesetzt: Stimmen und Instrumente klingen, nah aufgenommen mit Gradientenempfängern, voluminös, voll und rund. Druckempfänger registrieren keine Nahbesprechung. Auch unsere Ohren sind Druckempfänger; man kann den Nahbesprechungseffekt deshalb auch nicht subjektiv wahrnehmen.

kein Nahbesprechungseffekt beim Druckempfänger

Die in Abb. 9-19 dargestellten Pegelanstiege gelten für ideale Gradientenempfänger. Die Werte realer Mikrofone weichen von diesen theoretischen Werten ab. Insbsondere bei dynamischen Mikrofonen kann durch besondere Kapselkonstruktionen der Nahbesprechungseffekt in gewissen Grenzen abgeschwächt werden. Kondensator-Studiomikrofone haben häufig eine schaltbare Bassabsenkung zur Nahbesprechungs-Kompensation.

9.2.4 Gradientenempfänger mit Laufzeitglied

Druckempfänger und offener Gradientenempfänger bilden die Extreme der mit einer Membran erreichbaren Richtcharakteristik. Mehr Richtwirkung als mit dem offenen Gradientenempfänger ist ohne weitere Hilfsmittel nicht zu haben; weniger Richtwirkung als mit dem Druckempfänger ist auch nicht möglich.

Es gibt aber eine Reihe möglicher Richtcharakteristiken *zwischen* Kugel- und Achtercharakteristik, die **Nierencharakteristiken**. Bei der Klassifikation der Mikrofonkapseln – anhand der man beispielsweise die klanglichen Eigenschaften abschätzen kann – zählen alle Nierenkapseln zu den Gradientenempfängern. Man kann sie auf zwei Arten realisieren:

- durch Kombination der Ausgangssignale von dicht benachbartem Kugel- und Achtermikrofon und
- durch eine Kapsel, deren Membranrückseite über ein **akustisches Laufzeitglied** mit dem Schallfeld verbunden ist.

Abb. 9-20: Kapsel eines NF-Kondensator-Gradientenempfängers mit Laufzeitglied (Kleinmembran-Nierenmikrofon)

Die Kombination von Kugel- und Achterkapsel ist reizvoll, wird aber höchst selten eingesetzt. Die übliche Bauart ist die Kapsel mit akustischem Laufzeitglied.

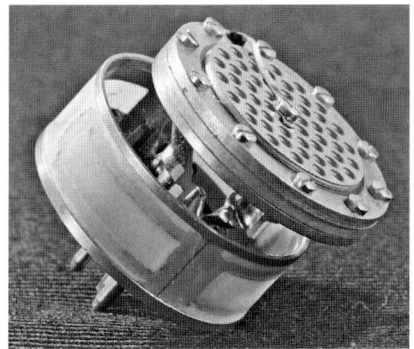

Abb. 9-21: Kapsel mit akustischem Laufzeitglied, ca. 2fach vergrößert: HF-Kondensatormikrofonkapsel, symmetrisch (zweite Gegenelektrode vor der Membran) mit abgehobenem Becher; die gazebedeckten Öffnungen (akustische Reibungswiderstände) sind gut zu erkennen

Die häufigste Realisierung des akustischen Laufzeitglieds erfolgt durch Öffnungen im Kapselbecher, die mit Gaze verschlossen sind (Abb. 9-20, 9-21) – durch den akustischen Reibungswiderstand wird die Schallgeschwindigkeit herabgesetzt. Diese Bauart findet man bei nahezu allen dynamischen Mikrofonen und bei den meisten Kondensatormikrofonen in „Stäbchen"-Bauform (**Kleinmembran-Mikrofone**).

Eine alternative Konstruktion ist das akustische Labyrinth mit Schallkanälen, die den Schall auf einen Umweg zwingen. Man findet diese Bauart insbesondere bei Studio-Kondensatormikrofonen mit fester oder umschaltbarer Richtcharakteristik (**Großmembran-Mikrofone**).

Eine spezielle Bauart der Großmembran-Kapsel mit akustischem Labyrinth für NF-Kondensatormikrofone wurde in den 1930er Jahren von

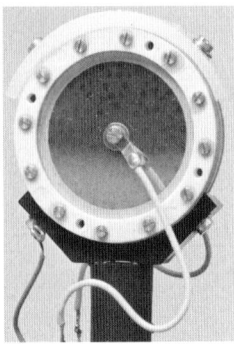

Abb. 9-22: Braunmühl-Weber-Kapsel eines Großmembran-Mikrofons

Hans-Joachim von Braunmühl und Walter Weber entwickelt. Als **Doppel-Gradientenempfänger** besteht sie aus einer perforierten Elektrode, die beidseitig mit je einer Membran abgeschlossen ist (Abb. 9-22). Durch den symmetrischen Aufbau hat sie *zwei* Nierencharakteristiken, die in entgegengesetzte Richtungen zeigen; durch Summierung der beiden Signale wird die Umschaltung der Richtcharakteristik ermöglicht (Abschnitt 9.2.6). Die „Braunmühl-Weber-Kapsel" ist Basis der meisten historischen und modernen Großmembran-Mikrofone.

Durch geeignete Dimensionierung des Laufzeitglieds lässt sich im Prinzip jede Richtcharakteristik zwischen Kugel und Acht erreichen. Die standardisierten Nieren-Richtcharakteristiken sind in Abb. 9-23 dargestellt (man beachte die lineare Skalierung der richtungsabhängigen Empfindlichkeit von 0 bis 1).

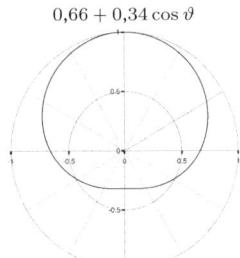
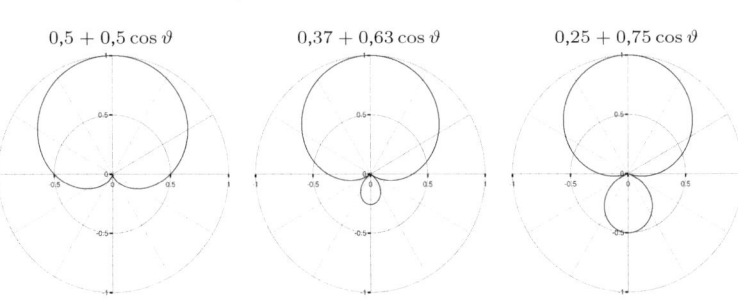

Abb. 9-23: Polardiagramme idealer Nieren-Richtcharakteristiken: Breite Niere, Niere, Superniere, Hyperniere

Wird der Schall durch das Laufzeitelement so weit verzögert, dass er bei rückseitigem Schalleinfall Vorder- und Rückseite der Membran gleichzeitig erreicht, so erhält man die „normale" **Niere** (engl. cardioid). Ihre **Richtfunktion** ist die Summe aus Kugel ($\Gamma = 1$) und Acht ($\Gamma = \cos \vartheta$), normiert auf 1:

$$\Gamma(\vartheta) = 0{,}5 + 0{,}5 \cos \vartheta.$$

breite Niere

Ein Mittelweg zwischen der Nieren- und der Kugelcharakteristik ist die **breite Niere** (engl. broad cardioid, subcardioid, hypocardioid). Ihre (nicht standardisierte) Richtfunktion ist

$$\Gamma(\vartheta) = 0{,}66 + 0{,}34 \cos \vartheta.$$

Die breite Niere wird eingesetzt, wenn man den Klang des Mikrofons möglichst ähnlich zum Druckempfänger haben möchte, aber eine gewisse Richtwirkung braucht. Alternativ zur breiten Niere kann man auch die Signale von Druckempfänger und Nierenmikrofon kombinieren („Straus-Paket", S. 277).

Superniere

Ideal für den Bühneneinsatz ist die **Superniere** (engl. supercardioid). Bei dieser Richtcharakteristik ist das Verhältnis der Empfindlichkeit bei frontaler Beschallung zur Beschallung aus dem gesamten hinteren Halbraum maximal; mit einer Superniere auf der Bühne wird Störschall aus dem Saal maximal unterdrückt. Ihre Richtfunktion ist

$$\Gamma(\vartheta) = 0{,}37 + 0{,}63\,\cos\vartheta,$$

die Richtcharakteristik ist in Abbildung 9-23 zu sehen. Die Superniere ist zwar bei Beschallung direkt von hinten empfindlicher als die Niere, aber der Mittelwert über den gesamten Winkelbereich 90 bis 270° ist kleiner als bei allen anderen Kapseln.

Die letzte standardisierte Nierencharakteristik ist die **Hyperniere** (engl. hypercardioid). Bei ihr ist der Mittelwert über den *gesamten* aufgenommenen Schall im Vergleich zur frontalen Beschallung minimal: Keine Kapsel unterdrückt Diffusschall so gut wie die Hyperniere. Ihre Richtfunktion ist

Hyperniere

$$\Gamma(\vartheta) = 0{,}25 + 0{,}75\,\cos\vartheta,$$

das Verhältnis des aufgenommenen Diffusschalls im Vergleich zum Direktschall beträgt 1:2 bzw. $-6\,\text{dB}$ (s.u.).

Die typischen Eigenschaften von Gradientenempfängern lassen sich wie folgt zusammenfassen:

- Sie nehmen Schall gerichtet auf. Die Richtcharakteristik des Gradientenempfängers ist je nach Bauart breite Niere, Niere, Superniere, Hyperniere oder Acht.

- Sie zeigen im Nahfeld der Quelle einen Bassanstieg durch den **Nahbesprechungseffekt.**

- Weil der Druckgradient als Antriebskraft des Nutzsignals bei tiefen Frequenzen schwach ist, machen sich tieffrequente Störungen im Wandler überproportional bemerkbar. Dazu zählen **Griffgeräusche, Trittschall, Wind-** und **Popgeräusche.**

9.2.5 Eigenschaften idealer Kapseln

In Tabelle 9-1 sind die Eigenschaften der verschiedenen idealen Richtcharakteristiken zusammengefasst.

Um die Eigenschaften eines Mikrofons im Diffusfeld vorherzusagen, bestimmt man die Summe der aus allen Raumrichtungen aufgenommenen Schallenergie. Das Verhältnis dieser Diffusschallempfindlichkeit zur Empfindlichkeit für frontalen Schalleinfall nennt man den **Bündelungsgrad** γ (engl. random efficiency) der Kapsel. Der Bündelungsgrad von Schallsendern ist entsprechend definiert.

Bündelungsgrad

Tabelle 9-1: Eigenschaften idealer Mikrofonkapseln (Diffusschalldämpfung = Bündelungsmaß)

Richtcharakteristik	Kugel	Breite Niere	Niere
Richtfunktion $\Gamma(\vartheta)$	$1 + 0\cos\vartheta$	$0{,}66 + 0{,}34\cos\vartheta$	$0{,}5 + 0{,}5\cos\vartheta$
Seitwärtsdämpfung	0 dB	4 dB	6 dB
Rückwärtsdämpfung	0 dB	10 dB	$-\infty$ dB
Nullstellenwinkel	—	—	180°
-3-dB-Aufnahmebereich	360°	±82°	±66°
Diffusschalldämpfung	0 dB	3,2 dB	4,8 dB
Entfernungsgewinn	1 : 1	1,5 : 1	1,7 : 1
Richtcharakteristik	**Superniere**	**Hyperniere**	**Acht**
Richtfunktion $\Gamma(\vartheta)$	$0{,}37 + 0{,}63\cos\vartheta$	$0{,}25 + 0{,}75\cos\vartheta$	$0 + 1\cos\vartheta$
Seitwärtsdämpfung	9 dB	12 dB	$-\infty$ dB
Rückwärtsdämpfung	12 dB	6 dB	0 dB
Nullstellenwinkel	126°	110°	90°
-3-dB-Aufnahmebereich	±58°	±52°	±45° (2×)
Diffusschalldämpfung	5,7 dB	6 dB	4,8 dB
Entfernungsgewinn	1,9 : 1	2 : 1	1,7 : 1

Der Bündelungsgrad realer Schallempfänger und -sender wird messtechnisch bestimmt, z.B. über Vergleichsmessungen im Hallraum und im reflexionsarmen Raum, oder nur im reflexionsarmen Raum durch Hüllflächenmessungen über sehr viele Messpunkte.

Ist – wie bei den idealen Gradientenkapseln – das Richtverhalten analytisch beschrieben, dann lässt sich der Bündelungsgrad auch analytisch durch Lösung des Hüllflächenintegrals über das Quadrat der Richtfunktion $\oint \Gamma^2(\vartheta)\,d\vartheta$ bestimmen (Quadrierung, weil ein Energiemaß berechnet werden soll). Dabei setzt man die allgemeine Form der Richtfunktion

$$\Gamma(\vartheta) = A + (1-A)\cos\vartheta$$

an; die verschiedenen Kapseln unterscheiden sich nur in dem Gewichtungsfaktor A. Wegen der Rotationssymmetrie der Richtcharakteristiken reduziert sich das Hüllflächenintegral zu $\frac{1}{2}\int_0^\pi \Gamma^2(\vartheta)\sin\vartheta\,d\vartheta$ (Zollner 1993), und für den Bündelungsgrad ergibt sich

$$\gamma = \frac{2}{\int_0^\pi (A + (1-A)\cos\vartheta)^2 \sin\vartheta\,d\vartheta},$$

die Empfindlichkeit für frontalen Schalleinfall ist ja wegen der Normierung der Richtfunktionen immer 1. Die Lösung des Integrals ergibt

$$\gamma = \frac{1}{A^2 + \frac{1}{3}(1-A)^2},$$

die Werte für A können der Tabelle 9-1 entnommen werden.

Aus dem Bündelungsgrad γ lässt sich mit $10\log\gamma$ das **Bündelungsmaß** in dB bestimmen (Faktor 10, weil der Bündelungsgrad ein

Bündelungsmaß

Energiemaß ist). Das Bündelungsmaß beschreibt das Maß der Diffusschalldämpfung im Vergleich zur Kugelcharakteristik.

Die Quadratwurzel aus dem Bündelungsgrad $\sqrt{\gamma}$ lässt sich als **Entfernungsgewinn** interpretieren. Der Entfernungsgewinn einer Kapsel beschreibt denjenigen Abstand Mikrofon – Schallquelle im Vergleich zur Kugelcharakteristik, in dem das gleiche Verhältnis von Direkt- und Diffusschall aufgezeichnet wird. So kann z.B. eine Hyperniere ($\gamma = 4$) im Vergleich zur Kugel im doppelten Abstand aufgestellt werden, dort nimmt sie die gleiche Hallbalance auf. Direkt neben dem Kugelmikrofon nimmt sie 6 dB weniger Diffusschall auf. In Tabelle 9-1 sind die Diffusfeldeigenschaften der idealen Gradientenempfänger aufgelistet.

Entfernungskorrektur

Reale Mikrofone haben meist andere Daten als die hier vorgestellten idealen Kapseln. So gibt es keine Nierenmikrofone, die bei $180°$ tatsächlich eine ideale, breitbandige Nullstelle der Empfindlichkeit haben – aber gute Mikrofone haben höhere Werte für die Rückwärtsdämpfung als preiswerte Modelle. Typisch für Nierenmikrofone ist ein Wert von 20 dB, d.h. eine relative Rückwärtsempfindlichkeit von 1 % bei mittleren Frequenzen.

ideale und reale Kapseln

Manche Hersteller unterscheiden auch nicht zwischen Super- und Hyperniere (der Unterschied ist zugegebenermaßen auch gering). Und bei preiswerten Mikrofonen findet man schon mal eine breite Niere, die als Superniere verkauft wird. Ein Vergleich der Tabelle 9-1 mit dem Datenblatt zeigt, wie nah ein Hersteller mit einer Kapsel dem selbst gesteckten Entwurfsziel gekommen ist. Man erkennt dies leicht an den Werten für Seitwärts- und Rückwärtsdämpfung.

Die realen Mikrofonkapseln, die den idealen Vorbildern am nächsten kommen, sind der Druckempfänger (umso besser, je kleiner die Kapsel ist) und der offene Gradientenempfänger mit Achtercharakteristik.

9.2.6 Variable Richtcharakteristik

Studiomikrofone mit umschaltbarer Richtcharakteristik arbeiten in der Regel mit einer elektrischen Summierung der Ausgangssignale zweier Kapseln. Diese Technik wurde auf Basis der Braunmühl-Weber-Kapsel beim Nordwestdeutschen Rundfunk entwickelt (*Großkopf* 1949). Mit dem legendären Mikrofon U 47 von Neumann wurde sie seit 1949 erstmals kommerziell umgesetzt.

Neumann U 47

Die durch elektrische Summierung zweier Kapselsignale erzeugten Richtcharakteristiken sind virtuell: Die beiden akustisch-mechanischen Wandler werden natürlich nach wie vor gemäß ihrer jeweiligen Richtcharakteristik ausgelenkt, aber bei der Summierung der Ausgangssignale verschwinden Signalkomponenten, die entgegengesetzte Polarität haben (vgl. Abb. 9-17 auf S. 268). Das elektrische Ausgangssignal eines umschaltbaren Mikrofons ist theoretisch nicht unterscheidbar von dem Signal eines Mikrofons mit der entsprechenden „festen" Richtcharakteristik[6].

Bei typischen Großmembran-Studiomikrofonen werden die beiden Kapselsignale von einem Doppel-Gradientenempfänger geliefert. Solange die Wellenlängen groß im Vergleich zur Mikrofonanordnung sind, können aber ebenso die Signale zweier getrennter Mikrofone summiert werden.

Niere + Niere oder Kugel + Acht?

Theoretisch ist es zudem unerheblich, ob die veränderlichen Richtcharakteristiken durch Summation zweier Nieren oder durch Summation von Kugel und Acht erzeugt werden (die Frequenzabhängigkeit des Richtverhaltens realer Mikrofone, insbesondere bei Nierenkapseln, soll hier vernachlässigt werden). In beiden Fällen können durch geeignete Gewichtung und Phasenlage bei der Summation alle Gradienten-Richtcharakteristiken und darüber hinaus auch beliebig viele Zwischenstufen erzeugt werden.

Die Richtcharakteristiken sind über ihre allgemeine Richtfunktion $\Gamma(\vartheta) = A + (1-A)\cos\vartheta$ definiert. Das Studiomikrofon mit Doppel-Gradientenempfänger (ersatzweise zwei um $180°$ gegeneinander verdrehte Nierenmikrofone) lässt sich damit folgendermaßen beschreiben:

- Niere „nach vorne":
  $0{,}5 + 0{,}5\cos\vartheta,$

- Niere „nach hinten":
  $0{,}5 + 0{,}5\cos(\vartheta + 180°) = 0{,}5 - 0{,}5\cos\vartheta.$

Die Summe der beiden Signale mit einem Gewichtungsfaktor B der hinteren Nierencharakteristik ergibt somit

$$\begin{aligned}\Gamma_{N+N} &= 0{,}5 + 0{,}5\cos\vartheta + B\,(0{,}5 - 0{,}5\cos\vartheta) \\ &= \frac{1+B}{2} + \frac{1-B}{2}\cos\vartheta\end{aligned}$$

mit $B = -1\ldots +1$. Negative Werte für B entsprechen der Gewichtung mit Umkehr der Polarität (Phasendrehung). Die Lösungen für die bekannten Gradientencharakteristiken sind in Tabelle 9-2 aufgeführt.

umschaltbare Großmembran-Mikrofone

Die Gewichtung der „hinteren" Nierencharakteristik erfolgt bei NF-Kondensatormikrofonen meist über Amplitude und Polung der Kapselvorspannung: Weil das elektrische Ausgangssignal einer Kapsel in NF-Schaltung proportional zur Polarisationsspannung ist, lassen sich durch Variation dieser Gleichspannung sowohl Signalamplitude als auch

---

[6]Praktisch ist es doch unterscheidbar: vgl. „Propeller-Charakteristik" einer Braunmühl-Weber-Kapsel in Schaltstellung Kugel bei hohen Frequenzen durch beidseitig wirksamen Druckstau und Schallschatten

resultierende Richtchar.	B	L	ϕ
Kugel	1	0 dB	+
breite Niere	0,32	−10 dB	+
Niere	0	−∞ dB	
Superniere	−0,26	−12 dB	−
Hyperniere	−0,5	−6 dB	−
Acht	−1	0 dB	−

Tabelle 9-2: Konstruktion der Gradientencharakteristiken durch Summierung zweier Nieren. B ist die Gewichtung der „hinteren" Niere, ϕ ihre Polarität; der relative Pegel der hinteren Niere ergibt sich aus $L = 20 \log B$

die Polarität einstellen. Die Mischung der beiden Kapselsignale erfolgt dann vor dem Impedanzwandler. Die durch den Ladewiderstand bedingten großen Ladezeiten der NF-Kondensatorkapsel kann man beobachten, wenn man bei einem umschaltbaren Studiomikrofon im Betrieb die Richtcharakteristik wechselt: Es dauert einige Sekunden, bis nach der Umschaltung die Kapsel „voll da" ist.

Man kann aber ebenso jede Gradienten-Richtcharakteristik durch Mischung der Ausgangssignale von Druckempfänger und offenem Gradientenempfänger (Kugel und Acht) erzeugen. Die einzustellenden Pegel sind in Tabelle 9-3 aufgeführt; die Mischung erfolgt stets in gleicher Polarität.

resultierende Richtchar.	B	L	ΔL
Kugel	0	−∞ dB	0 dB
breite Niere	0,52	−5,8 dB	3,6 dB
Niere	1	0 dB	6 dB
Superniere	1,7	+4,6 dB	8,6 dB
Hyperniere	3	+9,5 dB	12 dB
Acht*	1	0 dB	0 dB

*um die Achtercharakteristik zu erzeugen, muss die Kugel abgeschaltet werden.

Tabelle 9-3: Konstruktion der Gradientencharakteristiken durch Summierung von Kugel und Acht. Der Faktor B ist die Gewichtung der Acht, der relative Pegel L ergibt sich aus $L = 20 \log B$. Durch die Summierung steigt der Gesamtpegel um den Wert ΔL.

Einen vergleichbaren Ansatz bietet das vom Tonmeister **Volker Straus** (1936–2002) entwickelte **Straus-Paket**, eine Kombination aus Druckempfänger und Nierenmikrofon (Abb. 9-24). Damit lässt sich im Mix ein akustisches Verhalten zwischen Kugel und Niere einstellen.

Jede Kombination von zwei getrennten Mikrofonen – ob Niere/Niere, Kugel/Acht oder Kugel/Niere – eröffnet mit zwei Aufzeichnungskanälen pro Mikrofonpaar die Möglichkeit, die virtuelle Richtcharakteristik erst *nach* der Aufnahme festzulegen und damit Hallbalance, Klangfarbe und ggf. auch die Abbildung zu korrigieren (siehe Abschnitt 9.7.1). Besonders elegant geht das mit Doppelgradientenempfängern, die zweikanalig als Doppel-Niere beschaltet sind (**Twin-Mikrofone**, u.A. von Microtech Gefell erhältlich). Bei der Summierung der beiden Kapselsignale kann direkt Tabelle 9-2 umgesetzt werden. Durch frequenzabhängige Summierung erhält das Mikrofon bei hohen und tiefen Frequenzen unterschiedliche Richtcharakteristiken; als Mittenmikrofon einer MS-Anordnung (s.S. 305 ff und 313) ermöglicht es die Realisierung jedes denkbaren virtuellen XY-Aufbaus.

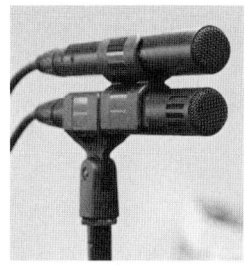

Abb. 9-24: Kombination von Druckempfänger und Nierenmikrofon („Straus-Paket")

9.2.7 Richtrohrmikrofone (Interferenzempfänger)

Mikrofone mit einem **Interferenzrohr** vor der Kapsel (engl. tube interference, line oder shotgun microphone) werden als **Richtrohre** oder **Interferenzempfänger** bezeichnet.

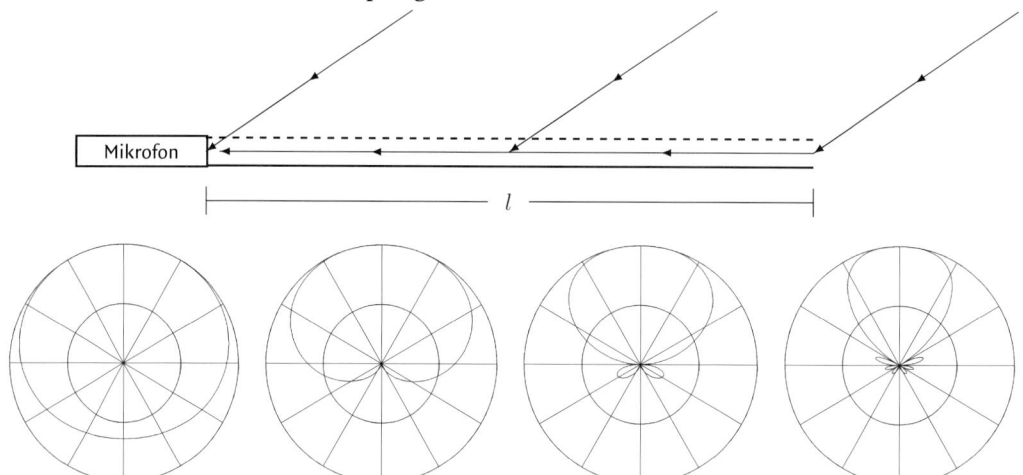

Abb. 9-25: Interferenzrohr (Richtrohr), Prinzip und theoretische Richtcharakteristiken für $\lambda = 2l, l, \frac{1}{2}l, \frac{1}{4}l$

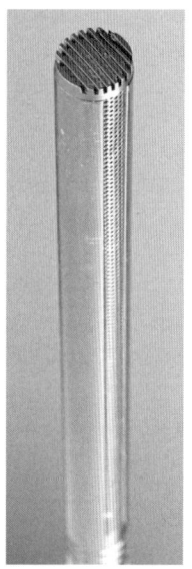

Abb. 9-26: Kapsel eines Richtrohrmikrofons

Durch das vor die Membran gesetzte seitlich geöffnete Rohr wird seitlicher Schall über einen räumlich ausgedehnten Bereich aufgenommen; an der Membran kommt es in Abhängigkeit von Rohrlänge und Schallwellenlänge zur destruktiven Interferenz (Abb. 9-25, 9-26). Frontal einfallender Schall wird – abgesehen von einem evtl. besonders ausgeprägten Druckstaueffekt – vom Rohr nicht beeinflusst. Voraussetzung ist, dass es erstens nicht zur Ausbildung stehender Wellen kommt und dass zweitens die effektive Rohrlänge mit steigender Frequenz abnimmt; daher muss das Rohr innen mit Dämpfungsmaterial belegt werden.

Das Richtrohr entspricht einer sehr dichten Reihe von Mikrofonkapseln, deren Signale gemäß der Schalllaufzeit verzögert sind (laufzeitkorrigiertes **Array**, vgl. Abschn. 9.3.5). Im Gegensatz zum Gradientenempfänger, der zumindest theoretisch eine frequenzunabhängige Richtwirkung zeigt, ist die Richtfunktion Γ des idealen Interferenzrohrs abhängig vom Produkt aus Rohrlänge l und Wellenzahl $k = 2\pi/\lambda$ und damit vom Verhältnis der Rohrlänge zur Wellenlänge l/λ. Die resultierende **Keulencharakteristik** folgt im Prinzip einer **Spaltfunktion** (si-Funktion):

$$\Gamma(\vartheta, l, \lambda) = \frac{\sin\left(k\frac{l}{2} \cdot (\cos\vartheta - 1)\right)}{k\frac{l}{2} \cdot (\cos\vartheta - 1)} = \mathrm{si}\left(\pi\frac{l}{\lambda} \cdot (\cos\vartheta - 1)\right)$$

Damit zwischen tiefen Frequenzen (also $\lambda > l$) und hohen Frequenzen ($\lambda < l$) kein zu starker Bruch im Richtverhalten auftritt, werden Interferenzrohre stets mit Gradientenempfängern gekoppelt, und die gesamte Anordnung wird so ausgelegt, dass die Kapsel bei tiefen Frequenzen eine Gradientencharakteristik mit großem Bündelungsgrad (Superniere oder Hyperniere) erhält.

Die Angabe von Aufnahmewinkel, Bündelungsmaß oder Entfernungskorrektur ist beim Richtrohr wegen der starken Frequenzabhängigkeit der Richtwirkung wenig sinnvoll. Als Schätzwert für das Diffusfeldverhalten typischer langer Richtrohre kann man bei hohen Frequenzen ungefähr den doppelten Wert der Hyperniere annehmen.

Richtrohr im Diffusfeld

9.2.8 Grenzflächenmikrofone

Eine besondere Bauform des Druckempfängers ist das **Grenzflächenmikrofon** (engl. boundary layer microphone oder „PZM", pressure zone microphone). Vor großen schallhart reflektierenden Flächen (Wand, Fußboden) erreicht der Schalldruck durch den **Druckstau** in der stehenden Welle den doppelten Wert des Schalldrucks in der fortschreitenden Welle. Der Pegel ist auf einer solchen Grenzfläche um 6 dB höher als im Raum (siehe Abschnitt 1.3.1). Bringt man eine Mikrofonkapsel in dieses Gebiet erhöhten Schalldrucks, erhöht sich seine effektive Empfindlichkeit um diese 6 dB.

Druckstau auf reflektierenden Flächen

Abb. 9-27: Grenzflächenmikrofon, schematisch

Die übliche Ausführung des Grenzflächenmikrofons ist ein kleiner Kondensator-Druckempfänger, bündig eingelassen in eine flache, an den Seiten angeschrägte, schallharte Platte (Abb. 9-27). Ein solcher Grenzflächen-Druckempfänger hat folgende Eigenschaften:

- Es gibt keinen Unterschied zwischen Freifeld- und Diffusfeldentzerrung, weil das Grenzflächenmikrofon für den gesamten Übertragungsbereich im Druckstau betrieben wird.

- Der Grenzflächeneffekt beeinflusst den Direktschall stärker als den Diffusschall. Das Grenzflächenmikrofon hat eine „Halbkugel-Charakteristik", sein Bündelungsmaß (= Diffusschalldämpfung) beträgt 3 dB (in Raumkanten 6 dB, in Ecken 9 dB), der Wert der Entfernungskorrektur ist 1,4.

Grenzflächenmikrofone werden eingesetzt, um störende Einflüsse von stehenden Wellen oder frühen Reflexionen zu unterdrücken. Sie sind damit prädestiniert für kleine, akustisch ungünstige Aufnahmeräume oder beengte Aufnahmesituationen.

9.2.9 Digitale Mikrofone

Als „digital" bezeichnet man Mikrofone mit digitalem Ausgang. Dabei kann entweder der Schallwandler selbst als Analog-Digital-Wandler ausgeführt sein (echtes Digitalmikrofon), oder es wird einfach ein „herkömmliches" Mikrofon mit A/D-Wandler ausgestattet.

Es gibt verschiedene Ansätze, echte digitale Mikrofone zu realisieren.

echtes Digitalmikrofon So fungiert in einer von Yoshinobu Yasuno und Yasuhiro Riko vorgeschlagenen Lösung ein NF-Kondensatorwandler als Subtrahierer in der Rückkopplungsschleife eines Sigma-Delta-Wandlers (vgl. Abb. 5-16 auf S. 180). Dabei wird die Membran sowohl akustisch durch den Schalldruck des einwirkenden Schallfelds angetrieben als auch elektrostatisch durch das Ausgangssignal des Spannungswandlers (*Yasuno* 1999).

Allerdings übersteigen die Anforderungen an den zu übertragenden Dynamikbereich bei hochwertigen Mikrofonen die Möglichkeiten der digitalen Schallwandlertechnik; echte digitale Mikrofone werden bisher nicht kommerziell hergestellt.

Kondensatormikrofon mit integriertem A/D-Wandler Das handelsübliche digitale Mikrofon ist daher ein NF- oder HF-Kondensatormikrofon mit integriertem A/D-Wandler und AES42-Ausgang (siehe Abschnitt 7.2.3). Die Signalverstärkung wird digital realisiert: Ein digitales Mikrofon benötigt keinen Mikrofon-Vorverstärker. Die AES42-Schnittstelle liefert einen AES3-kompatiblen Datenstrom, und sie

Fernsteuerung über AES42 ermöglicht die externe Steuerung sämtlicher Mikrofonfunktionen. Neben der Einstellung der Vorverstärkung und der Umschaltung der Richtcharakteristik – sofern das Mikrofon über eine entsprechende Kapsel verfügt – können dies z.B. Vordämpfung und Nahkompensation (s.u.), digitale Kompression und digitale Pegelbegrenzung sein. Bei **Stereomikrofonen (Koinzidenzmikrofone**, siehe Abschnitt 9.7.1) ist u.a. die ferngesteuerte digitale MS-Matrizierung möglich.

9.2.10 Technische Daten

Messbedingungen Die Standard-Messbedingungen für Mikrofone sind **1 m** Abstand zum Messlautsprecher und **1 Pa** Schalldruck (94 dB). Impedanz, Übertragungsfaktor und Grenzschalldruckpegel werden bei einer Frequenz von **1 kHz** bestimmt.

Die wichtigsten Daten jedes Mikrofons sind **Frequenzgang** und **Richtcharakteristik**. Sie werden im **reflexionsarmen Raum** unter Freifeldbedingungen aufgenommen. Der Frequenzgang wird normgerecht mit Sinussignalen diskreter Frequenz gemessen, in der Praxis aber meist mit einem im Frequenzbereich gleitenden Sinus („Sweep") oder – gemäß der Theorie linearer Systeme – über Impulsantwort und FFT, z.B. mit einer Maximalfolgen-Messung (MLS, vgl. Abschnitt 4.1.1). Bei der Frequenzgangmessung muss natürlich der Frequenzgang des Messlautsprechers kompensiert werden.

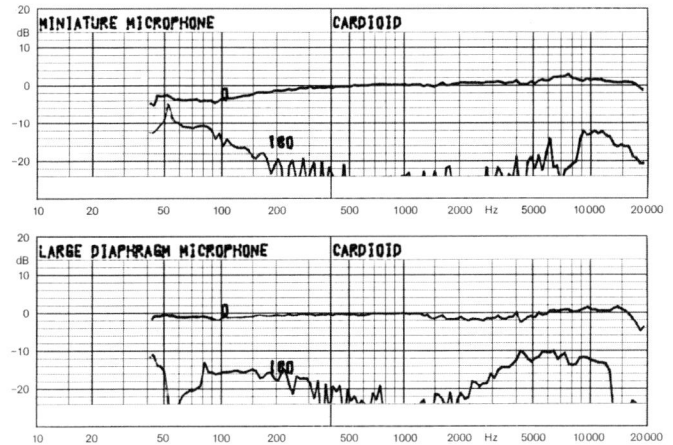

Abb. 9-28: Frequenzgänge hochwertiger Kondensatormikrofone mit Nierencharakteristik, jeweils gemessen für frontalen und rückwärtigen Schalleinfall; oben: Kleinmembran-, unten: Großmembran-Bauweise (theoretisch sollte der Pegel bei rückwärtiger Beschallung $-\infty$ dB betragen)

Am Frequenzgang lassen sich leicht die hervorstechenden klanglichen Eigenschaften eines Mikrofons erkennen (Abb. 9-28). Die in den Datenblättern veröffentlichten Kurven sind in der Regel von Hand „nachbearbeitet". Dabei geglättete geringe Welligkeiten sind allerdings ohnehin praktisch nicht hörbar.

Bei Gradientenempfängern muss man noch beachten, dass sich der im Datenblatt angegebene Frequenzgang in Abhängigkeit vom Einsprechabstand im Bassbereich noch erheblich ändern kann (Nahbesprechungseffekt); bei Druckempfängern findet man je nach Aufstellung Abweichungen bei hohen Frequenzen (Druckstau).

Der Frequenzgang allein reicht zudem nicht aus, um den Klang eines Mikrofons zu erklären: Weil im geschlossenen Raum stets Direkt- und Diffusschall aufgenommen werden, muss auch die **Richtcharakteristik** beachtet werden.

Ein Mikrofon, dessen Richtcharakteristik für alle Frequenzen exakt gleich ist, klingt im Diffusfeld sehr neutral. Hat ein Mikrofon dagegen eine frequenzabhängige Richtcharakteristik, so klingt der aufgenommene Diffusschall verfärbt. Gradientenempfänger mit Achtercharakteristik schneiden hier am besten ab. Größere Abweichungen vom Idealverhalten und damit einen tendenziell verfärbten Klang im Diffusfeld findet man bei Gradientenempfängern mit akustischem Laufzeitglied (Nierenmikrofone), insbesondere bei Kapseln großer Bauart. Zur Beurteilung kann man das frequenzabhängige Polardiagramm der **Richtcharakteristik** heranziehen.

Richtcharakteristiken werden üblicherweise bei verschiedenen diskreten Frequenzen (z.B. 125 Hz bis 16 kHz in Oktavschritten) gemessen.

Frequenzgang

Richtcharakteristik

Von der achsensymmetrischen Kurve wird der Übersichtlichkeit halber oft nur eine Seite im Polardiagramm dargestellt (Abb. 9-29).

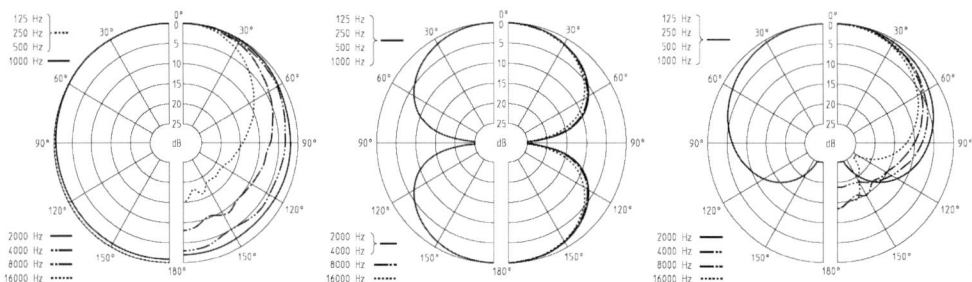

Abb. 9-29: Richtcharakteristiken hochwertiger Kleinmembran-Mikrofone, frequenzabhängig gemessen: Kugel, Acht, Niere (Druckempfänger, offener Gradientenempfänger, Gradientenempfänger mit Laufzeitglied)

Übertragungsbereich in Hz	Der **Übertragungsbereich** wird abgeleitet aus dem Frequenzgang, abgelesen an den -3-dB- *oder* -10-dB-Grenzfrequenzen; er hat deshalb wenig Aussagekraft. Bei Kondensator-Druckempfängern beträgt er *immer* 20 Hz bis 20 kHz oder mehr.
Nennimpedanz in Ω	Die **Nennimpedanz** ist ein Maß für den frequenzabhängigen Widerstand des Mikrofons. Damit ein Mikrofon ohne Qualitätsverlust an einem üblichen Mischpult betrieben werden kann, soll die Impedanz höchstens **200 Ω** betragen. Weil Mischpulte einen Nenn-Eingangswiderstand von mindestens 1 kΩ haben, ist damit die Überanpassung gewährleistet (vgl. Abschnitt 7.1.1).
Übertragungsfaktor in mV/Pa	Der **Übertragungsfaktor** (engl. sensitivity) ist ein Maß für die Empfindlichkeit des Wandlers. Ein empfindlicheres Mikrofon benötigt weniger Vorverstärkung im Mischpult und rauscht dadurch weniger. Typisch für dynamische Mikrofone sind rund **1 bis 5 mV/Pa**, für Kondensatormikrofone **5 bis 25 mV/Pa**. Die Empfindlichkeit sollte nicht im Leerlauf, sondern im „Betrieb", d.h. mit einem Standard-Abschlusswiderstand von 1 kΩ, gemessen werden: Die Leerlauf-Messung u_L ergibt zu große Werte, kann aber nach $u_B = 1000 \cdot u_L / (R_i + 1000)$ mit der Nennimpedanz R_i in den Betriebs-Übertragungsfaktor u_B umgerechnet werden.
äquivalenter Schalldruckpegel in dB(A) oder dB(CCIR)	Der **Ersatzgeräuschpegel** (äquivalenter Schalldruckpegel, engl. equivalent noise level) ist ein Maß für das Eigenrauschen des Mikrofons. Zur Berechnung wird die in sehr stiller Umgebung gemessene Rauschspannung des Mikrofons durch den Übertragungsfaktor in einen (virtuellen) Schalldruck umgerechnet und daraus ein absoluter Schalldruckpegel in dB bestimmt. Die Messung erfolgt mit „gehörgemäßer" Frequenzbewertung – nach CCIR 468 / DIN 45 405 wird die im Spitzenwert gemessene Rauschspannung mit der CCIR-Filterkurve bewertet, nach IEC 179 / DIN 45 412 wird eine Effektivwert-Messung A-bewertet (siehe Abschnitt 1.2.2). Die Messung nach IEC / DIN – Angabe in dB(A)– ergibt

in der Regel um 10 bis 13 dB kleinere Werte als die Messung nach CCIR (*Schneider 2008*).

Typisch für dynamische Mikrofone sind äquivalente Schalldruckpegel von rund **15 bis 30 dB(A)**, für Kondensatormikrofone **8 bis 24 dB(A)**. Bei dynamischen Mikrofonen werden normalerweise im Datenblatt keine Angaben gemacht.

Der **Grenzschalldruckpegel** gibt den maximal verzerrungsfrei übertragbaren Schalldruckpegel an; er wird bei Kondensatormikrofonen häufig für einen Klirrfaktor von $k \leq 0{,}5\,\%$ angegeben, gelegentlich (insbesondere bei Röhrenmikrofonen) für $k \leq 1\,\%$ oder sogar $2\,\%$. Bei Werten $\geq 140\,\mathrm{dB}$ ($k \leq 0{,}5\,\%$) ist ein Mikrofon auch für sehr pegelstarke Quellen (Bassdrum, Blechbläser im Nahbereich) einsetzbar. In den Datenblättern dynamischer Mikrofone findet man meist keine Angaben; allerdings liegt ihr Grenzschalldruckpegel in der Regel sehr hoch.

Grenzschalldruckpegel in dB

9.2.11 Ausführungen

Je nach Bauart kann man **Studiomikrofone**, **Bühnenmikrofone** und **EB-Mikrofone** unterscheiden (EB: Elektronische Berichterstattung, auch ENG: Electronic News Gathering). Für die **Filmton**-Aufnahme am Set werden dieselben Mikrofone verwendet wie bei der elektronischen Berichterstattung; für Sprach- und Geräuschaufnahmen im Filmtonstudio die selben Mikrofone wie im Musikstudio.

Abb. 9-30: Archetypische Mikrofone: Kleinmembran-Mikrofon, Bühnen-Gesangsmikrofon, umschaltbares Großmembran-Mikrofon

Studiomikrofone werden für höchste Übertragungsqualität und komfortable Bedienbarkeit entworfen. Im Studio kommen Kondensatormikrofone zum Einsatz, darunter insbesondere Kleinmembran-Nierenmikrofone, Druckempfänger, umschaltbare Großmembran-

Studiomikrofone

Mikrofone und auch historische und moderne Röhrenmikrofone. Dynamische Mikrofone werden eingesetzt, wenn ihre speziellen Klangeigenschaften gefordert sind.

Kleinmembran-Modulsysteme

Sehr verbreitet sind die unauffälligen stäbchenförmigen **Kleinmembran-Kondensatormikrofone**. Viele Hersteller professioneller NF-Kondensatormikrofone bieten Kleinmembran-Mikrofone als Modulsysteme an. Dabei lassen sich mit einem Impedanzwandler unterschiedliche Kapseln kombinieren.

Kleinmembran-Mikrofone mit Nierencharakteristik (Abb. 9-30 links) sind die universellen Arbeitsgeräte im Tonstudio; es gibt praktisch nichts, was man damit nicht aufnehmen kann. Kleinmembran-Druckempfänger mit Kugelcharakteristik werden insbesondere für Aufnahmen klassischer Musik verwendet. Mikrofone mit Super- oder Hypernierencharakteristik werden in besonders schwierigen Aufnahmesituationen eingesetzt, z.B. in sehr halliger Umgebung. Achtermikrofone (reine Gradientenempfänger) benutzt man u.a. für MS-Stereofonie (Abschnitt 9.6.2) oder – in Verbindung mit Druckempfängern – zur Realisierung variabler Richtcharakteristiken.

Nahkompensation

Gradientenempfänger werden häufig mit einer schaltbaren Tiefenabsenkung zur Kompensation des Nahbesprechungseffekts ausgestattet. Druckempfänger haben normalerweise keine Tiefenabsenkung. Sie sind dafür, je nach Ausführung der Kapsel, für den Gebrauch im Direktfeld bzw. Freifeld oder im Diffusfeld ausgelegt. Im direkten Vergleich haben diffusfeldentzerrte Druckempfänger eine deutlich stärkere Höhenwiedergabe und klingen bei frontalem Schalleinfall brillanter; freifeldentzerrte Druckempfänger klingen gedeckter und weicher.

Freifeld- und Diffusfeldentzerrung

Vordämpfung

Eine schaltbare Vordämpfung, beim NF-Mikrofon realisiert z.B. durch einen zur Kapsel parallel geschalteten Kondensator, verringert die Empfindlichkeit des Wandlers um den eingestellten Wert (z.B. 10 dB) und verhindert dadurch die Übersteuerung des internen Impedanzwandlers. Damit erhöhen sich sowohl der Grenzschalldruckpegel als auch das Eigenrauschen. Die Vordämpfung ist sehr nützlich für die Aufnahme sehr lauter Instrumente.

Großmembran-Kondensatormikrofone

Die mächtigen **Großmembran-Mikrofone** sind teurer als Kleinmembran-Mikrofone und in ihrem Einsatzgebiet vergleichsweise eingeschränkt. Dank ihrer imposanten Erscheinung – das Auge hört mit – benutzt man sie als Standardmikrofone zur Gesangs- und Sprachaufnahme. Inbegriff des Großmembran-Studiomikrofons ist das **U 87** („Uzi") von Neumann. Es ist sicherlich eines der begehrtesten und meistkopierten Studiogeräte (Abb. 9-30 rechts).

Neben dem beeindruckenden Äußeren zeichnen sich viele Großmembran-Mikrofone durch umschaltbare Richtcharakteristiken, schaltbare Vordämpfung und abgestuft schaltbare Nahkompensation aus. Diese Hilfsmittel sind sehr nützlich, um sich schnell auf wechselnde Aufnahmesituationen einstellen zu können. Manche Mikrofone bieten zudem die Möglichkeit der Fernumschaltung. **umschaltbare Richtcharakteristik**

Als Zubehör zum Großmembran-Mikrofon gehören eine elastische Aufhängung („Spinne") zur Dämpfung von Körperschall sowie ein Popschutz-Schirm zur Verhinderung tieffrequenter Störsignale durch Luftzug bei der Gesangsaufnahme (Abb. 9-43 auf S. 302). **Zubehör**

Auf Grund des großen Kapseldurchmessers zeigen Großmembran-Mikrofone insbesondere bei hohen Frequenzen ein nicht-ideales Verhalten. Dies ist ein Grund für den im Vergleich zu Kleinmembran-Mikrofonen meist stärker ausgeprägten Eigenklang.

Werden im Studio **dynamische Mikrofone** eingesetzt, so handelt es sich um die gleichen Modelle, die man auch auf der Bühne findet. Im Studio werden sie wegen ihres charakteristischen Klangs insbesondere bei der Nahabnahme von Instrumenten benutzt. **dynamische Studiomikrofone**

Die Anforderungen an **Bühnenmikrofone** sind mechanische Robustheit und akustische Rückkopplungsfestigkeit. Zum Einsatz kommen insbesondere dynamische Mikrofone mit Tauchspulenwandler, selten Elektret-Kondensatormikrofone oder „echte" Kondensatormikrofone. **Bühnenmikrofone**

Das typische Bühnenmikrofon ist speziell für die Gesangsaufnahme entworfen. Es ist ein Gradientenempfänger mit Laufzeitglied, hat also eine Nieren-, Supernieren- oder Hypernierencharakteristik, und es hat einen stark abgesenkten Bassfrequenzgang: **Gesangsmikrofone für Nahbesprechung**

Bühnen-Gesangsmikrofone werden oft in der Hand gehalten und aus sehr kurzer Distanz besprochen. Als Gradientenempfänger sind sie aber empfindlich gegen Griffgeräusche, Wind- und Popstörungen. Die Absenkung im Bassbereich verringert nun die Störempfindlichkeit drastisch, und für die aufgenommene Stimme oder das Instrument wird sie durch den Nahbesprechungseffekt wieder ausgeglichen. Benutzt man solche „Nahbesprechungsmikrofone" aber in größerer Entfernung zur Quelle, klingen sie sehr dünn. **Einsprechabstand einige Zentimeter**

Das weltweit meist verkaufte professionelle Mikrofon, das **SM 58** von Shure, ist der Prototyp des dynamischen Bühnen-Gesangsmikrofons für Nahbesprechung; nach seinem Vorbild sind die meisten Bühnenmikrofone gestaltet (Abb. 9-30 Mitte).

Nur wenige dynamische Mikrofone sind *nicht* für Nahbesprechung gedacht. Sie haben einen vergleichsweise linearen Frequenzgang im Bass, evtl. eine schaltbare Bassabsenkung, und sie sind damit auch in größerer Entfernung zur Quelle einsetzbar. Diese Mikrofone werden gleichermaßen auf der Bühne, im Studio und für EB-Anwendungen eingesetzt.

Abb. 9-31: Richtrohr im Windschutzkorb mit Fellüberzug an der Mikrofonangel

EB und Filmton

Bei der elektronischen Berichterstattung für Rundfunk und Fernsehen und bei der Filmton-Aufnahme „am Set" gelten andere Anforderungen als im Studio oder auf der Bühne. Ein geeignetes Mikrofon unterdrückt Störschallquellen, lässt sich (sofern gleichzeitig eine Kamera läuft) unsichtbar installieren und ist ggf. auch wetterfest. Die typische Aufnahmesituation ist die mobile Sprachaufnahme. Zum Einsatz kommen insbesondere das Richtrohr als NF- oder HF-Kondensatormikrofon, das Miniaturmikrofon und – bei Interviews – das handgehaltene Mikrofon.

langes und kurzes Richtrohr

Das **Richtrohrmikrofon** erzielt eine erheblich stärkere Bündelungswirkung als ein einfacher Gradientenempfänger und erlaubt damit große Aufnahmeabstände. Bei der Aufzeichnung von Ton zum Bild kann es daher außerhalb des Kamera-Aufnahmebereichs bleiben. Richtrohre werden in der Regel nicht statisch eingesetzt, sondern an der **Mikrofonangel** geführt (Abb. 9-31). Typische „lange" Richtrohre haben bei einer Gesamtlänge von ca. 40 cm (effektive Rohrlänge ca. 30 cm) eine untere Grenzfrequenz der Bündelungswirkung von ca. 1 kHz. Bei typischen „kurzen" Richtrohren mit halber Rohrlänge beginnt die Bündelungswirkung eine Oktave höher. Das lange Richtrohr ist das Standardmikrofon für EB und Filmton.

Richtrohre sind extrem empfindlich gegen Körperschall und Luftzug. Sie werden deshalb grundsätzlich in einer elastischen Aufhängung (Spinne) montiert und mit einem Windschutz (Schaumstoff oder Windschutzkorb, evtl. mit Fellüberzug) ausgestattet (siehe Bild). Zum Ausgleich der Höhendämpfung durch den Windschutz verfügen viele Richtrohre über eine schaltbare Höhenanhebung, zur Unterdrückung von Störschall über einen schaltbaren Hochpass.

In halligen Räumen sollte man den Einsatz des Richtrohrs möglichst vermeiden, weil der aufgenommene Diffusschall wegen des frequenzabhängigen Richtverhaltens stark gefärbt wird. Hier sind Kleinmembran-Mikrofone mit Hypernierencharakteristik besser geeignet.

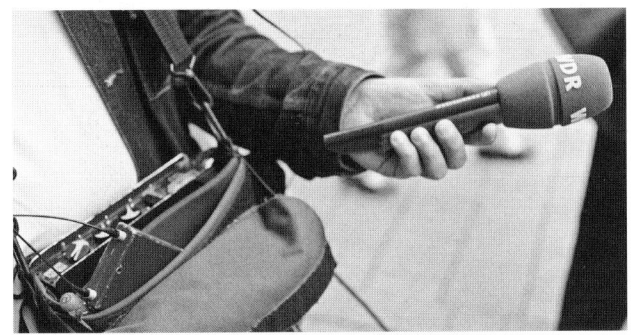

Abb. 9-32: Drahtlos angebundenes Reportage-Mikrofon

Für **Interviews** werden auch handgehaltene Mikrofone verwendet (Abb. 9-32), bevorzugt mit drahtloser Anbindung („Handsender"). Geeignet sind Mikrofontypen, die einen mittleren Einsprechabstand erlauben, die also nicht für extreme Nahbesprechung konstruiert sind. Beim Außeneinsatz wird die Kapsel mit einem aufsteckbaren Windschutz vor Luftzug und Feuchtigkeit geschützt. Wegen ihrer mechanischen Robustheit, ihrer Unempfindlichkeit gegen Griff-, Wind- und Popgeräusche und ihrer unkomplizierten Handhabung sind auch dynamische Druckempfänger gut geeignet.

Reportage-Mikrofone

dynamische Druckempfänger

Das **Miniaturmikrofon** wird unauffällig an der Kleidung befestigt oder direkt auf die Haut geklebt. Miniaturmikrofone – meist Druck- oder Druckgradientenempfänger mit Elektret-Kondensator-Wandler – werden in der Regel mit einer **Funkübertragungsstrecke** („Taschensender") angeschlossen. In robustem Gehäuse und mit Klemmvorrichtungen versehen, findet man diesen Mikrofontyp auch zum Bühnengebrauch, z.B. für die Abnahme von Blasinstrumenten.

Miniaturmikrofon mit Taschensender

9.3 Lautsprecher

In der Tontechnik werden Lautsprecher vor allem als Kontrollmonitore und zur Beschallung verwendet. In professionellen Systemen kommen dabei fast ausschließlich Tauchspulenwandler – in großer Bauform als **Konuslautsprecher** und in kleiner Bauform als **Kalottenlautsprecher** – zum Einsatz. Gelegentlich findet man magnetostatische Bändchenhochtöner, äußerst selten elektrostatische Wandler. Der Tauchspulenwandler ist ein Schnellewandler; die auf die Membran einwirkende Kraft ist proportional zum Schwingspulenstrom.

Das akustische Modell des Lautsprechers ist die ideal starre, kolbenförmig schwingende runde Membran, die von einem konstanten Strom angetrieben wird: Die Endstufe arbeitet als Spannungsquelle, und der Widerstand R des gesamten Lautsprechersystems wird als konstant angenommen; damit ist wegen $i = u/R$ der Strom proportional zur Signalspannung.

9.3.1 Schallerzeugung

Die von einer Membran des Radius r bei der Frequenz $\omega = 2\pi f$ mit der Auslenkung ξ abgestrahlte Schallleistung P berechnet sich zu

$$P = \frac{Z_0\, r^4 \omega^4 \xi^2}{2\, c_0^2} = \underbrace{\frac{8\pi^2 \varrho_0}{c_0}}_{\text{konstant}} \cdot A^2 \xi^2 f^4$$

Schalldruck proportional zu Fläche und Auslenkung

mit der Schallkennimpedanz Z_0 und der Schallgeschwindigkeit c_0. Je größer die strahlende Fläche $A = \pi r^2$ ist, je größer der Membranhub ist, und je höher die Frequenz ist, desto mehr Schallenergie wird erzeugt. Dabei steigt die Schallleistung quadratisch mit der Membranfläche und quadratisch mit der Membranauslenkung, aber mit der vierten Potenz der Frequenz. Wegen des quadratischen Zusammenhangs zwischen Schallleistung und Schalldruck ($P \sim p^2$ bzw. $p \sim \sqrt{P}$, siehe Abschnitt 1.2.1) ist der gesamte abgestrahlte Schalldruck proportional zu Fläche und Auslenkung, und er steigt quadratisch mit der Frequenz, also mit 12 dB/Oktave.

Damit nun ein Lautsprecherchassis einen linearen Übertragungsbereich erhält, muss seine mechanische **Resonanzfrequenz** tief abgestimmt werden. Sie markiert damit die untere Grenzfrequenz des Lautsprechers, und die Membran schwingt massegehemmt (vgl. idealer Schwinger, Abschnitt 1.1.2). Bei konstanter einwirkender Kraft – also bei konstantem Strom durch die Schwingspule – fällt die Auslenkung oberhalb der Resonanzfrequenz quadratisch, wodurch der quadratische Anstieg des abgestrahlten Schalldrucks kompensiert wird.

Resonanzfrequenz = untere Grenzfrequenz

Umfangsfrequenz

Andererseits endet aber der theoretische lineare Übertragungsbereich einer runden Membran, wenn das Produkt von Wellenzahl und Radius groß wird ($kr = 2\pi r/\lambda \geq 1$, also Membranumfang $2\pi r \geq \lambda$). Oberhalb der **Umfangsfrequenz** $f_U = c_0/2\pi r$ fällt die abgestrahlte Leistung quadratisch mit der Frequenz, und gleichzeitig erfolgt die Schallabstrahlung scharf gebündelt. Zudem bilden sich bei diesen kleinen Wellenlängen auch störende Eigenfrequenzen der Membran aus, die sog. **Partialschwingungen** (vgl. Abschnitt 1.4.1).

Die Lautsprechermembran muss also klein gegen die Wellenlänge sein, dabei aber trotzdem möglichst groß, damit sie einen guten Wirkungsgrad hat. Der theoretische lineare Übertragungsbereich der direkt strahlenden, elastisch eingespannten Membran wird nach unten begrenzt durch die mechanische Resonanzfrequenz (darunter fällt der Frequenzgang mit 12 dB/Oktave), nach oben durch die geometrische Umfangsfrequenz. Ein Chassis kann daher *entweder* schön klingen (kleine Membran, großer linearer Übertragungsbereich) *oder* wirkungsstark sein (große Membran, kleiner linearer Übertragungsbereich). Dies ist der wesentliche Unterschied zwischen Chassis für **HiFi-Boxen** und Chassis für **Beschallungsboxen** (PA: Public Address).

PA-Chassis (groß) vs. HiFi-Chassis (klein)

Doch selbst kleine Chassis sind noch zu groß, um den gesamten Audio-Frequenzbereich abstrahlen zu können – würde man sie klein genug bauen, dann könnten sie bei tiefen Frequenzen praktisch keine Schallenergie mehr erzeugen[7]. Üblicherweise wird deshalb das zu übertragende breitbandige Signal mit den elektrischen Filtern einer **Frequenzweiche** in kleinere Frequenzbänder aufgeteilt, die dann mit Chassis unterschiedlicher Größe abgestrahlt werden.

Kompromiss: Mehrwegsystem

Anschaulich lässt sich der schlechte Wirkungsgrad einer kleinen Membran durch die akustische Blindleistung erklären: An den Rändern der Membran kann die Luft ausweichen; ein kleines Chassis verschiebt viel Luft, erzeugt aber wenig Schall. Ein sehr wirkungsvoller Trick, um diese Luftverschiebung zu verringern und damit den Wirkungsgrad dramatisch zu erhöhen, ist das **Horn**: Setzt man ein zylindrisches Rohr vor eine Membran, dann gibt es innerhalb des Rohres praktisch keine Blindleistung, weil die Luft seitlich nicht ausweichen kann. Natürlich hat man damit das Problem lediglich zur Rohrmündung verlagert. Aber auch bei einem sich allmählich aufweitenden Trichter, wie er z.B. bei Hornlautsprechern und Blasinstrumenten zu finden ist, ist die Blindleistung erheblich verringert, und durch den Trichter gelingt eine bessere Anpassung des Wellenwiderstands im Rohr an das Schallfeld außerhalb der Mündung (**Impedanzanpassung**, vgl. Abschnitte 1.3.1, 1.4.2, 7.1.1). Mit einem Horn erzielt man im Vergleich zum direkt strahlenden Lautsprecher typischerweise eine wenigstens zehnfache Schallleistung (Pegelgewinn typ. 10 dB).

Hornlautsprecher

Im Hornlautsprecher arbeitet in der Regel eine große Membran auf ein kleines Luftvolumen (**Druckkammer**, siehe Abschnitt 2.1.3). Der in der Druckkammer erzeugte quasistatische Wechseldruck – wegen der geringen Abmessungen entstehen in der Kammer keine Schallwellen – wird über eine kleine Öffnung an einen Horntrichter abgegeben. Die Druckkammer leistet eine **Schnelletransformation**; die kleine Schnelle des Druckkammertreibers wird gemäß dem Flächenverhältnis auf eine sehr viel größere Schnelle in der Öffnung umgesetzt.

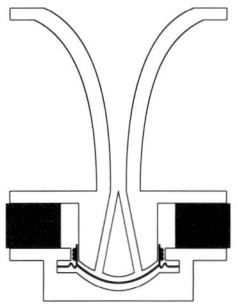

Abb. 9-33: Druckkammertreiber mit Horn (Hochtonhorn)

---

[7] Dieser Effekt ist für den dünnen und leisen Klang eines auf dem Tisch liegenden Kopfhörers verantwortlich.

Für den Hochtonbereich werden spezielle Druckkammertreiber hergestellt (Abb. 9-33), die entweder bereits einen Hornaufsatz haben oder mit separat gefertigten Hörnern gekoppelt werden können. Zur Realisierung von Tieftonhörnern benutzt man gewöhnliche Konuslautsprecher als Treiber und konstruiert Druckkammer und Horn durch die Geometrie der Box.

9.3.2 Gehäuse

Was dem Mikrofon die Kapsel, ist dem Lautsprecher das **Gehäuse**: Es definiert Frequenzgang und Richtverhalten des gesamten Systems und es sorgt für einen rückseitigen Abschluss der offenen Tieftönermembran (Hochtöner haben in der Regel eine akustisch gekapselte Membran und benötigen deshalb kein eigenes Gehäuse). Die wichtigsten Prototypen sind die **geschlossene Box** (engl. closed box) und die **Bassreflexbox** (engl. vented oder ported box).

Das geschlossene Gehäuse (Abb. 9-34) ist das Gegenstück zum Druckempfänger. Ein Lautsprecher im geschlossenen Gehäuse ist ein Kugelstrahler, sofern die Wellenlänge groß im Vergleich zu den Boxenabmessungen ist und es somit nicht zu Reflexion und Abschattung kommt. Der Frequenzgang der geschlossenen Box ist nach unten durch die Resonanzfrequenz des Basschassis begrenzt.

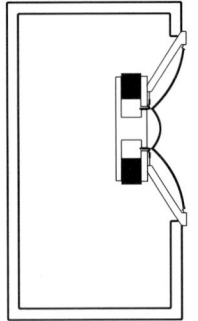

Abb. 9-34:
Geschlossene Box

Üblicherweise erfolgt die Abstimmung der Box derart, dass die Resonanzgüte des Basschassis im eingebauten Zustand – also unter Berücksichtigung der Nachgiebigkeit des eingeschlossenen Luftvolumens – auf $Q = 1/\sqrt{2}$ eingestellt wird (Butterworth-Abstimmung, vgl. Abschnitt 1.1.2). Die Bassmembran kehrt dann nach einer impulshaften Auslenkung so schnell wie möglich in die Ruhelage zurück: Eine solche Box hat eine „knackige", trockene Basswiedergabe.

Beim Bassreflexgehäuse (Abb. 9-35) wird die Box als **Helmholtz-Resonator** ausgeführt (siehe Abschnitt 1.4.2). Dazu bringt man eine Öffnung (meist ein Rohr) im Gehäuse an; die in diesem Bassreflexrohr schwingende Luft strahlt dann gemäß ihrer Fläche und Auslenkung ebenfalls Schall ab. Stimmt man die Helmholtz-Resonanzfrequenz rund eine halbe Oktave unterhalb der mechanischen Resonanzfrequenz ab, so kann man den Frequenzgang der Box dadurch im Bassbereich wirkungsvoll erweitern. Der Helmholtz-Resonator ist ein resonanter akustischer Tiefpass – bei der Resonanzfrequenz lässt er maximal viel Schalldruck passieren, oberhalb fällt sein Frequenzgang mit 12 dB/Oktave. Bei hohen Frequenzen geht die Bassreflexbox deshalb in die geschlossene Box über.

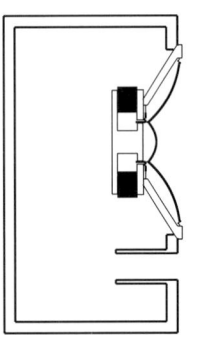

Abb. 9-35: Bassreflexbox

Angeregt wird der Helmholtz-Resonator durch die *Rückseite* der Tieftöner-Membran, also phasengedreht zum direkt abgestrahlten Schall. Weil nun aber die im Bassreflexrohr schwingende Luft wie jeder

Masseschwinger oberhalb ihrer Resonanzfrequenz eine Phasendrehung erfährt, erfolgt die resultierende Schallabstrahlung im Frequenzbereich zwischen Helmholtz-Resonanz und Chassis-Resonanz phasengleich; es gibt also konstruktive Interferenz und damit eine Verstärkung. Durch die Phasendrehung wird allerdings der abgestrahlte Schall im Zeitbereich „verschmiert". Die Bassreflexbox klingt deshalb prinzipbedingt weicher im Bass als die geschlossene Box.

doppelte Phasendrehung

Unterhalb seiner Resonanzfrequenz arbeitet der Helmholtz-Resonator im Durchlassbereich der Tiefpass-Charakteristik. Bei sehr tiefen Frequenzen kann deshalb der von der Membranrückseite abgestrahlte Schall ungehindert passieren und erfährt auch keine Phasendrehung (quasistatischer Fall der erzwungenen Schwingung). Es kommt also zur destruktiven Interferenz: Das Basschassis arbeitet unterhalb der unteren Grenzfrequenz der Box im **akustischen Kurzschluss**; der resultierende Abfall im Bassbereich beträgt 18 dB/Oktave.

akustischer Kurzschluss im Subbass

Die **Bandpassbox** ist eine spezielle Bauform der Bassreflexbox. Das Basschassis wird im Gehäuse gekapselt und kann daher keinen Direktschall abstrahlen (Abb. 9-36). Bandpassgehäuse werden für Subwoofer benutzt. Durch die Tiefpasscharakteristik des Helmholtz-Resonators kann der Schaltungsaufwand für die Frequenzweiche (s.u., Abschnitt 9.3.3) verringert werden.

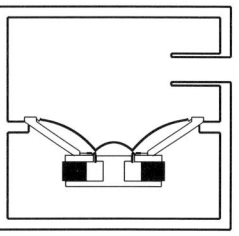

Abb. 9-36: Bandpassbox

Eine u.a. in der HiFi-Technik und bei Kino-Subwoofern eingesetzte Gehäuseform ist die **Transmissionline-Box** (Abb. 9-37). Sie ist der Bassreflexbox vergleichbar, nur ist hierbei das gesamte Gehäuse ein $\lambda/4$-Röhrenresonator, dessen tiefste Eigenfrequenz zur Bassverstärkung genutzt wird (siehe Abschnitt 1.4.2). So lässt sich z.B. bei einer Rohrlänge von 4 m, vierfach gefaltet in einer 1 m hohen Säulenbox, eine Resonanz von rund 20 Hz erreichen.

Auf sehr ähnliche Weise werden auch große Hornlautsprecher konstruiert; die Grenzen zwischen den akustischen Prinzipien sind fließend: Lässt man bei einer Box wie in Abb. 9-37 das Rohr sich zur Mündung hin allmählich aufweiten, so erhält man ein „rückwärts geladenes" (engl. rear loaded) **Horn**. Diese Gehäusevariante wird insbesondere als Basshorn für Beschallungsanlagen eingesetzt („Bassrutsche").

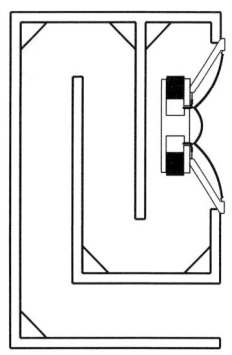

Abb. 9-37: Transmissionline-Box

Und schließlich wird bei Lautsprechern wie auch schon bei Mikrofonen das **akustische Laufzeitglied** eingesetzt: Versieht man eine geschlossene Box auf der Rückseite mit großen Öffnungen, die mit einem akustischen Reibungswiderstand (poröser Absorber, z.B. Schaumstoff) abgedeckt werden, so erfährt der rückseitig abgestrahlte Schall bei geeigneter Dimensionierung in einem begrenzten Frequenzbereich eine Phasendrehung. Damit entsteht eine **Nierencharakteristik**. Solche „Nierenboxen" sind insbesondere geeignet, um die Schallabstrahlung bei tiefen Frequen-

Box mit Laufzeitglied

Dipolstrahler

zen zu kontrollieren, die bei den anderen beschriebenen Gehäuseformen wegen der großen Wellenlängen annähernd kugelförmig ist.

Das Gegenstück zum offenen Gradientenempfänger, den echten **Dipolstrahler** mit Achtercharakteristik, findet man bei Lautsprechern nur selten. Diese Bauart ist dem elektrostatischen Flächenstrahler vorbehalten. Eine andere Art, einen Dipol zu erzeugen, ist die geschlossene Box mit zwei gegenphasig schwingenden Membranen. Diese Bauart wird bei Surround-Boxen nach THX-Vorschrift[8] im Kino genutzt – durch einen phasendrehenden Allpass in der Frequenzweiche (s.u.) arbeiten solche Boxen bei tiefen Frequenzen als Monopol, bei mittleren und hohen Frequenzen aber als Dipol. Die Achtercharakteristik ist im Kino wichtig, weil die Zuschauer die Effektboxen nicht orten sollen (vgl. Gesetz der ersten Wellenfront, Abschnitt 3.3.2). THX-kompatible Surroundboxen sind daher wandparallel strahlende Dipole. Damit wird sichergestellt, dass Surroundsignale im Zuschauerraum diffus wiedergegeben werden.

Surround-Lautsprecher

Gehäusegröße

Die äußeren Abmessungen der Box spielen eine erhebliche Rolle für den Klang: Damit ein Lautsprecher unabhängig von Raum und Hörposition immer gleich klingt, muss er eine **frequenzunabhängige Abstrahlcharakteristik** haben. Und dies lässt sich am einfachsten über die Baugröße steuern. Ist die Box klein gegen die Wellenlänge, wirkt sie als Kugelstrahler. Reale Boxen sind meist bei tiefen Frequenzen Kugelstrahler und bei hohen Frequenzen (Reflexion, Abschattung) gerichtet. Je kleiner die Box ist, desto unkomplizierter verhält sie sich bei Aufstellung, und desto größer ist der „Sweet Spot" bei der Stereoaufstellung.

Auch der Eindruck der Entfernung einer Phantomschallquelle wird durch die Abstrahlcharakteristik gesteuert – je stärker der Schall gerichtet wird, desto weniger wird das Diffusfeld des Wiedergaberaums angeregt, desto näher erscheint das Hörereignis. Im Interesse einer gleichmäßigen Entfernungsabbildung und einer sauberen Darstellung räumlicher Tiefe sollte deshalb ebenfalls das Rundstrahlverhalten unabhängig von der Frequenz sein (es ist nicht wirklich wichtig, ob und wie ein Lautsprecher den Schall bündelt, nur sollte er dies für alle Frequenzen gleich tun).

Bei großen Boxen lässt sich ein gutes Rundstrahlverhalten nur mit großem konstruktivem Aufwand erreichen. Mögliche Lösungen sind hier z.B. zusätzliche Mittel- oder Hochtöner in den Seiten oder an der Rückwand, oder senkrecht nach oben oder unten strahlende Membranen mit Streukegeln. Baut man im Tonstudio die Boxen bündig in die Wand ein, so reduziert sich das Problem auf den vorderen Halbraum (vgl. Grenzflächenmikrofon). Der Wandeinbau ist deshalb sehr günstig für große Boxen, nur muss u.U. der Frequenzgang entsprechend korrigiert werden, weil jetzt die gesamte Schallenergie nach vorne abgestrahlt wird.

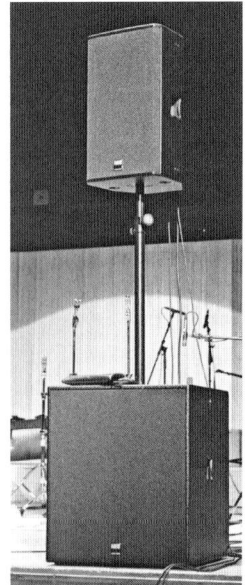

Abb. 9-38: Kleine Beschallungsanlage mit Satellit (oben) und Subwoofer (unten)

---

[8]Tomlinson Holman Experiment, ein Lucasfilm-Standard für die Tonwiedergabe

Eine verbreitete Methode zur Verringerung der Baugröße ist das **Satelliten-Subwoofer-Konzept**. Statt einer großen Dreiwegbox baut man kleine Zweiwegsysteme („Satelliten"), die im Tiefbassbereich von einem – häufig monofonen – „Supertieftöner" (engl. subwoofer) unterstützt werden. Die Abkopplung von Subwoofer und Satellit erfolgt üblicherweise aktiv, die Trennfrequenz wird so tief gewählt, dass der Subwoofer selbst (fast) nicht ortbar ist und deshalb die Stereoabbildung (fast) nicht stört.

Subwoofer werden gerne in HiFi-Anlagen verwendet, um Platz zu sparen und dabei von der guten räumlichen Auflösung der Satelliten zu profitieren. Auch in der Beschallungstechnik (PA) werden Satelliten-Subwoofer-Systeme eingesetzt (Abb. 9-38).

Abb. 9-39: Koaxiale Schallwand

Standard ist das Satelliten-Subwoofer-Konzept beim Filmton (z.B. 5.1-Surround), allerdings in zwei grundverschiedenen Ausführungen: Während nach Kinonorm der Subwoofer als Effektkanal genutzt wird und nur gelegentlich (… wenn das Raumschiff explodiert …) ein Signal bekommt, wird in der Heimvideo-Anlage der Subwoofer über eine Frequenzweiche im Verstärker angesteuert und erhält u.U. permanent die Tieftonsignale aller Kanäle.

Neben der Baugröße ist ein zweites wichtiges Merkmal einer Box die Gestaltung der **Schallwand**. Je weiter die Chassis voneinander entfernt sind, desto unschärfer wird die Darstellung der Phantomschallquellen. Daher sollten die Chassis auf der Schallwand niemals nebeneinander, sondern immer senkrecht übereinander und so nah aneinander wie möglich angeordnet sein.

Die konsequentesten Lösungen, die demnach auch die beste räumliche Auflösung garantieren, sind die **koaxiale** und die **d'Appolito**-Anordnung (Abb. 9-39, 9-40). Im ersten Fall werden die Chassis voreinander montiert. Im zweiten Fall führen die symmetrisch um den Hochtöner angeordneten Chassis zu einem zentralen „Phantom-Punktstrahler" (d'Appolito 1983).

Abb. 9-40: Schallwand nach Joseph d'Appolito

Zur Steuerung der Abstrahlcharakteristik werden Lautsprecher in „Zeilen" (engl. **line arrays**) verbunden. Die Bündelungswirkung eines Line Arrays entsteht gemäß dem Huygens-Fresnel'schen Prinzip (Abschnitt 1.3.2): Signalanteile in Richtung der Zeile werden durch Interferenz unterdrückt (vgl. Beugung am Spalt).

Line Array

Allerdings funktioniert dieses Prinzip nur, sofern der Abstand der einzelnen Punktstrahler im Array deutlich kleiner ist als die Wellenlänge (vgl. spatial aliasing bei der Wellenfeldsynthese, Abschnitt 9.6.4). Bei üblichen Beschallungsboxen mit ihren großen Abmessungen müssen daher besondere Vorkehrungen für den Hochtonbereich getroffen werden: Lautsprecherboxen für Line Arrays haben spezielle Hochtonhörner („Waveguides") mit schlitzförmigem Schallaustritt über die gesamte

Abb. 9-41: Box für das Line Array mit schlitzförmigem Hochton-Schallaustritt in der Mitte (Bild: RCF)

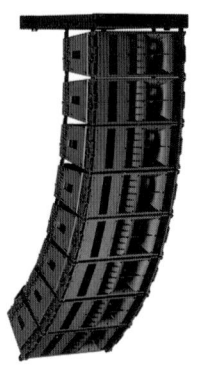

Abb. 9-42: Line Array in typischer gekrümmter Form (Bild: RCF)

Höhe der Box, damit auch bei hohen Frequenzen eine akustische Kopplung der Array-Elemente möglich ist (Abbildung 9-41).

Darüber hinaus ist die Richtwirkung eines Line Arrays abhängig vom Produkt aus Arrayhöhe h und Wellenzahl $k = 2\pi/\lambda$ und damit vom Verhältnis der Arrayhöhe zur Wellenlänge h/λ. Ein sehr hohes vertikales Array ($\lambda \ll h$) erzeugt näherungsweise eine **Zylinderwelle** (perfekte Schallbündelung in der Vertikalebene); für $\lambda \gg h$ verschwindet die Bündelungswirkung. In der Horizontalebene – also senkrecht zu seiner Ausdehnung – hat das Array keine Wirkung.

Für ein Array der Höhe h in der Näherung als kontinuierliche Linienschallquelle ergibt sich die Richtfunktion in der Vertikalebene (Winkel ϑ) in Abhängigkeit von der Wellenlänge als **Spaltfunktion** (si-Funktion) zu

$$\Gamma(\vartheta, h, \lambda) = \frac{\sin\left(k\frac{h}{2} \cdot \cos\left(\frac{\pi}{2} - \vartheta\right)\right)}{k\frac{h}{2} \cdot \left(\cos\left(\frac{\pi}{2} - \vartheta\right)\right)}$$

$$= \operatorname{si}\left(\pi \frac{h}{\lambda} \cdot \cos\left(\frac{\pi}{2} - \vartheta\right)\right).$$

In der Praxis wird die scharfe Schallbündelung in der Vertikalen durch eine Krümmung des Arrays gemildert und an die Beschallungssituation angepasst (Abbildung 9-42).

9.3.3 Elektrik

Zur Aufteilung der Signalbandbreite in einzelne Frequenzbänder, die an die einzelnen Chassis einer Mehrwegbox geführt werden, dient eine **Frequenzweiche**. Bei einer Zweiwegbox besteht sie aus einer Parallelschaltung von Hochpass und Tiefpass für den Hochton- und Tieftonzweig, bei einer Dreiwegbox wird der Mitteltonbereich mit einer weiteren Hochpass-/Tiefpass-Kombination abgekoppelt.

In **passiver** Schaltung, d.h. betrieben am Ausgang eines Leistungsverstärkers (siehe Abschnitt 9.4), wird die Frequenzweiche mit passiven RC- und RL-Filtern aus Spulen, Kondensatoren und Widerständen aufgebaut. Dabei müssen dicke Lautsprecherkabel und spezielle hochbelastbare Bauteile verwendet werden: Bei einem Leistungsumsatz von 100 W an einer 4-Ω-Box fließt gemäß $P = u \cdot i = R \cdot i^2$ ein sehr großer Strom von $i = \sqrt{100/4} = 5$ A durch Lautsprecherkabel und Frequenzweiche! Die passive Konstruktion ist Standard in der HiFi-Technik und sie ist auch in der Studio- und Beschallungstechnik verbreitet.

Aktivbox

In **aktiver** Schaltung wird die Frequenzweiche in aktiver Elektronik – z.B. mit Operationsverstärkern – realisiert. Die Ansteuerung der Aktivbox erfolgt mit einem Spannungssignal bei Studiopegel, also z.B. vom Monitorausgang des Mischpultes. Zum Betrieb benötigt man *keine* externe Endstufe: Hinter jedem Filterzweig befinden sich in der Box separate

Verstärker für jedes Lautsprecherchassis; eine aktive Zweiwegbox enthält also neben der aktiven Weiche zwei Endstufen. Bei aktiven Dreiwegboxen ist der Mittel-/Hochtonzweig oft passiv aufgebaut. Aktivboxen sind in der Studio- und Beschallungstechnik verbreitet.

Die aktive Schaltungstechnik ermöglicht große Freiheiten bei der Auslegung der Filter; so lassen sich z.B. Phasenverschiebungen leicht durch Allpassfilter kompensieren. Zudem ist es für die Basswiedergabe günstig, wenn das Tieftonchassis ohne langes Kabel unmittelbar an die Endstufe angekoppelt ist (Abschnitt 9.4.2).

Der Begriff **Digitalbox** ist nicht scharf definiert. Im Idealfall ist die Frequenzweiche der Digitalbox mit digitalen Filtern aufgebaut, in jedem Frequenzband gefolgt von je einem D/A-Wandler und einer Endstufe. Oft verbirgt sich dahinter aber auch „nur" eine gewöhnliche Aktivbox, die mit zusätzlichem AES3- oder IEC Typ II-Eingang und D/A-Wandler ausgestattet ist. Digitale Boxen sind nützlich in digitalen Netzwerken, also z.B. als Monitore für ein komplett virtuelles, rechnerbasiertes Studio.

Digitalbox

9.3.4 Technische Daten

Lautsprechermessungen werden üblicherweise im Freifeld – also im reflexionsarmen Raum – in einer Entfernung von **1 m** durchgeführt, meist bei einer nominellen elektrischen Leistung von **1 W**. Dies entspricht einer Spannung von $2{,}83\,\mathrm{V}$ am 8-Ω-Lautsprecher bzw. $2\,\mathrm{V}$ am 4-Ω-Lautsprecher ($P = u \cdot i = u^2/R \implies u = \sqrt{8} = 2{,}83\,\mathrm{V}$ bzw. $u = \sqrt{4} = 2\,\mathrm{V}$). Die wichtigsten technischen Daten sind Frequenzgang, Wirkungsgrad und Belastbarkeit.

Der **Frequenzgang** des Lautsprechers wird im Freifeld auf der Hauptabstrahlachse ($0°$) bestimmt. Sehr gute Boxen haben einen Frequenzgang mit nur geringen Abweichungen vom Ideal (z.B. „$40\,\mathrm{Hz}$ bis $22\,\mathrm{kHz}$ $\pm 1{,}5\,\mathrm{dB}$"). Ein linearer Frequenzgang in $0°$-Richtung ist allerdings keine Garantie für einen unverfärbten, neutralen Klang: Weil die meisten Lautsprecher in verschiedenen Frequenzbereichen unterschiedlich stark gerichtet abstrahlen, und weil in praktisch allen Hörräumen dem Direktfeld ein ausgeprägtes Diffusfeld überlagert ist, klingen viele Lautsprecher in verschiedenen Räumen extrem unterschiedlich. Verhindern lässt sich dies nur durch eine frequenzunabhängige **Abstrahlcharakteristik** (Richtcharakteristik). Um die Abstrahlcharakteristik einschätzen zu können, würde man aber entweder richtungsabhängige Frequenzgänge oder einen im Hallraum gemessenen Diffusfeldfrequenzgang benötigen – beides wird üblicherweise im Datenblatt nicht angegeben.

Frequenzgang

Der **Übertragungsbereich** wird an den äußeren Grenzen des Frequenzgangs bestimmt. Nach der HiFi-Norm sind dies die -10-dB-Frequenzen relativ zum Pegel bei $1\,\mathrm{kHz}$, nach Studionorm die -3-dB-Frequenzen. Ei-

Übertragungsbereich

9 Schallwandlung

ne untere Grenze von 40 Hz wird nur von hochwertigen Boxen erreicht. Die unterste Oktave des Übertragungsbereichs – die Oktave zwischen 20 und 40 Hz – ist den größten und teuersten Boxen vorbehalten; allerdings entspricht auch der tiefste Grundton von E-Bass und Kontrabass nur einer Frequenz von rund 40 Hz.

Nennimpedanz

Die **Nennimpedanz** eines Lautsprechers – in der Regel 4 oder 8 Ω – ist wichtig, um die Verträglichkeit mit unterschiedlichen Verstärkern beurteilen zu können. Weil Leistungsverstärker einen sehr kleinen Ausgangswiderstand haben, wird der Stromfluss praktisch nur durch die Impedanz des Lautsprechers bestimmt (siehe Abschnitt 9.4). Ist die Lautsprecherimpedanz zu klein, wird die Endstufe überlastet.

Nun ist der Widerstand eines elektrodynamischen Lautsprechers stark frequenzabhängig. Er wird im Wesentlichen durch Drahtwiderstand und Induktivität der Schwingspule und durch die Gegeninduktion in der im Magnetfeld bewegten Schwingspule bestimmt. Die Nennimpedanz definiert den erlaubten *Minimalwert* des Widerstands: Nach der HiFi-Norm DIN 45 570 darf der Impedanzfrequenzgang einer Box den Nennwert um nicht mehr als 20 % unterschreiten. Ein normgerechter 8-Ω-Lautsprecher hat also einen Mindestwiderstand von 6,3 Ω.

Kennschalldruckpegel (Wirkungsgrad)

Der **Wirkungsgrad** des Lautsprechers wird als **Kennschalldruckpegel** in dB pro Watt angegeben. Er wird bei einer Frequenz von 1 kHz in einer Entfernung von 1 m gemessen. Für HiFi- und Studioboxen können 85 bis 90 dB (1 W/1 m) als gut gelten. Beschallungsboxen erreichen Werte von typ. 95 bis 105 dB (1 W/1 m).

Eine Box, die um 10 dB wirkungsschwächer ist als eine andere, benötigt für den gleichen Schalldruck die zehnfache Verstärkerleistung (zu Pegelrechnung siehe Abschnitt 1.2.2). Wirkungsstarke Boxen klingen sehr dynamisch und „offen", weil sie im Vergleich zu schwächeren Boxen an einer gegebenen Endstufe erheblich mehr Leistungsreserven haben.

Beispiel: Um mit einer Box eines Wirkungsgrads von 80 dB (1 W/1 m) in 1 m Entfernung einen Schalldruckpegel von 86 dB (*ungefähr Kinolautstärke*) zu erzeugen, ist eine Verstärkerleistung von $10^{(86-80)/10} = 10^{6/10} = 4\,W$ erforderlich. Um nun noch einen dynamischen Headroom von 20 dB unkomprimiert verarbeiten zu können (*geforderter Spitzenpegel also 106 dB*), werden vom Verstärker $10^{(106-80)/10} = 10^{26/10} = 400\,W$ verlangt! Eine Box mit einem Wirkungsgrad von 90 dB (1 W/1 m) kann dagegen dieselbe Dynamik bei einer Verstärkerleistung von 40 W umsetzen.

Belastbarkeit

Die **Belastbarkeit** (eigentlich: thermische Belastbarkeit) gibt die Belastungsgrenze an, bis zu der ein Lautsprecher betrieben werden kann, ohne durch Überhitzung zerstört zu werden. In erster Näherung kann man aus Kennschalldruckpegel und Belastbarkeit den Maximalschalldruckpegel berechnen. Dabei spielt der Wirkungsgrad eine größere Rolle als die Belastbarkeit.

Beispiel: Eine Box mit einem Wirkungsgrad von 80 dB (1 W/1 m) und einer Belastbarkeit von 100 W hat Pegelreserven von $10 \log 100 = 20$ dB, der theoretisch erreichbare Maximalpegel beträgt also $80 + 20 = 100$ dB. Eine andere Box mit einem Wirkungsgrad von 90 dB (1 W/1 m) und einer Belastbarkeit von nur 20 W kann dagegen theoretisch bis zu 103 dB Schalldruck erzeugen, und das an einer wesentlich kleineren Endstufe!

In der Praxis wird der rechnerische Maximalpegel nicht erreicht, weil jeder elektrodynamische Lautsprecher im Grenzbereich seiner Belastbarkeit das Eingangssignal komprimiert. Bei sehr großen elektrischen Eingangspegeln bleibt deshalb der Schalldruckpegel konstant, und der Klirrfaktor steigt: Der Lautsprecher wird übersteuert.

9.3.5 Ausführungen

Je nach verwendeten Chassis und je nach Konstruktionsphilosophie können Lautsprecherboxen *entweder* laut *oder* schön klingen. Während **Beschallungslautsprecher** für maximalen Wirkungsgrad entworfen werden, sollen **HiFi-Lautsprecher** einen möglichst schönen Klang und eine gute räumliche Auflösung bieten. **Studiomonitore** sollen natürlich beides können. Weil sich diese Ziele aber widersprechen, benutzt man im Studio häufig verschiedene Lautsprecher, die sich in ihren Eigenschaften ergänzen.

HiFi-Lautsprecher werden im Hinblick auf guten Klang entworfen. Große Pegel und große Dynamik spielen keine große Rolle, weil sie nur zum Konsum fertig produzierter Musik verwendet werden. Kleine **Studiolautsprecher**, sog. „Nahfeldmonitore" (engl. near field monitor), werden wie HiFi-Lautsprecher konstruiert. In der Regel verwendet man Zweiwegsysteme, passiv oder aktiv. Sie werden als Kontrolllautsprecher in sehr geringem Abstand zum Hörplatz (typ. etwa 1 m) aufgestellt. Damit dominiert der Direktschall des Lautsprechers, das Diffusfeld spielt keine erhebliche Rolle für den Klang: Die Nahfeldaufstellung benutzt man, um den Einfluss des Hörraums auf den Klang zu minimieren (und deshalb sollten solche Boxen richtig als **Direktfeldmonitore**) bezeichnet werden).

HiFi und Studio

Große Studiolautsprecher – „Diffusfeldmonitore" – sind ausgelegt für sehr große Pegel, große Dynamik und einen großen Übertragungsbereich. Sie werden deshalb oft als Aktivboxen ausgeführt, und häufig findet man in Anlehnung an die Beschallungstechnik sehr große Basschassis und Hochtonhörner. Seltener werden große Studioboxen wie große HiFi-Boxen konstruiert.

Ein wichtiger Unterschied zwischen Studio- und HiFi-Lautsprechern ist das zu Grunde liegende Klangideal: Während ein HiFi-Lautsprecher schön klingen soll und sogar einen eigenen Klangcharakter haben darf, soll ein Studiolautsprecher sauber und neutral (und beim ersten Hören oft unspektakulär) klingen. Der Schönklang vieler HiFi-Boxen wird durch überzeichneten Bass und schwache Mitten erreicht – so werden die Unzulänglichkeiten einer schlechten Aufnahme verschleiert[9].

schlechte Aufnahmen durch schlechte Lautsprecher

Nicht-neutrale Lautsprecherboxen sind als Kontrollmonitore im Studio ungeeignet: Bei der Tonproduktion versucht man unwillkürlich, die Fehler der Kontrolllautsprecher durch entsprechende Klangmanipulationen zu kompensieren (Børja 1977). Die Folge sind Aufnahmen, die nur auf der Anlage gut klingen, auf der sie produziert wurden – ein Fehler, der sicherlich für viele schlecht klingende Aufnahmen verantwortlich ist. Im Zweifel ist es günstig, verschiedene Monitore zu benutzen.

Beschallung (PA)

Bei der **Beschallung** spielt der Klang keine besondere Rolle; man sagt PA-Boxen bestenfalls einen „HiFi-tauglichen" Klang nach. Stattdessen ist das Entwurfsziel ein maximaler Wirkungsgrad und ein großer Maximalpegel. Zudem ist bei der Beschallung eine kontrollierte Richtwirkung der Lautsprecher erforderlich. Die übliche PA-Box kombiniert ein großes, hart eingespanntes Basschassis mit einem Hochtonhorn: Weil der Wirkungsgrad des Horns noch erheblich größer ist als der des Basschassis, kann das Horn mit einem Spannungsteiler um typ. rund 10 dB gedrosselt werden (siehe Abschnitt 9.3.1). Das Horn erhält damit bei gleichem abgegebenem Schalldruck nur 10 % der von der Endstufe abgegebenen elektrischen Leistung, und die filigrane Schwingspule des Hochtontreibers kann auch bei einer Rückkopplung nicht überlastet werden. Die PA-Box ist durch diesen Trick erheblich höher belastbar als die typische HiFi-Box.

Prozessor-Box

Zur Unterdrückung nichtlinearer Verzerrungen und zur weiteren Maximierung des Wirkungsgrads werden häufig **geregelte aktive Systeme** („Prozessor-Boxen") verwendet. Bei dieser Spezialform der aktiven Schaltungstechnik liefert ein Bewegungssensor an der Lautsprechermembran ein Rückkopplungssignal, so dass Membranbewegung und Eingangssignal verglichen werden können. Bei sehr großen Signalen wird entsprechend die Verstärkung nachgeregelt. „Prozessoranlagen" ermöglichen extremen Schalldruck bei sehr geringen Verzerrungen; eine Überlastung der Chassis ist praktisch nicht möglich.

Line Array und Schallzeile

Zur Steuerung der Abstrahlcharakteristik insbesondere bei Großbeschallungen werden Lautsprecher bevorzugt zu **Line Arrays** gekoppelt (s.S. 293 ff). Mit typischerweise mehreren Metern Höhe reicht die Bündelungswirkung eines Line Arrays bis in den Bassbereich. Durch pegel- und phasenabhängige Ansteuerung der einzelnen Arrayelemente kann die Richtwirkung des Arrays variiert und das Array virtuell gekippt oder geteilt werden, sodass einzelne Bereiche der Publikumsfläche gezielt be-

---

[9] Der Begriff „HiFi" (High Fidelity, hohe Klangtreue) wird hier synonym für die hochwertige Stereoanlage benutzt. Zwar wird nach der HiFi-Norm DIN 45 500 u.a. ein linearer Frequenzgang gefordert; trotzdem verstoßen manche – selbst hochwertige – Boxen für die Stereoanlage gegen diese Norm und sind deshalb im strengen Sinn keine HiFi-Boxen.

schallt werden können (**beam steering**). Durch seitliche Kopplung mehrerer „geflogener" (gehängter) Arrays entstehen Lautsprecher-Cluster mit nochmals erweiterten Möglichkeiten zur Steuerung der Schallabstrahlung.

Eine kleine Variante der Line Arrays findet man bevorzugt bei der Sprachbeschallung (z.B. Konferenzräume, Kirchen). Hier benutzt man kompakte säulenförmige Lautsprecher, die mit vielen kleinen Breitband-Chassis ausgestattet sind (**Schallzeilen**). Für die Musikbeschallung werden Schallzeilen im Bassbereich mit Subwoofern unterstützt.

9.4 Leistungsverstärker (Endstufen)

Das letzte Glied der elektrischen Übertragungskette vor oder in dem Lautsprecher ist immer ein **Leistungsverstärker** (engl. power amplifier), meist einfach als **Endstufe** bezeichnet. Aufgabe der Endstufe ist einerseits eine **Impedanzanpassung** des Mischpult-, Filter- oder Vorverstärkerausgangs an die niedrige Impedanz der Lautsprecher, und andererseits eine hohe Stromverstärkung für den Betrieb des elektrodynamischen Wandlers. Die Spannungsverstärkung spielt dagegen keine wesentliche Rolle (die Pegelsteller vieler Endstufen regeln nicht die Signalverstärkung, sondern die Abschwächung). Kennzeichen einer guten Endstufe sind eine hohe Leistungsabgabe ($P = u \cdot i$) in einem breiten Frequenzband bei kleinem Klirrfaktor.

Endstufe

Endstufen werden als „Monoblöcke" oder in mehrkanaliger Ausführung (meist als Stereo-Endstufen) angeboten, manche Modelle ohne jede Bedienelemente, andere mit Pegelsteller. **Vollverstärker** aus der HiFi-Technik enthalten einen mehrkanaligen **Vorverstärker** (engl. preamp) zur Quellenauswahl und zur Pegel-, Klang- und Balanceeinstellung, direkt gefolgt von einer Stereo- oder Surround-Endstufe.

Vollverstärker und Vorverstärker

Während Passivboxen an einer Endstufe betrieben werden *müssen*, *dürfen* Aktivboxen *nicht* an eine Endstufe angeschlossen werden. Sie werden am Monitorausgang des Mischpults oder am HiFi-Vorverstärker betrieben.

9.4.1 Funktionsweise

Die Endstufe hat einen großen Eingangswiderstand und einen verschwindend kleinen Ausgangswiderstand; sie arbeitet als Spannungsquelle. Bei gegebener Ausgangsspannung der Endstufe wird deshalb der Stromfluss durch den dynamischen Wandler gemäß dem Ohm'schen Gesetz allein durch seine Impedanz bestimmt[10]. Je kleiner die Lautsprecher-

Lautsprecherimpedanz steuert den Stromfluss

---
[10] Entgegen einer weit verbreiteten Meinung herrscht zwischen Endstufe und Box keine Leistungs-, sondern Spannungsanpassung (Überanpassung).

impedanz ist, desto mehr Strom wird aus dem Verstärker gezogen, desto stärker wird die Endstufe belastet („viel Ohm, wenig Strom"). Wegen $P = u^2/R$ wird deshalb bei halber Lautsprecherimpedanz theoretisch die doppelte Leistung umgesetzt, d.h. eine ideale Endstufe, die an 8 Ω eine Leistung von 50 W abgibt (Stromfluss 2,5 A bei 20 V), leistet 100 W an 4 Ω (Stromfluss 5 A). In der Praxis ist dieser Wert oft deutlich niedriger.

Nicht alle Endstufen kommen mit kleinen Lastimpedanzen zurecht. Eine Endstufe mit der Kennzeichnung 4 Ω arbeitet auch an 8 Ω fehlerlos; umgekehrt ist das nicht unbedingt der Fall.

A-, B- und AB-Betrieb

Endstufen können mit bipolaren Transistoren, Feldeffekttransistoren (FET, MOSFET) oder Elektronenröhren aufgebaut werden. Je nach Schaltungsprinzip unterscheidet man den **A-Betrieb** (sehr verzerrungsarm bei schlechtem Wirkungsgrad und kleiner Ausgangsleistung), **B-Betrieb** (vergleichsweise starke nichtlineare Verzerrungen bei gutem Wirkungsgrad und großer Ausgangsleistung) und den **AB-Betrieb** als Kompromisslösung[11]. Moderne Schaltungskonzepte sind meist vom AB-Betrieb abgeleitet.

9.4.2 Technische Daten

Dämpfungsfaktor

Je kleiner der Ausgangswiderstand der Endstufe ist, desto sauberer ist die Tiefbasswiedergabe des Lautsprechers: Der elektrische Widerstand geht in die Resonanzdämpfung des Basschassis, den Q-Faktor, mit ein. Das Verhältnis von Lautsprecher-Nennimpedanz zu Verstärkerimpedanz wird als **Dämpfungsfaktor** bezeichnet; gute Endstufen erreichen einen Dämpfungsfaktor > 100. Neben der Ausgangsimpedanz der Endstufe spielt hierbei auch der Widerstand des Lautsprecherkabels eine Rolle; für eine saubere Basswiedergabe sollte das Kabel nicht zu dünn und nicht zu lang sein (Faustregel: bis zu einer Länge von 10 m genügt ein Querschnitt von 4 mm^2, bei längeren Kabeln besser 6 mm^2).

Ausgangsleistung

Die **Ausgangsleistung** der Endstufe bestimmt gemeinsam mit Wirkungsgrad und Belastbarkeit des Lautsprechers die übertragbare Dynamik. Weil für einen Pegelanstieg um 10 dB die zehnfache Leistung erforderlich ist, für einen Pegelanstieg um 20 dB bereits die hundertfache Leistung, sollte die Endstufe groß dimensioniert sein. Sinnvoll ist eine Ausgangsleistung, die gleich oder größer ist als die Belastbarkeit der Box. Kleiner sollte sie auf keinen Fall sein, um die Dynamik der Übertragungskette nicht unnötig einzuschränken und die Möglichkeiten des Lautsprechers voll ausschöpfen zu können.

Je nach Messverfahren wird die Ausgangsleistung entweder als **Nennleistung** bzw. **Sinusleistung** (in manchen Datenblättern auch **RMS**) oder

---

[11] Zu Transistorschaltungen siehe z.B. Ulrich Tietze & Christoph Schenk: **Halbleiter-Schaltungstechnik**, Springer, 13. Aufl. 2009.

als **Musikleistung** bezeichnet. Die Musikleistung ist wenig aussagekräftig und kann kaum als Vergleichswert herangezogen werden.

Seriöse und vergleichbare Angaben erhält man mit der Sinusleistung nach den Messvorschriften von FTC, IEC, DIN und EIAJ (in abnehmender Strenge). Der FTC-Standard verlangt fünf Minuten Leistungsabgabe in einem für die Endstufe „ungünstigen" (also extremen) Frequenzbereich bei einem maximalen Klirrfaktor von 0,1 %. Der IEC-Standard verlangt zehn Minuten Leistungsabgabe bei einer beliebigen Frequenz zwischen 63 Hz und 12,5 kHz und 0,7 % Klirr; die DIN-Messung erfolgt ebenso, aber bei einer festen Frequenz von 1 kHz. Nach dem japanischen EIAJ-Standard wird ebenfalls bei 1 kHz, aber an einer Impedanz von 6 Ω gemessen, wobei ein Klirrfaktor von meist 10 % erlaubt ist. So kann eine Endstufe, die nach FTC-Standard 30 W an 8 Ω leistet, im Datenblatt auch mit 33 W (IEC), 35 W (DIN) oder sogar 60 W (EIAJ) angegeben sein (*Bahr 1992*).

Sinusleistung nach FTC, IEC, DIN, EIAJ

Der (Spannungs-)Frequenzgang ist bei Endstufen eher uninteressant (er sieht in der Regel sehr gut aus). Wichtiger zur Beurteilung des tatsächlich nutzbaren Frequenzumfangs ist die **Leistungsbandbreite**. Sie ist gegeben durch die -3-dB-Grenzfrequenzen der Ausgangsleistung relativ zur Leistung bei 1 kHz, wobei der Klirrfaktor einen bestimmten Wert (typ. 0,7 %) nicht übersteigen darf. Die Leistungsbandbreite sollte deutlich größer sein als der zu übertragende Frequenzbereich, damit die Signale verzerrungsfrei und unkomprimiert übertragen werden.

Leistungsbandbreite

Bei mehrkanaligen Endstufen kann es zum **Übersprechen** zwischen den Kanälen kommen, u.a. durch ein gemeinsames Netzteil. Die frequenzabhängig gemessene **Übersprechdämpfung** gibt an, wie gut die Kanäle getrennt sind. Eine zu geringe Übersprechdämpfung führt zu Fehlern in der räumlichen Abbildung. Gute Stereo-Endstufen erreichen Werte oberhalb von 75 dB. Möchte man das Übersprechen ganz vermeiden, kann man Monoblöcke für die einzelnen Kanäle benutzen, oder man arbeitet mit Aktiv- oder Digitalboxen.

Übersprechdämpfung

9.5 Kopfhörer

Kopfhörer sind bei der professionellen Arbeit im Studio insbesondere dann wichtig, wenn man den Einfluss des Hörraums vollständig unterdrücken möchte. So kann man bei der Arbeit in kleinen Räumen den Bass mit Kopfhörern wesentlich sicherer beurteilen als mit Lautsprechern (siehe Abschnitt 2.1.1). Im Popmusik-Studio benötigt man Kopfhörer außerdem für Playback und Kommunikation, bei der Beschallung zur Kontrolle und zum Vorhören einzelner Signale und schließlich benutzt man Kopfhörer immer dann, wenn man keine Lautsprecher aufbauen kann, also z.B. bei mobilen Aufnahmen in beengter Umgebung.

9.5.1 Funktionsweise und Bauarten

Anders als der Lautsprecher strahlt der Kopfhörer keinen nennenswerten Schall ab (Test: Kopfhörer offen auf den Tisch legen). Stattdessen wird das Trommelfell über das kleine abgeschlossene Luftvolumen der ohrumschließenden Muschel direkt mit der Kopfhörermembran verbunden (Druckkammerprinzip). Allerdings wird dabei der Einfluss des Außenohrs auf das einwirkende Schallfeld ausgeschaltet.

Je nach Wandlertyp unterscheidet man elektrodynamische, elektrostatische und magnetostatische Hörer; nach ihrer akustischen Arbeitsweise offene, halboffene und geschlossene Kopfhörer. Geschlossene Kopfhörer können wegen der nahezu luftdichten Verbindung mit dem Ohr sehr tiefe Frequenzen meist besser wiedergeben als offene Kopfhörer. Auch für die Arbeit in lärmerfüllter Umgebung (z.B. am Live-Mischpult) sind die geschlossenen Typen besser geeignet. Halboffene und offene Kopfhörer sind dagegen angenehmer zu tragen.

Abb. 9-43:
Aufnahmesituation im Popmusikstudio

Für die Einspielung von Playbacks im Aufnahmeraum des Popmusik-Studios muss man auf jeden Fall geschlossene Kopfhörer benutzen, weil bei offenen oder halboffenen Modellen das eingespielte Signal auf das Mikrofon übersprechen würde (Abb. 9-43).

9.5.2 Kopfhörerkompatible Signalbearbeitung (HRTF)

Signalkonvertierung mit HRTF

Die Kopfhörerwiedergabe kann auf Dauer sehr anstrengend sein, weil das Fehlen der Außenohr-Übertragungsfunktion zur Irritation der Wahrnehmung und zur Im-Kopf-Lokalisation (IKL) der Phantomschallquellen führt. Eine Möglichkeit, die IKL zu verhindern und das Hören mit Kopfhörern wesentlich angenehmer zu machen, ist die Beaufschlagung der Stereokanäle mit einer standardisierten Außenohr-Übertragungsfunktion (HRTF) und damit die Konvertierung des raumbezüglichen Stereosignals in ein kopfbezügliches Signal (siehe Abschnitte 3.1.1 und 3.3.4).

Bei der Arbeit an der digitalen Workstation kann man z.B. mit einem geeigneten Plugin im Monitorweg eine Faltung mit einer mehrkanaligen HRTF-Impulsantwort vornehmen (zur Faltung siehe Abschnitt 4.1.1). Benutzt man Impulsantworten einer vollständigen Übertragungsstrecke Lautsprecher-Raum-Kopf-Außenohr, so wird der Hörer virtuell in diesen Raum vor diese Lautsprecher versetzt.

Ebenso ist es möglich, Signale im Kopfhörermix in beliebige Richtungen zu mischen, sofern man die entsprechende HRTF zur Verfügung hat. Anwendung findet dieses Prinzip bei der Aufarbeitung von Surroundsignalen für die Kopfhörerwiedergabe: Beaufschlagt man jeden der fünf Kanäle einer 5.1-Aufnahme mit der zu dieser Schalleinfallsrichtung gehörenden zweikanaligen HRTF der beiden Ohren und summiert dann die fünf linken und fünf rechten bearbeiteten Signale zu einem stereofonen Gesamtsignal auf dem Kopfhörer, so entsteht virtuell eine fünfkanalige Wiedergabe.

5.1-Surround auf dem Kopfhörer

9.6 Mehrkanaltechnik

Am Beginn der elektroakustischen Übertragungstechnik stand das historische „Telephon", ursprünglich die Verbindung zwischen einem Mikrofon (Kohle- oder elektromagnetischer Wandler) und einem Ohrhörer über eine lange Leitung (siehe Kap. 7). Bevor es seine Bestimmung als Kommunikationsmittel fand, wurde es u.a. zur Musikübertragung benutzt. Bereits im Jahre 1881 wurde anlässlich der Pariser *Exposition Internationale d'Electricité* die erste mehrkanalige Musikübertragung durchgeführt: Der französische Ingenieur und Flugpionier **Clément Ader** (1841–1925) installierte jeweils achtzig seiner Telephone in der Oper und dem Palais de l'Industrie. Bis zu vierzig Ausstellungsbesucher hielten sich je zwei Hörer dieses „Théâtrophones" an die Ohren und konnten so eine stereofone Übertragung aus der Oper verfolgen.

Trotz solcher frühen Experimente blieb die Tontechnik noch lange monofon, also einkanalig. Erst in den späten 1920er Jahren wurde die Stereofonie vom englischen Ingenieur **Alan Dower Blumlein** (1903–1941) wiederentdeckt, systematisch untersucht und schließlich zum Patent angemeldet (Blumlein 1931). Zur gleichen Zeit experimentierte auch **Harvey Fletcher** an den Bell Laboratories mit der Stereofonie.

Alan Blumlein

Blumlein erklärte in seiner Patentschrift sehr präzise, was er sich für den Tonfilm und andere Anwendungen versprach:

[The object of the invention embraces] „the idea of conveying to the listener a true directional impression and thus [...] improving the illusion that the sound is coming, and is only coming, from the artist or other sound source presented to the eye. The invention is not, however, limited to the use in connection with picture effects, but may, for example, be used for improving the qualities of public address, telephone or radio transmission systems, or for improving the quality of sound recordings. When recording music considerable trouble is experienced with the unpleasant effects produced by echoes [=Reflexionen] which in the normal way would not be noticed by anyone listening in the room in which the performance is taking place. [...] When the music is reproduced through a single channel the echoes arrive from the same direction as the direct sound so that confusion results. It is a subsidiary object of this invention so to give directional significance to the sounds that when reproduced the echoes are perceived as such." (Alan Blumlein 1931)

Hier hat Blumlein die beiden entscheidenden Motivationen der Mehrkanaltechnik beschrieben: die Phantomschallquellenortung und die Abbildung des Aufnahmeraums durch die Richtungsinformation der seitlichen Reflexionen. In den Anfangsjahren der Stereotechnik gab es noch zahlreiche Produzenten, die diese neuen Möglichkeiten der Klangästhetik nicht genutzt haben, wie z.B. manche frühe Beatles-Aufnahmen belegen, bei denen die Instrumente und Stimmen entweder aus dem einen oder aus dem anderen Lautsprecher erklingen.

Beatles-Stereo

Die zweikanalige Stereofonie war gegenüber der monofonen Technik ein Quantensprung. Trotzdem wird bis heute nach Möglichkeiten gesucht, die Aufnahme und Wiedergabe weiter zu verbessern. Die verschiedenen Surround-Techniken und die Wellenfeldsynthese (WFS) sind moderne Entwicklungen im Geiste Blumleins.

9.6.1 Stereofonie

Seit Mitte der 1950er Jahre ist die Zweikanaltechnik das Standardverfahren für die Musikproduktion. Der Begriff **Stereofonie** – der „körperliche Klang" – wird seitdem synonym für die zweikanalige Übertragung verwendet.

In der Praxis bedeutet Stereofonie meist die Aufzeichnung, Übertragung bzw. Speicherung und Wiedergabe mit zwei Kanälen „Links" und „Rechts", wobei standardmäßig Kanal 1 „Links" repräsentiert, Kanal 2 „Rechts". (Bei der zweikanaligen Übertragung monofoner Signale wird entweder nur Kanal 1 benutzt – Kanal 2 ist dann frei – oder beide Kanäle tragen dasselbe Signal.)

Laufzeit-, Intensitäts-, Äquivalenzstereofonie

Die Richtungsinformation in einer Links/Rechts-Stereoaufnahme kann in Laufzeitdifferenzen zwischen den beiden Kanälen codiert sein (**Laufzeitstereofonie**), in Pegeldifferenzen (**Intensitätsstereofonie**) oder in beidem (**Äquivalenzstereofonie**; siehe Abschnitt 3.3.3). Eine besondere Position nimmt die kopfbezügliche Stereofonie ein (Abschnitt 3.3.4). Man kann Stereoaufnahmen auf zwei Arten herstellen:

- durch spezielle Anordnungen zweier Mikrofone,
- durch Konvertierung monofoner Signale mit einem Mischpult.

Die verschiedenen Mikrofonverfahren („Stereomikrofone") werden in Abschnitt 9.7.1 näher beschrieben.

9.6.2 MS-Verfahren

Eine Alternative zum Links/Rechts-Verfahren ist die Mitten/Seiten- oder **MS-Stereofonie**. Der Mitten-Kanal ist dabei identisch mit dem historischen Mono-Kanal, der Seiten-Kanal enthält die Richtungsinformation aller Phantomschallquellen. Vernachlässigt man Kanal 2 einer MS-Übertragung, dann hat man ein vollwertiges Monosignal. Das MS-Verfahren wird u.a. bei der analogen Rundfunkübertragung eingesetzt: So können Stereoprogramme auch mit einem alten Monoradio empfangen werden. Im Tonstudio spielt die MS-Technik als spezielles Mikrofonverfahren eine Rolle (Abschnitt 9.7.1).

Links/Rechts- und Mitten/Seiten-Signale können durch pegel- und phasenabhängige Mischung ineinander überführt werden („Matrizierung"). Mathematisch lässt sich diese Signalkonvertierung durch zwei Gleichungen beschreiben, die sog. **Stereomatrix**; technisch benutzt man z.B. ein Mischpult oder eine spezielle „Matrixbox".

Für die Matrizierung von Stereosignalen gilt

$$M = (L + R)\frac{1}{\sqrt{2}} \qquad S = (L - R)\frac{1}{\sqrt{2}}$$

bzw.

$$L = (M + S)\frac{1}{\sqrt{2}} \qquad R = (M - S)\frac{1}{\sqrt{2}}$$

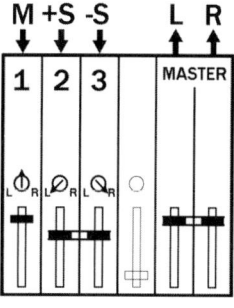

Abb. 9-44: MS-Decodierung mit dem Mischpult

Das Mittensignal ist also die Summe aus Links und Rechts, das Seitensignal die Differenz (MS-Codierung); umgekehrt ist das linke Signal die Summe aus Mitte und Seite, das rechte Signal die Differenz (MS-Decodierung). Der Beweis erfolgt durch Einsetzen: Durch zweimalige Matrizierung erhält man wieder die ursprünglichen Signale. Die Addition entspricht einer gleichphasigen Mischung, die Subtraktion einer gegenphasigen Mischung.

Der Faktor $1/\sqrt{2}$ entspricht einer Pegelabsenkung um 3 dB: Wenn man ein Stereosignal MS-codiert und wieder decodiert, verdoppelt sich dabei die Amplitude; dies muss ggf. kompensiert werden. Hat man genügend dynamischen Headroom im System, ist diese Pegelabsenkung natürlich nicht nötig[12].

---

[12] Nach der Shannon'schen Informationstheorie geht durch die Pegelabsenkung Information verloren, weil der SNR verringert wird (Abschnitt 6.1.3). Daher sollte man die Pegelkorrektur nur vornehmen, wenn ansonsten eine Übersteuerung des Systems droht.

In Abbildung 9-44 ist ein Beispiel für die technische Realisierung der MS-Decodierung mit dem Mischpult skizziert. Die Aufsplittung des Seitensignals kann z.B. mit einem Kabeladapter erfolgen, oder man routet das Signal in Mischpultkanal 2 über einen Ausspielweg aus dem Pult und wieder zurück auf Mischpultkanal 3. Die Signalinvertierung kann z.B. mit einem phasendrehenden Kabeladapter oder mit dem Phasendreher im Kanalzug des Mischpultes erfolgen. Im Bild ist angedeutet, dass der Mischpultkanal 1 *nicht* im Pegel abgesenkt ist: In Mittenposition verteilen die meisten Panoramaregler das Signal bereits mit jeweils $-3\,\text{dB}$ auf die beiden Sammelschienen (siehe Abschnitt 10.4.3).

Matrizierung mit der Workstation

Die Stereomatrix lässt sich auch mit der Audio-Workstation (DAW) realisieren, selbst wenn keine spezielle Konvertierungsfunktion vorgesehen ist. Dazu dupliziert man Kanal 2 des Stereosignals und dreht das Duplikat in der Phase (Funktion „Invertieren"). Dann wird Kanal 1 mit jeweils dem phasenrichtigen bzw. phasengedrehten Kanal 2 summiert.

Codierung und Decodierung sind identische Prozesse. Eine Stereomatrix kann deshalb sowohl zur MS-Codierung als auch zur MS-Decodierung verwendet werden. Ersetzt man z.B. beim Mischpult in Abb. 9-44 das Signal M durch L und das Signal $+S$ bzw. $-S$ durch $+R$ bzw. $-R$, so kann man – ohne den Signalfluss oder die Einstellungen zu verändern! – an den Master-Ausgängen M und S abgreifen.

Bei der Matrizierung mit der DAW entsteht ein MS-Signal, sofern die zwei ursprünglichen Kanäle die Signale L und R enthalten (Codierung). Enthalten sie die Signale M und S, so entsteht ein Links/Rechts-Signal (Decodierung).

Einstellung der Stereobreite über das Seitensignal

Eine interessante Anwendung der MS-Technik in der Studiopraxis ist die Codierung eines beliebigen Links/Rechts-Stereosignals in MS und dann die Decodierung mit variablem Seitensignalpegel: Mit zunehmendem Pegel des S-Signals wird die Stereoabbildung breiter und die Halligkeit nimmt zu. Mit abnehmendem S-Pegel wird die Abbildung enger und trockener.

9.6.3 Surround: matriziert und diskret

Die Surround-Technik stammt vom Filmton ab. Zwar gab es schon in den 1970er Jahren Versuche, die vierkanalige **Quadrofonie** als Musikformat zu etablieren, doch erst die Vorzüge des Surround-Tons im Kino führten zu einer Verbreitung der Übertragung mit mehr als zwei Kanälen. Auch hier gab es frühe Experimente: Disney entwickelte eigens für den legendären Animationsfilm *Fantasia* (1940) ein aufwändiges achtkanaliges Verfahren.

Dolby Stereo, Dolby Surround

Durchgesetzt hat sich der Surround-Ton aber erst mit **Dolby Stereo** (für den Heimgebrauch bekannt als **Dolby Surround**), 1977 von Dolby und Lucasfilm mit *Star Wars* eingeführt.

Dolby Stereo ist wie das kompatible DTS-Stereo ein Matrix-Verfahren: Vier Kanäle L (Left), C (Center am. / Centre brit.), R (Right), S (Surround) werden durch eine Schaltung ähnlich der MS-Matrix zu einem stereokompatiblen Signal Lt (Left total), Rt (Right total) zusammengefasst; man nennt ein solches Verfahren auch **4:2-Matrix-Surround**.

4:2-Matrix-Surround

Der Center-Kanal wird dabei dem Left- und Right-Kanal zu gleichen Teilen zugemischt. Der Surroundkanal wird zunächst bandbegrenzt 100 Hz bis 7 kHz und Dolby B-kompandiert, und dann mit um $\pm 90°$ verschobener Phase ebenfalls dem Left- und Right-Kanal zugemischt: $Lt = L+(C-3\,dB)+(S-3\,dB)^{+90°}$, $Rt = R+(C-3\,dB)+(S-3\,dB)^{-90°}$. Die einfache passive Decodierung wird mit $L' = Lt$, $C' = Lt+Rt$, $R' = Rt$ und $S' = Lt - Rt$ durchgeführt.

Vorteil dieser Technik ist die geringe Datenmenge und die Kompatibilität zur Stereowiedergabe, Nachteil ist die schlechte Kanaltrennung, die nur 3 dB beträgt[13]. Die in aktiver Elektronik aufgebaute Dolbymatrix „Pro Logic" und die professionelle Kinoversion arbeiten mit einer adaptiven Schaltung, die durch Analyse von Pegel- und Phasenverhältnissen die „Richtungsdominanz" von Schallsignalen in der Surroundmischung erkennt. Die Kanaltrennung verbessert sich dadurch zwar signalabhängig auf bis zu 30 dB – trotzdem leiden Richtungsortung und Klangqualität unter der Matrizierung.

Die konsequente Weiterentwicklung war daher der diskrete (also auf getrennten Kanälen übertragene) Mehrkanalton. Ein populärer Standard ist **5.1-Surround** nach ITU-R BS.775-1 (ITU 1994) mit den Kanälen L (Left), C (Center), R (Right), LS (Left Surround), RS (Right Surround) und dem optionalen Subwooferkanal LFE (Low Frequency Effects), vertreten u.a. durch **Dolby Digital** und **DTS 5.1**. Beim Filmton ist der Einsatz des diskreten Mehrkanaltons nur mit datenreduzierten digitalen Signalen möglich. Dolby benutzt die **AC-3**-Datenreduktion, DTS verwendet u.a. **apt-X100** (siehe Abschnitt 6.3.2). Mehrkanalverfahren und die digitale Datenreduktion sollten dabei nicht verwechselt werden! Auf reinen Tonträgern wie DVD-Audio, SACD oder Pure Audio Blu-ray ist natürlich auch die Speicherung von unkomprimiertem Mehrkanalton möglich.

5.1-Surround: 3/2 Kanäle (vorne/hinten)

Seit 2001 wird eine Erweiterung des 5.1-Standards um einen dritten Surroundkanal auf **6.1** propagiert. Die beiden Codec-Hersteller Dolby und DTS verkaufen dieses Verfahren unter den Namen **Dolby Digital EX** und **DTS ES**. Der zusätzliche Kanal wird als Rear oder Center Surround (CS) bezeichnet. Einige Verfahren generieren den zusätzlichen Kanal aus einer Matrixschaltung, bei anderen (z.B. DTS ES 6.1 Discrete) wird dieser Kanal als eigener Datenstrom übertragen. Speichermedium für 6.1-

6.1 Extended Surround: 3/3 Kanäle

---

[13]Zur Übertragung n unabhängiger Signale sind n Kanäle erforderlich. Überträgt man mit weniger Kanälen, so sind die rekonstruierten Signale nicht mehr unabhängig; sie unterscheiden sich deutlich von den Ursprungssignalen.

9 Schallwandlung

7.1-Surround:
5/2 Kanäle

Surround im Heimbereich sind DVD und Blu-ray Disc.

Sony etablierte das diskrete 7.1-Surround-Verfahren **SDDS** („Sony Dynamic Digital Sound") mit fünf Frontkanälen (L, LC, C, RC, R), Zweikanal-Surround (LS, RS) und Subwoofer (LFE); das digitale Signal wird mit **ATRAC** datenreduziert (Abschnitt 6.3.2). Durch die fünf Frontkanäle ist SDDS prädestiniert für Filmton in sehr großen Kinosälen mit großer Leinwand, für Heimvideo oder Musikproduktionen aber uninteressant.

Downmix

Alle Surroundverfahren, ob sie nun für Kino, Video oder Musikproduktion eingesetzt werden, sollten stereokompatibel sein. Jeder Film muss auf Stereo-Projektoren abspielbar sein, und für Tonträger wie die **DVD** muss ggf. neben dem Surround-Master auch ein Stereo-Master angefertigt werden. Am einfachsten gelingt dies durch einen **Downmix** von Surround auf Stereo. So kann man für einen Stereo-Downmix vom 5.1-Master nach **ITU-R BS.775-1** den Center-Kanal und die Surround-Kanäle mit je -3 dB dem linken und rechten Kanal zumischen (ITU 1994).

9.6.4 Wellenfeldsynthese (WFS)

Die **Wellenfeldsynthese** (engl. wave field synthesis, WFS), in den späten 1980er Jahren an der niederländischen TU Delft entwickelt, weist über die Stereo-/Surround-Konzepte der Phantomschallquellenortung hinaus. Sie basiert auf der konsequenten Anwendung des Huygens'schen Prinzips, der Zerlegung beliebiger komplexer Wellenformen in Elementarwellen (Abschnitt 1.3.2). Setzt man an Stelle der Huygens'schen Elementarwellen reale kleine Schallstrahler, so lässt sich im Prinzip ein beliebiges Schallfeld im Raum generieren, sofern die Wellenlänge groß ist gegen den Abstand der realen Strahler. In der Optik wird dieses Prinzip bei der Holografie angewendet. Man bezeichnet die WFS daher auch als „akustische Holografie" oder **Holofonie**. Die technische Umsetzung erfolgt durch eine große Zahl n von Lautsprechern (typ. $n > 100$), die als horizontales Line Array die Wände des Hörraums bedecken (siehe z.B. Berkhout 1988, de Vries 1999).

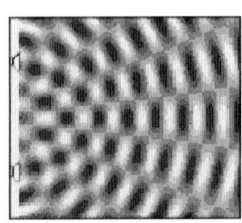

Abb. 9-45: Resultierendes Feld bei der Wiedergabe mit zwei Lautsprechern (oben), mit WFS (unten; aus: de Vries 1999)

Neben „klassischen" dynamischen Lautsprechern werden auch punktuell angetriebene Flächenstrahler (MAP, Multi-Actuator Panels, DML, Distributed Mode Loudspeakers) verwendet, die eine schärfere Ortung ermöglichen, aber im Hinblick auf die erreichbare Klangqualität umstritten sind (vgl. Abschnitt 1.4.1).

Der Unterschied zwischen der herkömmlichen Mehrkanal-Wiedergabe und der WFS ist in Abbildung 9-45 dargestellt. Bei der typischen Stereo-Anordnung von Lautsprechern ist der Lautsprecherabstand d groß im Vergleich zur Wellenlänge. Damit entsteht vor den Lautsprechern ein charakteristisches Interferenzfeld, wie man es z.B. auch bei der Lichtbeugung am Doppelspalt findet. Der resultierende „Sweet Spot" mit korrekter Richtungsortung ist dadurch sehr klein. Bei der Wellenfeldsynthese stellt sich theoretisch für $\lambda \gg d$ ein fehlerfrei synthetisiertes Feld ein, das eine korrekte Richtungsortung im ganzen Raum – also ohne Beschränkung auf einen Sweet Spot – ermöglicht. In der Praxis findet man zumindest eine sehr ausgedehnte „Sweet Area".

Der auffälligste praktische Unterschied der WFS zur herkömmlichen Mehrkanal-Wiedergabe (s.u., Abschn. 9.7.3) ist die Positionierung der Phantomschallquellen. Bei der Stereo- und Surround-Anordnung von Lautsprechern erstreckt sich der darstellbare Bereich des virtuellen Raums ausgehend von der Lautsprecherebene in den *dahinter* liegenden Raum. Mit der WFS lassen sich dagegen auch Phantomschallquellen darstellen, die sich im Hörraum *vor* den Lautsprechern befinden (Abb. 9-46).

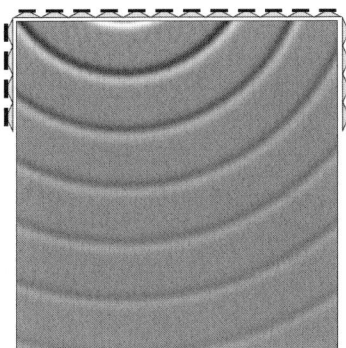
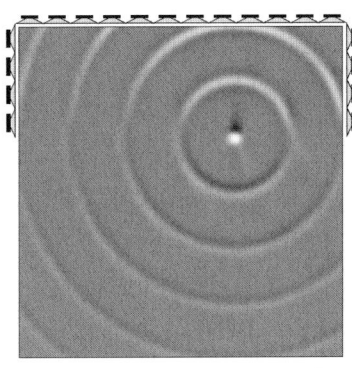

Abb. 9-46: Wellenfeldsynthese im Modell: Feld einer virtuellen Punktquelle außerhalb (links) und innerhalb des Hörraums (rechts), Aufsicht (aus: de Vries 1999)

Zwei Restriktionen schränken die technische Umsetzung der WFS ein:

1. Bei der Wiedergabe mit horizontalen Line Arrays ist die Synthese auf die Horizontalebene beschränkt. Zudem erzeugt ein Line Array näherungsweise Zylinderwellen. Daher kann keine echte ebene Welle synthetisiert werden; es gilt das -3-dB-Abstandsgesetz (Abschnitt 1.2.3).

2. Wenn die Wellenlänge klein wird gegen den Abstand der Lautsprecher, so entstehen durch die Überlagerung der Felder *mehrere* Wellenfronten in unterschiedlichen Richtungen. Es entsteht eine räumliche Mehrdeutigkeit (engl. spatial aliasing). Die Übergangsfrequenz ist typ. $1\ldots 1{,}5$ kHz (*Schuitman* 2006).

Ein besonderes Augenmerk ist auf die Unterdrückung von Wandreflexionen des Wiedergaberaums zu richten, die die Wirkung der WFS erheblich beeinträchtigen können. Installiert man die WFS nicht in einem reflexionsarmen („schalltoten") Raum, so können Wandreflexionen auch bei der Berechnung der WFS-Signale (s.u.) statisch oder adaptiv kompensiert werden (siehe z.B. *Spors* 2006).

Generierung von WFS-Signalen

In der Praxis wird die WFS meist für die Darstellung virtueller Klangräume genutzt. Zu diesem Zweck werden in akustisch trockener Umgebung aufgezeichnete oder synthetisierte Quellen mit mehrkanaligen Raumimpulsantworten gefaltet. Die Aufnahme solcher Impulsantworten kann z.B. nach dem Holofonie-Prinzip mit linearen Mikrofonarrays („Mikrofonvorhang") oder mit aus räumlichen Arrays generierten Richtcharakteristiken höherer Ordnung erfolgen (siehe z.B. *Caulkins 2006*). Ebenso können im raumakustischen Modell synthetisierte Impulsantworten genutzt werden. Das WFS-Signal wird dann für die spezielle Wiedergabesituation, d.h. in Abhängigkeit von Anzahl und Anordnung der Lautsprecher, berechnet („gerendert").

Die Wellenfeldsynthese ist im Prinzip kompatibel zu beliebigen Stereo- und Surround-Anordnungen. Mehrkanalige Signale können im WFS-System über virtuelle Lautsprecher dargestellt werden.

Anwendungen der Wellenfeldsynthese sind u.a. Elektroakustische Musik, Filmton oder die Auralisierung raumakustischer Modelle als Hilfe für Architekten, und die WFS kann ebenso zur Realisierung variabler Akustik in Konzertsälen eingesetzt werden (*Sonke 1997*, *Theile 2004*).

9.7 Schallaufnahme und -wiedergabe

In diesem Abschnitt werden kurz die Prinzipien und einige verbreitete Standardverfahren der Aufstellung von Mikrofonen und Lautsprechern beschrieben.

9.7.1 Stereo-Mikrofonverfahren

Polymikrofonie und Stereomikrofone

Zur Generierung von Stereo- oder Surroundsignalen sind verschiedene Mikrofonanordnungen möglich. Der Ansatz der **Multi-** oder **Polymikrofonie** ist gut geeignet, wenn die Eigenschaften des Aufnahmeraums nicht hörbar sein sollen. Dazu wird zunächst jedes Instrument und jede Stimme mit einem oder mehreren Mikrofonen im Nahbereich aufgenommen und dann aus diesen zahlreichen Monosignalen mit dem Mischpult ein Stereo- oder Surroundsignal erzeugt. Raumsignale kommen in diesem Fall meist vom Hallgerät, seltener von „Raummikrofonen" im Diffusfeld des Aufnahmeraums.

Möchte man einen ausgedehnten Klangkörper, also ein großes Instrument oder ein ganzes Ensemble, zusammen mit dem Klang des umgebenden Raums aufzeichnen, so kann man ein **Stereomikrofon** benutzen.

Stereo-Aufnahmewinkel

Stereomikrofone lassen sich charakterisieren durch den **Aufnahmewinkel**, der denjenigen Winkelbereich vor dem Mikrofon einschließt, der bei der Wiedergabe auf der Strecke zwischen den beiden Lautsprechern abgebildet wird. Der Stereo-Aufnahmewinkel ist der „Blickwinkel" des

Stereomikrofons, vergleichbar mit dem Aufnahmewinkel eines Zoom-Objektivs: Je kleiner er ist, desto größer werden die Schallquellen im Fokus des Mikrofonaufbaus dargestellt. Instrumente außerhalb des Aufnahmewinkels werden ganz im linken oder rechten Lautsprecher abgebildet.

Um ein Signal in reiner **Laufzeitstereofonie** (Abschnitt 3.3.3) zu erzeugen, montiert man zwei gleiche Mikrofone – Druck- oder Gradientenempfänger – parallel nebeneinander, so dass der Abstand der Kapseln zueinander erheblich kleiner ist als der Abstand der jeweiligen Kapsel zur Schallquelle. Weil der Schall dann beide Kapseln nahezu im gleichen Winkel trifft, sind die aufgezeichneten Pegel auf beiden Kanälen gleich; durch den horizontalen Abstand werden aber richtungsabhängige Laufzeitunterschiede aufgezeichnet. Dies nennt man den **AB-Aufbau** (im angloamerikanischen Sprachgebrauch „spaced pair").

AB-Mikrofon für Laufzeitstereofonie

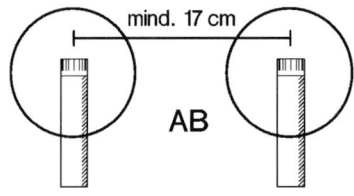

Abb. 9-47: Laufzeit-Stereomikrofon: AB-Anordnung

Beim korrekten laufzeitstereofonen Aufbau klingen beide Kanäle gleich. Für einen „Mono-Downmix" nimmt man einfach einen der beiden Kanäle (es ist unerheblich, welchen) und verwirft den anderen. Mischt man aber beide Kanäle, so führen die Laufzeitdifferenzen zu Interferenz; der Klang wird dabei deutlich schlechter.

Monomischung vom AB-Signal

Entspricht der Abstand der beiden Kapseln ungefähr dem Ohrabstand, so spricht man von **Klein-AB**, bei größerem Abstand (bis zu mehreren Metern) von **Groß-AB** (Abb. 9-47). Je *größer* der Kapselabstand ist, desto *kleiner* ist der Aufnahmewinkel. Mit zunehmendem Kapselabstand „zoomt" man sich an die Schallquelle heran: Kleine Schallquellen werden immer größer abgebildet.

Aus klanglichen Gründen werden für den AB-Aufbau gerne **Kondensator-Druckempfänger**, also „Kugelmikrofone", verwendet.

In Abbildung 9-48 ist eine typische Aufnahmesituation dargestellt. Wählt man als Abstand zur Schallquelle ungefähr den Hallradius (siehe Abschnitt 2.2.2), ggf. mit der entsprechenden Entfernungskorrektur der eingesetzten Richtcharakteristik (Abschnitt 9.2.5), so sind die Pegel von Direkt- und Diffusschall in etwa gleich.

Ein **intensitätsstereofones** Signal erhält man mit zwei Gradientenempfängern, die dicht übereinander angeordnet und gegeneinander angewinkelt werden. Bei einem solchen **Koinzidenzmikrofon** erreicht der Schall beide Kapseln gleichzeitig, wird aber in Abhängigkeit von Richt-

Koinzidenzmikrofon für Intensitätsstereofonie

Abb. 9-48: Stereoaufnahme im Laufzeitverfahren (hier: Klein-AB mit Druckempfängern am Hallradius)

XY-Anordnung

charakteristik und Winkel mit unterschiedlichen Pegeln aufgezeichnet. Einen solchen Aufbau nennt man **XY** (engl. coincident pair; Abb. 9-49).

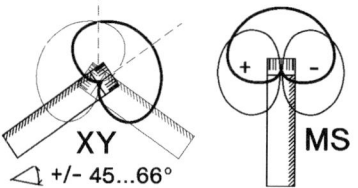

Abb. 9-49: Koinzidenz-Stereomikrofone: XY- und MS-Anordnung

Die Breite der Stereoabbildung stellt man mit dem Versatzwinkel der beiden Kapseln ein: Je *größer* der Versatzwinkel ist, desto *kleiner* ist der Aufnahmewinkel, desto *größer* wird also die Abbildung.

Tabelle 9-4: Theoretisch optimale Versatzwinkel für die XY–Anordnung

Richtcharakteristik	Versatzwinkel
Niere	$\pm 66°$
Superniere	$\pm 58°$
Hyperniere	$\pm 52°$
Acht	$\pm 45°$

In Tabelle 9-4 sind diejenigen Versatzwinkel aufgeführt, bei denen jeweils der -3-dB-Punkt der Richtcharakteristik nach vorne zeigt (vgl. Abschnitt 9.2.5). Weil bei der Lautsprecherwiedergabe durch die Summierung der Schallenergie im Diffusfeld zwei gleiche Pegel einen Summenpegel von relativ $+3$ dB ergeben, nimmt eine solche XY-Anordnung über den gesamten Öffnungsbereich mit nahezu gleichem Pegel auf; Mittenquellen werden weder lauter noch leiser wiedergegeben als gleich weit entfernte seitliche Quellen. Diese XY-Versatzwinkel sind deshalb theoretisch optimal (*Eargle* 1992).

Die XY-Anordnung mit zwei um jeweils $45°$ auswärts gedrehten (also im rechten Winkel gekreuzten) Achten wird nach Alan Blumlein als **Blumlein-Anordnung** oder auch **Stereosonic** bezeichnet. Durch die Symmetrie des Aufbaus ergeben sich zwei gleichberechtigte Aufnahmebereiche vor und hinter dem Stereoaufbau: Man kann diese Anordnung anders als die meisten anderen Stereomikrofone *zwischen* die Musiker stellen. Seitliche Reflexionen werden mit relativ gedrehter Phase aufgezeichnet; die Blumlein-Anordnung erzeugt deshalb einen vergleichsweise stark ausgeprägten Raumeindruck.

Blumlein-Stereo

Es gibt eine Mikrofonanordnung, die intensitätsstereofone **MS-Signale** erzeugt: Das Seitensignal wird mit einer Achtercharakteristik aufgezeichnet, die um $90°$ nach links gedreht ist, das Mittensignal kann mit jeder beliebigen Richtcharakteristik aufgezeichnet werden. In Abbildung 9-49 ist der MS-Aufbau am Beispiel der Nierencharakteristik skizziert. Abbildung 9-50 zeigt eine praktische Ausführung des MS-Aufbaus mit zwei Großmembran-Mikrofonen. Bei der Umsetzung mit Kleinmikrofonen werden Mitten- und Seitenmikrofon mit einer „Huckepack"-Klammer aufeinander befestigt.

Setzt man bei der Aufnahme ein MS-Stereomikrofon ein, dann muss man das Ausgangssignal mit einer Stereomatrix in Links/Rechts-Stereo konvertieren. Dies kann während der Aufnahme oder auch später bei der Nachbearbeitung erfolgen. Zeichnet man MS-Signale auf, so muss man zumindest für den Monitorweg eine Stereomatrix aufbauen; ansonsten hätte man keine Kontrolle über die Stereoabbildung.

Je *größer* der Seitensignalpegel bei der Matrizierung ist, desto *kleiner* ist der Aufnahmewinkel, desto *größer* wird also die Abbildung. Auch durch die Mitten-Richtcharakteristik hat man Einfluss auf den Aufnahmewinkel: mit zunehmender Richtwirkung des M-Mikrofons wird der Aufnahmewinkel kleiner.

Abb. 9-50: MS-Anordnung

XY- und MS-Aufbau sind äquivalent; durch Matrizierung lassen sie sich ineinander überführen. „Durch die Stereomatrix betrachtet" verhält sich der MS-Aufbau wie ein virtueller XY-Aufbau! Der zu einem beliebigen MS-Aufbau äquivalente XY-Aufbau soll im folgenden kurz hergeleitet werden:

virtuelles XY

Die allgemeine Form der Richtfunktion für Druck- und Gradientenempfänger in $0°$-Richtung ist $\Gamma(\vartheta) = A + (1 - A)\cos\vartheta$; der Wert von A definiert die Richtcharakteristik ($0 \leq A \leq 1$). Für die Kugelcharakteristik ist $A = 1$, für die Achtercharakteristik ist $A = 0$ (siehe Tabelle 9-1 auf S. 274). Die Richtfunktion der im MS-Aufbau um $90° \equiv \pi/2$ nach links gedrehten Acht (S) ergibt sich somit zu $\cos(\vartheta + \pi/2) = -\sin(\vartheta)$.

Setzt man für das M-Mikrofon die allgemeine Form der Richtfunktion an, erlaubt also beliebige Richtcharakteristiken, so ergibt sich gemäß den MS-Matrixgleichungen als Richtfunktion $\Gamma_X(\vartheta)$ für die Summe aus

Mitten- und Seitenkanal

$$\Gamma_X(\vartheta) = (A + (1-A)\cos\vartheta - \sin\vartheta)\,\frac{1}{\sqrt{2}}.$$

Erlaubt man darüber hinaus statt des festen Korrekturfaktors $1/\sqrt{2}$ beliebige Amplituden B und B^* von Mitten- und Seitenkanal, so erhält man

$$\Gamma_X(\vartheta) = AB + (1-A)B\cos\vartheta - B^*\sin\vartheta.$$

Die Auflösung dieser Gleichung ergibt wieder die Richtfunktion eines Gradientenempfängers, um einen Winkel ψ nach links verdreht:

$$\Gamma_X(\vartheta) = E + (1-E)\cos(\vartheta + \psi)$$

mit $\quad E = \dfrac{A}{A + \sqrt{(1-A)^2 + 10^{-L_b/10}}} \quad$ und $\quad \psi = \arctan\dfrac{1}{(1-A)\cdot 10^{L_b/20}};$

$L_b = 20\log(B/B^*)$ ist der Pegelunterschied zwischen M- und S-Kanal in dB.

Durch Subtraktion von Mitten- und Seitenkanal ergibt sich auf entsprechende Weise die Richtfunktion des virtuellen Y-Mikrofons:

$$\Gamma_Y(\vartheta) = E + (1-E)\cos(\vartheta - \psi).$$

Beispiel: Mit einer Niere ($A = 0{,}5$) als Mittenmikrofon und einem M/S-Verhältnis von 1 : 1 ($L_b = 0$ dB) ergibt sich für die virtuelle XY-Anordnung $E = 0{,}31$ – also eine Richtcharakteristik zwischen Super- und Hyperniere – und ein virtueller Versatzwinkel von $\psi = \pm 63°$.

Äquivalenzstereofonie: räumlich getrennte Gradientenempfänger, Trennkörpermikrofone

Zur Aufzeichnung von Signalen in **Äquivalenzstereofonie**, also mit Laufzeit- und Pegeldifferenzen zwischen den Kanälen, existieren zwei verschiedene Mikrofonverfahren:

- Zwei Gradientenempfänger, räumlich getrennt ($\rightarrow$ Laufzeitdifferenzen) und gegeneinander angewinkelt ($\rightarrow$ Pegeldifferenzen); im angloamerikanischen Sprachgebrauch „near coincident pair".

- Zwei Druck- oder Gradientenempfänger, separiert durch einen akustischen Trennkörper ($\rightarrow$ Pegeldifferenzen durch Schallschatten und ggf. auch Druckstau).

Im ersten Fall werden Pegeldifferenzen frequenzunabhängig durch die Richtcharakteristik der beiden Mikrofone erzeugt, im zweiten Fall frequenzabhängig wie beim natürlichen Hören.

ORTF und NOS

Die beiden populärsten Vertreter der ersten Variante sind **ORTF** und **NOS**, Anordnungen von Nierenmikrofonen nach Vorschlag des französischen und niederländischen Rundfunks (Abb. 9-51). Mit zunehmendem Abstand und zunehmendem Versatzwinkel der Kapseln wird der Aufnahmewinkel kleiner. Zur Abschätzung können die Kurven nach **Michael Williams** genutzt werden (Williams 1987), vgl. auch Abb. 3-13 auf S. 130.

9.7 Schallaufnahme und -wiedergabe

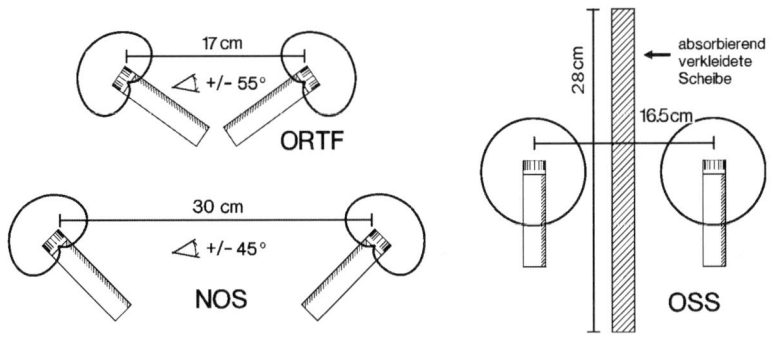

Abb. 9-51: Äquivalenzmikrofone ORTF und NOS, Trennkörperanordnung OSS nach Jecklin

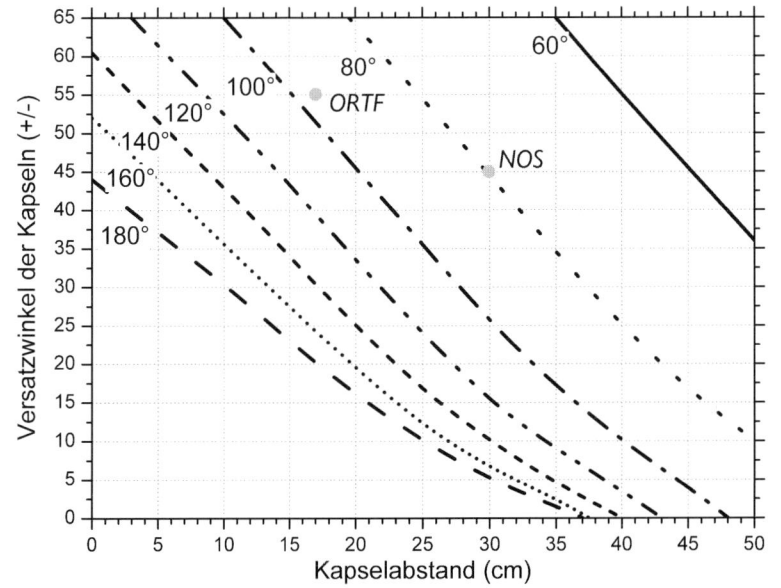

Abb. 9-52: Aufnahmewinkel von Äquivalenzanordnungen mit Nieren als Funktion von Versatzwinkel und Abstand der Kapseln nach Williams

In Abbildung 9-52 sind die Williams-Kurven für Äquivalenzaufbauten mit Nierenkapseln dargestellt. Die Schnittpunkte der Kurven mit der x-Achse entsprechen den (Groß-) AB-Anordnungen, die Schnittpunkte mit der y-Achse den XY-Anordnungen. Der Aufnahmewinkel für ORTF beträgt nach Williams knapp $100°$, für NOS $80°$.

Ein populäres Beispiel für ein Stereomikrofon mit akustischem Trennkörper ist der Klein-AB-Aufbau mit schallabsorbierender runder Scheibe, als OSS („optimales Stereo-System") vom Schweizer Tonmeister Jürg Jecklin propagiert (Jecklin 1981). Ein anderes Beispiel ist die schallreflektierende **Kugelfläche** (Durchmesser ca. 20 cm) mit bündig in die Oberfläche eingelassenen Druckempfängern. Bei den Trennkörperverfahren wird der Aufnahmewinkel u.a. durch die Abmessungen des Trennkörpers bestimmt.

Jecklin-Scheibe und Kugelfläche

9.7.2 Surround-Mikrofonverfahren

Abgesehen von der Einzelmikrofonierung mit anschließender Mehrkanal-Mischung können Surround-Aufnahmen auch wie Stereoaufnahmen mit mehrkanaligen Mikrofonanordnungen hergestellt werden. Insbesondere zwei Aufnahmestrategien sind beliebt:

- die kompakte Anordnung von z.B. fünf Mikrofonen (für das 5.1-Format) ähnlich der Äquivalenz-Stereomikrofone,
- die Anordnung mit einem „Front Array" für die vorderen Kanäle (drei beim 5.1-Format) und einem räumlich u.U. weit abgesetzten „Surround Array" für die Surroundkanäle.

Fukada, Williams, INA-5

Beispiele für Anordnungen von fünf Mikrofonen für 5.1-Surround sind der **Fukada Tree** nach Akira Fukada, die Anordnungen nach **Michael Williams**, die als Diplomarbeit an der FH Düsseldorf entwickelte „ideale Nieren-Anordnung" **INA-5** und das von **Günther Theile** am IRT entwickelte „Optimized Cardioid Triangle" **OCT-Surround** (Abb. 9-53).

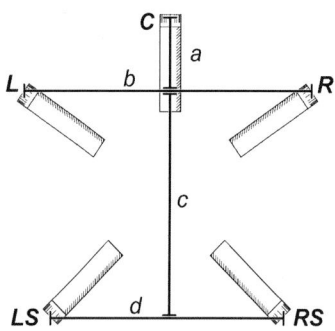

Fukada (Nieren, breite Nieren, Kugeln*)	
Winkel ad lib., Center-Pegel $-4\ldots-6$ dB	$a \approx 1$ m, $b \approx 2$ m, $c \approx 2$ m, $d \approx 2$ m
INA-5 (Nieren)	
L, R $\pm 90°$	$a = 17{,}5$ cm, $b = 35$ cm, $c = 51{,}5$ cm, $d = 60$ cm
Williams (Nieren)	
L, R $\pm 70°$; LS, RS $\pm 156°$	$a = 23$ cm, $b = 88$ cm, $c = 23$ cm, $d = 56$ cm
OCT-Surround (Nieren / Supernieren)	
C Niere; L, R Supernieren $\pm 90°$; LS, RS Nieren $180°$	$a = 8$ cm, $b = 60\ldots 80$ cm, $c = 40$ cm, $d = b + 20$ cm

* Druckempfänger mit Richtwirkung durch Druckstaukugel, z.B. Neumann M 50, TLM 50, M 150

Abb. 9-53: Mikrofonanordnungen für 5.1-Surround (Quellen: Theile 2001, Williams 2004, Wittek 2005, NHK 2006)

INA, OCT, SONC

Beispiele für Front-Arrays sind neben **INA** und **OCT** die für frontale Abbildungsschärfe berechneten **SONC**-Anordnungen („Sharpness-Optimized Near-Coincident") nach Benedict Slotte (Abb. 9-54).

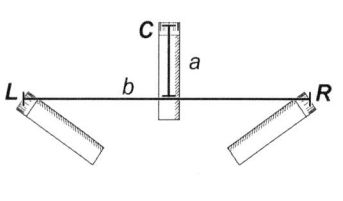

INA (Nieren), je nach Aufnahmewinkel ...		
100°:	L, R $\pm 50°$, $a = 29$ cm, $b = 1{,}26$ m	
120°:	L, R $\pm 60°$, $a = 27$ cm, $b = 92$ cm	
140°:	L, R $\pm 70°$, $a = 24$ cm, $b = 68$ cm	
160°:	L, R $\pm 80°$, $a = 21$ cm, $b = 49$ cm	
180°:	L, R $\pm 90°$, $a = 17{,}5$ cm, $b = 35$ cm	
SONC (Nieren, L, R $\pm 52{,}5°$), je nach Aufnahmewinkel ...		
100°:	$a = 16$ cm, $b = 82$ cm	Center-Pegel $-2{,}9$ dB
120°:	$a = 15{,}5$ cm, $b = 61$ cm	Center-Pegel $-2{,}6$ dB
140°:	$a = 15$ cm, $b = 45$ cm	Center-Pegel $-2{,}3$ dB
160°:	$a = 13{,}5$ cm, $b = 33$ cm	Center-Pegel $-1{,}9$ dB
180°:	$a = 12$ cm, $b = 24$ cm	Center-Pegel $-1{,}1$ dB

OCT (Niere / zwei Supernieren)
C Niere; L, R Supernieren $\pm 90°$
$a = 8$ cm, $b = 40\ldots 100$ cm
OCT-2: $a = 40$ cm, Center-Delay 1 ms

Abb. 9-54: Front-Arrays (LCR) für 5.1-Surround (Quellen: Theile 2001, Wittek 2005, Slotte 2005)

Häufig wird auch der klassische **Decca Tree** mit drei Druckempfängern im Dreieck von 1 bis 2 m Kantenlänge (vgl. Fukada) – bekannt durch historische Stereoaufnahmen der Decca – verwendet, gelegentlich auch die Groß-AB-Anordnung mit zusätzlichem Center-Mikrofon.

Decca Tree

Insbesondere wenn man nicht auf berechnete Optimal-Anordnungen wie INA, SONC oder OCT zurückgreift, können u.U. die Aufnahmebereiche von L-C und C-R (jeweils als Stereoanordnung betrachtet) überlappen, was eine unscharfe Ortung und Klangfärbungen verursachen kann. Zudem muss der **Downmix** von 5.1 bzw. LCR auf Stereo immer sehr kritisch geprüft werden, auch bei „Downmix-optimierten" Anordnungen – schließlich ist der Center-Kanal mehr oder weniger korreliert mit linkem und rechtem Kanal, und es gibt zwischen C und L bzw. R Phasendifferenzen, die zu Interferenz führen können. Solche Probleme vermeidet man, wenn man als Front-Array einen Stereoaufbau nimmt und den Center-Kanal unbenutzt lässt.

Stereoaufbau als Front-Array

Eine vom AB abgeleitete 5.1-Anordnung ohne Center-Kanal, angeregt u.a. vom Grammy-Preisträger Rainer Maillard an den Emil-Berliner-Studios, ist ein AB mit vier Nieren, wobei jeweils zwei Nieren dicht „Rücken an Rücken" angeordnet sind (bevorzugt zweikanalige Doppel-Gradientenempfänger). Die Signale des nach vorne orientierten Nieren-AB werden auf die Kanäle L und R geführt, die Signale des nach hinten gerichteten AB auf LS und RS. Beim Stereo-Downmix entsteht daraus ein virtuelles zweikanaliges AB mit variabler Richtcharakteristik. Das gleiche Ergebnis lässt sich statt mit je zwei Nieren auch mit je einer Kugel und einer Acht erreichen (Abschnitt 9.2.6).

AB mit Doppel-Nierenmikrofonen („Twin"-Mikrofone)

Eine verwandte Technik, propagiert vom US-amerikanischen Toningenieur Curt Wittig, ist das Doppel-MS mit einem MS-Aufbau nah an der Quelle und einem zweiten, nach hinten gerichteten MS-Aufbau außerhalb des Hallradius (Rumsey 2002).

räumlich getrenntes Doppel-MS

Surround-Arrays als Ergänzung zu einem beliebigen Front-Array werden häufig mit zwei „Raummikrofonen" in AB-Anordnung aufgebaut. Bei der Auswahl und Positionierung der beiden Surround-Mikrofone ist der u.U. erhebliche Einfluss auf die Abbildungsschärfe der Frontkanäle zu beachten (Meindl 2006).

Surroundkanäle

Nach **David Griesinger**, Physiker und Hallgeräte-Pionier, ist es empfehlenswert, als Mikrofonabstand der Surround-Mikrofone (Distanz d in Abb. 9-53) mindestens den Hallradius des Raums (typ. 0,5 bis 4 m, siehe Abschnitt 2.2.2) einzuhalten: Dadurch werden größtenteils unkorrelierte Reflexionen aufgezeichnet, und der Raum wirkt in der Wiedergabe größer (Griesinger 2001). Nach Günther Theile sind dagegen kleinere Mikrofonabstände und damit stärker korrelierte Surround-Signale erstrebenswert, damit das Klangbild nicht zerfällt (Theile 2001).

Hamasaki Square und IRT-Kreuz

Beispiele für aufwändigere Surround-Arrays sind die Anordnung von vier Achtermikrofonen im Quadrat mit einer Kantenlänge von 1 m nach Kimio Hamasaki (**Hamasaki Square**) und die **IRT-** oder **Atmokreuz-**Anordnung mit vier Nieren im 20 bis 25 cm-Quadrat nach Günther Theile. Die Mikrofone werden dabei jeweils auf die Seitenwände gerichtet und ihre Signale den vier Kanälen L, R, LS und RS zugemischt (*Hamasaki 2001, Theile 2001*).

Abbildung frontal oder im Kreis um den Hörer?

Wie die Mikrofone für die Surround-Kanäle eingesetzt werden, entscheidet sich nach der Aufnahmeästhetik: Wenn die Musik frontal abgebildet werden soll, dann übernehmen LS und RS die Funktion, die Akustik des Aufnahmeraums über frühe Reflexionen und Nachhall abzubilden. In diesem Fall ist es empfehlenswert, Front-Array und Surround-Array unabhängig voneinander auszuwählen und einzustellen. Soll der Zuhörer aber akustisch mitten ins Geschehen versetzt werden, werden LS und RS auch zur Abbildung von Phantomschallquellen genutzt. In diesem Fall sollte man eher zu einer kompakten, rundum abbildenden fünfkanaligen Mikrofonaufstellung greifen.

9.7.3 Lautsprecheraufstellung

Für die Stereowiedergabe ist die Standardaufstellung das gleichseitige Dreieck. Die beiden Lautsprecher stehen damit im Winkel von $\pm 30°$ zum Hörplatz, und sie sollen sich in Ohrhöhe befinden.

Surround-Aufstellung nach ITU

Während bei der Stereoaufstellung die Positionen der Lautsprecher im Raum relativ frei gewählt werden können, ist die Boxenaufstellung für die Surround-Wiedergabe restriktiver. Nach dem Standard **ITU-R BS.775-1** sollen alle Lautsprecher auf einem Kreisbogen angeordnet werden, also den gleichen Abstand zum Hörplatz haben, und alle Lautsprecher sollen sich in Ohrhöhe befinden (1,20 m, die Surround-Boxen auch höher – sie dürfen dann um bis zu $15°$ gekippt werden). Die Lautsprecher für die Kanäle L und R sollen (wie bei der Stereo-Aufstellung) im Winkel von $\pm 30°$ zum Hörplatz stehen. Die Surround-Lautsprecher (LS, RS) sollen im Winkel von $\pm 110°$ (also leicht nach hinten versetzt) aufgestellt werden, wobei eine Winkeltoleranz von jeweils $\pm 10°$ erlaubt ist (*ITU 1994*). Werden für die Kanäle LS und RS Dipole verwendet (s.u.), dann können die Lautsprecher seitlich neben dem Hörplatz ($\pm 90°$) angebracht werden. Ein optionaler Subwoofer sollte frontal in der Mitte aufgestellt werden.

Kann der gleiche Abstand zum Hörplatz nicht eingehalten werden, dann können die hinteren (Surround-) Lautsprecher auch entfernter aufgestellt werden, aber niemals näher als die Front-Lautsprecher. Kann der Kreisbogen nicht eingehalten werden, stehen also die drei Frontlautsprecher nebeneinander in einer Reihe, dann sollte das Signal des Center-Kanals verzögert werden, um die gegenüber der Optimalaufstellung entstehende Laufzeitdifferenz auszugleichen. Dazu stellt man am Wiedergabeverstärker für den Center-Kanal ein Delay von $0{,}39 \times$ Abstand R-L in Millisekunden ein; bei 4 m Basisbreite muss also der Center-Kanal um 1,56 ms (entsprechend einem Schallweg von 54 cm) verzögert werden.

Die minimale Surround-Lautsprecherausstattung (3/2-Surround, also z.B. 5.1) besteht aus drei gleichen Boxen für die Kanäle L, C, R, optionalem Subwoofer (LFE) sowie zwei Surround-Lautsprechern RS und LS. Zur Wiedergabe von 3/3-Surround (6.1) ist ein zusätzlicher Surround-Lautsprecher CS hinten in der Mitte erforderlich.

Ideale Surround-Lautsprecher für die Wiedergabe von Film- und Videoton sind Dipole, die parallel zur Wand strahlen und damit nur Diffusschall und keinen Direktschall erzeugen (preiswerter und einfacher sind kleine geschlossene Boxen). Für die Wiedergabe von Musik sollten dagegen die Surround-Lautsprecher baugleich mit den Frontlautsprechern sein. Produziert man Musik auf einer solchen Anlage, sollte man sich allerdings darüber im Klaren sein, dass ein erheblicher Teil der Konsumenten eine Lautsprecheranlage für Videoton besitzt.

Im großen Kinosaal und auch in vielen Filmton-Ateliers werden noch weitere Surround-Lautsprecher installiert, die dann in Gruppen zu jeweils einem der Surroundkanäle parallel geschaltet werden.

Bei der Einrichtung eines Regieraums, aber auch bei anderen Situationen, in denen ein unverfälschter Klang gefordert ist, sollte man alle direkten (geometrischen) Reflexionswege zwischen Lautsprecher und Hörplatz unterbrechen und damit die frühen Reflexionen unterbinden (siehe Abschnitte 2.3, 2.4). Zudem sollte man unbedingt auf gleiche Abstände der Frontlautsprecher zum Hörplatz achten, weil ansonsten – insbesondere bei laufzeitstereofonen Signalen – die Ortung seitlich verschoben sein kann.

Grundlegende und weiterführende Literatur

Thomas Görne: **Mikrofone in Theorie und Praxis**, Elektor, 8. Aufl. 2007.

Michael Gayford (Hrsg): **Microphone Engineering Handbook**, Focal Press 1994.

Thomas Görne & Steffen Bergweiler: **Monitoring. Lautsprecher in Studio- und HiFi-Technik**, PPV Medien 2004.

John Borwick (Hrsg): **Loudspeaker and Headphone Handbook**, Focal Press, 3. Aufl. 2001.

Francis Rumsey: **Spatial Audio**, Focal Press 2001.

10 Geräte zur Tonaufzeichnung

Die Geschichte der Tonaufzeichnung beginnt mit einem der größten Erfinder der Neuzeit, **Thomas Alva Edison** (1847–1931), und seinem **Phonographen** von 1877. Edison verlor allerdings schnell das Interesse an der Tontechnik und wandte sich der Elektrizität zu: 1879 präsentierte er die erste funktionstüchtige Glühbirne und setzte sich später für die Elektrifizierung der Großstädte ein.

Abb. 10-1: 6-Kanal-Mischpult aus einem Synchronatelier der UFA (1938). Im Vordergrund links ist ein Bändchenmikrofon als Talkback zu sehen; rechts an der Wand der Regielautsprecher.

Der gebürtige Hannoveraner **Emil Berliner** (1851–1929), für einige Zeit Angestellter der Bell Company, widmete sich dagegen ganz der Tonaufzeichnung. Er verbesserte Edisons Aufzeichnungstechnik (Seitenschrift statt Tiefenschrift) und ersetzte die Wachswalze des Phonographen durch die massenproduzierbare Schellack-Platte. So wurde 1887 aus dem Phonographen das **Grammophon** („Berliner Gram-O-Phone"). Vermarktet wurde die neue Technik von der Victor Talking Machine Company (später RCA) und der Gramophone Company, seit 1898 auch von der Deutschen Grammophon Gesellschaft. Mit den 1902 veröffentlichten ersten Aufnahmen des italienischen Tenors **Enrico Caruso** etablierte sich die Schallplatte als Massenmedium – mit Emil Berliners Markenzeichen „His Master's Voice". Caruso wurde zum Star und zum ersten *Recording Artist*. Emil Berliner zu Ehren werden heute erfolgreiche Musiker mit dem **Grammy** ausgezeichnet.

Hardware von Berliner, Software von Caruso

In diesem letzten Kapitel werden Geräte und Verfahren zur Tonaufzeichnung und Bearbeitung vorgestellt und es werden Beispiele zum praktischen Umgang mit der Studiotechnik gegeben.

10.1 Gerätetechnik – analog, digital, virtuell

Die meisten digitalen Geräte sind nach analogen Vorbildern modelliert. Für den Benutzer ist oft nicht unterscheidbar, ob sich hinter der Frontplatte Transistoren, Kondensatoren und Widerstände verbergen, oder ob sie als „user interface" einen Computer steuert.

Wenn im Folgenden von „Geräten" die Rede ist, wird nicht zwischen analogem, digitalem und virtuellem (also nur in Software existierendem) Gerät unterschieden. Für die Funktionsweise spielt diese Unterscheidung keine Rolle. Trotzdem sind heute die meisten Geräte digital. Dafür gibt es drei praktische Gründe:

1. Die Tonqualität im digitalen System hängt ausschließlich von der Qualität der Analog-Digital-Wandlung ab, nicht vom Medium. Eine digitale Übertragung ist verlustfrei möglich, eine digitale Kopie ist identisch mit dem Original („digitaler Klon").

2. In der digitalen Welt sind Signalmanipulationen möglich, die in der analogen Welt extrem aufwändig oder ganz unmöglich wären. Nahezu jedes beliebige Gerät lässt sich in Software modellieren.

3. Digitale Geräte und Tonträger sind kleiner, leichter und billiger als analoge Geräte und Tonträger. Digitale Audiosignalverarbeitung kann auf handelsüblichen Computern durchgeführt werden.

Und nicht zuletzt sind durch die Digitaltechnik professionelle Produktionswerkzeuge jedem zugänglich geworden, wie Tim Renner, ehemaliger Deutschland-Chef von Universal Music, bemerkt[1]:

---

[1] Renner, Tim: **Kinder, der Tod ist gar nicht so schlimm! Über die Zukunft der Musik- und Medienindustrie**, Campus 2004

„Jahrtausendelang war der Mensch mit seinen Ideen und seinem Können der bestimmende Faktor allen Schaffens. [...] Erst die industrielle Revolution änderte das vor etwa 200 Jahren; aus geschichtlicher Sicht also gestern. Es ist neu und es ist unnatürlich, über technologische Mittel die Qualität eines Produktes zu steuern. [...] Digitalisierung bereitet dieser Entwicklung ein schnelles Ende und führt zumindest die Musikproduktion zurück zum Menschen. Die höchste Stufe digitalisierter Technik wird in Form eines Tonstudios für 1500 Euro oder eines Videoschnittplatzes für 3000 Euro wieder zu dem, was früher Hammer und Nagel in der Hand des Schusters waren." (Tim Renner)

Analoge Geräte haben einzig den Vorteil der meist einfachen und intuitiven Bedienbarkeit – während man sich bei digitalen Geräten oder Audiosoftware oft durch kryptische Menüs arbeiten muss, hat man beim analogen Gerät längst den entscheidenden Knopf gefunden und gedrückt.

Moderne Audiogeräte können in drei Kategorien unterteilt werden:

- analoge „Outboard"-Geräte (bei denen jeder Knopf auf der Frontplatte als Schalter oder regelbarer Widerstand unmittelbar auf die Schaltung einwirkt),

- digitale „Outboard"-Geräte (bei denen die oft frei konfigurierbaren Knöpfe auf der analog anmutenden Frontplatte digitale Hardware steuern, oder als Eingabegeräte für einen Mikrocomputer im Gerät die signalverarbeitende Software steuern),

- „virtuelle Geräte" in Form von Software oder Software-Plugins (bei denen die Steuerung über eine symbolische Frontplatte auf dem Bildschirm erfolgt, ggf. auch über einen extern angeschlossenen Controller).

Manche Geräte (z.B. digitale Hallgeräte) sind sowohl in „Outboard"-Ausführung als auch als Plugin erhältlich. Die Software-Version ist dann natürlich erheblich billiger, weil die teure Hardware vom Gehäuse über das Netzteil bis zu den Bedienelementen wegfällt. Im besten Fall sind aber beide Versionen technisch identisch, wenn nämlich die jeweils signalverarbeitende Software auf den selben Algorithmen basiert.

Es gibt allerdings Geräte, die sich nicht so leicht digital modellieren lassen: Nichtlineare analoge Signalprozessoren wie z.B. Kompressoren oder übersteuerte Röhrenverstärker sind für den Software-Entwickler eine große Herausforderung. Nichtsdestotrotz gelingt bei moderner Audio-Software auch die Modellierung nichtlinearer analoger Elektronik überraschend gut (siehe Physical Modeling, Abschnitt 8.1.4).

Somit ist es im Prinzip möglich, ein Tonstudio 1. komplett mit analogen Geräten und digitalem Outboard-Equipment, 2. mit einer Kombination aus Computer und Outboard-Equipment oder 3. ausschließlich mit einem Computer zu realisieren. Entscheidet man sich für die billigste dritte Lösung, also einen Computer mit Audio-Software, dann benötigt man zumindest noch Mikrofone und Lautsprecher sowie eine Schnittstelle mit Mikrofonvorverstärkern, A/D- und D/A-Wandler und einer Bus-Verbindung zum Rechner. Benutzt man so genannte „digitale Mikrofone" und „digitale Lautsprecher", dann können auch Vorverstärker und Digitalwandler entfallen.

10.2 Computer

Der Computer ist das universelle digitale Audiogerät. Als **Mikrocomputer** besorgt er die Datenverarbeitung in digitalen Effektgeräten und Mischpulten, in Mobiltelefon, PDA und im tragbaren MP3-Player. Als handelsüblicher „personal computer" (PC) wird er mit geeigneter Software und geeigneten Audio-Schnittstellen zur **digitalen Workstation** (engl. digital audio workstation, **DAW**) und kann sämtliche Studiogeräte ersetzen, von Mehrspur-Bandmaschine und Mischpult über Hall, Effektgerät und Dynamik-Prozessor bis hin zu Synchronizer, Synthesizer und Sequencer (Abb. 10-2).

Audio Workstation (DAW)

Abb. 10-2: DAW-Software bei MS-Stereo-Aufnahme (links) und Dynamikbearbeitung im Mix (rechts)

Die Signalverarbeitung innerhalb des Computers wird allein von der Software durchgeführt; die Hardware hat – abgesehen von A/D- und D/A-Wandler – auf die Signalqualität keinen Einfluss. Natürlich gibt es auch echte digitale Hardware, aufgebaut mit logischen Bauelementen, die binär codierte elektrische Signale verarbeiten. DAW und Mikrocomputer sind aber wesentlich praktischer, weil die Hardware dann nur die Leistungsfähigkeit bestimmt, aber nicht die Funktionalität.

10.2.1 Hardwarestruktur

von-Neumann-Architektur: Prozessor, Speicher, Bus

Das Konzept des modernen Computers mit Hardware aus den Grundelementen **Prozessor**, **Speicher**, **Ein-** und **Ausgabe** und mit Software in Form speicherbarer **Programme** und zu verarbeitender **Daten** wurde 1944/45 vom ungarischen Mathematiker **John von Neumann** (1903–1957) entwickelt[2]. Die typische Struktur des Von-Neumann-Rechners ist in Abb. 10-3 dargestellt: Ein oder mehrere Prozessoren sind mit Arbeitsspeicher (RAM), Massenspeicher (Festplatte etc.) und Ein- und Ausgabe (Tastatur, Maus, Trackball, Bildschirm, Drucker, Lautsprecher etc.) über einen oder mehrere **Datenbusse** verbunden.

Der **Hauptprozessor** (**CPU**, Central Processing Unit) besteht aus dem **Steuerwerk** zur Ausführung der Programmbefehle und dem **Rechenwerk** für mathematische Operationen. Zum beschleunigten Zugriff auf den Ar-

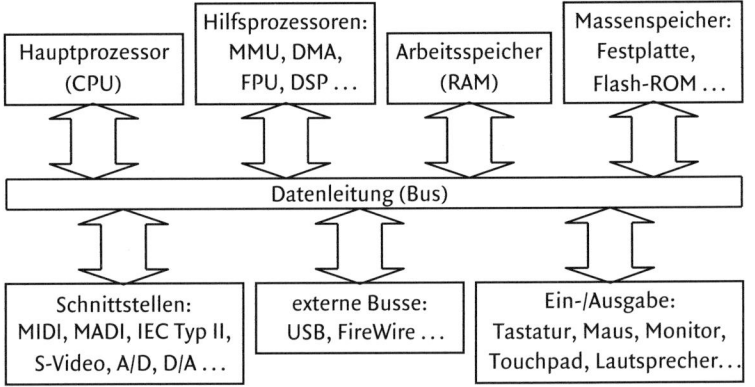

Abb. 10-3: Vereinfachte Struktur eines Computers (Darstellung mit nur einem internen Bus)

beitsspeicher dient der auf dem CPU-Chip integrierte Daten- und Befehlspuffer (engl. cache = unterirdisches Depot, geheimes Lager). Häufig benutzte Daten- und Programmsegmente werden im Cache gehalten und können so sehr schnell angesprochen werden. Neben diesem CPU-Puffer verfügen die meisten Rechner noch über weitere Pufferspeicher, z.B. zum beschleunigten Festplatten- und Bildschirmzugriff.

Hilfsprozessoren

Hilfsprozessoren – u.U. auf dem CPU-Chip integriert – unterstützen den Hauptprozessor bei speziellen Aufgaben. **MMU** (Memory Management Unit) und **DMA** (Direct Memory Access) vereinfachen und beschleunigen die Speicherverwaltung. Die **FPU** (Floating Point Unit) ist spezialisiert auf Gleitkommaarithmetik: Der Computer basiert auf binär codierten ganzen Zahlen, die Rechnung mit reellen Zahlen ist daher sehr aufwändig. Nichtsdestotrotz ist das quasi-reellwertige „Gleitkommaformat" (engl. floating point) zur Signaldarstellung in der digitalen Audio-

---
[2] Von Neumann studierte in Budapest, Berlin und Zürich, bevor er in die USA emigrierte und 1933 in Princeton Professor für Mathematik wurde.

technik verbreitet, um Rundungsfehler und damit granulares Rauschen zu minimieren³.

Auf Soundkarten findet man häufig einen auf Audiosignalverarbeitung spezialisierten Hilfsprozessor, den digitalen **Signalprozessor (DSP)**⁴. Mit zunehmender Leistung der Hauptprozessoren verlieren allerdings die Signalprozessoren an Bedeutung. So genannte „native" oder „generische" Audio-Software ist ohne DSP lauffähig.

Prozessoren und Busse des Computers sind *getaktet*, d.h. jeder Prozess – ob Rechnung, Speicherzugriff oder Datenübertragung – wird in zeitdiskreten Schritten ausgeführt. Die **Taktfrequenz** des Rechners ist ein Maß für seine Geschwindigkeit: Der Prozessor kann höchstens einen Rechenschritt pro Taktschritt ausführen. Taktfrequenzen sind allerdings nur innerhalb einer Prozessorfamilie vergleichbar. — **Takt**

Werden alle für die Verarbeitung eines Abtastwertes erforderlichen Rechenoperationen in kürzerer Zeit ausgeführt als die Tastzeit des einlaufenden digitalen Datenstroms beträgt, dann erfüllen Hardware und Software die **Echtzeitbedingung**, d.h. die Signalverarbeitung kann im Datenstrom erfolgen – ansonsten muss der Rechner „offline" auf gespeicherten Daten arbeiten. Doch auch bei der Echtzeitverarbeitung entstehen Signalverzögerungen (**Latenzen**) durch die Pufferung der Daten in den Schnittstellen und durch Laufzeiten signalverarbeitender Algorithmen. Eine hochwertige DAW zeichnet sich durch definierte und möglichst konstante Latenzen aus. — **Echtzeitverarbeitung und Latenz**

10.2.2 Funktionsweise

Ein Computer verarbeitet **Daten** nach der Vorschrift eines **Programms**. Das elementare Programm jedes Computers ist sein **Betriebssystem** (Operating System). Sowohl Daten als auch Betriebssystem und Programme liegen als Dateien im **Massenspeicher** und müssen zunächst in den **Arbeitsspeicher** (RAM, Random Access Memory) geladen werden (der Arbeitsspeicher ist in der Regel ein flüchtiger Speicher, der zwar beim Abschalten des Rechners seinen Inhalt verliert, dafür aber einen sehr schnellen Zugriff ermöglicht⁵). Damit der Computer Programme und Daten unterscheiden kann, werden Programmdateien gemäß den Konventionen des Betriebssystems markiert (z.B. bei Microsoft-kompatiblen Systemen mit der Namensendung .exe für „executable"). — **System, Programm, Arbeitsspeicher, Massenspeicher**

Weil aber schon das Laden des Betriebssystems in den Arbeitsspeicher ein Programm erfordert, muss ein sehr elementarer Kern des Systems

---

³Es gibt FPUs und Software, die auf Basis rationaler Zahlen (Brüche) intern absolut genau rechnen, Fehler gibt es erst bei der Ausgabe.
⁴Diese Abkürzung steht auch ganz allgemein für digitale Signalverarbeitung.
⁵Bei PDAs und MP3-Playern wird zunehmend nichtflüchtiger Speicher eingesetzt, der auch ohne Strom erhalten bleibt. Er ist allerdings langsamer als der flüchtige Speicher.

permanent verfügbar sein. Dieser Kern ist das „Boot-Programm[6]", das beim Anschalten automatisch gestartet wird.

Zu verarbeitende **Dateien** (Files) werden vom Massenspeicher oder dem Pufferspeicher einer externen Schnittstelle in den Arbeitsspeicher geladen, dort miteinander verrechnet und zurück an Massenspeicher oder Schnittstelle geleitet. Um beispielsweise digitale Filter (Abschnitt 4.3.2) zu implementieren, genügt es, den Algorithmus und die Filterkoeffizienten als Programmcode bzw. Datensatz bereitzustellen.

Ein wesentliches Konzept beim Umgang mit gespeicherten Dateien sind die Prozeduren „Öffnen" und „Schließen". Damit ein Programm Zugriff auf eine Datei bekommt, wird sie vom Betriebssystem „geöffnet" und ist dann sehr verletzlich, bis sie wieder „geschlossen" wird. Kommt bei dem Versuch, eine Datei z.B. zu löschen, eine Fehlermeldung des Betriebssystems („Datei wird benutzt"), so wurde diese Datei von einem anderen Programm geöffnet und ist noch offen. Ein Rechnerabsturz oder Stromausfall – oder das Ziehen eines externen Verbindungskabels – führt üblicherweise zu Beschädigung oder Verlust geöffneter Dateien.

10.2.3 Festplatte (Hard Disk)

Hard Disk, Floppy

Der **Massenspeicher** des Computers mit der Funktion als permanenter Programm- und Datenspeicher ist in der Regel eine **Festplatte** (Hard Disk im Gegensatz zur austauschbaren „weichen" Floppy Disk älterer Systeme). Physikalisch besteht sie aus einem Stapel von magnetisch beschichteten Aluminium- oder Keramikscheiben, die auf einer gemeinsamen Achse mit einer konstanten Geschwindigkeit von einigen 1000 Umdrehungen pro Minute rotieren. Die Speicherung erfolgt magnetisch ohne Löschvorgang; Daten werden direkt mit neuen Daten überschrieben.

In der Festplatte arbeitet auf jeder Oberfläche ein eigener Lese-/Schreibkopf; die Gesamtheit der Köpfe bildet den Lese-/Schreibkamm (Abb. 10-4). Schreiben und Lesen erfolgt berührungsfrei; die Köpfe schweben auf dem durch die hohe Rotationsgeschwindigkeit entstehenden Luftkissen. Durch Aufschlagen des Kamms auf den Plattenstapel – z.B. bei heftigen Erschütterungen – kann es zu Beschädigungen von Oberfläche und Kopf und damit zum „Plattencrash" kommen. Besonders gefährdet ist die Festplatte während des Schreib-/Lesevorgangs. Eine beschädigte Oberfläche kann die Festplatte in gewissen Grenzen selbstständig kompensieren. Dafür hat sie einen eigenen reservierten Bereich, in dem „Ersatzblöcke" bereitstehen.

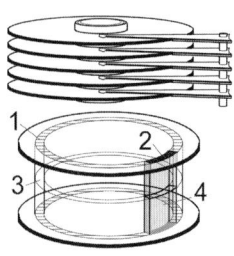

Abb. 10-4: Festplatte, physikalischer und logischer Aufbau
1 Spur, 2 Block, 3 Zylinder, 4 Sektor

Die Datenorganisation auf der Festplatte soll den direkten Zugriff (Random Access) auf alle gespeicherten Daten ermöglichen (im Gegen-

---

[6] von engl. boot = Stiefel, frei nach Münchhausen, der sich zwar nicht an den eigenen Stiefeln, aber an den eigenen Haaren aus dem Sumpf zog

satz zu sequenziellen Speichern wie dem Magnetband). Dazu werden die Daten auf konzentrisch angeordneten kreisförmigen **Spuren** geschrieben, und da wiederum zerlegt in kleine Spurabschnitte (**Blöcke**) mit einer festen, beim **Formatieren** einstellbaren Größe von z.B. $2^{12} = 4096$, $2^{13} = 8192$, $2^{14} = 16384$ oder $2^{15} = 32768$ Byte. Der Block ist die kleinste adressierbare Speicherzelle der Festplatte und definiert damit den von einer Datei mindestens belegten Speicherplatz.

Die übereinander liegenden Spuren werden als **Zylinder** bezeichnet, die übereinander liegenden Blöcke als **Sektoren** (Abb. 10-4). Die Größe der Blöcke und Sektoren sowie die jeweiligen Adressen werden vor der ersten Benutzung bei der Formatierung auf die Platte geschrieben. Die genaue Speicherkapazität der Platte ist daher von der Formatierung abhängig, variiert aber nur geringfügig innerhalb der von der Hardware vorgegebenen Grenzen.

Die logische Ordnung der Daten erfolgt je nach Betriebssystem hierarchisch in Verzeichnissen. Jede Datei wird über ihre Speicheradresse angesprochen. Ein Verzeichnis ist ein (seinerseits adressierbarer) Speicherbereich, in dem die Adressen der „im Verzeichnis enthaltenen" Dateien gespeichert sind. Beim **Verschieben** einer Datei (move) werden nicht die zugehörigen (großen) Datenbereiche bewegt, sondern nur die (kleinen) Adressen. Beim **Kopieren** (copy) auf einen anderen physikalischen Datenträger werden dagegen die Daten übertragen. Beim **Löschen** von Dateien (delete, erase) verschwinden physikalisch keine Daten von der Festplatte, es werden lediglich die Adressen gelöscht und damit vom Betriebssystem die Speicherbereiche freigegeben (Ausnahme: explizites Überschreiben mit „leeren" Daten beim Löschvorgang bei entsprechender Konfiguration des Betriebssystems). Es ist daher mit Hilfsprogrammen oft möglich, gelöschte Daten direkt nach dem Löschen wieder herzustellen.

Datei und Verzeichnis

Bei der **Partitionierung** einer Festplatte werden physikalisch getrennte Bereiche auf dem Datenträger definiert, die unabhängig voneinander formatiert werden können und sich aus Sicht des Betriebssystems wie zwei verschiedene Festplatten verhalten.

Die Speicherverwaltung wird vom Betriebssystem des Computers geleistet, der Benutzer hat auf diese Ebene keinen Zugriff: Von der Benutzeroberfläche aus betrachtet erscheinen die gespeicherten Daten stets zusammenhängend. Das System kann aber eine Datei in eine Anzahl physikalisch getrennter Blöcke **fragmentieren**, was die Zugriffsgeschwindigkeit herabsetzt (aktuelle Betriebssysteme fragmentieren nur im Notfall, d.h. wenn nicht genügend zusammenhängender Platz zur Verfügung steht).

Fragmentierung

Da bei der Audiosignalverarbeitung extrem große Datenmengen gelesen und geschrieben werden, ist es sowohl für die Zugriffsgeschwindigkeit als auch für die Betriebssicherheit sinnvoll, eine oder mehrere separate Festplatten ausschließlich für Audiodaten zu verwenden. Relevant für die Zugriffsgeschwindigkeit ist zudem die Anzahl der Festplatten, die an dem gleichen Bus hängen. Zur Performancesteigerung kann ggf. ein zweiter Bus über eine Steckkarte nachgerüstet werden.

Die Ausfallwahrscheinlichkeit einer Festplatte wird als **MTBF** (Mean Time Between Failure) angegeben, die durchschnittliche absolute Lebensdauer in Betriebsstunden und Anzahl der Einschaltvorgänge. Serverplatten, die im Dauerbetrieb arbeiten, müssen eine große Zahl von Betriebsstunden bei wenigen Einschaltvorgängen leisten, Festplatten in Standard-PCs umgekehrt, da diese öfter aus- und eingeschaltet werden.

Eine Alternative zum magnetischen Massenspeicher ist der nichtflüchtige **Halbleiterspeicher**, z.B. in Form von **Flash-ROM** und **NVRAM**[7].

Flash und NVRAM

Er wird u.a. als Datenspeicher in „Memory Stick" und tragbarem MP3-Player sowie als Daten- und Programmspeicher für Mikrocomputer (digitales Effektgerät, Mobiltelefon, PDA, DVD-Player, Digitalkamera) eingesetzt. Im Flash-ROM dienen Feldeffekttransistoren (FETs) als Ladungsspeicher; jedes Datenbit wird unter Ausnutzung des quantenphysikalischen **Tunneleffekts** in einem separaten FET gespeichert. Schneller und teurer als Flash-ROM ist NVRAM.

Das Betriebssystem des Computers behandelt den Halbleiterspeicher wie eine Festplatte. Dateien werden in Blöcken und Sektoren abgelegt. Der Halbleiterspeicher muss wie die Festplatte vor dem ersten Gebrauch formatiert werden; dabei wird das verwendete Dateisystem festgelegt.

10.3 Schallspeicherung

Festplatte und Flash-ROM sind anwendungsneutrale Speichermedien, die auch für Audiodaten genutzt werden. Andere Medien dienen speziell der Schallspeicherung. Solche „Tonträger" lassen sich in zwei Kategorien einordnen, in einerseits die bespielbaren Medien für Studio und Haushalt und andererseits die industriell vervielfältigten Medien zur massenhaften Verbreitung von Musik.

Beispiele für bespielbare Tonträger sind Magnetband, Compact Cassette, DAT, MiniDisc und CD-R. Beispiele für industriell vervielfältigte Medien sind Langspielplatte, CD und DVD – und die Mutter aller Tonträger, Emil Berliners Schellack-Platte.

Mit der Verbreitung von Internet und Datenreduktionsverfahren (Abschnitt 6.3.2) verliert die Distribution von Musik auf Tonträgern an Bedeutung: Das Medium wird „körperlos", die Inhalte werden zunehmend

---

[7] ROM: Read Only Memory, RAM: Random Access Memory (Direktzugriffs-Speicher), NVRAM: Non Volatile RAM, nicht-flüchtiger RAM

ohne industriell vervielfältigten Träger verbreitet.

In diesem Abschnitt wird eine kurze Einführung in die verschiedenen Schallspeicherverfahren und -medien gegeben. Der Einfachheit halber wird dabei nicht zwischen Medien für den professionellen Gebrauch im Studio, für den Heimgebrauch oder für die industrielle Vervielfältigung unterschieden; die Grenzen sind ohnehin fließend.

10.3.1 Magnetband, analog und digital

Das **Magnetband**, ob analog als professionelles Tonband oder in der Audiokassette, ob digital im R-DAT-Format, spielt in der modernen Tontechnik keine wichtige Rolle mehr. Die Prinzipien werden hier deshalb nur kurz angerissen[8].

Zur magnetischen Speicherung wird ein Kunststoffband benutzt, das mit ferromagnetischem Material beschichtet ist. Die Aufzeichnung auf dem Tonband geschieht mit Hilfe des **Tonkopfes**. Er besteht aus einem ringförmigen ferromagnetischen Kern, um den eine Spule gewickelt ist. Durch diese Spule fließt der Aufnahmestrom, der im Ringkern ein entsprechendes magnetisches Feld erzeugt.

Der Kopf hat nun an der Stelle, an der das Tonband vorbeizieht, einen dünnen Spalt, der mit einem nicht-magnetischen Material (z.B. Glas) gefüllt ist. Aufgrund der höheren Permeabilität des Tonbandmaterials bevorzugt der Magnetfluss trotz der geometrisch längeren Strecke den Weg über das Tonband. Das am Spalt vorbeiziehende Tonband wird dadurch magnetisiert (Abb. 10-5). Die auf dem Band aufgezeichnete Wellenlänge hängt von der Signalfrequenz und der Relativgeschwindigkeit zwischen Band und Kopf ab.

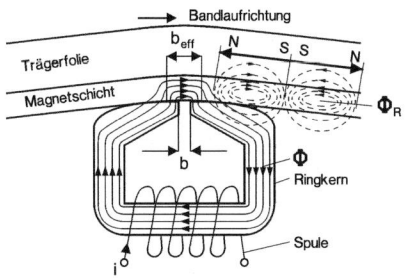

Abb. 10-5: Schema der magnetischen Tonaufzeichnung (aus: Warstat 1994); Kopfschlitten einer Viertelzoll/Zweispur-Tonbandmaschine; in Bandlaufrichtung: 1 Löschkopf, 2 Aufnahmekopf, 3 Wiedergabekopf

Die Feldverteilung im Kopfspalt folgt der **Spaltfunktion** (**si-Funktion** $\sin x/x$). Sofern die aufgezeichnete Wellenlänge groß gegen die Spaltbreite ist, gelingt die Magnetisierung nahezu fehlerfrei. Bei kleinen Wel-

---

[8] für eine ausführliche Beschreibung siehe z.B. Warstat, Michael & Görne, Thomas: **Studiotechnik, Hintergrund und Praxiswissen**, Elektor 1994

lenlängen wird die resultierende Feldstärke im Spalt aber stark gedämpft (vgl. Apertureffekt, Abschnitt 5.1.3). Die magnetische Tonaufzeichnung ist vom Standpunkt der Informationstheorie ein **Tiefpass-Kanal** (Abschnitt 6.1.3). Ihre obere Grenzfrequenz ist umso höher, je schmaler der Kopfspalt ist und je größer die Relativgeschwindigkeit zwischen Band und Kopf ist.

Zur Speicherung analoger Signale in hoher Qualität verwendet man Tonbänder bei einer Geschwindigkeit von 38 cm/s (um die nötige Bandbreite zu erzielen) und benutzt für Aufzeichnung und Wiedergabe einen **Kompander** (um den nötigen Signal-Rausch-Abstand zu erzielen, siehe Abschnitt 6.2.1). Verbreitete professionelle Magnetbandkompander sind Dolby A und Dolby SR sowie Telcom c4 von Telefunken.

Hinterbandkontrolle

Ein bespieltes Band muss vor dem Schreibvorgang stets gelöscht werden. In Bandlaufrichtung vor dem Aufnahmekopf findet man daher immer einen Löschkopf. Bei hochwertigen Geräten wird außerdem zwischen Aufnahme- und Wiedergabekopf unterschieden, während einfachere Geräte einen Kombikopf für Aufnahme und Wiedergabe haben. Geräte mit separatem Wiedergabekopf ermöglichen die **Hinterbandkontrolle**, d.h. die Kontrolle des bereits aufgezeichneten Signals mit einem geringen Zeitversatz. Hinterbandkontrolle ist ein wesentliches Konzept der Signalüberwachung während einer Aufnahme.

Bei analogen Mehrspurbändern werden Kombiköpfe verwendet bzw. der Aufnahmekopf wird auch zur Wiedergabe benutzt, damit es bei Overdubs – neuen Aufnahmen zu bereits aufgezeichneten Spuren – keinen Zeitversatz zwischen Wiedergabe und Aufnahme gibt.

Abb. 10-6: DAT-Laufwerk

Das Anwenderformat für die Magnetbandspeicherung ist die **Audiokassette** („Compact Cassette"). Auf der Audiokassette werden vier Spuren (Stereo, zwei bespielbare Seiten) gespeichert. Verbreitete Kompander sind Dolby B, Dolby C und Dolby S.

Abb. 10-7: Blick aus Sicht des Bandes auf die schräg montierte Kopftrommel im Laufwerk eines DAT-Recorders

Zur Speicherung digitaler Signale ist die Anforderung an den Rauschabstand gering; schließlich müssen nur zwei unterscheidbare Zustände gespeichert werden. Dafür ist die analoge Bandbreite sehr groß (typ. einige MHz). Um die dafür notwendige hohe Relativgeschwindigkeit zwischen Band und Kopf zu erreichen, wird im **R-DAT**-Format (Rotary Head Digital Audio Tape, meist einfach als DAT bezeichnet) wie beim

Videorecorder mit zwei Köpfen auf einer rotierenden Kopftrommel gearbeitet (Abb. 10-6). Das Band läuft schräg über die schnell rotierende Trommel, so dass sehr dicht liegende Schrägspuren aufgezeichnet werden (Abb. 10-7).

Zur Realisierung der Hinterbandkontrolle existieren DAT-Recorder mit vier Köpfen auf der Trommel, die paarweise in Aufnahme- und Wiedergabebetrieb geschaltet werden können (Read After Write, **RAW**). Vierkopf-Recorder können auch bei der Restaurierung alter Bänder sehr nützlich sein, weil sie durch doppeltes Lesen u.U. auch alte oder beschädigte Bänder noch abspielen (Read After Read, **RAR**).

Vierkopf-Recorder

Die digitale Magnetbandaufzeichnung ist im Vergleich zum analogen Magnetband kostengünstig und platzsparend: Bei einem Bandvorschub von nur 8,15 mm/s, einem Kopftrommel-Durchmesser von 30 mm und einer Rotationsgeschwindigkeit der Trommel von 2000 U/min ergibt sich eine relative Bandgeschwindigkeit von 3,13 m/s. Die Spurbreite beträgt nur 13,6 μm, die Informationsdichte auf dem Band ist mit 181 kBit/mm² sehr hoch (*Hasbargen* 1987). Zum Vergleich: Ein professionelles Viertelzoll-Zweispur-Magnetband bei 38 cm/s = 15 Zoll/s hat bei einer Dynamik von ≈ 80 dB und einer Bandbreite von 20 kHz eine Kanalkapazität von ca. 1 MBit/s. Pro Zoll werden auf dem analogen Magnetband damit 0,068 MBit aufgezeichnet; umgerechnet auf das „Viertelzoll"-Format (Bandbreite 6,3 mm) ergibt sich damit für das analoge Magnetband eine Informationsdichte von nur 440 Bit bzw. 0,4 kBit/mm².

Informationsdichte bei digitalem und analogem Magnetband

Die Kanal- bzw. Leitungscodierung erfolgt mit ETM-Gruppencode und NRZI (siehe Abschnitte 6.3.3 und 6.3.5). Auf dem digitalen Band können Daten direkt mit Daten überschrieben werden, ein Löschkopf ist nicht nötig. In Tabelle 10-1 sind die Betriebsarten des R-DAT-Formats zusammengefasst (nicht alle Geräte unterstützen auch alle Betriebsarten).

Modus	f_A	M	Format	Kanalzahl
I	48 kHz	16 Bit	lineare PCM	2
Ib	44,1 kHz	16 Bit	lineare PCM	2
II	32 kHz	16 Bit	lineare PCM	2
III	32 kHz	12 Bit	nichtlineare PCM	2
IV	32 kHz	12 Bit	nichtlineare PCM	4

Tabelle 10-1: R-DAT-Betriebsarten. Modus Ib ist bei Konsumergeräten nicht vorgesehen. Im Modus III sind Datenrate, Bandvorschub und Rotationsgeschwindigkeit der Kopftrommel halbiert (Long-Play-Modus mit doppelter Laufzeit)

Neben dem herstellerübergreifenden R-DAT-Standard existieren weitere, herstellerspezifische Formate wie **DA-88** (Tascam) und **ADAT** (Alesis), die acht Spuren im Schrägspurverfahren mit rotierender Kopftrommel aufzeichnen, sowie die „open reel"-Formate mit feststehenden Köpfen **DASH** und **ProDigi** (bei diesen Formaten wird die hohe Datenrate an die geringe Bandgeschwindigkeit angepasst, indem die Signale zerlegt und auf mehreren Spuren nebeneinander aufgezeichnet werden).

10.3.2 Optische Speicher

Compact Disc (CD), **Digital Versatile Disc (DVD)** und ihre Weiterentwicklungen wie **Super Audio CD (SACD)**, **HD-DVD** oder **Blu-ray Disc (BD)** sind gleichartig konstruierte optische Speicher: Der fehlerresistent kanalcodierte Datenstrom (z.B. Reed-Solomon-Code und EFM, siehe Abschnitte 6.3.3 und 6.3.4) wird NRZI-leitungscodiert als dreidimensionale „Landschaft" in einer zusammenhängenden, spiralförmigen Spur auf eine 12-cm-Platte gepresst. Eine binäre 1 wird zu einer Vertiefung („Pit") in der Ebene („Land")[9]. Die Datenspur wird von innen nach außen gelesen.

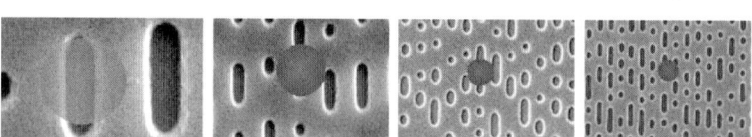

Abb. 10-8: Pitstrukturen von CD, DVD, HD-DVD und Blu-ray Disc (v.l.n.r.), ca. 12.500fach vergrößert; der Durchmesser des Laserfokus ist jeweils als Kreis markiert (Bild: Sonopress)

Damit beim Lesen eine konstante Datenrate erreicht wird, muss die Bahngeschwindigkeit für jeden Radius gleich bleiben (Constant Linear Velocity, CLV). Dies bedeutet, dass die Rotationsgeschwindigkeit variabel ist (die Platte muss umso schneller rotieren, je kleiner der Spurradius ist). Die Rotationsgeschwindigkeit liegt bei der Audio-CD zwischen 200 und 500 U/min, bei der DVD zwischen 570 und 1630 U/min.

Die Abtastung erfolgt berührungslos mit monochromem Licht, d.h. mit einer monofrequenten (harmonischen) elektromagnetischen Welle, deren Wellenlänge im Idealfall das Vierfache der Pit-Höhe beträgt. Ist die datentragende Oberfläche spiegelnd beschichtet, also ein Reflektor für elektromagnetische Wellen, so summieren sich zwei $\lambda/4$-Wegdifferenzen (für einfallende und reflektierte Welle) zu einem Phasenversatz von $\lambda/2$ zwischen der an Pit bzw. Land reflektierten Welle (vgl. Maximalfolgen-Diffusor, Abschnitt 2.4.4). Weil der Lichtfokus breiter als das Pit ist, kommt es zur Interferenz, sobald der Strahl ein Pit überstreicht; die Helligkeit des reflektierten Strahls wird durch die gespeicherten Daten moduliert. Mit einer Fotodiode wird daraus ein elektrisches Signal gewonnen. In der Praxis wird die $\lambda/4$-Bedingung nicht eingehalten; so beträgt die Pit-Höhe bei der CD weniger als $1/6$ der Wellenlänge des abtastenden Strahls.

Die ideale monochrome und kohärente (gleichphasig schwingende) Lichtquelle ist der **Laser**[10], dessen Grundlage, die erzwungene Emission, 1917 von **Albert Einstein** postuliert wurde und dessen Konstruktion 1958 an den **Bell Labs** gelang. Bei optischen Speichern werden **Laserdioden** eingesetzt, eine spezielle Bauform der Leuchtdiode (LED). Der Strahl der

---

[9] Bei der Herstellung werden die Pits als Vertiefungen in die Rückseite der Platte eingepresst; beim Lesevorgang erscheinen sie als Erhebungen.

[10] Light Amplification by Stimulated Emission of Radiation

Laserdiode wird mit einer Linse auf die reflektierende Oberfläche fokussiert. Der Durchmesser des Fokus kann beugungsoptisch bedingt nicht kleiner werden als die Wellenlänge.

Mit kürzerer Wellenlänge des abtastenden Lasers wird der Fokus schärfer. Damit lassen sich feinere Pitstrukturen und größere Speicherkapazitäten realisieren. Bei der CD kommt ein Infrarot-Laser mit einer Wellenlänge von 780 nm zum Einsatz (*Ultrarot*, UR), bei der DVD beträgt die Wellenlänge 650 nm (Rotorange). Bei HD-DVD (High Density DVD) und Blu-ray Disc werden Blauviolett-Laser mit 405 nm verwendet. In Abbildung 10-8 sind Elektronenmikroskop-Bilder der datentragenden Oberflächen von CD, DVD, HD-DVD und Blu-ray Disc zu sehen; die Pitbreite der CD (ganz links) beträgt ca. 0,5 µm (zum Vergleich: Durchmesser eines Haars ca. 120 µm).

CD, DVD, HD-DVD, Blu-ray Disc

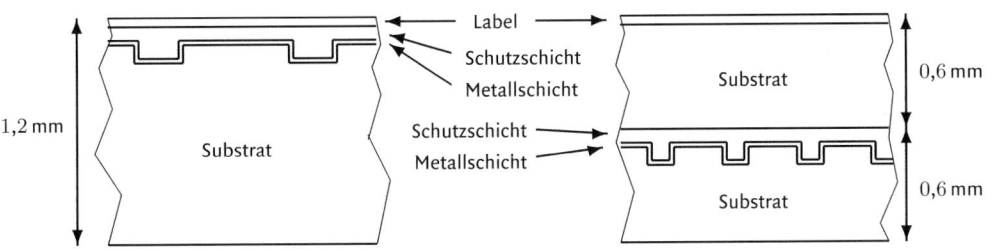

Abb. 10-9: Aufbau von CD (links) und DVD vom Typ DVD 5 (rechts, Single-Layer Single-Sided)

In Abbildung 10-9 ist schematisch der Schichtaufbau von CD und DVD dargestellt. In ein glasklares Substrat (in der Regel Polycarbonat) wird mit einem Prägestempel das Pitmuster gepresst. Um eine spiegelnde Fläche zu erreichen, wird die Oberfläche dann mit Aluminium beschichtet, gelegentlich auch mit Messing („Gold-CD"); auf die Funktion hat dies keinen Einfluss. Als nächste Schicht folgt ein Schutzlack. Bei der CD wird der Schutzlack mit dem Label bedruckt. Bei der DVD wird zunächst ein zweites Substrat aufgeklebt, bevor das Label aufgedruckt wird. Eine beidseitig bespielte DVD (**Double-Sided**) erhält man, indem zwei gleichartig präparierte Substrate „Rücken an Rücken" aufeinander geklebt werden; in diesem Fall entfällt der Labeldruck.

Double-Sided DVD

Bei der **Dual-Layer DVD** wird eine erste, mit Pitmuster versehene Substratschicht halbdurchlässig verspiegelt und darauf eine zweite dünne Schicht gesetzt. Durch die Fokussierung des Lasers in einer Ebene kann wahlweise eine der beiden Schichten abgetastet werden. Je nach Kombination von Layer und ein- oder beidseitigem Aufbau werden verschiedene Speicherkapazitäten realisiert. In Tabelle 10-2 sind die fünf Standard-DVD-Typen aufgelistet[11].

Dual-Layer DVD

---

[11] Abweichungen zu den üblichen Herstellerdaten ergeben sich aus der Differenz zwischen 2^{30} und 10^9 (siehe Abschnitt 5.2.1)

Tabelle 10-2: DVD-Typen; die DVD 5 ist der meisthergestellte Typ, gefolgt von DVD 9 und DVD 10 (Quelle: Taylor 2001)

DVD 5	4,37 GB	Single-Layer	Single-Sided
DVD 9	7,95 GB	Dual-Layer	Single-Sided
DVD 10	8,75 GB	Single-Layer	Double-Sided
DVD 14	12,33 GB	Single- & Dual-Layer	Double-Sided
DVD 18	15,91 GB	Dual-Layer	Double-Sided

Hybride aus DVD und CD

Kombiniert man DVD- und CD-Layer im Dual-Layer-Verfahren, so erhält man die CD-kompatible **SACD** (das „High Density Layer" der SACD ist physikalisch ein DVD-Layer). Das DVD-Layer ist dabei halbdurchlässig und wird vom „groben" Fokus des CD-Spielers nicht ausgelesen (Abb. 10-10). Anderere Hybride sind die doppelseitigen **DVD-Plus** und **DualDisc** mit jeweils einer DVD-Seite und einer CD-Seite.

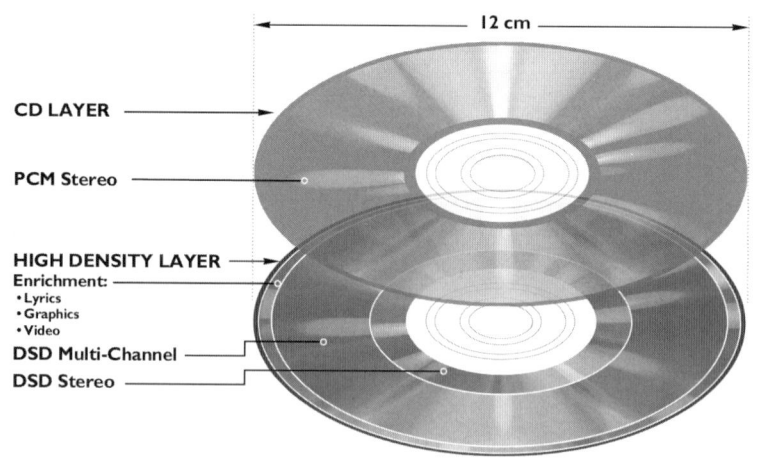

Abb. 10-10: Aufbau einer CD-kompatiblen Hybrid-SACD (Grafik: Philips / Sony)

DVD-Video

Die DVD wird in erster Linie als Videospeicher genutzt. Das meistverbreitete DVD-Format ist daher **DVD-Video**. Eine DVD-Video kann Bild und Ton enthalten, aber auch nur Ton. Das meisteingesetzte Tonformat ist mit **AC-3** datenreduzierter Mehrkanalton nach **Dolby-Digital**-Standard (**DD**, siehe Abschnitt 6.3.2); allerdings sind auch andere Formate möglich (Tabelle 10-3). Die Mehrkanalfähigkeit bei linearer PCM wird begrenzt durch die maximal mögliche Datenrate. Befindet sich kein Stereoton, sondern nur Mehrkanalton wie z.B. 5.1-Surround auf der DVD-Video, so erscheint am Stereo-Ausgang des DVD-Players ein automatischer **Downmix**.

Tabelle 10-3: Tonformate bei DVD-Video (Quelle: Taylor 2001)

Kanalzahl	bis zu 8 (PCM, MPEG-2, SDDS)
Datenformate	lineare PCM, AC-3 / Dolby Digital (1.0 bis 5.1), MPEG-1, MPEG-2 (1.0 bis 7.1), playerabhängig auch DTS und SDDS
Datenrate	32 kBit/s bis 6,144 MBit/s, typ. 384 kBit/s

DVD-Audio

Die **DVD-Audio** ist exklusiv für die Aufzeichnung von Ton vorgesehen. Das Standard-Tonformat ist lineare PCM mit den Abtastraten 44,1,

88,2 und 176,4 kHz sowie 48, 96 und 192 kHz, und mit Wortbreiten zwischen 16 und 24 Bit. Es können bis zu 6+2 Kanäle PCM gespeichert werden (5.1-Surround und Stereo parallel). Seit 1998 ist nach DVD-Audio-Standard eine Entropiecodierung der PCM-Tonspuren (MLP, Meridian Lossless Packing) möglich. Durch die Codierung lässt sich die Spieldauer – je nach Programm – ungefähr verdoppeln. Wie bei der DVD-Video kann aber auch Dolby Digital-Ton, datenreduziert mit AC-3, aufgezeichnet werden.

Für den PCM-Ton der DVD-Audio ist ein im Player durchgeführter automatischer **Stereo-Downmix** von Mehrkanalformaten wie 5.1 vorgesehen. Anders als beim DVD-Video-Standard kann man über die Definition von Kanal-Pegelverhältnissen Einfluss auf den Downmix nehmen. Bis zu 16 verschiedene Parametersätze – also verschiedene Downmix-Regelsätze – können gespeichert und mit den verschiedenen Titeln verknüpft werden. Auch im entropie-codierten Format MLP ist die Speicherung von Downmix-Parametersätzen vorgesehen (*Taylor 2001*).

automatischer Downmix

Die Kompatibilität der DVD-Video kann durch **Länder-Codes** (engl. regional codes) eingeschränkt werden (Tabelle 10-4). In der Regel unterstützt ein DVD-Player nur *einen* Code; DVDs mit anderen Ländercodes können nicht abgespielt werden. Damit eine DVD-Video länderunabhängig abspielbar ist, müssen *alle* Bits im Länder-Code-Feld gesetzt werden („Region Null"). Bei der DVD-Audio wird der Länder-Code *nicht* verwendet.

DVD-Audio und DVD-Video sind *nicht* kompatibel: Ein DVD-Videospieler wird u.U. keine DVD-Audio abspielen. Ebenso sind DVD und CD nicht kompatibel. Ein „Multiformat-Player" verfügt nicht nur über mehrere Abtast-Laser, sondern auch über mehrere Receiver zur Decodierung unterschiedlich codierter Datenströme.

Tabelle 10-4:
DVD-Video Länder-Codes

1 Nordamerika
2 Europa, Japan, Südafrika
3 Südostasien
4 Mittel-/Südamerika, Australien
5 Asien, Afrika
6 China, Tibet

Code 7 wird nicht benutzt; Code 8 bezeichnet Aufführungsorte wie Hotels und Flugzeuge

Medium	Format	Codierung	Spieldauer
CD°	PCM stereo	16 Bit @ 44,1 kHz	74 min
DVD-Video*	PCM stereo	16 Bit @ 48 kHz	6,7 h
	PCM stereo	20 Bit @ 96 kHz	2,7 h
	AC-3 stereo (2.0)	DD, 192 kBit/s	54,3 h
	AC-3 5.1	DD, 384 kBit/s	27,1 h
DVD-Audio*	PCM stereo	16 Bit @ 44,1 kHz	7 / 12 h
	PCM stereo	24 Bit @ 96 kHz	2 / 4 h
	PCM 5.1	24 Bit @ 96 kHz	45 / 105 min
	PCM 5.1 + stereo	24 Bit @ 96 kHz	33 / 75 min
SACD	PDM 5.1 + stereo	DSD 1 Bit @ 2,8 MHz	74 min

Tabelle 10-5:
Ausgewählte Tonformate einiger optischer Medien

° bis 80,5 min unter Ausnutzung aller Toleranzen
* DVD 5 ohne Bild
* DVD 5 ohne / mit MLP-Entropiecodierung
SACD Hybrid bzw. DVD-Plus bzw. DualDisc mit zusätzlichem CD-Layer

(Quelle: u.a. Taylor 2001)

Die **Blu-ray Disc** ist das Nachfolgeformat für die DVD; als Videospeicher kann sie Filme im HD-Format aufnehmen. Passend dazu kann der Ton optional auch mit mehr als zwei Kanälen in hoher Auflösung gespeichert werden; als Codecs sind dazu **Dolby Digital True HD** und **DTS HD**

Blu-ray

Pure Audio Blu-ray

Master Audio verfügbar. Lineare PCM ist mit bis zu 24 Bit / 192 kHz und bis zu 7.1-Surround möglich.

Als reiner Tonträger dient die **Pure Audio Blu-ray**. Das Authoring zur Navigation ohne Bildschirm ist von der Audio Engineering Society standardisiert als AES X-188; so kann z.B. mit den farbigen Tasten der Fernbedienung zwischen verschiedenen Audiostreams umgeschaltet werden. Die Pure Audio Blu-ray ist voll kompatibel zur normalen Blu-ray Disc und kann damit auf jedem Player abgespielt werden.

In Tabelle 10-5 sind einige Tonformate optischer Medien aufgelistet.

10.3.3 Bespielbare optische Medien

Bespielbare optische Medien werden u.a. als Tonträger und Datenspeicher genutzt. Im Tonstudio werden sie zur Anfertigung eines **Masters** als Vorlage für die Vervielfältigung beim Presswerk verwendet, aber auch als Backup-Medium.

Tonträger vs. Datenspeicher

Die Datenspeicherung erfolgt auf andere Weise als die Speicherung von Musik. Die Datenorganisation muss wie bei der Festplatte in **Sektoren** erfolgen, um den direkten Zugriff (Random Access) zu ermöglichen. Zudem ist die für Musik und Video obligatorische konstante Spurgeschwindigkeit bzw. variable Rotationsgeschwindigkeit (Constant Linear Velocity, **CLV**) für die Datenspeicherung ungünstig, weil die Platte beim Zugriff auf unterschiedliche Sektoren sehr häufig beschleunigt und abgebremst werden muss. Zur Datenspeicherung ist die Aufzeichnung mit konstanter Rotationsgeschwindigkeit (Constant Angular Velocity, **CAV**) erheblich schneller. Darüber hinaus ist bei der Datenspeicherung, anders als bei der Speicherung von Ton, eine **Fehlerverdeckung** (siehe Abschnitt 7.4.2) nicht möglich; fehlerhafte Blöcke, die nicht auf Basis des Kanalcodes korrigiert werden können, sind verloren.

Je nach Aufzeichnungstechnik unterscheidet man *einmal* und *mehrfach* bespielbare Medien. In beiden Fällen ist in den Rohling eine „gewobbelte" (periodisch seitlich ausgelenkte) Vorspur eingepresst, die durch schnelle Helligkeitsänderungen des reflektierten Laserstrahls nicht nur die **Spurverfolgung** (Tracking) ermöglicht, sondern auch den digitalen **Takt** (Wordclock) vorgibt. Weil die Daten synchron mit der Wobbel-Periode geschrieben werden, ist durch die physikalische Länge der Wobbel-Periode die Speicherkapazität der Platte festgelegt – eine **Formatierung** ist, anders als bei den magnetischen Speichern, nicht nötig.

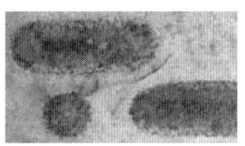

Abb. 10-11: Pit und Land im lichtempfindlichen Layer einer einmal bespielbaren Blu-ray Disc (Quelle: BD 2006a)

Um einen einfach bespielbaren optischen Speicher (recordable) zu realisieren, kann die Vorspur z.B. eine lichtempfindliche Schicht tragen und mit einer reflektierenden Gold-Beschichtung hinterlegt sein. Beim „**Brennen**" entstehen Pits in Form dunkler Flecken durch gepulste Modulation der Intensität des Schreib-Lasers (Abb. 10-11). Ähnlich wie an den

Pits des industriell vervielfältigten optischen Tonträgers ist beim Lesen an den geschwärzten Zonen des beschreibbaren Trägers die Intensität des reflektierten Strahls geringer.

Die **„Phase Change"**-Technik wird zur Realisierung mehrfach bespielbarer Speicher (rewritable) eingesetzt. Sie beruht auf den besonderen thermo-optischen Eigenschaften von Legierungen wie Germanium-Antimon-Tellurium (Ge-Sb-Te) und Indium-Silber-Antimon-Tellurium (In-Ag-Sb-Te). In kristalliner Struktur ist ihr Reflexionsgrad erheblich höher als in amorpher (ungeordneter) Struktur.

Durch Erhitzung und schnelle Abkühlung können diese Legierungen gezielt in kristalline oder amorphe Phasen gebracht werden (Abb. 10-12). Die kristalline Phase wird bei ca. 200 °C erreicht, die amorphe Phase bei 500 bis 700 °C. Zur Temperaturableitung befindet sich die datentragende Schicht zwischen zwei dielektrischen Schichten z.B. aus Zinksulfid-Siliziumdioxid (ZnS-SiO_2). Die dahinter liegende reflektierende Schicht besteht z.B. aus Aluminium oder Gold (Taylor 2001).

In Tabelle 10-6 sind die nominellen Speicherkapazitäten einiger beschreibbarer optischer Medien aufgeführt; sie entsprechen den Herstellerangaben, in denen das Gigabyte mit 10^9 statt 2^{30} Byte berechnet wird und die Zahlen zudem gerne aufgerundet werden (siehe Abschnitt 5.2.1).

Die Varianten der Speicherkapazitäten bei der Blu-ray Disc entstehen mit Variation der longitudinalen Speicherdichte bei der Aufzeichnung durch unterschiedlich lange Wobbel-Perioden der Vorspur (5,14 µm bzw. 4,76 µm), ansonsten sind die Platten gleich (BD 2006b).

Abb. 10-12: Pit und Land im Phase Change-Layer einer mehrfach bespielbaren Blu-ray Disc (Quelle: BD 2006b)

Medium	Aufbau	Kapazität
CD-R, CD-RW	—	$0{,}65 \cdot 10^9$ Byte
DVD-R, DVD-RW, DVD+RW	Single-Layer	$4{,}7 \cdot 10^9$ Byte
HD DVD-R, HD DVD-RW	Single-Layer	$15/20 \cdot 10^9$ Byte
HD DVD-R, HD DVD-RW	Dual-Layer	$30/32 \cdot 10^9$ Byte
BD-R, BD-RE	Single-Layer	$25/27 \cdot 10^9$ Byte
BD-R, BD-RE	Dual-Layer	$50/54 \cdot 10^9$ Byte

Tabelle 10-6: Beschreibbare optische Speichermedien (Quellen: Taylor 2001, NEC 2005, BD 2006a, BD 2006b)

Der Zusatz **-R** (recordable) kennzeichnet ein einmal beschreibbares Medium, **-RW** und **-RE** (rewritable) ein mehrfach beschreibbares Medium. Die **DVD+RW** unterscheidet sich von der **DVD-RW** durch ein anderes Adress-System; die Wobbel-Frequenz der Vorspur ist mit Adressinformationen frequenzmoduliert („address in pregroove", ADIP). Für den Einsatz als Datenspeicher kann die DVD+RW zudem im schnellen CAV-Betrieb benutzt werden. Die Blu-ray Disc verfügt in beiden beschreibbaren Varianten BD-R und BD-RE ebenfalls über Adressinformationen in der Vorspur.

Die Medien und Laufwerke einer Familie (z.B. DVD) sind untereinander oft lesekompatibel, aber i.Allg. *nicht* schreibkompatibel.

10.3.4 Magneto-optische Speicher

Als magneto-optische Speicher bezeichnet man Medien, die magneto-thermisch geschrieben und optisch gelesen werden. Sie basieren auf dem **Kerr-Effekt**[12]: Die Polarisationsebene eines an einer ferromagnetischen Metalloberfläche reflektierten Lichtstrahls ist von deren Magnetisierung abhängig. Für die aktive Schicht der magneto-optischen Platte werden Ferrite von Eisen, Kobalt, Platin sowie Terbium und anderen Lanthanoiden („Seltene Erden", engl. rare earth elements) benutzt.

magneto-optischer Kerr-Effekt

Beim Schreibvorgang wird die magneto-optische Schicht mit einem Laser bis zur **Curie-Temperatur**[13] erhitzt, bei der sie magnetisch neutralisiert wird (220 °C bei Terbium-Kobalt-Ferrit). Zur Ableitung der Temperatur dienen wie bei der wiederbeschreibbaren optischen Platte zwei dielektrische Schichten im Sandwich.

Schreibvorgang, magnetisch

Bei der Abkühlung wird es einem äußeren Magnetfeld ausgesetzt, und damit wird seine magnetische Polarisierung neu festgelegt. Es sind zwei Schreibverfahren verbreitet:

- Magnetfeld-Modulation – die datentragende Schicht wird von einem Laser konstanter hoher Intensität über die Curie-Grenze erhitzt; das digitale Signal wird dem schreibenden Elektromagneten als Wechselstrom zugeführt.

- Laser-Modulation – das äußere Magnetfeld bleibt konstant; die Intensität des schreibenden Lasers wird mit dem digitalen Signal moduliert.

Um das Laser-Modulationsverfahren anwenden zu können, muss die Datenspur zunächst durch Erhitzung und einheitliche magnetische Polarisation gelöscht werden; dafür kann der Elektromagnet in einiger Entfernung zur Platte gehalten werden. Beim Schreibvorgang mit Magnetfeld-Modulation muss der Magnetkopf auf der Plattenoberfläche gleiten. Dafür können Daten direkt mit Daten überschrieben werden.

Lesevorgang, optisch

Damit die magnetisch gespeicherten Daten optisch – also berührungslos – gelesen werden können, muss das Laser-Licht eine definierte Polarisationsebene haben. Im Weg des reflektierten Strahls befindet sich ein Polarisationsfilter. Wird nun auf Grund des Kerr-Effekts die Polarisationsebene des Laserstrahls durch die aufgezeichneten Daten gedreht, so sperrt das Filter, und damit erscheint das digitale Signal hinter dem Filter als Intensitätsmodulation des reflektierten Strahls.

MiniDisc (MD)

Die **MiniDisc (MD)**, eine einseitig bespielbare magneto-optische Platte mit einem Durchmesser von 6,4 cm im Schutzgehäuse, ist in erster Linie

---

[12] nach dem schottischen Physiker **John Kerr** (1827 – 1907)
[13] nach dem französischen Physiker **Pierre Curie** (1859 – 1906)

als Tonträger für den Heimanwender gedacht. Die Audiosignale werden grundsätzlich mit **ATRAC** datenreduziert (Abschnitt 6.3.2). Die Kanalcodierung erfolgt wie bei der CD, die Pit-Abmessungen entsprechen der CD und die logische Speicherung entspricht dem CD-ROM-Standard. Auch das Leseverfahren (**CLV**) und die Lesegeschwindigkeit sind von der CD übernommen, so dass die MD wegen der $5:1$-Datenreduktion in fünffacher Echtzeit gelesen wird. Dieser Datenüberhang wird genutzt, um einen Pufferspeicher für den mobilen Einsatz zu betreiben („Shock Proof Memory"); bei einer Speicherkapazität von 1 MB ergibt sich eine Pufferzeit von ca. 3 s.

Die MD wird mit dem Magnetfeld-Modulationsverfahren beschrieben. Es existiert auch eine industriell vervielfältigte (nicht beschreibbare) Variante, die physikalisch eine kleine CD ist.

Die **MO** oder **MOD**, eine beidseitig bespielbare $5\frac{1}{4}$-Zoll-Platte im Schutzgehäuse, wird in erster Linie als Massenspeicher für den Computer verwendet; es gibt aber auch einige kompakte MO-Recorder für Musikaufnahme und -schnitt, die das MO-Format nutzen.

Die Aufzeichnung bei der MO erfolgt mit konstanter Rotationsgeschwindigeit (**CAV**) im Laser-Modulationsverfahren. Weil beim Schreibvorgang zunächst die Spur gelöscht werden muss, erfolgt das Lesen ungefähr doppelt so schnell wie das Schreiben. Wie bei der Festplatte sind die Daten in Blöcken und Sektoren organisiert und vor dem ersten Gebrauch muss die MO formatiert werden. Das Format ist system- bzw. herstellerabhängig.

10.4 Mischpulte

Das **Mischpult** ist das Herz jedes Tonstudios und jeder Beschallungsanlage. Seine Aufgaben sind

- die Verstärkung und Anpassung von Signalen verschiedener Quellen, insbesondere die Mikrofonverstärkung (**Gain**),
- die Gestaltung von Klang und Balance mit Hilfe von Filtern (**EQ**), Pegelstellern (**Fader**) und Dynamikprozessoren,
- die Verteilung von Signalen zwischen angeschlossenen Geräten (**Routing**),
- die technische und akustische Kontrolle von Ein- und Ausgangssignalen mit Messinstrumenten und Lautsprechern (**Monitoring**),
- die Mischung der ein- oder mehrkanaligen Eingangssignale mit unterschiedlichen Pegeln und ggf. Laufzeiten auf Zielformate wie Mono, Stereo, Surround matriziert oder diskret (**Mix**),

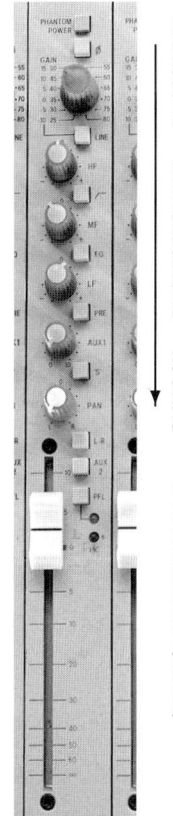

Abb. 10-13: Kanalzug (Eingangsmodul) eines kleinen transportablen Rundfunk-/ Film-Pults für mobile Aufnahmen

- die Kommunikation zwischen Regieplatz und Studio oder Bühne (**Talkback**).

10.4.1 Struktur

Busse

Mischpulte sind aufgebaut aus vielen jeweils gleichartigen Eingangs- und Ausgangsmodulen, die „quer" mit einem oder mehreren signalführenden **Bussen** verbunden sind (Abb. 10-13, 10-14). Die Aufschaltung von Signalen auf die Busse erfolgt ungeregelt durch Schalter (Abb. 10-15) oder geregelt durch Pegelsteller (**Fader** oder **Potentiometer**, „Potis").

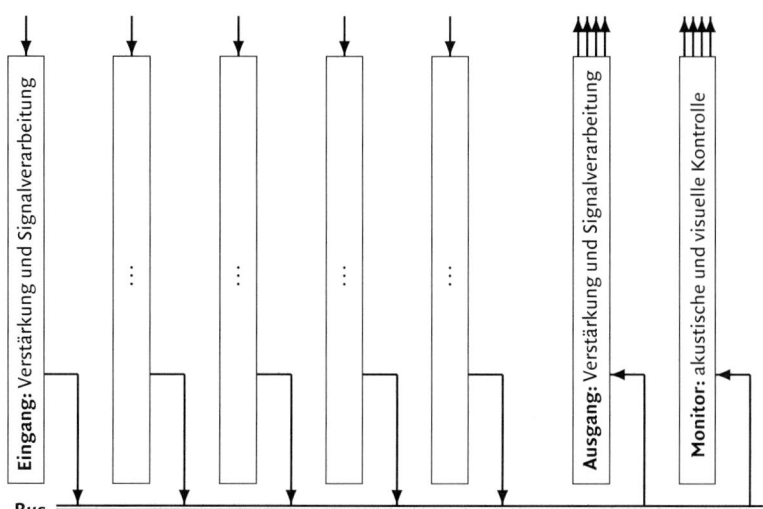

Abb. 10-14: Struktur eines Mischpults, schematisch

Wie die Datenbusse des Computers ermöglichen die Busse des Mischpults den Austausch von Signalen zwischen einzelnen Baugruppen. Im analogen Pult sind sie durch mehradrige Kabel realisiert. An den Aufschalt- und Abgreifpunkten sitzen meist Trennverstärker, um eine elektrische Wechselwirkung zwischen entfernten Baugruppen des Mischpults zu verhindern. Gegebenenfalls sorgen Aufhol- und Ausgangsverstärker für eine Signalanpassung.

Im digitalen Mischpult werden Busse durch gemeinsamen Speicherzugriff verschiedener Baugruppen realisiert. Die Signalverstärkung oder -abschwächung entspricht der Multiplikation der Abtastwerte mit einem Faktor größer oder kleiner 1.

Die Busse sind je nach Funktion einkanalig oder mehrkanalig. Das Format des „Master"- oder „Summen"-Busses ist wesentliches Merkmal für die Funktionalität des Mischpults: Einfache analoge Kleinmischpulte haben eine Stereosumme, während große Pulte meist auch Busse in verschiedenen Surround-Formaten haben, u.U. auch frei konfigurierbar.

Typische Busse eines großen Mischpultes sind:

- **Master** (Summe), z.B. Stereo oder 5.1-Surround; trägt das Summensignal;
- **PFL** (Pre Fader Listen), in der Regel ein monofoner Bus zum „Vorhören" einzelner Kanäle; ist insbesondere bei der Beschallung und im Rundfunkbetrieb wichtig, um Signale zu kontrollieren, *bevor* sie auf den Master-Bus geroutet werden;
- **Track**, z.B. 24, 48 oder 96 separate monofone Busse, an deren Ausgängen die Mehrspurmaschine angeschlossen wird; oft paarweise gekoppelt (vgl. Abb. 10-15);
- **Aux** (auxilliary), Ausspielwege, deren Signalabgriff *vor* oder *hinter* dem Kanalfader liegen kann; **Pre Fader**-Aux-Busse werden z.B. benutzt, um eine zweite Master-Maschine anzusteuern, oder um bei der Bühnenbeschallung einen separaten Mix für die Bühnenmonitore anzufertigen); **Post Fader**-Aux-Wege benötigt man zur Ansteuerung Mix-abhängiger Effektgeräte (so soll z.B. das Hallgerät den gleichen Signalpegel bekommen, der auch in den Mix geht).

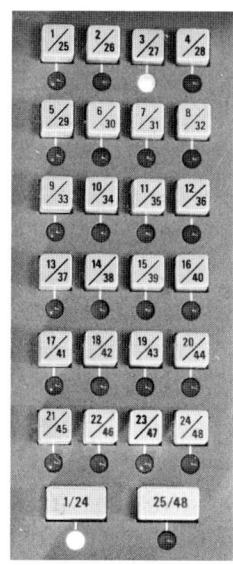

Abb. 10-15: Schaltmatrix im Eingangs-Kanalzug eines analogen 2×24-Bus-Mischpults

Bei großen Mischpulten liegen alle Ein- und Ausgänge gemeinsam mit den Ein- und Ausgängen von Aufzeichnungsmaschinen und Signalprozessoren (Hall, Kompressor etc.) auf einer gemeinsamen Verbindungsmatrix, der **Kreuzschiene**. Bei einer DAW, die Mischpult, Aufzeichnungsmaschine und Effektgeräte vereint, ist auch die Kreuzschiene virtuell implementiert.

10.4.2 Bedienkonzepte

In einem Studio mit Mehrspur-Aufnahmetechnik benötigt man *zwei* Mischpulte. Das erste Pult ist zum Aufnehmen. Es verfügt in der Eingangssektion hauptsächlich über Mikrofoneingänge und es hat so viele einzelne Ausgangsbusse wie die Mehrspur-Maschine an Aufzeichnungsspuren anbietet. Das zweite Pult ist zum Mischen. Seine Eingangssektion verfügt über Line-Eingänge – hier werden die Ausgänge der Mehrspur-Maschine („Tape Return") angeschlossen, und das Format der Ausgangsbusse richtet sich nach dem Zielformat (typ. Stereo und 5.1-Surround).

Im traditionellen Filmtonstudio stehen diese Mischpulte getrennt in verschiedenen Studios („Ateliers"). Mit dem Film-Mischpult kann man i.Allg. nicht aufnehmen, mit dem Aufnahmepult nicht mischen. Im Musikstudio sind beide Aufgaben dagegen in *einem* Pult vereint. Dabei sind zwei Pult-Layouts verbreitet:

Split-Pult und Inline-Pult

- Im **Split-Pult** liegen Mikrofon- und Line-Eingangskanäle (Rückwege der Mehrspur-Maschine) getrennt in zwei Sektionen.

- Im **Inline-Pult** sind in jedem Kanalzug Mikrofonweg („Channel") und Mehrspur-Rückweg („Monitor") hintereinander (engl. in line) angeordnet.

Sowohl mit dem Split- als auch mit dem Inline-Pult kann gleichzeitig aufgenommen und gemischt werden, damit die Mehrspur-Aufnahme über die Stereo- oder 5.1-Monitoranlage kontrolliert werden kann (daher die Bezeichnung „Monitor"), aber auch zur Anfertigung eines „Rohmix" zeitgleich zur Aufnahme.

Filter und Fader zwischen Mehrspur-Aufnahme (Channel) und Mix (Monitor) umschaltbar

Das Inline-Konzept ist kompakter, aber auch unübersichtlicher. Weil Filter und Signalprozessoren üblicherweise *entweder* bei der Aufnahme *oder* bei der Mischung benötigt werden, sind sie in jedem Kanalzug nur einmal vorhanden und können zwischen den beiden Eingängen umgeschaltet werden. Damit Aufnahme und Mix gleichzeitig möglich sind, besitzt jeder Kanalzug des Inline-Pultes einen zweiten, kleinen Fader. Er kann ebenfalls zwischen Channel und Monitor umgeschaltet werden.

Automation

Die **Mischpult-Automation** ist eine timecode-gesteuerte Ablaufsteuerung insbesondere zur Kontrolle der Faderbewegungen, je nach Pult aber auch für alle anderen Regel- und Schaltvorgänge. Bei der Aufnahme ist sie überflüssig, bei der Mischung u.U. lebensnotwendig. Eine Automation kann statisch oder dynamisch sein, d.h. entweder werden unterschiedliche Zustände des Mischpultes als „Snapshots" gespeichert oder es werden auch alle Regelvorgänge (Faderbewegungen etc.) protokolliert. Bei digitalen Pulten ist im Prinzip die vollständige Automation sämtlicher Zustände und Abläufe möglich.

Insbesondere für die Faderautomation muss eine sinnvolle Visualisierung der automatischen Regelvorgänge erfolgen. Am deutlichsten, aber auch am teuersten, ist die Automation mit **Motorfadern** (engl. moving fader). Im Aufnahmemodus der Automation werden alle Faderbewegungen aufgezeichnet; im Wiedergabemodus führen die Fader alle aufgezeichneten Bewegungen selbsttätig aus.

Mischung von Klassik und Pop

Eine Mischung **klassischer Musik** wird mehr oder weniger statisch ablaufen; nachdem alle Regler eingestellt sind, werden lange Sequenzen der aufgenommenen Musik über das Pult abgespielt. Eine dynamische Automation ist nicht unbedingt nötig; die statische Speicherung von Snapshots kann aber sehr hilfreich sein. Bei der **Popmusik-Mischung** wird die dynamische Automation z.B. benutzt, wenn veränderliche Klangfarben und veränderliche Effektzuspielungen gefordert sind.

Filmton

Eine **Filmton-Mischung** ist ohne umfassende dynamische Automation kaum zu bewältigen, weil die zugespielten Signale u.U. starke Pegel- und Klangfarbenschwankungen aufweisen und weil bei schnellen Bildschnitten auch der Ton verändert werden muss. Timecode-Quelle bei der Filmmischung ist das Video- oder Filmbild.

Bei der **Bühnenbeschallung** ist eine Speicherung von Snapshots unterschiedlicher Bühnensituationen hilfreich. Eine dynamische Automation kann ggf. in Verbindung mit einer MIDI-Steuerung bühnentechnischer Anlagen erfolgen.

Bühnenbeschallung

Mischpulte können sich in der Gestaltung der **Bedienoberfläche** erheblich unterscheiden. Beim klassischen analogen Mischpult wird jede einzelne Funktion von einem separaten Bedienelement auf der Pultoberfläche gesteuert. Solche Pulte haben u.U. *sehr* viele Knöpfe: Ein traditionelles 48-Kanal-Pult mit parametrischer Vierband-Klangregelung, vier Ausspielwegen, 24-Spur-Bus und Stereomaster hat allein in der Eingangssektion außer den 48 Kanalfadern mehr als 800 Drehknöpfe und knapp 1400 Taster!

Bedienoberfläche

Bei digitalen Mischpulten findet man zwei gegensätzliche Konzepte: Zum einen die analog anmutende Oberfläche mit fester Zuordnung von Bedienelement und Funktion, und zum anderen die sehr kompakte Oberfläche mit wenigen, frei konfigurierbaren Bedienelementen und oft einem zentralen Bedienfeld – das eigentliche Mischpult liegt bei diesem Konzept virtuell in „verborgenen Ebenen" (vgl. Abb. 10-16; schon dieses kleine Pult hätte bei analoger Bedienoberfläche wenigstens 450 Knöpfe und Schalter).

Abb. 10-16: Kleines digitales Mischpult mit 18 analogen Eingängen, pro Kanal mit 4-Band-EQ und 6 Aux-Wegen

Das „analoge" Bedienkonzept ist sehr schnell – jede Funktion in jedem Kanal ist direkt zugänglich – und bei gut entworfenen Pulten auch übersichtlich, aber die schiere Masse der Bedienelemente macht solche Pulte groß und teuer, selbst wenn durch eine Organisation in „Layern" oder „Bänken" mit einem Kanalzug auf der Pultoberfläche mehrere virtuelle Kanalzüge zugänglich sind.

Knöpfe vs. Menüs

DAW-Controller

Das zweite Bedienkonzept erlaubt handliche und preiswerte Pulte, die häufig entgegen dem äußeren Anschein sehr leistungsfähig sind; allerdings ist der Zugriff langsamer und oft auch komplizierter.

Natürlich beinhaltet auch die hochwertige DAW-Software ein meist sehr umfangreiches Mischpult, nur ist die Bedienung allein mit Tastatur und Maus oder Touchpad des Computers oft zu langsam und umständlich für die professionelle Arbeit. Mit einem **DAW-Controller**, der dem Benutzer die vertrauten Bedienelemente zur Verfügung stellt, wird die Funktionalität des virtuellen DAW-Mischpultes leichter zugänglich. Der Controller bietet die Bedienoberfläche eines Mischpults und kommuniziert mit der Audio-Workstation über einen Datenbus.

10.4.3 Baugruppen

Die elementaren Baugruppen des Mischpults sind **Eingangsmodul** (beim Inline-Pult **I/O-Modul**), **Ausgangs-** oder **Mastermodul** und **Monitormodul**. Im Folgenden werden einige Baugruppen vorgestellt, die in den verschiedenen Modulen zu finden sind.

Anschlüsse

Zum Anschluss von Mikrofonen dient ein symmetrischer **XLR**-Eingang, möglichst mit schaltbarer **Phantomspeisung** (**P48**), und nachfolgendem Vorverstärker (**Gain**). Zum Anschluss von Quellen mit Studiopegel (Line Level) ist meist ein symmetrischer XLR-Eingang oder ein unsymmetrischer Klinkeneingang vorhanden. Zum Anschluss mehrkanaliger Quellen dienen Stereo- oder Surround-Eingänge.

Mikrofon- und Line-Eingänge

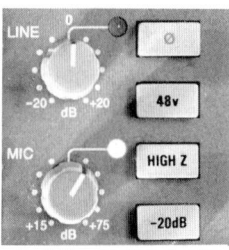

Abb. 10-17: Eingangsverstärkung und -anpassung im Kanalzug

Ein digitales Pult verfügt ggf. über **AES/EBU**- oder **S/PDIF**-Schnittstellen (AES3, IEC Typ II) für den Anschluss externer digitaler Geräte. Digitale Mikrofone verlangen **AES42**-Schnittstellen mit **digitaler Phantomspeisung** (DPP). Mehrkanalige Schnittstellen wie **MADI** dienen z.B. zum Anschluss externer A/D-Wandler, digitaler Mehrspur-Maschinen (DAW oder Magnetband) oder digitaler Multicores.

Digitale Mischpulte sollten an allen digitalen Eingängen über zuschaltbare **Echtzeit-Abtastratenwandler** verfügen (zur Problematik der Taktsynchronisierung siehe Abschnitt 7.2.1). Ausführliche Beschreibungen der verschiedenen analogen und digitalen Anschlüsse sind in den Abschnitten 7.1.3 und 7.2.3 zu finden.

Signalanpassung

Eingangs-Pegelsteller (**Gain**), Abschwächer (**Pad**), Hochpass (**Low Cut**), **Phasendreher** (Schalter Φ) und ggf. **Delay** dienen zur Anpassung externer analoger und digitaler Quellen (Abb. 10-17).

Klangregelung (EQ)

Die nachfolgende **Filtersektion** (**Equalizer**, **EQ**) wird zur Klangbearbeitung verwendet. Wesentlicher Unterschied eines Mischpult-EQ zu den in Abschnitt 4.3 vorgestellten einfachen Filtern sind die anders gestalteten Kennlinien. EQs mit umfangreichen Einstellmöglichkeiten werden **parametrisch** genannt (Abb. 10-18).

Mögliche Einstellparameter von Höhen- und Tiefenreglern sind

- Anhebung oder Absenkung in dB
- Einsatzfrequenz bzw. Grenzfrequenz (bei parametrischen EQs)
- Flankensteilheit bzw. Q-Faktor (bei parametrischen EQs)

Mögliche Einstellparameter von Mittenreglern sind

- Anhebung oder Absenkung in dB
- Mittenfrequenz (bei parametrischen EQs)
- Bandbreite bzw. Q-Faktor (bei parametrischen EQs)

Insbesondere bei Mittenreglern ist die „Constant Q"-Bauweise verbreitet. Ist der Q-Faktor eines Filters $Q = f_0/B_H$ (siehe Abschnitt 1.1.2) konstant und unabhängig vom Maß der Verstärkung oder Abschwächung, dann ist damit auch wie in Abb. 10-19 angedeutet seine -3-dB-Bandbreite B_H konstant.

Die typischen EQ-Kennlinien sind in Abb. 10-19 dargestellt. Anders als die gleichmäßig steigenden oder fallenden Flanken von Hochpass und Tiefpass steigen oder fallen die Flanken von Höhen- und Tiefenreglern nur in einem begrenzten Frequenzbereich, um dann auf einem höheren oder niedrigeren „Plateau" (engl. shelf) zu bleiben. Diese Art der Filterkennlinie wird „Kuhschwanz-Filter" (engl. shelving equalizer) genannt. Auch Mittenregler werden so konstruiert, dass sie außerhalb eines begrenzten Frequenzbereichs das Signal nicht verändern.

Die Klangregelung des Mischpults kann zur Klangverbesserung und zur Korrektur von Unzulänglichkeiten des Signals eingesetzt werden. Hinweise für die Arbeit mit Equalizern sind in Abschnitt 10.6.1 zu finden.

Wegen der „Kuhschwanz"-Filtercharakteristik sind EQs *nicht* als Sperrfilter zur Unterdrückung von Störsignalen geeignet! Zu diesem Zweck dienen klassisch konstruierte Hoch- und Tiefpassfilter, die am Mischpult meist als **Low Cut** und **High Cut** bezeichnet werden.

Abb. 10-18: Beispiel einer Filtersektion, vier Bänder parametrisch

EQ vs. Sperrfilter

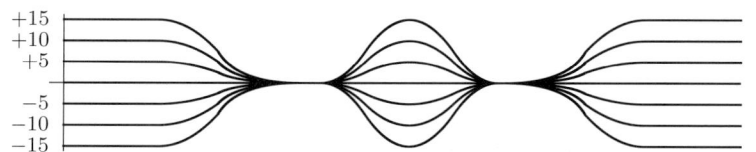

Abb. 10-19: Typische Kennlinien von Tiefen-, Mitten- und Höhenregler

Eine ggf. im Kanalzug vorhandene **Dynamiksektion** aus **Kompressor**, **Expander**, **Gate** und **Limiter** kann u.a. eingesetzt werden, um Stimmen oder Instrumente zu komprimieren, um Stimmen zu „entschärfen" (**De-Esser**) oder um unbenutzte Kanäle temporär stumm zu schalten. Details sind in Abschnitt 10.6.2 beschrieben.

Dynamikprozessoren

Reihenfolge der Signalverarbeitung

Bei der Konfiguration des Kanalzugs muss beachtet werden, dass Dynamikprozessoren, anders als Verstärker oder Filter, *keine* linearen Systeme sind. Es macht daher einen erheblichen klanglichen Unterschied, ob das Signal im Kanalzug erst durch die Filtersektion und dann durch den Dynamikprozessor geführt wird, oder umgekehrt (s.u., Abschnitt 10.6).

Panorama-Regler

Die pegelabhängige Verteilung eines meist monofonen Signals auf die zwei, vier, fünf oder mehr Kanäle des **Master-Busses** wird als „Panning" bezeichnet. Der entsprechende Regler im Kanalzug ist der **Panorama-Regler**. Beim Stereo-Master (LR-Bus) ist er als Doppelpotentiometer ausgeführt, das in Mittenposition das Signal mit jeweils relativ -3 dB (also halber Energie) auf L und R ausspielt; in den Extrempositionen ist die Pegelverteilung L $= 0$ dB, R $= -\infty$ dB bzw. umgekehrt.

Intensitätspanning, Laufzeitpanning, Äquivalenzpanning

Die Regelkennlinien des Panoramareglers sind so ausgeführt, dass in jeder Position die energetische Summe von L und R stets konstant 0 dB ergibt. Dadurch werden Phantomschallquellen nach den Regeln der **Intensitätsstereofonie** bei der Wiedergabe zwischen dem linken und dem rechten Lautsprecher verschoben. Bei digitalen Mischpulten besteht prinzipiell die Möglichkeit, das Panning auf der Grundlage von Laufzeit- statt Pegeldifferenzen auszuführen (**Laufzeitstereofonie**) oder Laufzeit- und Pegeldifferenzen zu kombinieren (**Äquivalenzstereofonie**).

Beim Gebrauch des Panoramareglers ist zu beachten, dass eine seitlich gepannte Phantomschallquelle u.U. die Extremposition im seitlichen Lautsprecher erreicht, *bevor* der Panoramaregler in Extremposition steht. Dreht man dann noch weiter, so verändert man zwar das resultierende Stereo- oder Surroundsignal, aber nicht mehr den Höreindruck (siehe Abschnitt 3.3.3).

Summenpegel bei korrelierten und unkorrelierten Signalen

Unter der Annahme, dass die Wiedergabe mit Lautsprechern in einem Raum mit ausgeprägtem Diffusfeld erfolgt, bleiben beim pegelabhängigen Panning Summenpegel und Lautheit der Phantomschallquellen konstant: Im Diffusfeld verdoppelt sich die von zwei kohärenten, gleich starken Quellen abgestrahlte Schallenergie, nicht der Schalldruck, weil die Reflexionen der Begrenzungsflächen nicht phasenstarr gekoppelt und damit unkorreliert sind (Pegelerhöhung $+3$ dB). Dagegen können in akustisch trockener Umgebung, wenn das Schallfeld nur aus dem Direktschall der Lautsprecher besteht, mittig gepannte Phantomschallquellen im Vergleich zu seitlichen Quellen lauter erscheinen (Pegelerhöhung durch gleichphasige Überlagerung $+6$ dB).

Panoramaregler für **Surround-Busse** sind aufwändiger. Surround-Panner haben meist zwei Regler, wobei ein Regler die LR- bzw. LCR-Verteilung leistet, ein zweiter die Vorne-Hinten-Verteilung. Eine andere Möglichkeit ist das „Joystick"-Panning mit einem Regler in zwei Dimensionen oder das virtuelle Panning am Bildschirm.

Besonderes Augenmerk ist in jedem Fall auf die Kennlinien des LCR-Panning zu richten. In einer möglichen Variante wird das Signal in Front-Mittenposition (C) des Panners mit vollem Pegel (0 dB) ausschließlich auf den Center-Bus gegeben, in einer anderen Variante erhalten *alle drei* Frontkanäle ein Signal.

LCR-Panning

Während die erste Variante (Kanaltrennung bei Mittenposition des Panners) für die Filmtonmischung unbedingt erforderlich ist – hier soll der Dialog *ausschließlich* auf den Center-Kanal geroutet werden –, so kann die zweite Variante u.U. bei der Musikmischung vorteilhaft sein, weil eine Kanaltrennung hier möglicherweise stören könnte. Möchte man aber bei einzelnen Signalen Kanaltrennung sicherstellen, so sollte man sie ggf. unter Umgehung des Panoramareglers „hart" routen.

Eine ggf. vorhandene „Höhen"-Regelung für die Phantomschallquelle kann z.B. durch Ausnutzung der **HRTF**s in der Vertikalebene realisiert werden (siehe Abschnitt 3.1.1). Entfernungspanning ist z.B. durch Generierung früher Reflexionen möglich.

vertikales Panning, Entfernungspanning

Das Routing zum LFE-Kanal eines Surround-Busses kann unabhängig vom Panoramaregler durch Aufschaltung auf den LFE-Kanal erfolgen, oder über eine ggf. in der Panning-Sektion des Kanalstreifens vorhandene (richtungsunabhängige) LFE-Ausspielung.

Subwoofer (LFE)

10.4.4 Anzeigeinstrumente

Anzeigeinstrumente werden benötigt, um Pegel und Signalkorrelation zu kontrollieren. Die virtuellen Instrumente moderner digitaler Geräte leiten sich direkt von den klassischen analogen Instrumenten ab.

Pegelmesser unterscheiden sich in **Ballistik** (Anstiegs- und Abfallzeit), **Kalibrierung** und **Anzeigetyp**. Das historische analoge Zeigerinstrument in 600-Ω-Übertragungsanlagen bei Leistungsanpassung ist das **VU-Meter** (Volume Unit, Abb. 10-20). Es zeigt ursprünglich 0 VU bei 1 mW = 0 dBm an; dies entspricht einem Spannungspegel von 0 dBu an 600 Ω. In Reihenschaltung mit einem 3,6-kΩ-Widerstand – dessen eigentliche Funktion die Unterbindung von Wechselwirkungen zwischen Messinstrument und gemessenem Signal war – wird die 0 VU-Anzeige auf einen absoluten Spannungspegel von +4 dBu kalibriert: So wurde der Standard-Studiopegel von +4 dBu eingeführt (Woram 1977, Eargle 1992).

Pegelmesser

Anstiegs- und Rücklaufzeit des VU-Meters sind groß; sie betragen jeweils etwa 300 ms. Damit integriert es den Signalverlauf (VU-Anzeigewert vergleichbar dem Effektivwert); die VU-Anzeige ist gut korreliert mit der subjektiven **Lautheit** (Woram 1977).

Abb. 10-20: Skala eines VU-Meters

Der **Spitzenwertmesser** (engl. peak program meter, PPM), in Deutschland verbreitet in der Spezifikation **IEC Typ I PPM** (DIN 45 406 / IEC 268-10), ist erheblich schneller. Seine Anstiegszeit ist kleiner als 10 ms, die Rücklaufzeit beträgt aber sehr große 1,5 s pro 20 dB. Die IEC-Spezifikationen Typ IIa (BBC) und IIb (EBU) unterscheiden sich vom Typ I nur in der Skala, nicht in der Ballistik.

Abb. 10-21: Skala eines Spitzenwertmessers IEC Typ I

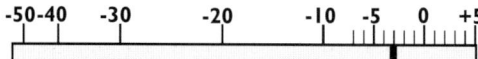

Das klassische Peakmeter ist als Balkeninstrument (Bargraph) mit LED-Kette, LCD-Display oder Vakuum-Fluoreszenz-Display (VFD) ausgeführt (Abb. 10-21). Es wird international kalibriert für 0 dB = +4 dBu, nach deutschem Rundfunkstandard auch für 0 dB = +6 dBu.

Anzeigedifferenz und Vorlauf

Die Quasi-Spitzenwertanzeige eines Peakmeters ist stets höher als die Quasi-Effektivwertanzeige eines VU-Meters. Die typische Anzeigedifferenz beträgt signalabhängig 6 ... 10 dB (*Eargle* 1992). Diese Differenz muss ggf. durch einen Anzeige-Offset, den sog. **Vorlauf**, kompensiert werden. Typische Werte sind +6 oder +9 dB Vorlauf für das VU-Meter.

digitale Peakmeter

Das Peakmeter ist trotz seiner kurzen Anstiegszeit u.U. noch zu langsam, um eine kurze Übersteuerung – die in digitalen Übertragungssystemen im Gegensatz zu analogen Systemen sehr störende Verzerrungen produzieren kann – sicher anzuzeigen. Das **digitale Peakmeter** kontrolliert die Sample-Werte im Datenstrom; es hat virtuell eine unendlich kurze Anstiegszeit (bzw. eine Anstiegszeit in Abhängigkeit von Nyquist-Frequenz und Wortbreite). Seine Anzeige ist kalibriert in dBFS (dB Full Scale); der Anzeigewert 0 dB bedeutet digitale Vollaussteuerung.

digitale Arbeitspegel

Nach EBU-Empfehlung für Rundfunk- und Fernsehanwendungen soll das digitale Peakmeter mit 0 dBFS = +15 dBu kalibriert werden (*Dickreiter* 1997). Relativ zum Rundfunk-Studiopegel von +6 dBu ergibt sich damit ein dynamischer Headroom von 9 dB (+6 dBu, also 0 dB am analogen Pegelmesser, werden als −9 dBFS aufgezeichnet).

Bei der digitalen Musikproduktion liegt die Definition des digitalen Arbeitspegels allein in der Verantwortung des Anwenders: Bei sehr dynamischem Programm ist u.U. ein Arbeitspegel von −18 dBFS erforderlich (18 dB Headroom), während wenig dynamisches Programm auch bei −6 dBFS aufgezeichnet werden kann (s.u.). Ggf. muss die Kalibrierung der Pegelmesser sowie die Eingangs- und Ausgangsverstärkung von A/D- und D/A-Wandler nachgestellt werden.

Analyse mehrkanaliger Signale

Zur Analyse zweikanaliger Signale sind u.a. der **Korrelationsgradmesser** und das **Stereo-Sichtgerät** (Goniometer) verbreitet. Der Korrelationsgradmesser bestimmt die momentane **KKF** zweier zeitveränderlicher Signale (siehe Abschnitt 4.1.1) und zeigt den Korrelationsgrad mit einem Wert zwischen −1 und +1 an. Bei völliger Übereinstimmung der beiden Signale ist der Korrelationsgrad konstant +1, das zweikanalige Signal ist monofon. Ist bei einem monofonen Signal der zweite Kanal in der Phase gedreht, so zeigt der Korrelationsgradmesser konstant −1 an.

Vollständig unkorrelierte Signale haben einen Korrelationsgrad von konstant 0 (dies könnte z.B. ein Hinweis darauf sein, dass ein Kanal kein Signal trägt). Für typisches stereofones Musikprogramm pendelt die Anzeige des Korrelationsgradmessers zwischen 0 und +1. Beispiele sind in Abbildung 10-22 gegeben. Die Anzeige eines fehlerfreien Stereosignals ist grau markiert, die unteren beiden Anzeigen deuten auf ein fehlerhaftes, nicht monokompatibles Stereosignal.

Das **Stereo-Sichtgerät** ist ursprünglich ein zweckentfremdetes **Oszilloskop**. Schließt man zwei Signale an den X- und Y-Eingang eines um 45° gegen den Uhrzeigersinn gedrehten Oszilloskops an, so entstehen die in Abb. 10-23 dargestellten charakteristischen Bilder.

Anzeigeinstrumente für die Korrelation von Surround-Signalen sind von den Stereo-Anzeigegeräten abgeleitet. Instrumente, die **Phantomschallquellen** darstellen – bzw. Hypothesen über eine mögliche Phantomschallquellenortung – benutzen die in Kapitel 3 vorgestellten Modelle der Richtungsortung.

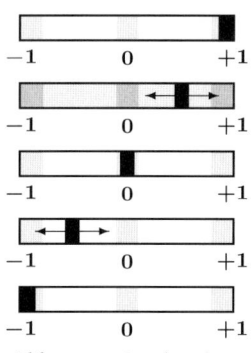

Abb. 10-22: Anzeige eines Korrelationsgradmessers, v.o.n.u.: mono, stereo, unkorreliert, stereo verpolt, mono verpolt

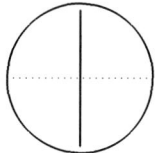 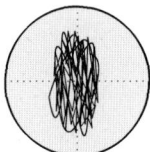 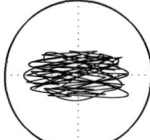 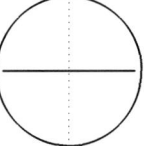 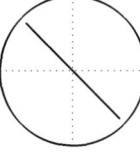 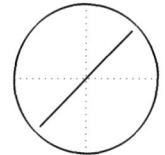

Abb. 10-23: Anzeige eines Stereo-Sichtgeräts, v.l.n.r.: mono, stereo (fehlerfreies Signal), stereo verpolt, mono verpolt, nur linker Kanal, nur rechter Kanal

10.4.5 Pegel, Headroom, Dynamik

In Abbildung 10-24 sind zwei Musiksignale zu sehen, die sich in ihrer **Dynamik** deutlich unterscheiden (vgl. **Crest-Faktor**, Abschnitt 1.1.3). Das Signal mit der größeren Dynamik (links) ist subjektiv leiser. Trotzdem ist sein Spitzenpegel (Peak) größer der des lauteren Signals (rechts); bei kritischer Aussteuerung wird es eher verzerrt. Signale mit größerer Dynamik verlangen eine größere Aussteuerungsreserve (**Headroom**) im System.

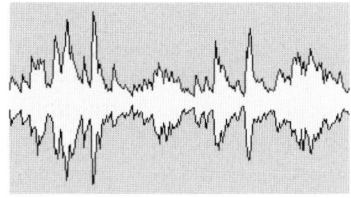 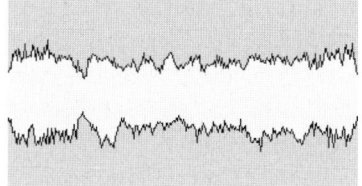

Abb. 10-24: Jeweils 10 s Konzertgitarre (links) und Barockorgel (rechts)

Um die Kanaldynamik des Mischpults voll ausnutzen zu können, sollten die eingespeisten Signale mit ihrem Durchschnittspegel möglichst nah am Arbeitspegel des Pultes (meist +4 dBu, also 0 dB auf den

Einstellung der Arbeitspegel mit Gain, Pegelverhältnisse mit Fader

Aussteuerungsmessern) sein; zur Verarbeitung dynamischer Spitzen wird der Headroom des Pults genutzt.

Die **Kanalfader** dienen ausschließlich der dynamischen Einstellung von Pegelverhältnissen zwischen einzelnen Kanälen. In Nullposition lassen sie den Signalpegel unverändert; ihr Regelbereich im Mix ist typisch ± 10 dB. Sie sollten nie als „Aufholverstärker" missbraucht werden! Befinden sich im Mix einzelne Fader ständig deutlich *oberhalb* der Nullposition, ist dies ein Hinweis auf einen zu *geringen* Signalpegel im Kanal, und man sollte die Eingangsverstärkung (Gain) erhöhen.

+3 dB pro Verdoppelung der Kanalzahl

Bei der Mischung mit vielen Eingangskanälen ist zu beachten, dass auf den Bussen die Pegel akkumulieren. Für gleich starke unkorrelierte Signale bedeutet dies einen Pegelanstieg von 3 dB auf der Sammelschiene mit jeder Verdoppelung der Kanalzahl. Um die Übersteuerung der Master-Sektion zu verhindern, müssen dann die Pegel der einzelnen Kanäle mit dem Gain-Regler entsprechend verringert werden.

Bei der Summierung unterschiedlich starker Signale ist der Pegelzuwachs geringer. Bei einer Pegeldifferenz von $2\ldots 3$ dB beträgt er noch 2 dB, bei einer Differenz von $4\ldots 9$ dB nur noch 1 dB. Ab einer Pegeldifferenz von 10 dB verändert sich der Summenpegel praktisch nicht mehr.

10.5 Hallgeräte

Das **Hallgerät (Reverb)** ist der wichtigste Signalprozessor im Tonstudio und auf der Bühne. Es simuliert die frühen Reflexionen und den Diffusschall geschlossener Räume. Synthetische und in „trockener Akustik" aufgenommene Signale werden erst durch die Bearbeitung mit dem Hallgerät zu natürlich wirkenden Klängen.

Historische elektroakustische Techniken zur Nachhallgenerierung spielen zwar heute keine wesentliche Rolle mehr, man findet sie aber noch als Nachbildung im digitalen Hallgerät. Abgesehen vom **Hallraum** – einem Raum mit großer Nachhallzeit, in dem die Signale mit Lautsprechern abgespielt und mit Mikrofonen wieder aufgezeichnet wurden – betrifft dies zwei klassische Verfahren:

Hallplatte

Beim **Plattenhall** wird eine ca. zwei Quadratmeter große Stahlplatte (**Hallplatte**) durch einen elektromechanischen Wandler zu Biegeschwingungen angeregt. Auf der Platte bilden sich unharmonische Eigenschwingungen aus (siehe Abschnitt 1.4.1), die mit einem zweiten Wandler wieder aufgenommen werden. Nachhallzeit und Klangfarbe lassen sich durch Bedämpfung der Platte und durch die Position der Wandler beeinflussen. Mit zwei räumlich getrennten Abnehmern lässt sich ein Stereohall erzeugen. Eine modernere Bauvariante verwendet statt der Stahlplatte eine kleine und leichte Goldfolie; die Wandler sind entsprechend miniaturisiert (*Woram 1977*). Der Plattenhall ist charakteristisch für viele Popmusik-Aufnahmen der späten 1950er bis 1970er Jahre. Die Simulation im digitalen Hallgerät findet man als Preset „Plate".

Der **Federhall** besteht aus einer oder mehreren elastischen Stahlfedern, einige Zentimeter bis einen halben Meter lang, mit Wandlern an den Enden (**Hallspirale**). In der Spirale breiten sich mit geringer Geschwindigkeit Longitudinalwellen aus; durch Mehrfachreflexion entsteht ein Nachhall. Einfache Federhall-Geräte sind an ihrem charakteristisch metallischen Klang zu erkennen (*Woram 1977*). Hallspiralen findet man u.a. noch in klassischen Gitarrenverstärkern (z.B. Fender Twin Reverb). Das digitale Hallgerät simuliert die Hallspirale mit dem Preset „Spring".

Hallspirale

10.5.1 Hallalgorithmen

Digitale Hallgeräte modellieren die Schallausbreitung im geschlossenen Raum besser, als dies mit den historischen analogen Techniken möglich ist. Die einfachste Art der digitalen Modellierung ist die rückgekoppelte Verzögerung, realisiert durch kaskadierte oder verschachtelte rekursive Allpässe oder Delays[14] mit verschiedenen Dämpfungen und Verzögerungszeiten, in Verbindung mit einer Tiefpassfilterung (siehe Abschnitt 4.3.2). Wie im realen Raum nimmt dabei die Dichte der Reflexionen mit der Zeit zu, und hohe Frequenzen werden stärker bedämpft als tiefe Frequenzen (Modellierung der Dissipation, vgl. Abschnitt 2.2.1).

rekursive Allpässe und Delays

Durch die strenge Regelmäßigkeit der Rückkopplungsschleifen kann der synthetische Hall aber schnarrend oder tonal verfärbt klingen (vgl. Wiederholungstonhöhe, Abschnitt 1.3.3, und Flatterecho, Abschnitt 2.3.2). Um einen angenehmen und natürlichen Klang zu erreichen, müssen die dichten Reflexionen in der „Hallfahne" wie in einem Raum mit diffus reflektierenden Wänden möglichst ungeordnet sein. Dies kann man durch *Zufallssteuerung* der Verzögerungszeit erreichen. Das digitale Hallgerät arbeitet dann allerdings nicht mehr deterministisch; das erzeugte Hallsignal fällt bei jedem neuen Durchlauf des Algorithmus minimal unterschiedlich aus.

Zufallssteuerung

Zwei spiegelbildlich aufgebaute Hallalgorithmen mit kontrolliertem Übersprechen des Eingangssignals auf den jeweils anderen Kanal und mit voneinander unabhängig fluktuierenden Verzögerungszeiten in der Nachhallphase ergeben einen **Stereo-Hall**. Im Gegensatz dazu stehen zweikanalige nicht-stereofone Hallalgorithmen, bei denen die zwei Kanäle vollständig getrennt sind.

Stereo-Hall

Die am Gerät einstellbaren Parameter unterscheiden sich je nach Al-

---

[14] Einfache Verzögerungsglieder (Delays) können wegen Interferenz einen kammfilterartigen Amplitudenfrequenzgang haben; Allpässe wirken als Verzögerungsglied mit linearem Amplitudenfrequenzgang.

Hallparameter

gorithmus. Häufig werden die frühen Reflexionen durch nicht-rekursive Schaltungen erzeugt und können einzeln verändert werden, während die Nachhallphase des Signals durch rekursive, zufallsgesteuerte Schaltungen berechnet wird und mit globalen Parametern wie „Decay" (Abklingzeit) und „LPF" (Tiefpassfilter) beeinflusst werden kann. Der Abstand zwischen Direktschall und frühen Reflexionen (vgl. initial time delay gap, Abschnitt 2.3.1), wird mit dem Parameter „Predelay" eingestellt.

synthetischer Hall bei der Klassik-Mischung

Je nach Anwendungsfall können an ein Hallgerät sehr unterschiedliche Anforderungen gestellt werden. Bei der **Klassikproduktion** muss der synthetische Hall möglichst realistisch klingen, und es sollte möglich sein, durch umfangreiche Parametereinstellungen einen vorgegebenen Raum akustisch nachzubilden. Das Hallgerät wird u.a. gebraucht, um

- Stützmikrofone zu verhallen, die wegen ihrer Nähe zum Instrument unnatürlich trocken klingen,
- ungünstig klingenden Hall des Aufnahmeraums zu korrigieren.

synthetischer Hall bei der Popmusik-Mischung

Bei der **Popmusik-Produktion** ist der Hall eher einer von vielen Effekten zur Klanggestaltung. Er wird z.B. benutzt, um

- trocken aufgenommene Stimmen voller klingen zu lassen,
- synthetische Instrumente wie z.B. MIDI-Drumset durch einen gemeinsamen virtuellen Raum homogener klingen zu lassen,
- einzelne Instrumente wie z.B. E-Gitarre oder Snare Drum durch einen Effekt-Hall zu betonen,
- den gesamten Mix durch einen gemeinsamen virtuellen Raum akustisch zu verbinden.

synthetischer Hall bei der Filmmischung

Bei der **Filmmischung** benötigt man ein Hallgerät, das insbesondere kleine Räume und spezielle akustische Umgebungen (Hallen, Tunnel, Telefonzellen...) realistisch nachbilden kann. Es wird u.a. benötigt, um

- trocken aufgenommene Sprache und Geräusche akustisch in eine Szene einzubetten,
- Studioton an Originalton anzupassen,
- die Atmosphäre einer Szene durch einen charakteristischen Raumklang zu unterstützen.

Bei der Musikproduktion benutzt man ein Stereo- oder Surround-Hallgerät (ersatzweise zwei Stereo-Hallgeräte für L/R und LS/RS), beim Filmton gelegentlich auch noch Mono-Hall für die Dialogspur.

10.5.2 Faltungshall

So wie die im Hallgerät eingesetzten Delays, Allpässe und Tiefpässe lineare zeitinvariante Systeme (LTI-Systeme) sind – abgesehen von der Zufallssteuerung der Verzögerungszeit –, so lässt sich auch die Schallübertragung zwischen zwei Punkten im Raum als LTI-System auffassen. Das Ausgangssignal jedes LTI-Systems ist die **Faltung** (engl. convolution) von Eingangssignal und System-Impulsantwort (vgl. Abschnitt 4.1). Ein Raum ist durch seine Impulsantwort vollständig beschrieben: Auf dieser Idee beruht nicht nur der **Faltungshall** (Convolution Reverb), sondern auch die traditionelle raumakustische Analyse mit Pistolenknall[15].

LTI, Impulsantwort, Faltung

Das digitale Faltungshallgerät faltet das Eingangssignal mit mehrkanaligen, digital gespeicherten Raum-Impulsantworten. Zur Echtzeit-Implementierung wird in der Regel der Algorithmus der schnellen Faltung eingesetzt (vgl. Abschnitt 4.1.2). Das Ergebnis der Faltung ist theoretisch völlig identisch mit dem selben Signal, wenn dieses in dem gespeicherten Raum aufgenommen worden wäre: Mit Hilfe des Faltungshalls lassen sich Signale nicht nur in simulierte Räume, sondern auch in echte Räume setzen, deren Impulsantworten vor Ort gemessen und gespeichert wurden.

echter Raum statt Simulation

Nachteilig sind allein die sehr begrenzten Möglichkeiten zur Veränderung der gespeicherten Impulsantworten. Eine Möglichkeit zur Gewinnung von Raum-Impulsantworten mit Hilfe von Lautsprecher und Mikrofon ist die Korrelationsmesstechnik mit MLS-, Sweep- oder Chirp-Signalen (siehe Abschnitt 4.1.1).

Die Qualität des Faltungshalls wird limitiert durch ...

- Messfehler bei der Bestimmung der Impulsantwort und Fehler durch die begrenzte Länge der Impulsantwort im Speicher,

- Fehler im Zeitbereich durch die zweimalige Transformation bei der schnellen Faltung (Abschnitte 4.1.2, 4.2.2),

- die Idealisierung der Quelle als Punktstrahler (reale Quellen haben eine endliche Ausdehnung, und sie regen den Raum in unterschiedlichen Richtungen unterschiedlich an).

Natürlich ist es dem Faltungsalgorithmus völlig egal, welche Information sich hinter der gespeicherten Impulsantwort verbirgt. Statt ei-

andere Faltungseffekte

---

[15] Jede Schallübertragung zwischen einem Sendepunkt und einem Empfangspunkt im Raum ist ein eigenes LTI-System, wobei aber die unendlich vielen LTI-Systeme eines Raums einander sehr ähnlich sind. Misst man die Impulsantworten für einen Sendepunkt gleichzeitig an zwei benachbarten Empfangspunkten im Raum, so erhält man eine Stereo-Impulsantwort.

ner Raum-Impulsantwort kann man auch die Impulsantwort eines Hallgerätes messen und benutzen, und man kann den Faltungshall natürlich auch zur Modellierung beliebiger anderer LTI-Systeme einsetzen: So könnte man z.B. die Impulsantwort eines Equalizers bestimmen und somit exakt diesen Equalizer simulieren, allerdings ohne dessen Einstellmöglichkeiten. Interessante Effekte lassen sich erzielen, wenn man z.B. einen Schlag auf Bassdrum („Tiefpass") oder Crash-Becken („Nachhall") als „Impulsantwort" in das Faltungshallgerät lädt. Nichtlineare Systeme wie Kompressoren oder Röhrenverstärker lassen sich aber *nicht* durch Impulsantwort und Faltung modellieren.

10.6 Effektgeräte

Aus der Fülle der tontechnischen Signalprozessoren werden in diesem Abschnitt exemplarisch einige Geräte und Verfahren vorgestellt, die im Studio und auf der Bühne häufig verwendet werden. Manche Geräte und Verfahren manipulieren das Signal eher unauffällig und werden zur Klangverbesserung (Equalizer, Kompressor) oder Fehlerkorrektur benutzt (De-Esser, Notchfilter). Andere Prozessoren geben dem Signal einen unverwechselbaren Klang (Chorus, Flanger). Die Grenzen zur Klangsynthese sind u.U. fließend (Vocoder, Physical Modeling).

lineare und nichtlineare Systeme

Nur wenige Effektgeräte sind LTI-Systeme, also linear und zeitinvariant. Und nur bei LTI-Systemen kann die Reihenfolge der Signalverarbeitung vernachlässigt werden – sobald nichtlineare Systeme im Signalweg sind, hängt das Ergebnis von der Reihenfolge der Prozessoren ab (vgl. Abschnitt 4.1). Und es ist Erfahrung nötig, um mit den verschiedenen Signalprozessoren die gewünschte klangliche Wirkung zu erzielen, wie **John Eargle**, ehemaliger Präsident der Audio Engineering Society, bemerkt: „*The experienced engineer will know the difference and choose accordingly; the young engineer will soon learn through experimenting*" (Eargle 1992).

10.6.1 Equalizer

Equalizer (EQs) findet man nicht nur im Kanalzug des Mischpults (s.o., Abschnitt 10.4.3), sondern auch als eigenständige Geräte. Beispiele für spezielle, besonders aufwändige EQs zur Klangbearbeitung sind

- FFT-Equalizer auf Basis der schnellen Faltung, bei denen der Frequenzgang symbolisch am Bildschirm eingegeben wird,
- adaptive Equalizer, die aus der Differenz zweier Signalspektren eine kompensierende Filterkennlinie berechnen,
- Modeling-Equalizer, die z.B. die Nichtlinearitäten klassischer Röhren-EQs nachbilden (vgl. Abschnitt 8.1.4).

10.6 Effektgeräte

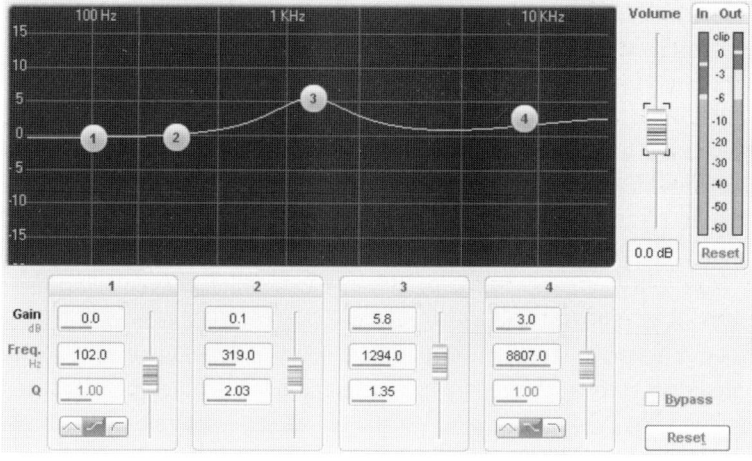

Abb. 10-25:
Parametrischer EQ mit vier Bändern, hier in einer DAW-Version. Oberes und unteres Band können zwischen Hoch- bzw. Tiefpass, Kuh-schwanz und parametrischem Bandfilter umgeschaltet werden

Besonders geeignet zur gezielten Klangbearbeitung ist aber der „gewöhnliche" **parametrische Equalizer** mit einstellbarer Mittenfrequenz und Bandbreite bzw. Q-Faktor (Abb. 10-25; siehe auch Abschnitt 10.4.3).

Ein parametrischer EQ kann helfen, einen dünnen Klang durch eine breitbandige Anhebung zwischen 100 und 300 Hz voller zu machen; ein unauffälliger Klang bekommt durch eine breitbandige Anhebung zwischen 800 Hz und 2 kHz mehr Durchsetzungsvermögen. Als Faustregel für die musikalische Klanggestaltung gilt, dass man das Signal in einem begrenzten Frequenzbereich um nicht mehr als 4 bis 6 dB anheben sollte (Eargle 1992). Muss man größere Korrekturen vornehmen, so hat man vermutlich Fehler beim Aufbau der Mikrofone gemacht. Höhen- und Tiefenregler mit „Kuhschwanz"-Charakteristik (Abschnitt 10.4.3) können u.a. zur Korrektur von Druckstau und Nahbesprechungseffekt am Mikrofon genutzt werden.

Einsatz von EQs bei der Musikmischung

Klangbearbeitung: max. +4 bis +6 dB

Bei der Popmusik-Produktion, insbesondere aber bei der Bühnenbeschallung (PA) sollte man darauf achten, dass nicht zu viele Instrumente im gleichen Frequenzband eine Anhebung erhalten. Statt dessen lässt sich die subjektive Durchsichtigkeit verbessern, indem verschiedene Instrumente auch in verschiedenen Frequenzbereichen angehoben werden beziehungsweise, bei starker spektraler Überschneidung der Signale, im Überschneidungsbereich abgesenkt werden.

Bei Sprachproduktionen für Film und Video wird die Klangregelung benutzt, um schlechten Originalton zu verbessern oder in verschiedenen Situationen aufgenommene Töne einander anzugleichen. Insbesondere benötigt man die EQs aber, um Studioton akustisch in eine Spielszene einzubetten: Eine starke Tiefenabsenkung und evtl. auch eine Höhenabsenkung erzeugt den Eindruck von Entfernung, eine Tiefenanhebung lässt eine Stimme sehr nah klingen usw.

Einsatz von EQs bei der Filmmischung

Notchfilter

Zum Ausblenden harmonischer Störsignale wie z.B. Netzbrummen benötigt man sehr schmalbandige und steilflankige Bandsperren. Solche Bandfilter mit extrem hohem Q-Faktor bezeichnet man als **Kerbfilter** oder **Notchfilter** (engl. notch = Kerbe).

grafischer EQ

Eine EQ-Variante, die hauptsächlich bei der Bühnenbeschallung verwendet wird, ist der **grafische Equalizer**. Man benutzt ihn, um in wechselnden Situationen den Frequenzgang von Saal-Anlage (Front of House, FOH) und Bühnenmonitoranlage zu korrigieren.

Equalizer, Analyzer

Grafische Equalizer bestehen aus Bandpass-Filterbänken konstanter relativer Bandbreite. Sie haben meist entweder 10 (Oktavband-EQ) oder 30 (Terzband-EQ) Frequenzbänder, in denen der Pegel mit einem Schieberegler eingestellt wird; die Reglerpositionen bilden symbolisch den eingestellten Frequenzgang ab. Zum Einmessen der PA benötigt man neben dem Terzband-EQ einen Terzband-Analyzer („Real Time Analyzer") mit Rauschgenerator.

10.6.2 Dynamikprozessoren

Typische Geräte zur Bearbeitung der Signaldynamik sind Kompressor, De-Esser, Limiter, Expander, Gate und der so genannte „Mastering-Prozessor". Kern des analogen Dynamikprozessors ist ein Regelverstärker (Voltage Controlled Amplifier, VCA), der durch die Hüllkurve des Signalverlaufs oder durch ein externes Signal gesteuert wird. Im digitalen Dynamikprozessor wird der Regelverstärker in Software simuliert.

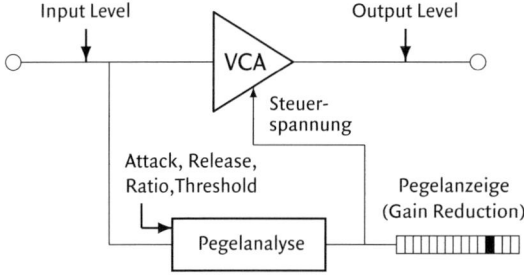
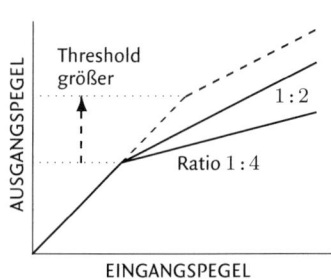

Abb. 10-26: Kompressor, Prinzipschaltung mit Signalzweig und Steuerzweig (Side Chain); typische Kennlinien. Unterhalb des Schwellwerts (Knickpunkt der Kennline, Threshold) wird das Signal nicht verändert (Ratio 1 : 1).

Der **Kompressor** verringert die Dynamik des Signals nach einem einstellbaren Kompressionsverhältnis oberhalb eines Schwellwerts: Der Verstärkungsfaktor des internen Regelverstärkers nimmt mit zunehmendem Signalpegel ab. Durch eine konstante Verstärkung hinter der Kompressionsstufe erreicht man insgesamt eine Anhebung von Durchschnittspegel und Lautheit. Zur Generierung der Steuerspannung für den VCA wird das Signal abgezweigt (**Side Chain**) und die Hüllkurve analysiert (Abb. 10-26).

Typische Einstellparameter eines Kompressors (Abb. 10-27) sind

- Eingangsverstärkung (Input Level, Gain),
- Ausgangsverstärkung (Output Level, Makeup Gain),
- Kompressionsverhältnis (Ratio),
- Schwellwert (Threshold),
- Einregelzeit (Attack),
- Ausregelzeit (Release, Recovery).

Die mit den Parametern *Attack* und *Release* eingestellten Regelzeiten können Artefakte verursachen. Typische Fehler schlecht eingestellter Kompressoren sind „Pumpen" und „Atmen" (Abb. 10-28).

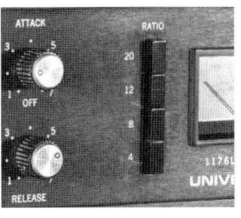

Abb. 10-27: Bedienfeld eines klassischen analogen Kompressors

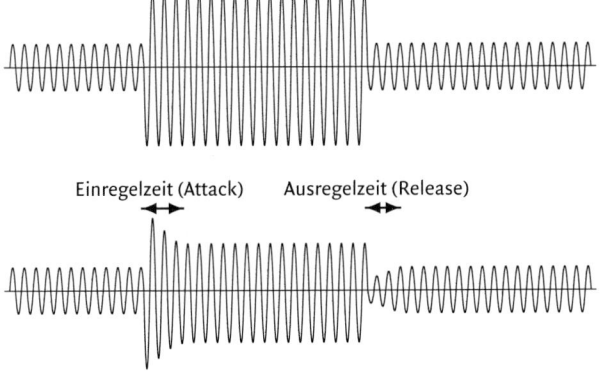

Abb. 10-28: Kompressor-Artefakte durch endliche Regelzeiten.
Oben: Originalsignal, unten: Pumpen des Signals beim Einregeln, Atmen beim Ausregeln

Um Artefakte zu vermeiden, muss die *Attack*-Zeit kurz sein – allerdings auch nicht zu kurz: Ist sie kürzer als die Periodendauer des Signals, wird das Signal nichtlinear verzerrt. Die *Release*-Zeit muss dagegen so lang sein, dass die Ausregelung nach einer Kompression unauffällig erfolgt.

Bei der sog. **Soft Knee**- oder **Overeasy**-Schaltung hat die Kennlinie keinen scharfen Knick am Schwellwert, sondern zeigt einen allmählichen Anstieg des Kompressionsverhältnisses. Overeasy-Kompressoren sind unkompliziert in der Handhabung und produzieren wenig Artefakte.

Soft Knee (Overeasy-Kompressor)

Komprimiert man Musikinstrumente oder Stimme, so kann (und muss) man für jedes Signal die optimalen Regelzeiten einstellen: So benötigt man z.B. für einen gezupften E-Bass eine relativ lange Attack-Zeit, um Verzerrungen zu vermeiden; zur Kompression von Schlagzeug kann die Attack-Zeit dagegen erheblich kürzer sein.

optimale Regelzeiten und Klangverfremdung

Mit der Release-Zeit beeinflusst man die Spieldynamik: Ist sie größer als die Ausschwingzeit des Instruments (Sustain), so bleibt der Klang natürlich; ist sie erheblich kleiner, so wird die Spieldynamik nivelliert. Mit extremen Einstellungen – sehr kurze Attack- und sehr lange Release-Zeit – lassen sich Instrumentenklänge wirkungsvoll verfremden, weil der

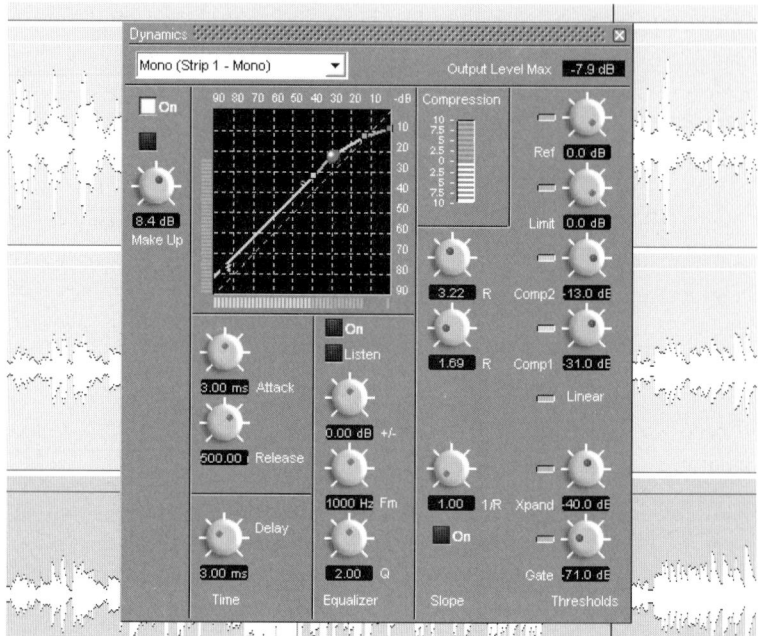

Abb. 10-29: DAW-Dynamik-Prozessor mit zwei verketteten Kompressoren, Limiter, Expander und Gate sowie mit Side-Chain-Filter

Kompressor dem Ausschwingen des Instruments entgegenwirkt (Woram 1977).

Bei der Kompression komplexer Klänge, also z.B. bei der Summen-Kompression des fertigen Mix, lassen sich keine Regelzeiten finden, die für alle Signalkomponenten gleichermaßen geeignet sind. Eine mögliche Lösung ist die Signalzerlegung im Frequenzbereich mit nachfolgender Kompression in getrennten Frequenzbändern. Bei einer solchen **Multiband-Kompression** lassen sich kurze Regelzeiten für hohe Frequenzen und lange Regelzeiten für tiefe Frequenzen einstellen.

Multiband-Kompressor

Eine weitere Möglichkeit, Artefakte zu verringern, ist eine Hold-Funktion, mit der die Zeit definiert wird, die eine Kompressionsphase mindestens andauert. So wird bei schnellen Folgen von großen und kleinen Pegeln ein Nachregeln des Kompressors verhindert.

Look Ahead

Nahezu frei von Artefakten sind Kompressoren mit „Look Ahead"-Funktion: Wird das Signal verzögert, so kann die Pegelanalyse zeitlich vor der Regelung erfolgen; der Kompressor kann dadurch „in die Zukunft des Signals schauen". Diese Technik wird u.a. bei hochwertigen digitalen Multiband-Mastering-Prozessoren verwendet. Nachteilig ist allein die Verzögerung (Latenz).

De-Esser

Befindet sich im Analyse- und Steuerzweig (Side Chain) ein Filter, so kann man die Kompression frequenzabhängig steuern (Abb. 10-29). Mit einem Side-Chain-Bandpass oder -Hochpass bei etwa 6 kHz reagiert der Kompressor bevorzugt auf Zischlaute in Sprache und Gesang und wird damit zum **De-Esser**. Insbesondere bei Sprachaufnahmen mit übertriebenen Zischlauten kann die Nachbearbeitung mit dem De-Esser sehr hilfreich sein. Allerdings muss man die Parameter feinfühlig einstellen: Bei zu starker Kompression beginnen die Schauspieler zu lispeln. Speziell zur Stimmbearbeitung sind „Voice Channels" erhältlich, die Kompressor und De-Esser kombinieren.

Hilfreich zum „Ineinander-Mischen" zweier sehr hochpegeliger Signale (z.B. Text-Overlay bei der Filmmischung) kann die sog. **Voice Over**-Schaltung sein, bei der ein Signal (z.B. Sprache) über einen externen Side Chain-Eingang die Kompression des zweiten Signals (z.B. Musik, Atmo) steuert. Allerdings kann der Kompressor niemals die Pegelregelung mit den Fadern am Mischpult ersetzen, bestenfalls unterstützen!

Voice Over

Ab einem Kompressionsverhältnis von etwa $1:10$ bis $1:20$ bezeichnet man den Kompressor als **Limiter** (Begrenzer): Ist der Pegel des Eingangssignals oberhalb des eingestellten Schwellwerts, so ändert sich der Ausgangspegel praktisch nicht mehr. Attack- und Release-Zeit sind beim Limiter sehr kurz eingestellt. Limiter werden benutzt, um Übersteuerungen nachfolgender Kanäle zu verhindern, aber z.B. auch, um Sprache sehr laut zu mischen – zu diesem Zweck muss der Threshold knapp oberhalb des durchschnittlichen Signalpegels liegen – oder um Instrumente extrem laut und ohne jegliche Spieldynamik aufzunehmen; dazu muss der Threshold *unterhalb* des Signalpegels liegen. Benutzt man einen Limiter zur Summenbegrenzung eines mehrkanaligen Signals, so müssen die Begrenzer aller Kanäle gekoppelt („gelinkt") sein.

Limiter

Das zum Kompressor komplementäre Gerät ist der **Expander** (vgl. Kompander, Abschnitt 6.2.1). Er spreizt die Dynamik des Signals unterhalb des eingestellten Schwellwerts. Mit dem Expander kann man z.B. perkussive Klänge „kompakter" machen, indem die Ausschwingzeit des Instruments verkürzt wird (Woram 1977).

Expander

Ein Expander mit extremer Parameter-Einstellung wird zum **Gate** (Tor). Signale oberhalb des Schwellwerts werden unverändert durchgelassen, Signale unterhalb werden gesperrt. Das klassische Einsatzgebiet des Gates ist die Entkopplung von Aufnahmekanälen im Popmusik-Studio: Durch das Gate wird sichergestellt, dass (relativ leises) Übersprechen benachbarter Instrumente auf ein Mikrofon gesperrt wird, solange das aufgenommene Instrument nicht spielt (wenn es spielt, werden die leisen Signale der benachbarten Instrumente ohnehin verdeckt).

Gate

Ein **Mastering-Prozessor** ist ein Stereo- oder Mehrkanal-Kompressor, bei dem die Regelvorgänge der einzelnen Kanäle gekoppelt („gelinkt") sind. Er ist z.B. als Multiband-Kompressor mit Look-Ahead-Funktion ausgeführt und kann so komplexe mehrkanalige Signale unauffällig komprimieren.

Mastering-Prozessor

10.6.3 Delay-Effekte

Delay und Echo

Eine Reihe von Effektgeräten – Delay, Chorus, Flanger, Phaser – basiert auf der Signalverzögerung (**Delay**). Als eigenständiger Prozessor wird die digitale Verzögerung nur in wenigen Fällen benutzt, so z.B. bei der Klassik-Produktion, um das Signal eines Stützmikrofons gemäß des Laufzeitunterschieds zum Stereo- oder Surround-Hauptmikrofon zu verzögern. Eine andere Anwendung ist die Simulation der Rock'n'Roll-typischen **Echo**-Effekte; Mehrfachechos entstehen über eine Rückkopplungsschleife. Manche Digital-Delays verfügen auch über eine Sampling-Funktion. Sie kann u.a. genutzt werden, um Loop-Effekte live auf der Bühne zu erzeugen.

Chorus

Wird eine Verzögerungszeit im Bereich der Echoschwelle eingestellt (Abschnitt 3.3.2) und das verzögerte Signal dem Original zugemischt, so entsteht der Eindruck mehrerer Quellen, ohne dass es zur Echowahrnehmung kommt. Diesen Effekt bezeichnet man als **Chorus**. Zur Unterstützung der Chorus-Wirkung wird das verzögerte Signal noch mit Hilfe eines LFO (Low Frequency Oscillator) frequenzmoduliert (Modulationshub: *Depth* oder *Intensity*, Modulationsfrequenz: *Rate*, *Speed*). Dieses Frequenz-Vibrato kann z.B. recht einfach über das Auslesen des Signalspeichers mit LFO-gesteuerter variabler Abtastrate realisiert werden. Typische Chorus-Parameter sind eine Verzögerung von 10 bis 50 ms und eine LFO-Frequenz von rund 3 Hz (*Warstat 1994*).

Der Chorus wird u.a. bei der Nachbearbeitung von Popmusik-Produktionen eingesetzt, um für akustische oder elektrische Gitarre oder E-Piano einen vollen und „sphärischen" Klang zu erreichen.

Flanger

Bei geringerer Verzögerungszeit (unter 10 ms) kommt es zur Interferenz zwischen Originalsignal und verzögertem Signal; im Frequenzbereich entsteht dadurch ein **Kammfilter**-Effekt mit periodischen Nullstellen im Spektrum. Durch Modulation des verzögerten Signals wandert dieses Kammfilter zyklisch durch den Frequenzbereich. Diesen spektakulären „Jet"-Effekt nennt man **Flanging**. Wegen seines dominanten Klangs kann man ihn nicht oft (z.B. bei Rock-Gitarren) einsetzen.

Phaser

Verwendet man statt Delays phasendrehende Allpässe, so wird die Verzögerungszeit frequenzabhängig. Diesen Effekt nennt man **Phasing**. In der einfachsten Ausführung entspricht er einer einzelnen Kerbe im Spektrum des Signals, die zyklisch im Frequenzbereich wandert. Phaser (eigentlich *phase shifter*) werden z.B. benutzt, um die Crash-Becken vom Schlagzeug zu modulieren – einen vergleichbaren Effekt erreicht man durch die stehende Welle vor einer reflektierenden Wand, wenn sich die Quelle, also z.B. das Becken, bewegt (vgl. Abschnitte 1.3.1 und 1.3.3).

10.6.4 Synthese-Effekte

Einige Effektgeräte basieren auf der Synthese von Signalkomponenten (Exciter, Subharmonic Synthesizer, Modeling-Effekte). Andere Geräte wie z.B. Vocoder und Harmonizer zerlegen das Signal, manipulieren seine Parameter und setzen es in einer nachfolgenden Re-Synthese neu zusammen.

Exciter bzw. **Enhancer** und **Subharmonic Synthesizer** („Boom Box") erzeugen harmonische Teiltöne ober- oder unterhalb des Signalspektrums. Dazu wird das Signalspektrum gefiltert und nichtlinear verzerrt, und die auf diese Weise synthetisierten Teiltöne werden dem Originalsignal zugemischt. Diese Technik ist mit der **Waveshaping-Synthese** (Abschnitt 8.1.1) verwandt. *Teiltongeneratoren*

Die Teiltonsynthese wird z.B. bei der Restauration alter analoger Aufnahmen eingesetzt, um die durch Lagerung verursachten Höhenverluste zu kompensieren. Sparsam eingesetzt ist sie auch als „Mastering-Effekt" zur Bearbeitung eines kompletten Mixes geeignet.

Eine Anwendung der **Physical Modeling**-Synthese (Abschnitt 8.1.4) ist die digitale Nachbildung analoger Schaltungen. Modeling wird insbesondere zur Simulation von Gitarrenverstärkern, Lautsprechern, Röhrengeräten und anderen Systemen verwendet, deren charakteristische Klangeigenschaften durch Nichtlinearitäten der analogen Technik entstehen. *Amp-Modeling*

Der **Vocoder** (von *voice coder*) wurde eigentlich zur Sprachsignal-Übertragung und Sprachsynthese entwickelt („Voder", Homer Dudley 1939). Der klassische Kanalvocoder beinhaltet wesentliche Konzepte der modernen Datenreduktion (Abschnitt 6.3.2): Das Signal wird durch eine Bandpass-Filterbank in 16 Frequenzbänder (Kanäle) zerlegt. Zwei zusätzliche Kanäle übertragen Informationen über die Signal-Grundfrequenz und geräuschhafte Signalanteile. Aus der Information der insgesamt 18 Kanäle generiert eine invers arbeitende Synthese-Einheit wieder ein Sprachsignal. *Vocoder: Sprachübertragung, Sprachsynthese*

Allerdings verfremdet der Vocoder das Signal so stark, dass sich seine ursprünglich gedachte Anwendung – Sprachsignalübertragung mit geringer Datenrate – nie durchsetzen konnte. Stattdessen wurde er seit den 1970er Jahren als Effektgerät bei Popmusik-Produktionen beliebt (Beispiele: *Wir sind die Roboter* von Kraftwerk, *One More Time* von Daft Punk).

Eine moderne Variante der Vocoder-Idee ist der **Phasenvocoder**. Er nutzt die FFT zur Zerlegung eines digitalen Signals in eine Zahl von Kanälen, die von der Fensterlänge der Analyse abhängt (z.B. 512, 1024, 2048). Im zerlegten Signal können die Informationen über Frequenz und Signaldauer unabhängig voneinander manipuliert werden. Damit kann der Phasenvocoder sowohl zum **Pitch Shifting** als auch zum **Time Stretching** eingesetzt werden. *Phasenvocoder*

Pitch Shifter, Time Stretcher

Sollen die Tonhöhe oder die Signaldauer verändert werden ohne dass dabei der Klang leidet, ist große Sorgfalt nötig: Durch die Signalanalyse und Re-Synthese entstehen zwangsläufig Artefakte. Insbesondere perkussive Klänge können leiden.

Harmonizer

Das klassische Effektgerät zum Pitch-Shifting ist der **Harmonizer**. Er kann nicht nur die Tonhöhe verändern, sondern auch Akkorde erzeugen. Seine Funktionsweise ist eng mit der granularen Zerlegung und Re-Synthese verwandt, die ihrerseits natürlich auch als Klangeffekt eingesetzt werden kann (siehe Abschnitt 8.1.3).

Eine spezielle Variante des Pitch-Shifters ist der **Tonhöhenquantisierer** (**Autotune**), mit dessen Hilfe z.B. eine unsauber intonierte Gesangsstimme „gerade gezogen" wird. Natürlich erzeugt auch das Artefakte: Bei extremen Parameter-Einstellungen erscheint die Stimme vocoder-artig verfremdet (Beispiel: *Believe* von Cher).

10.6.5 Offline, Online, Echtzeit

Digitale „Outboard"-Effekte sind in ihrer Leistungsfähigkeit immer durch die Rechengeschwindigkeit der Hardware begrenzt. In der DAW-Software sind dagegen im Prinzip beliebig komplexe Berechnungen möglich – kann die **Echtzeit**-Bedingung (Abschnitt 7.2) nicht eingehalten werden, so werden die Effekte „Offline" berechnet. In der Praxis findet man dann eine „Vorhör"-Funktion, in der der gewünschte Effekt mit reduzierter Rechengenauigkeit getestet werden kann, und in einem zweiten Schritt wird ein neues Signal **gerendert** (Abschnitt 8.2.2).

Bei Effekten, die in Echtzeit berechnet werden, bleibt dagegen das Signal in der Regel unverändert; solche Effekte sind nichtdestruktiv (engl. non-destructive). Meist bietet die DAW-Software aber die Möglichkeit, auch die beim Abspielen in Echtzeit berechneten Prozesse zu rendern. Diese Funktion wird als **Bouncing** bezeichnet.

Offline-Effekte bieten in der Regel mehr Möglichkeiten als Echtzeit-Effekte, weil bei der Programmierung keine Rücksicht auf die Rechenzeit genommen werden muss.

10.7 Schnitt (Editing) und Mastering

Der **Schnitt** wird bei der Popmusik-Produktion eingesetzt, um längere musikalische Sequenzen zu kombinieren; bei der Klassik-Produktion ist er das wichtigste Werkzeug zur musikalischen Gestaltung eines Stücks aus vielen nacheinander aufgezeichneten „Takes". Bei der Filmton-Produktion werden insbesondere die im Studio aufgenommenen Dialogspuren lippensynchron geschnitten. Dabei werden die einzelnen Worte nicht nur komplett „geschoben", sondern auch zerlegt, und u.U.

werden auch **Time Stretching**-Algorithmen (s.o.) eingesetzt.

Der Schnitt erfolgt in der Regel nichtdestruktiv in der DAW; Schnitte werden stets in Echtzeit berechnet. Während das Soundfile physikalisch unverändert bleibt, werden die Schnittpunkte (*Edit In*, *Edit Out*) separat als „Edit Decision List" (EDL) gespeichert.

Der wichtigste Parameter, der mit den Schnittpunkten festgelegt wird, ist der Pegelverlauf bei der Überblendung zwischen den beiden aneinander geschnittenen Sequenzen („Kreuzblende", **crossfade**). Häufig ist dieser Pegelverlauf frei editierbar, aber mit drei Voreinstellungen lassen sich die meisten Signale ohne hörbare Artefakte schneiden:

- Die Überblendung mit jeweils $-6\,\text{dB}$ am Schnittpunkt (Linear Crossfade) ist geeignet, um **korrelierte** Signale zu schneiden.

- Die Überblendung mit jeweils $-3\,\text{dB}$ am Schnittpunkt (Equal Power Crossfade) ist geeignet, um **unkorrelierte** Signale zu schneiden.

- Die Überblendung mit jeweils $-4{,}5\,\text{dB}$ am Schnittpunkt ist für Signale geeignet, die nicht perfekt korreliert und nicht perfekt unkorreliert sind.

In der Regel ist der Signalverlauf im Bereich der Überblendung mehr oder weniger unkorreliert. Beim Schnitt wird man daher meist den -3-dB-Crossfade benutzen, gelegentlich den $-4{,}5$-dB-Crossfade. Den -6-dB-Crossfade benötigt man nur, wenn es ansonsten am Schnittpunkt zum „Pumpen" des Signals käme.

Die Dauer der Überblendung sollte kurz im Vergleich zur musikalischen (oder gesprochenen) zeitlichen Änderungsrate des Signals sein; nur dann kann man im Bereich des Crossfades von einem quasistationären Zustand ausgehen. Überstreicht die Überblendung z.B. mehrere gespielte Töne, so besteht die Gefahr, dass die musikalische Artikulation unklar („verschmiert") wird. In den meisten Fällen wird eine Crossfade-Zeit von 10 bis 30 ms gute Ergebnisse bringen.

Das **Mastering** mit der DAW kann u.a. folgende Prozesse beinhalten:

- Anpassung von Pegel bzw. Lautheit und Frequenzgang bzw. Klangfarbe der einzelnen Stücke.

- Summenkompression mit einem „Mastering-Prozessor" zur Erhöhung von Lautheit und „Druck".

- Definition von Ein- und Ausblenden; Programmierung der Pausen mit den im Zielformat vorgesehenen Parametern (z.B. Start-ID, Stop-ID, Pausen mit digitaler Stille oder mit separat aufgezeichneter „Atmo").

- Downmix zur Distribution in mehreren Formaten, z.B. von 5.1-Surround auf Stereo oder Dolby Stereo / DTS-Stereo, bzw. Definition von Downmix-Parametern zur Steuerung eines automatischen Downmix im Abspielgerät.

- Pegel-Normalisierung zur maximalen Ausnutzung der Dynamik des Distributionsmediums, insbesondere wenn eine Wortbreitenreduktion folgt.

- Umcodierung bzw. Requantisierung (Wortbreitenreduktion) z.B. von PCM 24 Bit auf PCM 16 Bit oder DSD mit geeigneten Algorithmen (Dithering, Noise Shaping).

- Programmierung zusätzlicher Inhalte wie Menüs, Texte, Slideshows, Videos.

- Datenreduktion z.B. mit AC-3, MP3, Vorbis, MPEG 4 gemäß den Anforderungen des Distributionsmediums wie Filmton oder Internet-Audio.

- Speicherung auf einem zur Weiterverarbeitung geeigneten Medium nach den Spezifikationen von Presswerk, Fernseh- oder Rundfunkstation oder Kopierwerk, z.B. als CD-R, DVD-R, DA-88, Dolby Digital-CD oder Disk Image via FTP.

Jede digitale Signalverarbeitung im Mastering-Prozess, die mit Rundungsfehlern verbunden ist (z.B. EQ, Ein- und Ausblende), sollte **gedithert** werden.

Die Klangmanipulation mit EQ und Kompressor beim Mastering ist Geschmacksfrage – bei Pop-Produktionen ist sie fast obligatorisch, bei Klassik-Produktionen eher ungewöhnlich. Wenn allerdings beim Mastering erhebliche Korrekturen erforderlich sind, so ist das ein Hinweis auf fehlerhaftes Ausgangsmaterial. Man sollte stets darauf achten, bereits bei der Aufnahme das bestmögliche Ergebnis zu bekommen. Je weniger Signalmanipulationen bei Mix und Mastering vorgenommen werden müssen, desto besser wird in der Regel der Klang: Die Kunst des guten Tons besteht nicht im Einsatz von möglichst viel Technik, sondern im Verzicht auf technische Hilfen.

Weiterführende Literatur

Bob Katz: **Mastering Audio. Über die Kunst und die Technik**, gc Carstensen 2010.

Jim Taylor, Mark R. Johnson & Charles G. Crawford: **DVD Demystified**, McGraw-Hill, 3. Aufl. 2006.

Tim Renner: **Kinder, der Tod ist gar nicht so schlimm! Über die Zukunft der Musik- und Medienindustrie**, Campus 2004.

Quellen

Kapitel 1-3

Auhagen, W.: „Zur Entstehung der Tonartencharakteristik im 18. Jahrhundert", in: Auhagen, W. et al.: **Systemische Musikwissenschaft**, Festschrift Univ. zu Köln 2003.

Benade, A.H.: **Musik und Harmonie**, Kurt Desch 1960.

Beranek, L.: **Concert Halls and Opera Houses. Music, Acoustics, and Architecture**, Springer 1996 / 2. Aufl. 2004.

Beranek, L.: **Acoustics**, M.I.T. Acoustic Laboratory 1954 / Nachdruck: Acoust. Soc. Am. 1986 / 1993.

Bergweiler, S.: „Körperoszillation und Schallabstrahlung akustischer Wellenleiter unter Berücksichtigung von Wandungseinflüssen und Kopplungseffekten", Dissertation, Univ. Potsdam 2006.

Blauert, J.: **Räumliches Hören**, Hirzel 1974; Nachschriften 1985, 1997.

Cremer, L. & Müller, H.A.: **Die wissenschaftlichen Grundlagen der Raumakustik**, Bd. I und II, Hirzel, 2. Aufl. 1976 / 1978.

Cremer, L. & Hubert, M.: **Vorlesungen über Technische Akustik**, Springer 1985.

Delb, W., D'Amelio, R., Archonti, C. & Schonecke, O.: **Tinnitus. Ein Manual zur Tinnitus-Retrainingtherapie**, Hogrefe 2002.

Ernst, F.: **Über das Stimmen von Cembalo, Spinett, Clavichord und Klavier**, Edition Bochinsky, 6. Aufl. 2004.

Fasold, W. et al.: „Bauakustik" (in: Fasold 1984).

Fasold, W., Kraak, W. & Schirmer, W. (Hrsg): **Taschenbuch Akustik**, VEB Verlag Technik, 1984.

Fasold, W. & Veres, E.: **Schallschutz und Raumakustik in der Praxis**, Verlag für Bauwesen 1998.

Fletcher, H. & Munson, W.A.: „Loudness, its definition, measurement, and calculation", **Journ. Acoust. Soc. Am.** 5, 1933.

Fletcher, N.H. & Rossing, T.D.: **The Physics of Musical Instruments**, Springer 1991.

Fuchs, H.V. & Zha, X.: „Micro-Perforated Structures as Sound Absorbers – A Review and Outlook", **Acta Acustica / Acustica** 92 (1), 2006.

Goebel, G.: **Tinnitus und Hyperakusis**, Hogrefe, 2003.

Goldstein, E.B.: **Wahrnehmungspsychologie**, Spektrum, 2. deutsche Ausgabe 2002.

Goodyer, T.: „The Live-End, Dead-End Approach" (in: Newell 2003).

v. Heesen, W.: „Diffuse Schallreflexion durch räumliche Maximalfolgen", Fortschritte der Akustik, DAGA 1976.

Hellbrück, J. & Ellermeier, W.: **Hören. Physiologie, Psychologie und Pathologie**, Hogrefe, 1993 / 2. Aufl. 2004.

Helmholtz, H.v.: **Die Lehre von den Tonempfindungen als physiologische Grundlage für die Theorie der Musik**, Vieweg, 1863 / 2. Aufl. 1865.

Hirata, Y., Matsudaira, T.K., & Nakajima, H.: „Optimum Reverberation Times of Monitor Rooms and Listening Rooms", Prepr. 68th Conv. Audio Eng. Soc. (Hamburg), 1981.

Houtsma, A.J.M., Rossing, T.D., & Wagenaars, W.M.: **Auditory Demonstrations**, CD und Booklet. Institute for Perception Research (IPO) Eindhoven / Acoust. Soc. Am. 1987, Philips 1126-061.

Kuchling, H.: **Taschenbuch der Physik**, Verlag Harri Deutsch, 1984.

Kuttruff, H. & Mommertz, E.: „Raumakustik" (in: *Müller 2004*).

Lercher, P., Weichbold, V. & Lercher, H.: „Tag gegen den Lärm", Informationsblatt Sozialmed. Univ. Innsbruck, 2003.

Lohff, C.: Skript zur Cembalostimmung, Hochschule für Künste Bremen, o.J.

Long, T.H.: „The Performance of Cup-Mouthpiece Instruments", Journ. Acoust. Soc. Am. 19, 1947.

Maa, D.-Y.: „Theory and design of microperforated panel sound absorbing constructions", Scientia Sinica 18 (1), 1975.

Mapp, P.: **The Audio System Designer Technical Reference**, Klark Teknik, o.J.

Martin, D.W. & Ward, W.D.: „Subjective Evaluation of Musical Scale Temperament in Pianos". **Journ. Acoust. Soc. Am.** 33, 1961.

Mechel, F.P. (Hrsg): **Formulas of Acoustics**, Springer 2002.

Meyer, J.: „Über die Resonanzeigenschaften offener Labialpfeifen". **Acustica** 11, 1961.

Meyer, J.: **Akustik und musikalische Aufführungspraxis**, Verlag Erwin Bochinsky, 4. Aufl. 1999.

Müller, G. & Möser, M. (Hrsg): **Taschenbuch der Technischen Akustik**, Springer, 3. Aufl. 2004.

Newell, P.: **Recording Studio Design**, Elsevier / Focal Press 2003.

Neuhoff, J.G.: „Perceptual bias for rising tones", **Nature** 395, 1998.

Neuhoff, J.G.: „An Adaptive Bias in the Perception of Looming Auditory Motion", **Ecological Psychology** 13 (2), 2001.

Olson, H.F.: **Musical Engineering**, McGraw-Hill 1952.

Pierce, J.R.: **Klang. Musik mit den Ohren der Physik**, Spektrum, 1989 / 2. Aufl. 1999.

3rd Baron Rayleigh, J.W.S.: **The Theory of Sound**, Macmillan, 2. Aufl. 1894 / Nachdruck: Dover Publications 1945.

Reichardt, W. et al.: „Raumakustik" (in: *Fasold 1984*).

Rossing, T.D. & Houtsma, A.J.M.: „Effects of signal envelope on the pitch of short sinusoidal tones". **Journ. Acoust. Soc. Am.** 79, 1986.

Rossing, T.D.: **Science of Percussion Instruments**, World Scientific, 2000.

Rossing, T.D., Moore, F.R. & Wheeler, P.A.: **The Science of Sound**, Addison Wesley, 3. Aufl. 2002.

Sabine, W.C.: „Reverberation", **Proc. American Institute of Architects**, 1898 / The American Architect, 1900 (in: *Sabine 1923*).

Sabine, W.C.: „Architectural Acoustics", **Journ. Franklin Institute**, Jan. 1915 (in: *Sabine 1923*).

Sabine, W.C.: **Collected Papers on Acoustics**, Harvard University Press 1923.

Schroeder, M.: „Diffuse sound reflections by maximum length sequences". **Journ. Acoust. Soc. Am.** 57, 1975.

Schroeder, M.: „Die Akustik von Konzertsälen", **Physikalische Blätter** 55 (11), 1999.

Schuck, O.H.& Young, R.W.: „Observations on the Vibrations of Piano Strings". **Journ. Acoust. Soc. Am.** 15, 1943.

Schumann, B. & Görne, T.: „Acoustic design with textile absorbers and foils", Prepr. 118th Conv. Audio Eng. Soc. (Barcelona), 2005.

Schütz, H.: **Tabularium. Ein kleines Tafelwerk zur musikalischen Temperatur**, Kultur- und Forschungsstätte Michaelstein, Heft 4, 1988.

Stobik, C. et al.: „Evidence of psychosomatic influences in compensated and decompensated tinnitus". **Int. Journ. Audiol.** 44, 2005

Terhard, E. & Fastl, H.: „Zum Einfluß von Störtönen und Störgeräuschen auf die Tonhöhe von Sinustönen". **Acustica** 25, 1971.

Terhard, E. & Zick, M.: „Evaluation of the tempered tone scale in normal, stretched, and contracted intonation". **Acustica** 32, 1975.

Trendelenburg, F.: **Einführung in die Akustik**, Springer 1939.

Veit, I.: **Technische Akustik**, Vogel, 5. Aufl. 1996.

Kapitel 4-8

AES Standard for Acoustics: **Digital interface for microphones** (AES42-2001), Audio Eng. Soc. 2001.

AES Recommended Practice for Digital Audio Engineering: **Serial transmission format for two-channel linearly represented digital audio data** (AES3-2003, Rev. AES3-1992), Audio Eng. Soc. 2003 (a).

AES Recommended Practice for Digital Audio Engineering: **Serial Multichannel Audio Digital Interface (MADI)** (AES10-2003, Rev. AES10-1991), Audio Eng. Soc. 2003 (b).

Blesser, B.A.: „Digitization of Audio. A Comprehensive Examination of Theory, Implementation, and Current Practice". **Journ. Audio Eng. Soc.**, Vol. 26 (10), 1978.

Boulanger, R. (Hrsg.): **The Csound Book. Perspectives in Software Synthesis, Sound Design, Signal Processing, and Programming**, MIT Press 2000.

Brandenburg, K. & Bosi, M. (Hrsg.): **High-Quality Audio Coding**, Proc. AES 17th Intl. Conf., Florenz, 1999.

Chowning, J.: „The Synthesis of Complex Audio Spectra by Means of Frequency Modulation", **Journ. Audio Eng. Soc.** 21 (7), 1973.

Cremer, L. & Hubert, M.: **Vorlesungen über Technische Akustik**, Springer 1985.

Dolby, R.: „The Spectral Recording Process". **Journ. Audio Eng. Soc.**, 35 (3), 1987.

Dunn, J.: **Jitter Theory**, Audio Precision Technote TN-23.

Dunn, J.: **The AES3 and IEC60958 Digital Interface**, Audio Precision Technote TN-26.

Ziegenhals, G.: „Klang und Tonhöhe von Pauken". 28. Ak. Konf. Strbske Pleso, 1989.

Ziegler, E.A. et al.: „Epidemiological data of patients with sudden hearing loss - a retrospective study over a period of three years". **Laryngorhinootologie** 82, 2003.

Zollner, M. & Zwicker, E.: **Elektroakustik**, Springer, 3. Aufl. 1993.

Zwicker, E.: **Psychoakustik**, Springer 1982.

Zwicker, E. & Fastl, H.: **Psychoacoustics. Facts and Models**, Springer 1990.

Erne, M. et al.: „Perceptual Audio Coders, What to listen for", Prepr. 111th Conv. Audio Eng. Soc. (New York), 2001.

Fischman, R.: „A Survey of Classic Synthesis Techniques in Csound" (in: *Boulanger* 2000).

Flohr, D.: „Elektronische Audioformate im Internet", Proseminar Multimedia-Standards im Internet, Univ. Tübingen, 2001.

Führer A., Heidemann, K., & Nerreter, W.: **Grundgebiete der Elektrotechnik** (2 Bde.), Hanser, 8. Aufl. 2006.

Gabor, D.: „Acoustical Quanta and the Theory of Hearing", **Nature** 159 (1044), 1947.

Gilchrist, N. & Grewin, C. (Hrsg): **Collected Papers on Digital Audio Bit-Rate Reduction**, Audio Eng. Soc., 1996.

Götz, H.: **Einführung in die digitale Signalverarbeitung**, Teubner Studienskripten, 3. Aufl. 1998.

Helmholtz, H.v.: **Die Lehre von den Tonempfindungen als physiologische Grundlage für die Theorie der Musik**, Vieweg, 1863 / 2. Aufl. 1865.

Heywood, B. & Evan, R.: **The PC Music Handbook**, PC Publishing 1991.

Huffman, D.A.: „A Method for the Construction of Minimum Redundancy Codes". **Proc. IRE**, Vol. 40, 1952.

Kammeyer, K.D. & Kühn, V.: **MATLAB in der Nachrichtentechnik**, J. Schlembach Fachverlag 2001.

Karrenberg, U.: **Signale, Prozesse, Systeme**, Springer, 3. Aufl. 2003.

Lüke, H.D.: **Signalübertragung. Grundlagen der digitalen und analogen Nachrichtenübertragungssysteme**, Springer 1990.

Meyer, M.: **Kommunikationstechnik. Konzepte der modernen Nachrichtenübertragung**, Vieweg, 2. Aufl. 2002.

MMA Website, „MIDI Specification", „The Technology of MIDI", www.midi.org, MIDI Manufacturers Association Incorporated Los Angeles 1995-2005 [2005].

Painter, T. & Spanias, A.: „Perceptual Coding of Digital Audio". **Proc. IEEE**, Vol. 88 (4), 2000.

Peus, S. & Kern, O.: „Benefits of a Digitally Interfaced Studio Microphone", Prepr. 111th Conv. Audio Eng. Soc. (New York), 2001.

Rumsey, F.: **Digital Audio Operations**, Focal Press 1991.

Kapitel 9-10

d'Appolito, J.A.: „A Geometric Approach to Eliminating Lobing Error in Multiway Loudspeakers", Prepr. 74th Conv. Audio Eng. Soc. (Eindhoven), 1983.

Bahr, H. & Offer, H.: **Der Audio-Leitfaden und die digitale Entwicklung**, Firmenschrift Philips Consumer Electronics, 2. Aufl. 1992.

Bauer, S., Gerhard-Multhaupt, R., & Sessler, G.M.: „Ferroelectrets: Soft Electroactive Foams for Transducers", **Physics Today** 57 (2), 2004.

BD White Paper: **Blu-ray Disc Format General**, Blu-ray Disc Association 2004 (a).

BD White Paper: **Blu-ray Disc Format 4. Key Technologies**, Blu-ray Disc Association 2004 (b).

BD White Paper: **Blu-ray Disc 1.C Physical Format Specifications for BD-ROM 4th Edition**, Blu-ray Disc Association 2005.

BD White Paper: **Blu-Ray Disc Recordable Format Part I Physical Format 3rd Edition**, Blu-ray Disc Association 2006 (a).

BD White Paper: **Blu-ray Disc Format 1.A Physical Format Specifications for BD-RE 2nd Edition**, Blu-ray Disc Association 2006 (b).

Shannon, C.E.: „A Mathematical Theory of Communication". **The Bell System Technical Journal** Vol. 27 / July, 1948.

Tietze, U. & Schenk, C.: **Halbleiter-Schaltungstechnik**, Springer, 12. Aufl. 2002.

Thienhaus, E.: **Das akustische Beugungsgitter und seine Anwendung zur Schallspektroskopie**, Heinrich-Hertz-Institut Berlin / Barth 1935.

Tohyama, M. & Koike, T.: **Fundamentals of Acoustic Signal Processing**, Academic Press 1998.

Warstat, M. & Görne, T.: **Studiotechnik, Hintergrund und Praxiswissen**, Elektor 1994.

Watkinson, J.: **The Art of Digital Audio**, Focal Press, 3. Aufl. 2001.

Xiph.org, „Vorbis I specification", Xiph.org Foundation, www.xiph.org 1994-2004.

Beranek, L.: **Acoustics**, M.I.T. Acoustic Laboratory 1954 / Nachdruck: Acoust. Soc. Am. 1986 / 1993.

Berkhout, A.J.: „A holographic approach to acoustic control", **Journ. Audio Eng. Soc.**, Vol. 36 (12), 1988.

Blumlein, A.D.: „Improvements in and relating to Sound-transmission, Sound-recording and Sound-reproducing Systems", British Patent Spec. 394.325, 1931.

Børja, S.E.: „How to Fool the Ear and Make Bad Recordings", **Journ. Audio Eng. Soc.**, Vol. 25 (7/8), 1977.

Boré, G.: **Mikrophone**, Firmenschrift Georg Neumann GmbH 1973 / 3. Aufl. o.J.

Boulanger, R. (Hrsg.): **The Csound Book. Perspectives in Software Synthesis, Sound Design, Signal Processing, and Programming**, MIT Press 2000.

Caulkins, T. et al.: „Use of a high spatial resolution microphone to characterize the early reflections generated by a WFS loudspeaker array", Proc. 28th Int. Conf. Audio Eng. Soc. (Piteå), 2006.

Cremer, L. & Hubert, M.: **Vorlesungen über Technische Akustik**, Springer 1985.

Dickreiter, M.: **Handbuch der Tonstudiotechnik** (2 Bde.), K. G. Saur, 6. Aufl. 1997.

Eargle, J.: **Handbook of Recording Engineering**, Van Nostrand Reinhold, 2. Aufl. 1992.

ECMA Standard: **Volume and File Structure of CDROM for Information Interchange** 2nd Edition (ECMA-119, entspricht ISO 9660), European association for standardizing information and communication systems, 1987.

ECMA Standard: **Data interchange on read-only 120 mm optical data disks (CD-ROM)** 2nd Edition (ECMA-130, entspricht ISO/IEC 10149 „Yellow Book"), European association for standardizing information and communication systems, 1996.

Gerhard-Multhaupt, R. et al.: „Porous polytetrafluoroethylene space-charge electrets for piezo- electrical applications", **IEEE Trans. Diel. El. Ins.** 7, 2000.

Görne, T.: **Mikrofone in Theorie und Praxis**, Elektor 1994.

Görne, T. & Bergweiler, S.: **Monitoring, Lautsprecher in Studio- und HiFi-Technik**, PPV Medien 2004.

Griesinger, D.: „The Psychoacoustics of Listening Area, Depth, and Envelopment in Surround Recordings, and their relationship to Microphone Technique", Proc. 19th Int. Conf. Audio Eng. Soc. (Schloss Elmau), 2001.

Großkopf, H.: „Hochwertige Rundfunkmikrofone", NWDR Techn. Hausmitteilungen 4, 1949.

Hamasaki, K. et al.: „Approach and Mixing Technique for Natural Sound Recording of Multichannel Audio", Proc. 19th Int. Conf. Audio Eng. Soc. (Schloss Elmau), 2001.

Hasbargen, F.: **R-DAT Technolgie I**, Sony Technical Training, Sony Deutschland 1987.

Hertz, B.: „100 Years with Stereo: The Beginning", **Journ. Audio Eng. Soc.**, Vol. 29 (5), 1981.

Immink, K.A.: „The Compact Disc Story", **Journ. Audio Eng. Soc.**, Vol. 46 (5), 1998.

ITU Recommendation: **Multichannel stereophonic sound system with and without accompanying picture** (ITU-R BS.775-1), Intern. Telecom. Union Radiocom. Sector, 1992-1994.

Jecklin, J.: „A Different Way to Record Classical Music", **Journ. Audio Eng. Soc.**, Vol. 29 (5), 1981.

Julstrom, S.: „An Intuitive View of Coincident Stereo Microphones", **Journ. Audio Eng. Soc.**, Vol. 39 (9), 1991.

Meindl, M.-J., Vette, U., & Görne, T.: „Investigations of the Effect of Surround Microphone Setup on Room Perception", Proc. 28th Int. Conf. Audio Eng. Soc. (Piteå), 2006.

NEC Pressemitteilung: „NEC bringt erstes HD DVD-Laufwerk auf den Markt", NEC Deutschland GmbH 2005.

NHK digital broadcasting, Japan Broadcasting Corporation Website, „Music.Ambient sound recording – Fukada-Tree microphone arrangement", www.nhk.or.jp/digital/en/technique/02.html, 2006.

Rumsey, F. & McCormick, T.: **Sound and Recording**, Focal Press, 4. Aufl. 2002.

Schildbach, M.: „Audio Technologie in Berlin bis 1943: Kopfhörer und Lautsprecher", in: **50 Jahre Stereo-Magnetbandtechnik**, Audio Eng. Soc. 1993.

Schneider, M.: „Mikrofone", in: Weinzierl, S. (Hrsg): **Handbuch der Audiotechnik**, Springer 2008.

Schuitman, J. v. D., de Vries, D.: „Wave Field Synthesis Using Multi-Acuator Panels: Further Steps to Optimal Performance", Proc. 28th Int. Conf. Audio Eng. Soc. (Piteå), 2006.

Sessler, G.M. & West, J.E.: „Self-Biased Condenser Microphone with High Capacitance", **Journ. Acoust. Soc. Am.**, Vol. 34 (11), 1962.

Slotte, B.: „Sharpening the image in 5.1 surround recording", Prepr. 118th Conv. Audio Eng. Soc. (Barcelona), 2005.

Sonke, J.J. & de Vries, D.: „Generation of diffuse reverberation by plane wave synthesis", Prepr. 102nd Conv. Audio Eng. Soc. (München), 1997.

Spors, S. & Rabenstein, R.: „Evaluation of the Circular Harmonics Decomposition for WDAF-based Active Listening Room Compensation", Proc. 28th Int. Conf. Audio Eng. Soc. (Piteå), 2006.

Tamura, M. et al.: „Electroacoustic Transducers with Piezoelectric High Polymer Films", **Journ. Audio Eng. Soc.**, Vol. 23 (1), 1975.

Taylor, J.: **DVD Demystified** Second Edition, McGraw-Hill 2001.

Theile, G.: „Natural 5.1 Music Recording Based on Psychoacoustic Principles", Proc. 19th Int. Conf. Audio Eng. Soc. (Schloss Elmau), 2001.

Theile, G. & Wittek, H.: „Wave field synthesis: A promising spatial audio rendering concept", **Acoust. Sci. & Tech.**, Vol. 25 (6), 2004.

de Vries, D. & Boone, M.M.: „Wave Field Synthesis and Analysis Using Array Technology", Proc. IEEE Workshop Appl. Sig. Proc. Audio and Acoust. (New Paltz), 1999.

Warstat, M. & Görne, T.: **Studiotechnik, Hintergrund und Praxiswissen**, Elektor 1994.

Weiss, E.: „Audio Technologie in Berlin bis 1943: Mikrophone", in: **50 Jahre Stereo-Magnetbandtechnik**, Audio Eng. Soc. 1993.

Williams, M.: „Unified theory of microphone systems for stereophonic sound recording", Prepr. 82nd Conv. Audio Eng. Soc. (London), 1987.

Williams, M.: **Microphone Arrays for Stereo and Multichannel Sound Recording** Vol. 1, Editrice Il Rostro 2004.

Wittek, H.: hauptmikrofon.de Website, http://www.hauptmikrofon.de/oct2.htm, updated 11. 11. 2005.

Woram, J.M.: **The Recording Studio Handbook**, Sagamore Publishing, 2. Aufl. 1977.

Wuttke, J.: „General Considerations on Audio Multi-Channel Recording", Proc. 19th Int. Conf. Audio Eng. Soc. (Schloss Elmau), 2001.

Yasuno, Y. & Riko, Y.: „A basic concept of direct converting digital microphone", **Journ. Acoust. Soc. Am.**, Vol. 106 (6), 1999.

Zollner, M. & Zwicker, E.: **Elektroakustik**, Springer, 3. Aufl. 1993.

Bildnachweis

S. 13 Abb. 1 und S. 97 Abb. 2.9 · Frank Niemetz, Berlin

S. 17 Abb. 1.1 · Trendelenburg, F.: *Einführung in die Akustik*, Julius Springer (Berlin) 1939, p. 77

S. 76 Abb. 2.1 · Sabine, W.C.: *Collected Papers on Acoustics*, Harvard University Press 1923, p. 234

S. 110 Abb. 3.1 und S. 114 Abb. 3.5 (EM-Bilder) · Dr. H. Jastrow medizinisches Lehrmaterial, www.drjastrow.de

S. 120 Abb. 3.8 · Cremer, L. & Hubert, M.: *Vorlesungen über Technische Akustik*, Springer (Berlin Heidelberg New York Tokyo) 3. Aufl. 1985, p. 316

S. 122 Abb. 3.9 und S. 125 Abb. 3.11 · Zwicker, E.: *Psychoakustik*, Springer (Berlin Heidelberg New York) 1982, pp. 74, 40, 41

S. 130 Abb. 3.13 · Blauert, J.: *Räumliches Hören*, Hirzel (Stuttgart) 1974, pp. 161, 164

S. 135 Abb. 4.1 · Lucent Technologies Inc. Bell Labs, www.bell-labs.com

S. 210 Abb. 7.1 · Library of Congress, Prints and Photographs Division [LC-MSS-51268-6], Washington DC, USA

S. 233 Abb. 8.1 · Gerhard Haderer / Galerie Seywald, Salzburg

S. 270 Abb. 19 · Boré, G.: *Microphones*, Georg Neumann GmbH 1973, p. 16

S. 320 Abb. 10.1 · Ulrich Illing, Potsdam

Sachwortverzeichnis

20 %-Regel 105
4:2-Surround 307
4:5-Modulation 205, 225
4B5B-Code 205
5.1-Surround 307
6.1-Surround 307
7.1-Surround 308

A-Bewertung 33
A/B 225
AAC 200
AB-Stereo 311
Abschirmung 214
absolutes Gehör 118
Absorber 89, 90
–, aktiver 48
–, Helmholtz- 93
–, mikroperforierter 94
–, poröser 90
–, Resonanz- 92
–, Röhren- 93
Absorptionsfläche,
 äquivalente 84
Absorptionsgrad 82, 83
Abstandsgesetz 36
Abtastrate 159, 226
Abtastratenwandler
 219, 221, 227, 344
Abtastratenwandlung 166
Abtasttheorem 159, 235
Abtastung 158, 159
–, ideale 162
–, nichtideale 163
AC-2 199
AC-3 152, 199, 307, 334

Acht 37, 267
ADAT 209, 226, 331
 – Frame 226
ADC 177
Ader, Clément 303
ADIP 337
ADSR-Kurve 243
Advanced Audio Coding
 200
Aerophon 51
AES X-188 336
AES/EBU 221
AES10 224
AES3 204, 209, **221**, 344
 – Frame 221
 – Subframe 221, 224, 225
AES42 216, 219, **221**, 344
AF 29
Ahorn 55
Aftertouch 248
AKF 139
Aktivbox 294
Akustikschaumstoff 91
Aliasing **160**, 194, 202
Allpass 155
Alnico 258
Altersschwerhörigkeit 133
Aluminium 53, 55
AM **191**, 239, 262
 – Synthese 239
AMI-Code 209
Amplitude 20
Amplituden-
 –frequenzgang 143
 –modulation **191**, 239, 262

–regenerierung 220
–spektrum 143
Anpassung 44
Anschluss, symmetrischer
 214
–, unsymmetrischer 214
Anti-Aliasing-Filter 161
Anzeigeinstrumente 347
Apertur-Effekt 163
d'Appolito, Joseph 293
apt-X100 200, 307
Äquivalenzstereofonie
 130, 304, **314**, 346
ARP-Synthesizer 239
Array 37, 278
ASCII 197
ASPEC 200
asynchrone Übertr. 218
Atmokreuz 318
ATRAC **200**, 308, 339
Attack 243
Audio Frequency 29
Audiogramm 120
Aufhängung, elastische
 285
Aufnahmewinkel 310
Auralisierung 88
Ausgangsleistung 300
Ausgangsmodul 344
Auslenkungswandler
 254, 263
Außenohr 111
 – Übertragungsfunktion
 111, 131
Aussteuerungsreserve 230

Autokorrelation 139
Automation 342
Autotune 362
Aux 341

Bach, Johann Sebastian 72
Back-Elektret 261
Backplate 261
Backward Masking 125
Balanced 214
Ballistik 347
Bandbreite 186, 194, 208
–, AES3 221
–, IEC Typ II 224
–, MADI 225
–, MIDI 246
–, Ohr 120
–, relative 23
–, Timecode 228
Bändchenwandler 256
Bandpass 155
–, akustischer 60
–box 291
Bandsperre 155
Barium-Titanat 263
Basilarmembran 113
Basisband 183, 189, 211
Bass Trap 93
Bassabsorber 92
Bassfalle 93
Bassreflexbox 290
Bassrutsche 291
Baud 184, 195
Baudot, Jean 184
Baudrate 183, 187, 195
–, ADAT 226
–, AES3 221
–, IEC Typ II 224
–, MADI 225
–, MIDI 246
–, Timecode 228
BD 332
BD-R, -RE 337
Beam Steering 299
Beats 49
Beats per Minute 251
Begrenzer 359
von Békésy, Georg 114
Belastbarkeit 296
Bell 64

Bell, Alexander Graham 32, 210, 255
Bell Laboratories 80, 121, 158, 197, 211, 239, 261, 303, 332
Beranek, Leo 82, 101
Berliner, Emil 320
Beschallung 293, 298
–, Lautsprecher 289, 297
Bessel-Funktion 56, 64
Besselhorn 63
Betriebs-Übertragungsfaktor 282
Beugung 46, 47
Beugungsgitter, akust. 153
Bewertungsfilter 122
–, A 33
–, CCIR 34
bidirectional 267
Biegeschwinger 263
binaural 126
Biphase Mark-Code 209, 224, 228
Birdies 202
Bit 167, 183
Bitrate 183, 195
–, ADAT 226
–, AES3 221
–, IEC Typ II 224
–, MADI 225
–, MIDI 246
–, Timecode 228
Bitstream-Wandler 180
Bleizirkonat-Titanat 263
Blesser, Barry 157
Block 327
Block Sync 225
Blu-ray Disc 332, 333, 335, 337
Blumlein, Alan Dower 303
Blumlein-Anordnung 313
Bodenreflexion 89
Boom Box 361
Booten 326
Bouncing 362
Boundary Layer Mic. 279
Box 254
–, Bandpass- 291
–, Bassreflex- 290
–, geschlossene 290

–, Transmissionline- 291
Boyle-Mariotte, Gesetz von 81
bpm 251
von Braunmühl, Hans-Joachim 272
Braunmühl-Weber-Kapsel 272
Brechung 28, 48
breite Niere 272
Brennen (CD-R usw.) 336
Broad Cardioid 272
Brummschleife 214
Buchla, Don 251
Buffer 217
Bühnenbeschallung 343, 355, 356
Bühnenmikrofone 283, 285
Bündelungsgrad 273
Bündelungsmaß 274
Burst-Fehler 205, 206
Bus 340
–, Master- 346
Butterworth-Abstimmung 23, 290
Byte 167

c5-Senke 133
Cache 324
Cannon 215
Cardioid 272
Carrier 191
CAV 336, 339
Cavitas Tympani 113
CCIR 468 34, 282
CCIR-Bewertung 34
CD 204, 207, 209, 332
CD-R, -RW 337
CD, Super Audio 181
CDM 188
cent 69
Channel (MIDI) 342
– aftertouch 248
– Message 247
– Mode 247
– Mode Message 248
– Voice 247
– Voice Message 248
– Status Bit 223
Chase / Lock 227

Sachwortverzeichnis

Cher 362
Chirp 140
Chladni, Ernst Florens Friedrich 17, 57
Chladni-Figuren 57
Chordophon 51
Chorus 360
Chowning, John 239
Chroma 118
Chromnickelstahl 53, 55
Cinch 216, 224
CIRC 207
Circle of Fifths 68
Clarity Factor 100
Clipping 230
Clockgehalt 207
Closed Box 290
CLV 332, 336, 339
Code, algorithmischer 203
–, AMI- 209
–, Biphase Mark- **209**, 224, 228
–, binärer 208
–, bipolarer 208
–, EFM- 205, 332
–, ETM- 205, 331
–, FM- 209
–, halfbauded 208
–, Hamming- 203, 204
–, HDB3- 209
–, Huffman- **196**, 199
–, Manchester- 209
–, NRZ- 208, 246
–, NRZI- 208, **209**, 225, 226, 331, 332
–, perfekter 203
–, Reed-Solomon- 203, **204**, 332
–, Repetition 204
–, RLL- 203, 205
–, RZ- 208
–, selbsttaktender 207
–, Single Parity Check 204
–, ternärer 208
–, unipolarer 208
–, Universal 206
Codebook 205
Codec 194
Code-
 –multiplex 188

–spreizung 206
–tabelle 203
–verletzung 209
Codierung 183, 185
–, Entropie- 196, 335
–, prädiktive 178, 195
Coincident Pair 312
Compact Cassette 330
Compact Disc 332
Computer 234, **323**
Constant Q 345
Control change 248
Convolution 138, 353
Convolution Reverb 353
Corti-Organ 115
Cosinus-Transformation, diskrete 152
CPU 324
Cremer, Lothar 98, 128
Crest-Faktor **25**, 122, 349
Critical Bandwidth 123
Critical Distance 86
Crossfade 363
Curie, Pierre 262, 338
Curie-Temperatur 338

DA-88 331
DAB 200
DAC 177
Daisy Chain 218, 247
Dämpfungsfaktor 300
DASH 331
DAT 205, 209, **330**
Datenbus 324
Datenkompression 196
Datenrate 187, 194, 195
Datenreduktion 178, 197
–, Fehler 202
–, verlustfreie 196
DAW 245, 251, 306, **323**, 344
DAW-Controller 344
dbx 190
DC-Gehalt 207
DCC 201
DCT 152
DD 199, 334
De-Esser 345, 359
Dead End / Live End 109
Dead Spot 53

Decay 243, 352
Decca Tree 317
Deckenreflexion 88, 89
Decoder 194
Delay 344, 360
Deltafunktion 138
Deltakamm 162, 236
Deltamodulator 178
Deutlichkeitsgrad 100
Deutlichkeitsmaß 100
Dezibel 32
Dezimation 164
DFT **146**, 205
DI-Box 215
Dickenschwinger 263
Differenzierer **156**, 181
Differenztöne 116
Differenztonfaktor 230
Diffraction 46
Diffusfeld 79, **86**, 99
Diffusfeldentzerrung 266, 284
Diffusfeldmonitor 297
Diffusor 89, 90, 94
Digital Compact Cassette 201
Digital Domain 158
Digital Versatile Disc 332
Digitalbox 295
Digitalisierung 167
DIN 217, 301
–45 405 34, 282
–45 406 347
–45 412 282
–45 500 298
–45 570 296
–45 595 216
–45 596 216
–45 633 33
–Stecker 215
Dipol 37, 267, 292, 318
Dirac, Paul 138
Dirac-Folge 193
Dirac-Funktion 138
–, zeitdiskrete 140
Dirac-Stoß 25, 138
Direct Field 86
Direct Stream Digital 181
Direktfeld 86
Direktfeldmonitor 297

Dispersion 55
Dissipation 43, 83, 84, 154
Distinctness Ratio 100
Dither 170, 171, **174**, 364
DLS 245
DM 178
DMA 324
DML 308
Dolby 190, 197, 306
– A 330
– AC-2 199
– AC-3 199, 307
– B 307, 330
– C 330
– Digital 198, 199, 307, 334
– Digital EX 307
– Digital True HD 335
– Pro Logic 307
– S, SR 330
– Stereo 190, 306
– Surround 306
DolbyFAX 199
Doppler, Christian 40
Doppler-Effekt 40
–, Verzerrung 42
Downmix 308, 317, 334, 335
DPCM 178, 195, 198
DPP 216, 219, 221, 344
Drop Frame 228
Dropout 218, 231
Druckempfänger **264**, 311
Druckgradient 31, 267
Druckgradientenempfänger 266
Druckkammer 81, 289
–treiber 82
Druckstau **43**, 78, **266**, 279, 281
DSD 181, 199
DSP 325
DST 152
DTS 198, 200, 226, 334
–5.1 307
–ES 307
–HD Master Audio 336
–Stereo 190, 307
Dual Slope-Verfahren 170
Dual-Layer DVD 333

DualDisc 334
Ductus cochlearis 113
Dudley, Homer 361
Durchlassbereich 154
Duty Cycle 163
DVD 204, 209, 308, 332
DVD-Audio 334
DVD-R, -RW, +RW 337
DVD-Video 334
DWT 153
DX7 240
Dynamik 186, 230, 349, 356
–, digitale 172
–, Ohr 120
Dynamiksektion 345
dynamischer Wandler 256

Early Reflections 88
EB-Mikrofone 283
Ebenholz 55
EBU-Timecode 228
Echo 89, 128, 360
Echoschwelle 128
Echtzeit 217, 362
–Übertragung 218
–bedingung 325
Edison, Thomas Alva 320
Edit Decision List 363
Editor 14
EDL 363
Effekt, Doppler- 40
–, Haas- 128
–, Kerr- 338
–, piezoelektrischer 263
Effektivwert 24
EFM 205, 332
EIAJ 301
Eigenfrequenz 19
–dichte 79
Eigenfunktion 136, 142
Eight to Fourteen Mod. 205
Eight to Ten Mod. 205
einadrig abgeschirmt 216
Eingangsmodul 344
Einheitsimpuls 138
Einschwingvorgang 154
Einstein, Albert 332
Elastizitätsmodul 54
Elektret 261

Elektrostat 259
elektrostat. Wandler 260
Elementarwellen 46
Elongationswandler 254
Encoder 194
End Correction 61
Endstufe 299
Energy Time Curve 90
ENG 283
Enhancer 361
enharmonisch 69
Entfernungsgesetz 36
Entfernungsgewinn 275
Entropie 184
–codierung 196, 335
Envelope 192, 243
EPAC 201
EQ 339, 344, 354
Equal Loudness Contours 121
Equal Temperament 72
Equalizer 23, 344, 354
–, grafischer 356
–, parametr. 344, 355
Equivalent
– Absorption Area 84
– Noise Level 282
Erde 214
Ersatzgeräuschpegel 282
ETC 90
ETM 205, 331
Euler, Leonhard 26
Euler'sche Formel 26
Exciter 361
Expander 345, 359
Exponentialhorn 63
Eyring, Carl Ferdinand 83
Eyring-Formel 83

Fairlight CMI 238
Faltung 88, **138**, 353
–, diskrete 155
–, schnelle 140, 148, 353
Faltungshall 141, **353**
Faltungsintegral 138
Far Field 38
Faraday, Michael 255
Fast Convolution 140, 148
Fast Fourier Transform 147
Fast Wavelet Transform 153

Sachwortverzeichnis

FDM 188
Fechner, Gustav Theodor
   32, 110
Fechner'sches Gesetz
   32, 117
Federhall 351
Federpendel 154
Feedback 22
Fehler-
  –erkennung 203
  –korrektur 203, 231
  –verdeckung 231, 336
Feldbeschreibung
  –, quellenbezogene 39
  –, raumbezogene 39, 86
Fensterung 146
Fernfeld 30, 38
Ferrit 257
Ferroelektrika 261
Ferroelektret 263
Festplatte 326
FET 261
FFT 147
FhG-IIS 197
Figure Eight 267
Film-Timecode 228
Filmton 283, 362
  – Mischung 342, 352
Filter 236
  – 1. Ordnung 154
  – 2. Ordnung 154
  –, digitales 155
  –, Rekonstruktions- 162
  –, rekursives 155
  –bank 153, 198
  –güte 155
  –koeffizienten 155
  –sektion 344
Finite Impulse Resp. 155
FIR 155
FireWire 246
Flageolett 53
Flanger 360
Flankensteilheit 154
Flankenübersteuerung 179
Flash-ROM 328
Flatterecho 89
Fletcher, Harvey 121, 123, 303
Fletcher-Munson 121
Flimmergrenze 121

Flimmerhärchen 115
Floppy Disk 326
Flüstergalerie 90
Flywheel 227
FM **193**, 239, 262
  – Code 209
  – Synthese 239
FOH 356
Folien-Elektret 261
Formant 236
Formel, Euler'sche 26
  –, Eyring'sche 83
  –, Sabine'sche 84
Forward Masking 125
Fourier, Jean Baptiste Joseph
   136, 141
Fourier-Transformation 141
  –, diskrete 146, 205
  –, inverse 143
  –, schnelle 147
Fourier'scher Satz 136, 235
FPU 324
Frame Sync 225
Frame
  – AES3- 221
  – Film- 228
  – Timecode- 227
  – Video- 228
Freifeld 86
  –entzerrung 266, 284
Frequency Domain 141
Frequency Response 142
Frequenz-
  –bereich 141, 143
  –gang 142, 264, 280, 295
  –gang, Raum- 99
  –gruppen 123
  –modulation **193**, 239,
    262, 188
  –multiplex 188
  –weiche 289, 294
Fresnel, Augustin Jean 47
frühe Reflexionen 129
FTC 301
Fukada Tree 316
Füllbytes 225
Fundamental 150
  – Tracking 119
Funkübertragung 287
FWT 153

Gabor, Dennis 240
Gain 339, 344
Ganzton, großer 69
  –, kleiner 69
  –, mittlerer 71
Gate 345, 359
Gauß, Carl Friedrich 25
Gauß-Kanal 185, 228
Gehäuse 290
Gehör 110
  –, absolutes 118
  –gang 113
  –knöchelchen 113
General MIDI 247, 249
  – Lite 247, 249
Generator 51, 236
Geradeaus-Empfänger 192
Geräusch 117
Gesetz, Boyle-Mariotte 81
  –, Kirchhoff 212
  –, erste Wellenfront 128
  –, Fechner 32, 117
  –, Induktion 255
  –, Ohm 34, 211, 299
  –, Ohm-Helmholtz 150
  –, Weber-Fechner 32
Gipskarton 92
Glitch 218, 232
Glockenspiel 56
GM 249
Gobo 96
Gold 53
Gold-CD 333
Goniometer 348
Gradientenempfänger 267
  –, Doppel- 272
  –, Richtfunktion 267
Grain 240
Grammophon 321
Granular Noise 170, 179
Granularrauschen
   170, 179, 202
Gray, Elisha 210
Grenzfall, aperiodischer
   21, 23
Grenzflächenmikrofon 279
Grenzfrequenz 154
  –, obere 159, 229
  –, untere 79, 229
Grenzschalldruckpegel 283

Groß-AB 311
Groß-Tuchel 215
Großmembran-Mikrofon 284, 271
Großraumfrequenz 80
Ground Lift 214
Group Code 203
Grundton 53, 117, 150
Gruppencode 203, 205
Gütefaktor 23

Haarzelle 115
Haas-Effekt 128
Halbkugelwelle 37
Halbleiterspeicher 328
Halbton 73
Halbwertsbreite 22, 79
halfbauded 208
Hall-
  –abstand 86
  –balance 277
  –gerät 350
  –platte 350
  –radius 37, **86**, 99, 317
  –raum 85, 295, 350
  –spirale 351
Hamasaki Square 318
Hamming, Richard 203
Hamming-Code 203, 204
  – Distanz 203
  – Fenster 146
Handsender 287
Hann-Fenster 146
Hanning-Fenster 146
Hard Disk 326
Harmonic Distortion 230
Harmonics 150
Harmonizer 362
Hauptprozessor 324
HD-DVD 332, 333, 337
HDB3-Code 209
Head Related Stereo 131
Headroom 230, 348, 349
Hearing Threshold 119
Helmholtz, Hermann von 40, 65, 70, 116, 150
Helmholtz-Absorber 93
  – Resonator 22, **65**, 93, 290
HiFi-Lautsprecher 289, 297

HiFi-Pegel 217
HighCom 190
Highcut 154, 345
Highpass 154
Hinterbandkontrolle 330
His Master's Voice 321
hochohmig 261
Hochpass 154
Höhendämpfung 229
Holofonie 308
Holz 92
Hörereignis 129
Hörfläche 119
Horn **62**, 289, 291
Hornlautsprecher 40, 82
Hörsamkeit 98
Hörschwelle 119
Hörspielstudio 104
Hörsturz 133
HRTF **111**, 112, 126, 131, 302, 347
Huffman, David 196
Huffman-Code **196**, 199
Hüllkurve 191, **243**
Huygens, Christian 46, 49
Huygens'sches Prinzip 46, 308
Hyperakusis 134
Hypercardioid 273
Hyperniere 273
Hypocardioid 272

Idiophon 51
IEC 301
  –179 282
  –268-10 347
  –268-15 216
  –60268 34
  –60874-17 224
  –60958-3 224
  –60958-4 221
  –651 33
  –958 Typ I 221
  –958 Typ II 224
  –Typ I PPM 347
  –Typ II 204, 209, **224**, 344
IEEE-1394 246
IHL 131
IIR 156
IKL 131, 302

Im-Kopf-Lokalisation 131
Impedanz 211
  –anpassung 289, 299
  –wandler 261
Impuls, idealer 25
Impulsantwort **138**, 280, 353
  –, Raum- 89
Impulse Response 138
In Head Localization 131
INA 316
IIndischer Palisander 55
Induktionsgesetz 255
Infinite Impulse Response 156
Information 182, 185
  –, irrelevante 184
  –, redundante 184
  –, relevante 184
Informationstheorie 183
Infraschall 119
Initial Time Delay Gap 88, 352
Inline-Pult 342
Integrated Services Digital Network 209
Integrierer **156**, 178, 180
Intensitätsstereofonie 127, **130**, 304, **311**, 346
Intensity 31
  – Level 33
Interferenz 48
  –empfänger 278
Interleaving 206
Intermodulation 230
Interpolation 164, 231
Intervall 68
Interview 287
Intonation 68
Irrelevanz 184, 189
  –reduktion 198
IRT 316
  –Kreuz 318
ISDN 199, 200, 209
ISO 197
ISO/IEC
  –11172-3 200
  –14496-3 201
  –9314-3 226
  –IS13818-3 200

Sachwortverzeichnis

–IS13818-7 200
Isophone 121
ITDG 88
ITU-R BS.775-1
    307, 308, 318

Jack 215
Jitter 166, 218, 220, **232**, 252
Jitterbug 232
Just Intonation 69

Kabel 154
–, einadrig 216
–, zweiadrig 215
Kalibrierung 347
Kalottenlautsprecher 287
Kammerton 67
Kammfilter 360
–, akustischer 60
Kanal 185
–code 194, 202
–kapazität 187
Kapsel 254, 264
–, hoch abgestimmte 265
–, mittig abgestimmte 266, 268
–, tief abgestimmte 269
–vorspannung 276
Kassettierung 93
Kathodophon 254
Kennschalldruckpegel 296
Kerbfilter 356
Kerr, John 338
Kerr-Effekt 338
Keulencharakteristik 278
Kirnberger, Johann Philipp 72
Kirnberger II 72
KKF **139**, 348
Klang 117
Klangecho 49
Klarheitsmaß 100
Klassik-Produktion 342, 352, 360, 362
–, Aufnahmeraum 104
Klavier 74
Klein-AB 311
Klein-Tuchel 215
Kleinmembran 271, 284
Klirrfaktor 230
Klon, digitaler 321

Knalltrauma 133
Koaxialbox 293
Kochlea 113
Koinzidenzmikrofon 280, **311**
Kombinationstöne 40, 116
Komma
–, pythagoreisches 70
–, syntonisches 70
Kompander **189**, 330, 359
–, digitaler 191
Kompressor 345, **356**
Kondensatorwandler 259, 260
Konsonanz 68,124
Konuslautsprecher 287
Kopfhörer 81
–wiedergabe 130
Körperschall 27
Korrelations-
–funktion 139
–gradmesser 348
–messtechnik 353
Kotelnikov, Vladimir 158
Kotelnikov-Theorem 159
Kreisfrequenz **19**, 27
Kreuzkorrelation 139
Kreuzschiene 341
Kristallwandler 263
Kugel, atmende 36
–, oszillierende 37
Kugel-
–charakteristik 264, 266
–fläche 315
–welle 36
Kuhschwanz-Filter 345
Kundt, August Adolf 17
Kunstkopf-Stereofonie 131
Kupfer 53
Kurven gl. Lautstärke 121
Kurzschluss 212
–, akustischer 291
Kurzweil, Ray 238
Kurzweil-Synthesizer 238
Kuttruff, Heinrich 100

Ladewiderstand 260
Länder-Codes 335
Laplace, Pierre Simon 28
Lärmschwerhörigkeit 132

Laser 332
Latenz 149, 251, 325, 358
Lateral Fraction 101
Laufzeitdifferenz,
    interaurale 126
Laufzeitglied, akustisches 271, 291
Laufzeitstereofonie 126, **129**, 304, **311**, 346
Lautheit 32, **121**, **122**, 347
–, Halbierung 122
Lautheitssummation,
    spektrale 124
Lautsprecher 23
–, digitaler 323
–kabel 214
–membran, Resonanz 22
–wiedergabe 130
Lautstärke 32, **121**, **122**, 347
–pegel 121
Least Significant Bit 167
LED 332
LEDE 108
Lee, Francis 157
Leerlauf 212
– Übertragungsfaktor 282
Leistung 211
Leistungs-
–anpassung 34, 212
–bandbreite 301
–pegel, elektrischer 34
–verstärker 263, 299
Leitungscode 194, 207
Lemo 215
Leslie-Kabinett 41
Level 32, 122
LFO 236, 239, 360
Lightpipe 209, 226
Limiter 345, 359
Line Array 278, **293**, **298**
Line Level 216
Line Microphone 278
Linear Predictive Coding 195
Linienschallquelle 37
Linienspektrum 150
Linse, akustische 48
LiquidAudio 201
Live End / Dead End 108
Logarithmus 32

Lokalisation, Im-Kopf- 131
Longitudinal Timecode 228
Look Ahead 358
Lookup Table 203
Loop 237
Lord Rayleigh 17
Lorentz, Hendrik Antoon 256
Lorentz-Kraft 256
Lossless Coding 196
Loudness 122
– Level 121
Low Cut 154, 344, 345
Low Frequency Oscillator 236
Lowpass 154
LPC 195, 200
LPF 352
LSB 167
LSI 137
LTAS 148
LTC 228
LTI **136**, 235, 236, 242, 353, 354
Lucasfilm 306
Luftschall 27

Mach, Ernst 42
Mach'scher Kegel 42
MADI 204, 205, 209, **224**, 344
–Frame 224
–Subframe 225
Magnetband 329
Magnetostat 258
Mahagoni 55
Mammutbaum 55
Manchester-Code 209
MAP 308
Marimba 56
Masking 124
Masse 214
Massenspeicher 325, 326
Master 227, 336, 341
–Bus 346
–modul 344
Mastering 230, **363**
– Prozessor 359
Mathematical Modeling 243
Matrix 341

Max/MSP 241, 243
Maximalfolge 95, 140
Maximalfolgen-Diffusor 95
Maximum Length Sequence 95, 140
Maximum Likelihood 203
MD 338
MDCT 152, 198
Mean Free Path 83
Meantone Temperament 71
Mehrfachreflexion 49
Membran, ideale 56
–, Reissner'sche 113
Membranophon 51
Memory Stick 328
Meridian Lossless Packing 335
Messing 53
Meucci, Antonio 210
Meyer, Jürgen 97
MIC 226
Mic Level 216
MIDI 226, **245**, 343
–Byte 247
–IN 246
–Machine Control 249, 250
–Meldung 246, 247
–Message 246, 247
–OUT 246
–Protokoll 234
–Show Control 249, 250
–, Speicherformat 251
–THRU 247
–Timecode 228, 248, 249, 251
Mikrocomputer 323
Mikrofon 264
–, Anschluss 215
–, digitales 221, 280, 323
–, Miniatur- 287
–angel 286
–kapsel 264
Mineralwolle 91
Mini-Moog 234, 236
MiniDisc 198, 200, 204, 338
Mirror Source 87
Mischpult 339
–, Inline- 342

–, Split- 341
Mithörschwelle 124
Mittelohr 113
Mix 339
Mixtur 235
MLD 203
MLP 335
MLS 95, 140
MMC 250
MMU 324
MO 339
Modellierung, physikalische 241
Moden 78
Modulation 183, 185, 189, 191
–, Amplituden- **191**, 239, 262
–, Frequenz- **193**, 239, 262
–, lineare 193
–, Pulsamplituden- 159, 193
–, Pulscode- 169, 172, 177, 195
–, Pulsdichte- 181
Modulationsindex 193
Molton 91
Momentanwertkompander 191
monaural 116
Monitormodul 339, 342, 344
Mono-Klinke 217
Monoblock 301
Monopol 36
Moog, Robert 233
Moog-Synthesizer 233, 236
Morphing 244
Morse, Philip 54
Morse-Alphabet 196
Most Significant Bit 167
Motorfader 342
Moving Fader 342
Moving Magnet 256
Moving Pictures Experts Group 197
MP3 152, 200
MP3-Player 328
MPAC 201
MPEG 197

–1 200, 334
–2 334
–2 AAC, BC 200
–4 201
MS-Mikrofon 313
  –Stereofonie 305
MSB 167, 247
MSC 250
MTBF 328
MTC 228, 248, 251
Multiband-Kompander 191
  –Kompressor 358
Multibit-Quantisierung 169
Multimikrofonie 310
Multiplexing 188
Mündungskorrektur
  –, Helmholtz-Res. 65
  –, Röhrenresonator 61
MUSICAM 200
Musik, elektronische 235
Musikleistung 301
Musiksynthese 201
MW 194

Nachabtastung 164
Nachhallzeit 83, 84, 99
Nachricht 185
Nachverdeckung 125
Nahbesprechungs-
  –effekt 39, **270**, 273, 281
  –mikrofon 285
Nahfeld 38
  –monitor 297
Nahkompensation 284
Natural Audio Coding 201
Naturtonreihe 65
Near Coincident Pair 314
Near Field 38
  – Monitor 297
Nennimpedanz
  213, 282, 296
Nennleistung 300
Neodym 258
von Neumann, John 324
Newton, Isaac 17
NF 29
Nickel 53
Niederfrequenz 29
niederohmig 262
Niere 271, 272

–, breite 272
Nierenbox 291
Noise 183, 236
  –Reduction 190
  –Shaping 164, 171, 175
non-destructive 362
Non-Environment 109
Normfrequenz 67
NOS 314
Notchfilter 356
Note on / off 248
NR 190
NRZ 208, 246
NRZI 208, 209, 225, 226,
  331, 332
Nutzspannung 212
NVRAM 328
Nylon 53
Nyquist, Harry 158
Nyquist-
  –Frequenz 159, 235
  –Rate 159
  –Theorem 159

Oberton 53, 150
OCT 316
Ogg Vorbis 202
Ohm, Georg Simon 150
Ohm'sches Gesetz 34, 211,
  299
Ohm-Helmholtz'sches
  Gesetz 150
Ohrdynamik 120
Ohrkanal 113
Oktavlage 118
Oktavspreizung **74**, 117
omnidirectional 264
Organ, Cortisches 115
Orgel 235
ORTF 314
OSS 315
Oszilloskop 349
Overeasy 357
Overload 230
Oversampling **164**, 175

P 48 **216**, 344
PA 289, 293, 355, 356
PAC 201
Pad 344
Pad Bytes 225

Palisander 55
PAM 159, 193
Panning 346
Parallelverfahren 170
Parity Bit 223
Partials 150
Partitionierung 327
PASC 201
Pascal, Blaise 30
Passband 154
Passivbox 294
Pauke 58
Paukenhöhle 113
PC 238, 323
PCM **169**, 172, **177**, 195
  –, differentielle 178, 198
  –, lineare 173
  –, nichtlineare 173, 198
PDM 181, 195
Peak 24
Peak Level 122
Peakmeter 347
  –, digitales 348
Pegel 32, 122
  –, absoluter 32
  –, bewerteter 122
  –, digitaler 35
  –, HiFi- 217
  –, Leistungs- 34
  –, Referenz- 216
  –, relativer 32
  –, Schalldruck- 32
  –, Spannungs- 34
  –, Studio- 216
  –differenz, interaurale
    126, 127
  –lautstärke 121
  –messer 347
  –steller 34
Perceptive Coding 197
Perceptual Audio Coder 201
Perfect Reconstruction 153
Periodendauer 20
Permeabilität 255
PFL 341
Phantom Power 216
Phantom Source 129
Phantomschallquelle 128,
  129, 349
Phantomspeisung **216**, 261,
  344

–, digitale **216**, 219, 221, 344
Phase 27
Phase Change 337
Phase Locked Loop 219
Phase Locking, neuronales 115
Phasen-
–dreher 344
–frequenzgang 143
–gang 143
–geschwindigkeit 27
–lage 47, 213
–spektrum 143
–toleranz 207
–verschiebung 21
–vocoder 361
–winkel 27
Phaser 360
Philips 197
Phon 121
Phonograph 320
Physical Modeling 201, **241**, 361
Pit 332
Pitch 117
– Bend 41
– Shifter 361
– Wheel 41, 248
Plane Wave 35
Plasmawandler 254
Platte 59, 351
Plattenhall 350
Plattenschwinger 92
PLL 219
Poisson-Gleichung 31
Polarität 213
Polycarbonat 333
Polymikrofonie 310
Popgeräusche 273
Pop-Prod. 342, 352, 362
–, Aufnahmeraum 103
Popschutz 285
Ported Box 290
Post Fader 341
Potentiometer 340
Power 31
– Amplifier 299
– Level 33
PPG-WAVE-Synthesizer 237

PPM 347
Präambel, AES3 223
Präemphase 163
Präzedenzeffekt 128
Pre Fader 341
Preamble 223
Preamp 299
Precedence Effect 128
Predelay 352
Presbyakusis 133
Pressure 30
– Receiver 264
– Zone Microphone 279
Primitive Root 96
Prinzip, Huygens'sches 46, 308
Pro R-Time 228
ProDigi 331
Program change 248
Proximity Effect 270
Prozessor 324
Prozessor-Box 298
Prüfbit 203, 204
Psychoakustik 110
PTFE 261, 263
PTS 132
Pufferspeicher 217
Pulsamplitudenmodulation 159, 193
Pulscodemodulation 169, 195, 177
Pulsdichtemodulation 181
Pulse Train 236
Pulsfolge 236
Punktschallquelle 36
Pure Audio Blu-ray 336
PureData 241, 243
PVDF 263
Pythagoras 68
Pythagorean Temperament 71
Pythagoreisches Komma 70
PZM 279
PZT 263
Q-Faktor **23**, 155, 236, 300, 345
QMF 153
QRD 96
Quadrofonie 306

Quality Factor 23
Quantisierung 158
–, gleichförmige 173
–, lineare 173
–, Multibit- 169
–, nichtlineare 173, 91
–, ungleichförmige 173
Quantisierungs-
–fehler 170
–rauschen 170
–verzerrung 170
Quelle 185
Quellencode 194, 195
Quinte 68
Quintenzirkel 68

R-DAT 204, 330
Railsback-Kurve 75
RAM 325
Rameau, Jean Philippe 150
Ramp 236
Random Access 326
Random Efficiency 273
RAR 331
Raum, reflexionsarmer 280
Raumakustik, geom. 77
–, statistische 77
–, wellentheoretische 77
–, Modellierung 88
Raumresonanzen 99
Rauschabstand 230
Rauschen 25, 174, 183, 228, 236
–, thermisches 229
–, weißes 151, 174
Rausch-
–formung 175
–spannung 229
–unterdrückung 190
RAW 331
Ray Tracing 87
Rayleigh, Lord 125
RCA phono 216, 224
Re-Quantisierung 171, 174, 175, 198
Real-Time Analyzer 153
RealAudio 201
Rear Loaded Horn 291
Receiver 219
Rechenwerk 324

Rechteck 236
Redundanz 164, 184, 203
Reed-Solomon-Code 203, 204, 332
Redwood 55
Referenz-
  –frequenz 67
  –pegel 216
  –schalldruck 120
Reflektor 89, 90, **96**
Reflexion 43, 47
  –, schallharte 43
  –, schallweiche 43, 44
  –, erste 88
  –, frühe 88, 100, 29
  –, seitliche 88
Reflexions-
  –faktor 44
  –gesetz **44**, 87
  –grad 44, 82, 83
Regional Codes 335
Reibungskraft 20
Reichardt, Walter 98, 100
Reis, Philipp 210
Rekonstruktionsfilter 162
Release 243
Rendering 244, 362
Repeater 220, 232
Repetition Code 204
Repetition Pitch 49
Requantisierung 171, 174, 175, 198
Residualtonhöhe 119
Resonanz **21**, 60, 77
  –absorber 92
  –frequenz 21
  –frequenz, Lautspr. 288
  –güte 23
  –katastrophe 22
Resonator 51
  –, λ/2- 61, 62, 78
  –, λ/4- 61
Response 136
Reverb 350
Reverberation Time 83
Richtcharakteristik 86, 264, 280, 281, 295
Richtfunktion
  –, Druckempfänger 265
  –, Gradientenempf. 267

–, Niere 272
Richtrohrmikrofon **278**, 286
Ringmodulator 191, 239
RLE 196
RLL-Code 203, 205
RMS **24**, 300
Robinson-Dadson 121
Rohr, beidseitig offen 60
  –, einseitig geschlossen 61
  –, konisch 61
  – mit Schallbecher 64
  –, Schallausbreitung 36
Röhrenabsorber 93
Röhrenmikrofon 261
Röhrenresonator **60**, 93
Rohrlänge, effektive 61
Room Related Stereo 130
Root Mean Square 24
Routing 339
RS 204
Run Length Encoding 196
Run Length Limited 203
Rundungsrauschen 171
Running Status 252
RZ-Code 208

S/PDIF 224
S&H 162
Sabine, Wallace Clement 76, 82, 84
Sabine-Formel 84
SACD 181, 332, 334
Sägezahn 236
Saite, ideale 51
  –, reale 54
Sala, Oskar 233
Salventheorie 115, 119
Sample & Hold 162
Sample 237
Sample Rate Conversion 166
Sampler 237, 251
Sampling 159
Sampling-Keyboards 237
Sampling Rate 159
Sampling-Synthesizer 238
SAOL 201
SAR 169
Satellitenrundfunk 198

Satz, Fourier'scher 136, 235, 240
Sawtooth 236
SBM 176
Scala Tympani 113
Scala Vestibuli 113
Scalable Polyphony MIDI 249
SCDSR 221
Schall-
  –becher 63, 64
  –brennpunkt 90
  –druck 30
  –druckpegel 32
  –druckpegel, äquivalenter 282
  –energie 31
  –ereignis 129
  –feld 27
  –feld, diffuses 99
  –führung 254
  –geschwindigkeit **28**, 31
schallhart 43
Schall-
  –impedanz 30
  –intensität 31
  –intensitätspegel 33
  –leistung 31
  –leistungspegel 33
  –mauer 42
  –reflektor 96
  –schatten 47
  –schnelle 29
  –strahl 87
  –stück 64
  –trauma 133
  –trichter 62
  –wand 293
  –wand, unendliche 35
  –wandler 253
schallweich 44
Schallzeile 37, 299
Scheitelfaktor 25
Schirm 214
Schmerzgrenze 119
Schmerzschwelle 119
Schnecke 113
Schneckengang 113
Schnelletransformation 82, 289

Schnellewandler 254, 255, 256
Schnitt 362
Schnittmeister 14
Schroeder, Manfred 80, 95
Schroeder-Diffusor 96
Schroeder-Frequenz 80
Schwebung 49
Schwebungsfrequenz 50
Schwerhörigkeit 132
Schwerpunktzeit 101
Schwingkreis 20, 155
–, Resonanz 22
Schwingung, erzw. 21
–, harm. 19, 136
–, reine 19
SCMS 224
SDDS 198, 200, 308, 334
Seitenreflexionen 88
Seitenschallgrad 101
Sektor 327, 336
selbsttaktend 218
Sender 185
Senke 185
Sensitivity 282
Sequencer 245, 251
Serial Copy Management System 224
Sessler, Gerhard 261
Shannon, Claude 135, 182, 185
Shannon-Theorem 159
Shelving Equalizer 345
Shock Proof Memory 339
Shock Wave 42
Shoebox 101
Shotgun Microphone 278
si-Funktion 144, 163, 278, 294, 329
Side Chain 356
Sigma-Delta-Modulation 195
Sigma-Delta-Wandler 180
Signal 135, 182, 185
–, deterministisches 151, 184
–, quasistationäres 151
–, stationäres 151
–, stochastisches 151, 184
Signal-Rausch-Abstand 187, 230

Signal
–Regenerierer 220
–bandbreite 194
–dauer 186
–formung 220
–prozessor 325
Silber 53
Simultanverdeckung 124
Single Channel Double Sample Rate 221
Single Parity Check Code 204
Sinusleistung 300
Slave 227
Slope Overload 179, 180
SM 58 285
Small, Richard 23
SMPTE 276M 221
SMPTE-Timecode 228
Snapshots 342
Snellius, Willebrord 48
SNR 187, 230
Soft Knee 357
SONC 316
sone 121
Sonic Boom 42
Sony 197, 308
Sony / Philips Digital Interface 224
Sound Pressure Level 32
Sounddesign 41, 241, 242
Soundkarte 237
SP-MIDI 249
Spaced Pair 311
Spaltfunktion 144, 163, 278, 294, 329
Spannung 211
Spannungs-
–anpassung 213
–spiegel 34
–teiler 212
–verstärker 263
Spatial Aliasing 309
Speed of Sound 28
Speicherplatzbedarf 195
Spektrum 117, 136, 143
–, gespreiztes 74
–, kontinuierliches 151
–, Kurzzeit- 152
–, Langzeit- 148

Sperrbereich 154
Spherical Wave 36
Spiegelschallquellen 87
Spiegelungsfehler 160
Spinne 285
Spitzenpegel 122
Spitzenwert 24
Spitzenwertmesser 347
Split Keys 71
Split-Pult 341
Spring 351
Square 236
SR.D 199
ST1 226
Stab, idealer 55
Standard MIDI Files 251
Status-Byte 247
stehende Welle 44
Steigbügel 113
Stereo
–Hall 351
–Klinke 215
–Matrix 305
–Mikrofon 280, 305, 310
–Sichtgerät 348, 349
Stereofonie 304
–, Äquivalenz- 130
–, binaurale 131
–, Intensitäts- 130
–, kopfbezügliche 131, 303
–, Kunstkopf- 131
–, Laufzeit- 129
–, raumbezügliche 130
Stereosonic 313
Stereozilien 115
Steuerwandler 254
Steuerwerk 324
Stevens, Stanley Smith 122
Stimmgabel 51
Stimmgerät 74
Stimmung 51, 67
–, gleichschwebend temperierte 72, 116
–, gleichstufige 72
–, mitteltönige 71
–, pythagoreische 71
–, reine 69
–, wohltemperierte 72
Stopband 154
Stoßantwort 138
Stoßwelle 40, 42
Straus-Paket 272, 277
Streugrad 87

Streuung 47
Structured Audio Orchestra
  Language 201
Studio-
  –lautsprecher 297
  –mikrofon 283
  –monitor 297
  –pegel 215
Stürze 63, 64
Subcardioid 272
Subwoofer 293
Successive Approximation
  Register 169
Sudden Deafness 133
Summentöne 116
Super Audio CD 332
Super Bit Mapping 176
Supercardioid 272
Superniere 272
Superpositionsprinzip 42
Surround 346
Sustain 243
Sweep 141, 280
Sweet Spot 292, 309
Switchcraft 215
symmetrisch erdfrei 214
Synchronisierung,
  Chase / Lock 227
Synchronizer 227, 251
Synchronstudio 104
Synthese, additive 201, 235
–, FM- 201
–, granulare 201, 240
–, lineare 234
–, nichtlineare 234
–, subtraktive 236
Synthetic Audio Coding 201
syntonisches Komma 70
System (MIDI) –Common
  247, 248
–Exclusive 247, 249
–Message 247
–Realtime 247, 248
System, lineares **136**, 353
Systemantwort 136
Systemdynamik 230

T 12 216
T-power 216
Tabla 57

Takt (digitaler) 217, 218,
  325, 336
–, Regenerierung 219, 220
–, Synchronisierung
  218, 232
Talkback 340
Tannenbaum-Kriterium 89
Tape Return 341
Taschensender 287
Tasten, geteilte 71
Tastfrequenz 159
Tastverhältnis 163
Tauchspulenwandler 258
TC 226
TDM 188, 195, 209, 224
Teflon 261
Teilton 150
Telcom 190, 330
Telephon 210, 255
Temperament 68
Temperatur 68
Termen, Lev 233
Text to Speech 201
Théâtrophone 303
THD, THD+N 230
Theile, Günther 316, 317, 318
Theremin, Leon 233
Thermophon 254
Thiele, Neville 23
Thiele-Small-Parameter 23
Threshold of Discomfort
  120
Threshold of Pain 119
THX 292
Tiefenabsenkung 284
Tiefenabsorber 92
Tiefpass 154
– Kanal 229, 330
–, akustischer 66
–, idealer 161
–, Rekonstruktions- 162
–, resonanter 236
Time Division Multiplex
  188
Time Domain 141
Time Stretching 361, 363
Timecode 209, **226**, 251
Timecode-to-MIDI 251
Tinnitus 134
Ton 117

–, reiner 117
Tonaderspeisung 216
Tonartencharakteristik 72
Tonhöhe 67, 117
–, virtuelle 119
Tonhöhenillusion 118
Tonhöhenquantisierung
  362
Tonkopf 329
Tonträger 328
TOSLink 224, 226
Total Harmonic Distortion
  230
Track 341
Tracking 336
Trägersignal 191
Transceiver 219
Transmission 43
Transmissionline-Box 291
Transmitter 219
Transversalfilter 155
Trautwein, Friedrich 233
Trennkörpermikrofor 314
Triangle 236
Trittschall 273
Trommel 56
TRS 215
TTS 132, 201
Tube Interference
  Microphone 278
Tuning 67
Tunnelefekt 328
Twin-Mikrofon 277, 317
Twisted Pair 246
Two's Complement 168

U 47 275
U 87 284
UART 246
Überanpassung 213
Überblasen 60
Überhangspule 259
Überschallknall 42
Übersteuerung 230
Übertrager 214, 261
Übertragung
–, asynchrone 218, 246
–, Echtzeit- 218
–, symmetrische 214
–, unsymmetrische 214

Übertragungs-
 –bereich 282, 295
 –faktor 282
 –funktion 142
 –funktion, Außenohr- 111
UKW 194
Ultraschall 120
Umfangsfrequenz 288
unbalanced 214
Universalcode 206
Unschärferelation **149**, 154, 198, 236
Unterabtastung 160
Unterhangspule 259
USB 246
User Data Bit 223
User Interface 321

Validity Bit 223
VCA 236, 356
VCF 236
VCO 219, 236
Velocity 29
Vented Box 290
Verdeckungseffekt 124
Verlustleistung 212
Verlustspannung 212
Verstärker 236
Vertical Interval Timecode 228
Verzerrung, lineare 136
 –, nichtlineare 136
 –, harmonische 230
 –, nichtharmonische 230
VFD 348
Vibraphon 56
VITC 228
Vocoder 361
Voice Channel 359
Voice Over 359
Voicing 68
Vollverstärker 299
Voltage Controlled
 – Amplifier 236, 356
 – Filter 236
 – Oscillator 219, 236
Vorbis 202
Vordämpfung 284
Vorecho 202
Vorlauf 348
Vorverdeckung 125
Vorverstärker 299
VU-Meter 347

Wägeverfahren 170
Wand 43
Wanderwelle 52, 114
Wandler 254
 –, aktive 255
 –, Bitstream- 180
 –, differentieller 178
 –, echter 254
 –, elektromagn. 255
 –, elektrostatischer 259
 –, kapazitiver 259
 –, magnetischer 255
 –, Multibit- 177
 –, passive 255
 –, piezoelektrischer 262
 –, reversibler 254
 –, Sigma-Delta- 180
Wandlergleichung
 –, elektromagnetische 255
 –, elektrodynamische 256
 –, elektrostatische 260
Wandreflexion 89
Wave Field Synthesis 308
Waveform Editing 238
Waveguides 242, 293
Wavelet-Transformation, diskrete 153
Wavelets 153, 240
Waveshaping **238**, 361
Wavetable-Synthese 237
WCLK 218
Weber-Fechner'sches Gesetz 32
Weglänge, mittlere freie 83
Welle 27
 –, ebene 30, 35
 –, harmonische 31
 –, Kugel- 36
 –, quasiebene 38
 –, stehende 29, 44, 52, 77
Wellen-
 –eigenschaft 149
 –feldsynthese 308
 –formung 238
 –front, Gesetz der ersten 128
 –gleichung, dreidim. 36
 –gleichung, eindim. 31
 –länge 27
 –leiter 95, 242
 –widerstand 30, 38, 44
 –zahl 27

Werckmeister, Andreas 72
Werckmeister III 72
West, James 261
Westlake 108
WFS 308
White Noise 151, 174
Widerstand 211
Wiederholungscode 204
Wiederholungstonhöhe 46, 49
Williams, Michael 314, 316
Williams-Kurven 314
Windows Media Audio 202
Wirkungsgrad 296
WMA 202
Wolfsquinte 71
Wolfston 22, 52
Word Sync 218
Wordclock 218, 227, 336
 – Generator 218
 – Leitung 207
 – Master 218
 – Slave 218
Workstation, digitale 323
Wortbreitenreduktion 171, 175, 176

Xenakis, Iannis 241
Xiph.org Foundation 202
XLD 221
XLR 215, 217, 344
XY 312
Xylophon 56
Young's modulus 54
Zahlen, komplexe 25
Zählverfahren 170
Zeigerdarstellung 26
Zeit-
 –bereich 141
 –fehler 232
 –fenster 146
 –konstante 154
 –multiplex 188, 195
 –regenerierung 220, 232
Zelt 104
Zieldynamik 230
Zufallssignal 151, 184
zweiadrig abgeschirmt 215
Zweierkomplement 168
Zwicker, Eberhard 121, 123
Zylinder 327
Zylinderwelle 37, 294